Holzschutz

# Jetzt diesen Titel zusätzlich als E-Book downloaden und 70 % sparen!

Als Käufer dieses Buchtitels haben Sie Anspruch auf ein besonderes Kombi-Angebot: Sie können den Titel zusätzlich zum Ihnen vorliegenden gedruckten Exemplar für nur 30 % des Normalpreises als E-Book beziehen.

**Der BESONDERE VORTEIL:** Im E-Book recherchieren Sie in Sekundenschnelle die gewünschten Themen und Textpassagen. Denn die E-Book-Variante ist mit einer komfortablen Volltextsuche ausgestattet!

**Deshalb: Zögern Sie nicht. Laden Sie sich am besten gleich Ihre persönliche E-Book-Ausgabe dieses Titels herunter.**

## In 3 einfachen Schritten zum E-Book:

❶ Rufen Sie die Website **www.beuth.de/e-book** auf.

❷ Geben Sie hier Ihren persönlichen, nur einmal verwendbaren E-Book-Code ein:

**3062320BK2D7751**

❸ Klicken Sie das „Download-Feld" an und gehen dann weiter zum Warenkorb. Führen Sie den normalen Bestellprozess aus.

Hinweis: Der E-Book-Code wurde individuell für Sie als Erwerber dieses Buches erzeugt und darf nicht an Dritte weitergegeben werden. Mit Zurückziehung dieses Buches wird auch der damit verbundene E-Book-Code für den Download ungültig.

Holzschutz

Roland Glauner
Dietger Grosser
Eckhard Melcher
Rudy Plarre

# Holzschutz

## Praxiskommentar zu DIN 68800 Teile 1 bis 4

3., vollständig überarbeitete Auflage 2022

Herausgeber:
DIN Deutsches Institut für Normung e. V.

Beuth Verlag GmbH · Berlin · Wien · Zürich

Herausgeber: DIN Deutsches Institut für Normung e. V.

**© 2022 Beuth Verlag GmbH**
**Berlin · Wien · Zürich**
Am DIN-Platz
Burggrafenstraße 6
10787 Berlin

Telefon: +49 30 2601-0
Telefax: +49 30 2601-1260
Internet: www.beuth.de
E-Mail: kundenservice@beuth.de



Titelbild: © Ksenia, Nutzung unter Lizenz von AdobeStock.com

Satz: Beuth Verlag GmbH, Berlin

Druck: L&C Printing Group, Kraków

Gedruckt auf säurefreiem, alterungsbeständigem Papier nach DIN EN ISO 9706

ISBN 978-3-410-30623-8
ISBN (E-Book) 978-3-410-30624-5

# Autoren

**Priv.-Dozent Dr. habil. rer. nat. Rudy Plarre**

Obmann des Arbeitsausschusses NA 042-03-01 „Holzschutz – Grundlagen" (DIN 68800-1 Holzschutz – Teil 1: Allgemeines) und Mitarbeit an DIN 68800, Teile 3 und 4

*Kurzvita*

Jahrgang 1962

1981–1989 Studium der Biologie an der FU Berlin und Vanderbilt University Nashville, USA

1994 Promotion am Institut für Biologie der FU Berlin und der Biologischen Bundesanstalt

1991–1992 und 1994–1995 wissenschaftlicher Mitarbeiter der Biologischen Bundesanstalt

1995–1997 wissenschaftlicher Mitarbeiter des United States Department of Agriculture Madison, USA

seit 1997 wissenschaftlicher Mitarbeiter der Bundesanstalt für Materialforschung und -prüfung

seit 2010 Habilitation und Privatdozent an der FU Berlin

*Tätigkeitsgebiete*

Aktuell normative Leitung von und Mitarbeit in europäischen und nationalen Arbeitsgruppen: Convenor CEN/TC 38 Dauerhaftigkeit von Holz und Holzprodukten, WG 24 Insektenprüfungen; Fachbereichsleiter DIN (NHM), NA 042-03 Holzschutz; Obmann DIN (NHM), NA 042-03-06 AA SpA zu CEN/TC 38 Dauerhaftigkeit von Holz und Holzprodukten; Mitarbeiter DIN NA 057-03-04 AA Schädlingsbekämpfung, DIN NA 062-05-42 Biologische Prüfung von Textilien, DIN NA 172-00-17 AA Biodiversität, DIN NA 005-04 Lenkungsgremium Holzbau und in relevanten SVAs des Deutschen Instituts für Bautechnik (DIBt).

Aktuell forschend auf dem Gebiet der biologischen Schädlingsbekämpfung im Materialschutz und genetische Charakterisierung von Materialschädlingen.

**Dipl.-Ing. (FH) Roland Glauner**

Obmann des Arbeitsausschusses NA 042-03-02 AA „Baulicher Holzschutz" (DIN 68800-2 Holzschutz – Teil 2: Vorbeugende bauliche Maßnahmen im Hochbau) und Mitarbeit an DIN 68800, Teile 1 und 3, sowie im NA 042-03-06 AA Spiegelausschuss zu CEN TC 38 „Dauerhaftigkeit von Holz und Holzprodukten"

*Kurzvita*

Jahrgang 1978

1998–2001 Ausbildung zum Zimmerer

2002–2007 Studium des Holzingenieurswesens an der Hochschule für angewandte Wissenschaft und Kunst (HAWK) Hildesheim/Holzminden/Göttingen

seit 2007 technischer Referent bei Holzbau Deutschland – Bund Deutscher Zimmermeister im Zentralverband Deutsches Baugewerbe

*Tätigkeitsgebiete*

Mitarbeit in zahlreichen Normen-Arbeitsausschüssen; NA 042-03-01 AA „Holzschutz Grundlagen", NA 042-03-02 AA „Baulicher Holzschutz", Obmann des Arbeitsausschusses

NA 042-03-02 AA „Baulicher Holzschutz“ (DIN 68800-2), NA 042-03-03 „Vorbeugender Holzschutz mit Holzschutzmitteln“, NA 042-03-06 AA (SpA zu CEN/TC 38 „Dauerhaftigkeit von Holz und Holzprodukten“), NA 005-52-23 AA „Brandverhalten von Baustoffen und Bauteilen – Außenwandbekleidungen“, NA 005-52-22 AA „Konstruktiver baulicher Brandschutz (SpA zu ISO/TC 92/WG 15, ISO/TC 92/SC 2/WG 11 und Teilbereichen von CEN/TC 250)“, NA 005-56-99 AA „Feuchte (SpA zu CEN/TC 89/WG 10, ISO/TC 163/SC 1/WG 8, ISO/TC 163/SC 2/WG 16)“.

Mitarbeiter im Deutschen Fachausschuss Holzschutz.

**Dr. Eckhard Melcher, wissenschaftlicher Oberrat**

Obmann des Arbeitsausschusses NA 042-03-03 AA „Vorbeugender chemischer Holzschutz“ (DIN 68800 Holzschutz – Teil 3: Vorbeugender Schutz von Holz mit Holzschutzmitteln) und Mitarbeit an DIN 68800, Teil 1 und 4

*Kurzvita*

Jahrgang 1959

1979–1984 Chemiestudium an der Humboldt-Universität zu Berlin, Diplomchemiker

1985–1987 Praxisaspirantur an der Humboldt-Universität zu Berlin

1989 Promotion an der Humboldt-Universität zu Berlin, Sektion Chemie, Dr. rer. nat.

1988–1991 wissenschaftlicher Mitarbeiter am Institut für Forstwissenschaften Eberswalde, Fachbereich Holzforschung

seit 1992 wissenschaftlicher Mitarbeiter am Institut für Holzbiologie und Holzschutz der Bundesforschungsanstalt für Forst- und Holzwirtschaft, Hamburg (heute: Thünen-Institut für Holzforschung, Hamburg)

*Tätigkeitsgebiete*

Aktiv in nationalen und internationalen Normungsgremien im Bereich „Holzschutz/Holzverwendung“: NA 042-03-03 AA – DIN 68800-3 „Vorbeugender chemischer Holzschutz“ (Obmann), NA 042-03-06 AA: „SpA zu CEN/TC 38 Dauerhaftigkeit von Holz und Holzprodukten“ (stellv. Obmann), Mitarbeit in der WG 21 „Beständigkeit, Klassifikation“, in der WG 25 „Externe Faktoren“, in der WG 26 „Physikalische/chemische Faktoren“ und in der WG 27 „Expositionsaspekte“ des CEN/TC 38 „Dauerhaftigkeit von Holz und Holzprodukten“, Mitarbeit im NA 005-53 „Fachbereichsbeirat KOA 03: Hygiene, Gesundheit und Umweltschutz“, Sachverständigenausschuss „Holzschutzmittel“ (Obmann) und Mitarbeit in der Projektgruppe „Chemisch und thermisch modifiziertes Holz“ am Deutschen Institut für Bautechnik, AK „Analytik“ in der RAL-Gütegemeinschaft „Imprägnierte Holzbauelemente e. V.“ (Obmann).

**Dr. Dietger Grosser, Akadem. Direktor i. R.**

Obmann des Arbeitsausschusses NA 042-03-01 AA „Holzschutz – Bekämpfender Holzschutz“ (DIN 68800 Holzschutz – Teil 4: Bekämpfungsmaßnahmen gegen Holz zerstörende Pilze und Insekten und Sanierungsmaßnahmen) und Mitarbeit an DIN 68800, Teile 1 bis 3

*Kurzvita*

Jahrgang 1940

1960 Abitur, sowie anschließend 1 Jahr Praktikum in Betrieben der Holzwirtschaft zur Vorbereitung des Studiums der Holzwirtschaft

1961–1966 Studium der Holzwirtschaft an der Universität Hamburg, Abschluss Diplom-Holzwirt

1966–1970 wissenschaftlicher Mitarbeiter und Promotion am Lehrstuhl für Holzbiologie und Holzschutz der Universität Hamburg

1971–2005 Leiter des Fachgebiets Anatomie und Pathologie des Holzes am Institut für Holzforschung München, früher LMU München, seit 1999 TU München

*Tätigkeitsgebiete*

Während dieser Zeit tätig in Forschung und Lehre und Mitarbeit in zahlreichen Fachausschüssen und -referaten (u. a. von DIN, des DIBt, der DGfH, des WTA und verschiedener Berufsverbände), teilweise in verantwortlicher Position als Obmann und Referatsleiter; zahlreiche Auslandsaufenthalte als Gastdozent und Gastforscher außerhalb Europas, u. a. in den USA, in Brasilien, Argentinien, Mexiko, Vietnam und China. Seit September 2005 im Ruhestand mit freiberuflicher Tätigkeit auf den Gebieten der Holzanatomie und Holzpathologie.

# Vorwort und Danksagung

In der Normenreihe DIN 68800 „Holzschutz“ ist festgelegt, unter welchen Bedingungen auf chemische Holzschutzmaßnahmen verzichtet werden kann. Für notwendige vorbeugend chemische oder bekämpfende Maßnahmen wird geregelt, wie diese Maßnahmen fachgerecht, wirksam und sicher auszuführen sind.

Die Normenreihe DIN 68800 ist gegen Ende der 2000er-Jahre komplett überarbeitet worden. Die Neuausgaben, die aus dieser Überarbeitung hervorgingen, sind 2011 und 2012 veröffentlicht worden. Geänderte rechtliche Rahmenbedingungen, technische Weiterentwicklungen und aktualisierte Europäische Normen machten eine weitere Überarbeitung der Normenreihe erforderlich. Hiermit wurde ab 2016 begonnen.

Für jeden Teil der Normenreihe ist ein eigener Arbeitsausschuss im Fachbereich „Holzschutz“ des Normenausschusses Holzwirtschaft und Möbel (NHM) verantwortlich:

- NA 042-03-01 AA „Holzschutz – Grundlagen“: DIN 68800-1: Holzschutz – Teil 1: Allgemeines (Obmann: Dr. Rudy Plarre, BAM Berlin)
- NA 042-03-02 AA „Baulicher Holzschutz“: DIN 68800-2: Holzschutz – Teil 2: Vorbeugende bauliche Maßnahmen im Hochbau (Obmann: Roland Glauner, Holzbau Deutschland, Berlin)
- NA 042-03-03 AA „Vorbeugender chemischer Holzschutz“: DIN 68800-3: Holzschutz – Teil 3: Vorbeugender Schutz von Holz mit Holzschutzmitteln (Obmann: Dr. Eckhard Melcher, Thünen-Institut für Holzforschung, Hamburg)
- NA 042-03-04 AA „Bekämpfender Holzschutz“: DIN 68800-4: Holzschutz – Teil 4: Bekämpfungsmaßnahmen gegen Holz zerstörende Pilze und Insekten und Sanierungsmaßnahmen (Obmann: Dr. Dietger Grosser, ehemals TU-München)

Die Ausschüsse arbeiten eng zusammen. Die Überarbeitung ist bei den interessierten Kreisen auf großes Interesse getroffen. Bauaufsicht, Holzbau, Holzschutzmittelindustrie, Wissenschaft, Prüfinstitute, Sägeindustrie, Umweltverbände, Verbraucher, Schädlingsbekämpfer und Architekten sind in den Ausschüssen vertreten. Die Beratungen fanden im Spannungsfeld zwischen Bauwerkserhaltung auf der einen und dem notwendigen Gesundheitsschutz auf der anderen Seite statt. Die Grundsätze sind im Teil 1 dargestellt. Der Teil 2 der Norm regelt den baulichen Holzschutz, der auf europäischer Ebene aufgrund der sehr unterschiedlichen regionalen Gepflogenheiten bisher nicht berücksichtigt worden ist. Im Teil 3 wird festgelegt, wie nach Europäischen Normen mit Holzschutzmittel behandeltes Holz in Deutschland verwendet werden darf. Die im Teil 4 beschriebenen Bekämpfungsmaßnahmen werden in den Europäischen Normen nur ansatzweise behandelt.

Normen können kein Lehrbuch ersetzen. Deshalb wurde bereits zu den Vorgängerausgaben der Normenreihe DIN 68800 seit 1990 jeweils ein Beuth-Kommentar veröffentlicht, um in dem äußerst komplexen Themenfeld Holzschutz zusätzliche Erläuterungen zu den Normen bereitzustellen.

Der vorliegende Kommentar in 3. Auflage basiert auf der Vorgängerausgabe aus dem Jahr 2012. Seinerzeit wurde die Normenreihe grundlegend überarbeitet und neu gegliedert. Besonderer Dank gilt daher den Autoren dieser Vorgängerausgabe:

- Herr Dr. Hubert Willeitner (Teil 1)
- Herr Dipl.-Ing. Borimir Radović (Teil 2)
- Herr Dr. Horst Hertel (Teil 3)
- Herr Dr. Dietger Grosser (Teil 4) sowie dem Herausgeber Herrn Prof. Marutzky.

Sein Vorwort zur 2. Auflage hat weiterhin in seinen Aussagen Bestand und Gültigkeit und ist hier in Auszügen zitiert:

*„Holz war und ist einer der wichtigsten Werk- und Baustoffe für den Menschen. Wir nutzen es vielfältig, u. a. bei der Fertigung von Bauwerken, Inneneinrichtungen und Möbeln. Als natürlicher Werkstoff ist es biologischen Gefährdungen durch Holz abbauende und zerstörende Pilze,*

*Insekten und andere Organismen ausgesetzt. Die Nutzung des Holzes als Werk- und Baustoff war daher bereits von Anbeginn auch mit der Fragestellung des Holzschutzes und damit der Funktions- und Werterhaltung von Holzprodukten verbunden.*

*Dieser Schutz erfolgt durch werkstoffliche, bauliche und chemische Maßnahmen. Der werkstoffliche Schutz nutzt vor allem die unterschiedliche Dauerhaftigkeit der uns zur Verfügung stehenden Hölzer. In jüngster Zeit wird auch die Holzsubstanz durch thermische oder chemische Behandlung modifiziert und damit dauerhafter gemacht. Baulicher Holzschutz betrifft alle konzeptionellen und konstruktiven Maßnahmen, die verhindern sollen, dass bei verbauten Hölzern Bedingungen eintreten, die eine biologische Schädigung ermöglichen. Der chemische Holzschutz umfasst die Behandlung des Holzes und der hergestellten Produkte mit chemischen Wirkstoffen (Bioziden) zum vorbeugenden Schutz vor Zerstörung. Bei bereits befallenen Hölzern und Holzbauteilen können Bekämpfungsmaßnahmen erforderlich werden. Der vorbeugende chemische Holzschutz erlangte durch die Entwicklung zahlreicher neuer Wirkstoffe und Anwendungen bis in die 70er Jahre des 20. Jahrhunderts eine dominierende Stellung. Seitdem hat unter ökologischen Gesichtspunkten ein Umdenken stattgefunden, indem durch neue Konzepte, die auf zumeist altem Wissen beruhen, chemische Behandlungen nur noch als Ultima Ratio gesehen werden und sich daher auf unvermeidbare Anwendungen beschränken. Auch die Normung hat sich frühzeitig der Planung und Durchführung von Holzschutzmaßnahmen angenommen. Eine erste Fassung erschien bereits 1956. Sie wurde zwischenzeitlich mehrfach überarbeitet. (...) “*

Wir gedenken insbesondere den Verstorbenen Dr. Hubert Willeitner und Borimir Radović.

Für die Erstellung der Neufassung des Kommentars waren wiederum die eingangs benannten Obleute der zuständigen Arbeitsausschüsse zuständig.

Unser Dank gilt den zahlreichen Experten aus den interessierten Kreisen in den Normungsgremien, die an der Überarbeitung der Normen beteiligt waren.

Herzlich gedankt sei außerdem Frau Norma Müller vom Beuth Verlag für die verlagstechnische Organisation und für die Unterstützung der Autoren.

Die Erstellung des Kommentars ist mit nicht unerheblichen Kosten verbunden. Wir bedanken uns beim Verein zur Förderung der Normung im Bereich Holzwirtschaft und Möbel e. V. (VFNHM), der die Finanzierung ermöglicht hat.

Wir wünschen uns im Sinne der Leser und Anwender der Normenreihe, dass die zusätzlichen Erläuterungen zu einer effektiven und fachgerechten Umsetzung des zeitgemäßen Holzschutzes beitragen können und damit die Nutzung des umweltfreundlichen Werk- und Baustoffs Holz befördern.

DIN-Normenausschuss Holzwirtschaft und Möbel (NHM)

Bernd Trepkau
Projektmanager

Februar 2022

# Inhalt

# Allgemeine Hinweise

## 1 Die Historie der DIN 68800 – Das neue Konzept 2012

DIN 68800 erschien erstmalig 1956 und regelt seither den Gesamtbereich des Holzschutzes im Hochbau. Die einteilige Erstausgabe wurde 1974 in die noch heute bestehenden Teile 1 bis 4 aufgeteilt und 1978 durch Teil 5 für Holzwerkstoffe ergänzt. Seither erfolgten mehrere Überarbeitungen zu verschiedenen Zeiten.

Die wiederholten Überarbeitungen der einzelnen Teile von DIN 68800 zu unterschiedlichen Zeiten bedingte eine mangelnde Ausgewogenheit und führte zum Ende der 1990er Jahre zu einer Reihe von Ungereimtheiten. Die Erstausgabe 1956 war geprägt durch den nach Kriegsende dominierenden Materialschutz, während heute aufgrund gesellschaftspolitischer Veränderungen Gesundheits- und Umweltschutz im Vordergrund stehen. Schließlich mussten auch die inzwischen erschienenen Europäischen Normen berücksichtigt werden.

Dies war die Ausgangslage, die zu einer grundlegenden Überarbeitung der Normenreihe führte, die Mitte der 2000er Jahre begann und mit der Veröffentlichung der Normen 2012 abgeschlossen wurde.

Das neue Konzept bedeutete:

- Alle **übergeordneten Aussagen** wurden in Teil 1 zusammengefasst.
- Alle Regelungen zur **Durchführung von Maßnahmen** erfolgen in weiteren Teilen:

  Teil 2 für den baulichen Holzschutz

  Teil 3 für die Anwendung von Holzschutzmitteln

  Teil 4 für Bekämpfungsmaßnahmen

Dieses Konzept folgt dem Prinzip:

Teil 1 regelt das **Was und Warum**.

Teile 2 bis 4 regeln das **Wie**.

Die Neufassung der Reihe DIN 68800 berücksichtigte die relevanten Europäischen Normen. Damit wurde das bisher unübersichtliche Nebeneinander zwischen Europäischen Normen und DIN 68800 geklärt und der Zusammenhang herausgestellt. Nicht in Europäischen Normen behandelte Aspekte sind weiterhin national in DIN 68800 geregelt. In allen Fällen gilt der Grundsatz der Normung, dass weder widersprüchliche noch Doppelregelungen erfolgen dürfen. In den Europäischen Holzschutznormen fehlt ein allgemeiner Überblick zum Gesamtbereich des Schutzes von Holz, was in DIN 68800-1 geregelt ist.

Ähnlich wird der bauliche Holzschutz nach DIN 68800-2 aufgrund der unterschiedlichen Bautraditionen in Europa in Europäischen Normen bisher nicht behandelt.

## 2 Überarbeitung 2021

Die 2021 abgeschlossene Überarbeitung war nicht grundsätzlicher Natur. Es galt, geänderten gesetzlichen Rahmenbedingungen bei der Zulassung von Holzschutzmitteln Rechnung zu tragen, überarbeitete Bezugsnormen zu berücksichtigen und Anpassungen an die technischen Weiterentwicklungen vorzunehmen.

Folgende wesentliche Änderungen sind zu nennen:

**DIN 68800-1** „*Holzschutz — Teil 1: Allgemeines*“. Die Norm wurde überarbeitet, um die Festlegungen zur natürlichen Dauerhaftigkeit nach Veröffentlichung der Neuausgabe von DIN EN 350 „*Dauerhaftigkeit von Holz und Holzprodukten — Prüfung und Klassifizierung der Dauerhaftigkeit von Holz und Holzprodukten gegen biologischen Angriff*“ zu berücksichtigen. Die Definition des baulichen Verwendbarkeitsnachweises wurde aktualisiert.

**DIN 68800-2** „*Holzschutz – Teil 2: Vorbeugende bauliche Maßnahmen im Hochbau*“ ist in Bezug auf Festlegungen zu bauaufsichtlichen Verwendbarkeitsnachweisen von Folien überarbeitet worden. Hierzu ist ein neuer Anhang B zur Prüfung von feuchtevariablen Schichten aufgenommen worden. Außerdem sind widersprüchliche Festlegungen in DIN 68000-2 und DIN 4108-3 in Bezug auf den Feuchteschutz beseitigt worden. Die im Anhang A dargestellten Konstruktionen, bei denen die Bedingungen der Gebrauchsklasse GK 0 erfüllt sind, d. h. bei denen grundsätzlich auf den Einsatz von Holschutzmitteln verzichtet werden kann, ist aktualisiert worden. Des Weiteren musste eine Reihe von Anpassungen an überarbeitete in Bezug genommene nationale und Europäische Normen vorgenommen werden.

**DIN 68800-3** „*Vorbeugender Schutz von Holz mit Holzschutzmitteln*“ ist überarbeitet worden, insbesondere um die geänderten Verfahren zur Zulassung von Holzschutzmitteln zu berücksichtigen. Das Chemikaliengesetz und die Biozid-Produkte-Verordnung zur Zulassung und Kennzeichnung von Holzschutzmitteln sind berücksichtigt worden und die Festlegungen für mit Holzschutzmitteln behandeltes Holz in Gebrauchsklasse 4 (Außenbereich mit Erdkontakt) für nicht tragende Bauteile wurden angepasst.

**DIN 68800-4** „*Bekämpfungsmaßnahmen gegen Holz zerstörende Pilze und Insekten und Sanierungsmaßnahmen*“ ist überarbeitet worden, insbesondere um die geänderten Verfahren zur Zulassung von Holzschutzmitteln zu berücksichtigen. Außerdem wurden Maßnahmen bei Befall durch den Echten Hausschwamm konkretisiert. Neue Erkenntnisse zu den elektrophysikalischen Verfahren wurden berücksichtigt. Die Festlegungen zum Mikrowellenverfahren wurden erweitert.

## 3 Was bedeutet ‚Kommentar DIN 68800‘?

Normen sollen in verständlicher Sprache möglichst präzise Regelungen festlegen, ohne diese ausführlich zu erläutern. Normen müssen aber Fachwissen voraussetzen und können kein Lehrbuch sein. Dies trifft in besonderer Weise für eine komplexe Norm wie DIN 68800 zu. Als Konsequenz sind viele Formulierungen in DIN 68800 nicht ohne Weiteres nachvollziehbar und nicht immer einfach umzusetzen.

Aufgabe dieses Kommentars ist es, den Normtext zu erläutern sowie Hintergründe und Zusammenhänge einer Norm ausführlicher darzustellen, als dies im Normtext möglich ist, und gleichzeitig Hilfestellungen zur Anwendung der Norm in der Praxis zu geben.

Der vorliegende Kommentar zu den bis 2021 überarbeiteten vier Teilen von DIN 68800 wurde wiederum durch die Obleute der jeweiligen Arbeitsausschüsse des zuständigen Normenausschusses Holzwirtschaft und Möbel (NHM) des DIN unter Mitwirkung von den zu den jeweiligen Kommentaren genannten Fachkollegen erarbeitet. Die Arbeitsgruppen waren bewusst klein, um mit geringem Aufwand möglichst effektiv zu sein. Gleichzeitig wurde versucht, die z. T. sehr unterschiedlichen Interessenkreise angemessen zu berücksichtigen. Kommentare zu Normen haben grundsätzlich nur einen erläuternden Charakter. Sie geben die unter Verantwortung der jeweiligen Obleute abgestimmte Meinung der beteiligten Fachleute wieder, während Normen in DIN-Arbeitsausschüssen unter Beteiligung der sogenannten Interessierten Kreise nach den Regelungen der Normenreihe DIN 820 erarbeitet werden.

## 4 Verbindlichkeit von Normen/Wie sind Normen zu lesen?

Normen sollen sich als anerkannte Regeln der Technik etablieren und bilden einen Maßstab für einwandfreies technisches Verhalten. Dieser Maßstab ist auch im Rahmen der Rechtsordnung von Bedeutung. Eine Anwendungspflicht kann sich aufgrund von Rechts- oder Verwaltungsvorschriften, Verträgen oder sonstigen Rechtsgründen ergeben. Eine Norm ist nicht die einzige, sondern eine Erkenntnisquelle für technisch ordnungsgemäßes Verhalten im Regelfall. Normen sollen zwar den Stand der Technik berücksichtigen, diese Forderung ist aber schon wegen der fortwährenden Weiterentwicklung in der Technik äußerst schwer zu realisieren. Durch das

Anwenden von Normen entzieht sich niemand der Verantwortung für eigenes Handeln. Jeder handelt insoweit auf eigene Gefahr.[1]

Bei der Verwendung von Verbformen nach den Gestaltungsregeln nach DIN 820-2[2] sind folgende Festlegungen zu unterscheiden:

1) Anforderung,

2) Empfehlung,

3) Zulässigkeit und

4) Möglichkeit und Vermögen.

Diese Festlegungen werden durch folgende modale Hilfsverben ausgedrückt

| Festlegung | Anforderung | Empfehlung | Zulässigkeit | Möglichkeit und Vermögen |
|---|---|---|---|---|
| Modales Hilfsverb | muss<br>darf nicht | sollte<br>sollte nicht | darf<br>braucht nicht | kann<br>kann nicht |

Für die Verbindlichkeit von Aussagen in einer Norm ist ferner die Anordnung im Text zu beachten:

- Anmerkungen und Fußnoten im Text: Sie werden verwendet, um zusätzliche Informationen zur Erleichterung des Verstehens oder der Anwendbarkeit des Textes zur Verfügung zu stellen. Das Dokument muss ohne diese Anmerkungen anwendbar sein. Sie dürfen keine Anforderungen (müssen) oder jedwede Information, die für die Anwendung des Dokuments als unverzichtbar einzustufen ist, Empfehlungen (sollten) oder Zulässigkeiten (dürfen) enthalten.
- Fußnoten zu Bildern und Tabellen: Sie dürfen Anforderungen enthalten.
- Anhänge können „normativ" oder nur „informativ" sein, was jeweils ausdrücklich in der Überschrift vermerkt wird.
- Normative Verweisungen (Abschnitt 2 einer Norm) enthalten eine Liste derjenigen normativen Dokumente, auf die in der Norm so verwiesen wird, dass sie für die Anwendung der Norm unentbehrlich sind. Hierbei werden unterschieden:
  - datierte Verweisung (= Angabe des Erscheinungsdatums des Dokuments):
    es gilt nur die Norm mit dem zitierten Datum;
  - undatierte Verweisung (= nur Angabe des Dokuments ohne Erscheinungsdatum):
    es gilt die jeweils neueste Fassung des Dokuments.
- Literaturhinweise (am Ende einer Norm) enthalten unverbindliche Hinweise auf Quellen, die für das Verständnis der Norm oder als zusätzliche Information hilfreich sein können.

Hinweis zur Bildnummerierung im Kommentar:

Bilder aus Normzitaten sind mit einer durchgehenden Nummerierung versehen (Bild 1), die in jedem Teil neu beginnt. Zum Unterschied dazu werden Bilder im Kommentar mit Bild K.1, Bild K.2 etc. nummeriert.

---

1 Siehe DIN 820-1:2014-06, *Normungsarbeit – Teil 1: Grundsätze* und DIN 820 Beiblatt 3:2016-10, *Normungsarbeit; Beiblatt 3: Hinweise und Informationen für das Erstellen, Veröffentlichen und Anwenden von Normen*

2 Siehe DIN 820-2:2020-03, *Normungsarbeit – Teil 2: Gestaltung von Dokumenten (ISO/IEC-Direktiven – Teil 2:2018, modifiziert); Deutsche und Englische Fassung CEN/CENELEC-Geschäftsordnung – Teil 3:2019*

# Kommentar zu DIN 68800-1:2019-06
# Holzschutz – Teil 1: Allgemeines

**Die Überarbeitung und Kommentierung dieses Teiles basiert auf den Inhalten und Kommentierungen der Vorauflage. Die Bearbeiter und Autoren der aktuellen Auflage sowie der Vorauflage sind folgend aufgeführt:**

**3. Auflage 2022:**

Hauptautor:

Rudy Plarre — BAM Bundesanstalt für Materialforschung und -prüfung, Berlin

**2. Auflage 2013:**

Hauptautor:

Hubert Willeitner† — vormals Bundesforschungsanstalt für Forst und Holzwirtschaft, Hamburg-Lohbrügge (heutige Bezeichnung: Thünen-Institut für Holzforschung, Hamburg)

Unter Mitwirkung von:

Roland Glauner — Holzbau Deutschland – Bund Deutscher Zimmermeister im Zentralverband des Deutschen Baugewerbes, Berlin

Thorsten Kober — bauart Konstruktions GmbH & Co. KG, Lauterbach (Hessen)

Eberhard Kühnemann — Oberste Baurechtsbehörde im Ministerium für Umwelt, Klima und Energiewirtschaft Baden-Württemberg, Stuttgart

Eckhard Melcher — Thünen-Institut für Holzforschung, Hamburg

Johann Müller — Sachverständiger für Holz und Holzschutz, Dörpen, ehrenamtlich im DIN-Verbraucherrat tätig

sowie zur Modifikation des Holzes:

Holger Militz — Abt. Holzbiologie und Holzprodukte der Georg-August-Universität, Göttingen

Wolfram Scheiding — Institut für Holztechnologie Dresden gemeinnützige GmbH

Björn Weiß — Institut für Holztechnologie Dresden gemeinnützige GmbH

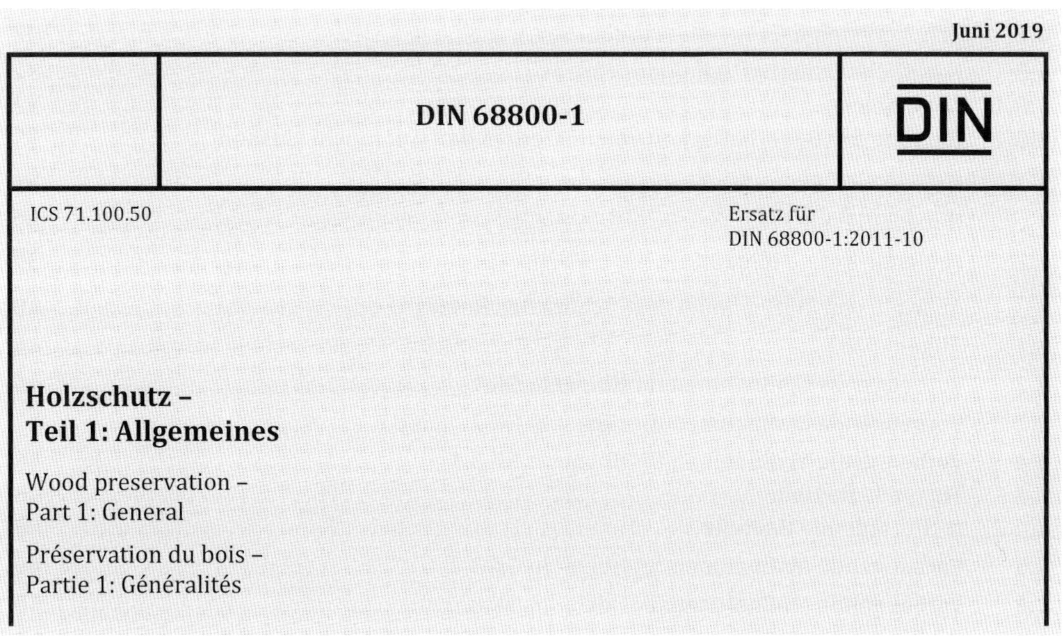
Juni 2019

DIN 68800-1

DIN

ICS 71.100.50

Ersatz für
DIN 68800-1:2011-10

**Holzschutz –
Teil 1: Allgemeines**

Wood preservation –
Part 1: General

Préservation du bois –
Partie 1: Généralités

# Inhalt



* Die Seitenzahlen beziehen sich auf den vorliegenden Kommentar.

# Vorwort

Diese nationale Norm wurde vom NA 042-03-01 AA „Holzschutz Grundlagen“ im Normenausschuss Holzwirtschaft und Möbel (NHM) erarbeitet.

Es wird auf die Möglichkeit hingewiesen, dass einige Elemente dieses Dokuments Patentrechte berühren können. DIN ist nicht dafür verantwortlich, einige oder alle diesbezüglichen Patentrechte zu identifizieren.

DIN 68800 *Holzschutz* besteht aus:

- *Teil 1: Allgemeines*
- *Teil 2: Vorbeugende bauliche Maßnahmen im Hochbau*
- *Teil 3: Vorbeugender Schutz von Holz mit Holzschutzmitteln*
- *Teil 4: Bekämpfungs- und Sanierungsmaßnahmen gegen Holz zerstörende Pilze und Insekten*

Eine Änderung von DIN 68800-1:2011-10 wurde erforderlich wegen:

- Ersatz von DIN EN 350-2:1994-10 durch DIN EN 350:2016-12 mit zahlreichen Änderungen, die DIN 68800-1 unmittelbar betreffen.
- Des EuGH-Urteils C-100/13 vom 16. Oktober 2014 bezüglich Verstoßes der Bundesrepublik Deutschland gegen die Bauproduktenrichtlinie (Richtlinie 89/106/EWG). In diesem Zusammenhang sollten Festlegungen, die einen bauaufsichtlichen Verwendbarkeitsnachweis fordern, vermieden werden.
- Zur Berichtigung des nicht zutreffenden Bezugs auf DIN EN 1995-1-1/NA, die im Gegensatz zu der inzwischen zurückgezogenen DIN 1052:2008-12 keine Liste mit Holzarten enthält, die sich für tragende Bauteile bewährt haben.

**Änderungen**

Gegenüber DIN 68800-1:2011-10 wurden folgende Änderungen vorgenommen:

a) Ersatz von DIN EN 350-2:1994-10 durch DIN EN 350:2016-12 mit zahlreichen Änderungen, die DIN 68800-1 unmittelbar betreffen, berücksichtigt;

b) Zurückziehung von DIN 1052 mit einer Liste von Holzarten, die sich für tragende Bauteile bewährt haben, berücksichtigt;

c) Tabelle 2 gestrichen und Nummerierung der folgenden Tabellen angepasst;

d) Tabelle 3, Tabelle 4, Tabelle 5 und Tabelle B.1 überarbeitet;

e) Abschnitt 3 „Begriffe“ überarbeitet.

**Frühere Ausgaben**

DIN 52175: 1954x-06, 1975-01

DIN 68800: 1956-09

DIN 68800-1: 1974-05, 2011-10

Im Rahmen der regelmäßigen Überprüfung wurde DIN 68800:2011-10 überarbeitet und liegt nun in aktualisierter Form als DIN 68800:2019-06 vor. Die Änderungen gegenüber DIN 68800: 2011-10 sind im Vorwort der Norm unter Änderungen gelistet. Die notwendige Anpassung des Kommentars bezieht sich im Wesentlichen auf diese Änderungen. Weiterhin wurde die Interpretation zu einzelnen Gebrauchsklassen, speziell zur GK 0, an geeigneten Stellen um eine europäische Sichtweise ergänzt. Weite Teile des Kommentars von 2013 zu diesem Teil der Norm bedurften keiner Änderungen und blieben folglich unverändert. Die grundsätzlichen Neuerungen in der Konzeption von DIN 68800:2011-10 im Vergleich gegenüber DIN 52175:1975-01 und DIN 68800-1:1974-05 werden in diesem Kommentar nicht wiederholt.

# 1 Anwendungsbereich

Diese Norm regelt die allgemeinen Voraussetzungen für den Schutz von verbautem Holz und Holzwerkstoffen gegen eine Wertminderung oder Zerstörung durch Organismen sowie für eventuell notwendige Bekämpfungsmaßnahmen. Sie enthält die Verpflichtung, bauliche Maßnahmen zu berücksichtigen.

Sie ergänzt in Verbindung mit DIN 68800-2 und DIN 68800-3 die DIN EN 1995-1-1 mit DIN EN 1995-1-1/NA in Bezug auf die Standsicherheit und die Gebrauchstauglichkeit während der vorgesehenen Nutzungsdauer von Holzbauwerken.

Diese Norm gilt nicht für einen Schutz von Holz gegen Feuer.

Diese Norm legt auf der Grundlage der gegebenen Gefährdung unter verschiedenen Einsatzbedingungen Gebrauchsklassen fest und ordnet diesen Schutzmaßnahmen zu.

Für den Schutz von Holzbrücken gelten zusätzlich die Bestimmungen in DIN EN 1995-2 mit DIN EN 1995-2/NA.

Hinweise auf thermische oder chemische Modifizierungen enthält Anhang A.

ANMERKUNG WPC (en: Wood Plastic Composites) sind keine im Sinne einer Holzschutzmaßnahme geschützten Hölzer, sondern Verbundwerkstoffe aus polymeren thermoplastischen Kunststoffen und Holzpartikeln.

Der temporäre Schutz von Rundholz und von Schnittholz nach dem Einschnitt gegen Holz verfärbende Pilze einschließlich Lagerung vor der Verarbeitung wird in dieser Norm nicht behandelt.

Teil 1 der Normenreihe DIN 68800 enthält alle allgemeinen Regelungen zum Schutz des Holzes.

Die allgemeinen Regelungen zum Schutz des Holzes sind in diesem übergeordneten Teil zusammengefasst. Dadurch erlangt Teil 1 zentrale Bedeutung und muss bei allen Maßnahmen zum Schutz des Holzes als Erstes berücksichtigt werden. Hierauf wird im Anwendungsbereich der Teile 2, 3 und 4 der Normenreihe jeweils ausdrücklich verwiesen.

Teil 1 ist somit eine Steuerungsnorm und demnach entscheidend, welche Maßnahmen unter den jeweiligen Gebrauchsbedingungen notwendig, möglich und auch zweckmäßig sind. Er erlangt damit in Regelungsumfang eine hohe Bedeutung. Die unmittelbare Beziehung zu DIN EN 1995-1-1 (= Eurocode 5) wird ausdrücklich betont. Dabei legt die Normenreihe DIN 68800 die notwendigen Maßnahmen für Planung und Ausführung von dauerhaften Bauteilen und Konstruktionen aus Holz fest.

Besonderer Wert wird auf die Berücksichtigung der in Teil 2 der Normenreihe geregelten baulichen Maßnahmen gelegt, was als „verpflichtend“ charakterisiert und in 8.1 näher dargestellt wird (siehe die dortige Kommentierung). Soweit Holzschutzmittel eingesetzt werden sollen, wird dies in Teil 3 der Normenreihe geregelt.

DIN 68800 steht in enger Beziehung zur Europäischen Holzschutznormung, die angemessen berücksichtigt wird.

Der temporäre Schutz von Rund- und Schnittholz gegen Holz verfärbende Pilze wird nicht berücksichtigt, da es sich hierbei um andere Schadorganismen sowie um besondere Schutzmaßnahmen handelt.

# 2 Normative Verweisungen

Die folgenden Dokumente werden im Text in solcher Weise in Bezug genommen, dass einige Teile davon oder ihr gesamter Inhalt Anforderungen des vorliegenden Dokuments darstellen. Bei datierten Verweisungen gilt nur die in Bezug genommene Ausgabe. Bei undatierten Verweisungen gilt die letzte Ausgabe des in Bezug genommenen Dokuments (einschließlich aller Änderungen).

DIN 4074-1, *Sortierung von Holz nach der Tragfähigkeit — Teil 1: Nadelschnittholz*

DIN 68800-2, *Holzschutz — Teil 2: Vorbeugende bauliche Maßnahmen im Hochbau*

DIN 68800-3, *Holzschutz — Teil 3: Vorbeugender Schutz von Holz mit Holzschutzmitteln*

DIN 68800-4, *Holzschutz — Teil 4: Bekämpfungs- und Sanierungsmaßnahmen gegen Holz zerstörende Pilze und Insekten*

DIN EN 350:2016-12, *Dauerhaftigkeit von Holz und Holzprodukten — Prüfung und Klassifizierung der Dauerhaftigkeit von Holz und Holzprodukten gegen biologischen Angriff; Deutsche Fassung EN 350:2006*

DIN EN 927-2, *Beschichtungsstoffe — Beschichtungsstoffe und Beschichtungssysteme für Holz im Außenbereich — Teil 2: Leistungsanforderungen*

DIN EN 1001-2, *Dauerhaftigkeit von Holz und Holzprodukten — Terminologie — Teil 2: Vokabular*

DIN EN 1995-1-1, *Eurocode 5: Bemessung und Konstruktion von Holzbauten — Teil 1: Allgemeines — Allgemeine Regeln und Regeln für den Hochbau*

DIN EN 1995-1-1/A2, *Eurocode 5: Bemessung und Konstruktion von Holzbauten — Teil 2: Allgemeines — Allgemeine Regeln und Regeln für den Hochbau*

DIN EN 1995-1-1/NA, *Nationaler Anhang — National festgelegte Parameter — Eurocode 5: Bemessung und Konstruktion von Holzbauten — Teil 1: Allgemeines — Allgemeine Regeln und Regeln für den Hochbau*

DIN EN 1995-2, *Eurocode 5: Bemessung und Konstruktion von Holzbauten — Teil 2: Brücken*

DIN EN 1995-2/NA, *Nationaler Anhang — National festgelegte Parameter — Eurocode 5: Bemessung und Konstruktion von Holzbauten — Teil 2: Brücken*

DIN EN 13986, *Holzwerkstoffe zur Verwendung im Bauwesen — Eigenschaften, Bewertung der Konformität und Kennzeichnung*

Die zitierten Dokumente sind für die Anwendung und zum Verständnis des vorliegenden Dokuments erforderlich.

# 3 Begriffe

Für die Anwendung dieses Dokuments gelten die Begriffe nach DIN EN 1001-2 und die folgenden Begriffe.

DIN und DKE stellen terminologische Datenbanken für die Verwendung in der Normung unter den folgenden Adressen bereit:

- DIN-Terminologieportal: verfügbar unter https://www.din.de/go/din-term/
- DKE-IEV: verfügbar unter http://www.dke.de/DKE-IEV

In der Normenreihe DIN 68800 werden einschlägige Begriffe definiert, wobei die Definitionen nicht von denen in anderen Normen abweichen dürfen. Gegebenenfalls wird auf diejenigen Normen verwiesen, in denen die Begriffe erstmals definiert wurden.

Eine Kommentierung erfolgt nur, soweit die Definitionen einer zusätzlichen Erklärung bedürfen.

**3.1**
**Aufenthaltsraum**

im bauaufsichtlichem Sinne Raum, der zum nicht nur vorübergehenden Aufenthalt von Menschen bestimmt oder geeignet ist

Der Begriff „Aufenthaltsraum“ ist unspezifisch und entspricht der Musterbauordnung § 2 Abs. 5 [1].

In erster Linie ist an Wohnräume und vergleichbare Räume zu denken (vgl. 3.23 Wohnklima), in denen keine besonderen Maßnahmen zum Schutz des Holzes erforderlich sind (vgl. hierzu die GK 0 in Tabelle 1 der Norm). In Wohnräumen sind aus Gründen des Gesundheitsschutzes keine vorbeugend wirksamen Holzschutzmittel anzuwenden und dort auch nicht erforderlich.

Aufenthaltsräume sind nicht mit Innenräumen gleichzusetzen. Letztere sind nicht eindeutig definiert. Zum Teil werden darunter alle umschlossenen Bereiche verstanden, von Räumen in Gebäuden bis hin zu Fahrgastzellen in Autos. Aufenthaltsräume sind somit Innenräume in baulichen Anlagen und können neben Wohnräumen beispielsweise auch Büros, Restaurants, Gaststätten, Verkaufsstätten, Kindertagesstätten, Schulen, Universitäten, Werkstätten, Sporthallen, Fitnessräume, Hobbyräume, Hallenbäder oder Museen sein.

**3.2**
**bauaufsichtlicher Verwendbarkeitsnachweis**

in den Landesbauordnungen vorgeschriebener Verwendbarkeitsnachweis für nicht geregelte Bauprodukte und Bauarten in Form einer allgemeinen bauaufsichtlichen Zulassung bzw. einer allgemeinen Bauartgenehmigung, eines allgemeinen bauaufsichtlichen Prüfzeugnisses oder einer Zustimmung im Einzelfall bzw. einer vorhabenbezogenen Bauartgenehmigung

Anmerkung 1 zum Begriff: Im Sinne der Normenreihe DIN 68800 gelten auch europäische technische Bewertungen (früher: europäische technische Zulassungen) als bauaufsichtlicher Verwendbarkeitsnachweis.

Anmerkung 2 zum Begriff: Diese Norm beschreibt in einzelnen Regeln, wie der Anwendungsbereich auf den nicht geregelten Bereich erweitert werden kann. Für tragende Bauteile wird dabei davon ausgegangen, dass die hierzu notwendigen Nachweise über einen bauaufsichtlichen Verwendbarkeitsnachweis erbracht werden. Für nicht tragende Bauteile wird angegeben, wie die Nachweise zu führen sind.

Der Verwendbarkeitsnachweis ist für die Praxis von großer Bedeutung und enthält wesentliche Aussagen zur Verwendung entsprechender Erzeugnisse. Er ist für nicht geregelte Bauprodukte und Bauarten erforderlich, wobei Kopien den am Bau Beteiligten vorliegen müssen. Der ehemalige Verwendbarkeitsnachweis für Holzschutzmittel entfällt und wird durch eine entsprechende Zulassung nach Biozidprodukten-Verordnung ersetzt (siehe die betreffende Kommentierung zu 3.14 und Teil 3 der Normenreihe).

**3.3**
**Beschichtung**

durchgehende Schicht, die durch ein- oder mehrmaliges Auftragen von Beschichtungsstoff auf ein Substrat entsteht

[QUELLE: DIN EN ISO 4618:2015-01, 2.50.1]

Beschichtung ist eine Oberflächenbehandlung z. B. mit Lacken oder Lasuren.

**3.4**
**Dauerhaftigkeit**

**3.4.1**
**Dauerhaftigkeit gegen biologischen Angriff**

Widerstandsfähigkeit einer Holzart oder eines Holzproduktes gegen Holz zerstörende Organismen

Anmerkung 1 zum Begriff: Diese Widerstandsfähigkeit ist auf das Vorhandensein natürlicher Bestandteile zurückzuführen, die unterschiedliche Toxizitätsgrade gegenüber biologischen Organismen aufweisen können und/oder auf anatomische Besonderheiten oder eine bestimmte Zusammensetzung bestimmter Holzprodukte.

[QUELLE: DIN EN 350:2016-12, 3.6]

Die Dauerhaftigkeit einer Holzart oder eines Holzproduktes gegen biologischen Angriff wird allgemein auch als biologische Dauerhaftigkeit bezeichnet. Sie kann intrinsischer Natur sein, was dann allgemein als natürliche Dauerhaftigkeit bezeichnet wird, oder sie ist durch einen chemischen, physikalisch-chemischen oder physikalischen Prozess herbeigeführt worden, wie z. B. durch thermische Behandlung, durch chemische Modifikation, durch einen zusätzlichen anderen Werkstoff (Holzwerkstoffplatten, Holz-Polymer-Werkstoffe) oder durch eine Behandlung mit Holzschutzmitteln.

**3.4.2**
**Dauerhaftigkeitsklasse**

Klassifikation, der Dauerhaftigkeit von Holz gegen eine Zerstörung durch Holz zerstörende Organismen

Anmerkung 1 zum Begriff: Die Dauerhaftigkeitsklasse im Sinne dieser Norm bezieht sich ausschließlich auf die natürliche Dauerhaftigkeit.

Nähere Angaben hierzu enthält 6.8 der Norm. Dort erfolgt auch eine ausführliche Kommentierung.

**3.4.3**
**natürliche Dauerhaftigkeit**

je nach Holzart unterschiedliche spezifische Dauerhaftigkeit des unbehandelten Holzes

Anmerkung 1 zum Begriff: In DIN EN 350 wird „biologische Dauerhaftigkeit“ verwendet.

Die Anmerkung zum Begriff ist hier irreführend. EN 350 verwendet den Begriff natürliche Dauerhaftigkeit nicht synonym zur biologischen Dauerhaftigkeit, sondern als Beschreibung der Ursache einer ausgewiesenen Dauerhaftigkeit. So ist die biologische Dauerhaftigkeit allgemein als die Dauerhaftigkeit gegen biologischen Angriff definiert. Sie kann dann spezifisch auf natürliche oder herbeigeführte Ursachen zurückgeführt werden (siehe auch Kommentar zu 3.4.1)

**3.5**
**Fasersättigung**

Zustand eines Holzstückes, bei dem Zellwände mit Wasser gesättigt sind, jedoch kein Wasser in den Zellhohlräumen vorhanden ist

[QUELLE: DIN EN 844-4:1997-08, 4.2]

Anmerkung 1 zum Begriff: Angaben zum Feuchtegehalt bei Fasersättigung gebräuchlicher einheimischer Bauholzarten enthält Anhang B.

Wissenschaftlicher, für die Praxis aber nur ein theoretischer Begriff. Im praktischen Einsatz von Holz kommt ein Zustand, in dem alle Zellwände mit Wasser gesättigt sind und kein Wasser in den Hohlräumen vorhanden ist, kaum vor. Vielmehr werden zeitgleich innerhalb eines kleinen Bereichs in der Regel sowohl nicht vollständig gesättigte Zellwände, gesättigte Zellwände als auch Zellhohlräume mit geringem Wasserinhalt vorhanden sein. Bezüglich der großen Streuung der Fasersättigung zwischen verschiedenen Holzarten wird auf Anhang B der Norm und die zugehörige Kommentierung verwiesen.

**3.6**
**Gebrauchsdauer**

Zeitspanne, während der die Leistungsmerkmale eines Produktes so beibehalten werden, dass das Produkt die Anforderungen dieses Dokumentes erfüllen kann (d. h. für alle wesentlichen Eigenschaften eines Produkts werden die einzuhaltenden Mindestwerte erfüllt oder übererfüllt, ohne dass höhere Kosten für Reparatur oder Auswechselung entstehen)

Anmerkung 1 zum Begriff: Die Gebrauchsdauer eines Produkts hängt von seiner eigenen Dauerhaftigkeit und der normalen Wartung ab.

Anmerkung 2 zum Begriff: Zwischen der angenommenen, wirtschaftlich vernünftigen Gebrauchsdauer für ein Produkt auf Grundlage der Beurteilung der Dauerhaftigkeit in technischen Beschreibungen und der tatsächlichen Gebrauchsdauer eines Produkts sollte eindeutig unterschieden werden. Die Letztere hängt von vielen Faktoren ab, auf die der Hersteller keinen Einfluss hat, z. B. Ausführung, Einbaulage (Beanspruchung), Einbaubedingungen, Verwendung und Wartung. Die angenommene Gebrauchsdauer kann folglich nicht als eine vom Hersteller angegebene Gebrauchsgarantie angesehen werden.

[QUELLE: DIN EN 1317-5:2012-06, 3.2, modifiziert — Anmerkung 1 zum Begriff ergänzt.]

Im Hinblick auf die Gebrauchsdauer ist besonders auf die ergänzenden Anmerkungen zu verweisen, denn neben der sorgfältigen und fachgerechten Planung und Ausführung ist eine Vielzahl weiterer Faktoren entscheidend.

**3.7**
**Gebrauchsklasse**
GK

Klassifikation zur Einbausituation von Holz in Abhängigkeit von den Umgebungsbedingungen

Anmerkung 1 zum Begriff: Die Gebrauchsklassen sind nicht deckungsgleich mit den Nutzungsklassen nach DIN EN 1995-1-1.

Der Begriff **„Gebrauchsklasse"** (engl. „Use Class") wurde aus der Europäischen Normung (DIN EN 335:2013-06) übernommen, die ihrerseits auf der internationalen Norm ISO 21887: 2007-11 beruht. Der früher geläufige Begriff der „Gefährdungsklasse" findet keine Berücksichtigung mehr. Der Definition von Gebrauchsklassen liegt die Einbausituation bzw. die Nutzungssituation von Holz und Holzprodukten zugrunde. Gebrauchsklassen stellen somit einen engen Bezug zur Holzverwendung und gleichzeitig zu spezifischen Gebrauchsbedingungen für Holz her.

Konzeptionell ersetzen sie daher nicht die alten Gefährdungsklassen, wenngleich dies unachtsamerweise in der Praxis sprachlich oftmals so gehandhabt wird. Die Gebrauchsklassen beschreiben vielmehr unterschiedliche Umweltbeanspruchungen, die das Holz oder die Holzprodukte für eine biologische Zerstörung anfällig machen, ohne dabei weder konkrete Aussagen über die Wahrscheinlichkeit, dass ein Befall durch holzzerstörende Organismen eintritt, noch über mögliche Schadensfolgen zu treffen.

Für den Begriff Gebrauchsklasse wird in der Praxis weiterhin die Abkürzung GK verwendet. Wichtig ist ferner, dass DIN EN 335:2013-06 im Anwendungsbereich ausdrücklich darauf verweist, dass eine „Gebrauchsklasse" keine „Leistungsklasse" darstellt und auch keinen Hinweis darauf gibt, wie lange das Holzprodukt im Gebrauch die gegebenen Leistungsanforderungen erfüllen wird.

Weiterhin dürfen Gebrauchsklassen auch nicht mit den **Nutzungsklassen** (engl. „Service Class") nach DIN EN 1995-1-1:2010-12 verwechselt werden. Gebrauchsklassen dienen zur allgemeinen Einstufung des Einsatzbereichs von Holz im Hinblick auf einen erforderlichen **Schutz gegen Holzschädlinge**, während Nutzungsklassen Umgebungsbedingungen als Basis für die Bemessung und Formstabilität von Holzbauteilen sind. Dabei gilt:

**Nutzungsklasse 1:**

Nach DIN EN 1995 werden bei 20 °C **65 %** rel. Luftfeuchte nur für einige Wochen je Jahr überschritten; der mittlere Feuchtegehalt der meisten Nadelhölzer übersteigt nicht **12 %** (Anmerkung zu DIN EN 1995).

Die ehemalige DIN 1052:2008-12 nennt als Beispiel „in allseitig geschlossenen und beheizten Bauwerken".

**Nutzungsklasse 2:**

Nach DIN EN 1995 werden bei 20 °C **85 %** rel. Luftfeuchte nur für einige Wochen je Jahr überschritten; der mittlere Feuchtegehalt der meisten Nadelhölzer übersteigt nicht **20 %** (Anmerkung zu DIN EN 1995).

Die ehemalige DIN 1052 nennt als Beispiel überdachte offene Bauwerke.

**Nutzungsklasse 3:**

Nach DIN EN 1995 Klimabedingungen, die zu höheren Holzfeuchten als in Nutzungsklasse 2 führen.

Die ehemalige DIN 1052 nennt als Beispiel Konstruktionen, die der Witterung ausgesetzt sind.

In nachfolgender Tabelle K.1 werden die beiden Systeme einander gegenübergestellt. Hierbei muss besonders darauf hingewiesen werden, dass Gebrauchsklasse und Nutzungsklassen nicht deckungsgleich sind und daher in der Tabelle in Anlehnung an DIN EN 335:2013-06 nur eine „wahrscheinlichste Entsprechung" angenommen werden kann. Dabei erfolgen in Spalte 2 von Tabelle K.1 zusätzlich für einige der „wahrscheinlichsten" Entsprechungen noch Einschränkungen.

**Tabelle K.1**: Nutzungsklassen und deren wahrscheinlichste entsprechende Gebrauchsklassen

| Nutzungsklasse nach EN 1995-1-1 | Wahrscheinlichste entsprechende Gebrauchsklasse nach DIN 68800-1 |
|---|---|
| Nutzungsklasse 1 | Gebrauchsklasse 0, in Ausnahmefällen Gebrauchsklasse 1 |
| Nutzungsklasse 2 | Gebrauchsklasse 0 oder Gebrauchsklasse 1<br>Gebrauchsklasse 2, sofern das Bauteil einer gelegentlichen Befeuchtung, z. B. durch Kondensation, ausgesetzt sein kann |
| Nutzungsklasse 3 | Gebrauchsklasse 2<br>Gebrauchsklasse 3 oder höher, sofern im Außenbereich verwendet |

**3.8**
**Gefahr von Bauschäden**
mögliche Beeinträchtigung von Bauteilen durch Holz zerstörende Organismen im Hinblick auf die bestimmungsgemäße Nutzung

Der Begriff „Bauschaden" bezieht sich ausschließlich auf die Festigkeitseigenschaften der Holzteile einer Konstruktion, nicht jedoch auf das Aussehen, z. B. nachteilige Veränderung durch Holz verfärbende Pilze oder einzelne Fluglöcher von Insekten. Hierbei ist zu beachten, dass einzelne, während der Nutzung erkennbare Fluglöcher von Insekten noch keinen Bauschaden verursachen. Sie können aber auf einen Befall hinweisen, der ggf. verfolgt werden muss.

Im Vergleich zu Insekten ist der mögliche Schadensumfang durch Pilzbefall in der Regel nicht ohne aufwendige Untersuchung der betroffenen Bauteile erkennbar, worin die unterschiedliche Bewertung eines geringen Insektenbefalls gegenüber einem möglichen Pilzbefall begründet ist. Darüber hinaus kann sich ein Pilzbefall über lange Zeiträume unbemerkt im Holzinnern entwickeln und bereits beachtliche Bauschäden verursacht haben, bevor er zu erkennen ist.

**3.9**
**Gefährdung von Holz und Holzwerkstoffen**
Einbausituation, die eine Beeinträchtigung der Holzeigenschaften durch den Einfluss von Holz schädigenden Organismen ermöglicht

Der Begriff Gefährdung wird hier allgemein definiert und beinhaltet sowohl eine mögliche Zerstörung von Holz, welche die Festigkeitseigenschaften betrifft, als auch visuelle Verfärbungen, die lediglich eine optische Beeinträchtigung darstellen.

**3.10**
**geschlossene Bekleidung**
allseitige Abdeckung von Holzkonstruktionen, die geeignet ist, den Zugang Holz zerstörender Insekten zur zu schützenden Holzkonstruktion dauerhaft zu verhindern

Geschlossene Bekleidung bedeutet, dass Insekten keinen Zugang zum Holz während der gesamten bestimmungsgemäßen Nutzungszeit haben, d. h., geschlossene Gefachhohlräume müssen auch an ihren Stirnseiten insektensicher ausgebildet sein. **Teil 2** der Normenreihe enthält entsprechende Konstruktionsbeispiele. Als **geschlossene Bekleidung** sind z. B. anzusehen (vgl. Bild K.1): Holzwerkstoffplatten (HWS), gespundet oder mit Nut-Feder-Verbindung; Profilbrettschalungen (PS); Rauhspund (RS); Gipsbauplatten (GB), Gipskarton-Bauplatten, Gipsfaserplatten, Stoßfugen (S) gespachtelt; Folien (F) mit geschlossener Oberfläche, Überlappungen dauerhaft luftdicht ausgebildet, z. B. mit Klebeband (KB). Durchdringungen solcher Bekleidungen (z. B. Elektrokabel, Rohre, Steckdosen) sind entsprechend den handwerklichen Regeln auszuführen. Ein lückenloser Farbanstrich gilt nicht als lückenlose Bekleidung im Sinne dieser Norm.

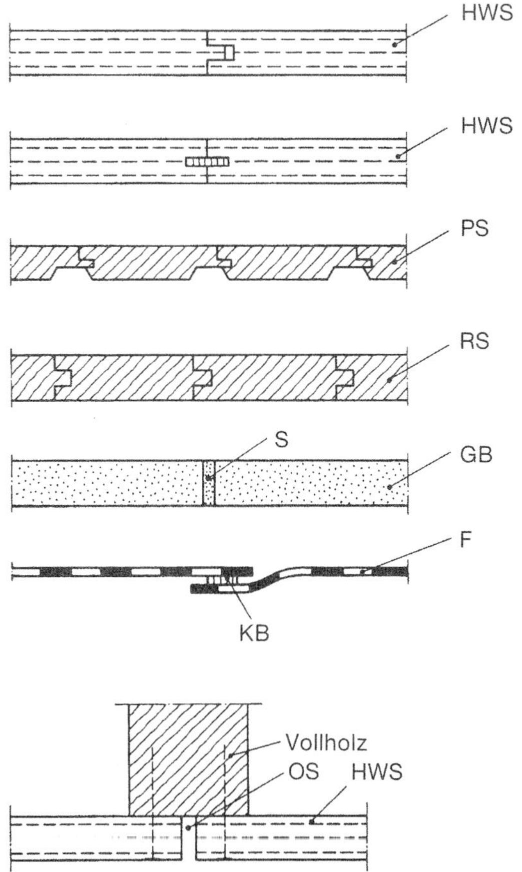


**Bild K.1:** Beispiele für geschlossene Bekleidungen

Erläuterungen der Bezeichnungen im Text. In dem untersten Beispiel ist darauf zu achten, dass bei der offenen Stoßfuge (OS) Holzwerkstoffplatten (HWS) und Vollholz dicht schließen und keine offene Ritze besteht.

**3.11**
**GK 0**

Gebrauchsklasse, in der das Befalls- und Schadensrisiko vermieden oder vernachlässigbar wird bzw. in der durch Maßnahmen nach DIN 68800-2 keine Notwendigkeit für Maßnahmen nach DIN 68800-3 zum Schutz des Holzes vorliegt

„GK 0" ist für den Deutschen Holzbau zu einem festen Begriff geworden, der für Gebrauchsbedingungen steht, unter denen eine Anwendung von Holzschutzmitteln nicht erforderlich ist. Es muss aber darauf hingewiesen werden, dass die GK 0 nur unter bestimmten Bedingungen gegeben ist und einen gewissen Aufwand für das Erreichen und die Pflege erfordert. In GK 0 ist ein Insektenbefall nicht immer ausgeschlossen, sondern das Risiko von Bauschäden ist vernachlässigbar.

Bezüglich Einzelheiten siehe 5.2.1 und die zugehörige Kommentierung.

In der Europäischen Normung wird eine GK 0 nicht ausdrücklich definiert, da sie sich laut der vorliegenden Norm DIN 68800 Teil 1 über den Ausschluss einer Gefahr bzw. Gefährdung ergibt und somit auf dem alten Konzept von Gefährdungsklassen beruht. Sie wird hier aber dennoch als sinnvoll angesehen und steht auch nicht im Widerspruch zur europäischen Normung, da DIN EN 335:2013-06 eine Fußnote enthält, wonach es Bedingungen in einer Gebrauchsklasse 1 geben kann, unter denen keine Schutzmaßnahmen erforderlich sind, was der hier definierten GK 0 entspricht.

**3.12**
**Holzprodukt mit CE-Kennzeichnung**

Holzprodukt, das nach einer harmonisierten europäischen Norm oder einer europäischen technischen Bewertung hergestellt wurde, mit der CE-Kennzeichnung versehen ist und dessen Leistungseigenschaften in einer Leistungserklärung ausgewiesen sind

Zur CE-Kennzeichnung siehe Bild K.2. Eine ausführliche Kommentierung erfolgt zu Teil 3 der Normenreihe unter Abschnitt 1 (siehe dort auch Tabelle K.1).

**Bild K.2**: CE-Kennzeichen

Das Zeichen unterscheidet sich nur in der Länge des mittleren Balkens für das E von dem Zeichen für „China-Export" und ist leicht mit diesem zu verwechseln.

**3.13**
**Holzschutz**

Anwendung von Maßnahmen, die eine Wertminderung oder Zerstörung von Holz und Holzwerkstoffen besonders durch Pilze, Insekten oder Meerestiere verhüten sollen und damit eine lange Gebrauchsdauer sicherstellen

**3.14**
**Holzschutzmittel**

biozidhaltiges Produkt zum Schutz von Holz ab dem Einschnitt im Sägewerk oder Holzerzeugnissen gegen Befall durch Holz zerstörende oder die Holzqualität beeinträchtigende Organismen

Anmerkung 1 zum Begriff: Diese Produktart umfasst sowohl Präventivprodukte als auch Kurativprodukte.

Anmerkung 2 zum Begriff: Es ist zu unterscheiden zwischen Holzschutzmitteln mit ausschließlich insektizider oder ausschließlich fungizider Wirksamkeit und Produkten, die gleichzeitig insektizid und fungizid wirksam sind.

[In Anlehnung an die „Biozidverordnung" [3]]

Die Definition für Holzschutzmittel lehnt sich eng an die Europäische Biozidprodukten-Verordnung (Verordnung EU Nr. 528:2012 vom 22.05.2012) an [2].

Aus dem Begriff „biozidhaltig" leitet sich nicht ab, dass für die Verarbeitung von Holzschutzmitteln ein Sachkundezwang erforderlich ist, da nach der Biozidprodukten-Verordnung auch Holzschutzmittel für Endkunden möglich sind. Im Zusammenhang mit dieser Norm ist jedoch einschränkend auf die Regelungen in Abschnitt 10 zu verweisen.

Zu den biozidhaltigen Produkten gegen die Holzqualität beeinträchtigende Organismen zählen auch bläuewidrige Produkte (Bläueschutzmittel).

Weitere Informationen zu Holzschutzmitteln erfolgen in Teil 3 der Normenreihe und zugehöriger Kommentierung.

**3.15**
**Holzwerkstoff**

Holzwerkstoffe nach DIN EN 13986 oder mit bauaufsichtlichem Verwendbarkeitsnachweis

**3.16**
**Kernholz**

innere Zone des Holzes, die im stehenden Baum aufgehört hat, lebende Zellen zu enthalten oder Saft zu führen

Anmerkung 1 zum Begriff: Häufig dunkler als Splintholz. Nicht immer deutlich vom Splintholz unterscheidbar.

Anmerkung 2 zum Begriff: Farbkernhölzer besitzen ein unterschiedlich intensiv gefärbtes Kernholz, das gegenüber dem Splint höhere Dauerhaftigkeit aufweist.

[QUELLE: DIN EN 844-7:1997-08, 7.2, modifiziert — Anmerkung 2 zum Begriff wurde hinzugefügt]

**3.17**
**kontrollierbar**

Einbausituation, in der die betreffenden Bauteile ohne bauliche Veränderungen so einsehbar sind, dass sie auf das Vorkommen von Insekten überprüft werden können

Die Definition stellt klar, dass eine Kontrolle möglich sein muss, ohne im Vorfeld Trennwände oder ähnliche, nicht insektendichte Abdeckungen entfernen zu müssen (= ohne bauliche Veränderungen). Ferner müssen alle für eine evtl. Eiablage zugänglichen Stellen einsehbar sein. Dies ist z. B. bei nur dreiseitig sichtbaren Hölzern der Fall, wenn die 4. Seite insektendicht abgedeckt ist, nicht aber, wenn die 4. Seite einen Wandabstand von wenigen mm aufweist. Die „Überprüfung" kann auch durch technische Hilfsmittel, wie über Vergrößerung auswertbare Aufnahmen, erfolgen. Entscheidend ist allein die Tatsache, dass ein eventuell beginnender Insektenbefall rechtzeitig zu erkennen ist, bevor Bauschäden auftreten können.

**3.18**
**nicht tragendes Bauteil**

Bauteil, das hinsichtlich der Standsicherheit der baulichen Anlage, der Standsicherheit der Teile der baulichen Anlage und hinsichtlich der eigenen Standsicherheit nur von untergeordneter Bedeutung ist

Anmerkung 1 zum Begriff: Von Bauteilen untergeordneter Bedeutung geht im Versagensfall in der Regel nur eine relativ geringe Gefahr aus.

Anmerkung 2 zum Begriff: Nicht geregelte Bauteile/Bauprodukte untergeordneter Bedeutung sind in der Liste C des Deutschen Instituts für Bautechnik aufgeführt. Die in dieser Liste angegebenen Grenzen (z. B. Massen und Maße) können auch zur Einstufung geregelter Bauteile hinsichtlich ihrer Bedeutung herangezogen werden.

Vgl. hierzu die Kommentierung zu 3.21 tragendes Bauteil.

**3.19**
**Schutzsystem**

spezielles vorbeugend wirkendes Mittel oder bekämpfend wirkendes Verfahren, das nur in Verbindung mit anderen Stoffen, mit bestimmten Maßnahmen oder mit besonderen Anwendungsverfahren eine ausreichende Wirkung zeigt

**3.20**
**technisch getrocknetes Holz**

Holz, das in einer dafür geeigneten technischen Anlage prozessgesteuert bei einer Temperatur $T \geq 55$ °C mindestens 48 h auf eine Holzfeuchte $u \leq 20$ % getrocknet wurde

Der Begriff hat in dieser Normenreihe eine besondere Bedeutung, da bei Einhaltung der Vorgaben ein Insektenbefall in der Regel nicht zu erwarten ist. Weitere Informationen hierzu gibt Teil 2 der Normenreihe.

Grundsätzlich kann Holz aber auch unter anderen Verfahrensbedingungen technisch getrocknet werden, die den hier genannten Vorgaben **nicht** genügen und damit die Bedingungen für eine Anwendung in GK 1 gemäß 8.2 der Norm, 3. Spiegelstrich nicht erfüllen.

**3.21**
**tragendes Bauteil**

Bauteil, das hinsichtlich der Standsicherheit der baulichen Anlage, der Standsicherheit der Teile der baulichen Anlage oder hinsichtlich der eigenen Standsicherheit nicht nur von untergeordneter Bedeutung ist

Anmerkung 1 zum Begriff: Im Sinne dieser Norm gehören auch aussteifende und sicherheitsrelevante Bauteile zu den tragenden Bauteilen.

Tragende Bauteile betreffen ein breites Spektrum vom einfachen Ständer oder Sparren über Träger und Stützen bis zu komplexen Dach-, Decken- oder Wandelementen. Sie umfassen primärtragende Bauteile, die sich und andere Bauteile tragen und deren Versagen zum Einsturz oder Teileinsturz des Tragwerks führen könnte sowie sekundärtragende Bauteile, die im Wesentlichen sich nur selbst tragen, aber aufgrund ihrer Größe, Masse oder Funktion im Versagensfalle zu einer Gefährdung von Personen führen könnten.

Primärtragende Bauteile sind beispielsweise Träger und Stützen, aber auch Rippen in Holztafeln von Tragwerken. Zu den primärtragenden Bauteilen gehören zudem aussteifende Bauteile, die beispielsweise Beplankungen von Holztafeln oder Beplankungen, Gurte, Pfosten und Streben in Dach-, Decken- und Wandscheiben umfassen.

Im Gegensatz zu Beplankungen zählen Bekleidungen nicht zu den primärtragenden Bauteilen. Als Bekleidungen werden Abdeckungen von Dach-, Decken- und Wandbauteilen bezeichnet. Sie übernehmen für das Tragwerk keine statisch relevanten Aufgaben. Bekleidungen werden in der Regel optische/ästhetische Funktionen oder Funktionen aus dem Witterungs-, Wärme- oder Feuchteschutz zugeordnet. Je nach Größe, Masse und Einbausituation und der damit verbundenen sicherheitstechnischen Relevanz sind sie als nicht tragende oder sekundärtragende Bauteile zu betrachten.

Sekundärtragende Bauteile sind beispielsweise brandschutztechnisch raumabschließende Elemente (sofern nicht bereits primärtragend), Umwehrungen (gegen Absturz sichernde nicht tragende Trennwände oder Brüstungen), Geländer, aber auch nicht kleinflächige Fassadenelemente oder nicht kleinflächige Bekleidungselemente. Für Umwehrungen und Geländer ist entscheidend, ob bei deren Versagen Personen zu Schaden kommen können, wofür die Absturzhöhe eine wichtige Größe ist. Die Landesbauordnungen schreiben im Allgemeinen ab einer Fallhöhe von 1,00 m die Anordnung von Umwehrungen bzw. Geländern vor. Die Situation ist im Einzelfall auf Grundlage der jeweils gültigen Landesbauordnung zu beurteilen.

**3.22**
**unter Dach**

durch Überdeckung eines Daches vor der Witterung geschützt, wobei zwischen Vorderkante Überdeckung und Unterkante des Bauteils ein Winkel von höchstens 60°, bezogen auf die Horizontale, vorhanden ist

Siehe hierzu Bild K.5, Ziffer 15 und die zugehörige Kommentierung.

**3.23**
**Wohnklima**

Klima, das in Aufenthaltsräumen herrscht

Siehe hierzu die Kommentierung zu „3.1 Aufenthaltsraum".

# 4 Gefährdung von Holz und Holzwerkstoffen

## 4.1 Allgemeines

**4.1.1** Holz und daraus hergestellte Holzwerkstoffe können von Organismen abgebaut oder verändert und damit in ihrer Qualität beeinträchtigt werden. Dies kann nur erfolgen, wenn für die betreffenden Organismen geeignete Lebensbedingungen vorliegen.

Das bloße Vorkommen von Organismen an Holz oder Holzwerkstoffen führt nicht zwangsläufig zu Zerstörungen in einem Ausmaß, das die Gefahr eines Bauschadens bewirkt.

Holz schädigende Organismen sind für ihre Entwicklung neben einer geeigneten Holzart in erster Linie auf eine angemessene Holzfeuchte angewiesen. Demgegenüber spielt die Umgebungstemperatur innerhalb des auch vom Menschen als erträglich empfundenen Bereichs eine geringere Rolle.

Mit dem Hinweis im zweiten Absatz soll verdeutlicht werden, dass ein geringer Befall in engen Grenzen zunächst toleriert werden kann, jedoch stets Anlass für erhöhte Aufmerksamkeit sein muss, eine mögliche weitere Entwicklung sorgfältig zu beobachten. Maßgebend für die Notwendigkeit von Schutzmaßnahmen ist die mögliche Gefahr von Bauschäden. Zu Bauschaden siehe die Kommentierung zu 3.8.

**4.1.2** Eine Entwicklung von Holz zerstörenden Pilzen kann bei einer lokalen Holzfeuchte etwa ab Fasersättigung eintreten. Insekten können sich auch bei geringerer Feuchte entwickeln.

Bei 4.1.2 wird auf den für die Entwicklung von Pilzen und Insekten wesentlichen Unterschied im Feuchtebedürfnis verwiesen, wonach Insekten auch in trockenem Holz erhebliche Schäden verursachen können. Näheres siehe unter 4.2 und 4.3.

**4.1.3** Für Bauteile aus Brettschichtholz und Brettsperrholz ist in den Gebrauchsklassen 1 und 2 erfahrungsgemäß die Gefahr eines Bauschadens durch Holz zerstörende Insekten nicht zu erwarten, bei anderen bei Temperaturen ≥ 55 °C technisch getrockneten Hölzern als unbedeutend einzustufen.

Die Angaben in 4.1.3 sind für bauliche Schutzmaßnahmen nach Teil 2 der Normenreihe von Bedeutung, schließen jedoch die Möglichkeit eines Befalls nicht völlig aus. Maßgebend ist wiederum die Gefahr von Bauschäden (siehe 3.8). „Erfahrungsgemäß" bedeutet, dass in dem langjährigen Einsatz der betreffenden Holzbauteile kein Befall bekannt geworden ist, der zu einem Bauschaden geführt hat.

**4.1.4** Nadelholz mit Rotstreifigkeit muss in GK 3 bis GK 5 die Anforderungen der Sortierklasse S 13 nach DIN 4074-1 erfüllen.

**4.1.5** Für Holzwerkstoffe sieht DIN 68800-2 nur Einsatzbereiche unter Feuchtebedingungen vor, bei denen kein Pilzbefall erfolgt. Für den Einsatz als Fassadenbekleidung benötigen plattenförmige Holzwerkstoffe einen bauaufsichtlichen Verwendbarkeitsnachweis.

Sollen Holzwerkstoffe in Bereichen verwendet werden, in denen sie einer erhöhten Feuchtebelastung außerhalb der in DIN 68800-2 angegebenen erforderlichen Feuchtebeständigkeit von Holzwerkstoffen ausgesetzt sind, ist für tragende Bauteile ein bauaufsichtlicher Verwendbarkeitsnachweis erforderlich. Für nicht tragende Bauteile sollte in Abhängigkeit vom Anwendungsbereich ein Schutz nach DIN 68800-3 erfolgen.

## 4.2 Pilze

### 4.2.1 Allgemeines

Pilze können die Rohdichte, die Festigkeit und die Steifigkeit oder das Aussehen des Holzes nachteilig beeinträchtigen.

### 4.2.2 Holz zerstörende Pilze

Holz zerstörende Pilze verursachen eine Fäulnis und beeinträchtigen die Festigkeits- und Steifigkeitseigenschaften des Holzes bis zu seiner völligen Zerstörung. Für ihre Entwicklung benötigen sie eine lokale Holzfeuchte etwa ab Fasersättigung. Dabei kann ein Pilzbefall auch in kleinen, lokal begrenzten Bereichen mit einer während weniger Monate über Fasersättigung liegenden Holzfeuchte auftreten. Angaben zur Fasersättigungsfeuchte für die gebräuchlichsten Holzarten enthält Anhang B.

ANMERKUNG 1 Unabhängig von dem tatsächlichen Feuchteanspruch Holz zerstörender Pilze sowie der Fasersättigungsfeuchte der verschiedenen Holzarten wird in Tabelle 1 für die Zuordnung zu den Gebrauchsklassen im Sinne einer ausreichenden Sicherheit ein Wert von 20 % Holzfeuchte als Obergrenze für das Vermeiden eines Pilzbefalls angesetzt.

ANMERKUNG 2 Im Hinblick auf das Zerstörungsbild und ihre Lebensbedingungen sind Braun- und Weißfäulepilze (Basidiomyzeten) und Moderfäulepilze zu unterscheiden.

ANMERKUNG 3 Der Feuchtegehalt bei Fasersättigung beträgt bei den gebräuchlichen Nadelholzarten der gemäßigten Klimazone etwa 30 %.

In 4.2.2, Absatz 1 soll mit dem ausdrücklichen Hinweis auf eine lokal, d. h. eng begrenzt vorliegende höhere Holzfeuchte unmissverständlich klargestellt werden, dass für einen Pilzbefall diese und nicht die mittlere Holzfeuchte eines gesamten Holzbauteils maßgebend ist. Das heißt für die Praxis, eine Pilzentwicklung ist auch in trockenen Holzbauteilen möglich, wenn an begrenzten Stellen eine Befeuchtung, z. B. durch Leckagen, erfolgt. Allerdings ist eine nur kurzzeitige Befeuchtung ohne Belang, d. h., eine Pilzentwicklung kann durch rasche Wiederaustrocknung vermieden werden. Zu dem Zeitraum, über den eine erhöhte Holzfeuchte zu tolerieren ist, sind keine exakten Angaben möglich, weshalb die Norm unbestimmt „wenige Monate" nennt. Erfahrungsgemäß treten in einem Zeitraum von bis zu vier Monaten noch keine Bauschäden auf. Die Angabe von nur drei Monaten in Teil 2 der Normenreihe, 5.1.2.6 bezieht sich auf eine Rücktrocknung von Hölzern, die während der Bauphase wiederbefeuchtet wurden.

Zum Begriff Fasersättigung siehe 3.5 und zugehörige Kommentierung.

Anmerkung 1 trägt dem o. a. Umstand einer lokalen und nicht einer mittleren erhöhten Holzfeuchte Rechnung.

Anmerkung 2 verweist auf die Bedeutung der Unterscheidung zwischen Braun- und Weißfäulepilzen (Basidiomyzeten) einerseits und Moderfäulepilzen andererseits sowohl für das Vorkommen der Organismen als auch die Anwendung von Holzschutzmitteln, wobei Moderfäulepilze höhere Holzfeuchten erfordern und besonders im Erd- und Wasserkontakt auftreten (siehe Tabelle 1 der Norm). Für Holzschutzmittel gegen Moderfäulepilze sind spezielle Wirkstoffe erforderlich, was in Teil 3 der Normenreihe berücksichtigt wird.

Zu Anmerkung 3 siehe auch Anhang B der Norm und zugehörige Kommentierung.

### 4.2.3 Holz verfärbende Pilze

**4.2.3.1** Holz verfärbende Pilze führen zu keinen Festigkeitseinbußen.

ANMERKUNG Sie können bei Bewitterung spätere Schäden durch Holz zerstörende Pilze begünstigen.

Auch wenn Holz verfärbende Pilze keine Festigkeitseinbußen verursachen, können die durch sie bedingten Farbänderungen den Wert von Holzkonstruktionen beeinträchtigen. Ferner sind sie immer ein Anzeichen für einen erhöhten Feuchtegehalt, der einen Befall auch durch Holz zerstörende Pilze begünstigen kann. Holz verfärbende Pilze können Schutzbeschichtungen schädigen, wodurch Wasser über Schlitze oder kapillar in das Holz eindringt, sich dort anreichert und lokal eine erhöhte Holzfeuchte entstehen kann. Siehe dazu auch Anmerkung zu 6.6 dieser Norm.

**4.2.3.2** Bläuepilze treten überwiegend im Splintholz auf und führen zu einer blauen bis schwarzen Verfärbung des Holzes. Für ihre Entwicklung benötigen sie eine Holzfeuchte ab etwa Fasersättigung; sie können sich innerhalb weniger Tage entwickeln.

**4.2.3.3** Schimmelpilze sind nicht holzspezifisch, sondern treten ebenso an anderen Materialien auf. Sie führen auf der Oberfläche von Holz zu verschiedenartigen Verfärbungen, sofern die für einen Befall erforderliche Luftfeuchte vorliegt. Sie sind nicht Gegenstand dieser Norm.

ANMERKUNG Schimmelpilze können sich auch auf trockenem Holz entwickeln, wenn sich auf der Oberfläche aufgrund erhöhter Luftfeuchte bzw. Baufeuchte eine höhere Feuchte einstellt. Hinweise zur Vermeidung von Schimmelpilzen enthält z. B. das Merkblatt „Vermeidung von Schimmelpilzbefall an Anstrichflächen außen“ der DGfH [1].

## 4.3 Insekten

**4.3.1** Als Holz zerstörende Insekten treten in Deutschland Käfer auf, deren Larven sich im Holz entwickeln und dieses durch ihre Fraßgänge zerstören.

**4.3.2** Termiten sind in Deutschland ohne Bedeutung.

**4.3.3** Holzwerkstoffe werden in der Regel von Insekten nicht zerstört, mit Ausnahme von Holzwerkstoffen aus hellen tropischen Holzarten wie beispielsweise Abachi und Limba.

**4.3.4** Frischholzinsekten befallen ausschließlich frisches Holz. Da einige ihre Entwicklung in trockenem Holz vollenden, besteht die Gefahr von Folgeschäden, es tritt jedoch kein Neubefall ein.

Ein Beispiel für „Folgeschäden“ ist das Durchnagen von Sperrfolien beim Ausfliegen der Insekten (Ausfluglöcher) nach vollendeter Entwicklung in verbautem Holz, wodurch z. B. Flachdächer undicht werden. Diese Gefahr besteht nicht für technisch getrocknetes Holz, da die hierbei verwendeten Temperaturen von mehr als 55 °C im Vorfeld einen vorhandenen Insektenbefall abtöten.

**4.3.5** In Holz, das durch Holz zerstörende Pilze geschädigt ist, können sich auch Faulholzinsekten (z. B. Trotzkopf und Bunter Nagekäfer) entwickeln, die über das Pilz befallene Holz hinaus weitere Schäden verursachen können.

### 4.4 Holzschädlinge im Meerwasser

In Gewässern mit einem Mindestsalzgehalt von etwa 7 ‰ können verschiedene Meeresorganismen das Holz durch Kavernen und Bohrgänge zerstören.

ANMERKUNG Zu diesen Gewässern gehören die deutsche Nord- und Ostseeküste sowie Teile des Tideneinflussbereiches.

# 5 Gebrauchsklassen

## 5.1 Allgemeines

**5.1.1** Die Gebrauchsklassen (GK) berücksichtigen die unterschiedlichen Einbausituationen von Holz. Tabelle 1 gibt einen Überblick über die jeweiligen Bedingungen. Für Holzwerkstoffe gilt Anhang C.

**5.1.2** Für die Zuordnung zu einer Gebrauchsklasse sind die Holzfeuchte im Gebrauchszustand und die allgemeinen Gebrauchsbedingungen entscheidend (siehe Tabelle 1).

**5.1.3** Bauteile aus Holz und Holzwerkstoffen sind einer Gebrauchsklasse zuzuordnen. Die Zuordnung ist zu dokumentieren. Bei der Planung von Umbauten und Nutzungsänderungen müssen Bauteile gegebenenfalls einer neuen Gebrauchsklasse zugeordnet werden.

ANMERKUNG Beispiele für die Zuordnung zu den einzelnen GK enthält Anhang D.

**5.1.4** Ist ein Holzbauteil bestimmungsgemäß mehreren Gebrauchsklassen zuzuordnen, so ist für die Auswahl von Schutzmaßnahmen jeweils die höchste in Betracht kommende Gebrauchsklasse maßgebend, es sei denn, es ist eine unterschiedliche Behandlung für einzelne Hölzer bzw. Holzbereiche eines Bauteils möglich.

Die Regelungen zu „Gebrauchsklassen" in dieser Norm wurden DIN EN 335:2013-06 entnommen und angepasst. Dabei wird in DIN 68800 primär die Holzfeuchtigkeit im Gebrauchszustand als Einstufungskriterium in eine Gebrauchsklasse herangezogen. DIN EN 335 legt den Fokus der Einstufung auf die spezielle Einbausituation und die damit verbundenen Beanspruchungen durch die Umwelt, wie z. B. Innenbereich, Außenbereich, unter Dach usw. Nach der europäischen Lesart kann somit ein Bauteil im Außenbereich unter Dach auch bei einer trockenen Einbausituation mit Holzfeuchtikeiten ständig ≤ 20 %, weder der GK 1 noch der GK 0 zugeornet werden, sondern muss in die GK 2 eingestuft werden. Durch die Regelungen der allgemeinen und besonderen baulichen Maßnahmen können jedoch nach der vorliegenden DIN 68800 bestimmte Umwelteinflüsse in ihrem Wirken auf GK 0 oder GK 1 äquivalente Beanspruchungen reduziert werden, was dann zu einer entsprechenden Gebauchsklassenzuordnung führen kann.

Somit sind die unter den in 5.1.2 genannten Gebrauchsbedingungen jeweils mit den Besonderheiten der Holzverwendung im Einzelfall zu verstehen, wo z. B. die Konstruktion von Dachüberständen darüber entscheidet, wie ein Außenwandelement einzustufen ist, vgl. GK 3.2 (kein Überstand, waagerechte Bekleidung ohne wasserabführende Überlappung), 3.1 (geringer Überstand, senkrechte Bekleidung, waagerechte Bekleidung, bei denen die untere Brettoberseite vom darüber angeordneten Brett abgedeckt wird), GK2/GK1 (ausreichender Überstand) oder sogar GK 0 (vollständig durch den Überstand vor Witterungseinflüssen geschützt), wobei in letzterem Fall die Möglichkeit eines Insektenbefalls nicht ausgeschlossen ist und die entsprechenden Bauteile kontrollierbar (siehe 3.17 und zugehörige Kommentierung) sein müssen (siehe 5.2.1). Dies betrifft nicht Trag- und Konterlatten hinter Außenschalungen, da hier Insektenschäden unwahrscheinlich sind.

Zum Begriff „Gebrauchsklasse" siehe auch die Kommentierung zu 3.7.

Die Zuordnung von Holzbauteilen zu einer GK ist die zentrale Aufgabe des **Planers** und muss frühzeitig als Grundlage für die Ausführungsplanung erfolgen. Sie ist zu dokumentieren, sodass die durch den Planer vorgenommene Entscheidung (vgl. hierzu Abschnitt 9 der Norm) nachvollzogen werden kann. Dies ist in zweifacher Hinsicht von Bedeutung. Zum einen lassen sich Mängel in der Planung rechtzeitig erkennen und beheben, zum anderen wird sichergestellt, dass der Planer nicht für Mängel zur Verantwortung gezogen werden kann, die nicht durch ihn, sondern in der Ausführung der Arbeiten durch Dritte begründet sind.

Die Dokumentation muss stichwortartig die Grundlagen für die Einstufung in eine bestimmte GK enthalten, wie Bauteil, ggf. Konstruktionsdetails/Bauteilaufbau, Exposition, Besonderheiten (z. B. vor unmittelbarem Witterungseinfluss durch Vorhangschale als Verschleißteil geschützt). Soweit Beispielkonstruktionen nach Teil 2 der Normenreihe unmittelbar übernommen werden, genügt ein Verweis „GK 0 gemäß Bild xyz DIN 68800-2:2022-02“, wobei für xyz die Nr. des zutreffenden Bildes aus DIN 68800-2 einzusetzen ist.

Der Planer hat, erforderlichenfalls durch geeignete Schutzmaßnahmen, sicherzustellen, dass Einflüsse aus dem Bauablauf zu keinem übermäßigen Anstieg der Holzfeuchte führen, der eine Zuordnung zu einer höheren Gebrauchsklasse erfordern würde. Er hat ferner zu beachten, dass bei langen Bauphasen durch Witterungseinflüsse erhöhte Holzfeuchten auftreten können, die ebenfalls eine Zuordnung der betroffenen Bauteile zu einer höheren Gebrauchsklasse erfordern würden. Er muss daher für geeignete Maßnahmen Sorge tragen, die einen unzulässigen Feuchteanstieg verhindern.

Bauteile, die mehreren GK zuzuordnen sind (siehe 5.1.4), sind z. B. nach außen durchgehende und dort der Witterung ausgesetzte Balken oder Sparren.

Für weitere Hinweise zu den einzelnen GK siehe die Kommentierung zu Tabelle 1 der Norm, zu 5.1 sowie insbesondere zu Anhang D der Norm mit einer detaillierten Darstellung eines Beispielhauses (siehe Bilder K.5 und K.6 und zugehörige Kommentierung).

Nachfolgende Tabelle K.2 gibt Hinweise für Planer und Ausführende von Maßnahmen zum Schutz des Holzes (vgl. auch Kommentierung zu Abschnitt 8 einschließlich Bilder K.5 und K.6).

**Tabelle K.2:** Hinweise zur Verantwortung und einer möglichen Vorgehensweise von Planer und Ausführenden zu Maßnahmen zum Schutz des Holzes

| | Vorgang/Schritt | üblicherweise durchgeführt/ begleitet durch* | Anmerkung |
|---|---|---|---|
| 1 | Planung als Ausgangspunkt für die Gegebenheiten bei dem betroffenen Bauteil | Planer | Grundsatz der baustoffgerechten Planung |
| 2 | Entscheidung, ob Maßnahmen gemäß Abschnitt 7 der Norm notwendig sind | Planer | Im Zweifelsfall Hinzuziehung weiteren fachlichen Rates |
| 3 | Feststellung, ob die Bedingungen für GK 0 gegeben sind | Planer | Im Zweifelsfall Hinzuziehung weiteren fachlichen Rates |
| 4 | Wenn nein, Begründung und Bestimmung der GK | Planer | – |
| 5 | Auswahl, Festlegung und Begründung der erforderlichen Maßnahmen | Planer/Ausführende | Abstimmung mit den Ausführenden als Fachpersonen |
| 6 | Stets erforderliche grundsätzliche bauliche Maßnahmen nach 8.1.3 der Norm beachten | Planer | Unabhängig von der Art der Schutzmaßnahmen vorzunehmen |

| Vorgang/Schritt | | üblicherweise durchgeführt/ begleitet durch* | Anmerkung |
|---|---|---|---|
| 7 | Planung und Einordnung der Maßnahmen in den Bauablauf | Planer/Ausführende/ ggf. Bauleiter | Abstimmung mit den am Bau Beteiligten |
| 8 | Ausführung der erforderlichen Maßnahmen | Ausführende/ggf. Bauleiter | Berücksichtigung der Festlegungen in den zutreffenden Normen |
| 9 | Überprüfung der ausgeführten Maßnahmen | Planer/Ausführende/ ggf. Bauleiter | Ggf. Hinzuziehen von weiteren Fachpersonen |
| 10 | Ggf. Nacharbeiten | Planer/Ausführende/ ggf. Bauleiter | – |
| * Der Bauherr ist angemessen einzubeziehen. | | | |

**Tabelle 1 — Gebrauchsklassen (GK) — Beschreibung der allgemeinen Gebrauchsbedingungen sowie der möglichen Gefährdungen/Beanspruchungen und der Feuchte des verbauten Holzes**

| GK | | Holzfeuchte/ Exposition[a b] | Allgemeine Gebrauchsbedingungen | Gefährdung durch | | | | Auswaschbeanspruchung |
|---|---|---|---|---|---|---|---|---|
| | | | | Insekten | Pilze[c] | Moderfäule | Holzschädlinge im Meerwasser | |
| 1 | | 2 | 3 | 4 | 5 | 6 | 7 | 8 |
| 0 | | trocken (ständig ≤ 20 %) mittlere relative Luftfeuchte bis 85 %[d] | Holz oder Holzprodukt unter Dach, nicht der Bewitterung und keiner Befeuchtung ausgesetzt, die Gefahr von Bauschäden durch Insekten kann entsprechend 5.2.1 ausgeschlossen werden | Nein | Nein | Nein | Nein | Nein |
| 1 | | trocken (ständig ≤ 20 %) mittlere relative Luftfeuchte bis 85 %[d] | Holz oder Holzprodukt unter Dach, nicht der Bewitterung und keiner Befeuchtung ausgesetzt | Ja | Nein | Nein | Nein | Nein |
| 2 | | Gelegentlich feucht (> 20 %) mittlere relative Luftfeuchte über 85 %[d] oder zeitweise Befeuchtung durch Kondensation | Holz oder Holzprodukt unter Dach, nicht der Bewitterung ausgesetzt, eine hohe Umgebungsfeuchte kann zu gelegentlicher, aber nicht dauernder Befeuchtung führen | Ja | Ja | Nein | Nein | Nein |
| 3 | 3.1 | Gelegentlich feucht (> 20 %) Anreicherung von Wasser im Holz, auch räumlich begrenzt, nicht zu erwarten | Holz oder Holzprodukt nicht unter Dach, mit Bewitterung, aber ohne ständigen Erd- oder Wasserkontakt, Anreicherung von Wasser im Holz, auch räumlich begrenzt, ist aufgrund von rascher Rücktrocknung nicht zu erwarten | Ja | Ja | Nein | Nein | Ja |
| | 3.2 | Häufig feucht (> 20 %) Anreicherung von Wasser im Holz, auch räumlich begrenzt, zu erwarten | Holz oder Holzprodukt nicht unter Dach, mit Bewitterung, aber ohne ständigen Erd- oder Wasserkontakt, Anreicherung von Wasser im Holz, auch räumlich begrenzt, zu erwarten[e] | Ja | Ja | Nein | Nein | Ja |

| GK | Holzfeuchte/ Exposition[a b] | Allgemeine Gebrauchsbedingungen | Gefährdung durch | | | | | Auswaschbeanspruchung |
|---|---|---|---|---|---|---|---|---|
| | | | Insekten | Pilze[c] | Moderfäule | Holzschädlinge im Meerwasser | | |
| 1 | 2 | 3 | 4 | 5 | 6 | 7 | | 8 |
| 4 | Vorwiegend bis ständig feucht (> 20 %) | Holz oder Holzprodukt in Kontakt mit Erde oder Süßwasser und so bei mäßiger bis starker[f] Beanspruchung vorwiegend bis ständig einer Befeuchtung ausgesetzt | Ja | Ja | Ja | Nein | | Ja |
| 5 | Ständig feucht (> 20 %) | Holz oder Holzprodukt, ständig Meerwasser ausgesetzt | Ja | Ja | Ja | Ja | | Ja |

a Die Begriffe „gelegentlich“, „häufig“, „vorwiegend“ und „ständig“ zeigen eine zunehmende Beanspruchung an, ohne dass hierfür wegen der sehr unterschiedlichen Einflussgrößen genaue Zahlenangaben möglich sind.

b Der Wert von 20 % enthält eine Sicherheitsmarge (siehe 4.2.2, Anmerkung 1).

c Holz zerstörende Basidiomyzeten (siehe 4.2.2, Anmerkung 2) sowie Holz verfärbende Pilze (siehe 4.2.3).

d Maßgebend für die Zuordnung von Holzbauteilen zu einer Gebrauchsklasse ist die jeweilige Holzfeuchte.

e Bauteile, bei denen über mehrere Monate Ablagerungen von Schmutz, Erde, Laub u. ä. zu erwarten sind sowie Bauteile mit besonderer Beanspruchung, z. B. durch Spritzwasser, sind in GK 4 einzustufen.

f „Mäßige“ bzw. „starke“ Beanspruchung bezieht sich auf das Gefährdungspotential für einen Pilzbefall (Feuchteverhältnisse, Bodenbeschaffenheit) sowie die Intensität einer Auswaschbeanspruchung.

### Kommentar zu Tabelle 1 der Norm

**Allgemeines:** Tabelle 1 in DIN 68800-1:2019-06 entspricht weitgehend DIN EN 335:2013-06 unter Hinzufügung der in der EN nicht berücksichtigten GK 0. In Erweiterung der Tabelle in DIN EN 335 enthält Tabelle 1 der Norm zusätzlich Angaben zur Holzfeuchte/Exposition sowie zur Auswaschbeanspruchung. Andererseits wurde eine Gefährdung durch Termiten nicht aufgenommen, da diese in Deutschland keine Bedeutung hat.

Für die Exposition (Spalte 2) wurde für die rel. Luftfeuchte der Wert von 85 % für eine Gleichgewichtsfeuchte von ca. 18 % eingesetzt (Literatur: Kollmann 1951, S. 387 [3]).

Die Angaben zur Holzfeuchte in Spalte 2 sind für eine exakte Bewertung unbefriedigend, doch wird in Fußnote a zutreffenderweise vermerkt, „ohne dass hierfür wegen der unterschiedlichen Einflussgrößen genaue Zahlenangaben möglich sind“. Lediglich für GK 0 und GK 1 sowie für GK 5 kann eindeutig „trocken“ bzw. „ständig feucht“ angeführt werden. In allen anderen GK muss mit schwankenden Holzfeuchten gerechnet werden, was selbst für Holz in dauerndem Erdkontakt (= GK 4) zutrifft: In einem gut durchlüfteten, wenig humushaltigen Boden wird sich eine geringere, häufiger schwankende Holzfeuchte einstellen als in Bereichen mit Staunässe. Ebenso wird die Holzfeuchte nach längeren Trockenperioden geringer sein als bei anhaltenden Niederschlägen. Der Planer muss daher in den GK 2 bis GK 4 stets mit unterschiedlichen Holzfeuchten in Abhängigkeit von den spezifischen Einsatzbedingungen des Holzes rechnen.

Anhang D zur Norm enthält Beispiele sowie ein Ablaufschema für die Zuordnung von Holzbauteilen zu einer GK. Beide werden dort kommentiert.

Nach DIN EN 335:2013-06 beruhen die Unterschiede zwischen den Gebrauchsklassen auf Unterschieden in den Umwelt- bzw. Umgebungsbedingungen, die das Holz oder die Holzprodukte für eine biologische Zerstörung anfällig machen können (siehe oben). Die Europäische Norm verweist in einer Anmerkung zusätzlich auf mögliche Grenz- und Extremfälle, die dazu führen können, dass eine Gebrauchsklasse zugewiesen wird, die von den Festlegungen in dieser Norm abweicht.

Für GK 0 bis GK 2 bedeutet „unter Dach, nicht der Bewitterung ausgesetzt“ nicht zwangsläufig eine vollständige Abdeckung oder einen Innenbereich, sondern auch einen ausreichenden Witterungsschutz durch entsprechenden Dachüberstand, Vordächer, seitlich offene Überdachungen und dergleichen. Einzelheiten hierzu regelt Teil 2 der Normenreihe. Entscheidend ist ein jeweils ausreichender Dachüberstand. Maßgebend für einen vorliegenden Witterungsschutz ist der sog. 60°-Winkel, wonach sich die vor der Witterung geschützten Bereiche innerhalb einer gedachten Linie unter 60° von der Kante des (Dach-)Überstandes zu dem Holzbauteil befinden (vgl. hierzu die Kommentierung zu Anhang D, Bild K.5 Ziff. 15 und 16).

Für die Ermittlung der mittleren relativen Luftfeuchte sollte ein Bezugszeitraum von drei Monaten angesetzt werden.

**GK 0** ist ein Sonderfall der GK 1 und auf Europäischer Ebene in DIN EN 335:2013-06 nicht enthalten. Dem Prinzip der GK 0 (= keine Gefahr von Bauschäden, siehe 3.8) wird jedoch indirekt in DIN EN 335:2013-06 über eine Anmerkung zu Tabelle 1 Rechnung getragen. Für Einzelheiten siehe 5.2.1.

**GK 1:** Bedarf keiner weiteren Kommentierung.

**GK 2:** Die in Spalte 2 genannte mittlere relative Luftfeuchte über 85 % ist nur in gewerblich oder industriell speziell genutzten Räumen zu erwarten. Kritisch ist weniger die mittlere relative Luftfeuchte als vielmehr tropfendes Wasser infolge Tauwasserbildung.

Bezüglich „Unter Dach, nicht der Bewitterung ausgesetzt“ siehe oben unter Allgemeines.

Es ist zu beachten, dass Bauteile in Gebäuden, die einer besonderen Feuchtebeanspruchung ausgesetzt sind, z. B. durch Spritzwasser, gemäß 5.2.2 der GK 3 zuzuordnen sind.

**GK 3:** Die GK 3 wird der vielfältigen Gebrauchsbedingungen in zwei Unterklassen aufgeteilt, was DIN EN 335:2013-06 entspricht. Maßgebend ist auch hier die im Gebrauch zu erwartende Holzfeuchte. Die Norm unterscheidet hierzu, ob eine Wasseranreicherung zu erwarten ist, und erwähnt gleichzeitig eine mögliche Rücktrocknung. Besonders hervorzuheben ist, dass dies auch für räumlich begrenzte Bereiche gilt, d. h. nicht unbedingt das gesamte Holzbauteil betreffen muss. Sonderbedingungen sind in 5.2.2 geregelt und werden dort kommentiert.

Allgemein stellen die Zuordnung von Holzbauteilen in GK 3 bzw. GK 3.1 und GK 3.2 sowie die im Einzelfall erforderlichen Schutzmaßnahmen an Planer und Ausführende besondere Anforderungen. Dabei haben sowohl das Makroklima als auch insbesondere das jeweilige lokale Mikroklima entscheidende Bedeutung. Die Angaben in der Norm können nur Rahmenbedingungen bieten.

Teil 2 der Normenreihe nennt in 6.2 „Bauliche Maßnahmen zur Vermeidung eines Bauschadens durch Holz zerstörende Pilze“ unter anderem eine Reihe von „Maßnahmen, die zur Holzfeuchtebegrenzung führen“, auf die verwiesen wird.

Beispiele für zusätzlich bei Holz im Außenbereich ohne Erdkontakt zu beachtende Punkte sind:

- **Faserrichtung:** Die Durchlässigkeit von Holz ist über die Querschnittfläche (= Stirnfläche) um ein Vielfaches höher als über die Längsflächen. Dies bedeutet in GK 3 eine erhöhte Wasseraufnahme über die Stirnflächen. In Teil 2 der Normenreihe wird daher in 6.2.2 auf die Notwendigkeit verwiesen, Hirnholz abzudecken.
- **Oberflächenbeschaffenheit:** gehobelte oder gespaltene Oberflächen (z. B. Schindeln) führen Niederschläge schneller ab als sägerauhes oder gatterrauhes Holz.
- **Bodenabstand:** Es ist unbedingt zu beachten, dass bei zu geringem Bodenabstand hochspritzendes Wasser zu einer erheblichen Erhöhung der Holzfeuchte führen kann. Dies ist bei glatten Bodenoberflächen stärker der Fall als bei einem Kiesbett. Ferner ist die Wasseraufnahme durch Hirnholz (z. B. bei senkrechter Verbretterung) erheblich größer als bei sägerauhen Längsflächen (waagerechte Verbretterung), die wiederum mehr Feuchte aufnehmen als gehobelte oder gespaltene Längsflächen.

- **Niederschlagsintensität:** Die Feuchtebeanspruchung in GK 3 hängt wesentlich von der Exposition ab, die sich unmittelbar auf die Intensität auswirkt, mit der Niederschläge auf die Holzbauteile treffen. Hierbei wirken zahlreiche Einzelkomponenten zusammen, die sich sowohl summieren als auch gegenseitig aufheben können. So werden Bauteile mit Süd-West-Ausrichtung am stärksten beansprucht, es sei denn, nahestehende Objekte schirmen Witterungseinflüsse ab, aber auch nur dann, wenn genügend Abstand für eine Wiederabtrocknung besteht. In diesem Zusammenhang sind ferner die vorherrschende Windrichtung und Windstärke zu beachten (Stichwort „Schlagregen"). Für die Langzeitnutzung ist allerdings zu bedenken, dass sich das Umfeld des Bauteils und damit dessen Beanspruchung verändern kann.
- **Sonneneinstrahlung:** Auch die Sonneneinstrahlung hängt von der Exposition ab. Sie ist naturgemäß für Nordseiten unbedeutend und auf Südseiten am höchsten, soweit keine Beschattung durch benachbarte Objekte erfolgt. Intensive Einstrahlung führt zu einer erhöhten Abtrocknung der Holzoberfläche, die bei dunklen Oberflächen stärker als bei hellen Oberflächen ist. Durch die oberflächliche Abtrocknung entstehen feine Risse im Holz, die ihrerseits eine Wasseraufnahme begünstigen, wobei sich diese Wechselwirkung gegenseitig verstärken kann.
- **Verbindungen bei Anschlüssen und Stößen im Außenbereich** sind immer eine potenzielle Stelle für Wasseranreicherung in Holz, indem durch einen zu engen Kontakt zwischen den zu verbindenden Teilen eine rasche Wiederaustrocknung nach Wassereintritt verhindert oder zumindest verzögert wird. Ferner besteht die Gefahr, dass Wasser über Schlitze oder kapillar über Bohrungen für die Verbindungsmittel in das Holz eindringt und sich dort anreichert. Abhilfe können z. B. kleine Distanzstücke zwischen den einzelnen Bauteilen sowie Abdeckungen der Anschlüsse oder Stöße schaffen. Hierbei ist besonders darauf zu achten, dass im Bereich der Distanzstücke keine Öffnungen (Fugen, Bohrungen, Risse aus der Montage und dergleichen) auftreten oder entstehen, durch die Nässe aus Niederschlägen oder Nutzung in das Holz eindringen und sich dort anreichern kann. Die Gefahr ist bei großen Querschnitten größer als bei kleinen, da Letztere rasch wieder austrocknen, während sich in größeren Querschnitten Wassernester bilden, die nur schwer wieder austrocknen.

**Für GK 3.1** muss eine Wasseranreicherung ausgeschlossen sein, d. h., die Bauteile müssen nach z. B. einer Beregnung wieder rasch abtrocknen können. DIN EN 335:2013-06 spricht von einem begrenzten Risiko, dass Holzbauteile nass werden und bleiben und bezeichnet GK 3.1 als eingeschränkt feuchte Bedingungen.

**In GK 3.2** ist im Gegensatz zu GK 3.1 eine Wasseranreicherung „zu erwarten". Nach DIN EN 335:2013-06 sind die betreffenden Holzbauteile weder dafür ausgeführt noch ausgerichtet, Wasser abzuleiten oder schnell zu trocknen, d. h., es herrschen anhaltend feuchte Bedingungen. DIN EN 335 schränkt aber ein, die Dauer der Einwirkung von Wasser kann verlängert, aber nicht andauernd sein. Diese Einschränkung ist von großer praktischer Bedeutung, denn bei andauernder Einwirkung von Wasser können bereits die Bedingungen einer GK 4 gegeben sein. In Tabelle 1 der Norm wird dies durch die Fußnote e berücksichtigt. Die in Fußnote e angesprochenen Bedingungen können auf eine Reihe von Einsatzgebieten zutreffen, wie Lärmschutzwände, schlecht gewartete Brückenbeläge, Kompostieranlagen. Die Einstufung in GK4 berücksichtigt, dass unter den genannten Bedingungen ein Befall durch Moderfäulepilze möglich ist und entsprechend hiergegen wirksame Holzschutzmittel (geregelt in Teil 3 der Normenreihe) oder natürlich dauerhafte Holzarten der Dauerhaftigkeitsklasse 1 (siehe 6.8 der Norm) eingesetzt werden müssen. Die in Fußnote e angesprochenen Bedingungen betreffen jedoch nicht längere Perioden erhöhter Holzfeuchte als Folge wiederholter starker Niederschläge.

Ein Beispiel für die Unterscheidung von GK 3.1 und GK 3.2 zeigt Bild K.3

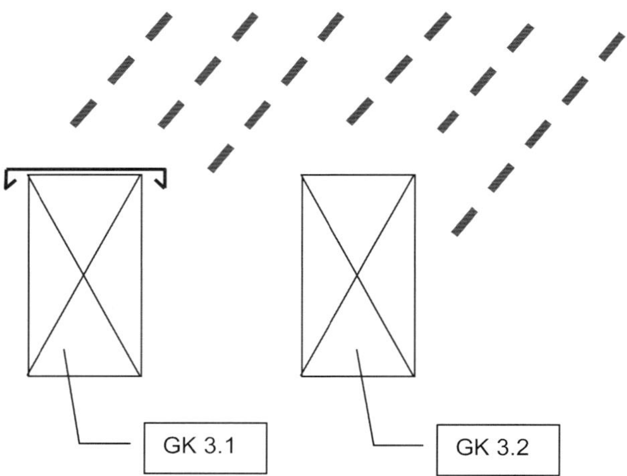


**Bild K.3:** Unterscheidung GK 3.1 und GK 3.2

**GK4:** GK4 setzt einen ständigen Kontakt mit Erde oder Süßwasser voraus, nicht dagegen einen nur kurzfristigen Kontakt z. B. durch vorübergehende Lagerung auf der Erde oder ein kurzzeitiges Eintauchen in Wasser.

Ein ständiger Erdkontakt liegt vor, wenn Holzbauteile auf dem Erdreich aufliegen oder sich im Erdreich befinden (z. B. Masten). Das gilt auch dann, wenn die Hölzer mit Beton ummantelt sind, gegebenenfalls sogar bei zusätzlicher Anordnung einer Sperrschicht. Es gilt aber nicht für ständig unterhalb des Grundwasserspiegels befindliche Pfahlgründungen, die keiner besonderen Schutzmaßnahmen bedürfen. Ein hier möglicher Bakterienbefall führt erst im Laufe von Jahrzehnten bis Jahrhunderten zu einem Holzabbau, der jedoch erst bei einer Austrocknung des Holzes, z. B. durch Absenkung des Grundwasserspiegels, zu Festigkeitsminderungen führt.

Ein ständiger Süßwasserkontakt ist z. B. gegeben in Unterkonstruktionen von Bootshäusern, Anlegestellen und Uferbefestigungen. Nicht dazu zählen unter Wasser verbaute Hölzer, die ständig unterhalb des Wasserspiegels bleiben (vgl. die obigen Ausführungen zu Holz ständig unterhalb des Grundwasserspiegels).

Die holzschutztechnischen Anforderungen an Kühltürme werden durch die Regelungen in dieser Norm nicht erfasst. Sie unterliegen den jeweiligen Vorschriften der speziellen Betreiber, z. B. Elektrizitätsversorgungsunternehmen und den bauaufsichtlichen Anforderungen.

**GK 5:** Es ist zu beachten, dass die oberhalb der Wasseroberfläche befindlichen Holzbauteile in gleicher Weise von Organismen befallen werden können wie bei Erdkontakt (= GK 4, bei ausreichender Entfernung vom Wasserspiegel auch GK 3, z. B. Geländer von Seebrücken). Ein Befall durch Holz zerstörende Insekten ist jedoch nicht zu erwarten bzw. zu vernachlässigen. Somit ist ein Schutz gegen Insekten nicht erforderlich.

## 5.2 Besonderes

Der Abschnitt 5.2 enthält über die Regelungen in Tabelle 1 hinausgehende Anwendungsfälle und Regelungen. Sie sind ergänzend zu betrachten und anzuwenden.

### 5.2.1 GK 0

Holzbauteile in GK 1, bei denen das Risiko von Bauschäden durch Insekten vermieden wird,

- indem Holz in Räumen mit üblichem Wohnklima oder vergleichbaren Räumen verbaut ist oder die Bauteile in entsprechender Weise beansprucht werden

ANMERKUNG In Räumen mit üblichem Wohnklima ist nur für das Splintholz von stärkereichen Laubhölzern (z. B. Abachi, Limba, Eichensplintholz) eine Gefahr von Schäden durch Lyctusbefall (Splintholzkäfer) gegeben.

oder

- indem unter den in DIN 68800-2 festgelegten Bedingungen
  - das Holz gegen Insektenbefall allseitig durch eine geschlossene Bekleidung abgedeckt ist

oder

  - Holz, z. B. in begehbaren, unbeheizten Dachstühlen, zum Raum hin so offen angeordnet ist, dass es kontrollierbar bleibt und an sichtbar bleibender Stelle dauerhaft ein Hinweis auf die Notwendigkeit einer regelmäßigen Kontrolle angebracht wird.

Zum Begriff GK 0 siehe 3.11 und zugehörige Kommentierung.

Die GK 0 ist ein Sonderfall der GK 1. Sollte in Einsatzgebieten mit einer an sich höheren GK ein Verzicht auf Holzschutzmittel angestrebt werden, müssen durch geeignete bauliche Maßnahmen nach Teil 2 dieser Normenreihe zunächst die allgemeinen Gebrauchsbedingungen für eine GK 1 geschaffen werden.

Die Zuordnung von natürlich dauerhaften Holzarten zur GK 0 wird durch genaue Bedingungen geregelt, unter denen der Einsatz von dauerhaften Holzarten für sich allein ausreichend ist. Damit wird der Tatsache Rechnung getragen, dass die Verwendung von natürlich dauerhaften Holzarten zu keiner Änderung der vorliegenden GK führt. Gleiches gilt für die Verwendung von mit Holzschutzmitteln behandelten Hölzern.

Nach wie vor wird als Bedingung für GK 0 das Fehlen eines Risikos von Bauschäden (vgl. 3.8 und zugehörige Kommentierung) durch Insekten vorausgesetzt, nicht aber die Tatsache, dass ein Befall durch Insekten unmöglich ist. Die Gefahr eines Pilzbefalls ist nicht gegeben, da GK 0 einen Sonderfall der GK 1 darstellt, für die gemäß den Bedingungen in Tabelle 1 der Norm keine Gefährdung durch Pilze vorliegt. Diese Unterscheidung zwischen Insekten- und Pilzbefall liegt darin begründet, dass sich Pilze lange Zeit unbemerkt im Holzinnern entwickeln können und bereits beachtliche Bauschäden möglich sind, bevor ein Pilzbefall erkannt wird. Ein leichter Insektenbefall kann demgegenüber an Ausflugslöchern sowie ausgeworfenem Bohrmehl bei regelmäßig beobachteten, einsehbaren Hölzern frühzeitig festgestellt und bekämpft werden, noch bevor es zu einem Bauschaden kommt. Diese Voraussetzungen sind in 5.2.1 im Detail festgelegt. Hinweise zum Erkennen eines Lebendbefalls durch Insekten gibt die Kommentierung zu Teil 4 der Normenreihe, 9.1.1.

Die Aufzählung der Bedingungen für eine GK 0 als „oder“-Formulierung bedeutet, dass jede der genannten Bedingungen für sich allein die Anforderungen für eine GK 0 erfüllt.

In **Räumen mit üblichem Wohnklima** (siehe 3.23 in Verbindung mit 3.1) sind die klimatischen Voraussetzungen für die Entwicklung von Insekten eher ungünstig. Darüber hinaus kann ein eventueller Befall rasch erkannt werden. Zu Räumen mit „üblichem“ Wohnklima oder vergleichbarem Klima zählen u. a. Aufenthaltsräume in Wohngebäuden, einschließlich Küchen und Bädern; zu vergleichbaren weiteren Räumen siehe die Kommentierung zu 3.1.

Bezüglich einer **geschlossenen Bekleidung** siehe die Kommentierung zu 3.10 und 5.21.

Sollen Hölzer ohne ausreichende Dauerhaftigkeit gegen Holz zerstörende Insekten in **begehbaren, unbeheizten Dachstühlen** eingesetzt werden, sind genaue Bedingungen einzuhalten, um die Voraussetzungen für GK 0 auch in diesem Anwendungsbereich zu erreichen. Besonders hervorzuheben ist die Forderung nach einem sichtbar bleibenden Hinweis auf eine regelmäßige Kontrolle. Ferner ist der Verweis auf die Berücksichtigung von Teil 2 dieser Normenreihe zu beachten. Zu Kontrollierbarkeit siehe auch die Definition unter 3.17 und zugehörige Kommentierung.

### 5.2.2 GK 3

#### 5.2.2.1 Allgemeines

Holz oder Holzprodukt nicht unter Dach, aber ohne ständigen Erd- oder Wasserkontakt.

ANMERKUNG Es besteht eine große Vielfalt von Gebrauchsbedingungen, weshalb GK 3 in zwei Unterklassen GK 3.1 und GK 3.2 unterteilt wird.

#### 5.2.2.2 GK 3.1

**5.2.2.2.1** Der GK 3.1 sind auch nicht tragende Holzbauteile nicht unter Dach, ohne ständigen Erd- oder Wasserkontakt zuzuordnen, die durch geeignete Maßnahmen, z. B. intakte Beschichtung, vor einer unmittelbaren Beanspruchung durch Bewitterung geschützt sind.

**5.2.2.2.2** Der GK 3.1 sind auch Holzbauteile in Innenräumen zuzuordnen, die in begrenzter Zeit einer mäßigen Feuchtebeanspruchung ausgesetzt sind und bei denen eine Anreicherung von Wasser, auch räumlich begrenzt, im Holz nicht zu erwarten ist.

Zu Beschichtungen siehe 6.6 und die zugehörige Kommentierung.

Die Regelungen in 5.2.2.2.2 und 5.2.2.3 betreffen Holzbauteile in Innenräumen. Charakteristisches Beispiel sind Bereiche, in denen Spritzwasser auftritt. Dabei fällt unter „Spritzwasser“ nicht Wasser beim Hantieren in der Küche, sondern beinhaltet eine intensivere Beanspruchung, etwa vergleichbar mit dem Schwallwasser bei Duschen.

#### 5.2.2.3 GK 3.2

Der GK 3.2 sind auch Holzbauteile in Innenräumen zuzuordnen, die einer entsprechenden Feuchtebeanspruchung ausgesetzt sind.

Für die Zuordnung von Holzbauteilen in Innenräumen zu GK 3.2 gelten die oben genannten Ausführungen zu GK 3.1 sinngemäß.

### 5.2.3 GK 5

Holzbauteile im Meerwasser einschließlich Brackwasser mit einem Salzgehalt von > 7 ‰.

Eine Gefährdung durch Holzschädlinge im Meerwasser besteht nicht nur im Bereich der Küstenlinie, etwa an Konstruktionen des Küstenschutzes, sondern auch in weiter landeinwärts gelegenen Häfen, deren Wasser infolge des Tideeinflusses über einen entsprechenden Salzgehalt verfügt.

# 6 Maßnahmen zum Schutz des Holzes gegen Organismen

## 6.1 Allgemeines

Für den Schutz des Holzes gegen Organismen steht eine Reihe unterschiedlicher Maßnahmen zur Verfügung. Langjährig bewährte Maßnahmen werden nachstehend aufgeführt. Sollen in dieser Norm nicht aufgeführte Maßnahmen angewendet werden, so ist deren Gleichwertigkeit hinsichtlich der Holz schützenden Wirksamkeit im Sinne dieser Norm nachzuweisen, für tragende Holzbauteile durch den bauaufsichtlichen Verwendbarkeitsnachweis. Diese Nachweispflicht gilt auch für die in Anhang A aufgeführte thermische und chemische Modifizierung zum Schutz des Holzes.

## 6.2 Bauliche Maßnahmen

Alle planerischen, konstruktiven, bauphysikalischen und organisatorischen Maßnahmen zum Schutz des Holzes nach DIN 68800-2.

Bei den baulichen Maßnahmen werden im Teil 2 der Normenreihe „grundsätzliche bauliche Maßnahmen“ besonders herausgestellt. Sie sind gemäß 8.1.3 von Teil 1 in jedem Fall zu berücksichtigen und werden dort kommentiert. Einzelheiten dazu enthält Teil 2 der Normenreihe.

## 6.3 Anwendung von Holzschutzmitteln

Anwendung von Holzschutzmitteln zum vorbeugenden Schutz oder im Rahmen von Bekämpfungsmaßnahmen durch ein geeignetes Einbringverfahren nach DIN 68800-3 bzw. DIN 68800-4.

ANMERKUNG Die Anwendung von Chemikalien zur Modifikation des Holzes im Sinne dieser Norm ist keine Anwendung von Holzschutzmitteln.

Durch den Begriff „Anwendung von Holzschutzmitteln“ wird die klare Abgrenzung gegenüber der chemischen Modifikation von Holz ausgedrückt.

## 6.4 Verwendung von vorbeugend geschützten Holz- und Holzwerkstoffprodukten mit CE-Kennzeichnung

Die Verwendung von vorbeugend geschützten Holz- und Holzwerkstoffprodukten mit CE-Kennzeichnung regelt DIN 68800-3.

Abschnitt 6.4 gilt für den Einsatz von fertigen, behandelten Produkten mit CE-Kennzeichnung (siehe 3.12) und betrifft nicht die Holzschutzmittel, die für eine Behandlung infrage kommen könnten. Zu beachten ist in diesem Zusammenhang auch Teil 3 der Normenreihe, der für die Verwendung von mit Holzschutzmitteln behandelten Hölzern mit CE-Kennzeichnung für die jeweilige GK besondere Anforderungen stellt, u. a. die Notwendigkeit einer Nachbehandlung bei Abbundarbeiten dieser fertig behandelten Produkte. Sie werden dort unter 4.1.2 kommentiert.

## 6.5 Physikalische Maßnahmen

Anwendung von hohen Temperaturen zur Abtötung von Holzschädlingen im Rahmen einer Bekämpfung nach DIN 68800-4 (z. B. Heißluftverfahren).

Der Begriff „Physikalische Maßnahmen“ wird durch die Norm eindeutig auf hohe Temperaturen zur Bekämpfung eines Befalls begrenzt. Bezüglich der Anwendung wird auf Teil 4 der Normenreihe verwiesen. Es erfolgt dabei keine Beschränkung auf Insekten, sondern es werden „Holzschädlinge“ allgemein angeführt. Dies berücksichtigt die Möglichkeit, das Heißluftverfahren gemäß Teil 4 der Normenreihe, informativer Anhang E als integrierte Maßnahme auch bei einer Bekämpfung des Echten Hausschwamms einzusetzen.

Für einen Befall durch Insekten können auch „elektrophysikalische Verfahren“ berücksichtigt werden. Bezüglich Einzelheiten siehe die betreffende Kommentierung zu Teil 4 der Normenreihe.

Der Hinweis auf die Anwendung hoher Temperaturen zur Abtötung soll zweifelsfrei zum Ausdruck bringen, dass die im informativen Anhang A der Norm behandelte thermische Modifikation nicht als physikalische Maßnahme im Sinne dieser Norm eingestuft wird.

In der Praxis wird gelegentlich der Begriff „Physikalischer Holzschutz" für Maßnahmen verwendet, die eine Befeuchtung des Holzes behindern sollen, z. B. durch Anwendung von Hydrophobierungsmitteln. Dies ist keine physikalische Maßnahme im Sinne dieser Norm.

## 6.6 Beschichtungen

**6.6.1** Beschichtungen können einen zusätzlichen Beitrag zum Schutz des Holzes leisten, indem sie eine Wasseraufnahme des Holzes über die Holzoberfläche behindern. Voraussetzung ist eine andauernde Funktionstüchtigkeit, die nur durch regelmäßige Inspektion, Wartung und Instandsetzung erhalten werden kann.

Für tragende Holzbauteile muss der Schutz des Holzes durch die anderen Maßnahmen nach 6.8 sowie nach DIN 68800-2 oder DIN 68800-3 ausreichend sichergestellt sein.

ANMERKUNG Bei nicht ausreichender Instandhaltung kann sich die Schutzfunktion von Beschichtungen umkehren, indem über Schadstellen in der Beschichtung flüssiges Wasser in das Holz eindringt und aufgrund der Dampf bremsenden Wirkung der Beschichtung nicht mehr verdunsten kann (Einkapselung der Feuchte).

**6.6.2** Beschichtungsmittel müssen die Anforderungen nach DIN EN 927-2 erfüllen.

Für Beschichtungen wird ausdrücklich betont, dass es sich hierbei nur um zusätzliche Maßnahmen zur Verringerung der Wasseraufnahme handelt, wobei eine andauernde Funktionstüchtigkeit der Beschichtung entscheidend ist. Hierzu verweist die Norm ausdrücklich sowohl auf eine notwendige regelmäßige Inspektion als auch auf Wartung und ggf. Instandsetzung. Diese unabdingbare Notwendigkeit muss dem Besteller/Auftraggeber/Nutzer eindringlich zur Kenntnis gebracht und erläutert werden. Hinsichtlich der Wartungszyklen sind die jeweiligen Herstellerangaben zu beachten.

Die weiteren Ausführungen von 6.6.1 bedürfen keiner Kommentierung.

Holzschutzmaßnahmen in Verbindung mit Beschichtungen für nicht tragende Holzbauteile sind in Teil 3 der Normenreihe, informativer Anhang C geregelt. Für nähere Hinweise siehe die dortige Kommentierung.

## 6.7 Schutzsysteme

Zu Schutzsystemen siehe die Definition nach 3.19.

Soweit Schutzsysteme für tragende Bauteile eingesetzt werden, bedürfen diese eines bauaufsichtlichen Verwendbarkeitsnachweises.

## 6.8 Natürliche Dauerhaftigkeit des Holzes

Die Verwendung von natürlich dauerhaften Hölzern wird in der vorliegenden Norm ausführlich geregelt.

Umfangreiche Angaben zur natürlichen Dauerhaftigkeit enthält Anhang B in DIN EN 350: 2016-12.

### 6.8.1 Allgemeines

**6.8.1.1** Natürliche Dauerhaftigkeit ist die mehr oder minder ausgeprägte Eigenschaft einer Holzart, ohne zusätzliche Maßnahmen einem Befall durch Holzschädlinge zu widerstehen.

Im allgemeinen Sprachgebrauch wird unter „natürlicher Dauerhaftigkeit" nur die erhöhte Widerstandsfähigkeit gegen Pilzbefall verstanden. Tatsächlich hat aber jede Holzart eine „Dauerhaftigkeit" gegen die verschiedenen Holzschädlinge, was in DIN EN 350:2016-12, Anhang B detailliert berücksichtigt wird. Daher muss die natürliche Dauerhaftigkeit einer Holzart gegen jeden Holz zerstörenden Organismus gesondert betrachtet werden.

Die Dauerhaftigkeit gegen Pilzbefall wird durch fünf Klassen gekennzeichnet, von 1 (sehr dauerhaft) bis 5 (nicht dauerhaft) (siehe die Fußnoten a der Tabellen 2 und 3 der Norm). Eine erhöhte Dauerhaftigkeit besitzt ausschließlich das Kernholz, wobei für die im Bereich der DIN 68800 üblichen Holzarten stets von Farbkernholz gesprochen wird.

Die Angaben zur natürlichen Dauerhaftigkeit können nicht als absolute Größen aufgefasst werden, sondern stellen eine relative Klassifizierung dar unter dem Gesichtspunkt, dass sich Holzarten der gleichen Dauerhaftigkeitsklasse unter vergleichbaren Einsatzbedingungen gleichartig verhalten. Das Prinzip ist dabei, eine Einschätzung für die Verwendung von Holzarten zu ermöglichen, deren Dauerhaftigkeit zwar bekannt ist, die aber für den jeweiligen Nutzer „neu" sind. Der Nutzer kann die für ihn neue Holzart hinsichtlich ihrer Dauerhaftigkeitsklasse mit ihm bekannten Arten vergleichen, wenn sie in die gleiche Dauerhaftigkeitsklasse eingestuft sind. Die Einstufung in eine Dauerhaftigkeitsklasse erfordert jeweils umfangreiche Untersuchungen nach den einschlägigen Normen und die Bewertung der Ergebnisse durch neutrale Gremien, in der Regel der zuständige nationale oder Europäische Normenausschuss. Eine „Selbsteinschätzung", z. B. durch persönliche Erfahrungen, ist hierzu nicht geeignet. Maßgebend ist die Dauerhaftigkeit im Vergleich zu Referenzholzarten.

Auf keinen Fall ist es zulässig, aus der Dauerhaftigkeitsklasse die genaue Gebrauchsdauer abzuleiten, da diese von einer Reihe von Faktoren des spezifischen Einsatzgebietes abhängt. So ist z. B. die Standdauer eines Holzpfostens in einem sandigen Boden deutlich länger als in einer gemulchten Gartenerde.

Die Dauerhaftigkeit einer Holzart gegen die verschiedenen Schädlingsarten wird im Wesentlichen durch die Holzinhaltsstoffe und die Umgebungsbedingungen beeinflusst und kann sehr unterschiedlich sein.

Zu beachten ist die unterschiedliche Dauerhaftigkeit einer Holzart gegen die verschiedenen Schädlingsarten. Es sind deutlich mehr Holzarten gegen Basidiomyzeten dauerhaft als gegen Moderfäulepilze (vgl. 4.2.2) und nur ganz wenige Holzarten sind auch gegen Holzschädlinge im Meerwasser dauerhaft (siehe unten).

Unter den Insekten befällt Hausbock, als der bedeutendste heimische Schädling, ausschließlich Nadelsplintholz, während *Lyctus*-Arten nur stärkereiches Laubsplintholz befallen. Demgegenüber können Anobien sowohl Nadel- als auch Laubhölzer befallen.

Die zweite wichtige Aussage in 6.8.1.1 vermerkt Absatz 2 und sie betrifft die Ursache der natürlichen Dauerhaftigkeit, denn diese ist primär nicht auf die Dichte des Holzes zurückzuführen, wie gelegentlich angenommen wird, wonach ein schweres oder „festes" Holz auch eine höhere Dauerhaftigkeit aufwiese. Eine erhöhte Dauerhaftigkeit wird vielmehr durch charakteristische Holzinhaltsstoffe bewirkt. Als Beispiel aus den in Tabelle 5 der Norm genannten Holzarten sei auf das nicht dauerhafte Buchenholz mit einer Dichte von 710 kg/m³ (nur für GK 0 geeignet) gegenüber dem etwas leichteren, aber sehr dauerhaften Teakholz mit einer Dichte von 680 kg/m³ (auch für GK 4 geeignet) verwiesen (Angaben zur Dichte für $u = 12\,\%$ nach DIN EN 350:2016-12).

Noch deutlicher wird die Bedeutung der Inhaltsstoffe im Vergleich zur Dichte bei einem Vergleich der schweren, aber nicht dauerhaften Hainbuche (800 kg/m³, Klasse 5) mit der sehr leichten, aber dauerhaften Western Red Cedar aus Nordamerika (370 kg/m³, Klasse 2) (Angaben nach DIN EN 350:2016-12).

In Einzelfällen kann aber auch eine größere Dichte mit einer höheren Dauerhaftigkeit verbunden sein, z. B. bei sibirischer Lärche (siehe Tabelle 3 der Norm).

Schließlich ist zu beachten, dass unter natürlichen Bedingungen langsam gewachsenes Holz in der Regel dauerhafter ist als schnell wachsendes Plantagenholz. So ist Teak aus natürlichem Vorkommen in DIN EN 350 in Dauerhaftigkeitsklasse 1 eingestuft, Plantagenteak dagegen in Klasse 1-3.

**6.8.1.2** Angaben zur natürlichen Dauerhaftigkeit enthalten DIN EN 350 sowie Tabelle 2. Für Holzprodukte mit CE-Kennzeichnung sind diese Angaben bereits berücksichtigt, sofern die Kennzeichnung die natürliche Dauerhaftigkeit ausweist.

DIN EN 350:2016-12 enthält in zwei Tabellen für 31 Nadel- sowie 170 Laubholzarten Angaben zur natürlichen Dauerhaftigkeit gegenüber Holz zerstörenden Pilzen, Hausbock (nur für Nadelhölzer), Anobien und Termiten, sowie Hinweise für Lyctus und für Holzschädlinge im Meerwasser; ferner Angaben zur Tränkbarkeit des Splint- und Kernholzes, die von Bedeutung für die Schutzbehandlung nach Teil 3 der Normenreihe sind. Kann aufgrund variabler Dauerhaftigkeiten einer Holzart, diese nicht eindeutig einer Dauerhaftigkeitsklasse zugeordnet werden, so sind Zwischenklassen möglich (z. B. 1-2). Bei sehr variabler Dauerhaftigkeit über mehr als zwei Klassen wird die Zusatzbezeichnung „v“ für „variabel“ benutzt. Dem wird durch die Fußnoten a in Tabelle 3 und Fußnote b in Tabelle 4 der Norm Rechnung getragen (siehe dazu auch 6.8.2.2 Absatz zwei zu Eichenholz). Die Einstufung der Dauerhaftigkeit gegen Pilzbefall in fünf Klassen (siehe die Fußnoten a der Tabelle 2 der Norm) gilt primär für **Holz im Erdkontakt**. In Einzelfällen kann es zu einer neuen Einstufung der Dauerhaftigkeit ohne Erdkontakt kommen. Daher sind die jeweils aktuellen Regelwerke zu beachten.

Für wichtige, nicht in DIN EN 350:2016-12 berücksichtigte Handelshölzer erfolgen Angaben in Tabelle 2 der Norm zu Gerutu.

**Tabelle 2[1] — Natürliche Dauerhaftigkeit einer sonstigen nicht in DIN EN 350 aufgeführten Laubholzart**

| Holzart | | Dauerhaftigkeitsklasse des Farbkernholzes gegen Pilzbefall im Erdkontakt | Dauerhaftigkeit gegen Insekten | |
|---|---|---|---|---|
| Handelsname | Wissenschaftlicher Name | | Hausbock | Anobien |
| 1 | 2 | 3 | 4 | 5 |
| Gerutu | *Parashorea spp* | 3[b] | Nicht anfällig | [a] |

[a] Nur unzureichende Daten verfügbar. Ein Befall des Farbkernholzes in der Außenverwendung durch Anobien ist unwahrscheinlich.

[b] Die Einstufung gilt nur für das Handelssortiment Heavy White Seraya.

1 Da die Tabelle 2 in DIN 68800-1:2011-10 gestrichen wurde, hat sich die Nummerierung der Tabelle 3 in Tabelle 2 geändert.

### 6.8.2 Nutzung der Dauerhaftigkeit von Hölzern in den Gebrauchsklassen

**6.8.2.1** Tabelle 3 enthält die Mindestanforderungen an die Dauerhaftigkeit des Farbkernholzes gegen Pilzbefall. Sofern keine zusätzlichen Holzschutzmaßnahmen getroffen werden, ist in GK 2 bis GK 4 zur Vermeidung eines Pilzbefalls Farbkernholz mit den in Tabelle 3 angegebenen Mindestanforderungen an die Dauerhaftigkeit zu verwenden.

Die Mindestanforderungen der Tabelle 3 gelten für tragende Bauteile. Für nicht tragende Bauteile ist die Tabelle 3 bei gleicher Nutzungsdauer als Empfehlung anzusehen.

Splintholz ist stets der Dauerhaftigkeitsklasse 5 zuzuordnen. Farbkernholz mit Splintholzanteil bis 5 % kann wie reines Kernholz eingestuft werden.

Nach Absatz 3 kann ein Splintholzanteil von maximal 5 % toleriert werden, da dieser hinsichtlich der Standfestigkeit des Holzbauteils vernachläss gbar ist. Mit dieser Regelung wird der Tatsache Rechnung getragen, dass absolut splintfreies Farbkernholz in der Praxis nicht immer verfügbar ist.

**Tabelle 3[2] — Mindestanforderungen an die Dauerhaftigkeit des splintfreien Farbkernholzes gegen Pilzbefall für den Einsatz in GK 2 bis GK 4**

| GK | Dauerhaftigkeitsklasse nach DIN EN 350[a] | | | |
|---|---|---|---|---|
| | 1 | 2 | 3 | 4 |
| 2 | + | + | + | – |
| 3.1 | + | + | + | – |
| 3.2 | + | + | – | – |
| 4 | + | – | – | – |

\+ Natürliche Dauerhaftigkeit ausreichend

– Natürliche Dauerhaftigkeit nicht ausreichend

[a] Im Falle von Zwischenstufen (z. B. 1-2) sowie für Holzarten deren Dauerhaftigkeit auf Grund einer hohen Variabilität durch „v“ (z. B. 2v) gekennzeichnet ist, ist für die geforderte Dauerhaftigkeit die Klasse mit der nächst niedrigeren Dauerhaftigkeit maßgebend.

2 In DIN 68800-1:2011-10, Tabelle 4.

Tabelle 3 der Norm bezieht sich ausschließlich auf die Dauerhaftigkeit gegen Pilzbefall, weshalb weder GK 1 (nur Insektenbefall möglich) noch GK 5 (gilt primär für Holzschädlinge im Meerwasser) berücksichtigt sind.

**6.8.2.2** Die für tragende Bauteile bewährten Holzarten nach Tabelle 4 dürfen in den darin aufgeführten Gebrauchsklassen ohne zusätzliche Holzschutzmaßnahmen verwendet werden. Darüber hinaus können Holzprodukte mit CE-Kennzeichnung, die nach CE-Kennzeichnung eine ausreichende natürliche Dauerhaftigkeit gegen die jeweils vorliegende Gefährdung besitzen, in den betreffenden Gebrauchsklassen ohne zusätzliche Schutzmaßnahmen eingesetzt werden.

ANMERKUNG 1 Für tragende Holzbauteile, die ohne zusätzliche Schutzmaßnahmen verwendet werden und die weder aus Holzarten nach Tabelle 4 noch aus Holzprodukten mit CE-Kennzeichnung (mit ausgewiesener natürlicher Dauerhaftigkeit) bestehen, kann die natürliche Dauerhaftigkeit über einen bauaufsichtlichen Verwendbarkeitsnachweis nachgewiesen werden.

ANMERKUNG 2 Die Liste der für tragende Bauteile bewährten Holzarten entstammt DIN 1052:2008-12, Tabellen F.6 und F.8. Diese Norm wurde im Deutschen Normenwerk inzwischen durch DIN EN 1995-1-1: 2010-12 mit DIN EN 1995-1-1/A2:2014-07 und DIN EN 1995-1-1/NA:2013-08 ersetzt, in denen keine spezifischen Holzarten aufgeführt sind.

**Tabelle 4[3] — Gebrauchsklassen, in denen Holzarten, die sich für tragende Bauteile bewährt haben, ohne zusätzliche Holzschutzmaßnahmen verwendet werden dürfen**

| Holzart | | Gebrauchsklasse | |
|---|---|---|---|
| **Handelsname** | **Wissenschaftlicher Name** | **Splintholz** | **Farbkernholz** |
| 1 | 2 | 3 | 4 |
| **Nadelhölzer** | | | |
| Douglasie | *Pseudotsuga menziesii* | 0 | 0, 1, 2, 3.1[a] |
| Fichte | *Picea abies* | 0 | 0 |
| Kiefer | *Pinus sylvestris* | 0 | 0, 1, 2[a] |
| Lärche | *Larix decidua*[c] | 0 | 0, 1, 2, 3.1[a] |
| Southern Pine | *Pinus elliottiic* | 0 | 0, 1 |
| Tanne | *Abies alba* | 0 | 0 |
| Western Hemlock | *Tsuga heterophylla* | 0 | 0 |
| Yellow Cedar | *Chamaecyparis nootkatensis* | 0 | 0, 1, 2, 3.1 |
| **Laubhölzer** | | | |
| Afzelia | *Afzelia bipindensis*b | 0, 1 | 0, 1, 2, 3.1, 3.2, 4 |
| Azobé/Bongossi | *Lophira alata* | 0, 1 | 0, 1, 2, 3.1, 3.2, 5 |
| Buche | *Fagus sylvatica* | 0 | 0 |
| Eiche[b] | *Quercus robur*<br>*Quercus petraea* | 0 | 0, 1, 2, 3.1, 3.2 |
| Ipe | *Handroanthusc* | 0, 1 | 0, 1, 2, 3.1, 3.2, 4 |
| Teak | *Tectona grandis* | 0, 1 | 0, 1, 2, 3.1, 3.2, 4[d] |

[a] Das Farbkernholz von Douglasie und Lärche kann ohne zusätzliche Holzschutzmaßnahmen in GK 2 und GK 3.1 eingesetzt werden, unabhängig davon, dass es nur in Dauerhaftigkeitsklasse 3-4 eingestuft ist, da sich der Einsatz dieser beiden Holzarten in GK 2 und GK 3.1 seit der letzten Ausgabe von DIN 68800-3:1990-04 in der Praxis bewährt hat. Das Farbkernholz von Kiefer kann aus dem gleichen Grund in GK 2 eingesetzt werden.

[b] Die Dauerhaftigkeit von Eichenkernholz weist eine große Bandbreite auf.

[c] Es kommen mehrere botanische Arten infrage. Genannt wird jeweils nur die häufigste Art.

[d] Teak aus Plantagen ist für GK 4 nicht geeignet.

3 In DIN 68800-1:2011-10, Tabelle 5

Tabelle K.3 enthält Angaben zur natürlichen Dauerhaftigkeit der in Tabelle 4 der Norm aufgeführten Holzarten; bezüglich Gerutu siehe Tabelle 2 der Norm.

**Tabelle K.3**: Natürliche Dauerhaftigkeit der in Tabelle 4 der Norm aufgeführten Holzarten (Angaben nach DIN EN 350:2016-12; für Ipe siehe Tabelle 2 der Norm)

| **Holzart** | | **Dauerhaftigkeitsklasse des Farbkernholzes gegen Pilzbefall[a] im Erdkontakt** | **Dauerhaftigkeit gegen Insekten[b]** | |
|---|---|---|---|---|
| **Handelsname** | **Wissenschaftlicher Name** | | **Hausbock** | **Anobien** |
| **Nadelhölzer** | | | | |
| Douglasie | *Pseudotsuga menziesii*[c] | 3–4 | S | S |
| Fichte | *Picea abies* | 4 | S/K | S/K |
| Kiefer | *Pinus sylvestris* | 3–4 | S | S |
| Lärche | *Larix decidua*[d] | 3–4 | S | s |
| Southern Pine | *Pinus elliottii*[d] | 3 | S | s |
| Tanne | *Abies alba* | 4 | S/K | S/K |
| Western Hemlock | *Tsuga heterophylla* | 4 | S | S/K |
| Yellow Cedar | *Chamaecyparis nootkatensis* | 2–3 | S | S |
| **Laubhölzer** | | | | |
| Afzelia | *Afzelia bipindensis*[d] | 1 | [g] | [e] |
| Azobe/Bongossi | *Lophira alata* | 2v[f] | | [e] |
| Buche | *Fagus sylvatica* | 5 | | s |
| Eiche | *Quercus robur* *Quercus petraea* | 2–4 | | s |
| Teak, Asien aus Plantagen | *Tectona grandis* | 1 | | [e] |
| | | 1–3 | | [e] |

[a] Dauerhaftigkeitsklasse 1 = sehr dauerhaft
Dauerhaftigkeitsklasse 2 = dauerhaft
Dauerhaftigkeitsklasse 3 = mäßig dauerhaft
Dauerhaftigkeitsklasse 4 = wenig dauerhaft
Dauerhaftigkeitsklasse 5 = nicht dauerhaft

[b] s = Splintholz anfällig, K = Kernholz anfällig

[c] Kultiviert in Europa

[d] Es kommen mehrere botanische Arten infrage. Genannt wird nur die häufigste Art.

[e] Nur unzureichende Daten verfügbar. Ein Befall des Farbkernholzes in der Außenverwendung durch Anobien ist unwahrscheinlich.

[f] Ungewöhnlich große Variabilität der Eigenschaften; sehr dauerhaft im Wasserkontakt

[g] Laubhölzer werden durch Hausbock nicht befallen

Aufgrund der großen Spannweite der Dauerhaftigkeit kommt bei Anwendung von Eichenkernholz in GK 3.2 einer fachgerechten Ausführung, beispielsweise stauwasserfreie Anschlüsse und/oder Hirnholzschutz, eine besondere Bedeutung zu.

Bei einem möglichen Auftreten einer dauerhaften Feuchteerhöhung und Schmutzeinlagerungen, z. B. in Trockenrissen oder an Verbindungsstellen, gilt GK 4 (siehe Tabelle 1, Fußnote e).

**6.8.2.3** Für nicht tragende Bauteile darf ohne zusätzliche Schutzmaßnahmen gegen Pilzbefall darüber hinaus das Farbkernholz von Holzarten eingesetzt werden, die nach DIN EN 350 bzw. nach Tabelle 2 eine ausreichende natürliche Dauerhaftigkeit gegen die jeweils vorliegende Gefährdung besitzen, wie sie in Tabelle 3 gefordert ist.

Das Farbkernholz von sibirischer Lärche darf ohne zusätzliche Holzschutzmaßnahmen in GK 2 und GK 3.1 eingesetzt werden, unabhängig davon, dass es nur in Dauerhaftigkeitsklasse 3-4 eingestuft ist, da hierfür eine ausreichende Dauerhaftigkeit anzunehmen ist. Bei einer Rohdichte › 700 kg/m³ darf es auch in GK 3.2 eingesetzt werden, unabhängig davon, dass es nur in Dauerhaftigkeitsklasse 3 eingestuft ist.

Sibirische Lärche ist eine eigene Holzart *(Larix sibirica)* im Vergleich zu den in Zentraleuropa vorkommenden Lärchenarten *Larix decidua* (Europäische Lärche), *Larix kaempferi* (Japanlärche) und *Larix x eurolepis* (Hybridlärche), während es sich z. B. bei der nordischen Kiefer um die gleiche Holzart *(Pinus sylvestris)* handelt wie bei unserer heimischen Kiefer. *L. sibirica* weist eine höhere natürliche Dauerhaftigkeit auf als *L. decidua* und *L. kaempferi*, worin die abweichenden Regelungen in 6.8.2.3 begründet sind.

**6.8.2.4** Soweit in GK 2 bis GK 4 eine Gefährdung durch Insekten vorliegt und die eingesetzten gegen Pilzbefall dauerhaften Holzarten (siehe DIN EN 350:2016-12, Tabelle B.1, Tabelle B.2 und Tabelle B.3), Holzprodukte bzw. Holzwerkstoffe (siehe Anhang C) keine spezifische Dauerhaftigkeit gegen Insekten aufweisen und auch keine geeigneten baulichen Maßnahmen nach DIN 68800-2 vorliegen, ist eine Behandlung nach DIN 68800-3 mit einem geeigneten Holzschutzmittel gegen Insektenbefall erforderlich.

Laut der europäischen Biozidproduktenverodnung (Biozidgesetz) sind Holzschutzmittel mit ausschließlich insektizider Wirkung in der Gebrauchsklasse 3 und höher jedoch nicht zulassungsfähig. Es wird bei dieser gesetzlichen Bestimmung davon ausgegangen, dass, wenn ein Holzschutzmittel in der GK 3 oder höher zum Einsatz kommt, ein Schutz vor Pilzbefall immer gegeben sein muss. Die Möglichkeit der natürlichen Dauerhaftigkeit selektiv nur gegen Pilzbefall wird hier nicht in Erwägung gezogen.

# 7 Notwendigkeit von Maßnahmen zum Schutz des Holzes

Abschnitt 7 enthält nur allgemeine Aussagen, wann Maßnahmen zum Schutz des Holzes notwendig sind und wann nicht, ohne hierzu auf einzelne Maßnahmen einzugehen. Die Aussage erfolgt ausschließlich unter dem Gesichtspunkt, Schäden zu vermeiden, ohne weitere Aspekte, wie Gesundheits- oder Umweltschutz, Kosten, Zweckmäßigkeit u. dgl. zu berücksichtigen.

Schäden an Holzbauteilen können entstehen, wenn Festigkeitseigenschaften beeinträchtigt werden.

Unabhängig von Bauschäden kann insbesondere durch Holz verfärbende Pilze oder leichten Insektenbefall das Aussehen des Holzes beeinträchtigt werden (siehe 3.8 der Norm und entsprechenden Kommentar).

Ferner können Maßnahmen erforderlich werden, wenn Schäden beseitigt werden müssen.

Im Abschnitt 8 werden dann den einzelnen GK die jeweils möglichen Maßnahmen zugeordnet. Die Beseitigung von Schäden wird in Teil 4 der Normenreihe geregelt.

## 7.1 Notwendigkeit

**7.1.1** Für tragende Bauteile müssen geeignete Maßnahmen nach dieser Norm zum Schutz des Holzes gegen Holz zerstörende Organismen für die vorgesehene Nutzungsdauer vorgenommen werden.

**7.1.2** Für nicht tragende Bauteile sollten geeignete Maßnahmen nach dieser Norm gegen Holz zerstörende Organismen für die vorgesehene Nutzungsdauer vorgenommen werden.

ANMERKUNG Hinweise zur Auswahl von Holzschutzmaßnahmen für nicht tragende Bauteile gibt Anhang E.

**7.1.3** Gegen Holz verfärbende Pilze sollten, sofern an das Bauteil ein optischer Anspruch besteht, geeignete Maßnahmen zum Schutz des Holzes vorgenommen werden.

ANMERKUNG Schutzmaßnahmen gegen Holz verfärbende Pilze werden für tragende Bauteile nicht gefordert, da sie die Festigkeitseigenschaften des Holzes nicht nachteilig beeinträchtigen.

**7.1.4** Wenn Maßnahmen nach 7.1.2 und 7.1.3 vorgenommen werden sollen, sollten sie besonders vereinbart und dann nach dieser Norm ausgeführt werden.

**7.1.5** Soweit durch Holz zerstörende Organismen Bauschäden aufgetreten sind, müssen diese Bauschäden beseitigt werden.

**7.1.6** Die Normenreihe DIN 68800 stellt für die Entscheidung über die Notwendigkeit von Maßnahmen zum Schutz von Holz umfassende Informationen zur Verfügung.

Der Abschnitt 7.1 unterscheidet klar die Forderung (7.1.1 und 7.1.5) für geeignete Maßnahmen, wenn Bauschäden zu befürchten sind (gilt für tragende Bauteile), von einer Empfehlung (7.1.2 bis 7.1.4), wenn dies nicht der Fall ist (nicht tragende Bauteile). Unabhängig hiervon wird die Normenreihe DIN 68800 für tragende Bauteile als maßgebend bzw. für nicht tragende Bauteile als Richtlinie genannt.

Der Schutz von nicht tragenden Bauteilen kann auch eine vorbeugende Maßnahme gegen eine Gefährdung der unmittelbaren Umgebung sein, im Falle des frühzeitigen Versagens oder gegen optische Beeinträchtigungen, die zumindest wirtschaftlichen Schaden verursachen können, ohne dass die Standsicherheit beeinträchtigt wird.

## 7.2 Fehlende Notwendigkeit

Maßnahmen zum Schutz des Holzes sind nicht erforderlich, wenn

- keine Gefährdung vorliegt oder
- innerhalb der vorgesehenen Nutzungsdauer keine Bauschäden bzw. bei nicht tragenden Bauteilen kein Ausfall zu erwarten sind.

Der Abschnitt 7.2 verweist explizit auf die Tatsache, dass nicht für jede Art der Holzverwendung Schutzmaßnahmen erforderlich sind, wobei die beiden angeführten Gesichtspunkte zu der gleichen Konsequenz führen (vgl. hierzu auch Bild K.4 und zugehörige Kommentierung).

Der Hinweis auf die Nutzungsdauer beinhaltet gleichermaßen die Notwendigkeit, diese ebenfalls in Überlegungen zu Art und Umfang der Maßnahmen zu berücksichtigen. Hierzu sind ggf. auch verbindlich vereinbarte Wartungsmaßnahmen mit einzubeziehen.

# 8 Auswahl von Maßnahmen zum Schutz des Holzes

Sofern gemäß 7.1 Maßnahmen zum Schutz des Holzes notwendig sind, gibt der vorliegende Abschnitt 8 für jede GK getrennt einen Überblick, welche Maßnahmen jeweils infrage kommen. Hierzu verwendet die Norm eine „Oder"-Formulierung, d. h., die einzelnen genannten Maßnahmen sind hinsichtlich ihrer Schutzfunktion gleichwertig. Allerdings nennt die Norm in 8.1.3 zur Wahl der Maßnahme Einschränkungen, die unten kommentiert werden.

Die Ausführung von baulichen Maßnahmen wird in Teil 2, die Anwendung von Holzschutzmitteln sowie von mit Holzschutzmitteln behandelten Hölzern in Teil 3 der Normenreihe geregelt. Für die Verwendung natürlich dauerhafter Holzarten gelten die Ausführungen in 6.8 der Norm.

Sollen andere, hier nicht aufgeführte Maßnahmen angewendet werden, so wird hierfür nach Unterabschnitt 6.1 für tragende Bauteile ein bauaufsichtlicher Verwendbarkeitsnachweis gefordert. Dies gilt auch für die in Anhang A aufgeführten Hölzer mit thermischer oder chemischer Modifizierung.

Bild K.4 enthält ein Diagramm zur Ermittlung möglicher Maßnahmen zum Schutz des Holzes.

**Kommentar zu Bild K.4**

Bild K.4 ist ein dichotomer Bestimmungsschlüssel in Form eines Ablaufdiagramms zur vereinfachten Ermittlung der zum Schutz des Holzes nach der vorliegenden Norm möglichen Maßnahmen. Das Diagramm folgt unmittelbar den Regelungen in der Norm. Ausgehend von dem gegebenen Holzbauteil, führt das Diagramm schrittweise durch Ja/Nein-Antworten zu den Maßnahmen in den verschiedenen GK. Die Ziffern in den einzelnen Entscheidungsfeldern verweisen auf die anschließende Kommentierung. Zusätzlich zu der nachfolgenden unmittelbaren Kommentierung der einzelnen Entscheidungsschritte wird auf die allgemeine Kommentierung zu den jeweiligen zitierten Normabschnitten verwiesen.

① Ausgangspunkt für die Entscheidung über Notwendigkeit und Art von Maßnahmen zum Schutz des Holzes. Es ist zwischen tragenden und nicht tragenden Bauteilen zu unterscheiden, wobei die Ausführungen für tragende Bauteile verpflichtend („Muss"-Formulierung), für nicht tragende Bauteile empfehlend („Sollte"-Formulierung) sind.

② Hinweise zur Notwendigkeit von Maßnahmen zum Schutz des Holzes enthält Abschnitt 7 der Norm. Ist 7.1 zutreffend, gilt die Aussage „ja", für 7.2 gilt „nein", was zu dem Ergebnis *3* führt, es sind „keine Maßnahmen" vorzusehen.

③ Bedarf keiner Kommentierung.

④ Sind nach 7.1 der Norm (Antwort „ja" im Entscheidungsschritt 2) Maßnahmen zum Schutz des Holzes erforderlich, so ist als Erstes zu entscheiden, ob die in 5.2.1 festgelegten Bedingungen für die GK 0 erfüllt sind. Hierbei ist zu beachten, dass dieser Entscheidungsschritt nur diejenigen Bauteile betrifft, die bereits aufgrund der gegebenen Nutzungsbedingungen (z. B. Wohnklima gemäß 5.2.1 der Norm, erster Spiegelstrich) der GK 0 zuzuordnen sind. Kann GK 0 nur durch besondere bauliche Maßnahmen erreicht werden, gilt Entscheidungsschritt 11 in Bild K.4-2.

⑤ GK 0 (Antwort „ja" im Entscheidungsschritt 4) stellt noch nicht den Endpunkt der Entscheidungsfolge dar. Vielmehr ist noch Entscheidungsschritt 8 betr. grundsätzlicher baulicher Maßnahmen zu beachten, bevor das Ergebnis als Entscheidungsschritt 10 in Bild K.4-2 feststeht.

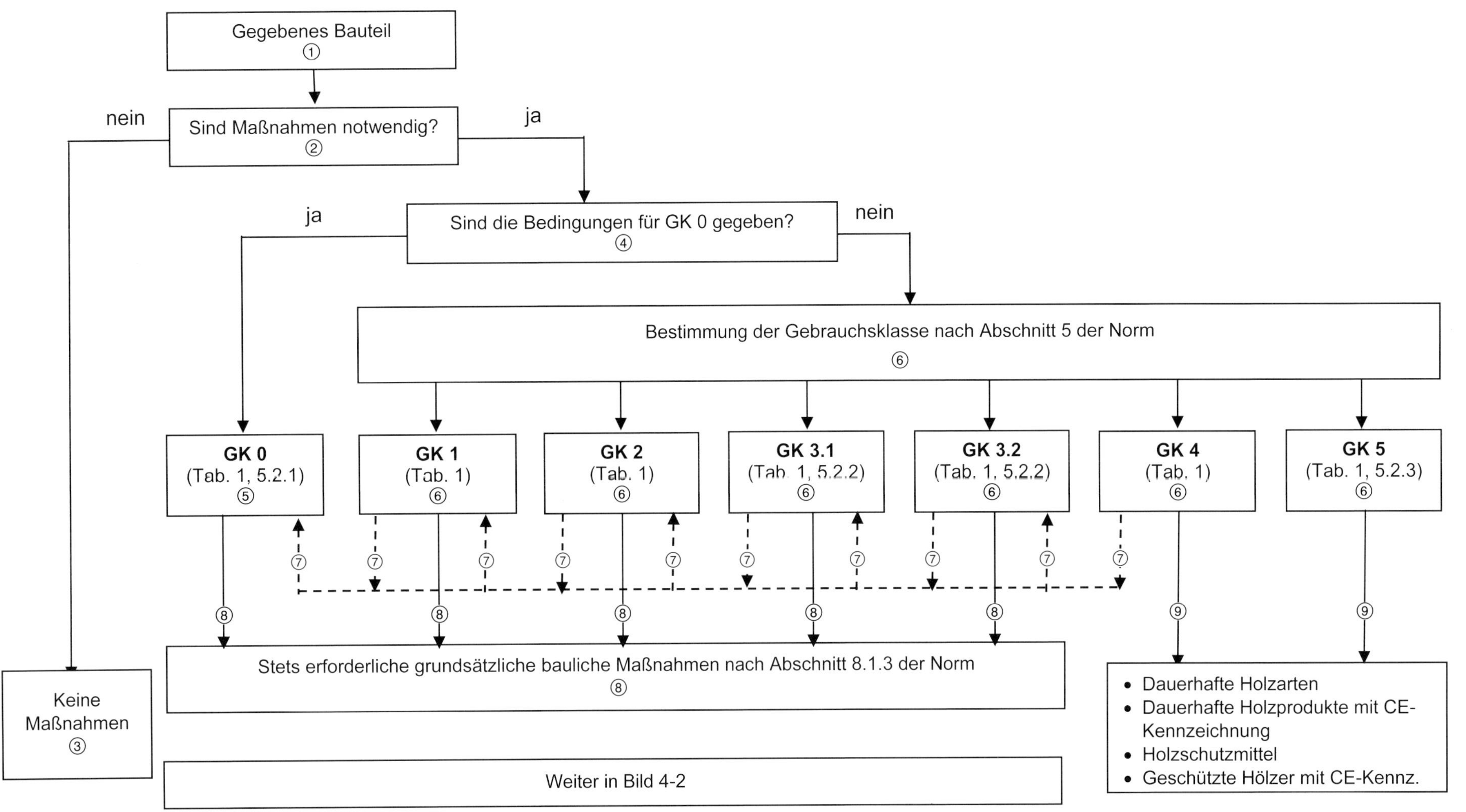


**Bild K.4-1:** Entscheidungsabfolge zur Notwendigkeit und Auswahl von Maßnahmen zum Schutz des Holzes

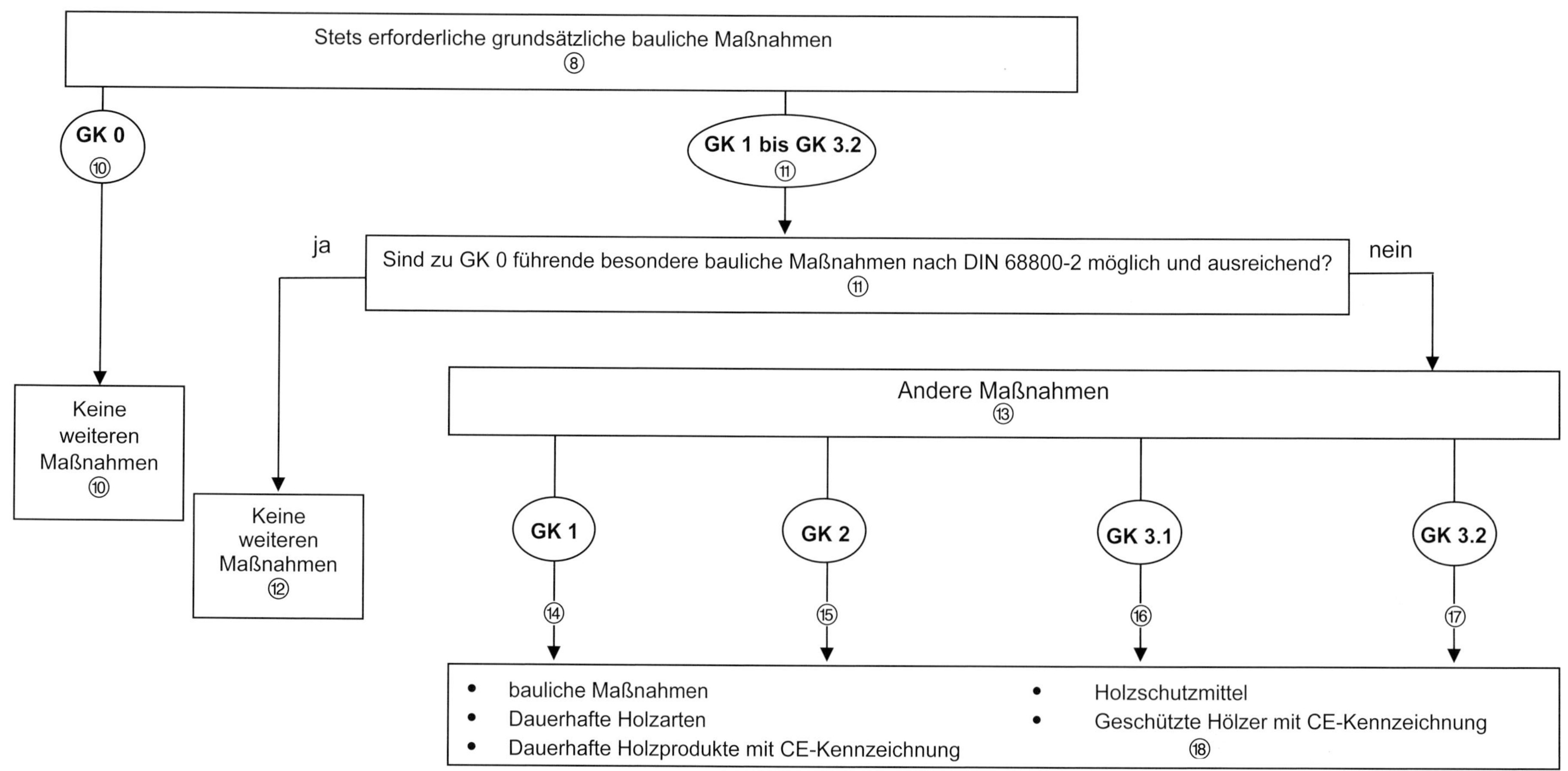


**Bild K.4-2:** Weitere Entscheidungsabfolge zur Auswahl von Maßnahmen zum Schutz des Holzes

⑥ Sind die Bedingungen der GK 0 im Sinne der Ausführungen zu 4 nicht erfüllt (Antwort „nein“), muss unter Zugrundelegung der Tabelle 1 sowie von Abschnitt 5 der Norm die Gebrauchsklasse bestimmt werden (siehe hierzu auch die Bilder K.5 und K.6 und zugehörige Kommentierung).

⑦ Nach Bestimmung der Gebrauchsklasse ist für GK 1 bis GK 4 zu überprüfen (= unterbrochene Linien), ob ggf. durch eine andere Konstruktion (8.1.4 der Norm) eine geringere GK erzielt werden kann oder ob dies durch Änderung der Nutzungsbedingungen erfolgen kann (vgl. hierzu 8.1.1 der Norm). Dies gilt nicht für GK 5, da hier wegen der besonderen Gebrauchsbedingungen im Meerwasser keine Änderung der GK möglich ist. Oberhalb des Wasserspiegels gelten allerdings zunächst die Bedingungen der GK 4 bzw. GK 3.2/GK 3.1, wobei dann wieder Entscheidungsschritt 7 zutrifft.

⑧ Für alle Bauteile ohne ständigen Kontakt zu Erde, Süß- oder Meerwasser, d. h. alle Bauteile in den GK 0 bis GK 3.2 sind in jedem Fall unabhängig von der gewählten Schutzmaßnahme die in 8.1.3 der Norm festgelegten „grundsätzlichen baulichen Maßnahmen“ zu erfüllen. Für diese Holzbauteile wird das Ablaufdiagramm in Bild K.4-2 fortgesetzt.

⑨ Für Holzbauteile in GK 4 und GK 5 folgt unmittelbar der Endpunkt der Entscheidungsfolge. Danach gelten für Holzbauteile in GK 4 bzw. GK 5 die möglichen Maßnahmen gemäß 8.6 bzw. 8.7 der Norm.

⑩ Nach Festlegung der grundsätzlichen baulichen Maßnahmen (Entscheidungsschritt 8) führt die Entscheidungsfolge für die bereits unter 4 festgelegte GK 0 unmittelbar zum Endpunkt, wonach keine weiteren Maßnahmen mehr erforderlich sind (Bild K.4-2).

⑪ Für Holzbauteile in GK 1 bis GK 3.2 ist zunächst zu überprüfen, inwieweit besondere bauliche Maßnahmen nach DIN 68800-2:2022-02 möglich sind, die gemäß 8.1.3 der Norm bevorzugt werden sollten. Zur „Möglichkeit“ baulicher Maßnahmen siehe auch die Kommentierung zu 8.1.3 (Bild K.4-2).

⑫ Sind im Entscheidungsschritt 11 besondere bauliche Maßnahmen möglich (Antwort „ja“), folgt unmittelbar der Endpunkt der Entscheidungsfolge zu GK 0, wonach keine weiteren Maßnahmen mehr erforderlich sind.

⑬ Sind im Entscheidungsschritt 11 keine besonderen baulichen Maßnahmen möglich (Antwort „nein“), müssen für tragende Bauteile Maßnahmen nach 8.2 bis 8.5 der Norm erfolgen, für nicht tragende Bauteile sollten diese vorgenommen werden.

⑭ Für Holzbauteile in GK 1 sind alternativ Maßnahmen gemäß 8.2 der Norm erforderlich (siehe Endpunkt 18 der Entscheidungsfolge).

⑮ Für Holzbauteile in GK 2 sind alternativ Maßnahmen gemäß 8.3 der Norm erforderlich (siehe Endpunkt 18 der Entscheidungsfolge).

⑯ nicht tragende Holzbauteile Maßnahmen gemäß 8.4.2 (siehe Endpunkt 18 der Entscheidungsfolge).

⑰ Für Holzbauteile in GK 3.2 sind Maßnahmen gemäß 8.5 der Norm erforderlich (siehe Endpunkt 18 der Entscheidungsfolge).

⑱ Mögliche Maßnahmen nach 8.2 bis 8.5 der Norm. Für die Intensität der Maßnahmen sind gemäß 8.1.1 der Norm auch zusätzliche Aspekte zu beachten. Für nicht tragende Bauteile enthält hierzu der informative Anhang E der Norm Hinweise.

## 8.1 Allgemeines

**8.1.1** Maßnahmen zum Schutz des Holzes, sind so auszuwählen, dass das Holz der Gefährdung in der gegebenen Gebrauchsklasse über die vorgesehene Nutzungsdauer standhält.

Zusätzliche Aspekte können sein:

- Bedeutung des Objektes einschließlich möglicher Schäden und Schadensfolgen;
- Aufwand für Wartung und Reparatur.

Der Aufzählung der Maßnahmen in 8.2 bis 8.8 werden eine Reihe allgemeiner Anforderungen vorangestellt, die für alle GK zu beachten sind.

Besonderer Wert ist auf die in 8.1.1 genannten zusätzlichen Aspekte zu legen, nachdem in einer Norm nicht alle Eventualitäten festgelegt werden können. Die besonderen Umstände der Holzverwendung können wesentlichen Einfluss auf die zu wählende Maßnahme und deren Durchführung haben. Außer den in 8.1.1 genannten Aspekten kommen noch weitere Gesichtspunkte infrage. Der informative Anhang E zur Norm enthält hierzu Hinweise für nicht tragende Bauteile, die sinngemäß auch für tragende Bauteile zu bedenken sind. Schließlich spielen auch Überlegungen zum Gesundheits- und Umweltschutz sowie die Kosten der Maßnahme eine nicht unerhebliche Rolle für die Entscheidung, welche Maßnahmen infrage kommen.

Die Entscheidung über die Notwendigkeit von Maßnahmen zum Schutz von Holz erfordert für den Planer eine ausreichende Sachkunde (Abschnitt 9), während die Durchführung hohe Anforderungen an den Ausführenden stellt (Abschnitt 10).

**8.1.2** Durch geeignete Schutzmaßnahmen ist sicherzustellen, dass es während des Bauablaufs nicht zu einem unzuträglichen Feuchteeintrag kommt.

Unter geeigneten Schutzmaßnahmen (8.1.2) ist in erster Linie ein unmittelbarer Schutz gegen Witterungseinflüsse zu verstehen, insbesondere durch Abdecken bzw. Überdecken von Bauteilen, die der Witterung ausgesetzt sind, nicht dagegen der Einsatz von witterungsbeständigen Holzschutzmitteln.

**8.1.3** Grundsätzliche bauliche Holzschutzmaßnahmen nach DIN 68800-2 sind bei Planung und Ausführung stets zu berücksichtigen, auch dann, wenn sich durch diese Maßnahmen die Zuordnung zu einer Gebrauchsklasse nicht ändert. Zu den grundsätzlichen baulichen Holzschutzmaßnahmen zählen insbesondere:

- rechtzeitige und sorgfältige Planung;
- Vermeidung aller Einflüsse, z. B. aus Bodenfeuchte und Niederschlägen, die bei Transport, Lagerung und Montage zu einer unzuträglichen Veränderung der Holzfeuchte der Holzbauteile insbesondere bei einem Einsatz in GK 0 bis GK 2 führen;
- zur Vermeidung von unzuträglichem Quellen und Schwinden Einbau von Holz und Holzwerkstoffen insbesondere in GK 0 bis GK 2 möglichst mit dem Feuchtegehalt, der während der Nutzung zu erwarten ist;
- bei Holzbauteilen für die Verwendung in GK 0 bis GK 2 Maßnahmen zur Vermeidung von Tauwasser;
- Verhindern einer unzuträglichen Feuchteerhöhung von Holz und Holzprodukten als Folge hoher Baufeuchte;
- Fernhaltung oder schnelle Ableitung von Niederschlägen vom Holz und den Anschlussbereichen.

Ausführungen mit besonderen baulichen Holzschutzmaßnahmen nach DIN 68800-2 sollten gegenüber Ausführungen bevorzugt werden, bei denen vorbeugende Schutzmaßnahmen mit Holzschutzmitteln nach DIN 68800-3 erforderlich sind.

Wird bei tragenden Holzbauteilen der Schutzerfolg allein durch bauliche Maßnahmen nach DIN 68800-2 und die natürliche Dauerhaftigkeit nach 6.8 der hierfür vorgesehenen Holzarten nicht sichergestellt, so sind zusätzlich vorbeugende Holzschutzmaßnahmen mit Holzschutzmitteln nach DIN 68800-3 vorzunehmen.

Wird bei nicht tragenden Holzbauteilen der Schutzerfolg allein durch bauliche Maßnahmen nach DIN 68800-2 und die natürliche Dauerhaftigkeit nach 6.8 der hierfür vorgesehenen Holzarten nicht sichergestellt, so können zusätzlich vorbeugende Holzschutzmaßnahmen mit Holzschutzmitteln nach DIN 68800-3 vorgenommen werden. Diese Maßnahmen sind besonders zu vereinbaren und dann nach dieser Norm auszuführen.

In Räumen, die als Aufenthaltsräume genutzt werden sollen, ist auf die Verwendung von vorbeugend wirkenden Holzschutzmitteln oder von mit vorbeugenden Holzschutzmitteln behandelten Bauteilen zu verzichten. Für Arbeitsstätten und Ähnliches gilt dies nur, soweit dies technisch möglich ist.

Besondere Bedeutung hat nach 8.1.3 die Berücksichtigung baulicher Holzschutzmaßnahmen nach Teil 2 der Normenreihe. Zunächst wird auf die **grundsätzlichen** baulichen Maßnahmen verwiesen, die in jedem Fall einzuhalten sind, unabhängig von der Art der vorgesehenen Schutzmaßnahme. Es handelt sich um eine **„Muss“**-Formulierung, die keine Abweichung zulässt. Hierauf wird in den nachfolgenden Unterabschnitten für die GK 1 bis 3.2 jeweils ausdrücklich einleitend verwiesen. Für die GK 4 und 5 gilt die Forderung wegen der dort anderen Einsatzbedingungen für Holzbauteile nicht. Obwohl diese Einschränkung in 8.1.3 nicht ausdrücklich genannt wird, ergibt sich dies aus dem Fehlen eines entsprechenden Hinweises in und 8.7.

Die einzelnen in 8.1.3 aufgeführten grundsätzlichen baulichen Maßnahmen werden in Teil 2 der Normenreihe näher beschrieben.

Als Zweites verweist die Norm auf die Bevorzugung von **besonderen** baulichen Maßnahmen, die gemäß Teil 2 der Normenreihe eine Zuordnung zur GK 0 ermöglichen. Die gewählte „Sollte“-Formulierung stellt eine strenge Empfehlung dar, ist aber kein Muss. Hierbei sind die „Allgemeinen Hinweise“ Seite 6 unter „wie sind Normen zu lesen“ zu beachten, wonach „Sollte“ bei Rechtsstreitigkeiten eng ausgelegt wird und Abweichungen zu begründen sind.

Im nachfolgenden Absatz wird andererseits mit einer „Muss“-Formulierung ausdrücklich darauf verwiesen, dass Holzschutzmittel anzuwenden sind, wenn die baulichen Maßnahmen oder die Dauerhaftigkeit der gewählten Hölzer allein keinen ausreichenden Schutz bieten. Eine Begründung für die Abkehr von diesem Vorrangsprinzip sind z. B. die offensichtliche technische oder wirtschaftliche Unverhältnismäßigkeit baulicher Maßnahmen gegenüber der Anwendung von Holzschutzmitteln zur Erreichung des geforderten Schutzziels.

Allerdings ist die Anwendung von vorbeugend wirksamen Holzschutzmitteln gemäß dem letzten Absatz für Aufenthaltsräume nicht zulässig. Dies betrifft alle Hölzer, die unmittelbar in Aufenthaltsräumen eingesetzt werden.

Die sehr detaillierten Regelungen in 8.1.3 zeigen, wie notwendig sowohl eine sorgfältige Planung als auch ein ausreichender Sachverstand für die ordnungsgemäße Durchführung von Holzschutzmaßnahmen sind.

**8.1.4** Durch bauliche Maßnahmen nach DIN 68800-2 kann die Einstufung eines Bauteils in eine niedrigere Gebrauchsklasse erfolgen.

Der Abschnitt 8.1.4 zielt in erster Linie auf Maßnahmen nach Teil 2 der Normenreihe ab, durch die GK 0 zu erreichen ist (vgl. hierzu auch die Ausführungen in 8.1.3 zur Bevorzugung besonderer baulicher Maßnahmen und die zugehörige Kommentierung).

Der Abschnitt 8.1.4 betrifft aber auch sonstige bauliche Maßnahmen, die zu einer geringeren GK führen können, z. B. durch eine Teilanwendung von Maßnahmen nach 6.2.2 oder 6.3 von DIN 68800-2:2022-02.

**8.1.5** Thermisch oder chemisch modifiziertes Holz (siehe Anhang A) darf für tragende Bauteile nur eingesetzt werden, wenn ein bauaufsichtlicher Verwendbarkeitsnachweis für die vorgesehene Gebrauchsklasse vorliegt.

**8.1.6** Für nicht tragende Bauteile ist der Einsatz von thermisch oder chemisch modifiziertem Holz (siehe Anhang A) gesondert zu vereinbaren.

**Allgemeiner Kommentar zu den Unterabschnitten 8.2 bis 8.7**

Die Unterabschnitte 8.2 bis 8.7 sind bewusst gleichartig aufgebaut. Dies spiegelt sich in der detaillierten Aufzählung der möglichen Schutzmaßnahmen für die betreffenden GK mit jeweils identischen Formulierungen wider. Hierdurch wird zum einen ein Vergleich der Regelungen vereinfacht, zum anderen wird verdeutlicht, wie mit zunehmender Gefährdung in der jeweils höheren GK die Auswahl der Möglichkeiten eingeschränkt wird und gleichzeitig die Anforderungen steigen. Dies gilt sowohl für die geforderte natürliche Dauerhaftigkeit als auch für die Anforderungen an Holzschutzmittel einschließlich von Produkten mit CE-Kennzeichnung.

Eine Kommentierung der einzelnen Spiegelstriche erfolgt nur, soweit die Formulierungen nicht aus sich heraus nachvollziehbar sind.

Soweit nachfolgend in der Norm auf DIN EN 350 verwiesen wird, erfolgt der Bezug jeweils undatiert, d. h., es gilt im Falle einer Überarbeitung jeweils die letzten Ausgaben dieser Norm.

Bezüglich Holzprodukten mit CE-Kennzeichnung sei auf die Kommentierung zu Teil 3 der Normenreihe unter Abschnitt 1 sowie 4.1.2 verwiesen.

## 8.2 Vorbeugende Maßnahmen für Hölzer in GK 1

Zusätzlich zu den grundsätzlichen baulichen Holzschutzmaßnahmen sind alternativ folgende Maßnahmen möglich:

- bauliche Maßnahmen zur Vermeidung eines Bauschadens durch Insekten nach DIN 68800-2;

oder

- Einsatz von Farbkernhölzern mit einem Splintholzanteil von ≤ 10 %;

oder

- Verwendung von Brettschichtholz, Brettsperrholz oder anderer bei Temperaturen ≥ 55 °C technisch getrockneter Hölzer; oder
- Verwendung von Holzprodukten mit CE-Kennzeichnung und ausgewiesener natürlicher Dauerhaftigkeit gegen Hausbock und Anobien nach DIN EN 350;

oder

- Anwendung von Holzschutzmitteln nach DIN 68800-3, die für GK 1 zugelassen bzw. vorgesehen sind;

ANMERKUNG Bei Holzschutzmitteln für die Anwendung in GK 1 sind zusätzliche Fungizide nicht erforderlich.

oder

- Verwendung von vorbeugend geschützten Holz- und Holzwerkstoffprodukten mit CE-Kennzeichnung, für die die Verwendbarkeit in GK 1 nach DIN 68800-3 nachgewiesen ist.

Zum zweiten Spiegelstrich:

Der für den Einsatz von Farbkernhölzern genannte Splintholzanteil von 10 % darf nicht mit dem Wert 5 % in 6.8.2.1 für den zulässigen Splintholzanteil bei Einsatz dauerhafter Hölzer in den GK 2 bis GK 4 verwechselt werden. Die unterschiedlichen Werte wurden bewusst gewählt: Im Fall der GK 1 handelt es sich ausschließlich um möglichen Insektenbefall, während in den GK 2 bis GK 4 die Dauerhaftigkeit gegen Pilzbefall maßgebend ist.

Zum dritten Spiegelstrich:

Für Brettschichtholz usw. ist auf die Unterabschnitte 3.20 sowie 5.2.1 zu verweisen. Einzelheiten regelt Teil 2 der Normenreihe.

Zum fünften Spiegelstrich:

In der Anmerkung wird bewusst von „zusätzlichen" Fungiziden gesprochen, d. h. von ausschließlich fungiziden Wirkstoffen, die neben Insektiziden in einer Schutzmittelformulierung enthalten sein können. Biozide, die gleichzeitig eine insektizide und fungizide Wirkung aufweisen, wie Borverbindungen, werden damit nicht ausgeschlossen.

## 8.3 Vorbeugende Maßnahmen für Hölzer in GK 2

Zusätzlich zu den grundsätzlichen baulichen Holzschutzmaßnahmen sind alternativ folgende Maßnahmen möglich:

- bauliche Maßnahmen zur Vermeidung eines Bauschadens durch Insekten oder eines Befalls durch Pilze nach DIN 68800-2;

oder

- Einsatz von Farbkernholz natürlich dauerhafter Holzarten der Dauerhaftigkeitsklassen 1, 2 oder 3 und natürlicher Dauerhaftigkeit gegen Insekten unter Berücksichtigung von 6.8;

oder

- Verwendung von Holzprodukten mit CE-Kennzeichnung und ausgewiesener natürlicher Dauerhaftigkeit gegen Holz zerstörende Pilze (Dauerhaftigkeitsklassen 1, 2 oder 3) und ausgewiesener natürlicher Dauerhaftigkeit gegen Insekten nach DIN EN 350;

oder

- Anwendung von Holzschutzmitteln nach DIN 68800-3, die für die Verwendung in GK 2 zugelassen bzw. vorgesehen sind oder von vorbeugend wirkenden Schutzsystemen;

oder

- Verwendung von vorbeugend geschützten Holz- und Holzwerkstoffprodukten mit CE-Kennzeichnung, für die die Verwendbarkeit in GK 2 nach DIN 68800-3 nachgewiesen ist.

Zum ersten Spiegelstrich:

In der Aufzählung der nach dieser Norm möglichen Maßnahmen zum Schutz des Holzes werden an erster Stelle bauliche Maßnahmen nach Teil 2 dieser Normenreihe angeführt. Sollen bauliche Maßnahmen allein einen ausreichenden Schutz sicherstellen, so sind sie stets so auszuwählen und durchzuführen, dass die Kriterien der GK 0 erzielt wird.

Können die Kriterien der GK 0 nicht erzielt werden, so können als Teillösung gemäß 8.1.4 der Norm bauliche Maßnahmen durchgeführt werden, die dann den Kriterien für eine geringere GK entsprechen.

Zum zweiten Spiegelstrich:

Der Verweis auf 6.8 gilt allgemein und nicht nur in Bezug auf Insektenbefall. Hierdurch soll sichergestellt werden, dass die detaillierten Ausführungen zu dauerhaften Holzarten angemessen beachtet werden. Dies bezieht auch die Kommentierung zu 6.8 mit ein.

Die übrigen Regelungen bedürfen keiner weiteren Kommentierung.

## 8.4 Vorbeugende Maßnahmen für Hölzer in GK 3.1

### 8.4.1 Tragende Bauteile

Zusätzlich zu den grundsätzlichen baulichen Holzschutzmaßnahmen sind alternativ folgende Maßnahmen möglich:

- bauliche Maßnahmen zur Vermeidung eines Bauschadens durch Insekten oder eines Befalls durch Pilze nach DIN 68800-2;

oder

- Einsatz von Farbkernholz natürlich dauerhafter Holzarten der Dauerhaftigkeitsklassen 1, 2 oder 3 und natürlicher Dauerhaftigkeit gegen Insekten unter Berücksichtigung von 6.8;

oder

- Verwendung von Holzprodukten mit CE-Kennzeichnung und ausgewiesener natürlicher Dauerhaftigkeit gegen Holz zerstörende Pilze (Dauerhaftigkeitsklassen 1, 2 oder 3) und ausgewiesener natürlicher Dauerhaftigkeit gegen Insekten nach DIN EN 350;

oder

- Anwendung von Holzschutzmitteln nach DIN 68800-3, die für die Verwendung für tragende Bauteile für GK 3 zugelassen sind;

oder

- Verwendung von vorbeugend geschützten Holz- und Holzwerkstoffprodukten mit CE-Kennzeichnung, für die die Verwendbarkeit für tragende Bauteile in GK 3.1 nach DIN 68800-3 nachgewiesen ist und im Falle von Holzwerkstoffprodukten ein bauaufsichtlicher Verwendbarkeitsnachweis nach Tabelle C.1, Fußnote b für das Konstruktionssystem vorliegt.

In Abschnitt 8.4 werden aufgrund der Unterschiede in den Anforderungen für tragende und den Hinweisen für nicht tragende Bauteile die jeweiligen Regelungen in zwei getrennten Unterabschnitten dargelegt.

Die Ausführungen für tragende Bauteile bedürfen keiner zusätzlichen Kommentierung.

Zum ersten bzw. zweiten Spiegelstrich siehe die betreffende Kommentierung zu 8.3, erster bzw. zweiter Spiegelstrich.

### 8.4.2 Nicht tragende Bauteile

Zusätzlich zu den grundsätzlichen baulichen Holzschutzmaßnahmen sind alternativ folgende Maßnahmen möglich:

- bauliche Maßnahmen zur Vermeidung eines Bauschadens durch Insekten oder eines Befalls durch Pilze nach DIN 68800-2;

oder

- Einsatz von Farbkernholz natürlich dauerhafter Holzarten der Dauerhaftigkeitsklassen 1, 2 oder 3 und natürlicher Dauerhaftigkeit gegen Insekten unter Berücksichtigung von 6.8;

oder

- Verwendung von Holzprodukten mit CE-Kennzeichnung und ausgewiesener natürlicher Dauerhaftigkeit gegen Holz zerstörende Pilze (Dauerhaftigkeitsklassen 1, 2 oder 3) und ausgewiesener natürlicher Dauerhaftigkeit gegen Insekten nach DIN EN 350;

oder

- Anwendung von Holzschutzmitteln nach DIN 68800-3, die für die Verwendung in GK 3 vorgesehen sind;

oder

- Anwendung von Holzschutzmitteln nach DIN 68800-3 für Bauteile, die beschichtet werden sollen.

ANMERKUNG Beschichtungen tragen zu einer Verbesserung der Dauerhaftigkeit bei, wenn die Eignung nachgewiesen und eine dauerhafte Funktion von Beschichtungen im Gebrauchszustand gesichert sind.

oder

- Verwendung von vorbeugend geschützten Holz- und Holzwerkstoffprodukten mit CE-Kennzeichnung, für die die Verwendbarkeit für nicht tragende Bauteile in GK 3.1 nach DIN 68800-3 nachgewiesen ist.

Zum ersten bzw. zweiten Spiegelstrich siehe die betreffende Kommentierung zu 8.3, erster bzw. zweiter Spiegelstrich.

Zum fünften Spiegelstrich:

In die Regelungen für nicht tragende Bauteile wurden beschichtete Bauteile zusätzlich aufgenommen. Wiederum muss auf die besondere Bedeutung einer Instandhaltung der Beschichtung für deren Funktionstüchtigkeit verwiesen werden.

## 8.5 Vorbeugende Maßnahmen für Hölzer in GK 3.2

Zusätzlich zu den grundsätzlichen baulichen Holzschutzmaßnahmen sind alternativ folgende Maßnahmen möglich:

- bauliche Maßnahmen zur Vermeidung eines Bauschadens durch Insekten oder eines Befalls durch Pilze nach DIN 68800-2;

oder

- Einsatz von Farbkernholz natürlich dauerhafter Holzarten der Dauerhaftigkeitsklassen 1 oder 2 und natürlicher Dauerhaftigkeit gegen Insekten unter Berücksichtigung von 6.8;

ANMERKUNG Bei nicht tragenden Bauteilen können bei ausreichender Wartung und Pflege auch Holzarten der Dauerhaftigkeitsklasse 3 eingesetzt werden (siehe auch Anhang E).

oder

- Verwendung von Holzprodukten mit CE-Kennzeichnung und ausgewiesener natürlicher Dauerhaftigkeit gegen Holz zerstörende Pilze (Dauerhaftigkeitsklassen 1 oder 2) und ausgewiesener natürlicher Dauerhaftigkeit gegen Insekten nach DIN EN 350;

oder

- Anwendung von Holzschutzmitteln nach DIN 68800-3, die für die Verwendung in GK 3 vorgesehen sind;

oder

- Verwendung von vorbeugend geschützten Holz- und Holzwerkstoffprodukten mit CE-Kennzeichnung, für die die Verwendbarkeit in GK 3.2 nach DIN 68800-3 nachgewiesen ist und im Falle von tragenden Bauteilen aus Holzwerkstoffprodukten ein bauaufsichtlicher Verwendbarkeitsnachweis nach Tabelle C.1, Fußnote b für das Konstruktionssystem vorliegt.

Abschnitt 8.5 bedarf keiner zusätzlichen Kommentierung.

Zum ersten bzw. zweiten Spiegelstrich siehe die betreffende Kommentierung zu 8.3, erster bzw. zweiter Spiegelstrich.

## 8.6 Vorbeugende Maßnahmen für Hölzer in GK 4

Folgende Maßnahmen sind alternativ möglich:

- Einsatz von Farbkernholz natürlich dauerhafter Holzarten der Dauerhaftigkeitsklasse 1 und natürlicher Dauerhaftigkeit gegen Insekten unter Berücksichtigung von 6.8;

oder

- Verwendung von Holzprodukten mit CE-Kennzeichnung und ausgewiesener natürlicher Dauerhaftigkeit gegen Holz zerstörende Pilze (Dauerhaftigkeitsklasse 1) und ausgewiesener natürlicher Dauerhaftigkeit gegen Insekten nach DIN EN 350;

oder

- Anwendung von Holzschutzmitteln nach DIN 68800-3, die für die Verwendung in GK 4 zugelassen sind;

oder

- Verwendung von vorbeugend geschützten Holzprodukten mit CE-Kennzeichnung, für die die Verwendbarkeit in GK 4 nach DIN 68800-3 nachgewiesen ist.

Abschnitt 8.6 bedarf keiner zusätzlichen Kommentierung.

Zum ersten Spiegelstrich siehe die betreffende Kommentierung zu 8.3, zweiter Spiegelstrich.

## 8.7 Vorbeugende Maßnahmen für Hölzer in GK 5

Folgende Maßnahmen sind alternativ möglich:

- Einsatz von Farbkernholz natürlich dauerhafter Holzarten mit ausgewiesener Dauerhaftigkeit, in der Regel nach DIN EN 350, für die vorgesehene Nutzungsdauer gegen Holzschädlinge im Meerwasser unter Berücksichtigung von 6.8;

ANMERKUNG Die Mehrzahl der in Dauerhaftigkeitsklasse 1 eingestuften Hölzer besitzt keine ausreichende Dauerhaftigkeit gegen Holzschädlinge im Meerwasser.

oder

- Verwendung von Holzprodukten mit CE-Kennzeichnung und ausgewiesener natürlicher Dauerhaftigkeit nach DIN EN 350 gegen Holzschädlinge im Meerwasser;

oder

- Anwendung von Holzschutzmitteln nach DIN 68800-3; es kommen ausschließlich Holzschutzmittel mit einer ausgewiesenen Wirksamkeit gegen Holzschädlinge im Meerwasser infrage;

oder

- Verwendung von vorbeugend geschützten Holzprodukten mit CE-Kennzeichnung, für die die Verwendbarkeit in GK 5 nach DIN 68800-3 nachgewiesen ist.

Im ersten Spiegelstrich zu 8.7 wird bezüglich der natürlichen Dauerhaftigkeit auf DIN EN 350 mit dem Vermerk „in der Regel“ verwiesen, um Holzarten, die in laufenden oder künftigen Untersuchungen geprüft werden, bei positivem Ergebnis nicht auszuschließen. Im Übrigen bedürfen die Ausführungen der Norm keiner zusätzlichen Kommentierung.

## 8.8 Maßnahmen zur Bekämpfung eines eingetretenen Befalls

Für die Bekämpfung eines Befalls durch Pilze oder Insekten gilt DIN 68800-4.

# 9 Planung von Holzschutzmaßnahmen

**9.1** Holzschutzmaßnahmen müssen rechtzeitig und sorgfältig geplant werden, um den Schutzerfolg sicherzustellen.

**9.2** Die Planung betrifft sowohl die Festlegung der Holzschutzmaßnahmen als auch gegebenenfalls ihre zeitliche Abstimmung im Rahmen des Baufortschrittes (siehe hierzu DIN 68800, Teile 2 bis 4).

**9.3** Bei der Planung sind die besonderen Bedingungen für die festgelegte Schutzmaßnahme zu berücksichtigen (siehe hierzu DIN 68800, Teile 2 bis 4).

**9.4** In die Planung sind auch die organisatorischen Abläufe einzubeziehen, d. h. durch organisatorische Maßnahmen sind ein Befall oder Voraussetzungen für einen Befall zu vermeiden.

ANMERKUNG Beispiel für organisatorischen Holzschutz ist, durch Koordination des Bauablaufs Liegezeiten für Hölzer ohne Abdeckung zu vermeiden und so eine Feuchteaufnahme zu verhindern.

Hier werden die übergeordneten Aufgaben einer sorgfältigen Planung von Holzschutzmaßnahmen, insbesondere auch im Hinblick auf die Auswahl der zu treffenden Maßnahme (9.3), kurz charakterisiert. In den Teilen 2 bis 4 der Normenreihe wird dann nochmals auf spezielle Aspekte eingegangen (siehe auch Tabelle K.2).

Zu den organisatorischen Aufgaben gehört auch, zu beachten, dass ausgedehnte Rohbauzeiten zu einem Insektenbefall in Holzbauteilen führen können, der später nicht mehr offenkundig wird, wenn die Bauteile allseitig abgedeckt und damit der GK 0 zugeordnet werden. Diese Gefahr ist bei Brettschichtholz, Brettsperrholz oder anderen bei Temperaturen über 55 °C technisch getrockneten Hölzern (vgl. 8.2 der Norm, dritter Spiegelstrich) reduziert, da für diese die Befallswahrscheinlichkeit sehr gering ist.

Die in 5.1.3 der Norm geforderte Dokumentierung betrifft auch die einzelnen Planungsschritte.

# 10 Anforderungen an den Ausführenden

## 10.1 Allgemeines

**10.1.1** Holzschutzmaßnahmen nach Abschnitt 6 erfordern ausreichende Kenntnisse über den Baustoff Holz, über die bestehenden Schadensmöglichkeiten sowie über die Wirksamkeit der vorgesehenen Maßnahmen und deren Durchführung.

**10.1.2** Für die Durchführung einzelner Maßnahmen bestehen zusätzliche Anforderungen nach DIN 68800, Teile 2 bis 4.

Für die Norm haben ausreichende Kenntnisse aller an den Maßnahmen zum Schutz des Holzes Beteiligten große Bedeutung und sie unterstreicht dies durch einen eigenen Abschnitt 10. Zusätzlich zu den allgemeinen Regelungen in 10.2 bis 10.4 wird für die verschiedenen Maßnahmen in 10.1.2 noch auf die weiteren Regelungen in den Teilen 2 bis 4 dieser Normenreihe verwiesen, die dort auch kommentiert werden.

Die in 10.2 und 10.3 geforderten Kenntnisse und Qualifizierungen müssen durch anerkannte Nachweise in Form von Aus- und Weiterbildungsurkunden, Zertifikaten oder Zeugnissen auf Anfrage belegt werden können.

## 10.2 Fachbetriebe/qualifizierte Fachleute für die Ausführung von Holzschutzmaßnahmen

**10.2.1** Holzschutzmaßnahmen bei tragenden Holzbauteilen dürfen nur durch Fachbetriebe/ qualifizierte Fachleute ausgeführt werden.

**10.2.2** Bei sonstigen Holzbauteilen sollten vorbeugende Holzschutzmaßnahmen nur durch Fachbetriebe/ qualifizierte Fachleute ausgeführt werden.

**10.2.3** Fachbetriebe sind Betriebe, die aufgrund ihrer Fachkenntnisse, organisatorischen, personellen und gerätetechnischen Ausstattung in der Lage sind, eine der Holzschutzmaßnahmen nach 10.3 selbstständig wahrzunehmen.

**10.2.4** Qualifizierte Fachleute sind diejenigen, die eine entsprechende Ausbildung absolviert haben und über die entsprechende Ausrüstung verfügen.

Die Bedeutung ausreichender Kenntnisse zur Durchführung von Holzschutzmaßnahmen zeigt sich daran, dass diese gemäß 10.2.1 für tragende Bauteile nur von Fachbetrieben/qualifizierten Fachleuten ausgeführt werden dürfen („Muss"-Formulierung) und dieses in 10.2.2 auch für nicht tragende Bauteile dringend empfohlen wird („Sollte"-Formulierung).

Die Norm unterscheidet zwischen Fachbetrieben als Unternehmen und Fachleuten als Einzelpersonen. Beide werden in 10.2.3 und 10.2.4 kurz charakterisiert. Neben Kenntnissen wird zusätzlich auf die erforderliche Ausstattung bzw. Ausrüstung als notwendiger Voraussetzung für die Durchführung von Maßnahmen verwiesen.

Überträgt ein Auftragnehmer die Ausführung von Holzschutzmaßnahmen an Dritte (Nachunternehmer), so hat der Auftragnehmer dafür Sorge zu tragen, dass die erforderlichen Kenntnisse und Qualifikationen nachweislich vorhanden sind.

## 10.3 Ausführung von Holzschutzmaßnahmen

**10.3.1** Für vorbeugende bauliche Maßnahmen nach DIN 68800-2 sind nur Fachbetriebe/ qualifizierte Fachleute geeignet, die zur Herstellung, Montage, Instandhaltung, Modernisierung oder Restaurierung von Bauwerken und Bauwerksteilen aus Holz und Holzwerkstoffen in der Lage sind.

**10.3.2** Für vorbeugende chemische Maßnahmen nach DIN 68800-3 sind nur Fachbetriebe/ qualifizierte Fachleute geeignet, die unter Einhaltung bestehender gesetzlicher Vorschriften zu Gesundheits-, Umwelt- und Arbeitsschutz in der Lage sind, Holzschutzmittel zum vorbeugenden Schutz von Holzbauteilen einzusetzen.

**10.3.3** Bekämpfende Maßnahmen nach DIN 68800-4 dürfen bei tragenden und bei nicht tragenden Bauteilen nur von Fachbetrieben/qualifizierten Fachleuten ausgeführt werden, die unter Einhaltung bestehender gesetzlicher Vorschriften zu Gesundheits-, Umwelt- und Arbeitsschutz in der Lage sind, Holzschutzmittel und Verfahren zur Bekämpfung eines Befalls durch Holz zerstörende Pilze oder Insekten am verbauten Holz bestimmungsgemäß einzusetzen.

In Abschnitt 10.3 werden weitere, je nach Maßnahme unterschiedliche Anforderungen festgelegt, und zwar unter 10.3.1 für bauliche Maßnahmen, unter 10.3.2 für die Anwendung von Holzschutzmitteln und unter 10.3.3 für eine Bekämpfung.

Hiervon sind auch diejenigen Betriebe/Fachleute betroffen, die ggf. im Vorfeld entsprechende Maßnahmen durchführen, wie Sägewerke, und die bereits mit Holzschutzmitteln behandelte Hölzer ausliefern.

## 10.4 Holz- und Holzwerkstoffprodukte mit CE-Kennzeichnung

Die Angaben in 10.2 und 10.3 betreffen nicht die Herstellung von vorbeugend geschützten Holz- und Holzwerkstoffprodukten mit CE-Kennzeichnung.

# Anhang A
(informativ)
# Thermische oder chemische Modifizierung zum Schutz des Holzes

## A.1 Allgemeines

**A.1.1** Unter den Sammelbegriffen „thermische“ bzw. „chemische Modifizierung“ zum Schutz des Holzes werden verschiedene, in den letzten Jahren entwickelte Behandlungsarten zusammengefasst.

Sie können eine Schutzwirkung gegen einen Befall durch Holz zerstörende Pilze im Sinne der Definition von 3.11 ergeben. Es liegen jedoch derzeit noch keine ausreichenden Langzeiterfahrungen vor, um diese Verfahren in den normativen Teil der Norm aufzunehmen.

**A.1.2** Von den aktuell diskutierten Verfahren werden in diesem Anhang nur die thermische und die chemische Modifizierung berücksichtigt.

Zu weiteren Verfahren wie Behandlung mit modifizierten Ölen oder Chitin liegen derzeit noch zu wenige Erkenntnisse vor, so dass sie hier nicht berücksichtigt werden können.

Der Gedanke, Holz durch Veränderung der Zellwandsubstanz widerstandsfähig gegen Schädlingsbefall zu machen, geht bis in die 20er Jahre des vorigen Jahrhunderts zurück. Die entsprechenden Verfahren waren jedoch hinsichtlich Effizienz und Kosten sowie unerwünschter Nebenwirkungen gegenüber einer Behandlung mit bewährten Holzschutzmitteln nicht konkurrenzfähig.

Erst Ende des vorigen Jahrhunderts fanden weiter entwickelte Verfahren bei gleichzeitig zunehmender Skepsis gegenüber chemischen Holzschutzmitteln breitere Akzeptanz.

Die beiden am weitesten entwickelten Prinzipien (thermische sowie chemische Modifizierung) wurden daher in einem informellen Anhang in die Norm aufgenommen. Es ist jedoch ausdrücklich auf die Unterabschnitte 8.1.5 und 8.1.6 zu verweisen, wonach entsprechende Hölzer nicht uneingeschränkt eingesetzt werden können.

Modifiziertes Holz liegt zunächst als Halbfertigprodukt in Form von Schnittholz, seltener Rundholz, vor, das zu Endprodukten weiterverarbeitet wird, wobei eine Reihe von Laub- und Nadelholzarten zum Einsatz kommen. Eine Modifikation des Holzes ist „vor Ort“ nicht möglich, sondern erfordert spezielle Anlagen, verbunden mit einer aufwendigen Prozessführung, wobei entsprechende Erfahrungen unerlässlich sind.

Die Eigenschaften modifizierter Hölzer sind von Holzart, Sortierung, Verfahren und Anlage sowie der Behandlungsintensität abhängig; modifiziertes Holz weist stets ein spezifisches Eigenschaftsprofil auf, sodass keine allgemeingültige Aussage zur Qualität, der hier charakterisierten Verfahren und einer Bewährung derartig behandelter Hölzer möglich ist.

Holz-Polymer-Werkstoffe (WPC = Wood Plastic Composites) wurden in der Norm nicht berücksichtigt, da es sich hierbei nicht mehr um modifiziertes Holz, sondern um einen Werkstoff aus einer Polymermatrix und einem Füllstoff aus Holz bzw. lignocellulosen Partikeln handelt.

## A.2 Thermisch modifiziertes Holz (TMT)

**A.2.1** Bei der thermischen Modifizierung werden durch die Einwirkung von Temperaturen über ca. 160 °C bei reduziertem Sauerstoffgehalt die chemische Zusammensetzung und Struktur der Holzsubstanz verändert und in Verbindung mit einer reduzierten Ausgleichsfeuchte eine Schutzwirkung erzielt. Hiermit ist gleichzeitig eine deutliche Verminderung der Holzfestigkeit, insbesondere der dynamischen Festigkeit verbunden, wobei sowohl die erzielte Schutzwirkung als auch der Festigkeitsverlust mit steigender Behandlungstemperatur zunehmen.

Da die Modifizierung bei TMT (thermally modified timber) ohne Einsatz von Bioziden erfolgt, bestehen auch nicht die mit einem Biozideinsatz verbundenen Probleme, wie z. B. die spätere Entsorgung von Altholz. Wegen dieses Vorteils wird in bestimmten Einsatzgebieten eine Festigkeitsminderung als Folge der Hitzebehandlung ebenso in Kauf genommen, wie eine z. T. gegenüber einer Behandlung mit Holzschutzmitteln nach Teil 3 dieser Normenreihe geringere Schutzwirkung. Ein Vorteil der thermischen Modifizierung ist, dass diese den gesamten Querschnitt erfasst und nicht von der Imprägnierbarkeit des Holzes abhängt.

Erzielte Schutzwirkung und negative Beeinträchtigung der Holzfestigkeit verhalten sich proportional. Zwar kann durch entsprechende Prozessführung ein Festigkeitsverlust begrenzt, **aber nicht vermieden** werden!

Es bestehen verschiedene Verfahrensprinzipien, die sich vor allem durch die Art der Sauerstoffreduzierung unterscheiden, mit unterschiedlichen Ergebnissen bezüglich Schutzwirkung und Festigkeitsverlusten.

Wichtige Einflussgrößen im Modifizierungsprozess sind die angewandten Temperaturen und der Temperaturverlauf, die Einwirkungsdauer sowie die Übertragungsmedien (Heißluft, Wasserdampf, Stickstoff, Öl). Unabhängig vom Verfahrensprinzip werden die Hölzer unter verschiedenen Bezeichnungen (meist eingetragene Marknennamen) vertrieben und unterscheiden sich in ihrem speziellen Eigenschaftsprofil. Zur Qualitätssicherung bestehen mehrere privatwirtschaftlich organisierte Systeme [5].

**A.2.2** Für die Definition und Eigenschaften gilt DIN CEN/TS 15679.

ANMERKUNG Für einzelne TMT-Sortimente, gekennzeichnet durch Holzart, Prozess und Behandlungsstufe (herstellerbezogen), liegen Ergebnisse aus Prüfungen zur Dauerhaftigkeit vor. Diese und die bisherigen Praxiserfahrungen mit TMT zeigen, dass dessen Eigenschaften (Schutzeffekt und Festigkeitsminderung) wesentlich von den Prozessbedingungen abhängen.

## A.3 Chemisch modifiziertes Holz (CMT)

**A.3.1** Bei der chemischen Modifizierung durch Behandlung mit unterschiedlichen Chemikalien (z. B. Essigsäureanhydrid bei der Acetylierung) werden mittels einer chemischen Reaktion die Zusammensetzung und die Feinstruktur des Holzes verändert, um eine schützende Wirkung zu erzielen.

Die Prozesse zur Herstellung von CMT (chemically modified timber) sind durchweg aufwendig. Sie umfassen die Tränkung mit dem Vergütungsmedium, z. B. Essigsäure-Anhydrid oder Furfuryl-Alkohol, die durch Erwärmung induzierte Reaktion mit dem Holz sowie die Evakuierung und Trocknung/Konditionierung des modifizierten Holzes. Die chemische Modifizierung erfolgt nur im durchtränkten Bereich. Es werden daher gut tränkbare Holzarten bevorzugt.

Im Gegensatz zu TMT nehmen Dichte und einige Festigkeiten zu, doch ist in Einzelfällen eine Abnahme der dynamischen Festigkeiten und bei einigen Prozessen auch der statischen Festigkeiten möglich. Je nach Art der eingesetzten Chemikalien und Prozesse weichen die Eigenschaften von unbedeutend bis erheblich von denjenigen der Ausgangshölzer ab. Die Rohdichtezunahme kann als Maß für den Vergütungsgrad dienen.

CMT wird unter verschiedenen Bezeichnungen (eingetragene Markennamen, mit denen sich bestimmte Prozesse verbinden) vertrieben.

**A.3.2** Für chemisch modifiziertes Holz liegen derzeit weder Begriffsbestimmungen, Festlegungen bezüglich zu fordernder Charakteristika noch Bewertungskriterien vor.

Das Fachgremium zur Holzartenliste der RAL Gütegemeinschaft Fenster und Haustüren e. V. hat zwischenzeitlich Kriterien zu chemisch modifizierten Hölzern für die Herstellung maßhaltiger Holzbauteile erarbeitet [6].

# Anhang B
(informativ)
# Fasersättigungsfeuchte gebräuchlicher einheimischer Bauholzarten

Die Fasersättigungsfeuchte gebräuchlicher einheimischer Bauholzarten ist in Tabelle B.1 angegeben. Weitere Werte soll ein Kommentar enthalten.

Die Holzfeuchte ist ausschlaggebend für die Entwicklung von Pilzen (siehe hierzu 4.2 der Norm und zugehörige Kommentierung). Entscheidend ist dabei die Fasersättigungsfeuchte, die jedoch keine feststehende Größe darstellt, sondern sowohl zwischen den Holzarten als auch innerhalb derselben erhebliche Unterschiede aufweist, wie die Daten in Tabelle B.1 der Norm zeigen. Bedingt ist dies durch den Feinbau der Zellwand, die Zellwanddicke sowie den chemischen Aufbau der Zellwand, insbesondere durch Stoffeinlagerungen.

In der Tabelle B.1 der Norm sind einige wichtige heimische Holzarten aufgelistet. Die nachfolgenden Tabellen K.4 und K.5 enthalten Daten für weitere heimische (K.4) sowie tropische (K.5) Holzarten.

Es ist zu beachten, dass die Werte teilweise erheblich von dem üblicherweise genannten Wert „ca. 30 % Holzfeuchte“ abweichen.

Die in den Tabellen genannten Werte gelten für „mittlere“ Holzeigenschaften, d. h., sie sind nicht auf Hölzer mit ungewöhnlichen Abweichungen vom Normalwuchs übertragbar. So kann eine sehr harzreiche Lärche oder sehr harzreiche Kiefer (wie Pitch Pine) eine ungewöhnlich niedrige Sättigungsfeuchte von 22 bis 24 % aufweisen. In diesem Zusammenhang sind auch die großen Unterschiede in den in Tabelle B.1 der Norm aufgeführten Werten für Kern- bzw. Splintholz von ringporigen und halbringporigen Laubhölzern zu erwähnen.

Nur die in Tabelle B.1 der Norm sowie in Tabelle K.4 fett gedruckten Holzarten werden auch für tragende Holzbauteile eingesetzt. Weitere Holzarten wurden in die Tabellen aufgenommenen, um die großen Unterschiede in der Fasersättigungsfeuchte für verschiedene Holzarten aufzuzeigen. Für die Werte in Tabelle K.5 ist darauf hinzuweisen, dass sie jeweils auf nur drei Parallelproben beruhen. Dessen ungeachtet lässt sich von ihnen eine Tendenz ableiten.

**Tabelle B.1 — Fasersättigungsfeuchte gebräuchlicher einheimischer Bauholzarten**

| **Fasersättigungsfeuchte %** | **Typ der Holzarten** | **Holzartenbeispiele**[a] |
|---|---|---|
| 22 ... 24 | Kernholz von ringporigen und halbringporigen Laubhölzern mit ausgeprägtem Farbkern | Edelkastanie, **Eiche**, Esche, Robinie |
| 26 ... 28 | Nadelhölzer mit Farbkern und mäßigem Harzgehalt | **Douglasie, Kiefer, Lärche** |
| 30 ... 34 | Nadelhölzer ohne Farbkern | **Fichte, Tanne** |
| | Splintholz von Nadelhölzern mit Farbkern | **Kiefer, Lärche** |
| 32 ... 36 | Zerstreutporige Laubhölzer ohne Farbkern | Birke, **Buche**, Pappel |
| | **Splintholz** von ringporigen und halbringporigen Laubhölzern mit ausgeprägtem Farbkern | Edelkastanie, **Eiche**, Esche, Robinie |

[a] Für tragende Holzbauteile bewährte Holzarten sind fett gedruckt.

Quelle: TRENDELENBURG:1955 [2]

Die Fußnote a zu Tabelle B.1 der Norm bezieht sich auf Holzarten, die sich in der Vergangenheit für tragende Holzbauteile bewährt haben. Entsprechende Holzarten sind in der inzwischen aus dem deutschen Normenwerk zurückgezogenen Norm DIN 1052:2008-12 aufgeführt. Diese Norm wurde durch DIN EN 1995-1-1:2010-12 in Verbindung mit DIN EN 1995-1-1/NA:2013-08 ersetzt.

**Tabelle K.4:** Fasersättigungsfeuchte weiterer einheimischer Holzarten (Ergänzung zu Tabelle B.1 der Norm)

| **Fasersättigungsfeuchte %** | **Typ der Holzarten** | **Holzartenbeispiele**[a] |
|---|---|---|
| 22 ... 24 | **Kernholz** von ringporigen und halbringporigen Laubhölzern mit ausgeprägtem Farbkern | Nussbaum, Kirschbaum |
| | **Kernholz** von Nadelhölzern mit hohem Harzgehalt | Harzreiche **Douglasie, Kiefer, Lärche** |
| | **Kernholz** von Nadelhölzern, die besonders geringes Schwindverhalten aufweisen | Weymouthskiefer, Strobe, |
| 30 ... 34 | **Splintholz** von Nadelhölzern mit Farbkern | Strobe |
| 32 ... 36 | Zerstreutporige Laubhölzer ohne Farbkern | Linde, Erle, Weißbuche |

[a] Für die fett gedruckten Holzarten siehe die o. a. Kommentierung zu Tabelle B.1, Fußnote a;

Quelle: Trendelenburg:1955 [Literaturverzeichnis der Norm Nr. 2]

**Tabelle K.5:** Fasersättigungsfeuchte ausgewählter Tropenhölzer (Mittelwerte aus drei Proben nach [8])

| Fasersättigungsfeuchte | Holzart |
|---|---|
| 17,8 | Afzelia/Doussié |
| 20,3 | Wengé |
| 26,2 | Merbau |
| 28,0 | Bilinga |
| 28,8 | Azobé/Bongossi |
| 28,9 | Weißes Lauan |
| 29,0 | Mansonia |
| 31,7 | Okoumé/Gabun |

# Anhang C
(normativ)
# Gebrauchsklassen für Holzwerkstoffe

## C.1 Allgemeines

Holzwerkstoffe können bei Vorliegen hoher Holzfeuchte in gleicher Weise durch Pilze zerstört werden wie die Holzarten, aus denen sie hergestellt wurden.

Anhang C bezieht sich ausschließlich auf Pilzbefall, da Holzwerkstoffe im Allgemeinen aufgrund ihrer Struktur von Insekten – außer Termiten – nicht angegriffen werden. Wegen der Dicke/Größe der Holzteile können Sperrholz und Massivholzplatten von Lyctus- oder Anobien-Arten befallen werden.

## C.2 Zuordnung zu Gebrauchsklassen

Für den Einsatz von Holzwerkstoffen in den verschiedenen Gebrauchsklassen gilt Tabelle C.1.

**Tabelle C.1 — Einsatz von Holzwerkstoffen in den verschiedenen Gebrauchsklassen**

| GK | Holzwerkstoffklasse nach DIN EN 13986 |
|---|---|
| 0 | Trockenbereich<br>Feuchtbereich[a] |
| 1 | Trockenbereich<br>Feuchtbereich[a] |
| 2 | Feuchtbereich[a] |
| 3.1 | Außenbereich[b] |
| 3.2 | |

| GK | Holzwerkstoffklasse nach DIN EN 13986 |
|---|---|
| 4 | Nicht anwendbar |
| 5 | Nicht anwendbar |

[a] Feuchtbereich bezieht sich auf die Nutzungsklassen nach DIN EN 1995-1-1 und nicht auf die Gebrauchsklassen nach Abschnitt 5.

[b] Nur für hinterlüftete Fassadenbekleidungen aus Furnierschichtholz, Sperrholz, Massivholzplatten oder Zement gebundenen Spanplatten bei Erfüllung der Kriterien für tragende Bauteile im Sinne der Definition nach 3.21 nur mit bauaufsichtlichem Verwendbarkeitsnachweis für den vorgesehenen Verwendungszweck.

**Kommentar zu Tabelle C.1, Fußnote a**

DIN EN 1995-1-1:2010-12 definiert für die Bemessung von Holzbauteilen im Hinblick auf die während der Nutzung zu erwartenden Klimabedingungen drei Nutzungsklassen. Siehe hierzu die Kommentierung zu 3.7. Diese Nutzungsklassen sind nicht deckungsgleich mit den Gebrauchsklassen nach Tabelle 1 dieser Norm. Hinsichtlich eines Bezugs zwischen Gebrauchs- und Nutzungsklassen siehe Tabelle K.1 der Kommentierung zu 3.7.

# Anhang D
# (informativ)
# Beispiele für die Zuordnung von Holzbauteilen zu einer Gebrauchsklasse

**D.1** Für die Zuordnung von Holzbauteilen zu einer Gebrauchsklasse sind die jeweiligen Gebrauchsbedingungen und die Holzfeuchte im Gebrauchszustand maßgebend, wie sie in Abschnitt 5 geregelt sind.

In Tabelle D.1 werden hierzu jeweils zwei Beispiele gegeben. Sie stellen keine verbindliche Aussage für die Zuordnung im Einzelfall dar.

ANMERKUNG Je nach den spezifischen Bedingungen kann ein gleichartiges Bauteil verschiedenen Gebrauchsklassen zugeordnet werden.

Eine Außenbekleidung unter einem ausreichenden Dachüberstand ist im Regelfall der GK 1 oder GK 0 zuzuordnen, bei ungenügendem Dachüberstand unter gleichzeitiger starker Exposition (Westseite, starke Schlagregenbeanspruchung) ist dagegen für die Außenhaut GK 3.1 oder auch GK 3.2 zutreffend.

**D.2** Die Zuordnung zu einer Gebrauchsklasse kann sich durch veränderte Gebrauchsbedingungen (andere Nutzung, Umbauten und dergl.) ändern.

ANMERKUNG Ein in GK 3.1 oder GK 3.2 einzuordnendes bewittertes Bauteil ist in GK 2 oder GK 1 einzuordnen, wenn z. B. eine hinterlüftete Schale vorgehängt wird.

**D.3** Bild D.1 gibt einen allgemeinen, vereinfachten Überblick über den Entscheidungsablauf für die Zuordnung von Holzbauteilen zu einer Gebrauchsklasse. Die endgültige Zuordnung ist allein anhand dieses Schemas nicht möglich, sondern muss im Einzelfall nach den Vorgaben in Abschnitt 5 erfolgen.

**Tabelle D.1 — Beispiele für die Zuordnung von Holzbauteilen zu einer Gebrauchsklasse**

| GK | | Holzfeuchte/ Exposition[a b] | Allgemeine Gebrauchsbedingungen | Zwei Beispiele |
|---|---|---|---|---|
| 1 | | 2 | 3 | 4 |
| 0 | | trocken (ständig ≤ 20 %)<br>mittlere relative Luftfeuchte bis 85 %[c] | Holz oder Holzprodukt unter Dach, nicht der Bewitterung und keiner Befeuchtung ausgesetzt, die Gefahr von Bauschäden durch Insekten kann entsprechend 5.2.1 ausgeschlossen werden | – sichtbar bleibende Hölzer in Wohnräumen<br>– allseitig insektendicht abgedeckte Holzbauteile nach DIN 68800-2 |
| 1 | | trocken (ständig ≤ 20 %)<br>mittlere relative Luftfeuchte bis 85 %[c] | Holz oder Holzprodukt unter Dach, nicht der Bewitterung und keiner Befeuchtung ausgesetzt | – nicht insektendicht bekleidete Balken, soweit 5.2.1 nicht zutrifft<br>– Sparren/Pfetten in unbeheizten Dachstühlen, soweit 5.2.1 nicht zutrifft |
| 2 | | Gelegentlich feucht (> 20 %)<br>mittlere relative Luftfeuchte über 85 %[c] oder zeitweise Befeuchtung durch Kondensation | Holz oder Holzprodukt unter Dach, nicht der Bewitterung ausgesetzt, eine hohe Umgebungsfeuchte kann zu gelegentlicher, aber nicht dauernder Befeuchtung führen | – unzureichend wärmegedämmte Balkenköpfe in Altbauten<br>– Brückenträger überdachter Brücken über Wasser |
| 3 | 3.1 | Gelegentlich feucht (> 20 %)<br>Anreicherung von Wasser im Holz, auch räumlich begrenzt, nicht zu erwarten | Holz oder Holzprodukt nicht unter Dach, mit Bewitterung, aber ohne ständigen Erd- oder Wasserkontakt, Anreicherung von Wasser im Holz, auch räumlich begrenzt, nicht zu erwarten | – Bewitterte Stützen mit ausreichendem Bodenabstand<br>– Zaunlatten |
| | 3.2 | Häufig feucht (> 20 %)<br>Anreicherung von Wasser im Holz, auch räumlich begrenzt, zu erwarten | Holz oder Holzprodukt nicht unter Dach, mit Bewitterung, aber ohne ständigen Erd- oder Wasserkontakt, Anreicherung von Wasser im Holz, auch räumlich begrenzt, zu erwarten[d] | – bewitterte horizontale Handläufe<br>– bewitterte Balkonbalken |
| 4 | | Vorwiegend bis ständig feucht (> 20 %) | Holz oder Holzprodukt in Kontakt mit Erde oder Süßwasser und so bei mäßiger bis starker[e] Beanspruchung vorwiegend bis ständig einer Befeuchtung ausgesetzt | – Palisaden<br>– Hölzer für Uferbefestigungen |
| 5 | | Ständig feucht (> 20 %) | Holz oder Holzprodukt, ständig Meerwasser ausgesetzt | – Dalben<br>– Kai- und Steganlagen |

| GK | Holzfeuchte/ Exposition[a b] | Allgemeine Gebrauchs-bedingungen | Zwei Beispiele |
|---|---|---|---|
| 1 | 2 | 3 | 4 |

[a] Die Begriffe „gelegentlich“, „häufig“, „vorwiegend“ und „ständig“ zeigen eine zunehmende Beanspruchung an, ohne dass hierfür wegen der sehr unterschiedlichen Einflussgrößen genaue Zahlenangaben möglich sind.

[b] Der Wert von 20 % enthält eine Sicherheitsmarge (siehe 4.2.2, Anmerkung 1).

[c] Maßgebend für die Zuordnung von Holzbauteilen zu einer Gebrauchsklasse ist die jeweilige Holzfeuchte.

[d] Bauteile, bei denen über mehrere Monate Ablagerungen von Schmutz, Erde, Laub u. ä. zu erwarten sind sowie Bauteile mit besonderer Beanspruchung, z. B., durch Spritzwasser, sind in GK 4 einzustufen.

[e] „Mäßige“ bzw. „starke“ Beanspruchung bezieht sich auf das Gefährdungspotential für einen Pilzbefall (Feuchteverhältnisse, Bodenbeschaffenheit) sowie die Intensität einer Auswaschbeanspruchung.

**Kommentar zu Tabelle D.1**

Die Spalten 1 bis 3 entsprechen Tabelle 1 der Norm.

In Spalte 4 wurden zur Erläuterung für jede GK durchgehend nur zwei charakteristische Beispiele von Einbausituationen aufgenommen, die bewusst keine umfassende Beispielliste darstellen. Damit soll vermieden werden, einzelne Anwendungen auszuschließen, da nicht alle denkbaren Einsatzbereiche für Holzbauteile in einer auch noch so ausführlichen Liste vollständig erfasst werden können.

Der Anwender der Norm muss daher anhand der in Abschnitt 5 der Norm detailliert dargelegten Bedingungen entsprechend der späteren Exposition der Holzbauteile und den spezifischen Gebrauchsbedingungen unter Zuhilfenahme der Beispiele entscheiden, welche GK im Einzelfall zutreffend ist. Als Hilfestellung können auch die Bilder K.5 und K.6 und deren Kommentierung sowie die Kommentierung zu Abschnitt 5 der Norm, insbesondere zu der dortigen Tabelle 1 dienen.

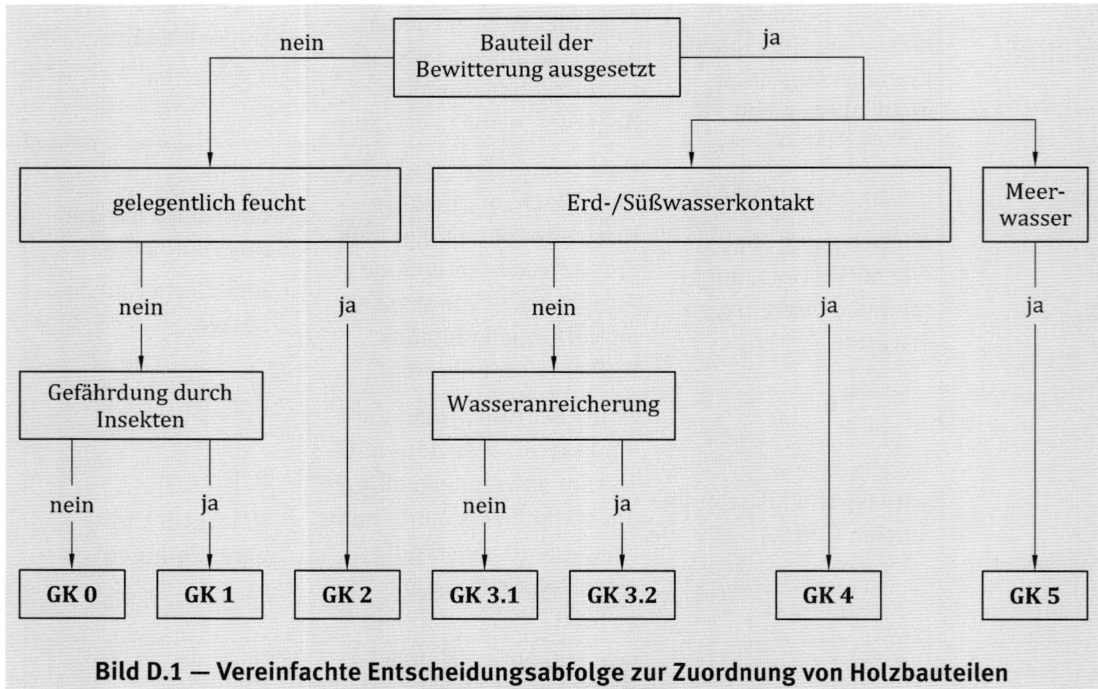


**Bild D.1 — Vereinfachte Entscheidungsabfolge zur Zuordnung von Holzbauteilen zu einer Gebrauchsklasse**

Bild D.1 ist ein dichotomer Bestimmungsschlüssel zur vereinfachten Ermittlung der zutreffenden GK. Ausgehend von dem gegebenen Holzbauteil, wird der Nutzer schrittweise durch „Ja/ Nein"-Antworten zur zutreffenden GK geführt. Die Abfolge gibt nur schematisch das Prinzip wieder. Wie zu Abschnitt 5 der Norm ausführlich kommentiert, sind in der Praxis für den Einzelfall zahlreiche Gesichtspunkte zu beachten, deren detaillierte Aufnahme in den Bestimmungsschlüssel verwirren würde.

Bild K.5 enthält Beispiele zur Zuordnung von Holzbauteilen zu Gebrauchsklassen, die sich aus verschiedenen Anwendungsbereichen ergeben. Es ergänzt zusammen mit der zugehörigen Kommentierung die Ausführungen zu Abschnitt 5 sowie Tabelle D.1 der Norm.

# Anhang E
(informativ)
**Hinweise für die Planung von Holzschutzmaßnahmen für nicht tragende Bauteile**

Anhang E ist als Erläuterung zu 8.1.1 (siehe auch die dortige Kommentierung) der Norm aufzufassen, wobei am Beispiel der natürlichen Dauerhaftigkeit auf die vielfältigen Einflussgrößen für die Auswahl und Intensität von Maßnahmen zum Schutz des Holzes hingewiesen werden soll, in Abhängigkeit von den spezifischen Einsatz- und Nutzungsbedingungen unter Berücksichtigung der Verwendungsdauer.

Der Anhang ist informativ und damit eine Empfehlung. Es liegt das Prinzip von zunehmend intensiveren Schutzmaßnahmen in Abhängigkeit von den Gebrauchsbedingungen zugrunde, wobei mit zunehmender Beanspruchung eine steigende natürliche Dauerhaftigkeit empfohlen wird, ausgedrückt durch die zu berücksichtigende Dauerhaftigkeitsklasse.

Die Empfehlungen können sinngemäß auf andere Maßnahmen zum Schutz des Holzes übertragen werden. Genannt seien für höhere Anforderungen umfangreichere und entsprechend kostenintensivere bauliche Maßnahmen oder eine Behandlung mit Holzschutzmitteln.

Andere, in Tabelle E.1 nicht aufgelistete Bauteile sind sinngemäß einzustufen.

## E.1 Kriterien für die Notwendigkeit

**E.1.1** Die Notwendigkeit von Holzschutzmaßnahmen und deren Intensität wird neben der Gebrauchsklasse zusätzlich durch die spezifischen Einsatzbedingungen und individuellen Anforderungen bestimmt.

Beispiele hierfür sind:

- vom Nutzer erwartete Verwendungsdauer;
- Sicherheitsaspekte und Folgen bei Ausfall des betroffenen Bauteils (beispielsweise ist bei Zäunen, die Kinder oder Tiere von Straßen fernhalten, ein höherer Aufwand geboten als bei überwiegend dekorativen Bauteilen);
- Wert oder Bedeutung der Bauteile;
- Konstruktionsdetails (z. B. Verlängerung der Lebensdauer durch Verhindern von Wasseransammlung und -aufnahme sowie schnelle Wasserableitung und Belüftung);
- Dimension der Bauteile (z. B. sind außerhalb des Erdkontaktes kleinere Holzquerschnitte oft weniger gefährdet, da sie nach einer Befeuchtung schneller trocknen können und weniger Risse aufweisen);

- lokale klimatische Bedingungen (z. B. höhere Beanspruchung bei Westexposition; verzögerte Abtrocknung aufgrund Verschattung durch Nachbargebäude oder Pflanzen);
- Gefahr von Erd-, Laub- und Schmutzablagerungen;
- Höhe des Wartungs- und Pflegeaufwandes;
- zu erwartender Aufwand bei späteren Reparaturen oder beim Austausch.

**E.1.2** Grundsätzlich steigt die Bedeutung von vorbeugenden Holzschutzmaßnahmen mit zunehmender Gefährdung und höheren Anforderungen an das betreffende Holzbauteil.

**E.1.3** Ein Schutz vor Holz verfärbenden Pilzen (Bläueschutz) ist bei allen beschichteten Splinthölzern im Außenbereich empfehlenswert.

**Kommentar zu Bild K.5**

**Allgemeines:** Soweit nicht mehrere GK angegeben sind, ist jeweils die höchste zutreffende GK vermerkt. Diese kann durch bauliche Maßnahmen vermindert werden bzw. kann in Abhängigkeit von Details in der Ausführung geringer sein. Die Anwendung natürlich dauerhafter Holzarten ändert dagegen die GK nicht, sondern ist – ähnlich wie die Anwendung von Holzschutzmitteln – eine Möglichkeit, den Anforderungen jeweils zu genügen.

① **Spitzboden:** Im Grundsatz GK 1, wobei als Voraussetzung davon ausgegangen wird, dass sowohl Tauwasserbildung als auch Eindringen von Niederschlägen unterbunden sind. Unter Berücksichtigung besonderer baulicher Maßnahmen gemäß Teil 2 der Normenreihe ist auch GK 0 möglich.

② **Dachsparren:** wie zu ①.

③ Zugängliches, kontrollierbares (siehe 5.2.1 und zugehörige Kommentierung) **Dachgeschoss** ebenso wie sämtliche **Wohnräume**: GK 0.

④ **Flachdach:** Bei Ausführung gemäß Teil 2 dieser Normenreihe GK 0; Zutritt von Feuchte muss ausgeschlossen sein.

⑤ **Außenwandbekleidung**, hinterlüftet: Grundsätzlich GK 3.1.

Durch besondere Konstruktionen der Außenwand können auch Bedingungen entsprechend einer geringeren GK bis zu GK 0 erzielt werden (vgl. die Kommentierung zu 5.1).

⑥ **Fenster:** Im Grundsatz GK 3.1, siehe aber auch Anhang E, Tabelle E.1, Fußnoten d bis f und zugehörige Kommentierung.

⑦ **Zaun:** Querhölzer: GK 3.2;

Senkrechte Latten: GK 3.1.

Wichtig ist die Abschrägung der oberen Enden der Latten, um Niederschläge rasch abzuleiten.

⑧a **Pfosten auf Betonsockel:** GK 3.1 (im Gegensatz zu dem gegenüberliegenden Pfosten ⑧b mit Erdkontakt = GK 4). Maßgebend ist ein ausreichend hoher Bodenabstand gegen Spritzwasser, vgl. auch die Kommentierung zu Tabelle 1 der Norm bezüglich GK 3.1 und GK 3.2. Auch hier ist eine Abschrägung des Pfahlkopfes wie unter 7 vorzunehmen. Besser wäre eine Abdeckung.

⑧b **Pfahl in Erde:** GK 4 (im Gegensatz zu dem gegenüberliegenden Pfosten ohne Erdkontakt, für den GK 3.1 gilt); betr. Pfahlkopf gilt ⑧a.

⑨ **Trockener Keller:** GK 0; Voraussetzung ist eine ausreichende Isolierung gegen Grundwasser. Wenn diese nicht gegeben ist, dann GK 2.

Die Aussagen gelten für Einbauten aus Holz, einschließlich einer evtl. Vertäfelung („Partykeller"), die nur mit ausreichender Hinterlüftung (= Konterlattung) ausgeführt werden darf.

⑩ **Evtl. feuchter Keller:** GK 0 bis GK 2, abhängig von den nutzungsbedingten Feuchteverhältnissen einschließlich einer möglichen Tauwasserbildung. Wegen der speziellen Bedingungen muss auch mit einem Befall durch Anobien gerechnet werden.

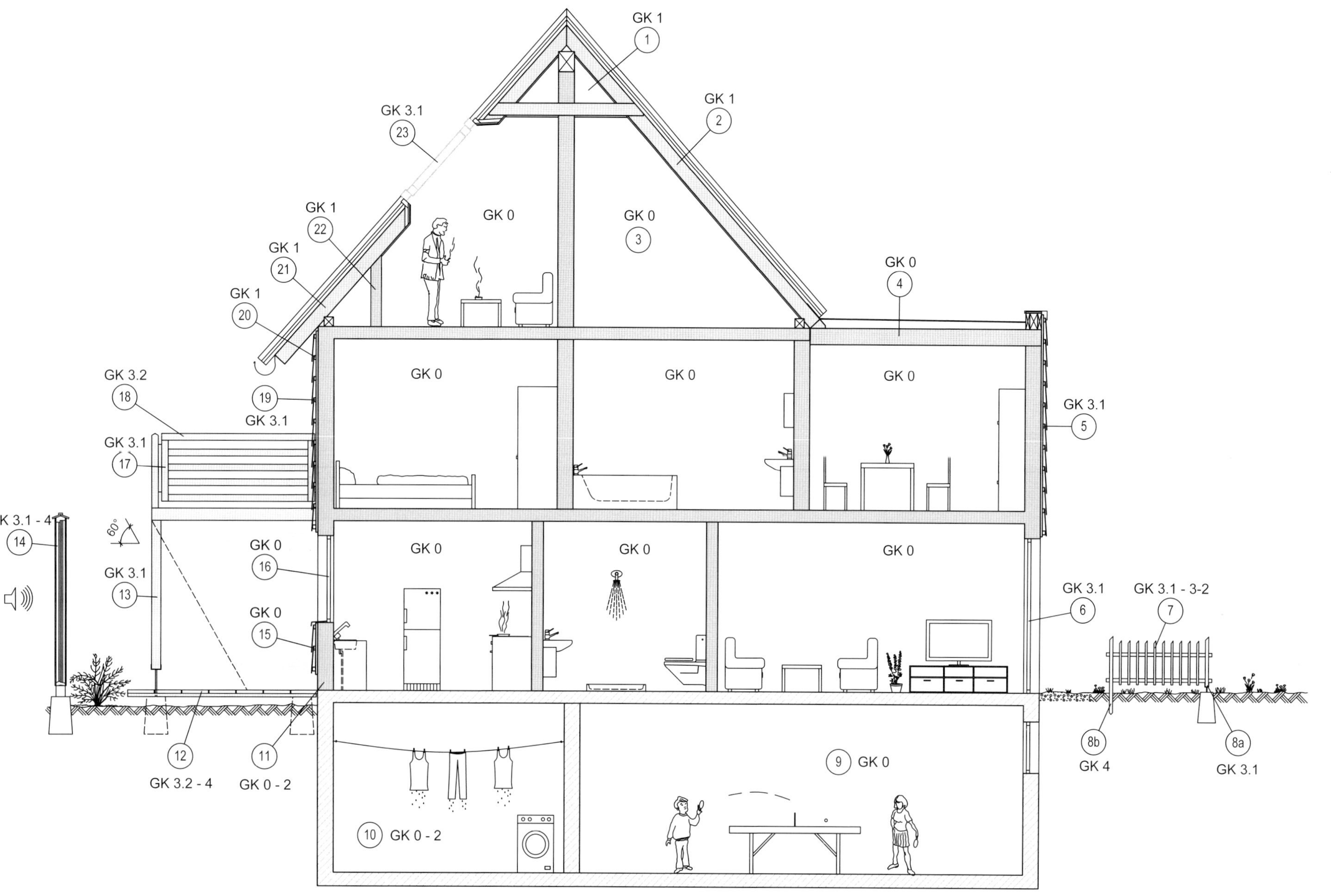


**Bild K.5:** Beispielhaus zur Zuordnung von Holzbauteilen zu einer GK; die Ziffern in Kreisen verweisen auf die jeweilige Kommentierung

⑪ **Schwelle:** GK0 bis GK2, abhängig von einer möglichen Feuchteanreicherung, insbesondere durch eindringende Niederschläge bei starken Winden. Aus dem Fundament aufsteigende Feuchte muss durch korrekte Bauweise (Sperrpappe) ausgeschlossen sein. Bezüglich Details für GK 0 siehe Teil 2 dieser Normenreihe, Bild A.10.

⑫ **Terrassendeck:** GK 3.2 bis GK 4, in Abhängigkeit davon, ob Schmutzanlagerungen u. dergl. möglich sind; vgl. hierzu Tabelle 1 der Norm, Fußnote e und die zugehörige Kommentierung betr. GK 3.2.

⑬ **Balkonstütze:** GK 3.1; siehe Kommentierung zu ⑦ bezüglich Pfahl.

Durch besondere bauliche Maßnahmen nach Teil 2 der Normenreihe 6.2.2 ist auch ein Verzicht auf Holzschutzmittel (Prinzip GK 0) möglich.

⑭ **Lärmschutzwand:** GK 3.1 bis GK 4, in Abhängigkeit davon, ob Schmutzablagerungen erfolgen sowie von der Detailkonstruktion. Die Gefahr von Schmutzablagerungen hängt wesentlich vom Aufstellungsort ab und ist am Straßenrand extrem hoch (verschmutztes Spritzwasser), bei ausreichendem Abstand dagegen gering bis vernachlässigbar. Bei Lärmschutzwänden mit ausreichendem Abstand zu Verkehrswegen gilt auch die Kommentierung zu ⑧ bezüglich aufgeständertem Pfahl sowie zu 5.1 und Tabelle 1 der Norm bezüglich GK 3.

⑮ **Außenwandbekleidung**, hinterlüftet, vor Bewitterung geschützt: GK 0; Voraussetzung ist der sog. 60°-Winkel, d. h., dass eine gedachte Linie von der äußersten Ecke der Abdeckung (hier der Balkon) das Holzbauteil vollständig abdeckt (siehe auch die Definition 3.22 „unter Dach").

⑯ **Fenster:** GK 0, da gegen Witterungseinflüsse vollständig geschützt (60°-Winkel, siehe zu ⑮).

⑰ **Senkrechte Konstruktionshölzer:** GK 3.1.

⑱ **Waagerechte Konstruktionshölzer:** GK 3.2; durch sorgfältige Holzauswahl (keine nach oben liegenden Risse, stehende Jahrringe) ist eine Einstufung in GK 3.1 möglich.

⑲ **Außenwandbekleidung**, hinterlüftet: Es gelten die Ausführungen zu ⑤; siehe aber auch ⑳.

⑳ **Außenwandbekleidung**, hinterlüftet, vor Bewitterung geschützt: GK 0; siehe auch ⑮.

㉑ **Dachsparren:** wie zu ② bzw. ①.

㉒ **Abseite:** wie zu ①.

㉓ **Dachfenster:** wie zu ⑥.

### Kommentar zu Bild K.6

Die Bezifferung lehnt sich – soweit zutreffend – eng an die Ausführungen zu Bild K.5 an; die Ziffern ㉔ bis ㉖ verweisen auf abweichende Bedingungen. Bezüglich Allgemeines wird auf die Kommentierung zu Bild K.5 verwiesen.

Vergleichbare Bedingungen wie in Bild K.5 liegen für folgende Bauteile vor; auf die dortige Kommentierung wird verwiesen:

⑫ **Terrassendeck;**

⑲ **Außenwandbekleidung**, hinterlüftet;

⑳ **Außenwandbekleidung**, hinterlüftet, vor Bewitterung geschützt;

㉑ **Dachsparren.**

Für folgende Bauteile fehlt im Gegensatz zu Bild K.5 ein unmittelbarer Schutz vor Niederschlägen durch den Balkon. Es liegt daher eine stärkere Beanspruchung vor:

㉔ **Schwelle:** GK 0 bis GK 2, abhängig von einer möglichen Feuchteanreicherung. Die Kommentierung zu 11 in Bild K.5 gilt sinngemäß.

㉕ **Außenwandbekleidung,** hinterlüftet, es gilt die Kommentierung zu ⑤ in Bild K.5.

㉖ **Fenster:** GK 3.1; es gilt die Kommentierung zu ⑥ in Bild K.5.

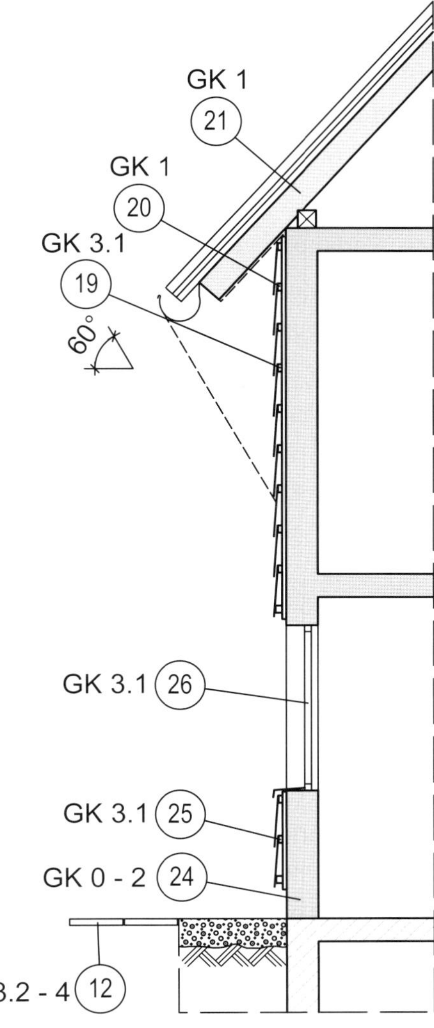


**Bild K.6:** Ausschnitt zum Beispielhaus zur Zuordnung von Holzbauteilen zu einer GK. Die Ziffern in Kreisen verweisen auf die jeweilige Kommentierung.

**Kommentierung zu E.1.3:**

Die Empfehlung für einen Schutz vor Holz verfärbenden Pilzen in E.1.3 bezieht sich auf die Gefahr einer Beschädigung der Beschichtung durch Fruchtkörper von Bläuepilzen, wodurch Niederschläge in das beschichtete Holz eindringen und in der Folge nur schwer abdunsten können; auch eine beschädigte Beschichtung wirkt noch als Sperrschicht, obwohl sie das Eindringen von Regen nicht mehr verhindern kann.

**E.1.4** Ein Befall durch Holz zerstörende Insekten ist bei nicht tragenden Holzbauteilen in der Regel von untergeordneter Bedeutung. Gleichwohl ist ein Befall (besonders durch Anobien) nicht grundsätzlich auszuschließen.

## E.2 Auswahl von Schutzmaßnahmen

**E.2.1** Es kommen verschiedene Schutzmaßnahmen, z. T. kombiniert, in Frage, bei deren Auswahl auch technische und ökonomische Gesichtspunkte berücksichtigt werden sollten.

**E.2.2** Die Angaben in 8.1 gelten sinngemäß.

**E.2.3** Tabelle E.1 gibt am Beispiel der empfohlenen natürlichen Dauerhaftigkeit gegen Pilzbefall Hinweise für den Schutz von ausgewählten Holzbauteilen ohne tragende Funktion in unterschiedlichen Einsatzbereichen.

Die Tabelle kann auch als Anleitung dienen für die Anwendung von Holzschutzmitteln in Abhängigkeit von den unter E.1 beispielhaft aufgelisteten Kriterien.

Die angegebene Gebrauchsdauer kann lediglich als Richtwert angesehen werden.

## E.3 Hinweise zur Tabelle E.1

- Spalte 1 enthält typische Bauteile, z. T. mit mehreren Varianten;
- Spalte 2 enthält die jeweils zutreffende(n) Gebrauchsklasse(n);
- Spalte 3 gibt zwei Schutzniveaus an, die einer unterschiedlichen Wertung der unter E.1 angeführten Kriterien Rechnung tragen;
- Die Spalten 4 bis 6 geben an, welche natürliche Dauerhaftigkeit des Farbkernholzes in Abhängigkeit von der gewünschten Nutzungsdauer mindestens gefordert werden sollte.

Hierbei sind die objektspezifisch stark variierenden möglichen Einflussfaktoren angemessen zu berücksichtigen.

In Spalte 1 werden z. T. mehrere Varianten aufgeführt, um die mögliche Spannweite der Einsatzbedingungen anzudeuten.

Spalte 2 enthält die Zuordnung in eine GK entsprechend den in Tabelle 1 der Norm aufgeführten Bedingungen.

In Spalte 3 werden zwei Schutzniveaus berücksichtigt, die sich hinsichtlich Instandhaltung und Schutzanspruch deutlich unterscheiden; Fußnote a nennt hierfür zwei Beispiele. Ein unterschiedliches Schutzniveau kann aber auch durch weitere Einflussgrößen bedingt sein, wie Schadensfolgen bei Ausfall des Bauteils, extreme Beanspruchung und andere.

In den Spalten 4 bis 6 werden drei zu erwartende Gebrauchsdauern genannt, um zu verdeutlichen, dass unter gleichartigen Bedingungen ein zunehmend intensiverer Schutz erforderlich wird, je länger ein Bauteil genutzt werden soll.

Besonders zu beachten ist der letzte Absatz von E.3, mit dem zum Ausdruck gebracht werden soll, dass die Empfehlungen in der Tabelle E.1 nicht unreflektiert übernommen werden können, sondern darüber hinaus die für jedes einzelne Objekt herrschenden Bedingungen entscheidenden Einfluss haben können.

**Tabelle E.1 — Beispiele zur Auswahl natürlich dauerhafter Holzarten bei nicht tragenden Bauteilen im Hinblick auf einen möglichen Pilzbefall**

| Bauteil/Beanspruchung (Beispiele) | GK nach Tabelle 1 | S = Normales S+ = besonderes Schutzniveau[a] | Empfohlene Mindest-Dauerhaftigkeit des Holzes nach 6.8 bei einer erwarteten Gebrauchsdauer | | |
|---|---|---|---|---|---|
| | | | bis 10 Jahre | bis 30 Jahre | über 30 Jahre |
| 1 | 2 | 3 | 4 | 5 | 6 |
| Wohnraum, Innenbauteile[b] | 0/1 | — | — | 5 | 5 |
| Holzfenster mit vollständiger unterlüfteter Abdeckung, z. B. aus Metall[c] | 2 | S | — | 5 | 5 |
| | 2 | S+ | — | 5 | 5 |
| Fenster[e] | 3.1 | S | — | 5 | 4[d] |
| | 3.1 | S+ | — | 4 | 3-4 |
| Fenster – stark beansprucht[e f] | 3.1 | S | — | 3-4 | 3-4 |
| | 3.1 | S+ | — | 3-4 | 3-4 |
| Fassade | 3.1/3.2[g] | S | — | 4d | 4[d] |
| | 3.1/3.2[g] | S+ | — | 3-4 | 3-4 |
| Fassade – stark beansprucht[h] | 3.1/3.2[g] | S | — | 3-4 | 3-4 |
| | 3.1/3.2[g] | S+ | — | 3-4 | 3-4 |
| **A.** GaLaBau-Hölzer[i], senkrecht verbaut, ohne Erdkontakt[j] | 3.1/3.2[g] | S | 4d | 3-4 | — |
| | | S+ | 3-4 | 3-4 | — |
| **B.** GaLaBau-Hölzer[i], waagerecht verbaut ohne Erdkontakt[j] | 3.1[g] | S | 3-4 | 3 | — |
| | | S+ | 3-4 | 2 | — |
| **C.** GaLaBau-Hölzer[i], waagerecht verbaut – stark beansprucht ohne Erdkontakt[j] | 3.2[g] 4[k] | S | 3-4 | 2 | — |
| | | S+ | 2 | 1 | — |
| **D.** Außenholzprodukte mit Erdkontakt – mäßig beansprucht[j l] | 4 | S | 2 | 1-2 | — |
| | | S+ | 1-2 | 1 | — |
| **E.** Außenholzprodukte mit Erdkontakt – stark beansprucht[j l] | 4 | S | 1-2 | 1 | — |
| | | S+ | 1 | 1 | — |

[a] S+: Austausch oder Reparatur besonders schwierig oder besonderer Schutzanspruch.

[b] Das sehr geringe Risiko eines Befalls durch Splintholzkäfer kann durch Verzicht auf stärkereiche Hölzer vermieden werden (empfindlich sind z. B. Abachi, Limba, Splintholz von Eiche).

[c] Für bläueempfindliche Hölzer ist ein Bläueschutz empfehlenswert. In Abhängigkeit von der Einbausituation kann auch die Abdeckung aller bewitterten horizontal liegenden Hölzer ausreichend sein.

[d] Bei normal beanspruchten Fenstern, senkrechten Fassadenbekleidungen und bei senkrecht verbauten GaLaBau-Hölzern kann Fichtenholz (Kern und Splint) in Bereichen verwendet werden, für die eine natürliche Dauerhaftigkeit von 4 empfohlen wird.

[e] Voraussetzung für diese Einstufung ist eine für den Fensterbau geeignete Holzart mit dauerhaft intakter Beschichtung. Bei defekter Beschichtung kann die Lebensdauer geringer sein als bei unbeschichteten Bauteilen. Für bläueempfindliche Hölzer ist ein Schutz gegen Bläue notwendig.

[f] Stark beansprucht werden Fenster der West- und Südseiten, z. B. Einbau fassadenbündig, freistehend oder Berglage. Meeresnähe oder höher als 3. Stockwerk.

| Bauteil/Beanspruchung (Beispiele) | GK nach Tabelle 1 | S = Normales S+ = besonderes Schutzniveau[a] | Empfohlene Mindest-Dauerhaftigkeit des Holzes nach 6.8 bei einer erwarteten Gebrauchsdauer | | |
|---|---|---|---|---|---|
| | | | bis 10 Jahre | bis 30 Jahre | über 30 Jahre |
| 1 | 2 | 3 | 4 | 5 | 6 |

[g] GK 3.1 = Anreicherung von Wasser im Holz, auch räumlich begrenzt, nicht zu erwarten;
GK 3.2 = Anreicherung von Wasser im Holz, auch räumlich begrenzt, zu erwarten.
Bei beschichteten Bauteilen kann die Lebensdauer bei defekter Beschichtung geringer sein als bei unbeschichteten Bauteilen.

[h] Eine starke Beanspruchung von Fassaden besteht üblicherweise bei geringen Trocknungskapazitäten, z. B. durch starke Verschattung

[i] GaLaBau: Garten- und Landschaftsbau

[j] A = z. B. Stützpfosten von Staketen eines Gartenzaunes;
B = z. B. Zaunriegel;
C = z. B. Terrassendielen;
D = z. B. Terrassendielen (bewachsen und beschattet);
E = z. B. Palisaden, Zaunpfosten, Obst- und Rebpfähle.

[k] GK 4 bei starker Verschattung oder Ablagerung von z. B. Erde, Laub oder Schmutz;

[l] Die Beanspruchung im Erdverbau hängt sehr stark von der örtlichen Bodenbeschaffenheit ab – z. B. kann eine Mulchschicht die Beanspruchung deutlich verstärken.

**Kommentar zu den Fußnoten in Tabelle E.1:**

a) Siehe Kommentar zu E.3, Spalte 3.

b) Werden keine natürlich dauerhaften Holzarten eingesetzt, sollten ggf. andere geeignete Schutzmaßnahmen ergriffen werden, z. B. vollflächige Abdeckung oder – soweit zulässig – Einsatz eines gegen Insekten vorbeugend wirksamen Holzschutzmittels.

c) Diese Empfehlung trifft nur zu, wenn das Aussehen des Holzes von Bedeutung ist.

d) Diese Empfehlung betrifft zwar unmittelbar nur die Verwendung natürlich dauerhafter Holzarten, es ist aber der allgemein gültige Grundsatz zu beachten, wonach bei geringerer Beanspruchung (im Falle von Fenstern als „normal" bezeichnet) sowie generell bei senkrecht angeordneten Hölzern weniger intensive Schutzmaßnahmen erforderlich sind.

e) Bedarf keiner Kommentierung.

f) Die hier auf Fenster bezogenen Bedingungen gelten sinngemäß auch für andere Bauteile.

g) Bedarf keiner Kommentierung.

h) Das in Fußnote h genannte Beispiel für „starke Beanspruchung" zeigt im Vergleich mit Fußnote f die Spannweite möglicher Einflussgrößen.

i) Bedarf keiner Kommentierung.

j) Die Einsatzbedingungen A bis E sind nicht als umfassende, vollständige Liste aufzufassen, sondern als Beispiele zur Charakterisierung unterschiedlicher Bedingungen im Außenbereich.

k) Die hier angeführten Verhältnisse sind ein weiteres Beispiel für die Spannweite des Begriffes „starke Beanspruchung".

l) wie vor.

# Literaturhinweise

[1] Vermeidung von Schimmelpilzbefall an Anstrichflächen außen. Merkblatt der Deutschen Gesellschaft für Holzforschung e. V., München, November 2003

[2] Trendelenburg, Reinhard, Mayer-Wegelin, Hans: Das Holz als Rohstoff, 2. Aufl. 1955

[3] Verordnung (EU) Nr. 528/2012 des Europäischen Parlaments und des Rates vom 22. Mai 2012 über die Bereitstellung auf dem Markt und die Verwendung von Biozidprodukten

[4] DIN CEN/TS 15679, *Thermisch modifiziertes Holz — Definitionen und Eigenschaften*

[5] DIN EN 335, *Dauerhaftigkeit von Holz und Holzprodukten — Gebrauchsklassen: Definitionen, Anwendung bei Vollholz und Holzprodukten*

[6] DIN EN 844-4, *Rund- und Schnittholz — Terminologie — Teil 4: Begriffe zum Feuchtegehalt*

[7] DIN EN 844-7, *Rund- und Schnittholz — Terminologie — Teil 7: Begriffe zum anatomischen Aufbau von Holz*

[8] DIN EN 1317-5, *Rückhaltesysteme an Straßen — Teil 5: Anforderungen an die Produkte, Konformitätsverfahren und -bescheinigung für Fahrzeugrückhaltesysteme*

[9] DIN EN ISO 4618, *Beschichtungsstoffe — Begriffe*

**Weitere Literaturangaben:**

[1] Musterbauordnung – MBO – Fassung November 2002; zuletzt geändert durch Beschluss der Bauministerkonferenz vom September 2019

[2] Verordnung (EU) Nr. 528/2012 des Europäischen Parlaments und des Rates vom 22. Mai 2012 über die Bereitstellung auf dem Markt und die Verwendung von Biozidprodukten

[3] Kollmann, F. (1951): Technologie des Holzes und der Holzwerkstoffe, 2. Aufl., Bd. 1

[4] Rapp, A. O.; Augusta, U.; Brandt, K.; Melcher, E. (2010): Natürliche Dauerhaftigkeit verschiedener Holzarten. In: Tagungsband Wiener Holzschutztage, S. 43–49

[5] VFF Merkblatt HO.06-4, „Holzarten für den Fensterbau – Teil 4: Modifizierte Hölzer", Verband Fenster + Fassade, Frankfurt am Main, 2010-03

[6] Popper, R.; Niemz, P.; Torres, M.; Croptier, S. (2005): Int. Bericht ETHZ-IfB Nr. 31

**Zitierte Normen**

(soweit nicht in der Norm selbst in Abschnitt 2 sowie im Abschnitt Literaturhinweise genannt)

DIN 1052:2008-12, *Berechnung und Bemessung von Holzbauwerken – Allgemeine Bemessungsregeln und Bemessungsregeln für den Hochbau* [durch DIN EN 1995-1-1 ersetzt]

DIN 52175:1975-01, *Holzschutz; Begriff, Grundlagen* [zurückgezogen; wurde in DIN 68800-1 eingearbeitet]

DIN EN 335:2013-06, *Dauerhaftigkeit von Holz und Holzprodukten – Gebrauchsklassen: Definitionen, Anwendung bei Vollholz und Holzprodukten*

ISO 21887:2007-11, *Durability of wood and wood-based products – Use classes*

# Kommentar zu DIN 68800-2:2022-02
# Holzschutz – Teil 2: Vorbeugende bauliche Maßnahmen im Hochbau

**Die Überarbeitung und Kommentierung dieses Teiles basiert auf den Inhalten und Kommentierungen der Vorauflage. Die Bearbeiter und Autoren der aktuellen Auflage sowie der Vorauflage sind folgend aufgeführt:**

**3. Auflage 2022:**

Hauptautor:

| | |
|---|---|
| Roland Glauner | Holzbau Deutschland – Bund Deutscher Zimmermeister im Zentralverband des Deutschen Baugewerbes, Berlin |

Unter Mitwirkung von:

| | |
|---|---|
| Ralf Stoodt | Institut für Leichtbau Trockenbau Holzbau (VHT), Darmstadt |
| Alexander Supiran | Mögel & Schwarzbach Freie Architekten PartmbB |
| Norman Werther | Technische Universität München, München |

**2. Auflage 2013:**

Hauptautor:

| | |
|---|---|
| Borimir Radović† | vormals Materialprüfanstalt, Stuttgart |

Unter Mitwirkung von:

| | |
|---|---|
| Andreas Kraft | Landesinnungsverband des Bayerischen Zimmerhandwerks, München |
| Georg Lange | Bundesverband Deutscher Fertigbau, Bad Honnef |
| Wolfgang Schäfer | Deutscher Fertigbauverband, Stuttgart |
| Stefan Winter | Technische Universität München, München |

Februar 2022

| | DIN 68800-2 | DIN |
|---|---|---|

ICS 71.100.50; 91.080.20

Ersatz für
DIN 68800-2:2012-02

**Holzschutz –**
**Teil 2: Vorbeugende bauliche Maßnahmen im Hochbau**

Wood preservation –
Part 2: Preventive constructional measures in buildings

Préservation du bois –
Partie 2: Mesures de construction préventives en bâtiments

# Inhalt



* Die Seitenzahlen beziehen sich auf den vorliegenden Kommentar.

# Vorwort

Dieses Dokument wurde vom Arbeitsausschuss NA 042-03-02 AA „Baulicher Holzschutz" im DIN-Normenausschuss Holzwirtschaft und Möbel (NHM) erarbeitet.

DIN 68800 besteht unter dem allgemeinen Titel *Holzschutz* aus den folgenden Teilen:

- *Teil 1: Allgemeines*
- *Teil 2: Vorbeugende bauliche Maßnahmen im Hochbau*
- *Teil 3: Vorbeugender Schutz von Holz mit Holzschutzmitteln*
- *Teil 4: Bekämpfungsmaßnahmen gegen Holz zerstörende Pilze und Insekten und Sanierungsmaßnahmen*

Es wird auf die Möglichkeit hingewiesen, dass einige Texte dieses Dokuments Patentrechte berühren können. DIN ist nicht dafür verantwortlich, einige oder alle diesbezüglichen Patentrechte zu identifizieren.

Aktuelle Informationen zu diesem Dokument können über die Internetseiten von DIN (www.din.de) durch eine Suche nach der Dokumentennummer aufgerufen werden.

**Änderungen**

Gegenüber DIN 68800-2:2012-02 wurden folgende Änderungen vorgenommen:

1) Normverweisungen aktualisiert;
2) Begriffe ergänzt;
3) Anhang A für Konstruktionen, bei denen die Bedingungen der Gebrauchsklasse GK 0 erfüllt sind, überarbeitet;
4) Anhang B für feuchtevariable Schichten aufgenommen;
5) Norm redaktionell überarbeitet.

**Frühere Ausgaben**

DIN 68800: 1956-09

DIN 68800-2: 1974-05, 1984-01, 1996-05, 2012-02

# 1 Anwendungsbereich

**1.1** Diese Norm legt vorbeugende bauliche Maßnahmen zur Sicherung der Dauerhaftigkeit von Bauteilen aus Holz oder Holzwerkstoffen fest. Sie gilt für die Errichtung von Neubauten sowie für die Modernisierung, Renovierung oder Instandsetzung von Bauwerken.

Diese Norm ergänzt DIN EN 1995-1-1 mit DIN EN 1995-1-1/NA und DIN EN 1995-2 mit DIN EN 1995-2/NA hinsichtlich der Sicherung der Gebrauchsdauer von Holzbauwerken.

Diese Norm gilt in Verbindung mit DIN 68800-1.

Die Norm gilt für den gesamten Hochbau. Besonderes Augenmerk ist auf Tafel-, Rahmen- und Skelettbauarten sowie Massivholzbauarten, wie z. B. Brettsperrholz und Brettstapel, gerichtet. Klassische ausgemauerte Fachwerkwände sind nicht Bestandteil dieser Norm. Die Norm gilt auch nicht für Holzbauteile mit Erdkontakt, z. B. Masten, oder mit ständiger Berührung mit Wasser, z. B. Pfahlbauten.

Die Ausführungen gelten vorrangig für Neubauten. Sie gelten aber auch für Modernisierung, z. B. für nachträgliche Verbesserung des Wärmeschutzes oder für nachträglichen Ausbau von vorher nicht genutzten Dachgeschossen und Renovierung bzw. Instandsetzung von Bauwerken.

Die Instandsetzungsmaßnahmen richten sich nach dem vorhandenen Schadensumfang und müssen einen schadensfreien und gebrauchsfähigen Zustand der Holzkonstruktion gewährleisten.

Hinsichtlich der Ergänzung der DIN EN 1995-1 mit DIN EN 1995-1/NA und der DIN EN 1995-2 mit DIN EN 1995-2/NA bezüglich der Sicherung der Gebrauchsdauer von Holzbauwerken stehen in der Norm folgende Maßnahmen im Vordergrund:

a) Maßnahmen zur Vermeidung einer hohen Holzfeuchte, die
   - zu einem Befall durch Holz zerstörende Pilze oder
   - zu einer Abnahme der Festigkeit und Steifigkeit von Holzbauteilen führen könnten;

b) Maßnahmen zur Vermeidung eines Bauschadens durch Insekten und

c) Maßnahmen zur Vermeidung von starken Feuchteschwankungen der Holzbauteile, um das Quellen und Schwinden des Holzes in einem vertretbaren Rahmen zu halten.

Allgemeine Grundsätze des Holzschutzes sind normübergreifend in der DIN 68800-1 aufgeführt, sodass auch die DIN 68800-1 bei der Auslegung dieser Norm beachtet werden muss.

**1.2** Diese Norm gilt für tragende Bauteile aus Holz und Holzwerkstoffen. Für nicht tragende Bauteile wird die Anwendung dieser Norm empfohlen.

Für tragende Bauteile wird diese Norm durch die vorgesehene baurechtliche Einführung über die Liste der eingeführten technischen Baubestimmungen für alle am Bau Beteiligten zwingend vorgeschrieben, da sie damit zum baurechtlichen Verwendbarkeitsnachweis wird. Bei nicht tragenden Bauteilen entscheidet der Bauherr, ob die Norm angewendet werden soll oder nicht.

Es wird dringend empfohlen, bei Abweichungen von den normativen Vorgaben dazu schriftliche Vereinbarungen zu treffen. Insbesondere dann, wenn durch vereinbarte geringere Nutzungsdauern, beispielsweise bei Verschleißbauteilen im nicht tragenden Bereich, geringere Anforderungen an die baulichen Holzschutzmaßnahmen gelten sollen, vgl. DIN 68800-1:2019-06 Abschnitt 7.2.

**1.3** Bauliche Maßnahmen im Sinne dieser Norm sind eine wesentliche Voraussetzung für die dauerhafte Funktionstüchtigkeit einer Konstruktion.

Diese baulichen Maßnahmen können bei bestimmten äußeren Bedingungen allein ohne weitere Maßnahmen die Dauerhaftigkeit von Holz- und Holzwerkstoffbauteilen sicherstellen oder zum Erreichen einer niedrigeren Gebrauchsklasse führen. Dazu sind im Anhang A dieser Norm Ausführungsbeispiele aufgeführt.

Durch die baulichen Maßnahmen nach dieser Norm wird auch eine unzuträgliche Feuchteänderung des Holzes und der Holzwerkstoffe vermieden und somit die Verformungen infolge des Quellens und Schwindens im vertretbaren Maße gehalten und bezüglich dieser Verformungen die Brauchbarkeit der Konstruktion sichergestellt.

Es wird unterschieden zwischen:

- grundsätzlichen baulichen Maßnahmen (siehe Abschnitt 5); und
- besonderen baulichen Maßnahmen (siehe Abschnitt 6 bis Abschnitt 9).

Bauliche Maßnahmen beinhalten eine umfangreiche Palette von Maßnahmen, die eine breite und sichere Verwendung des Holzes und der Holzwerkstoffe im Bauwesen ermöglichen. In den meisten Fällen reichen sie alleine für sich aus, um den ausreichenden Schutz von Holz und Holzwerkstoffen zu gewährleisten (GK 0). Beispiele dafür sind im Anhang A der Norm enthalten.

Andere Konstruktionen können ebenfalls der GK 0 zugeordnet werden, wenn die Bedingungen der Abschnitte 5 und 6 der Norm eingehalten werden.

Bei der Verwendung des Holzes im Freien können die baulichen Maßnahmen zu einer niedrigeren Gebrauchsklasse bis hin zu der Gebrauchsklasse GK 0 führen.

Bezüglich des Umfangs der Maßnahmen unterscheidet die Norm zwischen grundsätzlichen baulichen Maßnahmen, die stets zu beachten sind, und besonderen baulichen Maßnahmen für die jeweiligen Konstruktionen.

**1.4** Für Holzwerkstoffe werden in Abschnitt 10 die Anwendungsbereiche festgelegt.

Hinsichtlich der Anwendung von Holzwerkstoffen bezieht sich die Norm auf die technischen Klassen nach DIN EN 13986. Die Norm erlaubt auch die Verwendung von Holzwerkstoffen nach einem bauaufsichtlichen Verwendbarkeitsnachweis, wenn die Eigenschaften dieser Holzwerkstoffe für die vorgesehene Anwendung ausreichen. Als baurechtliche Verwendbarkeitsnachweise kommen hier im Wesentlichen eine allgemeine bauaufsichtliche Zulassung oder eine Zustimmung im Einzelfall in Betracht. Für Holzwerkstoffe, die nicht oder nicht vollständig von einer harmonisierten Norm erfasst sind, können auch Europäische Technische Bewertungen (ETA) ausgestellt werden.

# 2 Normative Verweisungen

Die folgenden Dokumente werden im Text in solcher Weise in Bezug genommen, dass einige Teile davon oder ihr gesamter Inhalt Anforderungen des vorliegenden Dokuments darstellen. Bei datierten Verweisungen gilt nur die in Bezug genommene Ausgabe. Bei undatierten Verweisungen gilt die letzte Ausgabe des in Bezug genommenen Dokuments (einschließlich aller Änderungen).

DIN 4108-3:2018-10, *Wärmeschutz und Energie-Einsparung in Gebäuden — Teil 3: Klimabedingter Feuchteschutz — Anforderungen, Berechnungsverfahren und Hinweise für Planung und Ausführung*

DIN 4108-7, *Wärmeschutz und Energie-Einsparung in Gebäuden — Teil 7: Luftdichtheit von Gebäuden — Anforderungen, Planungs- und Ausführungsempfehlungen sowie -beispiele*

DIN 4108-10, *Wärmeschutz und Energie-Einsparung in Gebäuden — Teil 10: Anwendungsbezogene Anforderungen an Wärmedämmstoffe*

DIN 18533 (alle Teile), *Abdichtung von erdberührten Bauteilen*

DIN 18534 (alle Teile), *Abdichtung von Innenräumen*

DIN 18550-1, *Planung, Zubereitung und Ausführung von Außen- und Innenputzen — Teil 1: Ergänzende Festlegungen zu DIN EN 13914-1:2016-09 für Außenputze*

DIN 68800-1, *Holzschutz — Teil 1: Allgemeines*

DIN 68800-3, *Holzschutz — Teil 3: Vorbeugender Schutz von Holz mit Holzschutzmitteln*

DIN EN 1296:2001-03, *Abdichtungsbahnen — Bitumen-, Kunststoff- und Elastomerbahnen für Dachabdichtungen — Verfahren zur künstlichen Alterung bei Dauerbeanspruchung durch erhöhte Temperatur; Deutsche Fassung EN 1296:2000*

DIN EN 1995-1-1, *Eurocode 5: Bemessung und Konstruktion von Holzbauten — Teil 1-1: Allgemeines — Allgemeine Regeln und Regeln für den Hochbau*

DIN EN 1995-1-1/NA, *Nationaler Anhang — National festgelegte Parameter — Eurocode 5: Bemessung und Konstruktion von Holzbauten — Teil 1-1: Allgemeines — Allgemeine Regeln und Regeln für den Hochbau*

DIN EN 1995-2, *Eurocode 5: Bemessung und Konstruktion von Holzbauten — Teil 2: Brücken*

DIN EN 1995-2/NA, *Nationaler Anhang — National festgelegte Parameter — Eurocode 5: Bemessung und Konstruktion von Holzbauten — Teil 2: Brücken*

DIN EN 13162, *Wärmedämmstoffe für Gebäude — Werkmäßig hergestellte Produkte aus Mineralwolle (MW) — Spezifikation*

DIN EN 13163, *Wärmedämmstoffe für Gebäude — Werkmäßig hergestellte Produkte aus expandiertem Polystyrol (EPS) — Spezifikation*

DIN EN 13171, *Wärmedämmstoffe für Gebäude — Werkmäßig hergestellte Produkte aus Holzfasern (WF) — Spezifikation*

DIN EN 13859-2:2010-11, *Abdichtungsbahnen — Definitionen und Eigenschaften von Unterdeck- und Unterspannbahnen — Teil 2: Unterdeck- und Unterspannbahnen für Wände; Deutsche Fassung EN 13859-2:2010*

DIN EN 13986, *Holzwerkstoffe zur Verwendung im Bauwesen — Eigenschaften, Bewertung der Konformität und Kennzeichnung*

DIN EN 14964, *Unterdeckplatten für Dachdeckungen — Definitionen und Eigenschaften*

DIN EN ISO 12572:2017-05, *Wärme- und feuchtetechnisches Verhalten von Baustoffen und Bauprodukten — Bestimmung der Wasserdampfdurchlässigkeit — Verfahren mit einem Prüfgefäß (ISO 12572:2016); Deutsche Fassung EN ISO 12572:2016*

## 3 Begriffe

Für die Anwendung dieses Dokuments gelten die Begriffe nach DIN 68800-1 und die folgenden Begriffe.

DIN und DKE stellen terminologische Datenbanken für die Verwendung in der Normung unter den folgenden Adressen bereit:

- DIN-TERMinologieportal: verfügbar unter https://www.din.de/go/din-term/
- DKE-IEV: verfügbar unter http://www.dke.de/DKE-IEV

ANMERKUNG Zur besseren Übersicht sind die Begriffe nicht alphabetisch, sondern nach inhaltlichen Zusammenhängen geordnet.

Die normübergreifenden Begriffe, die den Holzschutz allgemein betreffen, sind in der DIN 68800-1 enthalten.

In diesem Normteil sind nur Begriffe aufgeführt, die spezielle Bedeutung für den vorbeugenden baulichen Holzschutz haben.

**3.1**
**bauliche Maßnahme**

planerische, konstruktive, bauphysikalische und organisatorische Maßnahme, die eine Minderung der Funktionstüchtigkeit von Holz und Holzwerkstoffen besonders durch Pilze, Insekten oder Meerestiere während der Gebrauchsdauer verhindert oder einschränkt und darüber hinaus Schäden durch übermäßiges Quellen und Schwinden des Holzes und der Holzwerkstoffe verhindert

Anmerkung 1 zum Begriff: Unter organisatorischen Maßnahmen sind z. B.

- Schutz gegen unzuträgliche Veränderung des Feuchtegehaltes des Holzes und der Holzwerkstoffe bei Lagerung, Transport, Montage und Einbau, und
- Wartung von Bekleidungen

zu verstehen.

- Planerische Maßnahmen

Der bauliche Holzschutz beginnt bereits bei dem Entwurf und der Planung. In den Bauunterlagen sind alle Einzelheiten zu berücksichtigen, die einen ausreichenden baulichen Holzschutz gewährleisten. Diese müssen auch bei der Ausschreibung beachtet werden. Daher sind alle vorgesehenen baulichen Holzschutzmaßnahmen in allen Planungsphasen, insbesondere aber in der Genehmigungsplanung (HOAI Phase 4) und in der Ausführungsplanung (HOAI Phase 5) darzustellen. Die vorgesehenen Maßnahmen zum Schutz des Holzes gehören auch zum Umfang der Prüfungen durch Prüfingenieure für Baustatik, da sie die Standsicherheit des Bauwerkes betreffen.

- Konstruktive Maßnahmen

Die Holzbauwerke sind so zu errichten, dass tropfbares Wasser, beispielsweise aus Niederschlägen oder Spritzwasser, von Holzbauteilen entweder ferngehalten oder von der Holzoberfläche schnell abgeleitet wird.

- Bauphysikalischen Maßnahmen

Durch ausreichende Wärmedämmung und richtige Schichtfolge der Außenbauteile soll die unplanmäßige Tauwasserbildung sowohl im Bereich der raumseitigen Oberfläche als auch in dem Querschnitt von Außenbauteilen vermieden werden.

Zur Vermeidung von Tauwasserbildung infolge Wasserdampfkonvektion muss die Innenseite von Außenbauteilen und von Decken unterhalb nicht ausgebauter Räume auf Dauer luftdicht ausgebildet sein. Der Einbau zusätzlicher strömungsdichter Ebenen (z. B. winddichte, außenliegende, diffusionsoffene Platten oder Folien) erzeugt eine zusätzliche Sicherheit gegen Durchströmung, da dann kleine Einzelleckagen nicht sofort zu einer Durchströmung der Gesamtkonstruktion führen. Es sollten daher, wenn möglich, innen luftdichte und außen winddichte Ebenen angeordnet werden.

- Organisatorische Maßnahmen

Der Schwerpunkt bei diesen Maßnahmen liegt in der Vermeidung unzuträglicher Feuchteänderung des Holzes und der Holzwerkstoffe bei Lagerung, Transport, Montage und Einbau, z. B. durch Verwendung von temporären Anstrichen, Ummantelung mit diffusionsoffenen Folien oder provisorischen Überdachungen.

**3.2**
**grundsätzliche bauliche Maßnahme**

bauliche Maßnahme, die bei Bauteilen aus Holz oder Holzwerkstoffen in jedem Fall vorzunehmen ist

Die grundsätzlichen baulichen Maßnahmen sind stets zu beachten, also auch dann, wenn eine Behandlung mit Holzschutzmitteln vorgesehen bzw. notwendig sein sollte. In bestimmten Fällen können diese Maßnahmen alleine für sich ausreichen, um Bauteile aus Holz und Holzwerkstoffen in die Gebrauchsklasse GK 0 einzustufen.

**3.3**
**besondere bauliche Maßnahme**

bauliche Maßnahme, die es ermöglicht, Bauteile aus Holz und Holzwerkstoffen in die Gebrauchsklasse GK 0 einzustufen, wenn die grundsätzlichen baulichen Maßnahmen alleine nicht ausreichen

Diese Maßnahmen sind erforderlich, wenn ein Bauteil aus Holz oder Holzwerkstoffen in die Gebrauchsklasse GK 0 eingestuft werden soll und die grundsätzlichen baulichen Maßnahmen alleine dafür nicht ausreichen.

**3.4**
**unzuträgliche Veränderung des Feuchtegehaltes**

Veränderung des Feuchtegehaltes, die die Brauchbarkeit der Konstruktion durch Schwinden und Quellen beeinträchtigen kann oder bei der die Voraussetzungen für einen Befall von Holz zerstörenden Pilzen entstehen können

Es wird unterschieden zwischen

- einer unzuträglichen Erhöhung der Holzfeuchte, z. B. durch Tau- und Niederschlagswasser, die zu einem Befall durch Holz zerstörende Pilze führen kann, und
- einer unzuträglichen Veränderung der Holzfeuchte, die ein Quellen und Schwinden der Holzbauteile in einem unvertretbaren Rahmen verursacht, wodurch z. B. Gebrauchstauglichkeit und Funktionalität eines Bauteils beeinträchtigt werden können.

**3.5**
**dauerhaft wirksamer Wetterschutz**

Wetterschutz, der verhindert, dass Niederschlagsfeuchte in der dahinter befindlichen Konstruktion zu einer unzuträglichen Veränderung des Feuchtegehaltes von Holz und Holzwerkstoffen führt

Ein dauerhaft wirksamer Wetterschutz ist die Voraussetzung für die Einstufung von Außenbauteilen in die Gebrauchsklasse GK 0. Dafür sind in der Norm verschiedene Möglichkeiten aufgeführt, z. B. hinterlüftete wetterbeständige Außenwandbekleidungen auf lotrechter Lattung oder verschiedene Wärmedämm-Verbundsysteme. Es ist zu beachten, dass der dauerhaft wirksame Wetterschutz teilweise aus einer ersten und einer zweiten wasserführenden Schicht besteht.

**3.6**
**trockenes Holzprodukt**

Holzprodukt mit einer maximalen Einbaufeuchte von 20 %

Dieses Holzprodukt kann sowohl durch eine technische Trocknung als auch durch eine ausreichende Lufttrocknung erzeugt werden.

**3.7**
**technisch getrocknetes Holz**

Holz, das in einer dafür geeigneten technischen Anlage prozessgesteuert bei einer Temperatur $T \geq 55$ °C mindestens 48 h auf eine Holzfeuchte $u \leq 20$ % getrocknet wurde

Bei Verwendung dieses Holzes und der aus solchem Holz hergestellten Produkte unter Dach ist ein Insektenbefall nicht zu erwarten, wie durch zahlreiche Untersuchungen und jahrzehntelange Erfahrung belegt werden konnte.

Bei der technischen Trocknung werden auch die im frischen Holz hin und wieder vorkommenden Frischholzinsekten, z. B. Holzwespe, getötet, sodass ein Durchbohren von Folien und Eindeckungen durch herausschlüpfende Insekten mit Sicherheit nicht stattfinden kann. Solches Durchbohren hat in der Vergangenheit hin und wieder zu Schäden an bestimmten Flachdächern geführt, sodass das Niederschlagswasser durch die entstandenen Löcher in die Konstruktion eindringen konnte.

**3.8**
**geneigtes Dach**

Dach mit einer Neigung $\alpha$ von mindestens 5°

**3.9**
**flach geneigtes Dach**

Dach mit einer Neigung $\alpha$ von weniger als 5°, mindestens jedoch von 3°

**3.10**
**Flachdach**

Dach mit einer Neigung $\alpha$ von weniger als 3° (5 %), mindestens jedoch von 2 %

Diese Unterteilung ist in Hinblick auf die erforderlichen baulichen Maßnahmen notwendig.

**3.11**
**Schicht mit variablem $s_d$-Wert**

Bauteilschicht, die ihre wasserdampfdiffusionsäquivalente Luftschichtdicke ($s_d$-Wert) in Abhängigkeit von der umgebenden relativen Luftfeuchte verändert

Anmerkung 1 zum Begriff: Anforderungen an Schichten mit variablem $s_d$-Wert zur Verwendung für voll gedämmte, nicht belüftete Dachkonstruktionen mit Metalleindeckung oder Dachabdichtung auf Schalung oder Beplankung sind im Anhang B aufgeführt.

Bauteile nach dieser Norm, die bauphysikalisch wesentlich nach dem Prinzip der Umkehrdiffusion funktionieren, sind auf die dauerhafte Funktionsfähigkeit sowohl des oberen als auch des unteren $s_d$-Wertes angewiesen.

**3.12**
**Luftdichtheit**

Eigenschaft eines Baustoffes, eines Bauteils oder der Hülle eines Gebäudes, nicht oder nur in geringem Maße mit Luft durchströmt zu werden

[QUELLE: DIN 4108-7:2011-01, 3.4]

### 3.13
### Geländeoberkante
### GOK

Oberkante des Geländes in der Umgebung von Holzbauteilen im Endzustand (Fertigmaß)

Mit dem Endzustand ist das Maß der höchsten Oberkante des Geländes in der Nutzungsphase des Gebäudes gemeint. Dies muss bereits in der Planungsphase berücksichtigt werden. Der Bauherr sollte schriftlich darüber in Kenntnis gesetzt werden, dass nachträgliche Änderungen zu einer Unterschreitung des maximal zulässigen Abstands zwischen GOK und Holzbauteilen führen können und es dadurch zu einer unzuträglichen Auffeuchtung von tragenden Bauteilen wie der Wandschwelle kommen kann.

# 4 Allgemeines

Bauliche Maßnahmen sind bereits bei der Planung und Ausschreibung zu berücksichtigen. Sie müssen rechtzeitig und sorgfältig geplant werden, um den Schutzerfolg zu sichern.

Grundsätzliche bauliche Maßnahmen sind in jedem Fall anzuwenden, auch dann, wenn sich dadurch die Zuordnung zu einer Gebrauchsklasse nach DIN 68800-1 nicht ändert.

Sofern festgestellt wird, dass für tragende Holzbauteile die Dauerhaftigkeit nicht mit den folgenden Maßnahmen dieser Norm gesichert werden kann, ist DIN 68800-3 ergänzend anzuwenden.

Wird durch bauliche Maßnahmen die Holzfeuchte eines Bauteils im Gebrauchszustand soweit verringert, dass es in eine niedrigere Gebrauchsklasse nach DIN 68800-1 fällt, so kann diese angenommen werden.

Durch die Anwendung von besonderen baulichen Maßnahmen nach Abschnitt 6 bis Abschnitt 9 können Bauteile der Gebrauchsklasse GK 0 zugeordnet werden, sofern die grundsätzlichen baulichen Maßnahmen nach Abschnitt 5 alleine nicht die Zuordnung zur Gebrauchsklasse GK 0 erlauben.

Grundsätzliche bauliche Maßnahmen sind, unabhängig davon, ob ein Schutz mit Holzschutzmitteln vorliegt oder nicht, eine wesentliche Voraussetzung für die Beständigkeit einer Holzkonstruktion. Abgesehen von den Holz zerstörenden Pilzen sind Bauteile aus mit Holzschutzmitteln behandelten oder entsprechend resistenten Hölzern bei einer Feuchteeinwirkung in gleicher Weise gefährdet wie solche aus nicht behandelten Hölzern und Holzwerkstoffen. Das gilt vor allem in Bezug auf

- feuchtebedingte Formänderungen, die bis zum Verlust der Gebrauchstauglichkeit führen können, da durch erhöhte Holzfeuchten und daraus entstehendes Quellen Zwangskräfte entstehen können,
- ständige Feuchteschwankungen mit großen Amplituden, die zu vermehrter Rissbildung führen können,
- eine Abminderung der Festigkeits- und Steifigkeitseigenschaften, die mit zunehmender Holzfeuchte erfolgt,
- die Durchfeuchtung von Wärmedämmstoffen und damit bedingte Abminderung von Wärmedämmeigenschaften.

Aus diesem Grund sind die grundsätzlichen baulichen Maßnahmen stets zu beachten, also nicht nur bei der Gebrauchsklasse GK 0, sondern auch bei den Gebrauchsklassen GK 1 bis GK 3.

In vielen Fällen reichen die grundsätzlichen baulichen Maßnahmen alleine für sich aus, um eine Holzkonstruktion in die Gebrauchsklasse GK 0 einzustufen. Andernfalls sind sie zum Erreichen dieses Zieles durch die besonderen baulichen Maßnahmen zu ergänzen.

In den Abschnitten 6 bis 9 sind Prinzipien dafür aufgeführt, wie durch besondere bauliche Maßnahmen die Zuordnung in die Gebrauchsklasse GK 0 erfolgen kann, wenn die grundsätzlichen baulichen Maßnahmen nach Abschnitt 5 alleine dafür nicht ausreichen.

Da die grundsätzlichen baulichen Maßnahmen stets zu beachten sind und die besonderen baulichen Maßnahmen den Maßnahmen mit Holzschutzmitteln vorzuziehen sind, wird eine ergänzende Behandlung mit Holzschutzmitteln entsprechend DIN 68800-3 nur in speziellen Fällen erforderlich, z. B. bei bestimmten Konstruktionen im Freien.

# 5 Grundsätzliche bauliche Maßnahmen

## 5.1 Feuchte während Transport, Lagerung, Montage und Einbau

### 5.1.1 Transport, Lagerung, Montage

Bei Transport, Lagerung und bei der Montage von Holz, Holzwerkstoffen und Holzbauteilen ist durch geeignete Maßnahmen sicherzustellen, dass sich der Feuchtegehalt durch nachteilige Einflüsse, z. B. aus Bodenfeuchte, Niederschlägen, angrenzenden Bauteilen sowie infolge Austrocknung, nicht unzuträglich verändert.

Im Vordergrund stehen Maßnahmen zur Vermeidung einer unzuträglichen Befeuchtung durch Niederschlagswasser. Dies kann z. B. durch eine rechtzeitige Abdeckung der Hölzer oder eine umfangreiche Vorfertigung von Bauelementen erreicht werden.

Bei Holzbauteilen mit größeren Querschnitten, z. B. Brettschichtholz, haben sich wasserabweisende und diffusionshemmende Anstriche mit begrenzter Wirkungsdauer sehr gut bewährt (Bild K.1).

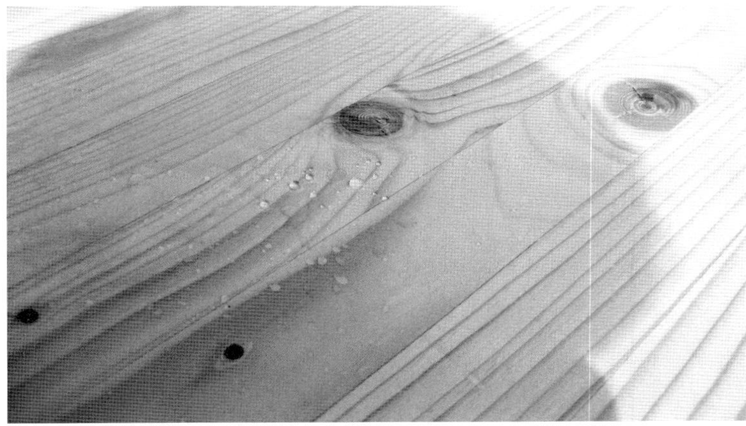

**Bild K.1:** Brettschichtholz mit wasserabweisendem und diffusionshemmendem Anstrich

Auch eine Ummantelung mit diffusionsoffenen Folien kann für einen ausreichenden Schutz vor Niederschlägen sorgen (Bild K.2).

**Bild K.2:** Ummantelung mit diffusionsoffenen Folien

Eine kurze Beregnung des Holzes, insbesondere von technisch getrocknetem Holz, wirkt sich in der Regel nicht negativ aus. Es kommt dabei nur zu einer kurzfristigen oberflächlichen Feuchteerhöhung, da der Feuchtetransport in das Innere von Querschnitten quer zur Faser bei den meisten Holzarten stark verzögert ist. Für eine rasche Wiederaustrocknung ist zu sorgen.

Insbesondere bei beidseitig geschlossenen Holztafel-, Dach- und Deckenelementen mit geringem Rücktrocknungspotenzial und bei längeren Baumaßnahmen hat sich die Abdeckung von Deckenbauteilen mit selbstklebenden Bauzeitabdichtungen (Bild K.3), vorgefertigte temporäre Dächer oder Gerüstdächer bewährt (Bild K.4 und Bild K.5).

**Bild K.3:** Schutz der Holzdecke mit selbstklebender Bauzeitabdichtung
Quelle: pro Klima

**Bild K.4:** Gerüstdach zur Regensicherung während der Baumaßnahme

**Bild K.5:** Vorgefertigte temporäre Dachelemente können insbesondere beim Errichten von mehrgeschossigen Bauten eine gute Lösung zur Regensicherung während der Montage darstellen.

Auch bei Lagerung und dem Verbauen des Holzes und der Holzwerkstoffe in Rohbauten mit hoher Baufeuchte sind Maßnahmen zu treffen, die einer Erhöhung der Holzfeuchte des eingelagerten Holzes und der Holzwerkstoffe entgegenwirken. Dies ist vor allem bei den Holzwerkstoffplatten erforderlich, die infolge ihrer Großflächigkeit starke Verformungen sowohl bei der Feuchteaufnahme als auch bei der späteren Feuchteabgabe aufweisen können. Außerdem kann bei den Holzwerkstoffplatten durch Feuchteaufnahme im Bereich von Plattenrändern, also dort, wo in der Regel mechanische Verbindungsmittel angebracht werden, die Gefügefestigkeit bzw. die Verbindungssteifigkeit und damit die Tragfähigkeit sowie die Verformungsneigung negativ beeinträchtigt werden. Eine Ummantelung mit diffusionsoffenen Folien hat sich auch hier als geeigneter Schutz bewährt.

Auch zu trocken eingebautes Holz kann durch anschließendes Angleichen auf die baulich bedingte höhere Ausgleichsfeuchte zu Bauschäden durch Zwangsbeanspruchungen infolge Quellens führen.

### 5.1.2 Einbau

**5.1.2.1** Die Einbaufeuchte der Hölzer darf in den Gebrauchsklassen GK 0, GK 1, GK 2, GK 3.1 nicht höher als 20 % liegen.

Da nach der vorherigen Fassung dieser Norm für bestimmte Konstruktionen eine Einbaufeuchte bis zu 35 % möglich war, mussten in der Vergangenheit speziellen Maßnahmen beachtet werden, um die Abgabe dieser Feuchte zu ermöglichen (außenseitige Anordnung von diffusionsoffenen Abdeckungen mit $s_d \leq 0{,}2$ m). Gemäß der aktuellen Fassung der Norm darf in den Gebrauchsklassen GK 0, 1, 2 und 3.1 die Einbaufeuchte maximal 20 % betragen. Dies begünstigt die Robustheit von Holzkonstruktionen erheblich. So ist es z. B. nicht mehr erforderlich, dass bei den neuen Konstruktionen eine starke Abgabe der Holzfeuchte nach dem Einbau berücksichtigt werden muss.

Zudem wird in DIN EN 1995-1-1:2010-12, Abschnitt 2.2.3 darauf hingewiesen, dass die Verformung einer Konstruktion infolge der Beanspruchungen und der Feuchte in angemessenen Grenzen bleiben muss, wobei mögliche Schäden an nachgeordneten Bauteilen, Decken, Fußböden, Trennwänden und Oberflächen, wie auch die Anforderungen hinsichtlich der Benutzbarkeit und des Erscheinungsbildes, zu berücksichtigen sind. Die allgemeinen Präzisionsanforderungen des modernen Holzbaus erfordern in nahezu allen Konstruktionen den Einbau von trockenem Holz. Damit ist nur noch in sehr untergeordneten Konstruktionen oder für Holz, welches planmäßig in einer Umgebung mit erhöhter Feuchte eingebaut wird (Nutzungsklasse 3), eine höhere Einbaufeuchte tolerierbar. Des Weiteren können Ausnahmen im Bereich des Bestandsbaus notwendig sein, beispielsweise wenn aus Gründen des Denkmalschutzes Bauteile in Eichenkernholz ersetzt werden sollen, die oft nicht trockener bezogen werden können. Die DIN 18334 Allgemeine Technische Vertragsbedingungen für Bauleistungen (ATV) Zimmer- und Holzbauarbeiten gibt hier für Dicken über 16 cm eine Einbaufeuchte von maximal 25 % vor. Auch hier muss sichergestellt werden, dass nachträgliches Schwinden die Gebrauchstauglichkeit der Bauteile nicht beeinträchtigt.

Eine Holzfeuchte unterhalb von 20 % kann sowohl durch eine längere Lufttrocknung als auch durch eine technische Holztrocknung erreicht werden. Kurzfristig ist eine Feuchte unterhalb von 20 % nur durch eine technische Holztrocknung zu erreichen. Die Verwendung von technisch getrocknetem Holz sollte aber bevorzugt werden, da dadurch auch eine Insektenresistenz des Holzes erreicht wird, siehe Kommentar zu Abschnitt 6.3.

**5.1.2.2** Holz und Holzwerkstoffe sind zur Vermeidung von unzuträglichem Quellen und Schwinden möglichst mit dem Feuchtegehalt einzubauen, der während der Nutzung zu erwarten ist. In Abhängigkeit vom Umgebungsklima sollte von folgenden Richtwerten der Feuchte (z. B. Messung nach DIN EN 13183-2) im eingebauten Zustand ausgegangen werden:

a) in Nutzungsklasse 1 nach DIN EN 1995-1-1: (5 bis 15) %;

b) in Nutzungsklasse 2 nach DIN EN 1995-1-1: (10 bis 20) %;

c) in Nutzungsklasse 3 nach DIN EN 1995-1-1: (12 bis 24) %.

Die Werte bei Holzwerkstoffen, außer mit Phenolharzen gebundenen, liegen um etwa 3 %-Punkte niedriger (siehe Tabelle 2).

Die aufgeführten Werte, die dem nationalen Anhang zur DIN 1995-1-1/NA entnommen werden können, zeigen die gesamte Feuchtespanne, die in der jeweiligen Nutzungsklasse vorkommen kann. Innerhalb einer Nutzungsklasse gibt es wiederum verschiedene Anwendungsbereiche, bei welchen die Holzfeuchte über das Jahr deutlich weniger streut. So ist z. B. innerhalb der Nutzungsklasse 1 in normal beheizten Räumen eine Holzfeuchte zwischen rund 8 % und 12 % und in unbeheizten Räumen eine Holzfeuchte zwischen rund 11 % und 15 % zu erwarten. In einer Bäckerei, ebenfalls Nutzungsklasse 1, ist eine Holzfeuchte um rund 7 % zu erwarten. Bei bestimmten beheizten Hallen bewegt sich die Holzfeuchte infolge der unter Dach herrschenden Klimabedingungen zwischen rund 6 % und 8 %.

Aus diesem Grund muss die Einbaufeuchte den zu erwartenden Klimabedingungen angepasst werden, um unzuträgliches Quellen und Schwinden zu vermeiden.

In den meisten Anwendungsbereichen der Nutzungsklasse 2 ist eine Holzfeuchte zwischen rund 13 % und 17 % zu erwarten.

Die für die Nutzungsklasse 3 angegebenen Werte hängen vom verwendeten Querschnitt und der Exposition der Bauteile ab. Bei diesen Werten wird davon ausgegangen, dass Niederschlagswasser schnell von der Oberfläche der Hölzer abgeführt wird. Ein Feuchteeintritt durch eine unsachgemäße Anwendung des Holzes im Freien, wie z. B. über ungünstig liegende Risse oder über die Hirnholzfläche, ist dabei nicht berücksichtigt. Unter diesen Voraussetzungen ist höchstens mit einer Holzfeuchte von 20 % bis 24 % zu rechnen. Bei dieser Feuchte ist die Gefahr eines Befalls durch Holz zerstörende Pilze nicht gegeben.

Die etwas niedrigeren Feuchtewerte bei Holzwerkstoffen hängen mit dem Herstellungsprozess und der verwendeten Klebstoffart zusammen. Nur bei phenolharzverklebten Holzwerkstoffen ist eine Feuchte wie beim Vollholz zu erwarten, da Phenolharzklebstoffe in der Regel etwas hygroskopischer als andere verwendete Klebstoffe sind.

Im Hinblick auf einen regelkonformen vorbeugender baulichen Holzschutz ist die Einhaltung der erforderlichen Einbaufeuchte von großer Bedeutung. Für die diesbezügliche Kontrolle werden in der Regel elektrische Feuchtemessgeräte eingesetzt. In diesem Zusammenhang ist zu beachten, dass die Holzfeuchte entsprechend DIN EN 13183-2:2002-7 in einer Tiefe von 1/3 der Dicke, maximal in einer Tiefe von 4 cm, zu messen ist, da die Messung nur im Bereich der äußeren Schichten, vor allem bei dickeren Hölzern, keine ausreichenden Informationen über die Holzfeuchte über den ganzen Holzquerschnitt liefert.

**5.1.2.3** Andere Bau- und Dämmstoffe innerhalb des Bauteilquerschnittes sind so einzubauen, dass sie nicht zu einer unzuträglichen Feuchteerhöhung der angrenzenden Hölzer oder Holzwerkstoffe führen.

Dies gilt z. B. für die Zellulosedämmstoffe, die trocken in die geschlossenen Gefache der Bauelemente eingeblasen werden müssen. Ferner ist damit auch verbunden, dass alle weiteren in einem Bauteil verwendeten Baustoffe materialgerecht transportiert und gelagert werden, sodass eine unzuträgliche Auffeuchtung vermieden wird.

**5.1.2.4** Während der Bauphase sind Holzwerkstoffe vor Niederschlägen zu schützen. Ausgenommen sind Holzwerkstoffplatten, die als überlappende oder verfalzte, nicht tragende Bekleidung eingesetzt werden und deren Eignung für eine befristete Freibewitterung nachgewiesen wurde.

Hinsichtlich des Schutzes von Holzwerkstoffen während der Bauphase gelten die gleichen Maßnahmen wie in Abschnitt 5.1.1.

Auf diese kann nur bei speziellen überlappenden oder verfalzten nicht tragenden Holzwerkstoffen verzichtet werden, wie z. B. bei speziellen Holzfaser-Unterdeckplatten, bei welchen die Eignung für eine befristete Freibewitterung nachgewiesen wurde. Durch Überlappung oder Verfalzung wird ein Wasserdurchgang zwischen Platten verhindert.

**5.1.2.5** Eine unzuträgliche Feuchteerhöhung von Bauteilen mit Holz und Holzwerkstoffen als Folge hoher Baufeuchte (direkte Feuchteeinwirkung oder indirekte aus hoher relativer Luftfeuchte) ist zu verhindern. Dies gilt insbesondere bei erhöhten Diffusions- und Konvektionsvorgängen. Daher sind Räume mit hoher Baufeuchte und daraus resultierender hoher Raumluftfeuchte solange intensiv zu lüften, erforderlichenfalls zu beheizen oder technisch zu trocknen, bis die höhere Baufeuchte abgeklungen ist.

In Räumen mit sehr hoher relativer Luftfeuchte besteht neben der Gefahr einer Erhöhung der Feuchte von Holz und Holzwerkstoffen durch Anpassung an die Gleichgewichtsfeuchte vor allem die Gefahr der Bildung von großen Tauwassermengen an der raumseitigen Oberfläche von Außenbauteilen infolge einer Taupunkttemperaturunterschreitung während der kalten Jahreszeit. Diese Feuchtebedingungen können in Abhängigkeit von der Art des Untergrundes (Substratbedingungen) nach einer sehr kurzen Zeit zu einem Schimmelpilzbefall führen, der sich durch Bildung von sichtbaren Pilzteilen unterschiedlicher Farbe bemerkbar macht.

Bekannt sind beispielsweise Fälle, bei denen sich nach der Verlegung eines Zementestrichs im Bereich der raumseitigen Oberfläche von Außenbauteilen Schimmelpilze bildeten, sofern die Räume nicht ausreichend belüftet wurden oder eine ausreichende Dämmung der Bauteile noch nicht vorlag. Hier hat in vielen Fällen eine relative Luftfeuchte von ≥ 80 % für die Schimmelpilzbildung ausgereicht.

Bei Unterdeckplatten und Sparren in nicht ausgebauten Dachräumen kann unter den erwähnten Bedingungen ein Schimmelpilzbefall verhindert werden, wenn die Bodenluke zum Dachraum während der Bauphase luftdicht, z. B. mit einer PE-Folie, geschlossen wird. Dies gilt auch für die Zeit nach der Fertigstellung eines Gebäudes, wenn über längere Zeit mit niedrigen Außentemperaturen zu rechnen ist.

Bei Flachdächern die raumseitig mit einer feuchtevariablen Bahn versehen sind, ist das Feuchtemanagement während der Bauphase bereits bei der Planung zu berücksichtigen, da die feuchtevariablen Bahnen bei anhaltend hoher Luftfeuchtigkeit diffusionsoffen sind und somit Feuchtigkeit aus Putzen und Estrichen mit hohem Wasseranteil ungewollt in das Bauteil diffundieren kann.

Grundsätzlich sollten die erwähnten Räume während der Bauphase und unmittelbar danach intensiv gelüftet werden. Wenn diese Maßnahme nicht ausreichen sollte, ist durch Anwendung von geeigneten Trocknungsgeräten zur Entfeuchtung der Raumluft Abhilfe zu schaffen.

Wenn es in der Bauphase dennoch zu einer Auffeuchtung des Holzes gekommen ist, sollte durch Feuchtemessungen und eine gesteuerte Bautrocknung oder -aufheizung für eine baldige Austrocknung gesorgt werden. Hierbei ist auf eine moderate Trocknungsgeschwindigkeit zu achten, um Rissbildung so weit wie möglich zu vermeiden. Dies gilt vor allem für Holzbauteile mit größeren Querschnitten.

**5.1.2.6** Wird Holz in den Nutzungsklassen 1 und 2 nach DIN EN 1995-1-1 während der Bauphase auf eine Holzfeuchte $u > 20$ % aufgefeuchtet, muss nachgewiesen werden, dass die Holzfeuchte $u \leq 20$ % innerhalb einer Zeitspanne von höchstens 3 Monaten ohne Beeinträchtigung der gesamten Konstruktion erreicht wird.

Grundsätzlich sollte eine Auffeuchtung des Holzes auf eine Feuchte von $u > 20$ % auch während der Bauphase vermieden werden. Eine Auffeuchtung des Holzes durch einen einmaligen Regenguss oder minutenlange Beregnung wirkt sich in der Regel nicht negativ aus, da dabei die Feuchte nur im Bereich der Holzoberfläche aufgenommen und anschließend schnell an die umgebende Luft abgegeben wird.

Eine Auffeuchtung des Holzes auch in tieferen Bereichen auf eine Feuchte $u > 20$ % ist nur dann möglich, wenn das Holz längere Zeit Niederschlägen oder Innenraumfeuchten in Rohbauten von über 80 % ausgesetzt ist. Eine solche Auffeuchtung sollte nur in Ausnahmefällen toleriert werden, unter der Bedingung, dass eine Holzfeuchte von $u < 20$ % spätestens nach drei Monaten ohne Beeinträchtigung der gesamten Holzkonstruktion erreicht wird. Bei bestimmten verklebten Holzbauteilen, wie z. B. Brettschichtholz und Balkenschichtholz, sollte eine solche Auffeuchtung in jedem Fall so weit wie möglich begrenzt werden, da eine anschließende relativ schnelle Trocknung dieser Holzbauteile zu Rissen, die auch die Tragfähigkeit herabsetzen können, führen kann (siehe hierzu auch Erläuterungen zu Abschnitt 5.1.2.5).

## 5.2 Feuchte im Gebrauchszustand

### 5.2.1 Niederschläge

#### 5.2.1.1 Allgemeines

Niederschläge sind vom Holz und den Anschlussbereichen durch einen dauerhaft wirksamen Wetterschutz fernzuhalten oder sie sind so schnell abzuleiten, dass keine unzuträgliche Veränderung des Feuchtegehaltes eintritt. Bei Anschlüssen und Stößen ist darauf zu achten, dass auch im Bereich der Verbindungsmittel eine Anreicherung von Wasser im Holz ausgeschlossen ist.

Niederschlägen ausgesetzte Holzwerkstoffe sind mit einem dauerhaft wirksamen Wetterschutz zu versehen. Ausnahmen bilden hinterlüftete Fassadenbekleidungen, z. B. aus Furnierschichtholz, Sperrholz, Massivholzplatten oder zementgebundenen Spanplatten als Fassadenplatten, bei Erfüllung der Kriterien für tragende Bauteile nur mit bauaufsichtlichem Verwendbarkeitsnachweis für den vorgesehenen Verwendungszweck. Bei Außenbauteilen ist auch im Bereich von Anschlüssen an andere Bauteile (z. B. Fenster und Außentüren, Durchdringungen wie Schornsteine und Entlüftungsrohre) ein dauerhaft wirksamer Wetterschutz sicherzustellen.

Unter einem dauerhaft wirksamen Wetterschutz sind beispielweise hinterlüftete klein- und großformatige Fassadenbekleidungen entsprechend der einschlägigen Normen und Fachregeln (z. B. nach DIN 18516-1), Mauerwerk-Vorsatzschalen unter Beachtung bestimmter Ausführungsregeln oder Wärmedämm-Verbundsysteme mit bauaufsichtlichem Verwendbarkeitsnachweis für die Anwendung auf Holzbauteilen zu verstehen. Ebenso gehören Dachdeckungen entsprechend der einschlägigen Normen und Fachregeln oder Abdichtungen im Sinne der Normenreihe DIN 18531 zu den Maßnahmen, die einen ausreichend wirksamen Wetterschutz gewährleisten.

Zur Sicherheit der langfristigen Funktionstüchtigkeit sollte, sofern es im Rahmen bestimmter Anwendungen nicht ausdrücklich ausgeschlossen ist, immer eine zweite wasserführende Ebene als zusätzliche Sicherheit eingebaut werden. Alle wesentlichen bekannten Bauwerksschäden bei Holzbauwerken sind neben zu hoher Baufeuchte und seltenen Feuchteeinträgen durch Konvektion vorwiegend auf Feuchteeinträge durch Schlagregenbeanspruchung zurückzuführen. Es ist besonders darauf zu achten, dass diese zweite wasserführende Ebene gerade in den Bereichen von Bauwerksanschlüssen, z. B. bei den unteren Fensterecken unterhalb der Fensterbleche, durchgängig zu führen ist. Dies ist eine wesentliche Voraussetzung für einen dauerhaft robusten Holzbau.

Bis zur Fassung von 2012 dieser Norm mussten die Niederschlägen ausgesetzten Holzbauteile ohne Ausnahme der Gefährdungsklasse GK 3 (ab 2012 Gebrauchsklasse GK 3.1 bzw. GK 3.2) zugeordnet werden. Sofern keine natürlich dauerhaften Holzarten eingesetzt wurden, mussten derartige Holzbauteile mit einem Holzschutzmittel behandelt werden, auch dann, wenn die Niederschläge von der Holzoberfläche schnell abgeleitet und im Bereich der Anschlüsse und Stöße sowie der Verbindungsmittel und des Hirnholzes eine Anreicherung von Wasser ausgeschlossen werden konnten. Mit der Fassung 2012 der Holzschutznorm konnte dies insoweit korrigiert werden, als unter diesen Bedingungen einige Holzbauteile aus technisch getrocknetem Holz bis zu einem bestimmten Querschnitt der Gebrauchsklasse GK 0 zugeordnet werden können (siehe 6.2.2 der Norm).

Im Gebrauchszustand dürfen Holzwerkstoffe keinen Niederschlägen ausgesetzt sein. Aus diesem Grund sind sie mit einem dauerhaft wirksamen Wetterschutz zu versehen. Ausgenommen davon sind hinterlüftete Fassadenbekleidungen aus für diese Anwendung geeigneten Holzwerkstoffen. Da diese Holzwerkstoffe in der Regel Wind senkrecht zur Fassade aufnehmen müssen und dadurch als tragend zu betrachten sind, muss die Möglichkeit dieser Anwendung in den meisten Fällen mit einem bauaufsichtlichen Verwendbarkeitsnachweis nachgewiesen sein.

Falls kein bauaufsichtlicher Verwendbarkeitsnachweis erforderlich ist, sind handwerkliche Fachregeln für die Ausführung von Fassaden und Anwendungsregeln der Hersteller unbedingt zu beachten. In diesen müssen alle erforderlichen Details, z. B. Art und Anordnung der Befestigungsmittel, Fugenausbildung und erforderlichenfalls Beschichtung der Oberfläche und der Kanten, aufgeführt werden.

#### 5.2.1.2 Wände

Ein dauerhaft wirksamer Wetterschutz ist bei folgenden Konstruktionen gegeben:

a) hinterlüftete Außenwandbekleidung auf lotrechter Lattung oder auf waagerechter Lattung mit Konterlattung;

Außenwandbekleidungen gelten im Sinne dieser Norm als ausreichend hinterlüftet, wenn die Bekleidungen mit einem Abstand von mindestens 20 mm von der Außenwand bzw. Dämmstoffschicht angeordnet werden. Der Abstand darf örtlich bis auf 5 mm reduziert werden. Es sind Be- und Entlüftungsöffnungen mit Querschnittsflächen von jeweils mindestens 50 cm² je 1 m Wandlänge vorzusehen;

Der unter Abschnitt 5.2.1.2 beschriebene Wetterschutz hat sich über viele Jahrzehnte bewährt. Bild K.6 zeigt ein Beispiel für die Ausführung.

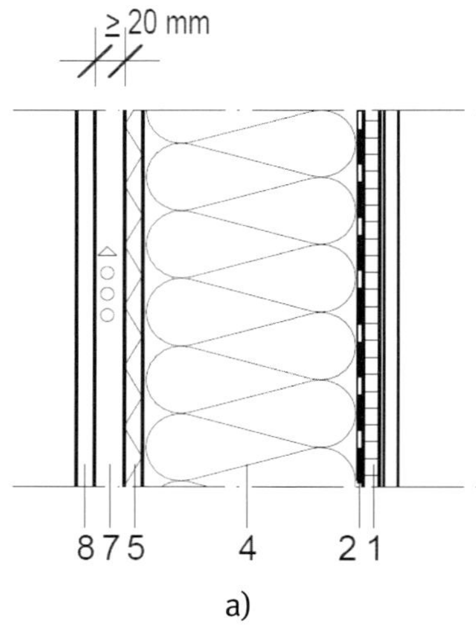


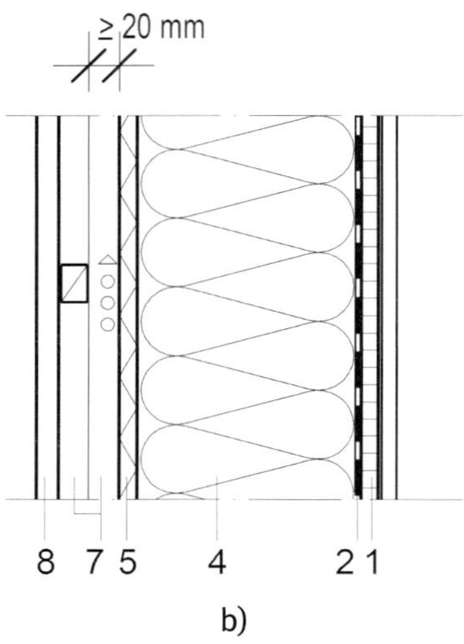


**Legende**

1 ein- oder mehrlagige raumseitige Bekleidung oder Beplankung
2 Schicht zur Begrenzung des Diffusionsstroms
4 Dämmstoff, hier z. B. Mineralfaser
5 äußere Bekleidung, hier z. B. Holzfaserdämmplatte
7 Hohlraum bzw. Unterkonstruktion
8 dauerhaft wirksamer Wetterschutz, z. B. beschichtete Zementfaserplatten

**Bild K.6:** Außenwand mit hinterlüfteter Außenwandbekleidung, Beispiele
a) Hinterlüftung ohne Querlattung
b) Hinterlüftung mit Querlattung

b) belüftete Außenwandbekleidung auf lotrechter Lattung oder auf waagerechter Lattung mit Konterlattung;

Außenwandbekleidungen gelten im Sinne dieser Norm als ausreichend belüftet, wenn die Bekleidungen mit einem Abstand von mindestens 20 mm von der Außenwand bzw. Dämmstoffschicht angeordnet werden. Die Belüftungsöffnungen sind unten anzuordnen. Sie müssen Querschnittsflächen von mindestens 100 cm² je 1 m Wandlänge aufweisen;

Die unter b) geregelte Variante berücksichtigt ausschließlich Belüftungsöffnungen im unteren Bereich. In der Praxis konnte nachgewiesen werden, dass unter den dargestellten Bedingungen von einer ausreichenden Luftbewegung in dem Raum hinter der Außenbekleidung infolge von

Winddruck und Beanspruchungen zur Vermeidung von Tauwasserbildung ausgegangen werden kann. Zudem ist eine der wesentlichen Funktionen des Luftraums zwischen Fassadenbekleidung und Wandaußenbeplankung die Herstellung einer Drainageschicht, um unplanmäßig eingedrungenes Wasser sicher ableiten zu können. Diese Funktion wird auch von belüfteten Bekleidungen uneingeschränkt gewährleistet. Belüftete Bekleidungen werden insbesondere bei mehrgeschossigen Holzfassaden aus Brandschutzgründen (Begrenzung der Brandausbreitung durch Vermeidung des Kamineffekts) eingesetzt.

Bild K.7 zeigt ein Beispiel für die Ausführung.

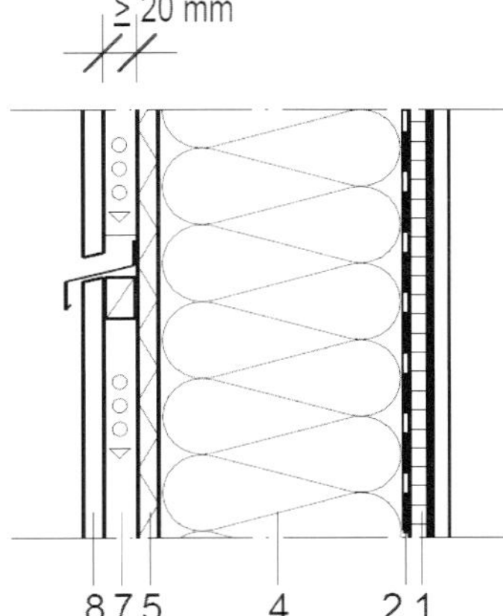


**Legende**

1 ein- oder mehrlagige raumseitige Bekleidung oder Beplankung

2 Schicht zur Begrenzung des Diffusionsstroms

4 Dämmstoff, hier z. B. Mineralfaser

5 äußere Bekleidung, hier z. B. Holzfaserdämmplatte

7 Hohlraum

8 dauerhaft wirksamer Wetterschutz, z. B. beschichtete Zementfaserplatten

**Bild K.7:** Außenwand mit belüfteter Außenwandbekleidung, Beispiel

c) kleinformatige Außenwandbekleidungen, z. B. Bretter, Schindeln, Schiefer auf waagerechter oder senkrechter Lattung mit dahinter liegender Wasser ableitender Schicht (z. B. Unterdeckplatten, Unterdeckbahnen), Hohlraum ($d \geq 20$ mm) zwischen Wand und Bekleidung nicht belüftet;

Kleinformatige Außenwandbekleidungen nach c) ermöglichen durch die naturgemäß hohe Anzahl an meist überlappenden Bauteilfügungen einen regen Luftaustausch hinter der Außenbekleidung, sodass die Bildung von Tauwasser in diesem Bereich nicht zu erwarten ist. Für den Fall, dass durch einige Fugen Niederschlagswasser in den Zwischenraum eindringt, sorgt die vorgeschriebene wasserableitende Schicht für eine schadensfreie Wasserabführung. Zu den bewährten Ausführungen dieser Wetterschutzvariante zählen Boden-Deckelschalungen, Stülpschalungen, aber auch Lösungen mit Profilbrettschalungen. Genaue Ausführungsregeln für diese Wetterschutzart können den Fachregeln des Zimmererhandwerks 01 – „Außenwandbekleidungen aus Holz“ entnommen werden.

Bild K.8 zeigt ein Beispiel für die Ausführung.

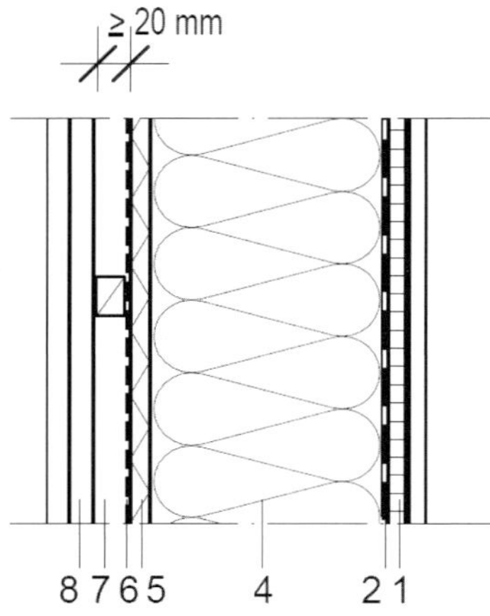


**Legende**

1 ein- oder mehrlagige raumseitige Bekleidung oder Beplankung
2 Schicht zur Begrenzung des Diffusionsstroms
4 Dämmstoff, hier z. B. Mineralfaser
5 äußere Bekleidung, hier z. B. Holzfaserdämmplatte
6 wasserableitende Schicht
7 Hohlraum
8 dauerhaft wirksamer Wetterschutz, hier Boden-Deckel-Brettschalung

**Bild K.8:** Außenwand mit kleinformatiger Außenwandbekleidung, Beispiel mit Boden-Deckel-Brettschalung

d) verdeckt auf Holzständern befestigte Blockbohlenbekleidungen mit mindestens 50 mm Profildicke, Tropfkante und mindestens doppelter Nut-Feder oder gleichwertiger Verbindung, auf Bekleidung oder Beplankung mit diffusionsoffener, Wasser ableitender Schicht, entweder direkt aufliegend oder mit Lattung und nicht belüftetem Hohlraum ausgeführt. Längsstöße von Blockbohlen und Eckausbildungen sind formschlüssig und unter Vermeidung durchgehender Fugen von außen nach innen herzustellen;

Ausschlaggebend bei der Variante d) ist die sichere Vermeidung von durchgehenden Fugen sowohl im Bereich der Längsstöße von Blockbohlen als auch im Bereich von Ecken, sodass das Niederschlagswasser nach Innen nicht eindringen kann. Die profilierte Tropfkante und die doppelte Nut-Feder-Verbindung zwischen den Bohlen dienen demselben Zweck. Bild K.9 zeigt ein Beispiel für die Ausführung.

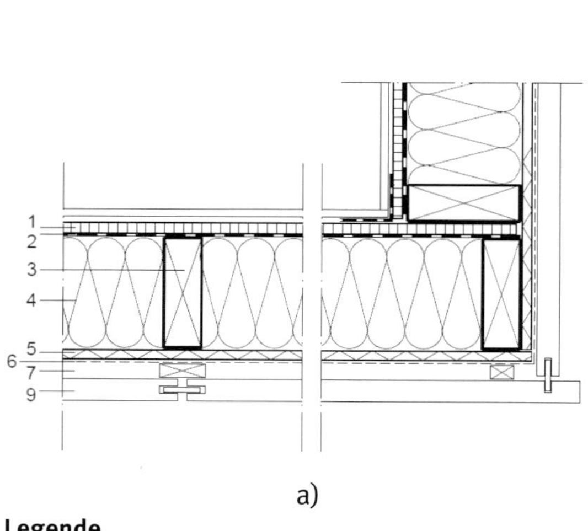


a)

b)

**Legende**

1 ein- oder mehrlagige Bekleidung oder Beplankung
2 Schicht zur Begrenzung des Diffusionsstroms
3 trockenes Holzprodukt
4 Dämmstoff, hier z. B. Mineralfaser
5 äußere Bekleidung, hier z. B. Holzfaserdämmplatte
6 wasserableitende Schicht
7 Hohlraum
9 Blockbohlenbekleidung

**Bild K.9:** Außenwand mit verdeckt auf Holzständern befestigter Blockbohlenbekleidung, Beispiele a) Bekleidung auf Lattung und nicht belüftetem Hohlraum (waagerechter Schnitt) b) Direkt aufliegende Bekleidung (vertikaler Schnitt)

e) Außenwandbekleidung mit offenen, lichtdurchlässigen Fugen auf senkrechter Lattung mit dahinterliegender, dauerhaft wirksamer, Wasser ableitender und UV-beständiger Schicht. Die ausreichende UV-Beständigkeit von Bahnen ist nach DIN EN 13859-2:2010-11, 4.3.9 nachzuweisen. Diese Bahnen müssen einen Widerstand gegen Wasserdurchgang der Klasse W 1 aufweisen;

In der Praxis hat sich die Variante e) bei vielen Objekten gut bewährt. Die hier unbedingt erforderliche, dauerhaft wirksame, wasserableitende Schicht muss auch UV-beständig sein, da sie der direkten Sonneneinstrahlung ausgesetzt ist. Diese wichtige Eigenschaft muss nach der Musterverwaltungsvorschrift technische Baubestimmungen (MVV TB) gemäß DIN EN 13859-2 nachgewiesen sein und darüber hinaus einen Wasserdurchgangswiderstand der Klasse W1 haben, um durch die Fugen dringendes Wasser dauerhaft von der dahinterliegenden Holzkonstruktion fernzuhalten.

Bild K.10 zeigt ein Beispiel für die Ausführung.

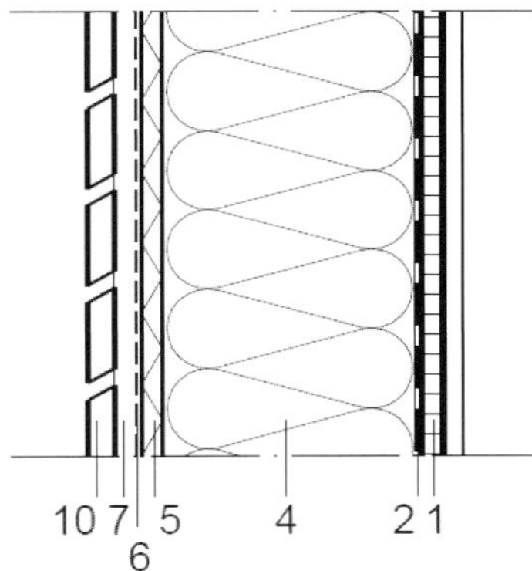


**Legende**

1 ein- oder mehrlagige Bekleidung oder Beplankung
2 Schicht zur Begrenzung des Diffusionsstroms
4 Dämmstoff, hier z. B. Mineralfaser
5 äußere Bekleidung, hier z. B. Holzfaserdämmplatte
6 Wasser ableitende Schicht
7 Hohlraum
10 offene Außenwandbekleidung, hier profilierte Bretter

In den letzten Jahren wurden vermehrt Fassaden mit offenen senkrechten Fugen gewünscht. Grundsätzlich fallen diese auch unter diese Ausführungsvariante, sofern die Unterkonstruktion zweilagig ausgeführt wird. Dabei ist aber besonderes Augenmerk auf die genaue Holzschutzplanung der Unterkonstruktion zu legen, da Niederschläge die Unterkonstruktion direkt bewittern und sich Wasserfallen zwischen Bekleidungsbrettern und der Traglattung oder zwischen Traglattung und Grundlattung bilden können. Praktische Langzeiterfahrungen zu dieser speziellen Ausführungsvariante liegen noch nicht vor. Empfohlen werden geschlossene Ausführungen die in Art einer Boden-Deckelschalung ausgeführt werden, aber durch geringen Abstand der Deckbretter und dunkle Ausführung der Bodenbretter optisch einer offenen Ausführung entsprechen. Der gleiche Effekt wird auch durch geschlossene Profile verschiedener Hersteller herbeigeführt. Diese Ausführungen fallen dann unter Wetterschutz der Ausführung c) der Norm.

**Bild K.10:** Außenwand mit offener Außenwandbekleidung auf senkrechter Lattung, Beispiel

f) Wärmedämm-Verbundsystem oder Putzträgerplatten, deren Verwendbarkeit für diesen Anwendungsfall durch einen bauaufsichtlichen Verwendbarkeitsnachweis nachgewiesen sind;

In dem bauaufsichtlichen Verwendbarkeitsnachweis sind auch die erlaubten Untergründe aufgeführt, z. B. organisch gebundene Holzwerkstoffplatten nach DIN EN 13986:2015-06 und DIN 20000-1 (Spanplatten nach DIN EN 312 – Typ P5 oder P7, Sperrholzplatten nach DIN EN 636 – Typ EN 636-2 oder DIN EN 636-3, Holzfaserplatten nach DIN EN 622-2 – Typ HB.HLA1 oder HB.HLA2 bzw. DIN EN 622-3 – Typ MBH.HLS1 oder MBH.HLS2 oder geschliffene OSB-Platten nach DIN EN 300 – Typ OSB/3 oder OSB/4) und Gipsfaserplatten nach einem bauaufsichtlichen Verwendbarkeitsnachweis. Bei den meisten Wärmedämm-Verbundsystemen mit Holzfaserplatten darf das Wärmedämm-Verbundsystem auch direkt auf die tragende Holzkonstruktion aufgebracht werden. Bild K.11 zeigt Beispiele für die Ausführung.

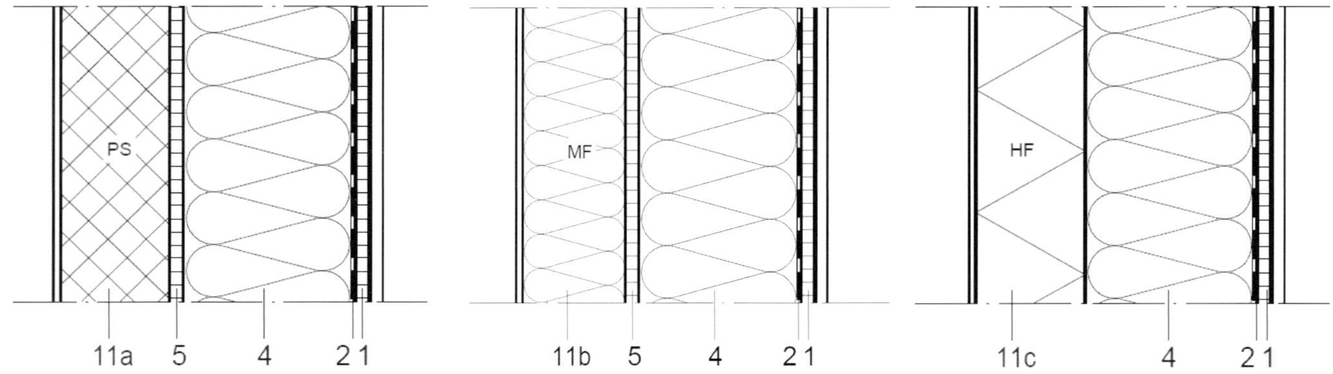


**Legende**

1 ein- oder mehrlagige raumseitige Bekleidung oder Beplankung
2 Schicht zur Begrenzung des Diffusionsstroms
4 Dämmstoff, hier z. B. Mineralfaser
5 äußere Bekleidung oder Beplankung, hier z. B. OSB 3-Platte
11a Wärmedämm-Verbundsystem mit Hartschaumplatten
11b Wärmedämm-Verbundsystem mit Mineralfaserlamellen
11c Wärmedämm-Verbundsystem mit Holzfaserplatten

**Bild K.11:** Außenwände mit dem Wärmedämm-Verbundsystem, Beispiele

g) Holzwolleplatten nach DIN EN 13168 mit dahinter angeordneter Wasser ableitender Schicht ($s_d \leq 0{,}3$ m) und Wasser abweisendem Außenputz nach DIN 18550-1;

Bild K.12 zeigt ein Beispiel für die Ausführung.

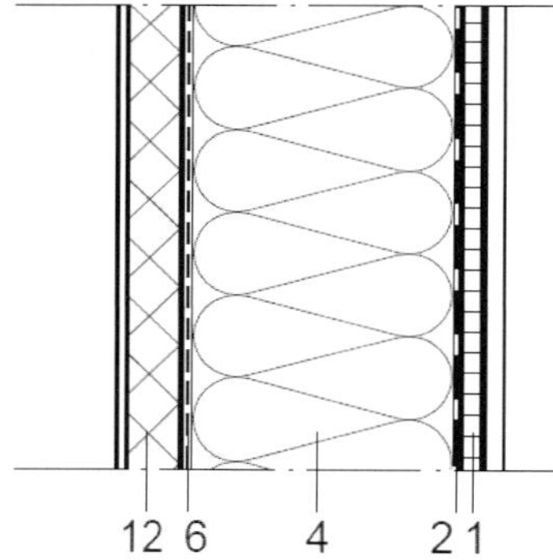


**Legende**

1 ein- oder mehrlagige Bekleidung oder Beplankung
2 Schicht zur Begrenzung des Diffusionsstroms
4 Dämmstoff, hier z. B. Mineralfaser
6 wasserableitende Schicht
12 Holzwolleplatte mit Außenputz

**Bild K.12:** Außenwand mit verputzter Holzwolleplatte, Beispiel

h) Mauerwerk-Vorsatzschale mit mindestens 40 mm dicker Luftschicht. Lüftungs- und Entwässerungsöffnungen mit ca. 75 $cm^2$ Öffnungsfläche auf 20 $m^2$ Wandfläche einschließlich Türen und Fenster. Auf der äußeren Wandbekleidung oder -beplankung bzw. auf der Massivholzwand

- Wasser ableitende Schicht $s_d > 0{,}3$ m bis 1,0 m; oder
- Hartschaumplatten nach DIN EN 13163, Mindestdicke 30 mm; oder

- mineralischer Faserdämmstoff nach DIN EN 13162, Mindestdicke 40 mm, mit außen liegender Wasser ableitender Schicht mit $s_d \leq 0{,}3$ m; oder
- Dämmstoff, dessen Verwendbarkeit für diesen Anwendungsfall durch einen bauaufsichtlichen Verwendbarkeitsnachweis nachgewiesen ist.

Wie die Praxis und viele Laborversuche gezeigt haben, muss bei der Variante h) damit gerechnet werden, dass das Regenwasser durch die Undichtheiten in der Mauerwerk-Vorsatzschale nach innen eindringen kann. Aus diesem Grund muss auf den äußeren Wandbekleidungen oder -beplankungen bzw. auf der Massivholzwand eine wasserableitende Schicht mit einem $s_d$-Wert zwischen 0,3 m und 1,0 m angebracht werden.

Gegenüber der vorigen Normenfassung wurden die Größe der Lüftungs- und Entwässerungsöffnungen explizit genannt, da die Angaben in den einschlägigen Mauerwerksnormen nicht mehr enthalten sind. Zweischaliges Mauerwerk mit dahinterliegender Luftschicht entspricht im Mauerwerksbau nicht mehr der üblichen Ausführung, da hier mittlerweile Konstruktionen mit Kerndämmung bevorzugt werden. Für den Schutz einer dahinterliegenden Holzkonstruktion sind die Luftschicht als auch die Lüftungs- und Entwässerungsöffnungen aus den oben beschriebenen Gründen aber wesentlich. Bei äußeren Hartschaumplatten ist keine wasserableitende Schicht erforderlich, da diese kein tropfbares Wasser aufnehmen können und damit wie eine wasserableitende Schicht wirken.

Bild K.13 zeigt Beispiele für die Ausführung.

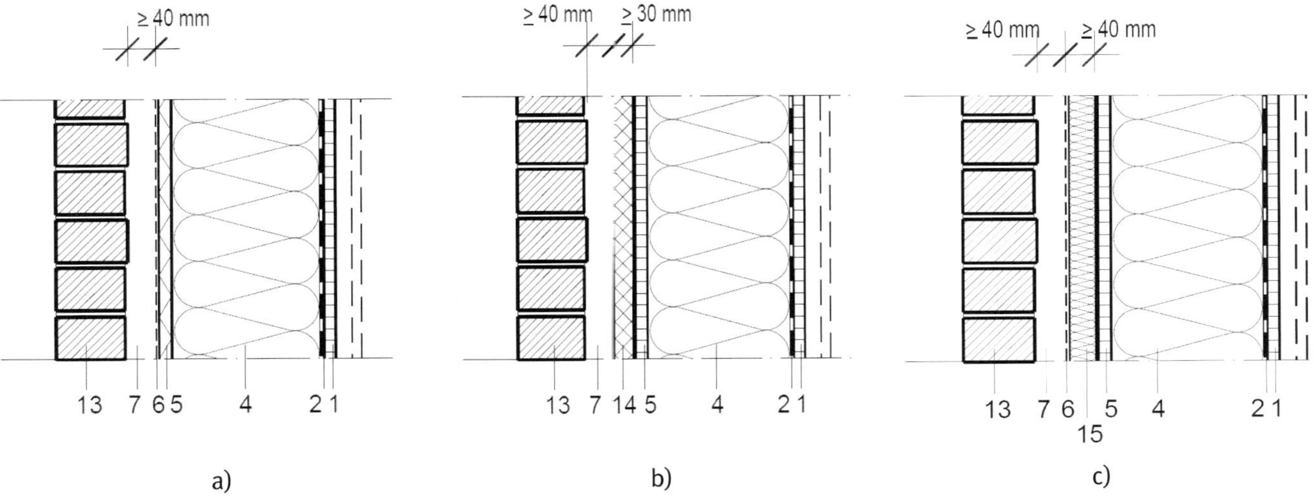


**Legende**

1 ein- oder mehrlagige Bekleidung oder Beplankung
2 Schicht zur Begrenzung des Diffusionsstroms
4 Dämmstoff, hier z. B. Mineralfaser
5 äußere Bekleidung, hier z. B. Holzfaserdämmplatte bzw. Holzwerkstoffplatte
6 wasserableitende Schicht
7 Hohlraum
13 Mauerwerk-Vorsatzschale
14 Hartschaum
15 Mineralfaserdämmstoff

**Bild K.13:** Außenwand mit Mauerwerk-Vorsatzschale, Beispiele
a) mit wasserableitender Schicht auf äußerer Beplankung
b) mit Hartschaumplatte auf äußerer Beplankung
c) mit mineralischem Faserdämmstoff und wasserableitender Schicht auf äußerer Beplankung

Allgemeiner Hinweis zur Schicht zur Begrenzung des Diffusionsstroms: Die Schicht ist in den oben angeführten Konstruktionen als eigenständige Schicht aufgeführt, um die Funktionalität darzustellen.

Nach DIN 4108-3 wurde der früher verwendete Begriff der Dampfbremsschicht hinsichtlich des $s_d$-Wertes differenzierter beschrieben. Diese Schichten werden in Abhängigkeit von ihrem $s_d$-Wert wie folgt bezeichnet:

- diffusionsoffene Schicht $s_d$ Wert $\leq$ 0,5 m
- diffusionsbremsende Schicht 0,5 m $< s_d$ Wert $\leq$ 10 m
- diffusionshemmende Schicht 10 m $< s_d$ Wert $\leq$ 100 m
- diffusionssperrende Schicht 100 m $< s_d$ Wert $\leq$ 1500 m
- diffusionsdichte Schicht $s_d$ Wert $>$ 1500 m

Die Schicht zur Begrenzung des Diffusionsstroms wird im Regelfall auch als die luftdichte Ebene ausgebildet. Es ist jedoch möglich und als Stand der Technik anzusehen, dass die Funktion der luftdichten Schicht zur Begrenzung des Diffusionsstroms von innenliegenden mittragenden Beplankungen, z. B. OSB-Platten, übernommen wird, sofern diese über luftdichte Stöße und Bauteilanschlüsse verfügen (z. B. durch Abkleben) – siehe dazu auch den Kommentar zu 5.2.4.

i) Außenwandbekleidungen bei Skelettkonstruktionen, z. B. Wellfaserzementplatten, Trapezbleche, Sandwichelemente.

Bei der Variante i) ist auf verschiedene Möglichkeiten eines dauerhaft wirksamen Wetterschutzes bei Holz-Skelettkonstruktionen hingewiesen worden, die sich in der Praxis seit Jahren bewährt haben, z. B. beim Hallenbau. Da in der Norm keine Details hinsichtlich der Ausführung aufgeführt sind, müssen diesbezüglich besondere Eignungsnachweise und Datenblätter der Systemhersteller beachtet werden. Bild K.14 zeigt Beispiele für die Ausführung.

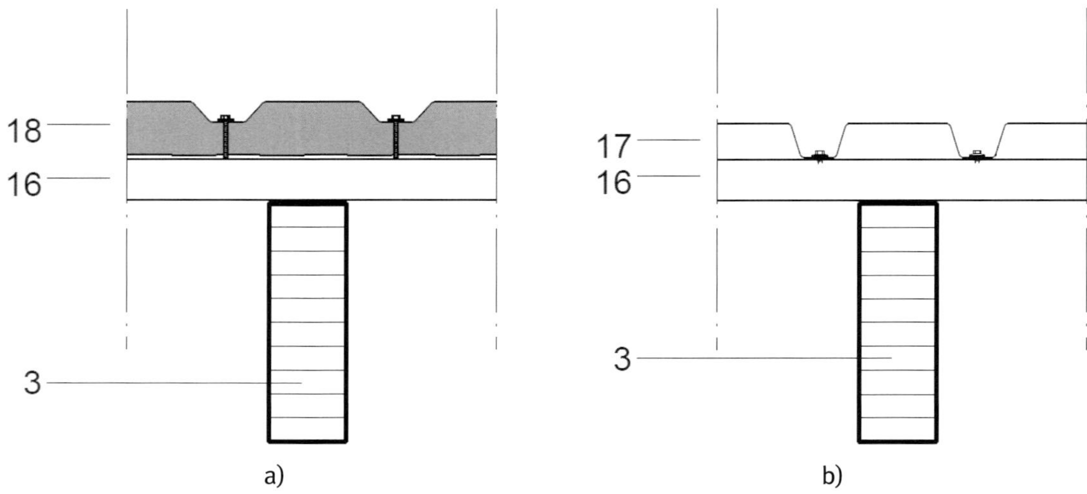


**Legende**

3 trockenes Holzprodukt, hier z. B. Brettschichtholz

16 Unterkonstruktion

17 Trapezblech

18 Sandwichelement

**Bild K.14:** Außenwandverkleidungen bei Skelettkonstruktionen, Beispiele

### 5.2.1.3 Sockelausbildungen

Bei Wänden mit einem dauerhaft wirksamen Wetterschutz nach 5.2.1.2 sind Sockelausbildungen mit folgenden Abständen zwischen Unterkante Holz und Oberkante Gelände ohne weiteren Nachweis zulässig:

- $\geq$ 30 cm; oder
- $\geq$ 15 cm, wenn zusätzlich ein Kiesbett (Korngröße mindestens 16/32) mit mindestens 15 cm Breite und einem Abstand Außenkante Kiesbett zur Außenkante Schwelle von min-

destens 30 cm oder ein Wasser ableitender Belag mit mindestens 2 % Gefälle vorhanden ist; oder

- ≥ 5 cm mit zusätzlichen geeigneten Abdichtungsmaßnahmen nach der Normenreihe DIN 18533.

Bild K.15 zeigt Beispiele für Sockelausbildungen.

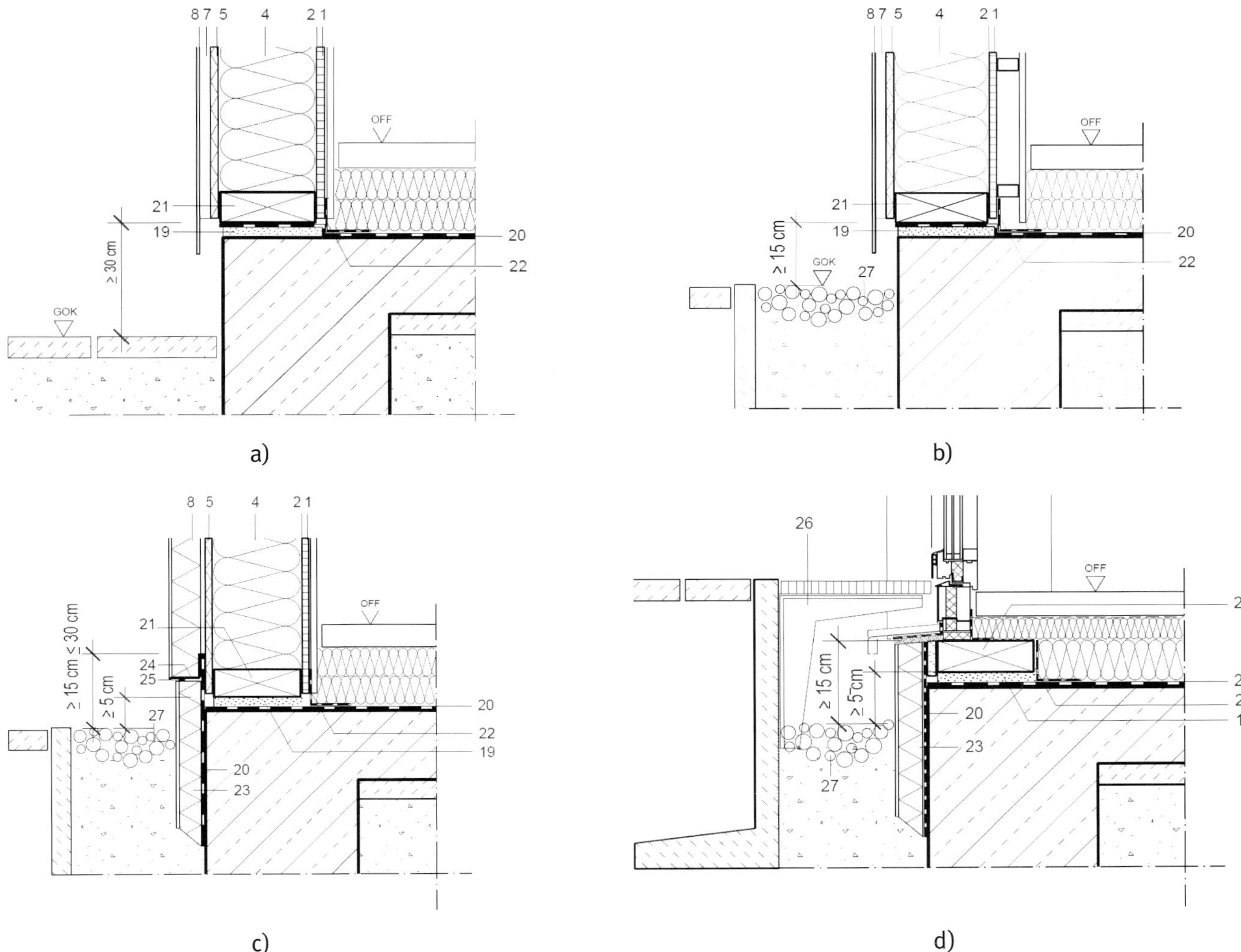


**Legende**

1 ein- oder mehrlagige Bekleidung oder Beplankung
2 Dampfbremsschicht in Verbindung mit 1
4 Dämmstoff, hier z. B. Mineralfaser
5 äußere Bekleidung
7 Hohlraum
8 dauerhaft wirksamer Wetterschutz
19 Untermörtelung
20 Abdichtung nach DIN 18195-4
21 Holzschwelle (GK 0)
22 luftdichter Anschluss Wand-Sohle
23 Perimeterdämmung mit Sockelputz
24 Sockelschiene
25 Fugendichtband
26 Gitterrost auf Konsolen
27 Kiesbett (Wasserableitung)

**Bild K.15:** Sockelausbildungen, Beispiele
a) Abstand zwischen Unterkante Holz und Oberkante Gelände ≥ 30 cm
b) Abstand zwischen Unterkante Holz und Oberkante Gelände ≥ 15 cm
c) Abstand zwischen Unterkante Holz und Oberkante Gelände ≥ 5 cm
d) Abstand zwischen Unterkante Holz und Oberkante Gelände ≥ 5 cm (ebenerdiger Terrassenaustritt)

Die horizontale Abdichtung nach DIN 18533-1:2017-07 (20) kann auch oberhalb der Untermörtelung (19) angeordnet werden. Eine solche horizontale Abdichtung ist bei Sockeln mit Kellergeschoss nicht erforderlich, da hier eine für die Schwelle unzuträgliche aufsteigende Feuchte aus der Kellerwand nicht zu erwarten ist.

Bei den vertikalen Abdichtungsmaßnahmen nach DIN 18533-1:2017-07 muss die Abdichtung im Endzustand mindestens 15 cm über Geländeoberkante reichen. Aus bauphysikalischen Gründen sollte sie aber nicht mehr als 30 cm über Geländeoberkante reichen. Bei Anordnung einer vertikalen Abdichtung auf dem Holzbauteil, wie in Bild c) oder d) dargestellt, ist ein bauphysikalischer Nachweis erforderlich, wenn die Oberkante der Abdichtungsbahn höher liegt als die Oberkante des Fertigfußbodens innen. Zu dieser Ausführung siehe auch Anhang A Bild A.12 oder Bild A.13. Die Abdichtung ist mit der Holztafel und dem Betonsockel zu verkleben und auf den Holztafeln zusätzlich mechanisch zu befestigen. Im Bereich der Stöße müssen die Abdichtungsstreifen überlappt und miteinander verklebt werden.

Mit der letzten Fassung der Norm wurden die vorliegenden Erkenntnisse aus Praxis und Wissenschaft zum Schutz von Schwellen eingearbeitet. Wichtigster Grundsatz dabei ist, die Schwelle in einer Art und Weise oberhalb der Geländeoberkante so anzuordnen, dass dabei sowohl Spritzwasser als auch kurzfristig aufstauendes Wasser nicht an die Schwelle gelangen kann. Unter den Voraussetzungen der grundsätzlich zu wählenden Schwellenhöhen und der bauphysikalischen Berechnungen dieses Abschnittes als auch unter den speziellen Einbaubedingungen der Bilder A.10 bis A.14 der Norm kann so unabhängig von der Holzart die Annahme der Gebrauchsklasse GK 0 (keine Holzschutzmittelbehandlung erforderlich) getroffen werden. Gemäß dem Kommentar zum Abschnitt 4 muss der Eintritt von Feuchte in das Bauteilinnere nicht nur in Bezug auf einen Pilzbefall verhindert werden.

#### 5.2.1.4 Dächer

Bei Dächern besteht ein dauerhaft wirksamer Wetterschutz aus:

- Dachdeckungen oder
- Dachabdichtungen,

die nach den allgemein anerkannten Regeln der Technik ausgeführt sind.

Die Bilder 4 bis 8 der Norm zeigen Prinzipien eines dauerhaft wirksamen Wetterschutzes bei Dächern.

Aus den Bildern A.15 bis A.18 des Anhangs A der Norm können einige bewährte Dachkonstruktionen entnommen werden. Zur Ausführung der Dacheindeckung sind die jeweiligen Fachregeln des Dachdeckerhandwerks zu berücksichtigen.

#### 5.2.1.5 Spritzwasserschutz

Um Holzbauteile nicht dem Spritzwasser auszusetzen, muss zwischen der Unterkante von direkt bewitterten Hölzern oder Holzbauteilen und dem Erdreich bzw. dem umgebenden Bodenbelag ein Abstand von mindestens 30 cm eingehalten werden (Spritzwasserfreiheit).

Der Abstand kann durch technische Maßnahmen zur Reduzierung der Spritzwasserbelastung (z. B. durch Kiesschüttung: Korngröße mindestens 16/32, Breite mindestens 15 cm ab Außenkante Holzbauteil) auf 15 cm reduziert werden.

Können diese Abstände nicht eingehalten werden, z. B. im Eingangs- oder Terrassenbereich, sind besondere Maßnahmen erforderlich, um dadurch eine unzuträgliche Feuchteerhöhung der Holzbauteile zu verhindern:

- durch Anordnung von ausreichend breiten Gitterrosten über Abläufen kann der Spritzwasserhorizont mindestens 30 cm tief abgesenkt und dadurch der Schutz des Holzbauteils gesichert werden; oder
- durch Schutz des Holzbauteils mittels Dachüberständen, so dass zwischen Vorderkante Dachüberstand und Unterkante Holz ein Winkel von höchstens 60°, bezogen auf die Horizontale, vorhanden ist.

Bild K.16 zeigt Beispiele für den Spritzwasserschutz.

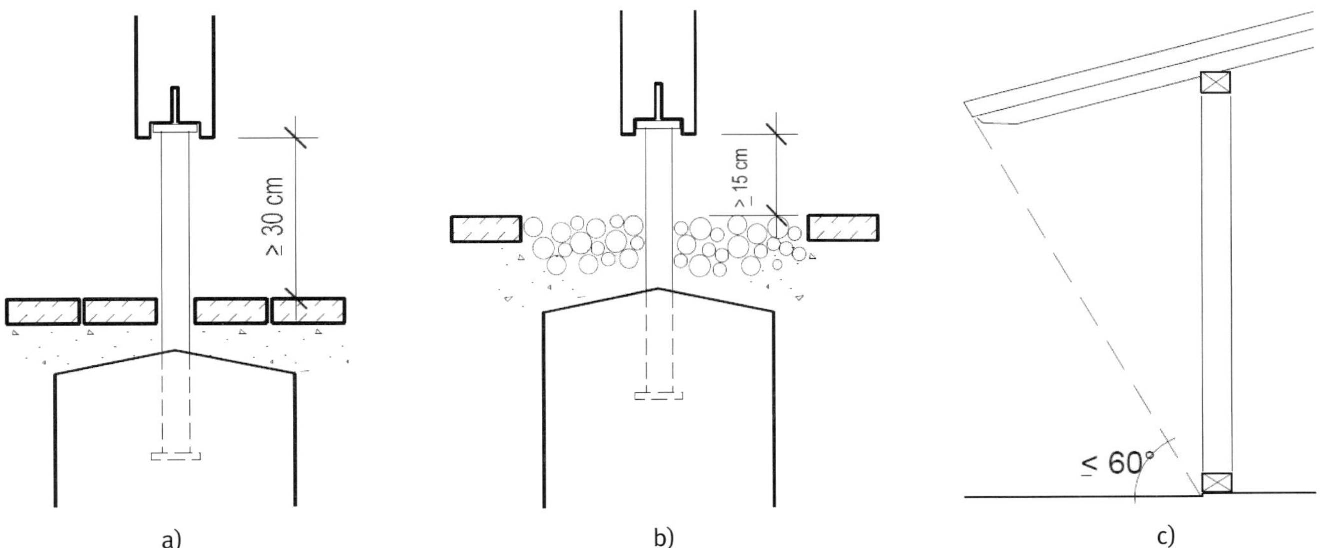


**Bild K.16:** Ausreichender Spritzwasserschutz
a) Abstand zwischen Unterkante Holz und Erdreich bzw. umgebendem Bodenbelag ≥ 30 cm
b) Abstand zwischen Unterkante Holz und Kiesschüttung ≥ 15 cm
c) Schutz des Holzes durch ausreichenden Dachüberstand

Ab einem Abstand von 30 cm zwischen der Unterkante von direkt bewitterten Hölzern oder Holzbauteilen und dem Erdreich bzw. dem umgebenden Bodenbelag kann von einer Spritzwasserfreiheit ausgegangen werden, siehe Bild K.16 a).

Bei der beschriebenen Kiesschüttung wird der Rückprall der Regentropfen so stark reduziert, dass der Abstand auf 15 cm reduziert werden darf, siehe Bild K.16 b).

Im Eingangs- und Terrassenbereich können die erwähnten Abstände in der Regel nicht eingehalten werden, sodass hier durch spezielle Maßnahmen Spritzwasserfreiheit gewährleistet werden muss. Die beschriebene Absenkung des Spritzwasserhorizonts mit Hilfe von Gitterrosten hat sich in der Praxis sehr gut bewährt.

Auch der beschriebene Dachüberstand zum Erreichen der Spritzwasserfreiheit hat sich über Jahrzehnte nicht nur im Hochbau, sondern auch beim Brückenbau als sehr wirksam erwiesen, siehe Bild K.16 c).

### 5.2.2 Nutzungsfeuchte

In Bereichen von Bädern und Feuchträumen von Wohnungen ohne Bodenablauf mit mäßiger Beanspruchung, d. h. in Bereichen mit direkter Feuchtebeanspruchung der Oberfläche (z. B. Spritzwasser in Duschen), ist das Eindringen von unzuträglicher Feuchte in die Holzbauteile zu verhindern. Dazu sind die entsprechenden Oberflächen, Durchdringungen und Anschlüsse nach allgemein anerkannten Regeln der Technik wasserdicht auszuführen, z. B. mit einer Verbundabdichtung mit bauaufsichtlichem Verwendbarkeitsnachweis.

In Nassräumen (z. B. Bäder mit Fußbodenablauf) sind die Regelungen nach der Normenreihe DIN 18534 einzuhalten.

Nach DIN 18534-1 sind Bereiche in Bädern und Feuchträumen je nach Ihrer Beanspruchung einer Wassereinwirkungsklasse zuzuordnen. Abdichtungen sind nicht erforderlich, wenn keine oder nur geringe Spritzwasserbelastung (W0-I) vorliegt. Bei mäßiger Spritzwasserbelastung (W1-I) des Wandbereichs sind Abdichtungen nur dann erforderlich, wenn feuchteempfindliche Untergründe vorliegen, oder bei feuchteunempfindlichen Untergründen Brauchwasser in dahinterliegende feuchteempfindliche Konstruktionen gelangen kann. Dabei sind auch Durchdringungen sowie Rand- und Anschlussfugen gegen das Eindringen von Wasser zu schützen.

Bei Böden ist nach dieser Norm auch bei mäßiger Spritzwasserbelastung (W1-I) eine Abdichtung erforderlich, die für diese Klasse ausgelegt ist. Für alle Bereiche mit einer Wassereinwirkungsklasse (W2-I und W3-I) sind höhere Anforderungen an die Abdichtungsmaßnahmen nach dieser Normenreihe erforderlich.

Grundsätzlich ist davon auszugehen, dass der überwiegende Teil der Wand-, Boden- und Deckenflächen in privaten Bädern bei der üblichen Nutzung (Heizen, Lüften) zu den Bereichen mit geringer bis mäßiger Spritzwassereinwirkung zugeordnet werden können. Bei Böden muss von hoher Spritzwassereinwirkung (W2-I) ausgegangen werden, wenn beispielsweise:

- Bad- oder Feuchträume planmäßig genutzte Bodenabläufe besitzen
- Badewannen mit Duschoption keinen wirksam eingebauten Spritzwasserschutz haben
- Duschen keine wirksamen Spritzwasserschutz besitzen
- eine bodengleiche Dusche ohne Duschtasse vorliegt. Bei gleichzeitig eingebautem Spritzwasserschutz beschränkt sich dann der Bereich der hohen Spritzwassereinwirkung (W2-I) auf den Bodenbereich der Dusche [1].

Danach richtet sich auch die zu wählende Abdichtungsart für den jeweiligen Aufbau. Da die Normenreihe DIN 18534 für alle Bauweisen erstellt wurde, gibt es ergänzende Hinweise und zusätzliche Konkretisierungen für den Holz- und Trockenbau im Merkblatt Nr. 5 „Bäder, Feucht- und Nassräume im Holz und Trockenbau – Innenraumabdichtung nach DIN 18534" des Bundesverbands der Gipsindustrie e.V. Dieses enthält insbesondere auch Hinweise zur Ausführung mit Fliesen- und Plattenbelägen [16].

### 5.2.3 Feuchte aus angrenzenden Stoffen oder Bauteilen

Ein andauernder Feuchteeintrag in Holzbauteile aus angrenzenden, Bau- und Dämmstoffen ist zu verhindern. Die Regelungen der Normenreihe DIN 18533 sind zu beachten.

Hier ist zunächst an die Verhinderung eines Feuchteeintrags aus dauerhaft kapillar wirksamen Baustoffen gedacht worden, z. B. Verlegung einer Sperrbahn zwischen Sandsteinen und den benachbarten Holzbauteilen.

DIN 18533-1:2017-07 fordert im Abschnitt 8.8.3.1 bei allen Wänden mit kapillar leitfähigen oder feuchteempfindlichen Baustoffen im Sockelbereich immer mindestens eine waagerechte Abdichtung (Querschnittsabdichtung) gegen aufsteigende Feuchte. Sind die Wände auf nicht kapillar leitfähigen Bauteilen, wie beispielsweise einer Bodenplatte als wasserundurchlässige Betonkonstruktion, gegründet, kann auf die Querschnittsabdichtung verzichtet werden.

Der in der Praxis häufig zu beobachtende, schadensfrei bleibende Verzicht auf eine Abdichtung zwischen nicht kapillar wirksamer, an den Boden angrenzender Stahlbetonsohlplatte und Schwelle ist nach der DIN 18533-1:2017-07 nicht erlaubt. Diese Forderung beschränkt sich aber auf den Bereich von erdberührten Bauteilen. Bei Bauteilen, die außerhalb des Sockelbereichs liegen und die nur eine kurzfristige Feuchteerhöhung im Bereich der Kontaktfläche Holz mit Beton/Mörtel während der Bauzeit erfahren, ist eine Querschnittsabdichtung nicht erforderlich, als Beispiele seien hier Fußpfetten auf einer obersten Geschossdecke oder durchgehende Pfettenauflager in einer Giebelwand genannt.

### 5.2.4 Tauwasser

Eine unzuträgliche Veränderung des Feuchtegehaltes durch Tauwasser aus Wasserdampfdiffusion oder Wasserdampfkonvektion ist zu verhindern.

Ein nach außen diffusionsoffener Bauteilaufbau kann sich positiv auf das Austrocknungsverhalten auswirken.

Es ist sicherzustellen, dass an Kaltwasser führenden Leitungen innerhalb von Bauteilen kein Tauwasser ausfällt.

Die Bauteile der Gebäudehülle sind gegen Wasserdampfkonvektion nach DIN 4108-7 luftdicht auszubilden.

Der Tauwasserschutz für die raumseitige Oberfläche und für den Querschnitt der Bauteile ist nach DIN 4108-3 nachzuweisen. Ein solcher Nachweis ist für die Konstruktionen nach Anhang A nicht erforderlich, mit Ausnahme der in Bild A.22 dargestellten Balkone/Terrassen.

Für beidseitig geschlossene Bauteile der Gebäudehülle ist bei der Berechnung mit dem Periodenbilanz-verfahren zur Berücksichtigung eines konvektiven Feuchteeintrages und von Anfangsfeuchten eine zusätzliche rechnerische Trocknungsreserve $\geq 250$ g/(m$^2$a) bei Dächern und $\geq 100$ g/(m$^2$a) bei Wänden und Decken nachzuweisen. Beim Nachweis mit hygrothermischen Simulationsverfahren ist der konvektive Feuchteeintrag zu berücksichtigen. Die rechnerische Berücksichtigung eines konvektiven Feuchteeintrages ist nicht erforderlich für Konstruktionen nach Anhang A und für Bauteile mit wasserdampfdiffusionsäquivalenten Luftschichtdicken nach Tabelle 1.

ANMERKUNG Bauteile der Gebäudehülle sind alle Bauteile, die an kältere Bereiche grenzen, wie z. B. Bauteile der Außenwände, der Dächer, der Wände oder Decken zum Erdreich, zu unbeheizten Kellern oder Dachräumen.

**Tabelle 1 — Anforderungen an wasserdampfdiffusionsäquivalente Luftschichtdicken bei Verzicht auf eine rechnerische Trocknungsreserve**

| Zeile | $s_d$-Wert außen | $s_d$-Wert innen |
|---|---|---|
| 1[a] | $\leq 0{,}1$ m | $\geq 1{,}0$ m |
| 2[a] | $0{,}1 \text{ m} < s_d \leq 0{,}3$ m | $\geq 2{,}0$ m |
| 3[a] | $0{,}3 \text{ m} < s_d \leq 2{,}0$ m | $\geq 6 \times s_d$ außen |
| 4[b] | $2{,}0 \text{ m} < s_d \leq 4{,}0$ m | $\geq 6 \times s_d$ außen |

[a] Unter Einhaltung dieser $s_d$-Werte sind Dächer nach DIN 4108-3 nachweisfrei.

[b] Nur bei werksseitig hergestellten beidseitig bekleideten oder beplankten Elementen oder bei einer geplanten und nachgewiesenen Luftdichtheit (inkl. Leckageortung) von $q_{50} \leq 1{,}5$ m$^3$/m$^2$h

Die Luft kann in Abhängigkeit von der Temperatur nur eine bestimmte Wasserdampfmenge aufnehmen (Wasserdampfsättigungsgehalt), wobei mit steigender Lufttemperatur die aufnehmbare Wasserdampfmenge deutlich zunimmt, siehe Tabelle K.1 [2].

**Tabelle K.1:** Wasserdampfsättigungsgehalt der Luft in Abhängigkeit von der Lufttemperatur

| **Lufttemperatur in** °C | −20 | −10 | 0 | +10 | +20 | +30 |
|---|---|---|---|---|---|---|
| **Wasserdampfsättigungsgehalt in** g/m³ | 0,9 | 2,17 | 4,8 | 9,4 | 17,3 | 30,3 |

Die relative Luftfeuchte stellt das Verhältnis von tatsächlich vorhandener Dampfmenge zu dem bei der vorliegenden Lufttemperatur maximal möglichen Dampfsättigungsgehalt dar. Dies bedeutet, dass bei einem Klima von 20 °C und 50 % relativer Luftfeuchte die Luft rund 8,7 g Wasser/m³ enthält. Mit steigender Lufttemperatur ohne Feuchtezugabe sinkt die relative Luftfeuchte. Im umgekehrten Fall, wenn warme Luft abgekühlt wird, kann die Luft, wenn kein Tauwasser ausfallen soll, nur bis auf jene Temperatur abgekühlt werden, bei der der vorhandene Dampfgehalt dem Sättigungsgehalt entspricht. Diese Temperatur wird Taupunkttemperatur genannt. Jede weitere Abkühlung führt zu Tauwasserbildung. Dieser Vorgang ist bei der Beurteilung des Tauwasserschutzes von entscheidender Bedeutung.

Beispiel: Wenn bei einem Klima 20 °C/60 % rel. Luftfeuchte die Luft auf 10 °C abgekühlt wird, ist entsprechend der Tabelle K.1 mit einem Tauwasserausfall von 1 g/m³ ($17{,}3 \times 0{,}6 = 10{,}4$ g/m³ > 9,4 g/m³) zu rechnen.

Aus der Tabelle K.2 kann die Taupunkttemperatur der Luft in Abhängigkeit von der Temperatur und der relativen Feuchte der Luft entnommen werden.

**Tabelle K.2:** Taupunkttemperatur der Luft in Abhängigkeit von der Temperatur und der relativen Feuchte der Luft

| **Temperatur der Luft in** °C | **Taupunkttemperatur der Luft in** °C **bei einer relativen Luftfeuchte von** | | | |
|---|---|---|---|---|
| | 30 % | 50 % | 70 % | 90 % |
| 30 | 10,5 | 18,4 | 23,9 | 28,2 |
| 28 | 8,8 | 16,6 | 22,0 | 26,2 |
| 26 | 7,1 | 14,8 | 20,1 | 24,2 |
| 24 | 5,4 | 12,9 | 18,2 | 22,3 |
| 22 | 3,6 | 11,1 | 16,3 | 20,3 |
| 20 | 1,9 | 9,3 | 14,4 | 18,3 |
| 18 | 0,2 | 7,4 | 12,5 | 16,3 |
| 16 | −1,4 | 5,6 | 10,5 | 14,4 |
| 14 | −2,9 | 3,7 | 8,6 | 12,4 |

Bei Tauwasserschutz wird unterschieden zwischen

a) Tauwasserschutz im Bereich der raumseitigen Oberfläche von Außenbauteilen,

b) Tauwasserschutz für den Querschnitt von Außenbauteilen infolge der Wasserdampfdiffusion,

c) Tauwasserschutz für den Querschnitt von Außenbauteilen infolge der Wasserdampfkonvektion.

Ein ausreichender Tauwasserschutz im Bereich der raumseitigen Oberfläche ist gegeben, wenn die Temperatur in diesem Bereich über der Taupunkttemperatur der umgebenden Luft liegt. Diese Bedingung gilt für die ganze Bauteiloberfläche, d. h. auch für die stoff- und geometrisch bedingten Wärmebrücken, siehe Bild K.17.

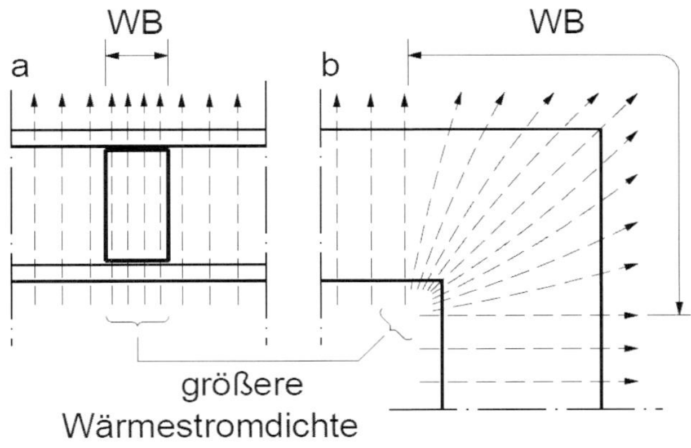


**Bild K.17:** Schematische Beispiele für Wärmebrücken
a stoffbedingte
b geometrisch bedingte Wärmebrücke [3]

Auf Grund der guten Wärmedämmung von Außenbauteilen im Holzbau gab es auch in der Vergangenheit bei üblicher Nutzung der Räume keine größeren Probleme hinsichtlich der Tauwasserbildung im Bereich der raumseitigen Oberfläche. Durch die deutliche Verbesserung des Wärmeschutzes bei den heutigen Außenbauteilen, auch bei Fenstern und Türen, kann die Gefahr der Tauwasserbildung im Bereich der raumseitigen Oberfläche von Außenbauteilen in der Regel ausgeschlossen werden. Voraussetzung dafür ist eine, auch in Bezug auf gesundes Wohnen erforderliche, ausreichende Beheizung und Lüftung der Räume.

Unter Wasserdampfdiffusion ist die Bewegung des Wasserdampfes durch geschlossene Bauteilschichten infolge der Dampfdruckunterschiede zwischen beiden Bauteiloberflächen zu verstehen. Bis auf wenige kurzfristige Ausnahmen bedeutet dies, dass in unseren Breitengraden die Wasserdampfdiffusion durch die Außenwandelemente von innen nach außen stattfindet.

Bei einer nicht ordnungsgemäßen Schichtfolge kann es dabei zu Tauwasser im Bereich des Querschnittes von Außenbauteilen kommen. Aus der Praxis sind jedoch Schäden infolge von Wasserdampfdiffusion kaum bekannt. Die Einhaltung der Grundregel „innen dichter als außen" (bezogen auf die wasserdampfdiffusionsäquivalente Luftschichtdicke $s_d$) unter Beachtung der Faustformel $s_{d,innen} \geq 6\ s_{d,außen}$ hat im Holzbau im Regelfall ausgereicht, um Schäden infolge der Wasserdampfdiffusion zu vermeiden. Dabei haben sich die sogenannten „diffusionsoffenen" Bauweisen in den letzten Jahrzehnten besonders bewährt, da sie auch eine Rückdiffusion oder Umkehrdiffusion zulassen und damit insbesondere in der Sommerzeit ein Rücktrocknungspotenzial nach innen zur Verfügung stellen. Die Regel „so diffusionsdicht wie nötig, aber so diffusionsoffen wie möglich" führt bezogen auf die Wasserdampfdiffusion zu dauerhaft trockenen Holzbauteilen mit hohem Trocknungsvermögen, beispielweise zur Abführung von Baufeuchte oder geringen Wassermengen aus anderen Quellen.

Wenn Schäden infolge der Tauwasserbildung auftraten und auftreten, so sind diese in der Regel auf eine Wasserdampfkonvektion zurückzuführen. Unter Wasserdampfkonvektion wird die Bewegung der Wasserdampf enthaltenden Raumluft durch Undichtheiten im Bereich der raumseitigen Oberfläche in die kälteren Bereiche des Bauteils verstanden (Feuchteleckage), wodurch dort große Tauwassermengen ausfallen können, siehe Bild K.18.

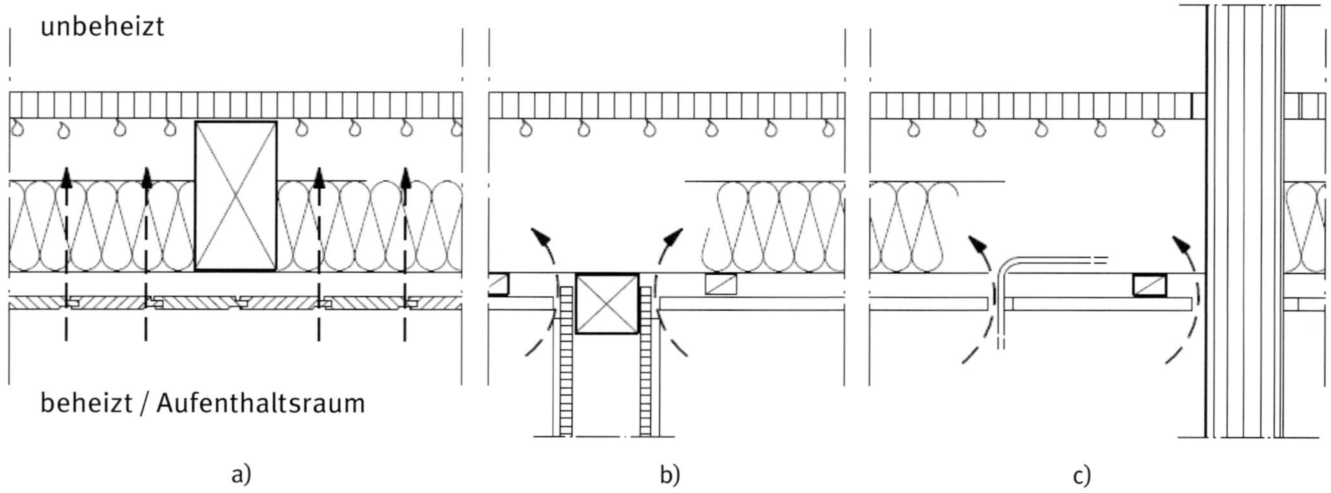


**Bild K.18:** Wasserdampfkonvektion mit Tauwasserbildung bei nicht luftdicht ausgebauten Bauteilen
a) undichte unterseitige Bekleidung b) undichte Anschlüsse c) undichte Durchdringungen [3]

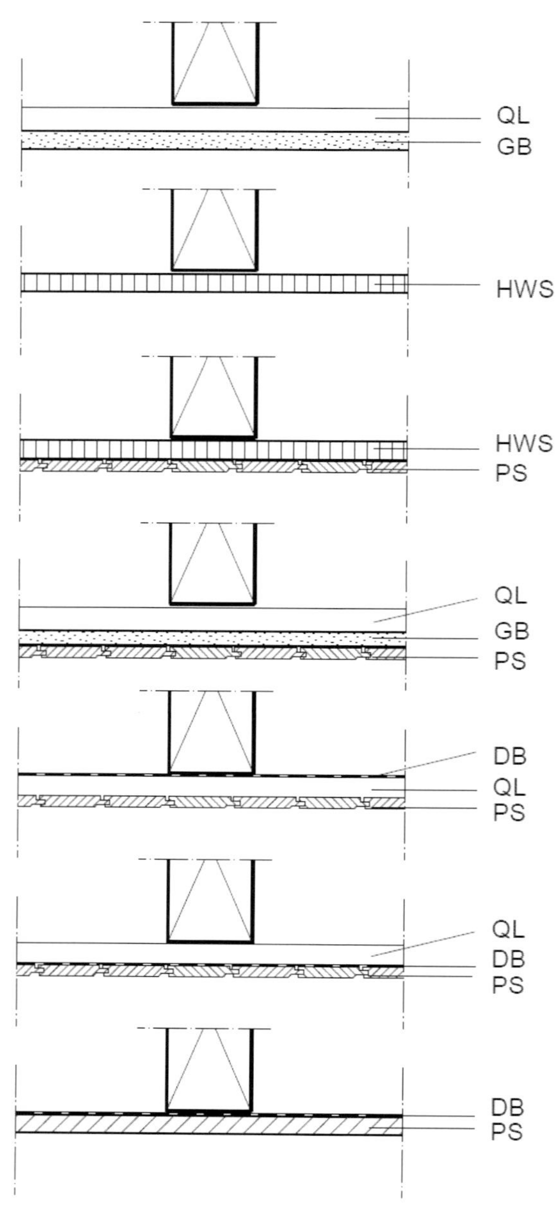


**Legende**

QL Querlattung
HWS Holzwerkstoffplatte
GB Gipsbauplatte
DB Schicht zur Begrenzung des Diffusionsstroms
PS Profilholzschalung

**Bild K.19:** Luftdichte Bekleidungen, Beispiele

Eine der wichtigsten Aufgaben des vorbeugenden baulichen Holzschutzes ist die Vermeidung von Wasserdampfkonvektion, d. h. die Ausbildung einer luftdichten raumseitigen Bauteiloberfläche von Außenbauteilen. Bild K.19 zeigt Beispiele für luftdichte Bekleidungen.

Wenn die luftdichte Schicht nur durch Platten erzeugt werden soll, siehe obere vier Beispiele im Bild K.19, muss die Plattenebene auch im Bereich der Plattenstöße und Anschlüsse luftdicht ausgebildet werden. Diesbezüglich werden die Plattenstöße bei Gipsplatten mit eigens dafür entwickelten, häufig armierten Spachtel- oder Klebemassen abgedichtet und bei Holzwerkstoffplatten mit speziellen Klebebändern versehen. Bei den Klebebändern ist darauf zu achten, dass diese eine ausreichende Dauerhaftigkeit aufweisen.

Wenn die Bahnen zur Begrenzung des Diffusionsstroms (Folien) auch der Luftdichtheit dienen sollen, sind diese ebenfalls im Bereich der Stöße miteinander zu verkleben. Die dafür verwendeten Klebe-Dichtbänder und Klebemassen müssen ebenfalls ausreichend dauerhaft sein. Die Stöße sollten möglichst über oder unter einem durchlaufenden Holz angeordnet werden, um den für die sichere Ausführung der Verklebung erforderlichen Anpressdruck aufbringen zu können. Es sollten möglichst breite Folienbahnen verwendet werden, um die Anzahl der Stöße innerhalb der Fläche zu minimieren.

Bild K.20 zeigt Beispiele für die Ausbildung der luftdichten Gebäudehülle mit Folien.

Die ausreichende Luftdichtheit eines Gebäudes sollte in einem Luftdichtheitskonzept dargestellt werden. Der Nutzer muss über die Wichtigkeit der luftdichten Ebene in Kenntnis gesetzt werden.

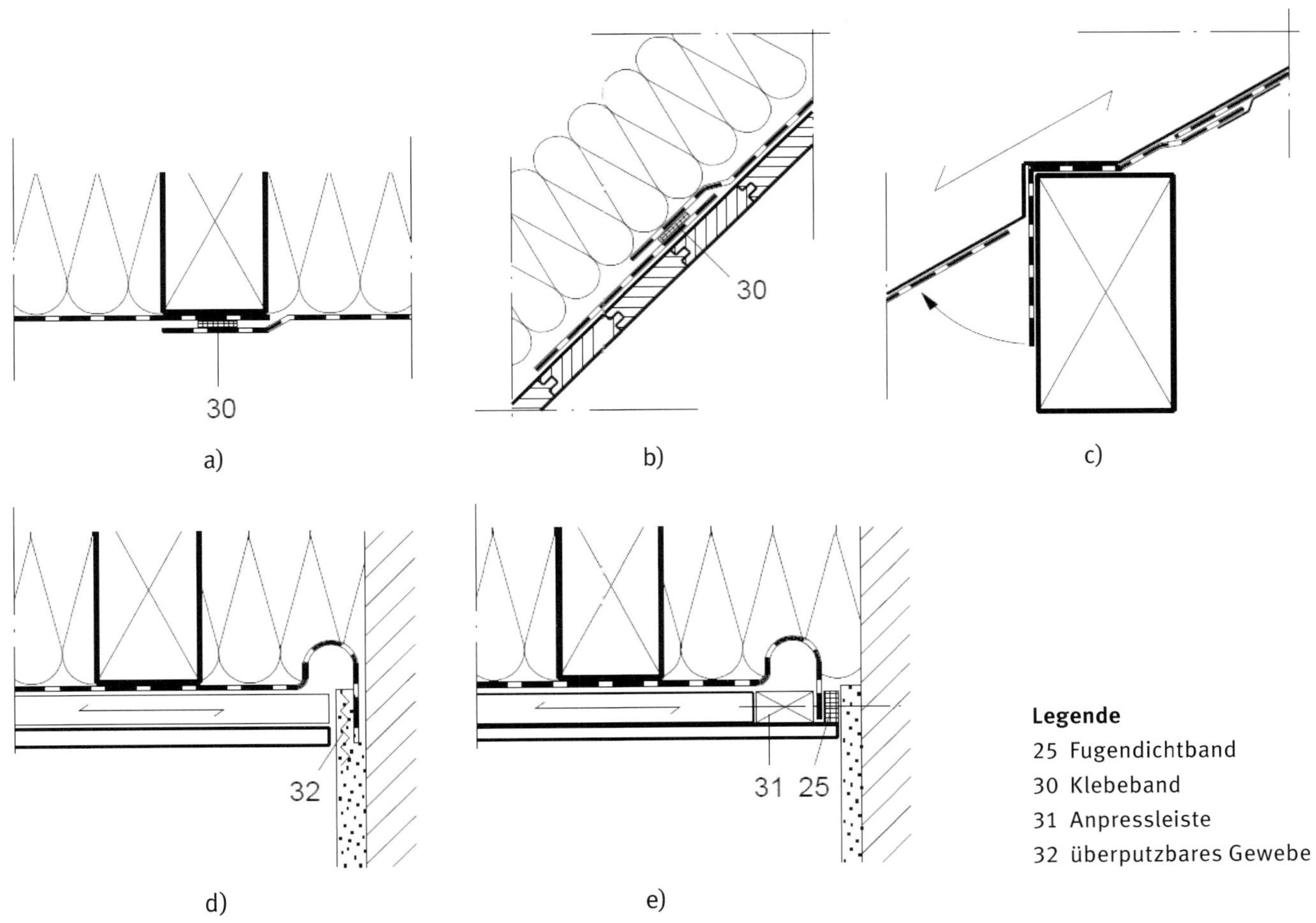


**Bild K.20:** Luftdichte Gebäudehülle, Beispiele

a) Folienstoß waagerecht
b) Folienstoß geneigt
c) Folienstoß im Bereich Mittelpfette
d) Folienanschluss mit überputzbarem Gewebe
e) Folienanschluss mit Anpressleiste

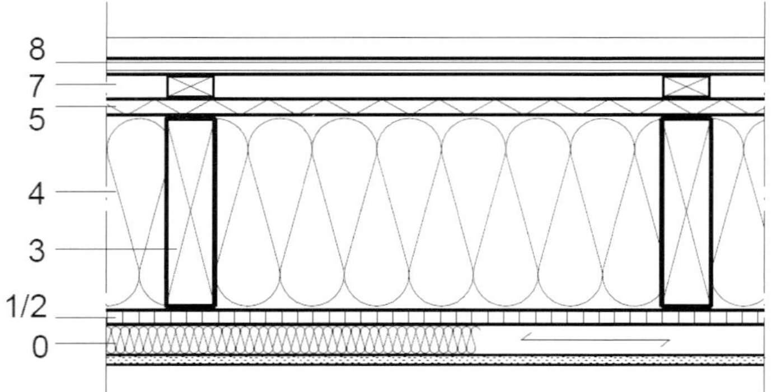


**Legende**
0 Installationsebene, gedämmt
1 Bekleidung oder Beplankung
2 Schicht zur Begrenzung des Diffusionsstroms in Verbindung mit 1
3 trockenes Holzprodukt
4 Dämmstoff, hier z. B. Mineralfaser
5 äußere Bekleidung, z. B. Holzfaser-Unterdeckplatte (wasserableitend)
7 Hohlraum (belüftet oder hinterlüftet)
8 dauerhaft wirksamer Wetterschutz

**Bild K.21:** Außenwand mit Installationsebene

Eine sichere Ausbildung der luftdichten Raumseite von Außenbauteilen kann durch eine Installationsebene erreicht werden, siehe Bild K.21. Hier ist zwischen der raumseitigen Bekleidung aus beliebigen, auch luftdurchlässigen Materialien, und der luftdichten Schicht aus Plattenwerkstoffen ein Hohlraum vorhanden, in dem erforderliche Elektro- oder Wasserinstallationen verlegt werden können.

Vor allem aus wohnhygienischen Gründen ist sehr darauf zu achten, dass mit der luftdichten Gebäudehülle ein entsprechendes Lüftungssystem kombiniert wird. Bei den hoch wärmegedämmten Häusern kann dies z. B. durch Verwendung von mechanischen Lüftungsanlagen erreicht werden.

Der Nachweis des Tauwasserschutzes für die raumseitige Oberfläche und für den Querschnitt der Bauteile infolge Wasserdampfdiffusion nach DIN 4108-3:2018-10 ist für Konstruktionen nach Anhang A dieser Norm, mit Ausnahme von Bild A.22 der Norm, nicht erforderlich, da diese Konstruktionen unter den dargestellten Bedingungen bezüglich des Tauwasserschutzes auf der sicheren Seite liegen und in der Regel eine jahrzehntelange positive Praxiserfahrung vorweisen können. Auch bei der Konstruktion nach Bild A.22 der Norm liegt eine ausreichende positive Praxiserfahrung vor. Da es sich hier um eine gegenüber den anderen Konstruktionen im Anhang A der Norm weniger robuste Konstruktion handelt, muss hier der erwähnte Nachweis vorgenommen werden. Dieser Nachweis kann seit der letzten Fassung der DIN 4108-3 nicht über das Periodenbilanzverfahren geführt werden, da dieses Rechenmodell für diesen Anwendungsfall nicht auf der sicheren Seite liegt und eine sommerliche Umkehrdiffusion über dieses Modell nicht abgedeckt werden kann.

Tauwasserschutz gegenüber Wasserdampfkonvektion ist in der DIN 4108-3:2018-10 beim Periodenbilanzverfahren nicht und beim hygrothermischen Simulationsverfahren nur indirekt berücksichtigt, da eine Tauwassermenge infolge der Wasserdampfkonvektion schwer zu erfassen und deswegen in jedem Fall zu vermeiden ist.

Auch in der aktuellen Fassung der DIN 68800-2 wird dem Tauwasserschutz infolge ausführungstechnisch nicht vollständig zu vermeidender Wasserdampfkonvektion insoweit Rechnung getragen, dass für beidseitig geschlossene Bauteile der Gebäudehülle bei der Berechnung mit dem Verfahren nach DIN 4108-3:2018-10 (Periodenbilanzverfahren) zur Berücksichtigung eines konvektiven Feuchteeintrages und von Anfangsfeuchten eine zusätzliche rechnerische Trocknungsreserve $\geq 250$ g/(m$^2$a) bei Dächern und $\geq 100$ g/(m$^2$a) bei Wänden und Decken nachgewiesen werden muss. Mit dem höheren Wert für Dächer wird das größere Risiko einer Wasserdampfkonvektion bei diesen Bauteilen berücksichtigt. Diese Forderung erhöht die Robustheit der Holzbauteile. In keinem Fall darf diese zusätzliche Trocknungsreserve genutzt werden, um bestimmte Undichtheiten im Bereich der raumseitigen Oberfläche planmäßig zu tolerieren, da der Feuchteeintrag schon über kleine Undichtheiten deutlich über die Werte der Trocknungsreserve steigen kann.

Beim Nachweis nach hygrothermischen Simulationsverfahren nach DIN 4108-3:2018-10 wird der konvektive Feuchteeintrag über einen Luftdurchlässigkeitskoeffizienten von $1{,}9 \cdot 10^{-6}$ $m^3/(m^2 \cdot s \cdot Pa)$ {0,007 $m^3/(m^2 \cdot h \cdot Pa)$} berücksichtigt, wenn keine Luftdichtheitsprüfung einbezogen wird. Bei einem gemessenen $q_{50}$-Wert $\leq 3$ $m^3/(m^2 \cdot h)$ kann ein reduzierter Wert von $1{,}1 \cdot 10^{-6}$ $m^3/(m^2 \cdot s \cdot Pa)$ {0,004 $m^3/(m^2 \cdot h \cdot Pa)$} angesetzt werden. Auch diese Forderung darf in keinem Fall zu planmäßig tolerierten Undichtheiten im Bereich der raumseitigen Oberfläche genutzt werden. Die für das hygrothermische Simulationsverfahren erforderlichen Baustoffkennwerte sind den zugehörigen Bauproduktnormen oder bauaufsichtlichen Verwendbarkeitsnachweisen zu entnehmen. Nur soweit diese nicht vorliegen, kann gegebenenfalls auf einzelne vom Hersteller deklarierte Kennwerte zurückgegriffen werden.

Selbst bei Einhaltung des oben aufgeführten Grenzwertes sind lokale Fehlstellen in der Luftdichtheitsschicht möglich, die zu Feuchteschäden durch Konvektion führen können. Die Einhaltung des Grenzwertes ist somit kein hinreichender Nachweis für die sachgemäße Planung und Ausführung eines einzelnen Konstruktionsdetails, beispielweise eines Anschlusses oder einer Durchdringung.

Für Konstruktionen nach Anhang A der Norm ist auch die rechnerische Berücksichtigung eines konvektiven Feuchteeintrages und von Anfangsfeuchten nicht erforderlich.

Dies gilt auch für Bauteile mit wasserdampfdiffusionsäquivalenten Luftschichtdicken nach Tabelle 1 der Norm. Die Bedingungen nach der 4. Zeile der Tabelle gelten nur für beidseitig bekleidete oder beplankte, werkseitig hergestellte Elemente oder bei Elementen mit einer geplanten Luftdichtheit von $q_{50} \leq 1{,}5$ $m^3/(m^2 \cdot h)$, welcher anschließend mittels Luftdichtheitsprüfung bestätigt wurde und bei der lokal auftretende Undichtheiten per Leckageortung ausfindig gemacht wurden.

Bei der Herstellung von beidseitig beplankten Dach-, Wand- und Deckenelementen als Bauprodukt gelten entsprechend der Muster-Verwaltungsvorschrift technische Baubestimmungen Teil C C2.3.1.4, technische Baubestimmungen und Anforderungen, die bei der Herstellung dieser Elemente zu beachten sind. Das ist derzeit noch die Richtlinie für die Überwachung von Wand-, Decken- und Dachtafeln für Holzhäuser in Tafelbauart nach DIN 1052 Teile 1 bis 3 – Fassung Juni 1992; in Mitteilungen Institut für Bautechnik 1993, Nr. 1. Diese wirken sich im Vergleich zur Ausführung der Holzbaukonstruktion als Bauart auf der Baustelle sowohl auf die Qualität der Elemente als auch bei Einbau und Nutzung positiv aus. Nachfolgend sind die wichtigsten dieser Bedingungen und deren Auswirkung aufgeführt:

- Die maximal erlaubte Holzfeuchte bei der Herstellung darf 18 % nicht übersteigen. Diese Forderung bedingt eine mittlere Einbaufeuchte von rd. 15 %. Bei Eingang und Einbau des Holzes muss die Holzfeuchte stichprobenhaft gemessen werden. Unter diesen Bedingungen ist kein nennenswerter Feuchteeintrag aus der Anfangsfeuchte der verwendeten Holzprodukte zu erwarten.
- Alle Bauprodukte müssen beim Eingang auf ihre vorgeschriebene Kennzeichnung, deklarierte Eigenschaften und den ordnungsgemäßen Zustand überprüft werden.
- Der Einbau von Wärmedämmstoffen, Holzwerkstoffen, diffusionsstrombegrenzenden bzw. diffusionsoffenen Bahnen und anderen Bauprodukten erfolgt im Trockenen unter genau definierten Bedingungen.
- Die Herstellung ist durch eine tägliche und umfangreiche werkseigene Produktionskontrolle und eine regelmäßige Fremdüberwachung begleitet. Dabei wird auch auf eine optimale Anbringung von Bahnen und anderen Bauprodukten und Installationen zur Gewährleistung einer ausreichenden Luftdichtheit geachtet.
- Die Fenster und Türen werden in der Regel im Werk luftdicht und regensicher (schlagregendicht) eingebaut. (Der werkseitige Fenster- und Türeneinbau ist nicht vorgeschrieben, wird aber in der Regel vorgenommen).
- Die stichprobenhafte Kontrolle aller Arbeitsgänge muss protokolliert werden.

- Bei jedem Element wird die Übereinstimmung der Herstellung mit den maßgebenden Unterlagen bestätigt.
- Als Nachweis für die Beachtung der erwähnten Richtlinie müssen alle Elemente mit einem Übereinstimmungszeichen (Ü-Zeichen) versehen werden.
- Die Vorfertigung ermöglicht eine zügige Montage, sodass das Dach üblicherweise schon nach ein bis zwei Tagen aufgestellt werden kann. Dadurch können Witterungseinflüsse, die bei einer Herstellung der Elemente auf der Baustelle u. a. zu einer nennenswerten Auffeuchtung der Baustoffe und Bauteile führen können, auf ein vertretbares Minimum reduziert werden.

Da die Anzahl der möglichen Leckagen durch eine geplante und ausgeführte Begrenzung der Luftundichtheit auf einen $q_{50}$-Wert $\leq 1{,}5$ m³/(m² · h) beschränkt wird, ist dies mit der letzten Überarbeitung dieser Norm als äquivalent zu den oben beschriebenen Vorzügen der werkseitigen Vorfertigung gleichzusetzen.

Grundsätzlich sollten im Hinblick auf eine größere Robustheit der Konstruktionen Bauteile mit möglichst niedrigen $s_d$-Werten bevorzugt werden.

Hinsichtlich des Vorgehens im Rahmen des Nachweises des Tauwasserschutzes ist im Bild K.22 ein Ablaufdiagramm dargestellt.

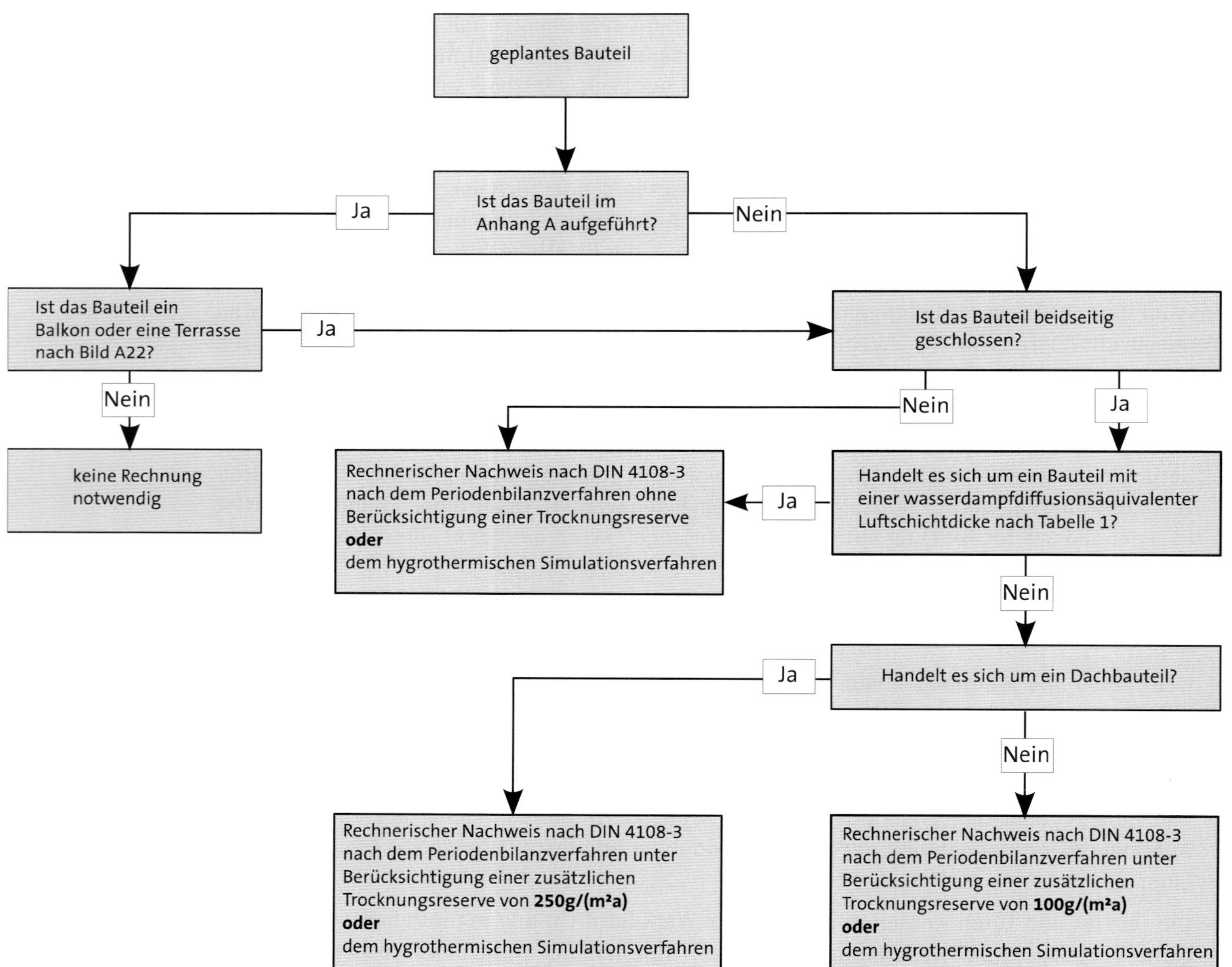


**Bild K.22:** Ablaufdiagramm bezüglich des Nachweises des Tauwasserschutzes

# 6 Besondere bauliche Maßnahmen

## 6.1 Allgemeines

Besondere bauliche Maßnahmen sind dann vorzusehen, wenn die Gebrauchsklasse GK 0 erreicht werden soll und grundsätzliche bauliche Maßnahmen nach Abschnitt 5 alleine nicht die Zuordnung zur Gebrauchsklasse GK 0 erlauben.

Die Regeln nach Abschnitt 4 und Abschnitt 5 sind unabhängig davon in jedem Einzelfall einzuhalten.

Die besonderen baulichen Maßnahmen sind zu planen und nachzuweisen. Folgende Nachweisverfahren sind möglich:

- rechnerische und sonstige Nachweise zur Sicherstellung eines ausreichenden Holzschutzes entsprechend der Gefährdung und Gebrauchssituation, oder
- Nutzung der Konstruktionsprinzipien aus Abschnitt 7 bis Abschnitt 9, erforderlichenfalls mit zusätzlichem Nachweis des Tauwasserschutzes nach DIN 4108-3, oder
- Anwendung der in Anhang A dargestellten Konstruktionen (bei Konstruktionen nach Bild A.22 ist zusätzlich ein Tauwasserschutznachweis erforderlich).

Die im Anhang A aufgeführten Konstruktionen erfüllen die Anforderungen an die grundsätzlichen und die besonderen baulichen Maßnahmen, die zur Einstufung in die Gebrauchsklasse GK 0 führen.

Latten hinter Vorhangfassaden, Dach- und Konterlatten sowie Traufbohlen, ferner Dachschalungen werden der Gebrauchsklasse GK 0 zugeordnet. Dies gilt auch für im Freien befindliche Dachbauteile, wenn diese so abgedeckt sind, dass eine unzuträgliche Veränderung des Feuchtegehaltes nicht vorkommen kann.

Die besonderen baulichen Maßnahmen ergänzen die grundsätzlichen baulichen Maßnahmen im Hinblick auf das Erreichen der Gebrauchsklasse GK 0, wenn die grundsätzlichen baulichen Maßnahmen alleine dafür nicht ausreichen. Sie können durch Nutzung der Konstruktionsprinzipien aus den Abschnitten 7, 8 und 9 der Norm und durch Anwendung der in Anhang A der Norm dargestellten Konstruktionen nachgewiesen werden. Andernfalls ist ein gesonderter Nachweis vorzulegen, aus dem ein ausreichender baulicher Holzschutz für die vorgesehene Anwendung entnommen werden kann. Im Rahmen dieses Nachweises sind vor allem ein ausreichender Tauwasser- und Wetterschutz zur Verhinderung eines Befalls durch Holz zerstörende Pilze und ein ausreichender Schutz zur Verhinderung eines Bauschadens durch Holz zerstörende Insekten (z. B. Verwendung von technisch getrocknetem Holz) darzustellen.

Auf Grund langjähriger Praxiserfahrungen dürfen die Latten hinter Vorhangfassaden, Dach- und Konterlatten, Traufbohlen und Dachschalungen der Gebrauchsklasse GK 0 zugeordnet werden, auch wenn sie nicht aus technisch getrocknetem Holz bestehen. Gründe dafür sind:

a) Auf Grund ihrer Anordnung ist keine Feuchte oberhalb des Fasersättigungsbereiches und somit kein Befall durch Holz zerstörende Pilze zu erwarten.

b) Überschüssige Holzfeuchte wird schnell an die umgebende Luft abgegeben.

c) Wegen ihrer kleinen Querschnitte bleiben sie weitgehend rissfrei und dadurch für eine Eiablage von Insektenweibchen ungeeignet.

d) Infolge ihrer Lage unmittelbar unter der Dachhaut sind die Dach- und Konterlatten sowie die Dachschalungen in den Sommermonaten über eine längere Zeit immer wieder Temperaturen über 55 °C ausgesetzt. Diese Temperaturen führen zum Tod aller im Holz befindlichen Insektenlarven, sodass auch eine zufällig im Holz entwickelte Larve bei der erwähnten Temperatur eingehen wird.

e) Die Praxis hat gezeigt, dass bei fachgerechter Ausführung unter üblichen Bedingungen Schäden an den aufgeführten Bauteilen durch Pilze und Insekten äußerst selten sind.

GK 0 darf auch bei den im Freien befindlichen, aus technisch getrocknetem Holz hergestellten Holzbauteilen angenommen werden, wenn diese durch Abdeckung oder Bekleidung ausreichend gegen unzuträgliche Feuchteerhöhung durch Niederschläge geschützt sind. Dies ist z. B. bei den im Freien unter einem ausreichend großen Dachüberstand befindlichen Sparrenköpfen, siehe Bild K.23, und giebelseitigen Flugsparren der Fall. Eine Benetzung der Oberfläche mit Regentropfen bei einer ungünstigen Windrichtung kann dabei toleriert werden, da diese Situation nur kurzfristig eintritt und nicht zu einer unzuträglichen Befeuchtung des Holzes führt.

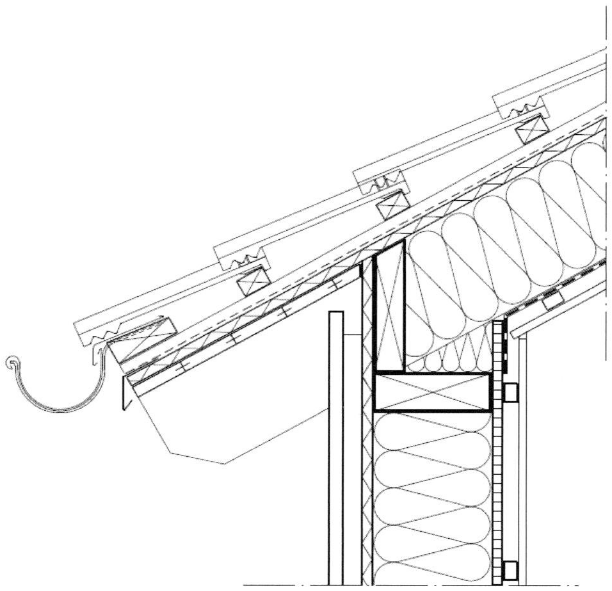

**Bild K.23:** Sparrenkopf aus technisch getrocknetem Holz (GK 0)

## 6.2 Bauliche Maßnahmen zur Vermeidung eines Bauschadens durch Holz zerstörende Pilze

Die seit Jahrzehnten vorliegenden Erkenntnisse aus Wissenschaft und Praxis zeigen, dass sich die Holz zerstörenden Pilze erst ab einer Holzfeuchte oberhalb des Fasersättigungsbereichs entwickeln können. Die entsprechenden Hinweise sind in der DIN 68800-1 aufgenommen.

Der Fasersättigungsbereich stellt die Grenze zwischen dem Vorhandensein von gebundenem Wasser einerseits und freiem Wasser anderseits dar, siehe Bild K.24.

In Abhängigkeit von der Rohdichte und der Menge an Holzinhaltsstoffen variiert diese Grenze sowohl zwischen den verschiedenen Holzarten als auch innerhalb einer Holzart. So befindet sich diese Grenze bei dem Fichten- und Tannenholz bei einer Holzfeuchte zwischen 30 % und 34 % und bei den in Deutschland verwendeten Nadelhölzern mit Farbkern zwischen 26 % und 28 % (Farbkern) bzw. zwischen 30 % und 34 % (Splintholz). Bei der Buche liegt diese Grenze sogar zwischen 32 % und 36 %. Nur bei Eichenkernholz liegt die Grenze bei rd. 24 %, wobei dieses ohne zusätzliche Holzschutzmaßnahmen in den Gebrauchsklassen GK 0 bis GK 3.2 eingesetzt werden darf.

Dies bedeutet, dass die tatsächliche Gefahr eines Befalls durch Holz zerstörende Pilze bei den in Deutschland im Bauwesen eingesetzten einheimischen Holzarten erst ab einer Holzfeuchte von rd. 30 % gegeben ist. Eine solche Holzfeuchte ist bei fachgerecht verbautem Holz unter Dach nicht zu erwarten, unter der Voraussetzung, dass die zwingend vorgeschriebenen, die Bauphysik betreffenden Normen und Vorschriften Beachtung finden.

**Feuchtezustand der Zellwände und Zellhohlräume**

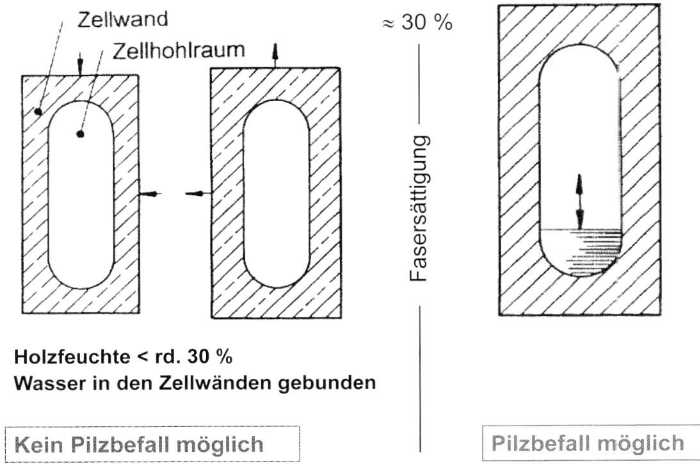


**Bild K.24:** Fasersättigung

### 6.2.1 Bauteile unter Dach

Bei Bauten mit nach außen sichtbaren tragenden Holzkonstruktionen muss durch ausreichende Dachüberstände oder durch andere besondere bauliche Maßnahmen die Aufnahme unzuträglicher Feuchte vermieden werden. Ausreichende Dachüberstände liegen vor, wenn zwischen Vorderkante Dach und Unterkante Holz ein Winkel von höchstens 60°, bezogen auf die Horizontale, vorhanden ist.

Bei zu erwartenden relativen Luftfeuchten von mehr als 85 % über längere Zeitspannen als eine Woche (z. B. in Kompostierungshallen, Eislaufhallen) sind besondere Maßnahmen vorzusehen, z. B. eine verstärkte Belüftung, die an den Holzbauteilen eine relative Luftfeuchte unterhalb von 85 % sicherstellt. Ein wenige Stunden im Monat lokal auftretender Tauwasserausfall ist bei ausreichender Rücktrocknungsmöglichkeit unkritisch.

Bezüglich des Schutzes durch Niederschlagswasser mittels Dachüberständen gelten die gleichen Regeln wie bei dem Spritzwasserschutz von Holzbauteilen, siehe Kommentar zu Abschnitt 5.2.1.5.

Bei einer nicht ausreichenden Wärmedämmung von Räumen mit einer hohen relativen Luftfeuchte kann es im Bereich der relativ kalten Dachunterseite und geometrisch ungünstigen Stellen zu einer Tauwasserbildung kommen. Solche Fälle wurden bei Eissport-, Reit- und Kompostierungshallen sowie in Gebäuden mit ähnlichen Klimabedingungen in der Vergangenheit immer wieder festgestellt, auch wenn in der Halle eine relative Luftfeuchte von knapp über 85 % gemessen wurde. Aus diesem Grund ist in solchen Hallen für eine Belüftung zu sorgen, die in allen Bereichen eine relative Luftfeuchte unterhalb von 85 % gewährleistet.

Bei den Eissporthallen kann infolge des strahlungsbedingten Wärmeaustauschs zwischen den etwas wärmeren Holzträgern der Dachkonstruktion und der kalten Eisoberfläche die Unterseite der Träger so weit abkühlen, dass hier Tauwasser gebildet wird. Dies kann durch eine ausreichende Belüftung oder durch Verwendung von speziellen Membranen unterhalb der Träger, die den erwähnten Wärmeaustausch behindern, vermieden werden, siehe Bild K.25 und Bild K.26.

**Bild K.25:** Brettschichtholz -Dachkonstruktion einer Eissporthalle vor der Montage der Membrane

**Bild K.26:** Eissporthalle nach der Montage der Membrane

### 6.2.2 Bewitterte Bauteile ohne Erdkontakt

Bei den Bauteilen muss sichergestellt sein, dass die Holzfeuchte $u$ 20 % nicht übersteigt.

Eine kurzfristige Erhöhung der Holzfeuchte im Bereich der Oberfläche ist unkritisch.

Maßnahmen, die zur Holzfeuchtebegrenzung führen:

- Begrenzung der Rissbildung durch Beschränkung der Querschnittsmaße und durch kerngetrennten Einschnitt bei Vollholz;
- Verwendung von Brettschichtholz und technisch getrocknetem Vollholz;
- gehobelte Oberfläche;
- Stauwasser in den Anschlüssen muss verhindert werden;
- Hirnholz muss abgedeckt werden;
- Niederschlagswasser muss direkt abgeführt werden;
- nicht vertikal stehende Bauteile sind oberseitig abzudecken.

Bei Einhaltung der oben genannten Vorgaben kann eine Einstufung in die Gebrauchsklasse GK 0 bei senkrecht stehenden direkt bewitterten Dach- oder Balkonstützen aus Brettschichtholz mit Querschnittsmaßen $\leq$ 20 cm $\times$ 20 cm oder Vollhölzern mit Querschnittsmaßen $\leq$ 16 cm $\times$ 16 cm erfolgen.

Bis auf die oberseitige Abdeckung, die zusätzlich bei nicht vertikal stehenden Bauteilen anzuwenden ist, müssen alle aufgeführten Maßnahmen gemeinsam beachtet werden.

Parallel zu diesen Maßnahmen wirkt sich die allgemein vorgeschriebene Einbaufeuchte unterhalb von 20 % ebenfalls positiv auf die Begrenzung der Rissbildung aus.

Unter Beachtung der aufgeführten Maßnahmen ist bei Dach- und Balkonstützen aus Brettschichtholz mit Querschnittabmessungen $\leq$ 20 cm $\times$ 20 cm oder Vollhölzern mit Querschnittsmaßen $\leq$ 16 cm $\times$ 16 cm mit einer Holzfeuchte zwischen rund 14 % und 18 % zu rechnen, sodass bei solchen Stützen die Gebrauchsklasse GK 0 angenommen werden kann, siehe Bild K.27.

Die Vollhölzer mit Querschnitten $>$ 16 cm $\times$ 16 cm sind kerngetrennt am Markt nur schwer erhältlich und schwer technisch zu trocknen. Sie neigen zu größeren Verdrehungen und stärkerer Rissbildung. Aus diesem Grund sollten sie nach Möglichkeit nicht der direkten Bewitterung ausgesetzt werden.

**Bild K.27:** Dachstütze (GK 0)

**Bild K.28:** Brettschichtholz im Freien unter Glasdach

Die erwähnten Dach- und Balkonstützen ausgenommen, sollte auch das Brettschichtholz nicht der freien Bewitterung ausgesetzt werden. Hier führt der vorwiegend einseitige Einfluss des Wetters (Regen, Wind und Sonne) zu einem unzuträglichen, schadensträchtigen Feuchtegefälle innerhalb des Querschnittes, dass in der Regel die Bildung tiefer Trockenrisse verursacht. Über diese Risse kann die Niederschlagsfeuchte tiefere Bereiche des Querschnittes über längere Zeit erreichen und hier einen Befall durch Holz zerstörende Pilze ermöglichen. Aus diesem Grund sollten im Außenbereich befindliche Teile von Brettschichtholzträgern unter Dach verbaut oder durch eine Verkleidung geschützt werden, siehe Bild K.28 und Bild K.29.

**Bild K.29:** Holzkonstruktion im Freien, verkleidet außerhalb des Dachschutzbereiches

Außenwände in Blockbauart sind in der Norm nicht berücksichtigt. Im Hinblick auf eine sichere Anwendung des Holzes im Bauwesen wird jedoch im Folgenden kurz auf diese Bauweise eingegangen.

Die Blockbauart ist gekennzeichnet durch horizontal geschichtete, längsprofilierte und an den Wandanschlüssen verspundete Balken, die der Abtragung von Vertikal- und Horizontallasten dienen. Die Einzelbalken und Verkämmungen von Außen- und Innenwänden bleiben im Regelfall ohne Abdeckungen zur Außenseite und prägen das blockhaustypische Erscheinungsbild. Diese Bauart weicht somit von den in dieser Norm beschriebenen Konstruktionsprinzipien erheblich ab. Auch im Falle großzügiger Dachüberstände kann eine direkte Beanspruchung der tragenden Holzkonstruktion durch Niederschläge nicht ausgeschlossen werden.

Bezüglich der Dauerhaftigkeit der Konstruktion, unter Verzicht auf einen vorbeugenden chemischen Holzschutz nach Teil 3 dieser Norm, bestehen keine Bedenken, wenn durch geeignete Maßnahmen ein Holzfeuchtegehalt von maximal 20 % auf Dauer sichergestellt wird (eine kurzfristige Erhöhung der Holzfeuchte im Oberflächenbereich ist unkritisch). Hierzu müssen die nachstehenden Voraussetzungen erfüllt sein:

1. Einhaltung der grundsätzlichen baulichen Maßnahmen nach Punkt 5 dieser Norm.
2. Einhaltung der besonderen baulichen Maßnahmen nach Punkt 6 dieser Norm.
3. Einhaltung ergänzender spezifischer Maßnahmen für Konstruktionen in Blockbauart, diese sind:
   3.1 schnelle Ableitung von Oberflächenwasser durch glatte Oberflächen ohne Vorsprünge zur Außenseite
   3.2 bei Verwendung von Anstrichen müssen diese ausreichend diffusionsoffen sein
   3.3 Vermeidung von horizontalen Stauflächen

3.4 maschinelle, passgenaue Profilierung der Blockbalken mit mindestens doppelter, angehobelter Nut-Feder-Verbindung ohne Abschrägungen zur Innenseite

3.5 Vermeidung geradliniger Durchdringungen von außen nach innen bei Verkämmungen und Anschlüssen

3.6 ausreichend bemessenes Setzrecht der Konstruktion im Übergang zu starren Bauteilen (z. B. Fenster, Türen, Kamine).

## 6.3 Bauliche Maßnahmen zur Vermeidung eines Bauschadens durch Insekten

Jede der folgenden Maßnahmen reicht alleine aus, um einen Bauschaden durch Insekten zu vermeiden:

a) Einsatz von Holz in Räumen mit üblichem Wohnklima oder vergleichbaren Räumen oder Einsatz unter entsprechenden Bedingungen;

b) Einsatz von Brettschichtholz, Brettsperrholz, technisch getrocknetem Bauholz oder Holzwerkstoffen mit einer Holzfeuchte $u \leq 20$ % im Gebrauchszustand;

c) eine allseitige insektenundurchlässige Abdeckung des zu schützenden Holzes;

d) offene Anordnung des Holzes, so dass es kontrollierbar ist und an sichtbar bleibender Stelle dauerhaft ein Hinweis auf die Notwendigkeit einer regelmäßigen Kontrolle angebracht wird;

e) Verwendung von Farbkernhölzern, die einen Splintholzanteil ≤ 10 % aufweisen.

Die Maßnahmen a), c) und d) beziehen sich auf Bauteile aus nicht technisch getrocknetem Holz.

Bei der Maßnahme a) geht man auf Grund von Praxiserfahrungen davon aus, dass in Räumen mit üblichem Wohnklima oder vergleichbaren Räumen die Gefahr eines Bauschadens durch Insekten so gering ist, dass eine Behandlung mit Holzschutzmitteln, auch in Bezug auf die Gesundheit der Einwohner und spätere Entsorgung, unverhältnismäßig wäre.

Bei der Maßnahme c) ist das Holz für eine Eiablage durch Insektenweibchen nicht zugänglich, so dass eine Zerstörung des Holzes durch Insekten auszuschließen ist.

Die Maßnahme d) bezieht sich auf Holzbauteile aus nicht technisch getrocknetem Holz, wenn diese, z. B. in einem nicht ausgebauten Dachgeschoss, so angeordnet sind, dass sie regelmäßig kontrolliert werden können, wodurch der Gefahr eines eventuellen Schadens durch Insekten begegnet wird.

Die Maßnahme b) basiert auf der zum Erscheinen der Norm im Jahr 2012 zu Grunde liegenden Erfahrungen, Untersuchungen und Literaturstellen zur Insektenunempfindlichkeit des technisch getrockneten Holzes, und wurde wie folgt begründet:

Vor etwa 120 Jahren hat man damit begonnen, im Holzbau technisch getrocknetes Nadelholz in Form von Brettschichtholz in größerem Umfang zu verwenden. Seitdem wurden in Deutschland über 20 Millionen Kubikmeter, europaweit über 50 Millionen Kubikmeter davon verbaut, wovon mindestens 90 % nicht mit einem Holzschutzmittel behandelt wurden. Dennoch war bis zum Jahr 2012 in Deutschland kein Fall bekannt, bei dem solches Brettschichtholz im Innenraumbereich und im nicht direkt bewitterten Außenbereich von Insekten befallen wurde. Zwei Feldstudien zur Untersuchung von Brettschichtholzträgern aus den Jahren 1984 [4] und 2000 [5] bestätigen dies: Alle untersuchten Träger waren frei von einem Insektenbefall.

Bild K.30 zeigt eine intakte Brettschichtholz-Konstruktion aus dem Jahr 1914.

Durch eine umfangreiche Feldstudie konnte die Unempfindlichkeit gegen Insekten auch bei anderen Produkten aus technisch getrocknetem Nadelholz nachgewiesen werden [6], [7], [8], [9].

**Bild K.30:** Intakte Brettschichtholz-Konstruktion aus dem Jahr 1914

Solche Produkte sind z. B. keilgezinktes und nicht keilgezinktes Konstruktionsvollholz und Balkenschichtholz. Bei der Aufzählung in b) wurde Balkenschichtholz nicht explizit aufgeführt. Da jedoch auch dieses Holzprodukt aus technisch getrocknetem Holz nach dieser Norm besteht, sind die Kriterien der Maßnahme b) auch auf dieses Produkt anwendbar. Dies gilt grundsätzlich für alle Holzprodukte aus technisch getrocknetem Holz nach dieser Norm, siehe hierzu Abschnitt 3.7 der Norm.

Bereits 30 Jahre vor Erscheinen der DIN 68800-2:2012 wurden diese Holzprodukte bei Holzbauwerken im Innenraumbereich und im nicht direkt bewitterten Außenbereich sehr oft ohne Holzschutzmittel offen eingebaut, sodass bei diesen bis zu drei Querschnittsseiten sichtbar und damit für Insekten jederzeit frei zugänglich waren. Die offenen Konstruktionen erlaubten eine einfache Kontrolle der verwendeten Holzprodukte. Trotz der Zugänglichkeit für Insekten ist bei keinem dieser Holzprodukte ein Insektenbefall bekannt geworden. Eine ergänzende Befragung von rund 800 Holzbaubetrieben und Sachverständigen durch verschiedene Verbände bestätigt diese Erkenntnisse.

Als maßgebende Gründe für das Fehlen eines Befalls durch Insekten bei technisch getrocknetem Holz wurden die Verflüchtigung der die Käfer anlockenden ätherischen Öle (Lockstoffe), die niedrige Holzfeuchte sowie die erhebliche Reduzierung des Nährstoffangebotes (Alterung der Eiweißstoffe, Abnahme des Vitamin-B-Gehaltes) genannt. Ob diese Gründe alleinig dafür verantwortlich sind, dass im Brettschichtholz keine Funde zu verzeichnen sind, wird in der Fachwelt kontrovers diskutiert.

Ausgelöst durch die Diskussion mit Veröffentlichung der Änderungen in DIN 68800-2:2022-02 wurden diese Gründe als auch das Nichtvorhandensein von befallenem technisch getrocknetem Holz sehr intensiv diskutiert. Durch diese öffentliche Diskussion wurden auch einige Fundstellen von Hausbocklarven an technisch getrocknetem Holz in der Fachwelt veröffentlicht, die aber nicht mit einem Bauschaden im Sinne der DIN 68800-2 einhergingen [14]. Diese Beobachtungen muten allerdings verschwindend gering an, wenn man beachtet, dass im Zeitraum von 2012, also dem Erscheinen der letzten Ausgabe der DIN 68800-2, bis 2020 das statistische Bundesamt über 200.000 fertiggestellte Wohngebäude ausgibt, dessen Tragstruktur überwiegend aus Holz besteht. Hinzu kommen Dachstühle in fast allen Wohngebäuden in anderen Bauweisen. In diesem Zeitrahmen wird Holz innerhalb von Gebäudestrukturen nicht mehr mit Holzschutzmitteln behandelt, besteht aber dann überwiegend aus technisch getrocknetem Holz. Es kann davon ausgegangen werden, dass neben den genannten Gründen noch andere Aspekte dafür verantwortlich sein könnten, dass es nur vereinzelte Fundstellen gibt und die Bauschäden an technisch getrocknetem Holz nicht zu erwarten sind. Hierzu zählen unter anderem die in den letzten 60 Jahren veränderte Qualität des Holzes durch die überwiegende Ausführung von gehobelten Holzoberflächen nicht nur im sichtbaren Bereich, bei weitgehender Anwendung von herzgetrennten Holzquerschnitten – die im Nutzungszustand deutlich weniger Rissbildung aufweisen – und den weitestgehend baumkantenfreien Querschnitten. Auch kann davon ausgegangen werden, dass Larven bei der technischen Trocknung absterben und so nicht mehr in das Bauwerk eingeschleppt werden.

Eine Gewichtung der maßgebenden Gründe für die Unempfindlichkeit von technisch getrocknetem Holz gegen Insekten wurde bis jetzt nicht vorgenommen. Maßgebend ist, dass durch Insektenbefall im technisch getrockneten Holz ohne Holzschutzmittel weder im Innenraumbereich noch im direkt bewitterten Außenbereich keine Bauschäden verursacht werden. Deshalb wurden auch bei der Überarbeitung der DIN 68800-1 im Jahr 2019 an den normativen Grundsätzen richtigerweise keine Änderungen vorgenommen. Technisch getrocknetes Holz unter Dach oder mit Abdeckung wird unabhängig von der Kontrollierbarkeit weiterhin der Gebrauchsklasse GK 0 zugeordnet.

Es wird empfohlen, grundsätzlich technisch getrocknetes Holz zu verwenden, da bei diesem keine zusätzlichen Maßnahmen erforderlich sind, wie dies bei luftgetrocknetem Holz der Fall ist (insektenundurchlässige Bekleidungen, regelmäßige Kontrollen, siehe Maßnahmen c) und d)).

Die Maßnahme e) basiert auf der Widerstandsfähigkeit des Farbkernholzes insbesondere gegen Hausbockkäfer. Eine technische Holztrocknung ist bei diesem Holz nicht zwingend erforderlich. Die Beschaffung der vorgeschriebenen Qualität (Splintholzanteil $\leq$ 10 %) hat in der Vergangenheit immer wieder zu Schwierigkeiten geführt. Aus diesem Grund wird empfohlen, auch dieses Holz technisch getrocknet zu beziehen, um die Kriterien der Maßnahme b) zu erfüllen. Diesbezüglich ist ausdrücklich darauf hinzuweisen, dass im Rahmen anderer, den Holzbau betreffender Normen, die Verwendung von trockenem Holz vorgeschrieben ist.

Der hin und wieder aus der Praxis gemeldete Hausbockbefall bei stark durchfeuchtetem Holz im Außenbereich ist als Sekundärschaden zu betrachten, da dieser nur in Verbindung mit einem starken Befall des Holzes durch Holz zerstörende Pilze auftritt.

# 7 Konstruktionsprinzipien für Außenbauteile, bei denen die Bedingungen der Gebrauchsklasse GK 0 erfüllt sind

## 7.1 Allgemeines

Die besonderen baulichen Maßnahmen nach Abschnitt 6 sind zu erfüllen.

Die nachfolgenden Konstruktionsprinzipien dienen als Grundlage zum Nachweis von besonderen baulichen Maßnahmen bei Außenbauteilen, die der Gebrauchsklasse GK 0 zugeordnet werden sollen.

Die nachfolgende Kommentierung bezieht sich auf die Nummerierung in der Legende zu den Bildern der Norm.

## 7.2 Außenwände

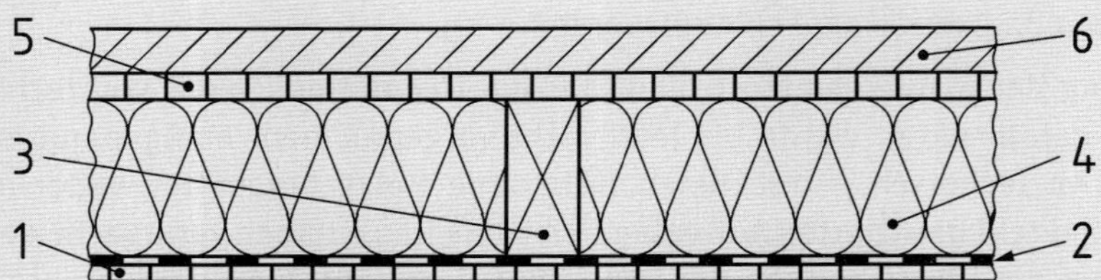


**Legende**

1 raumseitige Bekleidung oder Beplankung

2 Schicht zur Begrenzung des Diffusionsstroms, wenn nach 5.2.4 erforderlich

3 trockenes Holzprodukt

4 mineralischer Faserdämmstoff nach DIN EN 13162, Holzfaserdämmstoff nach DIN EN 13171 oder Dämmstoff, dessen Verwendbarkeit für diesen Anwendungsfall durch einen bauaufsichtlichen Verwendbarkeitsnachweis oder dessen Einsatz nach der MVVTB bzw. den technischen Baubestimmungen des jeweiligen Bundeslandes gegeben ist

5 äußere Bekleidung oder Beplankung

6 dauerhaft wirksamer Wetterschutz nach 5.2.1.2

**Bild 1 — Außenwand-Querschnitt (Prinzip) in Holztafelbauart**

Zu 1

Die Art der raumseitigen Bekleidung oder Beplankung ist freigestellt. Falls durch diese keine ausreichende dauerhafte Luftdichtheit gegenüber der Raumluft erreicht werden kann, ist die Luftdichtheit durch eine weitere Schicht vor der im Gefach angeordneten Dämmschicht dauerhaft zu gewährleisten. Diese Funktion kann z. B. von einer Schicht zur Begrenzung des Diffusionsstroms übernommen werden, falls diese nach DIN 4108-3:2018-10 erforderlich ist. In jedem Fall muss raumseitig eine dauerhaft luftdichte Ebene ausgebildet sein, also auch im Bereich von Durchdringungen und Anschlüssen an andere Bauteile. Bei Folien ist darauf zu achten, dass diese auch im Bereich der Überlappungen luftdicht ausgebildet sind. Wenn dafür Klebebänder Verwendung finden sollen, müssen diese ausreichend dauerhaft sein.

Einige Möglichkeiten für die Herstellung der luftdichten Schicht an der Raumseite zur Verhinderung von Wasserdampfkonvektion sind in Bild K.19 und Bild K.20 als Prinzipdarstellungen abgebildet.

Zu 2

Eine Schicht zur Begrenzung des Diffusionsstroms ist nur dann erforderlich, wenn ohne diese der Tauwasserschutz nach DIN 4108-3 nicht sichergestellt werden kann. Um eine eventuelle Feuchterückgabe aus dem Bauteilquerschnitt an die Raumluft (Rückdiffusion) zu ermöglichen, sollte ihr $s_d$-Wert möglichst nicht größer sein, als für den Tauwasserschutz erforderlich ist. Dabei ist sicherzustellen, dass auf der Außenseite der Nutzer oder die vom ihm beauftragte Firma die Dichtheit nicht erhöhen, z. B. im Rahmen von Renovierungsanstrichen bei bestimmten Wärmedämm-Verbundsystemen.

Falls durch die Schichtenfolge des Bauteils die Tauwasserfreiheit auch ohne zusätzliche Schicht zur Begrenzung des Diffusionsstroms ausreichend sichergestellt ist, sollte im Hinblick auf die Diffusionsoffenheit des Bauteils auch zur Raumseite hin auf diese verzichtet werden. Dies dient der Verbesserung des Austrocknungsverhaltens des Bauteilquerschnittes in der Verdunstungsperiode.

Zu 3

Hier darf auch Holz, das z. B. durch Lufttrocknung auf eine Feuchte unterhalb von 20 % getrocknet wurde, angewendet werden, da das Holz im eingebauten Zustand für die Insekten nicht zugänglich ist und möglicherweise mit dem Holz eingebaute Frischholzinsekten beim Herausschlüpfen keine Funktionsschäden verursachen können.

Zu 4

Für die Wärmedämmung im Gefach dürfen mineralische Faserdämmstoffe nach DIN EN 13162 und Holzfaserdämmstoffe nach DIN EN 13171 ohne weitere Nachweise verwendet werden, da deren Eignung für diese Anwendung auf Grund von durchgeführten Untersuchungen gegeben ist. Andere Dämmstoffe dürfen verwendet werden, wenn ihre Eignung für diese Anwendung durch einen bauaufsichtlichen Verwendbarkeitsnachweis nachgewiesen ist. Im Rahmen dieses Nachweises wurde die Gleichwertigkeit mit den genannten, geregelten mineralischen Faserdämmstoffen und Holzfaserdämmstoffe insbesondere in Bezug auf folgende Eigenschaften nachgewiesen:

- Austrocknungsverhalten des eingebauten Holzes sowie des gesamten Bauteilquerschnittes unter Annahme einer außerplanmäßig vorliegenden, unzulässig großen Einbaufeuchte,
- ausreichendes elastisches Verhalten zum Ausgleich von Einbautoleranzen des Holzes oder von nachträglich auftretenden, feuchtetechnisch bedingten Formänderungen des Holzes,
- formstabiles Gefüge der Dämmschicht im platten- oder mattenförmigen oder geschütteten Zustand für die Dauer des zu erwartenden Nutzungszeitraumes, auch in Anbetracht von häufig auftretenden Beanspruchungen durch Erschütterungen.

Mit der Änderung dieser Normenfassung können zukünftig auch lose Wärmedämmstoffe aus Pflanzenfasern wie beispielsweise Zellulose an dieser Stelle eingesetzt werden, sofern diese durch die technischen Baubestimmungen der jeweiligen Bundesländer für GK 0 Konstruktionen freigegeben wurden. In der derzeitigen Muster-Verwaltungsvorschrift technische Baubestimmungen 2020/2 erfolgt dies über Teil A Abschnitt 6 Wärmedämmung und der dazugehörigen Anlage 6.2/5. Grundvoraussetzungen dafür sind demnach das Vorhandensein einer ETA nach EAD/ ETAG/CUAP sowie das Umsetzen der folgenden Vorgaben:

- Dichte im eingebauten Zustand 25 kg/m³ bis 155 kg/m³
- Wasserdampfdiffusionswiderstandszahl $\mu \leq 3$
- Massebezogener Feuchtegehalt nach DIN EN ISO 12571:2013-12 bei 23 °C/80 % relative Luftfeuchtigkeit ≤ 0,19 kg/kg.

Zu 5

Die äußere Bekleidung oder Beplankung muss der Art des dauerhaften Wetterschutzes angepasst werden. So müssen die Holzwerkstoffplatten hinter belüfteten und hinterlüfteten Außenwandbekleidungen (Vorhangschalen) für die Anwendung im Feuchtbereich nach DIN EN 13986:2015-06 geeignet sein.

Zu 6

Alle in Abschnitt 5.2.1.2 der Norm aufgeführten Konstruktionen des dauerhaft wirksamen Wetterschutzes dürfen verwendet werden. Davon abweichende Konstruktionen dürfen nur dann verwendet werden, wenn für diese ein bauaufsichtlicher Verwendungsnachweis vorliegt.

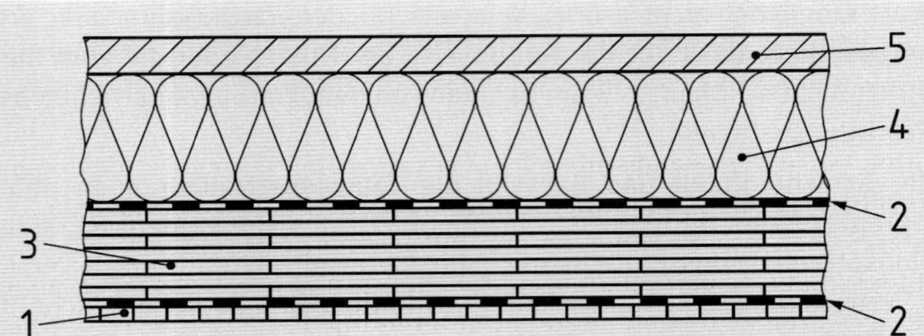


**Legende**

1 raumseitige Bekleidung oder Beplankung
2 Schicht zur Begrenzung des Diffusionsstroms, wenn nach 5.2.4 erforderlich
3 trockenes Holzmassivprodukt, z. B. Brettsperrholz, Brettstapelelement
4 mineralischer Faserdämmstoff nach DIN EN 13162, Hartschaumplatten nach DIN EN 13163, Holzfaserdämmstoff nach DIN EN 13171 oder Dämmstoff, dessen Verwendbarkeit für diesen Anwendungsfall durch einen bauaufsichtlichen Verwendbarkeitsnachweis oder dessen Einsatz nach der MVVTB bzw. den technischen Baubestimmungen des jeweiligen Bundeslandes gegeben ist
5 dauerhaft wirksamer Wetterschutz nach 5.2.1.2

**Bild 2 — Außenwand-Querschnitt (Prinzip) in Holzmassivbauart**

Zu 1 und 2

Hierzu gelten die Angaben zu Bild 1 sinngemäß.

Zu 3

Mit dieser Angabe ist dem steigenden Einsatz von Holzmassivprodukten, vor allem von Brettsperrholz und Brettstapelelementen, im Holzbau Rechnung getragen. Andere Holzmassivprodukte dürfen verwendet werden, wenn für ihre Anwendung ein bauaufsichtlicher Verwendbarkeitsnachweis vorliegt.

Zu 4

Für die Wärmedämmung dürfen mineralische Faserdämmstoffe nach DIN EN 13162, Hartschaumplatten nach DIN EN 13163 und Holzfaserdämmstoffe nach DIN EN 13171 ohne weiteren Nachweis verwendet werden, da bei diesen die Eignung für diese Anwendung auf Grund von durchgeführten Untersuchungen gegeben ist. Andere Dämmstoffe dürfen erst dann verwendet werden, wenn deren Eignung durch einen bauaufsichtlichen Verwendbarkeitsnachweis nachgewiesen ist, oder deren Einsatz nach der MVV TB bzw. den technischen Baubestimmungen des jeweiligen Bundeslandes gegeben ist.

Zu 5

Alle in Abschnitt 5.2.1.2 der Norm aufgeführten Konstruktionen des dauerhaft wirksamen Wetterschutzes dürfen verwendet werden. Davon abweichende Konstruktionen dürfen nur dann verwendet werden, wenn für diese ein bauaufsichtlicher Verwendungsnachweis vorliegt.

Die Bauteile nach Bild 1 und Bild 2 müssen luftdicht ausgebildet werden, auch im Bereich von Durchdringungen und Anschlüssen.

Siehe hierzu den Kommentar zu Abschnitt 5.2.4 der Norm.

An der Raumseite sind zusätzliche Bekleidungen, Vorhang- oder Vorsatzschalen zulässig, sofern der Tauwasserschutz nach 5.2.4 für den Gesamtquerschnitt gegeben ist.

Zusätzliche Aufbauten auf der Raumseite dürfen nur dann angebracht werden, wenn durch diese der Tauwasserschutz für den Gesamtquerschnitt nicht nachteilig beeinflusst wird. Hier sind vor allem die vor der Schicht zur Begrenzung des Diffusionsstroms auf Latten angebrachten Vorhang- und Vorsatzschalen zu erwähnen. Hinter diesen Schalen (Installationsebene) können verschiedene Leitungen, z. B. Kabel und Röhren, untergebracht werden, sodass Durchdringungen durch die Schicht zur Begrenzung des Diffusionsstroms vermieden werden, siehe Bild K.21 zu 5.2.4.

## 7.3 Leichte, Raum abschließende Konstruktionen mit außenseitigem Wetterschutz

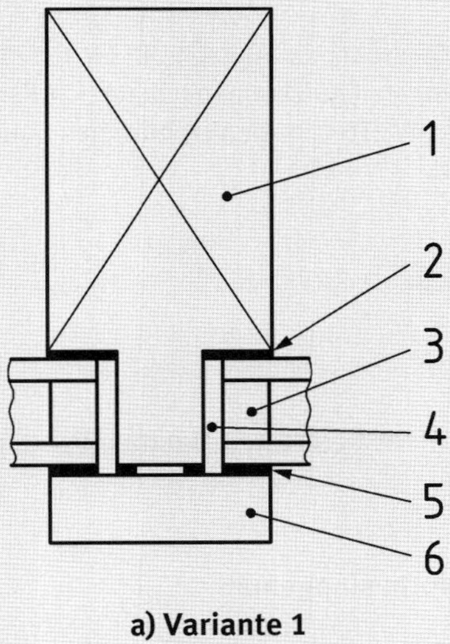


**a) Variante 1**

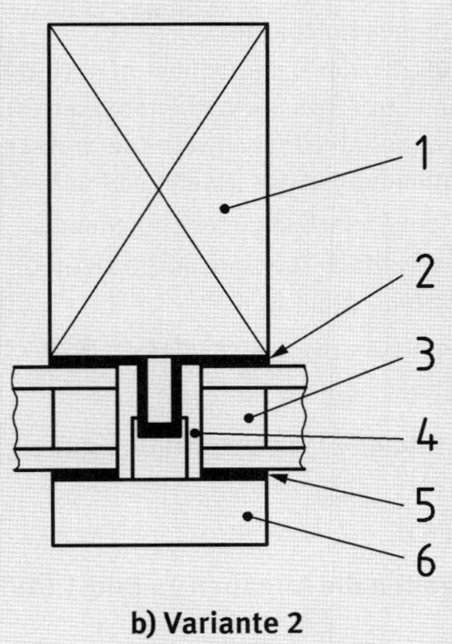


**b) Variante 2**

**Legende**

1 Holzprodukt mit Einbaufeuchte $u \leq 15$ %
2 raumseitige Abdichtung
3 Ausfachung (Paneel), z. B. Glas
4 druckentlasteter und entwässerter Hohlraum
5 außenseitige Abdichtung
6 außenseitige Abdeckung als dauerhaft wirksamer Wetterschutz, z. B. Metallprofil

**Bild 3 — Leichte, Raum abschließende Konstruktion mit außenseitigem Wetterschutz (Prinzip)**

Leichte, Raum abschließende Konstruktionen (z. B. Vorhangfassaden nach DIN EN 13830) aus vertikalen und horizontalen, miteinander verbundenen, am Baukörper verankerten und mit Ausfachungen (Füllungen) ausgestatteten Holzprodukten, die außenseitig mit einem durchgehenden, dauerhaft wirksamen Wetterschutz, z. B. aus Metallprofilen, abgedeckt sind (siehe Bild 3).

In diesem Abschnitt ist hauptsächlich auf einen sicheren baulichen Holzschutz bei Holz-Glaskonstruktionen im Außenbereich Bezug genommen. Bei einer dem späteren Umgebungsklima angepassten Einbaufeuchte von maximal 15 % sind keine nennenswerten Dimensionsänderungen infolge von Quellen und Schwinden des Holzes zu erwarten. Durch die raumseitige und außenseitige Abdichtung sowie die außenseitige, i. d. R. aus Metallprofilen bestehende Abdeckung als dauerhaft wirksamer Wetterschutz ist das Holz sicher vor Niederschlägen geschützt. Zusätzliche Sicherheit bietet der druckentlastete und entwässerte Hohlraum.

## 7.4 Geneigte, im Gefach nicht belüftete Dächer

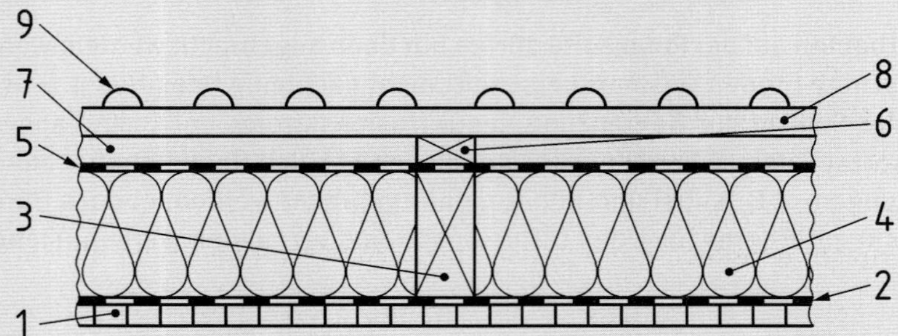


**Legende**

1 raumseitige Bekleidung oder Beplankung
2 Schicht zur Begrenzung des Diffusionsstroms, wenn nach 5.2.4 erforderlich
3 trockenes Holzprodukt
4 mineralischer Faserdämmstoff nach DIN EN 13162, Holzfaserdämmstoff nach DIN EN 13171 oder Dämmstoff, dessen Verwendbarkeit für diesen Anwendungsfall durch einen bauaufsichtlichen Verwendbarkeitsnachweis oder dessen Einsatz nach der MVVTB bzw. den technischen Baubestimmungen des jeweiligen Bundeslandes gegeben ist
5 äußere Abdeckung oder Beplankung
6 Konterlattung (Gebrauchsklasse GK 0)
7 belüfteter Hohlraum
8 Traglattung (Gebrauchsklasse GK 0)
9 Dachdeckung

**Bild 4 — Querschnitt des geneigten, im Gefach nicht belüfteten Daches (Prinzip)**

Zu 1 bis 4

Hierzu gelten die Angaben zu Bild 1 (Außenwand) der Norm sinngemäß.

Zu 5

Die äußere Abdeckung oder Beplankung kann unter der Beachtung des Abschnittes 5.2.4 (Tauwasser) aus verschiedenen Materialien bestehen. Wichtig ist, dass die diffusionsäquivalente Luftschichtdicke dieser Schicht $s_d \leq 0{,}3$ m beträgt. In früheren Fassungen der DIN 68800-2 wurde an dieser Stelle eine diffusionsäquivalente Luftschichtdicke $s_d \leq 0{,}2$ m für diese Schicht gefordert, da damals von einer erhöhten Einbaufeuchte des Holzes ausgegangenen wurde.

In der Praxis werden üblicherweise folgende Ausführungen dieser Schicht hauptsächlich angewandt:

a) Unterspannbahn mit diffusionsäquivalenter Luftschichtdicke $s_d = < 0{,}3$ m.

b) Trockene Bretterschalung max. Breite 160 mm, abgedeckt mit Unterspannbahn mit $s_d = < 0{,}3$ m. Hier geht man davon aus, dass zwischen den Brettern genügend Fugen vorhanden sind, sodass durch die Bretterschalung keine nennenswerte Dampfbremswirkung entsteht.

c) Holzfaserdämmstoffe nach DIN EN 13171 für das Anwendungsgebiet DADdm nach DIN 4108-10: 2021-10, ausgeführt als Unterdeckplatte Typ IL nach DIN EN 14964:2007-01. Durch Untersuchungen wurde nachgewiesen, dass hier beliebige Plattendicken verwendet werden dürfen.

Zu 6 und 8

Konter- und Traglattung sind der Gebrauchsklasse GK 0 zuzuordnen, auch wenn sie nicht technisch getrocknet sind. Diese Festlegung war schon in der Vorgängernorm enthalten. Gründe dafür sind:

- Infolge kleiner Querschnitte sind die Latten kaum rissgefährdet und demnach für eine Eiablage von Insekten nicht geeignet.
- Durch die Belüftung ist eine Holzfeuchte von $u \leq 18$ % zu erwarten.
- In den Sommermonaten sind die Dachlatten infolge ihrer Lage unmittelbar unter der Dachhaut immer wieder über mehrere Stunden einer Temperatur von mehr als 55 °C ausgesetzt, die zum Abtöten der im Holz eventuell vorhandenen Insektenlarven führt.
- Die Praxiserfahrung hat gezeigt, dass bei üblichen Situationen Schäden an Dachlatten durch Pilze und Insekten derart selten sind, dass ein vorbeugender Schutz mit Holzschutzmitteln nicht gerechtfertigt ist.

Zu 7

Der belüftete Hohlraum zwischen der äußeren Abdeckung oder Beplankung und der Dachdeckung ist eine wesentliche Voraussetzung für die dauerhafte Funktionsfähigkeit des Daches.

Zu 9

Bei der dargestellten Unterkonstruktion (Traglattung und Konterlattung) besteht die Dachdeckung in der Regel aus Dachsteinen oder Ziegeln.

Das Bauteil muss luftdicht ausgebildet werden, auch im Bereich von Durchdringungen und Anschlüssen.

Siehe hierzu den Kommentar zu Abschnitt 5.2.4 der Norm.

An der Raumseite sind zusätzliche Bekleidungen, Vorhang- oder Vorsatzschalen zulässig, sofern der Tauwasserschutz nach 5.2.4 für den Gesamtquerschnitt gegeben ist.

Hier gelten die zu den Bildern 1 und 2 der Norm gemachten Angaben sinngemäß.

Das Bauteil muss luftdicht ausgebildet werden, auch im Bereich von Durchdringungen und Anschlüssen.

Siehe hierzu den Kommentar zu Abschnitt 5.2.4 der Norm.

An der Raumseite sind zusätzliche Bekleidungen, Vorhang- oder Vorsatzschalen zulässig, sofern der Tauwasserschutz nach 5.2.4 für den Gesamtquerschnitt gegeben ist.

Hier gelten die zu den Bildern 1 und 2 der Norm gemachten Angaben sinngemäß.

## 7.5 Flach geneigte oder geneigte, voll gedämmte, nicht belüftete Dachkonstruktionen mit Metalleindeckung oder Abdichtung auf Schalung oder Beplankung

Flach geneigte oder geneigte, voll gedämmte, nicht belüftete Dachkonstruktionen mit Metalleindeckung oder mit Abdichtung auf Schalung oder Beplankung (siehe Bild 5) sind zulässig, sofern der Tauwasserschutz mittels hygrothermischer Simulation nach DIN 4108-3 nachgewiesen wird und nach 5.2.4 für den Gesamtquerschnitt gegeben ist.

Individuelle Gegebenheiten, wie Standort, Farbe der Eindeckung und Verschattung sind im Nachweis zu berücksichtigen.

Raumseitig dürfen Bahnen zur Begrenzung des Diffusionsstroms verwendet werden, sofern deren Alterungsverhalten berücksichtigt wird. Für den Nachweis sind die ungünstigeren Diffusionseigenschaften zu berücksichtigen. Anforderungen an die hierfür notwendigen Leistungseigenschaften werden beispielhaft in Anhang B dargestellt.

Sofern Verschattungsfreiheit vorausgesetzt wird, muss diese baurechtlich auf Dauer gesichert sein.

Bei Metalleindeckung ist eine strukturierte Trennlage mit Wasser abführender Schicht vorzusehen.

Bei bauseitiger Fertigung ist ein Witterungsschutz für die Montagezeitspanne sicherzustellen.

Zusätzliche äußere Deckschichten (Bekiesung oder Begrünung), Dämmschichten oberhalb der Beplankung oder Schalung sowie raumseitige Bekleidungen sind zulässig, sofern sie im Nachweis mittels hygrothermischer Simulation nach DIN 4108-3 mit berücksichtigt werden.

Diese Bauweise weist in der Regel auf der Außenseite infolge der Abdichtungsmaßnahmen einen Diffusionswiderstand auf, der das Trocknungspotenzial und die Diffusionsoffenheit der Konstruktion stark reduziert. Zur Vermeidung der Anreicherung von unzuträglichem Tauwasser kommt somit den raumseitig diffusionshemmenden Schichten eine besondere Bedeutung zu. Diese müssen den Feuchteeintrag sowohl durch Diffusion als auch Konvektion minimieren und gleichzeitig eine maximale Rücktrocknung hin zur Raumseite dauerhaft ermöglichen.

Zum Nachweis des dauerhaften Tauwasserschutzes für jeden spezifischen Anwendungsfall sind unter Berücksichtigung aller individuellen baulichen Gegebenheiten und klimatischer Randbedingungen hygrothermische Berechnungsmethoden in Übereinstimmung mit DIN 4108-3 und unter Anwendung der in Abschnitt 5.2.4 angegebenen Verdunstungsreserve zulässig. Die Eignung wurde für diese Anwendung auf Grund von durchgeführten Untersuchungen [10, 11, 12] nachgewiesen. Nachträgliche bauliche Änderungen, die Auswirkungen auf das bauphysikalische Verhalten haben, sind gesondert über vorgenannte Verfahren nachzuweisen.

Sind raumseitig feuchtevariable, diffusionshemmende Schichten vorgesehen, muss sichergestellt sein, dass die beim Tauwasserschutznachweis angenommenen feuchteabhängigen Wasserdampfdiffusionswiderstände über den gesamten Nutzungszeitraum dieses Anwendungsfalls auch in den Bahnen erhalten bleiben. Der Nachweis der Feuchtevariabilität und der Alterungsbeständigkeit der feuchtevariablen Eigenschaft, welche für die Dauerhaftigkeit dieser Konstruktion wesentlich ist, ist derzeit nicht über die DIN EN 13859-1:2010-11 abgedeckt. Dieser Nachweis kann beispielsweise über eine allgemeine bauaufsichtliche Zulassung/allgemeine Bauartgenehmigung oder auch im Rahmen einer ETA erbracht werden und wird in dieser Form bauordnungsrechtlich akzeptiert. Notwendige Leistungseigenschaften, die im Rahmen der Materialprüfung für oben aufgeführten Bescheid (aBZ/aBG) bestimmt werden, sind im Anhang B der Norm aufgeführt.

Da Verschattungen der Dachfläche, z. B. durch Nachbarbebauung, Vegetation oder Überbauten, das Rücktrocknungsverhalten maßgeblich beeinflussen, sind diese entsprechend im Tauwassernachweis mit zu berücksichtigen. Werden im Nachweis infolge der örtlichen Gegebenheiten Verschattungseinflüsse nicht berücksichtigt, ist dies nur zulässig, sofern dies baurechtlich auf Dauer sichergestellt werden kann, z. B. durch Grundbucheinträge oder den Bebauungsplan. Sollte die Nachbarbebauung in ihrer Höhe wesentlich erweitert oder abgerissen und höher neu errichtet werden, aber auch wenn Bäume gepflanzt werden, kann dies nachteilige Auswirkungen auf die Verschattungsfreiheit haben. Bei höheren frei stehenden Gebäuden und Hallen ist durch vorgegebene Abstandsmaße und Höhenbeschränkungen im Bebauungsplan eine Verschattungsfreiheit vom Planer in Absprache mit dem Bauherrn durchaus möglich. Der Schatten einer einzelnen Baumkrone, der einen sehr kleinen Bereich der Dachfläche abdeckt und während des Tagesverlaufs über das Dach wandert, kann sicherlich vernachlässigt werden. Ein direkt auf das Dach überkragender Baum, eine große Vordachfläche, eine nach oben an das Flachdach angrenzende Wandfläche oder eine feste Installation (Solaranlagen, Gehbeläge) auf dem Flachdach, deren Schatten während des Tages und insbesondere zu Zeiten des höchsten Sonnenstandes immer den gleichen Bereich abdeckt, hat einen deutlich kritischeren Einfluss auf die Rücktrocknung. Der Planer sollte den Bauherrn unbedingt schriftlich in Kenntnis setzen, dass das Bauteil ein verschattungsfrei oder teilverschattet bemessenes Bauteil ist, und nicht durch nachträgliche unplanmäßige Auf- und Umbauten beschattet werden darf. Da aus Klimaschutzgründen die Nutzung von geeigneten Dachflächen im Wohnungsneubau für Solarthermie und Photovoltaikanlagen nach den Vorgaben des Koalitionsvertrags der Jahre 2021 bis 2025 zur Regel werden soll [15], sollten Verschattungen, die sich durch die spätere Installation solcher Anlagen ergeben, bereits beim hygrothermischen Nachweis einbezogen werden. Die nstallation solcher Anlagen auf eine nachweisfreie Konstruktion nach Anhang A - Bild A19 ist nicht möglich.

Zur Reduktion des Feuchteniveaus der oberseitigen Beplankung oder Schalung können bei vorliegender Verschattung oder zusätzlich aufgebrachten Deckschichten zusätzliche Wärmedämmschichten oberhalb der Beplankung oder Schalung angeordnet werden, die jedoch im Einzelnachweis zu berücksichtigen sind.

Für unbelüftete Konstruktionen mit Metalleindeckungen ist zwischen oberer Schalung oder Holzwerkstoffbeplankung und Eindeckung eine strukturierte Trennlage vorzusehen, die anfallende Feuchte auf der Drainageschicht der strukturierten Trennlage ableitet.

Erfolgt die Abdichtung der Konstruktion bauseitig, sind die grundsätzlichen baulichen Maßnahmen in Bezug auf einen temporären Witterungsschutz sicherzustellen. Bei einer unplanmäßigen Auffeuchtung im Bauzustand sind Holz, Holzwerkstoffe und Dämmstoffe vollständig unterhalb der zulässigen Einbaufeuchten rückzutrocknen, bevor die Konstruktion verschlossen wird.

Haben Dächer eine geringere Dachneigung als 3° (5 %) werden diese in der DIN 68800-2 als Flachdächer bezeichnet. Die Kommentierung zu Abschnitt 7.5 kann sinngemäß auch für vollgedämmte unbelüftete Flachdächer mit Dachabdichtung herangezogen werden. Hierbei gilt eine Mindestdachneigung von 2 % immer einzuhalten. Bereits bei der Planung dieses Gefälles sind die Durchbiegung der Tragkonstruktion infolge Schnee- und Nutzlasten sowie Kriecheinflüsse und zulässige Maßtoleranzen zu berücksichtigen. Unterschreitungen sind bei diesen Konstruktionen immer zu vermeiden, da eine Pfützenbildung zu bauphysikalisch nachteiliger Verdunstungskühle führen kann.

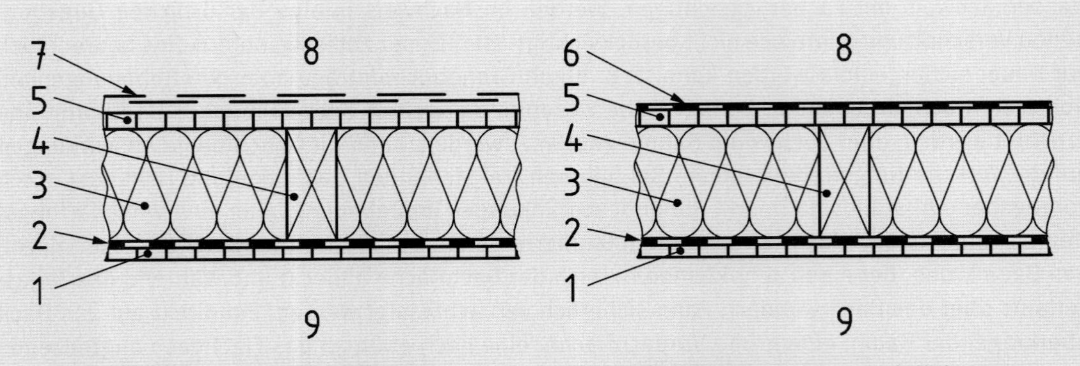


**a) Ausführung mit Metallabdeckung** **b) Ausführung mit Dachabdichtung**

**Legende**

1 Bekleidung ohne oder mit Lattung oder Beplankung
2 Schicht zur Begrenzung des Diffusionsstroms
3 mineralischer Faserdämmstoff nach DIN EN 13162, Holzfaserdämmstoff nach DIN EN 13171 oder Dämmstoff, dessen Verwendbarkeit für diesen Anwendungsfall durch einen bauaufsichtlichen Verwendbarkeitsnachweis oder dessen Einsatz nach der MVVTB bzw. den technischen Baubestimmungen des jeweiligen Bundeslandes gegeben ist
4 trockenes Holzprodukt
5 Oberseitige Schalung, Beplankung
6 Dachabdichtung
7 Metalleindeckung auf strukturierter, Wasser abführender Trennlage
8 Außenseite
9 Innenseite

**Bild 5 — Querschnitt des flach geneigten oder geneigten Daches, voll gedämmte und nicht belüftete Dachkonstruktionen (Prinzip)**

Die Raumseite muss luftdicht ausgebildet werden, auch im Bereich von Durchdringungen und Anschlüssen.

Feuchte bedingte Längenänderungen der oberseitigen Beplankung sind durch ausreichende Fugenbreiten oder die Beschränkung der Plattenmaße auf maximal 2 500 mm × 1 250 mm zu minimieren.

Zu 1

Die Art der raumseitigen Bekleidung oder Beplankung ist freigestellt, muss jedoch mit ihren spezifischen Baustoffkennwerten in einem Nachweis mittels hygrothermischer Simulation nach DIN 4108-3 berücksichtigt werden.

Falls durch diese keine ausreichende dauerhafte Luftdichtheit gegenüber der Raumluft erreicht werden kann, muss die Luftdichtheit über eine zusätzliche luftdichte Schicht oder über die Schicht zur Begrenzung des Diffusionsstroms ausgebildet werden. In jedem Fall muss die luftdichte Ebene in den Schichten 1 und 2 umfassend und dauerhaft ausgebildet sein, also auch im Bereich von Durchdringungen und Anschlüssen an andere Bauteile. Bei Folien ist darauf zu achten, dass diese auch im Bereich der Überlappungen luftdicht ausgebildet sind. Wenn dafür Klebebänder Verwendung finden sollen, müssen diese ausreichend dauerhaft sein.

Zu 2

Eine Schicht zur Begrenzung des Diffusionsstroms wird nur dann erforderlich, wenn der Tauwasserschutz mittels hygrothermischer Simulation nach DIN 4108-3 ohne sie nicht erreicht werden kann. Um eventuelle Feuchterücktrocknung aus dem Bauteilquerschnitt nicht unnötig zu behindern, sollte ihr $s_d$-Wert möglichst nicht größer sein, als für den Tauwasserschutz erforderlich. Gleichzeitig soll der raumseitige Feuchteeintrag dadurch minimiert werden. In diesem Anwendungsbereich können feuchtevariable diffusionshemmende Schichten mit entsprechendem Nachweis für die Alterungsbeständigkeit eingesetzt werden.

Falls durch die Schichtenfolge des Bauteils eine zusätzliche Schicht zur Begrenzung des Diffusionsstroms nicht erforderlich ist, sollte im Hinblick auf die Diffusionsoffenheit zur Raumseite hin, und der damit verbundenen Verbesserung des Austrocknungsverhaltens des Bauteilquerschnittes, auf diese verzichtet werden.

Zu 3

Für die Wärmedämmung im Gefach dürfen mineralischer Faserdämmstoff nach DIN EN 13162 und Holzfaserdämmstoff nach DIN EN 13171 ohne weitere Nachweise verwendet werden, da bei diesen die Eignung für diese Anwendung auf Grund von durchgeführten Untersuchungen gegeben ist. Andere Dämmstoffe dürfen erst dann verwendet werden, wenn ihre Eignung durch einen bauaufsichtlichen Verwendbarkeitsnachweis oder deren Einsatz nach der MVV TB bzw. den technischen Baubestimmungen des jeweiligen Bundeslandes gegeben ist, siehe diesbezüglich den Kommentar zu Bild 1 der Norm.

Zu 4

Es darf auch Holz, das z. B. durch Lufttrocknung auf eine Feuchte unterhalb von 20 % getrocknet wurde, angewendet werden, da das Holz im eingebauten Zustand für die Insekten nicht zugänglich ist.

Zu 5

Die oberseitige Schalung oder Beplankung muss der Art des dauerhaften Wetterschutzes angepasst werden. Bei oberseitiger Beplankung aus Holzwerkstoffen ist die Eignung für die Verwendung im Feuchtbereich nachzuweisen. Zur Beschränkung von feuchtebedingten Verformungen sind ausreichende Fugenbreiten vorzusehen oder maximale Plattengrößen von $B \times H = 1\,250$ mm × 2 500 mm anzuordnen. Dachschalungen aus Vollholz sind bei zusätzlich aufgebrachten Deckschichten Holzwerkstoffen vorzuziehen, um unzuträgliche feuchtebedingte Quell- und Schwindbewegungen der Dachkonstruktion auszuschließen. Der jeweilige spezifische Dachaufbau ist in seinem gesamten Aufbau und den Randbedingungen im Tauwassernachweis zu berücksichtigen, um die Feuchteänderungen der oberen Beplankung zu berücksichtigen.

Zu 6

Ein dauerhaft wirksamer Wetterschutz gemäß Abschnitt 5.2.1.4 der Norm ist durch die Dachabdichtung in der Fläche, an Fugen, An- und Abschlüssen, Durchdringungen und an Abläufen sicherzustellen. Anforderungen an Dachabdichtungen für nicht genutzte Dächer sind über die Normenreihe der DIN 18531 geregelt. Andere Regelwerke wie die Flachdachrichtlinien sollten wie unten näher erläutert zusätzlich beachtet werden.

Über die DIN 18531-1 werden für die Abdichtung je nach der vorliegenden Bauteilsituation, Anwendungs- und Einwirkungsklassen ausgewählt. Über die DIN 18531-3 werden anhand dieser Angaben und der ausgewählten Abdichtungsstoffe Festlegungen in Bezug auf die konkrete Ausführung wie beispielsweise Lagenanzahl oder Mindestdicken angegeben. Abdichtungsstoffe sind in Teil 2 der DIN 18531 aufgeführt.

In der Praxis gibt es insbesondere hinsichtlich der Auswahl der Anwendungsklassen Unterschiede zwischen den vom Zentralverband des Deutschen Dachdeckerhandwerks (ZVDH) herausgegebenen „Regeln für Dächer mit Abdichtungen“ (Flachdachrichtlinie) und der Abdichtungsnorm DIN 18531. Beispielsweise kennt die Flachdachrichtlinie nur die höherwertige Anwendungsklasse. Der Planer sollte genau prüfen, für welchen Anwendungsfall er welches Regelwerk einbezieht. Je sensibler eine Flachdachkonstruktion in Holzbauweise hinsichtlich der Bauteilfeuchte ist, desto ratsamer ist es, die höheren Anforderungen an die Abdichtungen zu Grunde zu legen. Damit Planung und Ausführung am Ende übereinstimmen, ist es wichtig, dass allen beteiligten Bauschaffenden klar ist, nach welchem Regelwerk die Abdichtung geplant wurde.

Als mögliche Dachabdichtungen können hierbei beispielsweise Bitumen- und Polymerbitumenbahnen sowie Kunststoff- und Elastomerbahnen verwendet werden. Für Abdichtungssysteme über die Normenreihe DIN 18531 hinaus, muss ein bauaufsichtlicher Verwendungsnachweis vorliegen, über den der dauerhafte Witterungsschutz nachgewiesen wird.

Zu 7

Da Metalleindeckungen in der Regel keine in der Fläche geschlossenen Systeme darstellen und um eine Feuchteanreicherung durch Tauwasser auszuschließen, das auf der Rückseite der Metalleindeckung anfallen kann, sind strukturierte Trennlagen anzuordnen. Anfallende Feuchtigkeit wird über die entstehende Drainageschicht auf der wasserdichten und diffusionsoffenen Trennlage abgeleitet. Die zulässige minimale Regeldachneigung für die gewählte Metalleindeckung ist bei der Anwendung zu beachten.

Zu 8

Die Außenseite der Konstruktion umfasst alle vorherrschenden Umgebungsklimabedingungen über den Nutzungszeitraum, die im Tauwassernachweis zu berücksichtigen sind.

Zu 9

Die Innenseite der Konstruktion umfasst das nutzungsspezifische Umgebungsklima, das im Tauwassernachweis zu berücksichtigen ist.

## 7.6 Geneigte Dächer mit Aufsparrendämmung und sichtbaren Sparren

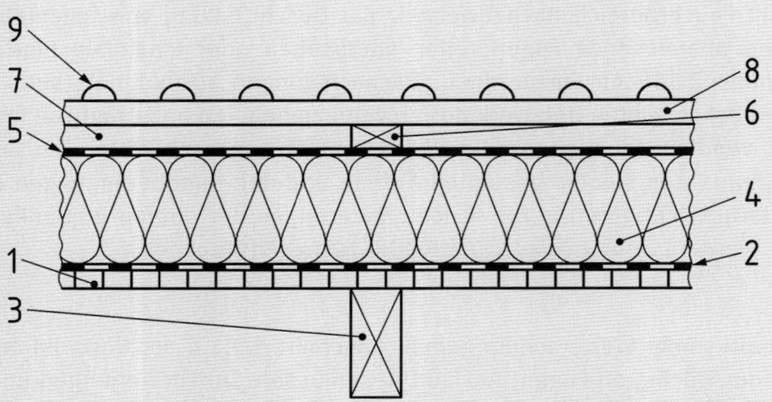


**Legende**

1 Bekleidung ohne oder mit Lattung oder Beplankung
2 Schicht zur Begrenzung des Diffusionsstroms, wenn nach 5.2.4 erforderlich
3 technisch getrocknetes Holzprodukt
4 Wärmedämmstoffe nach DIN EN 13162 bis DIN EN 13171 oder mit einem bauaufsichtlichen Verwendbarkeitsnachweis oder dessen Einsatz nach der MVVTB bzw. den technischen Baubestimmungen des jeweiligen Bundeslandes gegeben ist
5 obere Abdeckung (z. B. Unterdeckplatte, Unterdeckbahn)
6 Konterlattung (Gebrauchsklasse GK 0)
7 belüfteter Hohlraum
8 Traglattung (Gebrauchsklasse GK 0)
9 Dachdeckung

**Bild 6 — Querschnitt eines geneigten Daches mit Aufsparrendämmung und sichtbaren Sparren (Prinzip)**

Zu 1, 2 und 4

Hierzu gelten die Angaben zu Bild 1 der Norm sinngemäß.

Zu 3

Hier sind nur Produkte aus technisch getrocknetem Holz erlaubt, wenn auf eine Kontrolle hinsichtlich eines eventuellen Insektenbefalles verzichtet werden soll.

Zu 5 bis 9

Hierzu gelten die Angaben zu Bild 4 der Norm (geneigtes, im Gefach nicht belüftetes Dach) sinngemäß.

Bei diesem Dach muss die Konterlattung über den Wärmedämmstoffen (Aufdachdämmung) auf den Sparren befestigt werden. Hierfür werden fast ausnahmslos selbstbohrende Schrauben mit einem bauaufsichtlichen Verwendungsnachweis verwendet, in dem auch die Anordnung der Schrauben geregelt ist. In dem bauaufsichtlichen Verwendungsnachweis sind auch zusätzliche, für diese Anwendung erforderliche Eigenschaften der Wärmedämmstoffe aufgeführt, z. B. Anwendungsgebiet DAD nach DIN 4108-10:2021-11 und die Mindest-Druckfestigkeit.

Das Bauteil muss luftdicht ausgebildet werden, auch im Bereich von Durchdringungen und Anschlüssen.

Siehe hierzu den Kommentar zu Abschnitt 5.2.4 der Norm.

An der Raumseite sind zusätzliche Bekleidungen, Vorhang- oder Vorsatzschalen zulässig, sofern der Tauwasserschutz nach 5.2.4 für den Gesamtquerschnitt gegeben ist.

Hier gelten die Angaben zu den Bildern 1 und 2 der Norm sinngemäß.

## 7.7 Flachdächer mit Wärmedämmung oberhalb der Schalung oder Beplankung

Entsprechend Abschnitt 3.10 der Norm haben die Flachdächer eine Neigung von weniger als 3° (5 %), mindestens jedoch von 2 %. Wird die Neigung von 2 % unterschritten, sind im Hinblick auf das Erreichen der Gebrauchsklasse GK 0 besondere Nachweise erforderlich.

Die folgenden beiden Varianten sind hinsichtlich einer Tauwasserbildung sehr robust, da sich die Wärmedämmung ganz (Bild 7) bzw. fast ganz (Bild 8) oberhalb von tragenden Holzbauteilen befindet. Auf Grund der Lage der Wärmedämmung ist bei diesen Varianten kein konvektiver Feuchteeintrag zu erwarten, sodass bei diesen die Berücksichtigung einer rechnerischen Trockenreserve nach Abschnitt 5.2.4 der Norm nicht erforderlich ist.

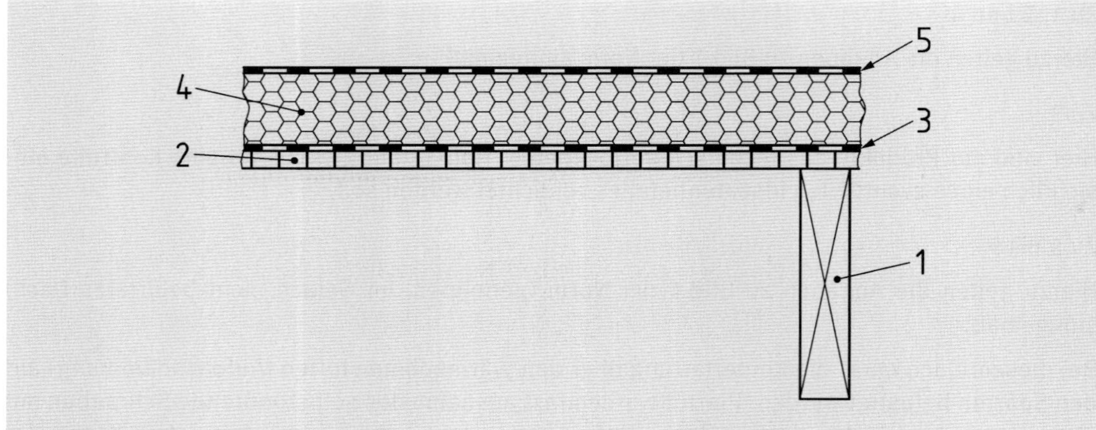


**Legende**

1 technisch getrocknetes Holzprodukt
2 Schalung oder Beplankung
3 Schicht zur Begrenzung des Diffusionsstroms
4 Wärmedämmschicht
5 Dachabdichtung

**Bild 7 — Querschnitt des Flachdaches (Prinzip) ohne Bekleidung auf der Raumseite**

Zu 1

Hier wurde die Verwendung von technisch getrocknetem Holz gewählt, um eine immer wiederkehrende Kontrolle des Holzes zu vermeiden. In der Praxis können insbesondere im privaten Bereich regelmäßige Kontrollen in der erforderlichen Art nicht vorausgesetzt werden. Sind die Holzbauteile nach DIN 68800-1 Abschnitt 5.2.1 so angeordnet, dass diese sich in Räumen mit üblichem Wohnklima oder vergleichbaren Räumen befinden, ist ein Bauschaden durch holzzerstörende Insekten auch ohne regelmäßige Kontrollen erfahrungsgemäß nicht zu erwarten, da die klimatischen Verhältnisse für die Entwicklung der Insekten ungünstig sind.

Zu 2

Die Holzschalung sollte technisch getrocknet sein, mindestens eine Dicke von 24 mm aufweisen und der Sortierklasse S10 nach DIN 4074 entsprechen. Bei den Holzwerkstoffen sollte eine Dicke von mindestens 22 mm gewählt werden. Da die Holzwerkstoffe direkt mit der Raumluft in Verbindung stehen, reichen hier die Holzwerkstoffe für die Verwendung im Trockenbereich nach DIN EN 13986:2015-06.

Zu 3

Eine Schicht zur Begrenzung des Diffusionsstroms ist immer erforderlich und muss entsprechend der Berechnung des klimabedingten Feuchteschutzes nach DIN 4108-3 gewählt werden.

Zu 4

Die Wärmedämmschicht muss ausreichend druckfest sein. Diesbezüglich ist die DIN 4108-10: 2021-10 zu beachten.

Zu 5

Anforderungen an Dachabdichtungen für nicht genutzte Dächer sind über die Normenreihe der DIN 18531 aber auch in den Flachdachrichtlinien enthalten. Siehe hierzu auch die Erläuterungen zu Bild 5.

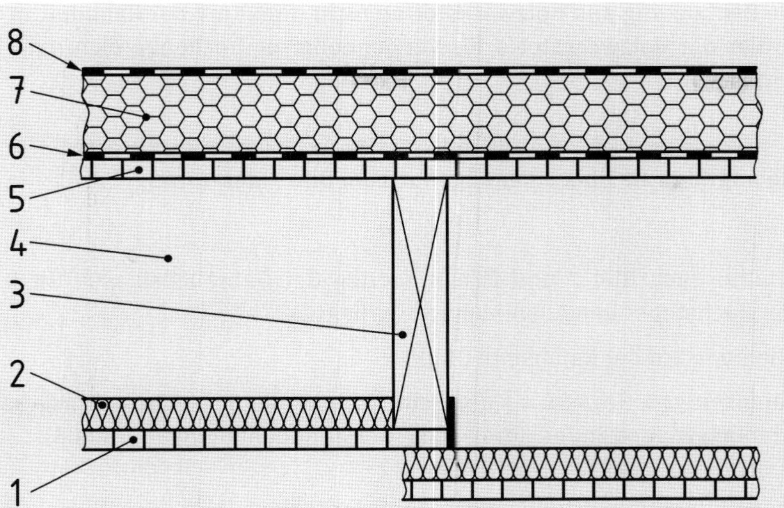


**Legende**

1 Bekleidung ohne oder mit Lattung oder Beplankung

2 mineralischer Faserdämmstoff nach DIN EN 13162, Holzfaserdämmstoff nach DIN EN 13171 oder Dämmstoff, dessen Verwendbarkeit für diesen Anwendungsfall durch einen bauaufsichtlichen Verwendbarkeitsnachweis oder dessen Einsatz nach der MVVTB bzw. den technischen Baubestimmungen des jeweiligen Bundeslandes gegeben ist

3 trockenes Holzprodukt

4 Hohlraum, nicht belüftet

5 Schalung oder Beplankung

6 Schicht zur Begrenzung des Diffusionsstroms

7 Wärmedämmschicht

8 Dachabdichtung

**Bild 8 — Querschnitt des Flachdaches (Prinzip) mit Bekleidung auf der Raumseite**

Zu 1

In der Regel wird hier eine Bekleidung aus Gipsplatten, Holzvertäfelung oder sogenannten Akustikplatten verwendet.

Zu 2

Diese Wärmedämmschicht, die oft auch zu Brand- und Schallschutzzwecken verwendet wird, darf maximal 20 % des Wärmedurchlasswiderstandes der gesamten Wärmedämmung ausmachen. Abweichend dazu kann die Dämmschicht vergrößert werden, wenn dies im Tauwassernachweis nach Abschnitt 5.2.4 Berücksichtigung findet.

Zu 3

Hier darf auch Holz, das z. B. durch Lufttrocknung auf eine Feuchte unterhalb von 20 % getrocknet wurde, angewendet werden, da das Holz im eingebauten Zustand für die Insekten nicht zugänglich ist und die mit dem Holz eventuell eingebauten Frischholzinsekten beim Herausschlüpfen keine Funktionsschäden verursachen können.

Zu 4

Im Hinblick auf einen optimalen Wärmeschutz darf im Hohlraum keine Belüftung stattfinden.

Zu 5

Hier gelten die Angaben zum Bild 7.

Auch wenn die Beplankung aus Holzwerkstoffen nicht direkt mit der Raumluft in Kontakt steht, können auch hier die Holzwerkstoffe für Verwendung im Trockenbereich nach DIN EN 13986 eingebaut werden.

Zu 6 bis 8

Hier gelten die Angaben zu 3 bis 5 der Legende zum Bild 7 der Norm.

Dachquerschnitte nach Bild 7 und Bild 8 werden der Gebrauchsklasse GK 0 zugeordnet, wenn eine der nachstehenden Ausbildungen vorliegt:

a) keine Bekleidung auf der Raumseite (Bild 7);

b) auf der raumseitigen Bekleidung liegt eine Wärmedämmschicht von maximal 20 % des Wärmedurchlasswiderstandes der gesamten Wärmedämmung auf (Bild 8).

Die beschriebenen Varianten erfüllen diese Anforderungen.

An der Raumseite sind zusätzliche Bekleidungen, Vorhang- oder Vorsatzschalen zulässig, sofern der Tauwasserschutz nach 5.2.4 für den Gesamtquerschnitt gegeben ist.

Hier gelten die Angaben zu den Bildern 1 und 2 der Norm sinngemäß.

## 7.8 Dachkonstruktionen in nicht ausgebauten Dachräumen

Dachkonstruktionen in nicht ausgebauten Dachräumen von Wohngebäuden oder dergleichen werden der Gebrauchsklasse GK 0 zugeordnet, wenn eine der folgenden Bedingungen gegeben ist:

a) Dachräume sind zugänglich, und die Konstruktion ist einsehbar und kontrollierbar;

b) Verwendung von Brettschichtholz, Brettsperrholz, technisch getrocknetem Bauholz mit einer Holzfeuchte $\leq$ 20 % im Gebrauchszustand oder Holzwerkstoffen;

c) Verwendung von Farbkernhölzern mit einem Splintholzanteil unter 10 %.

Zu a)

Diese Forderung gilt bei Konstruktionen aus nicht technisch getrocknetem Holz.

Zu b)

Die Aufzählung der Holzprodukte ist nicht vollständig. Selbstverständlich fallen hierunter auch andere Holzprodukte, deren Trocknungsprozess den Kriterien nach 3.7 dieser Norm entspricht. Siehe hierzu den Kommentar zu 6.3 b) der Norm.

Zu c)

Siehe hierzu den Kommentar zu Abschnitt 6.3 e) der Norm.

## 7.9 Deckenkonstruktion über Außenluft

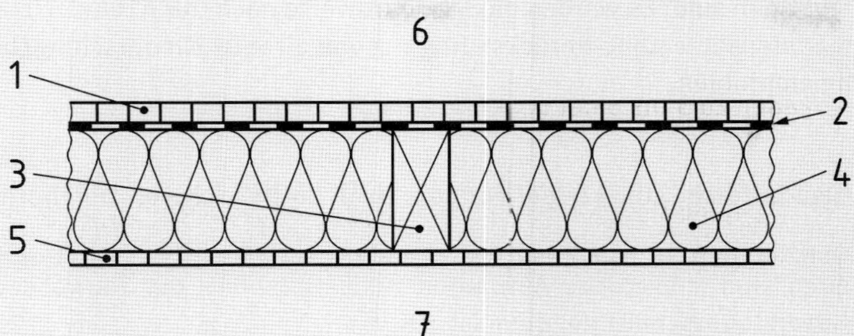


**Legende**

1 ein- oder mehrlagige raumseitige Schalung oder Beplankung

2 Schicht zur Begrenzung des Diffusionsstroms, wenn nach 5.2.4 erforderlich

3 trockenes Holzprodukt

4 mineralischer Faserdämmstoff nach DIN EN 13162, Holzfaserdämmstoff nach DIN EN 13171 oder Dämmstoff, dessen Verwendbarkeit für diesen Anwendungsfall durch einen bauaufsichtlichen Verwendbarkeitsnachweis oder dessen Einsatz nach der MVVTB bzw. den technischen Baubestimmungen des jeweiligen Bundeslandes gegeben ist

5 unterseitige Bekleidung oder Beplankung

6 Innenseite

7 Außenbereich

**Bild 9 — Querschnitt der Decke über Außenluft (Prinzip)**

Zu 1 bis 4

Hier gelten die Angaben zu Bild 1 der Norm sinngemäß.

Zu 5

Die unterseitige Bekleidung oder Beplankung steht zwar in direktem Kontakt mit der Außenluft, ein zusätzlicher dauerhafter Wetterschutz ist aber nicht notwendig, da eine direkte Niederschlags- und Spritzwasserbeanspruchung durch die Bauweise und den Mindestabstand zur Geländeoberkante auszuschließen ist. Um eine unzuträgliche Befeuchtung dieser Schicht infolge hoher Luftfeuchte zu vermeiden, muss eine ausreichende Belüftung zwischen dieser Schicht und der Oberkante Gelände sichergestellt sein. Diese ist gegeben, wenn bei einem Abstand von 500 mm bis 1 000 mm zwischen Unterkante Decke und Oberkante Gelände mindestens zwei offene Seiten auf Dauer gegeben sind. Eine empfehlenswerte Querlüftung ist gegeben, wenn sich die beiden offenen Seiten gegenüberliegen.

Ab einem Abstand von mehr als 1 000 mm ist ohne weitere Bedingungen von einer ausreichenden Belüftung auszugehen, wie z. B. bei Durchfahrten.

Unter den erwähnten Bedingungen ist bei der unterseitigen Bekleidung oder Beplankung mit einer maximalen Holzfeuchte von 18 % zu rechnen. Aus diesem Grund ist hier die Verwendung von Holzwerkstoffplatten, die für eine Anwendung im Feuchtbereich nach DIN EN 13986: 2015-06 geeignet sind, ausreichend. Bei der Bekleidung mit technisch getrockneter Holzschalung kann die Gebrauchsklasse GK 0 angenommen werden.

Zu 6

Die Innenseite der Konstruktion ist durch das nutzungsspezifische Umgebungsklima, das im Tauwassernachweis zu berücksichtigen ist, definiert. Es werden die Standardwerte nach DIN 4108-3:2018-10 empfohlen.

Zu 7

Der Außenbereich umfasst alle vorherrschenden Klimabedingungen, die im Tauwassernachweis zu berücksichtigen sind. Es werden die Standardwerte nach DIN 4108-3:2018-10 bzw. ortsspezifische Klimadatensätze ohne Berücksichtigung von direkter Niederschlagsbeanspruchung und Einstrahlung empfohlen.

Das Bauteil muss luftdicht ausgebildet werden, auch im Bereich von Durchdringungen und Anschlüssen.

Auf beiden Seiten sind zusätzliche Aufbauten zulässig, sofern der Tauwasserschutz nach 5.2.4 für den Gesamtquerschnitt gegeben ist.

Der Mindestabstand zwischen Unterkante Decke und Oberkante Gelände beträgt 500 mm, wenn eine ausreichende Belüftung über mindestens zwei offenen Seiten sichergestellt ist. Anderenfalls ist ein Mindestabstand von 1 000 mm erforderlich.

## 7.10 Hallenkonstruktionen

Hallenkonstruktionen in den Nutzungsklassen 1 und 2 werden sowohl bei geschlossenen als auch bei seitlich offenen Hallen der Gebrauchsklasse GK 0 zugeordnet, wenn eine der folgenden Bedingungen gegeben und eine unzuträgliche Veränderung des Feuchtegehaltes durch Tauwasserbildung oder Nutzungsbedingungen nicht zu erwarten ist:

a) Verwendung von Brettschichtholz, Brettsperrholz, technisch getrocknetem Bauholz mit einer Holzfeuchte $u \leq 20$ % im Gebrauchszustand oder Holzwerkstoffen;

b) die Konstruktion ist einsehbar und kontrollierbar.

ANMERKUNG 1 Bei teiloffenen, nicht klimatisierten Eishallen, Kompostierungsanlagen oder Hallen mit befeuchtetem Lagergut sowie bei geschlossenen, befeuchteten Reithallen ist mit erhöhter Feuchtelast aus der Nutzung zu rechnen. Hier werden zusätzliche Maßnahmen zur Vermeidung erhöhter Holzfeuchten notwendig.

ANMERKUNG 2 Hinweise zu Hallenkonstruktionen werden beispielsweise in [12] und [13] gegeben.

Bei den seitlich offenen Hallenkonstruktionen ist überwiegend von einer ausreichenden Belüftung auszugehen. In solchen Fällen ist eine unzuträgliche Erhöhung der Holzfeuchte infolge von Tauwasser nicht zu erwarten. Bei den geschlossenen Hallenkonstruktionen muss die Wärmedämmung der Außenbauteile und die Lüftung dem in der Halle herrschenden Klima so angepasst werden, dass keine unzuträgliche Erhöhung der Holzfeuchte infolge von Tauwasser zu Stande kommen kann.

In manchen Fällen kann nicht sicher angenommen werden, dass die Holzfeuchte in Hallenkonstruktionen unter 20 % liegt. Das kann die Ursache in bauphysikalischen Effekten haben wie zum Beispiel bei bestimmten Eissporthallen. Es kann aber auch der Nutzung der Hallen geschuldet sein, wie es sehr häufig bei landwirtschaftlichen Hallenkonstruktionen der Fall ist. Hier können je nach Art der Nutzung zusätzlich erhebliche Feuchtelasten in die Halle eingebracht werden. Bei Lagerhallen beispielsweise durch feuchtes Lagergut wie Kartoffeln oder Futtermittel, bei Masttierställen durch Ausscheidungen und Ausdünstungen der Tiere, bei Reithallen durch die regelmäßige Befeuchtung der Tretschicht des Reithallenbodens. Je nach geplanten und vorhandenen klimatischen Verhältnissen in der Halle kann es hier zur Auffeuchtung der Holzbauteile über $u = 20$ % kommen, sodass hier zur Vermeidung von direktem Feuchtekontakt als auch zur Vermeidung von Tauwasserbildung im Bereich der Holzoberflächen zusätzliche Maßnahmen vorgenommen werden müssen, siehe hierzu auch Bild K.25 und Bild K.26. Hinweise zu den eingebrachten Feuchtelasten und Hinweise zu besonderen baulichen Maßnahmen für diese speziell genutzten Hallen enthalten die beiden normativ genannten Literaturhinweise.

Bei Hallen die nicht durch nutzungsbedingte Feuchtelasten beaufschlagt werden, ist mit einer Holzfeuchte von weniger als 20 % im Gebrauchszustand zu rechnen. Dies bedeutet, dass hier Holzprodukte aus technisch getrocknetem Holz ohne Einschränkungen verwendet werden dürfen (Bedingung a)).

Die Bedingung b) bezieht sich auf nicht technisch getrocknetes Holz. Um die in diesem Fall vorgeschriebene Kontrolle hinsichtlich eines eventuellen Insektenbefalls zu vermeiden, wird grundsätzlich die Verwendung von Holzprodukten aus technisch getrocknetem Holz empfohlen.

# 8 Konstruktionsprinzipien für Innenbauteile, bei denen die Bedingungen der Gebrauchsklasse GK 0 erfüllt sind

## 8.1 Allgemeines

Die besonderen baulichen Maßnahmen nach Abschnitt 6 sind zu erfüllen.

## 8.2 Decken unter nicht ausgebauten Dachräumen

Bei solchen Decken herrschen vor allem in den Wintermonaten deutliche Temperaturunterschiede zwischen der oberen und unteren Seite. Sie sind aber nicht so groß wie bei den Dächern über beheizte Räume, da in den nicht ausgebauten Dachräumen in der Regel eine deutlich höhere Temperatur als Außentemperatur zu erwarten ist.

### 8.2.1 Decken unter nicht ausgebauten Dachräumen, im Gefach nicht belüftet

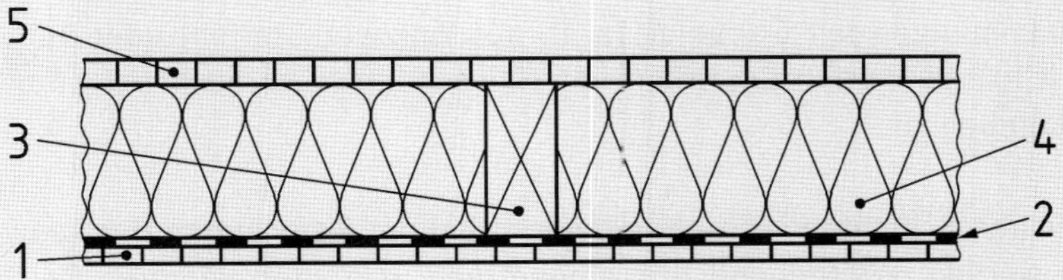


**Legende**

1 unterseitige Bekleidung ohne oder mit Lattung oder Beplankung

2 Schicht zur Begrenzung des Diffusionsstroms, wenn nach 5.2.4 erforderlich

3 trockenes Holzprodukt

4 mineralischer Faserdämmstoff nach DIN EN 13162, Holzfaserdämmstoff nach DIN EN 13171 oder Dämmstoff, dessen Verwendbarkeit für diesen Anwendungsfall durch einen bauaufsichtlichen Verwendbarkeitsnachweis oder dessen Einsatz nach der MVVTB bzw. den technischen Baubestimmungen des jeweiligen Bundeslandes gegeben ist

5 obere Schalung oder Beplankung

**Bild 10 — Querschnitt der Decke unter nicht ausgebauten Dachräumen, im Gefach nicht belüftet (Prinzip)**

Zu 1 bis 4

Hierzu gelten die Angaben zu Bild 1 der Norm sinngemäß.

Zu 5

Diese Schicht sollte so weit wie möglich diffusionsoffen ausgebildet sein.

Bei der späteren Nutzung ist darauf zu achten, dass über die im Rahmen der Berechnung des Tauwasserschutzes berücksichtigte obere Schalung oder Beplankung keine zusätzlichen Beläge oder dicht anliegende Gegenstände über größere Teile der Fläche angebracht werden, um eine Bildung von Tauwasser sicher zu vermeiden. Der Bauherr sollte diesbezüglich vom Planer informiert werden.

Das Bauteil muss luftdicht ausgebildet werden, auch im Bereich von Durchdringungen und Anschlüssen.

Diese Decken sind zwar keine Außenbauteile, sind aber infolge ihrer waagerechten Lage durch Tauwasser aus Wasserdampfkonvektion und aufgrund der in der Regel verwendeten oberen Beplankung aus Holzwerkstoffen mit $s_d$-Werten von mehreren Metern gefährdet, wenn die untere Seite, auch im Bereich von Durchdringungen und Anschlüssen, nicht luftdicht ausgebildet ist. Hierzu gehört auch der Anschluss und die Ausführung der gegebenenfalls vorhandenen Einschubtreppe des Dachbodens. Konvektiver Feuchteeintrag auch aus angrenzenden Dachschrägen und Wänden, in die Decken unter nicht ausgebauten Dachräumen und auch in den nicht ausgebauten Dachraum selbst, zum Beispiel durch hier geführte Installationen, ist unbedingt zu vermeiden.

An der Raumseite sind zusätzliche Bekleidungen, Vorhang- oder Vorsatzschalen zulässig, sofern der Tauwasserschutz nach 5.2.4 für den Gesamtquerschnitt gegeben ist.

Hier sind vor allem die vor der Schicht zur Begrenzung des Diffusionsstroms angebrachten Vorhang- und Vorsatzschalen zu erwähnen. Hinter diesen Schalen befindet sich in der Regel eine Installationsebene zur Unterbringung von verschiedenen Leitungen, sodass die Dampfbremsschicht ohne Durchdringungen ausgebildet werden kann.

Zusätzliche Dämmungen mit Gehbelag (z. B. aus Holzwerkstoffen) oder Schalungen oberhalb der Schicht 5 sind zulässig, sofern der Tauwasserschutz nach 5.2.4 für den Gesamtquerschnitt gegeben ist.

Solche zusätzlichen Schichten müssen unbedingt bei der Berechnung des Tauwasserschutzes berücksichtigt werden. Weitgehend diffusionsoffene Schichten wie zum Beispiel Holzfaserdämmplatten wirken sich sehr günstig aus, um Kondensatbildung an der Innenseite der oberen tragenden und häufig auch aussteifenden Beplankung zu vermeiden.

### 8.2.2 Decken unter nicht ausgebauten Dachräumen mit Aufdämmung

Diese Variante ist hinsichtlich des Tauwasserschutzes sehr robust, da die Wärmedämmung oberhalb der tragenden Holzkonstruktion angebracht ist. Die tragende Konstruktion befindet sich somit vollständig im Raumklima.

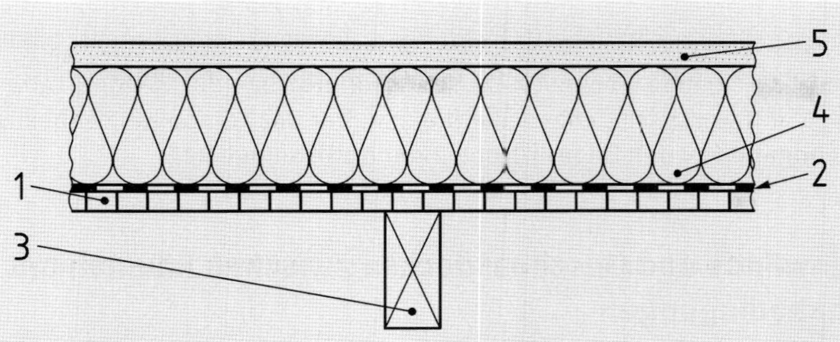


**Legende**

1 unterseitige Schalung oder Beplankung

2 Schicht zur Begrenzung des Diffusionsstroms, wenn nach 5.2.4 erforderlich

3 technisch getrocknetes Holzprodukt

4 Wärmedämmstoffe nach DIN EN 13162 bis DIN EN 13171 oder mit einem bauaufsichtlichen Verwendbarkeitsnachweis oder dessen Einsatz nach der MVVTB bzw. den technischen Baubestimmungen des jeweiligen Bundeslandes gegeben ist

5 Belag

**Bild 11 — Querschnitt der Decke unter nicht ausgebauten Dachräumen mit Aufdämmung (Prinzip)**

Zu 1

Die Wahl der unterseitigen Schalung oder Beplankung ist freigestellt, sofern diese die Rolle der diffusionsbegrenzenden Schicht nicht mit übernehmen soll.

Zu 2

Im Rahmen der Berechnung des klimabedingten Feuchteschutzes ist zu entscheiden, ob eine diffusionsbegrenzende Schicht erforderlich ist.

Zu 3

Hier wurde die Verwendung von technisch getrocknetem Holz gewählt, um eine immer wiederkehrende Kontrolle des Holzes hinsichtlich eines eventuellen Insektenbefalls zu vermeiden. In der Praxis kann insbesondere im privaten Bereich eine Kontrolle in der erforderlichen Art nicht unbedingt vorausgesetzt werden. Sind die Holzbauteile nach DIN 68800-1 Abschnitt 5.2.1 so angeordnet, dass diese sich in Räumen mit üblichem Wohnklima oder vergleichbaren Räumen befinden, ist ein Bauschaden von holzzerstörenden Insekten auch ohne regelmäßige Kontrollen erfahrungsgemäß nicht zu erwarten, da die klimatischen Verhältnisse für die Entwicklung der Insekten ungünstig sind.

Zu 4

Für die Aufdämmung dürfen alle nach EN-Normen geregelten Wärmedämmstoffe verwendet werden, da hier die im Kommentar zu Bild 1 der Norm aufgeführten Anforderungen für die Wärmedämmstoffe im Gefach nicht gelten.

Zu 5

Die Art des Belags und insbesondere dessen Wasserdampfdiffusionsverhalten müssen bei der Berechnung des Tauwasserschutzes berücksichtigt werden.

Das Bauteil muss luftdicht ausgebildet werden, auch im Bereich von Durchdringungen und Anschlüssen.

Hier gelten die Angaben zu den Bildern 1 und 2 der Norm sinngemäß.

An der Raumseite sind zusätzliche Bekleidungen, Vorhang- oder Vorsatzschalen zulässig, sofern der Tauwasserschutz nach 5.2.4 für den Gesamtquerschnitt gegeben ist.

Hier gelten die Angaben zu den Bildern 1 und 2 der Norm sinngemäß.

## 8.3 Innenwände und Geschossdecken zwischen Räumen mit gleichen Klimabedingungen

Innenwände und Geschossdecken zwischen Aufenthaltsräumen mit ähnlichen Klimabedingungen werden der Gebrauchsklasse GK 0 zugeordnet.

Bei diesen Bauteilen sind keine nennenswerten Dampfdruckunterschiede zwischen den beiden Bauteiloberflächen vorhanden, sodass keine nennenswerte Wasserdampfdiffusion bzw. Wasserdampfkonvektion zu erwarten ist.

## 8.4 Decken über Kellerräumen

### 8.4.1 Decken über geschlossenen Kellern

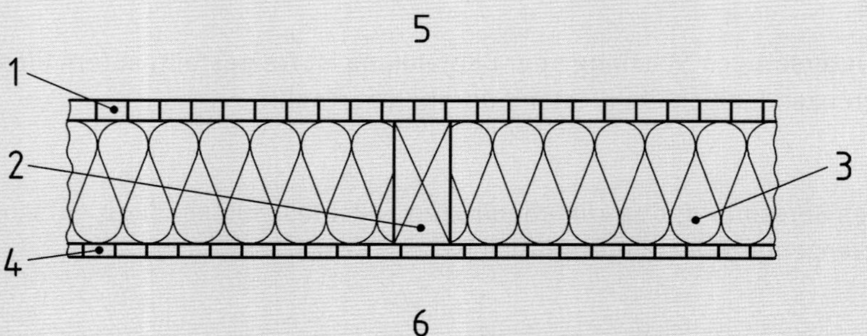


**Legende**

1 ein- oder mehrlagige raumseitige Schalung oder Beplankung (weitere Fußbodenaufbauten zulässig)
2 trockenes Holzprodukt
3 mineralischer Faserdämmstoff nach DIN EN 13162, Holzfaserdämmstoff nach DIN EN 13171 oder Dämmstoff, dessen Verwendbarkeit für diesen Anwendungsfall durch einen bauaufsichtlichen Verwendbarkeitsnachweis oder dessen Einsatz nach der MVVTB bzw. den technischen Baubestimmungen des jeweiligen Bundeslandes gegeben ist
4 unterseitige Bekleidung oder Beplankung
5 Innenseite
6 Keller

**Bild 12 — Decke über geschlossenem Keller**

Zu 1

Die Wahl dieser Schicht ist freigestellt.

Zu 2

Hier darf auch Holz, das z. B. durch Lufttrocknung auf eine Feuchte unterhalb von 20 % getrocknet wurde, angewendet werden, da das Holz im eingebauten Zustand für die Insekten nicht zugänglich ist und die mit dem Holz eventuell eingebauten Frischholzinsekten beim Herausschlüpfen keine Funktionsschäden verursachen können.

Zu 3

Hier gelten die Angaben zu Bild 1 der Norm sinngemäß.

Zu 4

Für die unterseitige Bekleidung oder Beplankung ist die Eignung zur Verwendung im Feuchtbereich nachzuweisen. Direkte Feuchtebeanspruchungen treten nur aus dem im Kellerbereich vorherrschenden Klima auf. Siehe hierzu auch die Kommentierung zu Abschnitt 10 (Bild K.41).

Zu 5

Die Innenseite der Konstruktion umfasst das nutzungsspezifische Umgebungsklima, das im Tauwassernachweis zu berücksichtigen ist. Es werden die Standardwerte nach DIN 4108-3: 2018-10 empfohlen.

Zu 6

Der Kellerbereich umfasst alle vorherrschenden Klimabedingungen, die im Tauwassernachweis zu berücksichtigen sind. Zu diesem Zweck sollte der Planer mit dem Nutzer die zu erwartenden Klimabedingungen festschreiben und bei der Konstruktionsauswahl berücksichtigen. Im Zweifel sind Diffusionsstrom begrenzende Bauprodukte auf der Seite mit der höheren Feuchtelast einzuplanen. Eine Schicht zur Begrenzung des Diffusionsstroms ist in der Regel bei einem wärmegedämmten, nicht dauerhaft geheizten geschlossenen Keller nicht erforderlich.

Das Bauteil muss luftdicht ausgebildet werden, auch im Bereich von Durchdringungen und Anschlüssen.

ANMERKUNG Eine Schicht zur Begrenzung des Diffusionsstroms ist in der Regel nicht erforderlich.

Siehe Kommentar zu Abschnitt 6 der Norm.

### 8.4.2 Decken über Kriechkellern

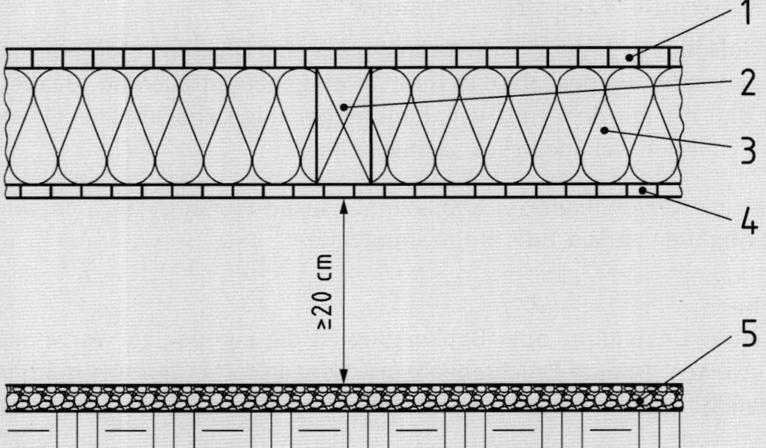


**Legende**

1 ein- oder mehrlagige raumseitige Schalung oder Beplankung (weitere Fußbodenaufbauten zulässig)

2 trockenes Holzprodukt

3 mineralischer Faserdämmstoff nach DIN EN 13162, Holzfaserdämmstoff nach DIN EN 13171 oder Dämmstoff, dessen Verwendbarkeit für diesen Anwendungsfall durch einen bauaufsichtlichen Verwendbarkeitsnachweis oder dessen Einsatz nach der MVVTB bzw. den technischen Baubestimmungen des jeweiligen Bundeslandes gegeben ist

4 unterseitige Bekleidung oder Beplankung

5 vollflächige diffusionssperrende Schicht $s_d$ > 100 m auf dem Erdreich, Anordnung einer darüberliegenden kapillar nicht saugfähigen Auflage (Bodendämmung, Grobkiesschüttung) zulässig

**Bild 13 — Decke über Kriechkeller**

Für die unterseitige Kriechkellerbekleidung/-beplankung sollten zementgebundene Spanplatten verwendet werden.

ANMERKUNG Eine Schicht zur Begrenzung des Diffusionsstroms in der Decke ist in der Regel nicht erforderlich.

Für Holzbalkendecken über Kriechkellern gilt:

- Mindestkriechkellerhöhe 20 cm;

  Unter bauphysikalischen Gesichtspunkten ist eine Höhe von 20 cm ausreichend, im Hinblick auf die Zugänglichkeit wird jedoch eine Höhe von mindestens 50 cm empfohlen.
- Belüftung des Kriechkellers über regelmäßig in den Wänden angeordnete Lüftungsöffnungen, Brutto-Öffnungsfläche je Quadratmeter Grundfläche mindestens 10 cm² bis maximal 20 cm²;
- kleintiersichere Abdeckung der Öffnungen mit Lüftungsgittern;
- das Bauteil muss luftdicht ausgebildet werden, auch im Bereich von Durchdringungen und Anschlüssen.

Zu 1

Die Art der raumseitigen Bekleidung oder Beplankung ist freigestellt. Falls durch diese keine ausreichende dauerhafte Luftdichtheit gegenüber der Raumluft erreicht werden kann, ist die Luftdichtheit durch eine weitere Schicht vor der im Gefach angeordneten Dämmschicht oder durch Schichten im Fußbodenaufbau dauerhaft zu gewährleisten. In jedem Fall muss die Innenseite umfassend dauerhaft luftdicht ausgebildet sein, also auch im Bereich von Durchdringungen und Anschlüssen an andere Bauteile. Wenn Bahnen zur Begrenzung des Diffusionsstroms (Folien) auch der Luftdichtheit dienen sollen ist darauf zu achten, dass diese auch im Bereich der Überlappungen luftdicht ausgebildet sind. Wenn dafür Klebebänder Verwendung finden sollen, müssen diese ausreichend dauerhaft sein.

Zu 2 und 3

Hierzu gelten die Angaben zu Bild 1 der Norm sinngemäß.

Zu 4

Für die unterseitige Bekleidung oder Beplankung ist die Eignung zur Verwendung im Feuchtbereich nachzuweisen. Auf Grund von Untersuchungsergebnissen [13] werden zementgebundene Spanplatten zur Verwendung empfohlen, da diese eine hohe Unempfindlichkeit gegen Feuchtebeanspruchung und Pilzbewuchs aufweisen.

Zu 5

Die vollflächige Abdeckung des Erdreiches mit einer diffusionssperrenden oder diffusionsdichten Schicht, $s_d$-Wert > 100 m, reduziert das Feuchteniveau im Kriechkellerbereich maßgeblich, da flächig auftretende Verdunstungsvorgänge aus dem Erdreich, die je nach Feuchtebedingungen im Untergrund (Grundwasserstand, Hangwasser und Schichtenwasser) ganz erheblich sein können, minimiert werden. Ein feuchteunempfindlicher Anschluss der mind. diffusionssperrenden Schicht zu angrenzenden Fundamenten ist notwendig, sofern die vollflächige Auflage auf den Untergrund nicht dauerhaft gewährleistet werden kann. Um eine vollflächige Auflage sicherzustellen, können aufliegende, nicht kapillar saugfähige Schüttungen und Dämmungen zum Einsatz kommen, die auch zu einem dauerhaften Schutz der mind. diffusionssperrenden Schicht beitragen. Darüber hinaus können Wärmedämmungen zum dauerhaften Schutz der mind. diffusionssperrenden Schicht beitragen und erhöhen die Temperatur in dem Hohlraum, was zu einer Verringerung der relativen Luftfeuchtigkeit führt. Kritische Feuchtezustände werden dadurch weiter reduziert. Es wird empfohlen diese Dämmungen ebenfalls zu beschweren. Die Höhe des freien Lüftungsquerschnitts von mindestens 20 cm bis zur unterseitigen Beplankung darf hierdurch jedoch nicht eingeschränkt werden.

Das Anordnen einer Wärmedämmung oberhalb der mind. diffusionssperrenden Schicht kann kritische Feuchtezustände im Kellerbereich weiterhin reduzieren.

Basierend auf den Erkenntnissen der durchgeführten Untersuchungen [13], muss der freie Regel-Lüftungsquerschnitt in Kriechkellern eine Höhe von mindestens 20 cm haben, um bei belüfteten und im Bodenbereich abgedeckten Kriechkellern unzuträgliche Feuchtezustände dauerhaft auszuschließen. Im Hinblick auf Revisionen oder Nutzbarkeit wird jedoch eine Höhe von mindestens 50 cm sowie die Anordnung von Revisionsöffnungen empfohlen. Klimatische Verhältnisse, die der Nutzungsklasse 2 entsprechen, lassen sich nur für im Bodenbereich abgedeckte und belüftete Kriechkeller erreichen. Lüftungsquerschnitte sind hierbei regelmäßig in den umlaufenden Fundamenten und zwischen einzelnen inneren Fundamenten anzuordnen, um eine gleichmäßige Belüftung der gesamten Grundfläche zu ermöglichen, siehe Bild K.31. Der notwendige Brutto-Lüftungsquerschnitt ergibt sich je Quadratmeter Grundfläche zu mindestens 10 cm$^2$ bis maximal 20 cm$^2$. Querschnittsreduzierungen aus notwendigen Lüftungs- oder Kleintierschutzgittern (ca. 40 % bis 50 % der Querschnittsöffnung) wurden innerhalb dieser Vorgaben bereits berücksichtigt und brauchen nicht zusätzlich angerechnet zu werden.

Der Lüftungsquerschnitt wurde nach oben begrenzt, weil im Sommer auch ungünstige Feuchtezustände in dem Luftraum durch Eintrag warmer feuchter Außenluft entstehen können. Die vorgegebenen Lüftungsquerschnitte sollten aber dauerhaft funktionsfähig (regelmäßige Reinigung) sein und auch direkt und ohne Behinderung „angeströmt" werden können. Bei abgesenkten Ausführungen, z. B. durch auf das Deckenniveau hoch gezogenes Gelände und Ausführung von Schächten mit Rostabdeckung zur Belüftung, ist die Belüftung entsprechend zu intensivieren. Grundsätzlich ist zu gewährleisten, dass Wasser, z. B. Regenwasser, Grundwasser oder aufstauendes Sickerwasser nicht in den Hohlraum und auf die diffusionssperrende Schicht gelangt oder diese aufschwimmen lässt.

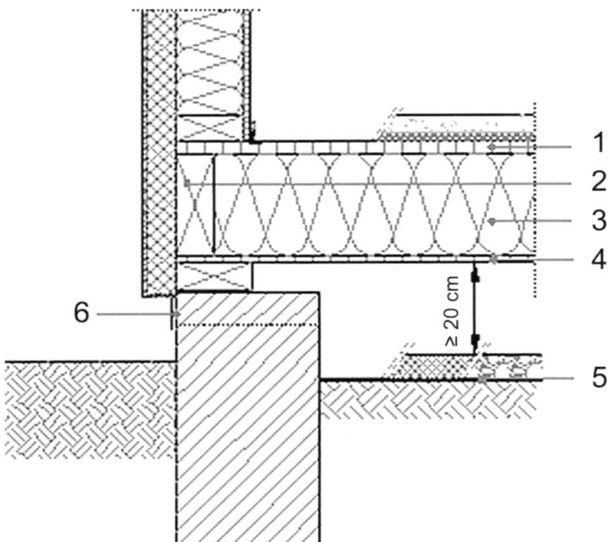


Zu 1 bis 5, siehe Bild 12 der Norm

Zu 6, Lüftungsöffnungen mit kleintiersicherer Abdeckung

**Bild K.31:** Decke über Kriechkeller, Beispiel

# 9 Weitere Holzbauteile bei denen die Bedingungen der Gebrauchsklasse GK 0 erfüllt sind

## 9.1 Holzbauteile in Nassbereichen

Holzbauteile in Nassbereichen sind gegen eine unzuträgliche Feuchtebeanspruchung dauerhaft zu schützen. Im Nassbereich von Räumen mit üblichem Wohnklima oder ähnlichen Räumen (z. B. Duschen in privaten Bädern) sind Oberflächen, Durchdringungen und Anschlüsse wasserdicht auszuführen. In Bereichen mit mäßigen Spritzwasserbeanspruchungen (z. B. Waschbecken, Spülen, WC-Becken und Fußböden) sind keine besonderen Schutzmaßnahmen der Holzbauteile erforderlich. In Nassräumen (Räumen mit Fußbodenentwässerung) sind die Regelungen der Normenreihe DIN 18534 einzuhalten.

Klimatisch handelt es sich bei privaten Bädern, unter der Voraussetzung einer üblichen Nutzung (geringe Wasserbeanspruchung des Fußbodens, Heizen, Lüften), mit Ausnahme von Duschbereichen, um Trockenräume. Über das Jahr ist in solchen Bädern in der Regel mit einer Holzfeuchte zwischen etwa 8 % und 12 % zu rechnen, siehe Bild K.32.

Da bei privaten Bädern keine Notwendigkeit zum Reinigen der Wand- und Bodenflächen mit dem Wasserschlauch gegeben ist, ist eine planmäßig genutzte Fußbodenentwässerung nicht erforderlich. Aus diesem Grund zählen private Bäder dann auch nicht zu den Nassräumen. Nach der Muster-Verwaltungsvorschrift technische Baubestimmungen bzw. je nach Umsetzung in den Verwaltungsvorschriften des jeweiligen Bundeslandes sind die Abdichtungsregeln nach DIN 18534 nur für Nassräume verpflichtend anzuwenden. Der Anwendungsbereich der DIN 18534 gilt darüber hinaus, aber auch für Bäder im privaten Bereich. Hierbei werden die Zonen im Bad je nach zu erwartender Spritzwasserbelastung in die Wassereinwirkungsklassen gering (W0-I), mäßig (W1-I) und hoch (W2-I) eingeteilt, wie es beispielhaft in Bild K.33 dargestellt wird. Die Wassereinwirkungsklasse sehr hoch (W3-I) ist in privaten Bädern nicht zu erwarten. Bei Badbereichen mit geringer Wassereinwirkung sind keine Abdichtungsmaßnahmen notwendig. Hierzu zählen beispielsweise Küchen und Gäste WCs ohne Duschbereiche und Badewannen.

Grundsätzlich können die tragenden Holzbauteile in Wänden, Böden und Deckenkonstruktionen der GK 0 zugeordnet werden, wenn die Abdichtungen für den jeweiligen Spritzwasserbereich im Bad entsprechend geplant ist. Ist die Beplankung der Bauteile auch gleichzeitig der Untergrund für die gegebenenfalls notwendige Abdichtung, so sind die Materialien entsprechend der Wassereinwirkungsklasse zu wählen. Für den Holzbau enthält das Merkblatt Nr. 5 „Bäder, Feucht- und Nassräume im Holz und Trockenbau – Innenraumabdichtung nach DIN 18534" des Bundesverbandes der Gipsindustrie e.V. [16] Hinweise zu Planung und Ausführung der flächigen Abdichtung, sowie Detailausführungen für wasserdichte Eckanschlüsse, Durchführungen und Anschlüsse.

**Bild K.32:** Trockene Holzkonstruktion in einem Privatbad

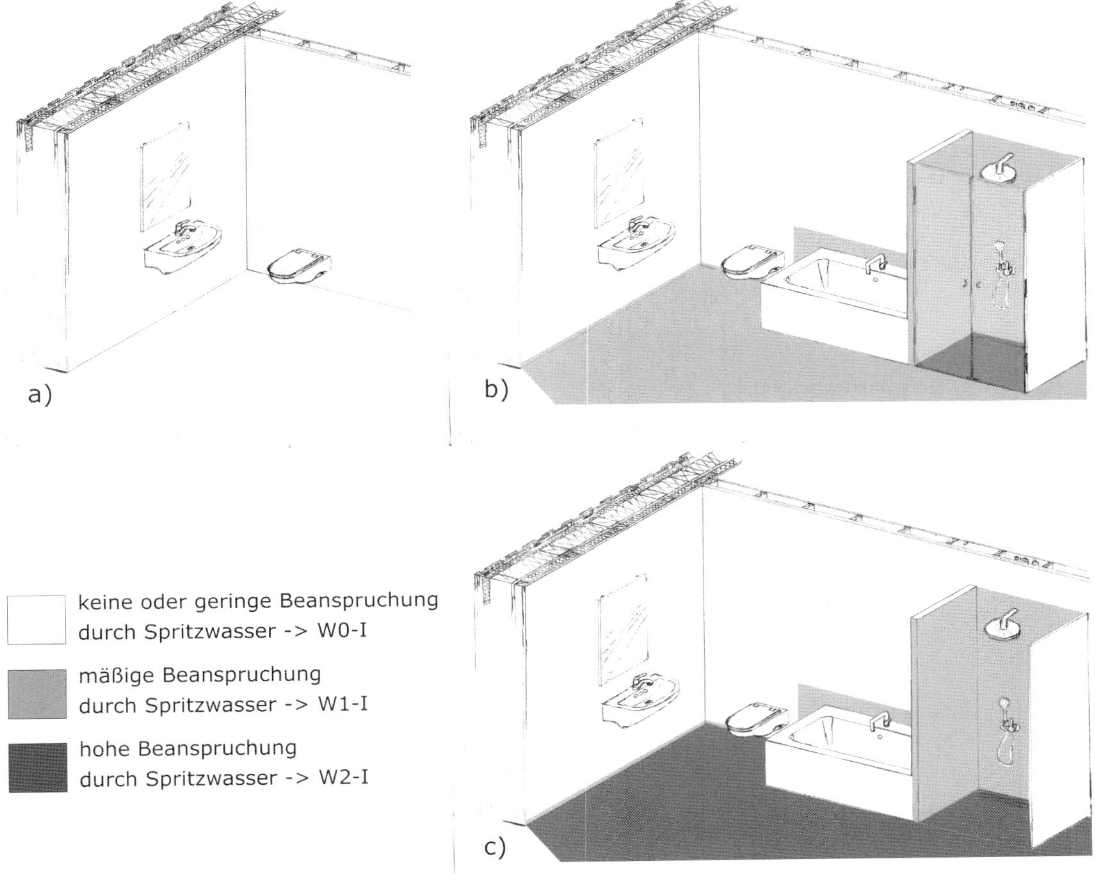


**Bild K.33:** Spritzwasserbereiche in häuslichen Bädern und die Zuordnung zu Wassereinwirkungsklassen

## 9.2 Auflagerung der Balkenköpfe von Holzbalkendecken in Außenwänden aus Mauerwerk oder Stahlbeton

Balkenköpfe von Holzbalkendecken in Außenwänden aus Mauerwerk oder Stahlbeton sind der Gebrauchsklasse GK 0 zuzuordnen, wenn durch bauliche Maßnahmen dafür gesorgt wird, dass im Bereich der Balkenköpfe keine unzuträgliche Erhöhung des Feuchtegehaltes durch Tauwasserbildung oder andere Einflussfaktoren auftreten kann, z. B. durch zusätzliche außen liegende Wärmedämmschicht.

Bei Neubauten müssen im Falle einer Einbindung von Deckenbalken in Außenwände aus Mauerwerk oder Stahlbeton schon bei der Planung Maßnahmen vorgesehen werden, die eine unzulässige Befeuchtung der Balkenköpfe auf Dauer verhindern und damit die Einstufung in die Gebrauchsklasse GK 0 ermöglichen.

Dieses Ziel kann z. B. mit folgenden Maßnahmen erreicht werden:

- Die Außenwände werden mit einem außenliegenden Wärmedämm-Verbundsystem versehen. Dadurch wird Tauwasserbildung im Bereich der Stirnseite des Deckenbalkens verhindert.
- Unterhalb des Balkenkopfes wird eine Bitumenbahn und an den Seiten eine diffusionsoffene, wasserableitende Folie angebracht. Dadurch wird ein Kontakt des Balkenkopfes zu der Massivwand und damit eine Feuchteübertragung durch Kapillarleitung verhindert.
- Der Balkenkopf liegt bis auf die Unterseite weitgehend frei. Dadurch kann die in diesem Bereich eventuell vorhandene höhere relative Luftfeuchte ungehindert über den übrigen Deckenbereich abgeführt werden.

Wenn im Rahmen der Sanierung von Altbauten neue trockene Holzbalkendecken ohne Feuchte speichernden Einschub eingebaut werden sollen, dann kann im Bereich der Balkenköpfe die Gebrauchsklasse GK 0 unter folgenden Bedingungen angenommen werden:

- Ein Feuchtetransport aus der Massivwand zum Holz ist nicht möglich, z. B. trockenes Mauerwerk.
- Eine Tauwasserbildung im Bereich des Balkenkopfes kann ausgeschlossen werden, z. B. durch nachträgliche Anbringung eines außen liegenden Wärmedämm-Verbundsystems, siehe Bild K.34.

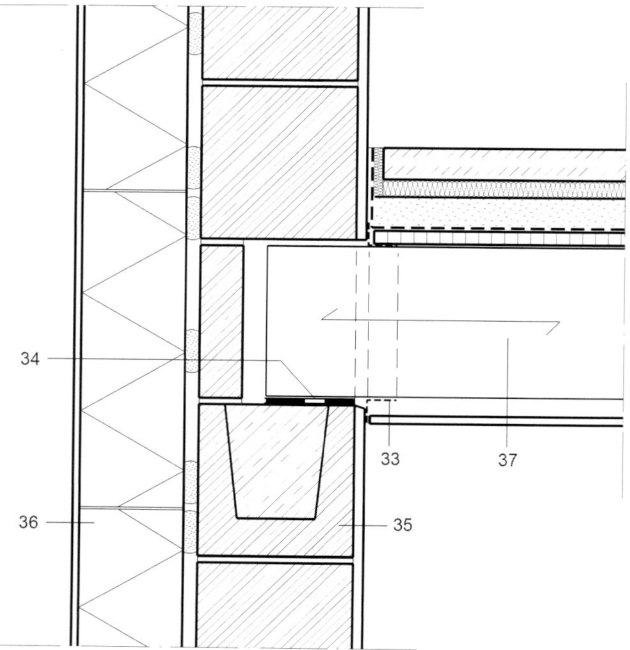


**Legende**

33 luftdichte Ausbildung, z. B. durch Abklebung
34 Dichtungsbahn
35 Mauerwerk
36 Wärmedämm-Verbundsystem
37 Deckenbalken aus trockenem Holzprodukt

**Bild K.34:** Balkenkopf hinter einem Wärmedämm-Verbundsystem

# 10 Holzwerkstoffe

## 10.1 Anwendungsbereiche, bei denen die Bedingungen der Gebrauchsklasse GK 0 erfüllt sind

Holzwerkstoffe, die für den jeweiligen Feuchtebeständigkeitsbereich nach DIN EN 13986 geeignet sind, sind der Gebrauchsklasse GK 0 zuzuordnen, wenn

- sie nicht direkt bewittert werden, und
- die in Tabelle 2 genannten Feuchten nicht überschritten werden.

**Tabelle 2 — Zuordnung zulässiger Holzwerkstofffeuchten in der Gebrauchsklasse GK 0 und von Nutzungsklassen nach DIN EN 1995-1-1 zu den Feuchtebeständigkeitsbereichen nach DIN EN 13986**

| Feuchtebeständigkeits-bereich nach DIN EN 13986 | Zulässige Feuchte $u_{zul}$ der Holzwerkstoffe in der GK 0 % | Nutzungsklasse nach DIN EN 1995-1-1 |
|---|---|---|
| Trockenbereich | 15 | 1 |
| Feuchtbereich | 18[a] | 2 |
| Außenbereich | 21 | 3 |

[a] Bei einem Nachweis mittels hygrothermischer Simulation nach DIN 4108-3:2018-10, Anhang D kann eine vorübergehende Überschreitung bis zu 20 % toleriert werden, wenn sie nicht länger als 3 Monate andauert.

In der Norm sind nur Holzwerkstoffe nach der harmonisierten europäischen Norm DIN EN 13986 berücksichtigt. Die Anwendung von den in der Norm DIN EN 13986 nicht aufgeführten Holzwerkstoffen muss durch einen bauaufsichtlichen Verwendbarkeitsnachweis geregelt sein.

Die Zuordnung in die Gebrauchsklasse GK 0 ist nur bei nicht direkt bewitterten Holzwerkstoffen möglich. Dies gilt auch für die Holzwerkstoffe, die zu dem Feuchtebeständigkeitsbereich „Außenbereich“ gehören. Damit ist auch den vertretbaren Verformungen der Holzwerkstoffe Rechnung getragen.

Die Holzfeuchte im eingebauten Zustand darf in Abhängigkeit von dem Feuchtebeständigkeitsbereich der Holzwerkstoffe die in der Tabelle 2 der Norm aufgeführten Werte nicht übersteigen.

Durch die Festlegung der maximal erlaubten Feuchte von 21 % (im Außenbereich) in der GK 0 und damit der Einschränkung der Anwendung auf den nicht direkt bewitterten Bereich kann ein Befall durch Holz zerstörende Pilze ausgeschlossen werden. Aus diesem Grund wurden in der Norm keine mit Holzschutzmittel behandelten Holzwerkstoffe berücksichtigt. Dies bedeutet, dass nach dieser Norm die Verwendung der früher in bestimmten Anwendungsbereichen ohne direkte Bewitterung vorgeschriebenen Holzwerkstoffklasse 100 G nicht erforderlich ist.

In Bezug auf die feuchtebedingten Verformungen der Holzwerkstoffplatten sollte die Holzwerkstofffeuchte im eingebauten Zustand 18 % nicht übersteigen.

## 10.2 Erforderliche Feuchtebeständigkeit von Holzwerkstoffen in verschiedenen Anwendungsfällen

Für die häufigsten Anwendungsfälle in der Praxis ist die erforderliche Feuchtebeständigkeit der Holzwerkstoffe in Tabelle 3 aufgeführt. Nicht genannte Fälle sind sinngemäß, erforderlichenfalls unter Beachtung der Tabelle 2, einzuordnen.

**Tabelle 3 — Erforderliche Feuchtebeständigkeit von Holzwerkstoffen in Abhängigkeit von dem Anwendungsbereich**

| Zeile | Anwendungsbereich | Holzwerkstoffe für Anwendung im |
|---|---|---|
| 1 | Raumseitige Beplankung und Bekleidung von Wänden, Decken und Dächern in Wohngebäuden sowie in Gebäuden mit vergleichbarer Nutzung[a] | |
| 1.1 | Allgemein | Trockenbereich |
| 1.2 | Obere Beplankung sowie tragende Schalung von Decken unter nicht ausgebauten Dachgeschossen | |
| | belüftete Decken[b] | Trockenbereich |
| | nicht belüftete Decken | |
| | ohne Dämmschichtauflage | Feuchtbereich |
| | mit Dämmschichtauflage | Trockenbereich |
| 2 | Außenbeplankung von Außenwänden | |
| 2.1 | Hohlraum zwischen Außenbeplankung und Vorhangschale (Wetterschutz) belüftet | Feuchtbereich |
| 2.2 | Vorhangschale aus kleinformatigen Bekleidungselementen als Wetterschutz, Hohlraum nicht ausreichend belüftet, Wasser ableitende Abdeckung der Beplankung oder Bekleidung | Feuchtbereich |
| 2.3 | Auf der Beplankung direkt aufliegendes Wärmedämm-Verbundsystem mit einem dauerhaft wirksamen Wetterschutz nach einem bauaufsichtlichen Verwendbarkeitsnachweis | Trockenbereich |
| 2.4 | Mauerwerk-Vorsatzschale nach 5.2.1.2 h), Abdeckung der Beplankung mit Wasser ableitender Schicht | Feuchtbereich |
| 3 | Obere Beplankung von Dächern, tragende Dachschalung | |
| 3.1 | Beplankung oder Schalung steht mit der Raumluft in Verbindung | |
| 3.1.1 | Mit aufliegender Wärmedämmschicht (z. B. in Wohngebäuden, beheizten Hallen) | Trockenbereich |
| 3.1.2 | Ohne aufliegende Wärmedämmschicht[c] | Feuchtbereich |
| 3.2 | Dachquerschnitt unterhalb der Beplankung oder Schalung belüftet[b] (siehe Bild 14 a) | |
| 3.2.1 | Geneigtes Dach mit Dachdeckung | Feuchtbereich |
| 3.2.2 | Flachdach mit Dachabdichtung [c] | Feuchtbereich |
| 3.3 | Dachquerschnitt unterhalb der Beplankung oder Schalung nicht belüftet (siehe Bild 14 b) | |
| 3.3.1 | Geneigtes Dach mit belüftetem Hohlraum oberhalb der Beplankung oder Schalung, Holzwerkstoff oberseitig mit Wasser abweisender Folie oder anderweitig ausreichend geschützt[d] | Feuchtbereich |
| 3.3.2 | Flachdach mit belüftetem Hohlraum oberhalb der Beplankung oder Schalung, Holzwerkstoff oberseitig mit Wasser abweisender Folie oder dergleichen abgedeckt[c] | Feuchtbereich |
| 3.3.3 | Keine Dampf sperrenden Schichten (z. B. Folien) unterhalb der Beplankung oder Schalung, Wärmeschutz überwiegend oberhalb der Beplankung oder Schalung | Feuchtbereich |
| 3.3.4 | Voll gedämmtes nicht belüftetes flach geneigtes Dach mit Abdichtung oder Metalleindeckung oberhalb der Beplankung oder Schalung[e] | Feuchtbereich |

| Zeile | Anwendungsbereich | Holzwerkstoffe für Anwendung im |
|---|---|---|
| 4 | Untere Bekleidung/Beplankung von Decken über: | |
| 4.1 | unbeheizten, abgedichteten Kellerräumen (siehe Bild 12) | Feuchtbereich |
| 4.2 | belüfteten Kriechkellern (siehe Bild 13) | Feuchtbereich[f] |
| 4.3 | Außenklima (siehe Bild 9) | Feuchtbereich |

[a] Dazu zählen auch nicht ausgebaute Dachräume von Wohngebäuden.

[b] Hohlräume in Decken und Dächern gelten im Sinne dieser Norm als ausreichend belüftet, wenn die Größe der Zu- und Abluftöffnungen mindestens je 2 ‰ der zu belüfteten Fläche, bei Decken unter nicht ausgebauten Dachgeschossen mindestens jedoch 200 $cm^2$ je m Deckenbreite beträgt.

[c] Eine unzuträgliche Veränderung des Feuchtegehaltes durch Tauwasserbildung im Bereich der Holzwerkstoffe muss ausgeschlossen sein. Eine vorübergehende Auffeuchtung auf bis zu 20 % im Bereich der Holzwerkstoffe kann toleriert werden, sofern diese innerhalb von 3 Monaten rücktrocknen kann.

[d] Zusätzliche Wasser abweisende Schicht für Bekleidungen aus Unterdeckplatten nach DIN EN 14964 nicht notwendig.

[e] Bei aufliegenden Deckschichten (Begrünung oder Bekiesung) sind Dachschalungen aus Vollholz vorzuziehen.

[f] Für die unterseitige Kriechkellerbekleidung/-beplankung sollten zementgebundene Spanplatten verwendet werden.

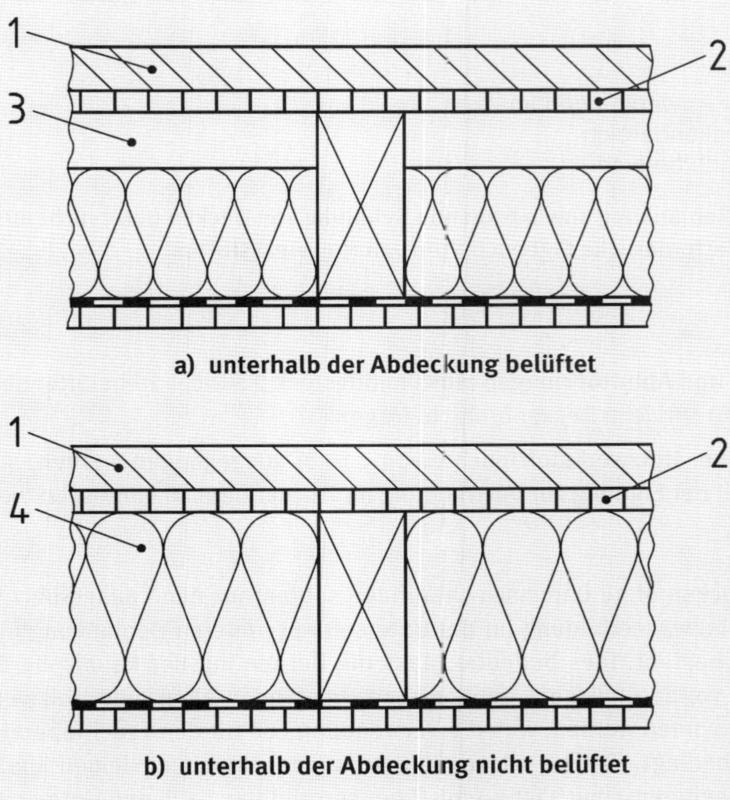


**Legende**

1 Dachdeckung oder Dachabdichtung, gegebenenfalls zusätzliche Wärmedämmschicht

2 Beplankung oder Schalung aus Holzwerkstoffen

3 belüfteter Hohlraum

4 nicht belüfteter Hohlraum

**Bild 14 — Dachquerschnitt mit oberer Abdeckung (Beplankung oder Schalung)**

Zu 1.1

Bis auf die obere Beplankung sowie tragende Schalung von Decken unter nicht ausgebauten Dachgeschossen reicht bei den raumseitigen Beplankungen und Bekleidungen von Wänden, Decken und Dächern in Wohngebäuden sowie in Gebäuden mit vergleichbarer Nutzung die Verwendung von Holzwerkstoffen mit der Eignung zur Verwendung im Trockenbereich aus, da in den erwähnten Bereichen eine Holzwerkstofffeuchte unterhalb von 15 % zu erwarten ist.

Zu 1.2

Bei der oberen Beplankung sowie tragenden Schalung von Decken unter nicht ausgebauten Dachgeschossen, siehe Bild K.35, ist Folgendes zu beachten:

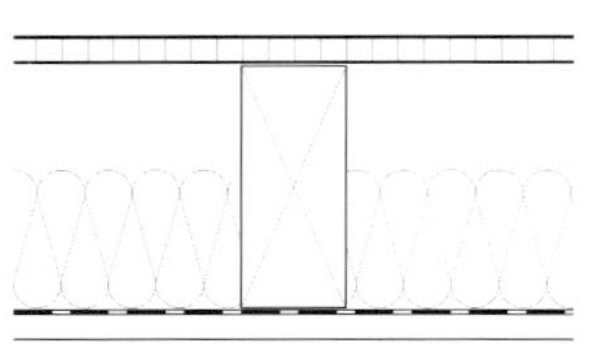

1.2 a) belüftete Decken

1.2 b) nicht belüftete Decken ohne Dämmschichtauflage

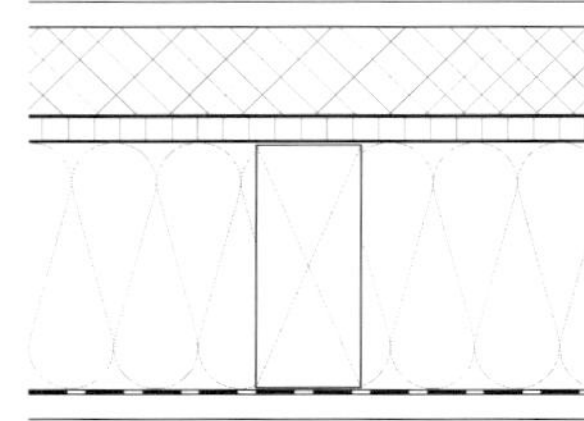

mit Dämmschichtauflage

Legende

Holzwerkstoffe für Anwendungen im
- Trockenbereich
- Feuchtbereich

**Bild K.35:** Obere Beplankung sowie tragende Schalung von Decken unter nicht ausgebauten Dachgeschossen, erforderliche Eigenschaften von Holzwerkstoffen

Zu 1.2 a)

Die Größe der Zu- und Abluftöffnungen muss mindestens 2 ‰ der zu belüftenden Fläche, mindestens jedoch 200 $cm^2$ je m Deckenbreite betragen.

Dann kann von einer Holzwerkstofffeuchte von $< 15$ % ausgegangen werden, sodass hier die Holzwerkstoffe mit der Eignung zur Verwendung im Trockenbereich eingesetzt werden dürfen.

Zu 1.2 b)

Nicht belüftete Decken ohne Dämmschichtauflage sollten nur dann ausgeführt werden, wenn keine Gefahr der Tauwasserbildung an der Unterseite der oberen Beplankung infolge Wasserdampfkonvektion besteht. Dies bedeutet, dass die Decken auf der Raumseite dauerhaft luftdicht ausgebildet werden müssen. Unter diesen Umständen kann eine Holzwerkstofffeuchte von $< 18$ % angenommen werden, was die Verwendung von für den Feuchtebereich geeigneten Holzwerkstoffen bedingt. Da bei dieser Konstruktion schon die kleinen Undichtheiten im Bereich der raumseitigen Oberfläche eine Tauwasserbildung auf der Unterseite der oberen Platte infolge der Wasserdampfkonvektion verursachen können, sollte die obere Platte mit einer ausreichenden Dämmschichtauflage versehen werden.

Eine ausreichende Dämmschichtauflage auf der oberen Beplankung der nicht belüfteten Decken vermindert die Auskühlung der oberen Beplankung und beugt einer Tauwasserbildung auf der Beplankungsunterseite vor.

Eine ausreichende Dämmschichtauflage ist in der Regel gegeben, wenn ihr Wärmedurchlasswiderstand $R \geq 1{,}0$ $m^2K/W$ beträgt. Dies kann z. B. mit einem 40 mm dicken Wärmedämmstoff der Wärmeleitfähigkeit 0,040 W/mK erreicht werden. In diesem Fall ist die Verwendung von für den Trockenbereich geeigneten Holzwerkstoffen ausreichend.

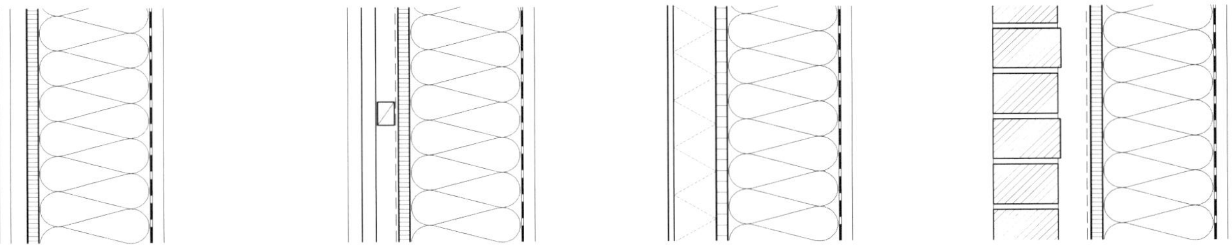

2 Außenbeplankung von Außenwänden
2.1 Hohlraum belüftet
2.2 kleinteilige Bekleidung Hohlraum nicht belüftet
2.3 WDVS, direkt aufliegend
2.4 Mauerwerk-Vorsatzschale, mit wasserableitender Schicht

Legende

Holzwerkstoffe für Anwendungen im
- Trockenbereich
- Feuchtbereich

**Bild K.36:** Außenbeplankung von Außenwänden, erforderliche Eigenschaften von Holzwerkstoffen

Zu 2.1 bis 2.4

Siehe Bild K.36

Bei den direkt hinter einem Wärmedämm-Verbundsystem angebrachten Holzwerkstoffen ist mit einer Feuchte von $< 15$ % zu rechnen, sodass hier die Verwendung von für den Trockenbereich geeigneten Holzwerkstoffen ausreicht.

Bei allen anderen Anwendungsbereichen ist die Verwendung von für den Feuchtebereich geeigneten Holzwerkstoffen erforderlich, da hier insbesondere durch außenseitige Einflüsse zumindest zeitweilig mit Holzfeuchten bis zu 18 % gerechnet werden muss.

Zu 3.1.1 und 3.1.2

Siehe Bild K.37

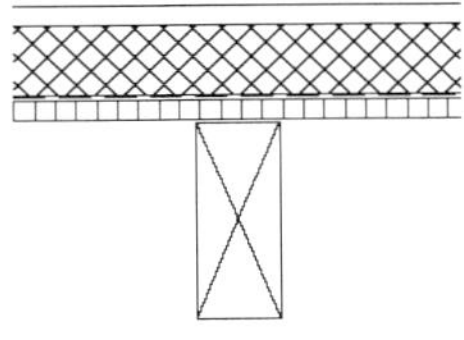

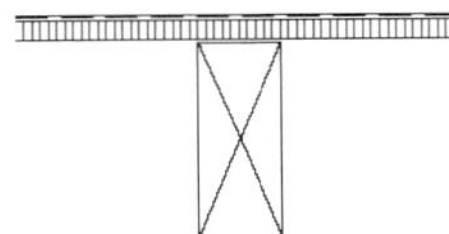

Legende

Holzwerkstoffe für Anwendungen im
- Trockenbereich
- Feuchtbereich

3.1 Beplankung oder Schalung steht mit Raumluft in Verbindung
3.1.1 mit aufliegender Dämmschicht
3.1.2 ohne aufliegende Dämmschicht

**Bild K.37:** Obere Beplankung von Dächern bzw. tragende Dachschalung stehen mit der Raumluft in Verbindung, erforderliche Eigenschaften von Holzwerkstoffen

Bei der mit der Raumluft in Verbindung stehenden oberen Beplankung oder Schalung von Dächern (von unten sichtbar) mit aufliegender Wärmedämmschicht (Variante 3.1.1) ist mit einer Feuchte deutlich unterhalb von 15 % zu rechnen, sodass hier die Verwendung von für den Trockenbereich geeigneten Holzwerkstoffen ausreicht.

Bei den Ausführungen ohne aufliegende Wärmedämmschicht (Variante 3.1.2) handelt es sich um Dächer über unbeheizten Räumen. Hier ist die Verwendung von für den Feuchtebereich erlaubten Holzwerkstoffen möglich, wenn mit Sicherheit davon ausgegangen werden kann, dass bei den herrschenden Klimaverhältnissen eine Tauwasserbildung im Bereich der Holzwerkstoffoberfläche ausgeschlossen ist.

Zu 3.2

Bei den hier behandelten Varianten handelt es sich um Dächer, bei welchen die Zwischensparrendämmung nicht über die ganze Höhe der Sparren angebracht ist, sodass unterhalb der oberen Beplankung oder Dachschalung eine ausreichende Belüftung stattfinden kann. Eine ausreichende Belüftung ist gegeben, wenn die Größen der Zu- und Abluftöffnungen mindestens 2 ‰ der zu belüftenden Fläche betragen.

Zu 3.2.1 und 3.2.2

Siehe Bild K.38

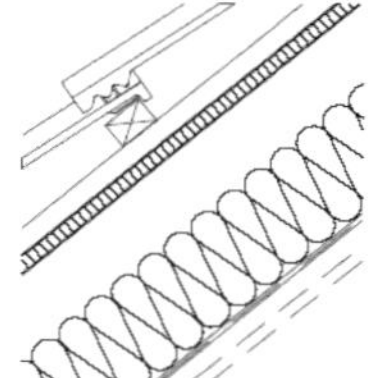

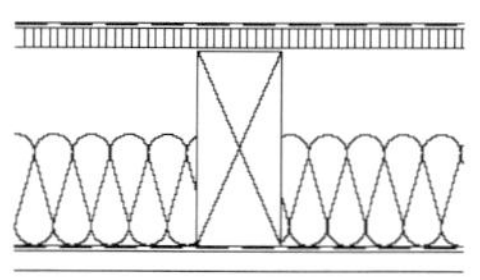

Legende

Holzwerkstoffe für Anwendungen im

- Feuchtbereich

3.2 Dachquerschnitt unterhalb Beplankung belüftet

3.2.1 Geneigtes Dach mit Dachdeckung

3.2.2 Flachdach mit Dachabdichtung

**Bild K.38:** Dachquerschnitt unterhalb Beplankung oder Schalung belüftet, erforderliche Eigenschaften von Holzwerkstoffen

Bei der Variante 3.2.1 ist bei den Holzwerkstoffen eine Holzfeuchte $u \leq 18$ % zu erwarten.

Die Variante 3.2.2 ist grundsätzlich gegen außerplanmäßig auftretende Feuchte empfindlich. Sie sollte daher nur zur Ausführung kommen, wenn auf Dauer sichergestellt ist, dass der Hohlraum ausreichend belüftet ist, die Dachabdichtung intakt ist und die raumseitige Oberfläche im Hinblick auf die Vermeidung einer Wasserdampfkonvektion luftdicht ausgebildet ist.

Zu 3.3

Bei den hier behandelten Varianten befindet sich die Zwischensparrendämmung entweder über der gesamten Höhe oder über einer Teilhöhe der Sparren.

Zu 3.3.1 und 3.3.2

Siehe Bild K.39

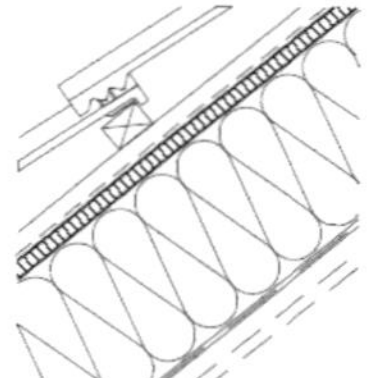

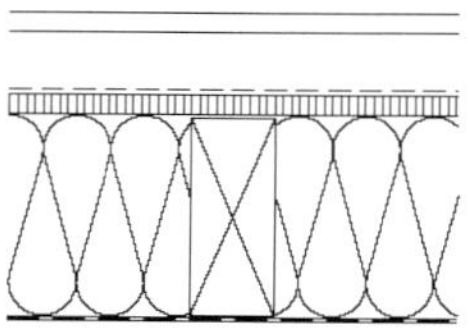

Legende

Holzwerkstoffe für Anwendungen im

- Feuchtbereich

3.3 Dachquerschnitt unterhalb Beplankung nicht belüftet

3.3.1 Geneigtes Dach mit belüftetem Hohlraum oberhalb der Beplankung, mit Wasser abweisender Folie

3.3.2 Flachdach mit belüftetem Hohlraum oberhalb der Beplankung Beplankung mit Wasser abweisender Folie abgedeckt

**Bild K.39:** Dachquerschnitt unterhalb Beplankung oder Schalung belüftet, erforderliche Eigenschaften von Holzwerkstoffen

Bei geneigtem Dach (Variante 3.3.1) können die Bekleidungen aus Unterdeckplatten nach DIN EN 14964 die Aufgabe der wasserableitenden Schicht übernehmen, sodass bei deren Verwendung keine zusätzliche wasserableitende Schicht erforderlich ist.

Bei einem Flachdach (Variante 3.3.2) ist oberhalb der Holzwerkstoffe immer eine wasserableitende Schicht (z. B. diffusionsoffene Bahn) zu verwenden und hinsichtlich der wasserableitenden Wirkung funktionsfähig auszubilden. Dabei ist sehr darauf zu achten, dass auf der

Raumseite des Daches eine dauerhaft luftdichte Schicht ausgebildet ist, um Tauwasserbildung im Bereich der Unterseite der Holzwerkstoffe infolge von Wasserdampfkonvektion zu vermeiden.

Zu 3.3.3 und 3.3.4

Siehe Bild K.40

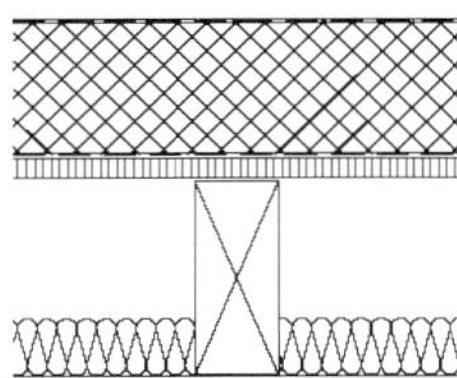

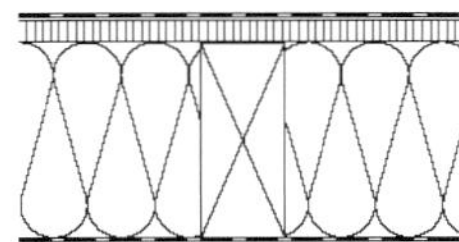

Legende

Holzwerkstoffe für Anwendungen im - Feuchtbereich

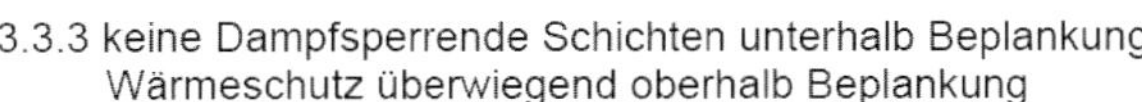

3.3.3 keine Dampfsperrende Schichten unterhalb Beplankung Wärmeschutz überwiegend oberhalb Beplankung

3.3.4 Voll gedämmtes nicht belüftetes flach geneigte Dach mit Abdichtung oder Metalleindeckung oberhalb Beplankung

**Bild K.40:** Dachquerschnitt unterhalb der Beplankung oder Schalung nicht belüftet, erforderliche Eigenschaften von Holzwerkstoffen

Bei der Variante 3.3.3 ist eine Tauwasserbildung im Bereich von Holzwerkstoffen nicht zu erwarten. Siehe hierzu auch den Kommentar zu Abschnitt 7.7.

Bei der Variante 3.3.4 sind feuchtebedingte Längenänderungen der oberseitigen Holzwerkstoffe durch ausreichende Fugenbreiten oder durch Beschränkung der Plattenmaße zu minimieren.

Voraussetzung für die Funktionsfähigkeit des Daches ist eine auf Dauer sichergestellte Verschattungsfreiheit. Auf diese muss in den Bauakten eindeutig hingewiesen werden.

Die Raumseite des Daches muss dauerhaft luftdicht ausgebildet sein, um Tauwasserbildung im Bereich der Unterseite der Holzwerkstoffe infolge von Wasserdampfkonvektion zu vermeiden. Zu diesen Anforderungen siehe den Kommentar zu Abschnitt 7.5.

Zu 4.1 bis 4.3

Siehe Bild K.41

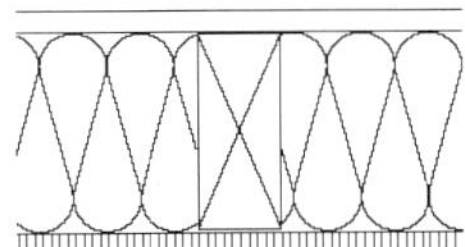

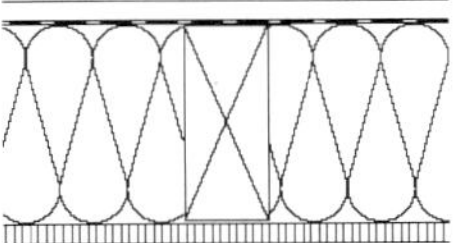

Legende

Holzwerkstoffe für Anwendungen im - Feuchtbereich

4 Untere Bekleidung / Beplankung von Decken über:
4.1 unbeheizten, abgedichteten Kellerräumen
4.2 belüfteten Kriechkellern

4.3 Außenklima

**Bild K.41:** Untere Bekleidung/Beplankung von Decken über unbeheizten Kellerräumen, belüfteten Kriechkellern und Außenklima

Bei der hier aufgeführten Variante zu 4.1 ist bei der unteren Bekleidung/Beplankung aus Holzwerkstoffen mit einer Feuchte bis maximal 18 % über den größten Teil des jahreszeitlichen Klimaverlaufs in einem typischen modernen Nutzkeller zu rechnen, sodass auch hier Holzwerkstoffe für die Anwendung im Feuchtbereich ausreichen. Siehe hierzu auch den Kommentar zu Abschnitt 8.4.1.

Bei den Varianten 4.2 und 4.3 handelt es sich dagegen um Außenklimabedingungen. Bei der Variante 4.3 sind daher für die Anwendung von Holzwerkstoffplatten für den Feuchtbereich als untere Bekleidung die zusätzlichen Bedingungen in den Kommentaren zu Abschnitt 7.9, insbesondere Mindestabstand zum Gelände und Maß der Belüftung, einzuhalten. Bei Variante 4.2 sind Schäden an organisch gebundenen Holzwerkstoffen und insbesondere Schimmelpilzbefall nur sicher auszuschließen, wenn über die Festlegung in Tabelle 3 Nr. 4.2 hinausgehend ausschließlich im Außenbereich anwendbare Platten verwendet werden. Wie auch in Fußnote f der

Tabelle 3 ist besonders zu empfehlen auf Zement und damit mineralisch gebundene Holzwerkstoffe zurückzugreifen. Siehe hierzu auch die Kommentare zu Abschnitt 8.4.2.

Sollen die Holzwerkstoffe in anderen als in der Tabelle 3 genannten Anwendungsbereichen eingesetzt werden, ist ein Nachweis auf der Grundlage der Tabelle 2 erforderlich.

In den nachstehend genannten sowie in vergleichbaren, nicht aufgeführten Anwendungsbereichen dürfen Holzwerkstoffe nicht als tragend oder aussteifend in Rechnung gestellt werden:

- Holzwerkstoffe in Neubauten mit sehr hoher Baufeuchte (z. B. Massivbau mit sehr hoher Feuchteabgabe), sofern die ständige Einhaltung der Holzfeuchte $u \leq 18$ % nicht sichergestellt ist. Kann mit dem Einbau der Holzwerkstoffplatten nicht gewartet werden, bis die hohe Baufeuchte abgeklungen ist, ist der Einsatz dieser Werkstoffe für tragende Zwecke nicht zulässig. Hohe Baufeuchte bedeutet, dass über einen Zeitraum von mehreren Tagen oder Wochen die Grenzwerte der Umgebungsbedingungen der Nutzungsklasse 2 nach DIN EN 1995-1-1: 2010-12 überschritten werden, sodass es zu Festigkeits- und Steifigkeitsverlusten in den Holzwerkstoffen kommt. Aber auch bei statisch unbedeutendem Einsatz wird von solcher Verwendung abgeraten, da die zu erwartenden feuchtebedingten Formänderungen der Platten die Gebrauchstauglichkeit der Konstruktion erheblich beeinträchtigen können.
- Holzwerkstoffe in Räumen, in denen eine langfristig wirkende relative Luftfeuchte von 80 % oder mehr nicht ausgeschlossen werden kann (z. B. geschlossene Stallbauten – siehe hierzu auch Kommentierung zu Abschnitt 7.10.).

# Anhang A
(normativ)
# Beispiele für Konstruktionen, bei denen die Bedingungen der Gebrauchsklasse GK 0 erfüllt sind

Für die im Anhang A genannten Konstruktionen, bis auf die in Bild A.22 dargestellten Balkone und Terrassen, sind nach den Berechnungsverfahren nach DIN 4108-3 allgemeine Nachweise bereits erbracht worden, so dass diese keine erneuten Nachweise benötigen.

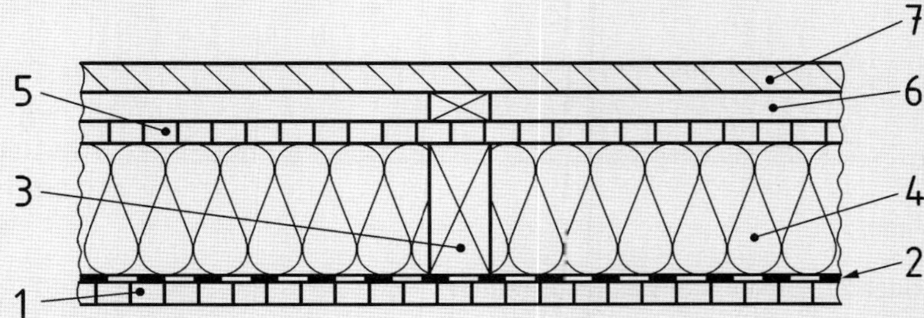


**Legende**

1 ein- oder mehrlagige raumseitige Bekleidung oder Beplankung

2 Schicht zur Begrenzung des Diffusionsstroms $s_d \geq 2$ m in Verbindung mit Schicht 1

3 trockenes Holzprodukt

4 mineralischer Faserdämmstoff nach DIN EN 13162, Holzfaserdämmstoff nach DIN EN 13171 oder Dämmstoff, dessen Verwendbarkeit für diesen Anwendungsfall durch einen bauaufsichtlichen Verwendbarkeitsnachweis oder dessen Einsatz nach der MVVTB bzw. den technischen Baubestimmungen des jeweiligen Bundeslandes gegeben ist

5 äußere Bekleidung oder Beplankung $s_d \leq 0{,}3$ m oder Holzfaserdämmstoff nach DIN EN 13171

6 belüfteter oder hinterlüfteter Hohlraum mit einer Dicke $\geq 2$ cm

7 dauerhaft wirksamer Wetterschutz, Bekleidung auf lotrechter Lattung (Lattung kann Gebrauchsklasse GK 0 zugeordnet werden)

ANMERKUNG 1 Hinsichtlich der Luftdichtheit siehe 5.2.4.

ANMERKUNG 2 Die Funktion der Schicht 2 kann durch die Schicht 1 erfüllt werden.

Bei beidseitig bekleideten oder beplankten, werkseitig hergestellten Elementen auch zulässige Kombinationen:

2: Schicht zur Begrenzung des Diffusionsstroms 20 m $\leq s_d \leq$ 50 m in Verbindung mit Schicht 1

5: äußere Bekleidung oder Beplankung $s_d \leq 4$ m

**Bild A.1 — Außenwand, belüftet oder hinterlüftet, ohne Installationsebene**

Diese Außenwandvariante basiert auf in Abschnitt 7.2, Bild 1, aufgeführten Prinzipien.

Als dauerhafter Wetterschutz wurde die Variante a) bzw. b) aus Abschnitt 5.2.1.2 (hinterlüftete bzw. belüftete Außenwandbekleidung) gewählt.

Wenn die raumseitige Bekleidung oder Beplankung dauerhaft luftdicht angebracht ist und alleine für sich den erforderlichen $s_d$-Wert aufweist, ist die Anbringung einer zusätzlichen Schicht zur Begrenzung des Diffusionsstroms nicht erforderlich. Ein $s_d \geq 2$ m kann z. B. bei Verwendung von verschiedenen Holzwerkstoffplatten erreicht werden, wenn diese auch im Bereich der Stöße und Anschlüsse luftdicht ausgebildet sind, siehe Kommentar zu Abschnitt 5.2.4.

Bei beidseitig bekleideten oder beplankten, werkseitig hergestellten Elementen darf nach der zusätzlichen Legende die äußere Bekleidung oder Beplankung auch aus Holzwerkstoffplatten mit höherem Dampfdiffusionswiderstand als $s_d \leq 0{,}3$ m bestehen. Diese müssen entsprechend der Tabelle 3 mindestens für die Anwendung im Feuchtbereich nach EN 13986 geeignet sein.

In solchen Fällen muss entsprechend der Tabelle 1 der $s_d$-Wert der Schicht zur Begrenzung des Diffusionsstroms das 6-Fache des $s_d$-Wertes der Außenschicht betragen.

Die Lattung im Bereich des belüfteten oder hinterlüfteten Hohlraumes kann der Gebrauchsklasse GK 0 zugeordnet werden (siehe Kommentar zu Abschnitt 6.1).

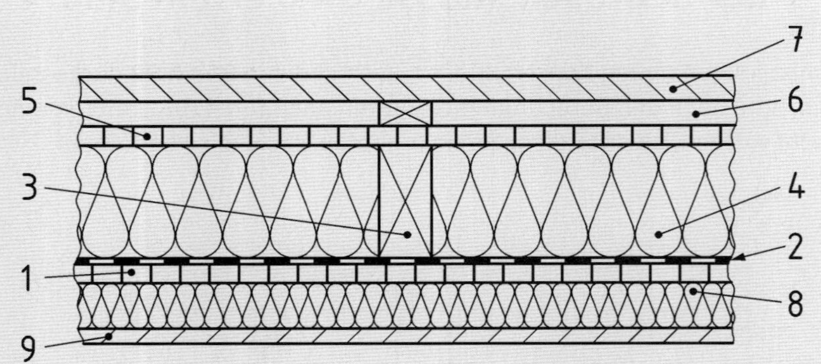


**Legende**

1 Bekleidung oder Beplankung, luftdicht ausgebildet

2 Schicht zur Begrenzung des Diffusionsstroms $s_d \geq 2$ m in Verbindung mit Schicht 1

3 trockenes Holzprodukt

4 mineralischer Faserdämmstoff nach DIN EN 13162, Holzfaserdämmstoff nach DIN EN 13171 oder Dämmstoff, dessen Verwendbarkeit für diesen Anwendungsfall durch einen bauaufsichtlichen Verwendbarkeitsnachweis oder dessen Einsatz nach der MVVTB bzw. den technischen Baubestimmungen des jeweiligen Bundeslandes gegeben ist

5 äußere Bekleidung oder Beplankung $s_d \leq 0,3$ m oder Holzfaserdämmstoff nach DIN EN 13171

6 belüfteter oder hinterlüfteter Hohlraum mit einer Dicke $\geq 2$ cm

7 dauerhaft wirksamer Wetterschutz, Bekleidung auf lotrechter Lattung (Lattung kann Gebrauchsklasse GK 0 zugeordnet werden)

8 Installationsebene mit oder ohne Dämmschicht

9 ein- oder mehrlagige raumseitige Bekleidung

ANMERKUNG 1 Hinsichtlich der Luftdichtheit siehe 5.2.4.

ANMERKUNG 2 Die Funktion der Schicht 2 kann durch die Schicht 1 erfüllt werden.

Bei beidseitig bekleideten oder beplankten, werkseitig hergestellten Elementen auch zulässige Kombinationen:

2: Schicht zur Begrenzung des Diffusionsstroms 20 m $\leq s_d \leq$ 50 m in Verbindung mit Schicht 1

5: äußere Bekleidung oder Beplankung $s_d \leq 4$ m

**Bild A.2 — Außenwand, belüftet oder hinterlüftet, mit Installationsebene**

Bis auf die Installationsebene entspricht dieses Bild dem Bild A.1 der Norm (siehe dortigen Kommentar). Innerhalb der Installationsebene können verschiedene Leitungen, z. B. Kabel und Rohre, untergebracht werden, sodass die dahinter befindlichen Schichten diesbezüglich keine Durchdringungen aufweisen müssen und somit ein wirksamer Schutz der luftdichten Ebene gegeben ist.

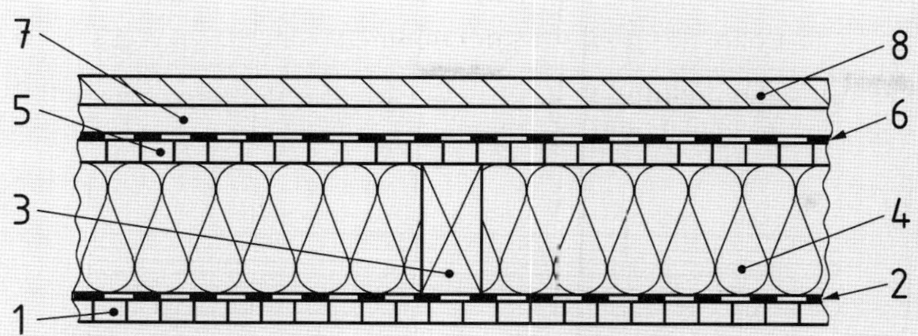


**Legende**

1 ein- oder mehrlagige raumseitige Bekleidung oder Beplankung

2 Schicht zur Begrenzung des Diffusionsstroms $s_d \geq 2$ m in Verbindung mit Schicht 1

3 trockenes Holzprodukt

4 mineralischer Faserdämmstoff nach DIN EN 13162, Holzfaserdämmstoff nach DIN EN 13171 oder Dämmstoff, dessen Verwendbarkeit für diesen Anwendungsfall durch einen bauaufsichtlichen Verwendbarkeitsnachweis oder dessen Einsatz nach der MVVTB bzw. den technischen Baubestimmungen des jeweiligen Bundeslandes gegeben ist

5 äußere Bekleidung oder Beplankung $s_d \leq 0{,}3$ m oder Holzfaserdämmstoff nach DIN EN 13171

6 wasserableitende Schicht mit $s_d \leq 0{,}3$ m

7 Hohlraum (Dicke ≥ 20 mm)

8 dauerhaft wirksamer Wetterschutz durch kleinformatige Fassadenbauteile (z. B. Brettschalung, Schindeln, Schiefer) auf Lattung (Lattung kann Gebrauchsklasse GK 0 zugeordnet werden)

ANMERKUNG 1 Hinsichtlich der Luftdichtheit siehe 5.2.4.

ANMERKUNG 2 Die Funktion der Schicht 2 kann durch die Schicht 1 erfüllt werden.

ANMERKUNG 3 Ausbildungen mit Installationsebene ebenfalls möglich wie in Bild A.2.

ANMERKUNG 4 Durch die Fügungen der kleinformatigen Bekleidungselemente ist ein ausreichender Luftaustausch sichergestellt

Bei beidseitig bekleideten oder beplankten, werkseitig hergestellten Elementen auch zulässige Kombinationen:

2: Schicht zur Begrenzung des Diffusionsstroms 20 m $\leq s_d \leq$ 50 m in Verbindung mit Schicht 1

5: äußere Bekleidung oder Beplankung $s_d \leq 4$ m

**Bild A.3 — Außenwand mit kleinformatigen Fassadenbauteilen**

Bis auf den dauerhaften Wetterschutz entspricht dieses Bild dem Bild A.1 (siehe dortigen Kommentar).

Als dauerhafter Wetterschutz wurde hier die Variante c) aus dem Abschnitt 5.2.1.2 (kleinformatige Außenwandbekleidungen) gewählt. Die unbedingt erforderliche Diffusionsoffenheit der wasserableitenden Schicht ist mit dem $s_d$-Wert ≤ 0,3 m sichergestellt. Durch die Offenheit der Bauteilfügungen der äußeren kleinformatigen Bekleidungen ist ein ausreichender Luftaustausch sichergestellt, sodass sich daraus keine negative Erhöhung des $s_d$-Wertes der äußeren Schicht ergibt.

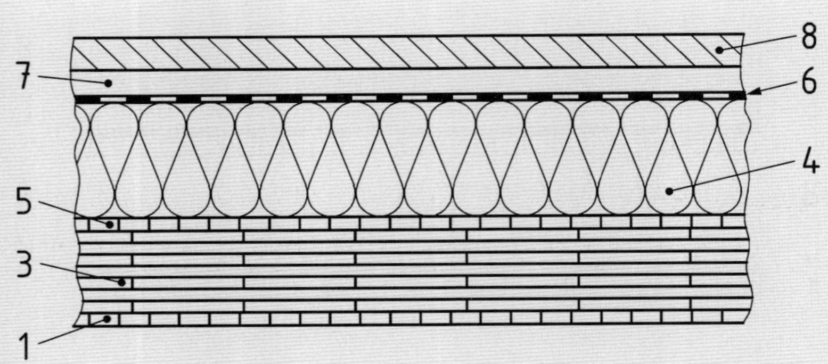


**Legende**

1 ein- oder mehrlagige raumseitige Bekleidung oder Beplankung, soweit erforderlich

3 trockenes Massivholzprodukt, z. B. Brettsperrholz

4 mineralischer Faserdämmstoff nach DIN EN 13162, Hartschaumplatten nach DIN EN 13163, Holzfaserdämmstoff nach DIN EN 13171 oder Dämmstoff, dessen Verwendbarkeit für diesen Anwendungsfall durch einen bauaufsichtlichen Verwendbarkeitsnachweis oder dessen Einsatz nach der MVVTB bzw. den technischen Baubestimmungen des jeweiligen Bundeslandes gegeben ist

5 äußere Beplankung soweit aus statischen Gründen erforderlich

6 wasserableitende Schicht mit $s_d \leq 0{,}3$ m

7 Hohlraum (Dicke ≥ 20 mm)

8 dauerhaft wirksamer Wetterschutz durch kleinformatige Fassadenbauteile (z. B. Brettschalung, Schindeln, Schiefer) auf Lattung (Lattung kann GK 0 zugeordnet werden)

ANMERKUNG 1 Hinsichtlich der Luftdichtheit siehe 5.2.4.

ANMERKUNG 2 Der dauerhaft wirksame Wetterschutz kann auch, wie in Bild A.2 dargestellt, ausgeführt werden.

ANMERKUNG 3 Ausbildungen mit Installationsebene ebenfalls möglich wie in Bild A.2.

ANMERKUNG 4 Durch die Fügungen der kleinformatigen Bekleidungselemente ist ein ausreichender Luftaustausch sichergestellt

**Bild A.4 — Außenwand in Massivholzbauart mit kleinformatigen Fassadenbauteilen**

Diese Außenwand basiert auf in Abschnitt 7.2, Bild 2, aufgeführten Prinzipien.

Als dauerhaft wirksamer Wetterschutz wurde hier die Variante c) aus dem Abschnitt 5.2.1.2 (kleinformatige Außenwandbekleidungen) gewählt. Die unbedingt erforderliche Diffusionsoffenheit der wasserableitenden Schicht ist mit dem $s_d$-Wert $\leq 0{,}3$ m sichergestellt. Durch die Offenheit der Bauteilfügungen der äußeren kleinformatigen Bekleidung ist ein ausreichender Luftaustausch sichergestellt, sodass sich daraus keine nachteilige Erhöhung des $s_d$-Wertes der äußeren Schicht ergibt.

Eine zusätzliche Schicht zur Begrenzung des Diffusionsstroms auf der Innenseite ist bei dieser Variante infolge des ausreichenden Diffusionswiderstandes des Massivholzelementes nicht erforderlich.

Ein konvektiver Tauwasserausfall ist über die flächigen Massivholzelemente als auch über die Stöße und Anschlüsse auszuschließen. Die Ausbildung der Luftdichtheit kann durch die Massivholzelemente als auch durch zusätzliche Bahnen oder Bekleidungen erfolgen, siehe Kommentar zu Abschnitt 5.2.4.

Bei Verwendung von Brettsperrholz ist eine äußere Beplankung aus statischen Gründen in der Regel nicht erforderlich.

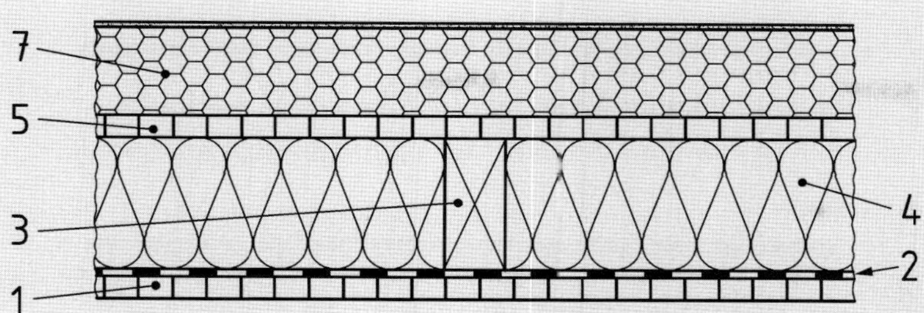


**Legende**

1 ein- oder mehrlagige raumseitige Bekleidung oder Beplankung

2 Schicht zur Begrenzung des Diffusionsstroms $s_d \geq 20$ m in Verbindung mit Schicht 1

3 trockenes Holzprodukt

4 mineralischer Faserdämmstoff nach DIN EN 13162, Holzfaserdämmstoff nach DIN EN 13171 oder Dämmstoff, dessen Verwendbarkeit für diesen Anwendungsfall durch einen bauaufsichtlichen Verwendbarkeitsnachweis oder dessen Einsatz nach der MVVTB bzw. den technischen Baubestimmungen des jeweiligen Bundeslandes gegeben ist

5 äußere Bekleidung oder Beplankung

7 Wärmedämm-Verbundsystem mit Hartschaumplatten, Mineralfaserplatten oder Holzfaserdämmplatten, bauaufsichtlicher Verwendbarkeitsnachweis erforderlich

ANMERKUNG 1 Hinsichtlich der Luftdichtheit siehe 5.2.4.

ANMERKUNG 2 Die Funktion der Schicht 2 kann durch die Schicht 1 erfüllt werden.

ANMERKUNG 3 Ausbildungen mit Installationsebene ebenfalls möglich wie in Bild A.2.

**Bild A.5 — Außenwand in Holztafelbauart, auf äußerer Beplankung Wärmedämm-Verbundsystem mit Hartschaumplatten, Mineralfaserplatten oder Holzfaserdämmplatten**

Diese Außenwand basiert auf den im Abschnitt 7.2, Bild 1, aufgeführten Prinzipien.

Als dauerhafter Wetterschutz wurde hier die Variante f) aus Abschnitt 5.2.1.2 (Wärmedämm-Verbundsystem) gewählt.

Infolge der oft diffusionshemmenden Schichten auf der Außenseite (äußere Bekleidung oder Beplankung und Wärmedämm-Verbundsystem) ist bei dieser Variante auf der Innenseite eine Schicht zur Begrenzung des Diffusionsstroms mit einem $s_d$-Wert $\geq 20$ m erforderlich.

Soweit für die äußere Bekleidung oder Beplankung Holzwerkstoffplatten Verwendung finden, reicht es aus, wenn diese für die Anwendung im Trockenbereich nach DIN EN 13986:2015-06 geeignet sind.

Die meisten Wärmedämm-Verbundsysteme mit Holzfaserdämmstoffplatten benötigen keine äußere Bekleidung oder Beplankung, siehe Bild A.6.

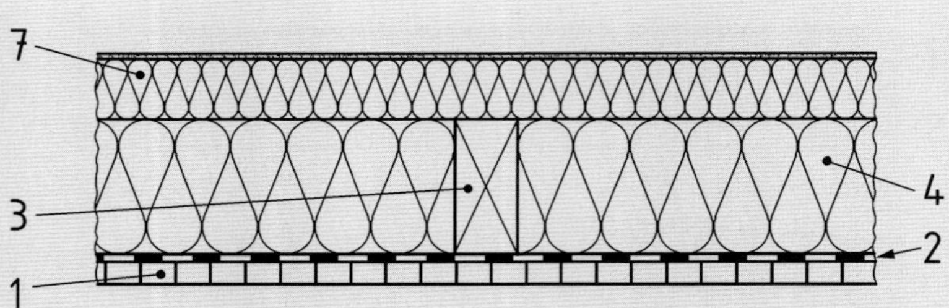


**Legende**

1 ein- oder mehrlagige raumseitige Bekleidung oder Beplankung

2 Schicht zur Begrenzung des Diffusionsstroms $s_d \geq 2$ m in Verbindung mit Schicht 1

3 trockenes Holzprodukt

4 mineralischer Faserdämmstoff nach DIN EN 13162, Holzfaserdämmstoff nach DIN EN 13171 oder Dämmstoff, dessen Verwendbarkeit für diesen Anwendungsfall durch einen bauaufsichtlichen Verwendbarkeitsnachweis oder dessen Einsatz nach der MVVTB bzw. den technischen Baubestimmungen des jeweiligen Bundeslandes gegeben ist

7 Wärmedämm-Verbundsystem mit Holzfaserdämmplatten, bauaufsichtlicher Verwendbarkeitsnachweis erforderlich

ANMERKUNG 1 Hinsichtlich der Luftdichtheit siehe 5.2.4.

ANMERKUNG 2 Die Funktion der Schicht 2 kann durch die Schicht 1 erfüllt werden.

ANMERKUNG 3 Ausbildungen mit Installationsebene ebenfalls möglich wie in Bild A.2.

**Bild A.6 — Außenwand in Holztafelbauart, mit Wärmedämm-Verbundsystem mit Holzfaserdämmplatten, ohne äußere Beplankung**

Gegenüber der Außenwand im Bild A.5 ist diese Außenwand im Bereich der Außenseite deutlich diffusionsoffener, da keine äußere Bekleidung oder Beplankung erforderlich ist. Aus diesem Grund reicht hier im Bereich der Innenseite eine Schicht zur Begrenzung des Diffusionsstroms mit einem $s_d$-Wert $\geq 2$ m aus.

Wenn die raumseitige Bekleidung oder Beplankung dauerhaft luftdicht angebracht ist und alleine für sich den erforderlichen $s_d$-Wert ergibt, ist die Anbringung einer zusätzlichen Schicht zur Begrenzung des Diffusionsstroms nicht erforderlich. Ein $s_d$-Wert $\geq 2$ m kann z. B. bei Verwendung von verschiedenen Holzwerkstoffplatten oder speziellen Gipsplatten erreicht werden.

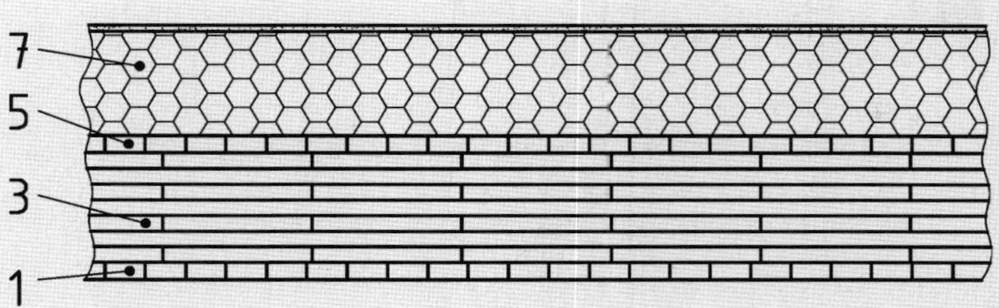


**Legende**

1 ein- oder mehrlagige raumseitige Bekleidung oder Beplankung

3 trockenes Massivholzprodukt, z. B. Brettsperrholz

5 äußere Beplankung soweit aus statischen Gründen erforderlich

7 Wärmedämm-Verbundsystem mit Hartschaumplatten, Mineralfaserplatten oder Holzfaserdämmplatten, bauaufsichtlicher Verwendbarkeitsnachweis erforderlich

ANMERKUNG 1 Hinsichtlich der Luftdichtheit siehe 5.2.4.

ANMERKUNG 2 Ausbildungen mit Installationsebene ebenfalls möglich wie in Bild A.2.

**Bild A.7 — Außenwand in Holzmassivbauart, Wärmedämm-Verbundsystem mit Hartschaumplatten, Mineralfaserplatten oder Holzfaserdämmplatten auf dem Massivholzprodukt**

Diese Außenwand basiert auf in Abschnitt 7.2, Bild 2, aufgeführten Prinzipien.

Bei dieser Außenwand ist die Verwendung einer Schicht zur Begrenzung des Diffusionsstroms nicht erforderlich, da sich die gesamte Wärmedämmung vor dem Massivholzprodukt befindet. Bei Verwendung von Brettsperrholz ist eine äußere Beplankung aus statischen Gründen in der Regel nicht erforderlich.

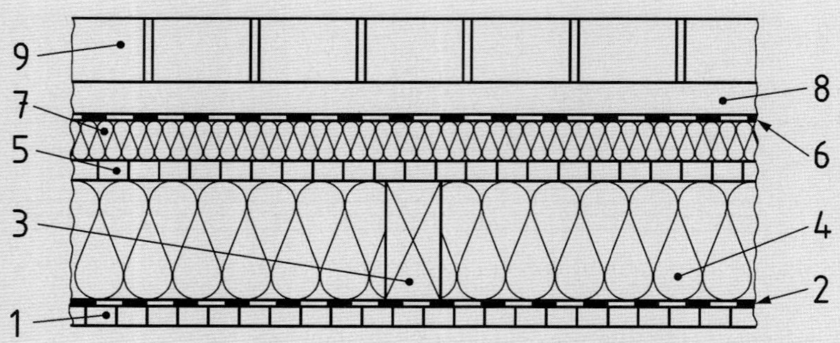


**Legende**

1 ein- oder mehrlagige raumseitige Bekleidung oder Beplankung

2 Schicht zur Begrenzung des Diffusionsstroms $s_d \geq 3$ m in Verbindung mit Schicht 1

3 trockenes Holzprodukt

4 mineralischer Faserdämmstoff nach DIN EN 13162, Holzfaserdämmstoff nach DIN EN 13171 oder Dämmstoff, dessen Verwendbarkeit für diesen Anwendungsfall durch einen bauaufsichtlichen Verwendbarkeitsnachweis oder dessen Einsatz nach der MVVTB bzw. den technischen Baubestimmungen des jeweiligen Bundeslandes gegeben ist

5 äußere Bekleidung oder Beplankung $s_d \leq 0{,}3$ m soweit erforderlich

6 Wasserableitende Schicht $0{,}3 \text{ m} < s_d \leq 1{,}0$ m, bei mineralischem Faserdämmstoff $s_d \leq 0{,}3$ m

7 mineralischer Faserdämmstoff nach DIN EN 13162 mit einer Mindestdicke von 40 mm, Holzfaserdämmstoff nach DIN EN 13171 mit einer Mindestdicke von 18 mm oder Dämmstoff, dessen Verwendbarkeit für diesen Anwendungsfall durch einen bauaufsichtlichen Verwendbarkeitsnachweis oder dessen Einsatz nach der MVVTB bzw. den technischen Baubestimmungen des jeweiligen Bundeslandes gegeben ist

8 Luftschicht (Dicke ≥ 40 mm)

9 Mauerwerk-Vorsatzschale [siehe 5.2.1.2 h)]

ANMERKUNG 1 Hinsichtlich der Luftdichtheit siehe 5.2.4.

ANMERKUNG 2 Die Funktion der Schicht 2 kann durch die Schicht 1 erfüllt werden.

ANMERKUNG 3 Ausbildungen mit Installationsebene ebenfalls möglich wie in Bild A.2.

Bei beidseitig bekleideten oder beplankten, werkseitig hergestellten Elementen auch zulässige Kombinationen:

2: Schicht zur Begrenzung des Diffusionsstroms $20 \text{ m} \leq s_d \leq 50$ m in Verbindung mit Schicht 1

5: äußere Bekleidung oder Beplankung $s_d \leq 4$ m

**Bild A.8 — Außenwand in Holztafelbauart, dauerhaft wirksamer Wetterschutz: Mauerwerk-Vorsatzschale, Außenbeplankung mit mineralischem Faserdämmstoff oder Holzfaserdämmstoff und Wasser ableitender Schicht**

Diese Außenwand basiert auf in Abschnitt 7.2, Bild 1, aufgeführten Prinzipien.

Als dauerhafter Wetterschutz wurde hier die Variante h), dritter Spiegelstrich, aus Abschnitt 5.2.1.2 (Mauerwerk-Vorsatzschale) gewählt. Entsprechende Untersuchungen und Erfahrungen zeigen, dass es insbesondere bei nördlich und nordöstlich ausgerichteten Bauteilen zu zeitweiligen Feuchteanreicherungen in dem Zwischenraum hinter der Mauerwerks-Vorsatzschale und zu Tropfenbildung auf der äußeren Schicht des Holzbauteils kommen kann. Aus diesem Grund kann im Holzbau auf eine definierte Belüftung dieser Schicht nicht verzichtet werden. Da die Mauerwerksnorm DIN EN 1993-1-1 für zweischaliges Mauerwerk keine Angaben zu den Belüftungsöffnungen mehr enthält, sind im Abschnitt 5.2.1.2 der DIN 68800-2 die Vorgaben aus der DIN 1053-1:1996-11 übernommen worden. Die Lüftungs- und Entwässerungsöffnungen sind mit ca. 75 cm² Öffnungsfläche auf 20 m² Wandfläche einschließlich der Türen und Fenster zu dimensionieren. Diese sind sowohl unten als auch oben anzuordnen, um eine Hinterlüftung zu erzeugen. Siehe hierzu Bild K.42 und Tabelle K.3.

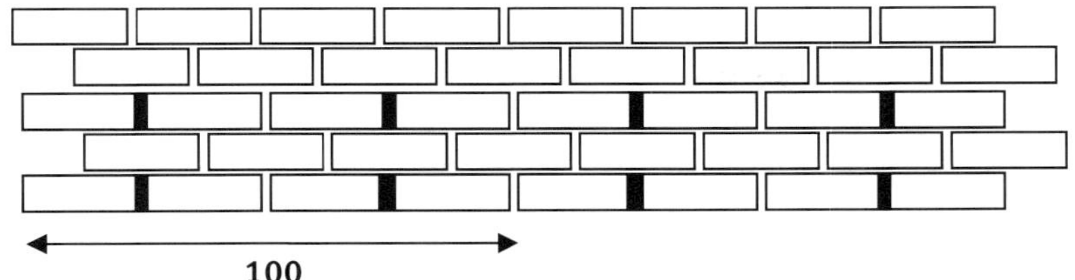


**Bild K.42:** Ausführungsmöglichkeit von Entwässerungsöffnungen in der Mauerwerkvorsatzschale

**Tabelle K.3**: Mauerwerksvorsatzschale – Anzahl der benötigten Lüftungs- bzw. Entwässerungsfugenreihen je lfm

| **Erforderliche Fugenfläche** | | **notwendige Lüftungsreihen** | |
|---|---|---|---|
| **Wandhöhe** | **Erforderliche Fläche (cm²)** | **jede Stoßfuge** | **jede 2. Stoßfuge** |
| 4 m | 15,0 | 1 Reihe (30 cm²) | 1 Reihe (15 cm²) |
| 7 m | 26,5 | 1 Reihe (30 cm²) | 2 Reihen (30 cm²) |
| 10 m | 37,5 | 2 Reihen (60 cm²) | 3 Reihen (45 cm²) |
| 13 m | 48,8 | 2 Reihen (60 cm²) | 4 Reihen (60 cm²) |
| 20 m | 75,0 | 3 Reihen (90 cm²) | 5 Reihen (75 cm²) |

Die auf der Bekleidung oder Beplankung aufgebrachten Dämmstoffplatten können wie oben beschrieben Wasser aufnehmen. Aus diesem Grund müssen sie mit einer wasserableitenden Schicht versehen werden.

Die Entwässerungsöffnungen sind so zu gestalten, dass das Wasser aus der hinterlüfteten Ebene sicher nach außen geleitet wird. Beispielhaft wird dies in Bild K.43 dargestellt.

Zumindest bei der Verwendung von mineralischem Faserdämmstoff für die Schicht 7 wird die Verwendung einer äußeren Bekleidung oder Beplankung erforderlich. Diese muss nach der Überarbeitung der DIN 68800-2 aber einen $s_d$-Wert $\leq 0{,}3$ aufweisen, wie es beispielsweise mit der Verwendung von MDF-Platten möglich ist. Unter dieser Voraussetzung kann die raumseitige Schicht zur Begrenzung des Diffusionsstroms mit einem $s_d$-Wert $\geq 3$ m ausgeführt werden. Bei Verwendung von diffusionsdichteren Bekleidungen in Schicht 5 muss, im Rahmen eines Nachweises des Tauwasserschutzes, der raumseitige $s_d$-Wert angepasst werden.

Wenn für äußere Bekleidung oder Beplankung Holzwerkstoffplatten verwendet werden sollen, müssen diese entsprechend der Tabelle 3 mindestens für die Anwendung im Feuchtbereich nach DIN EN 13986:2015-06 geeignet sein.

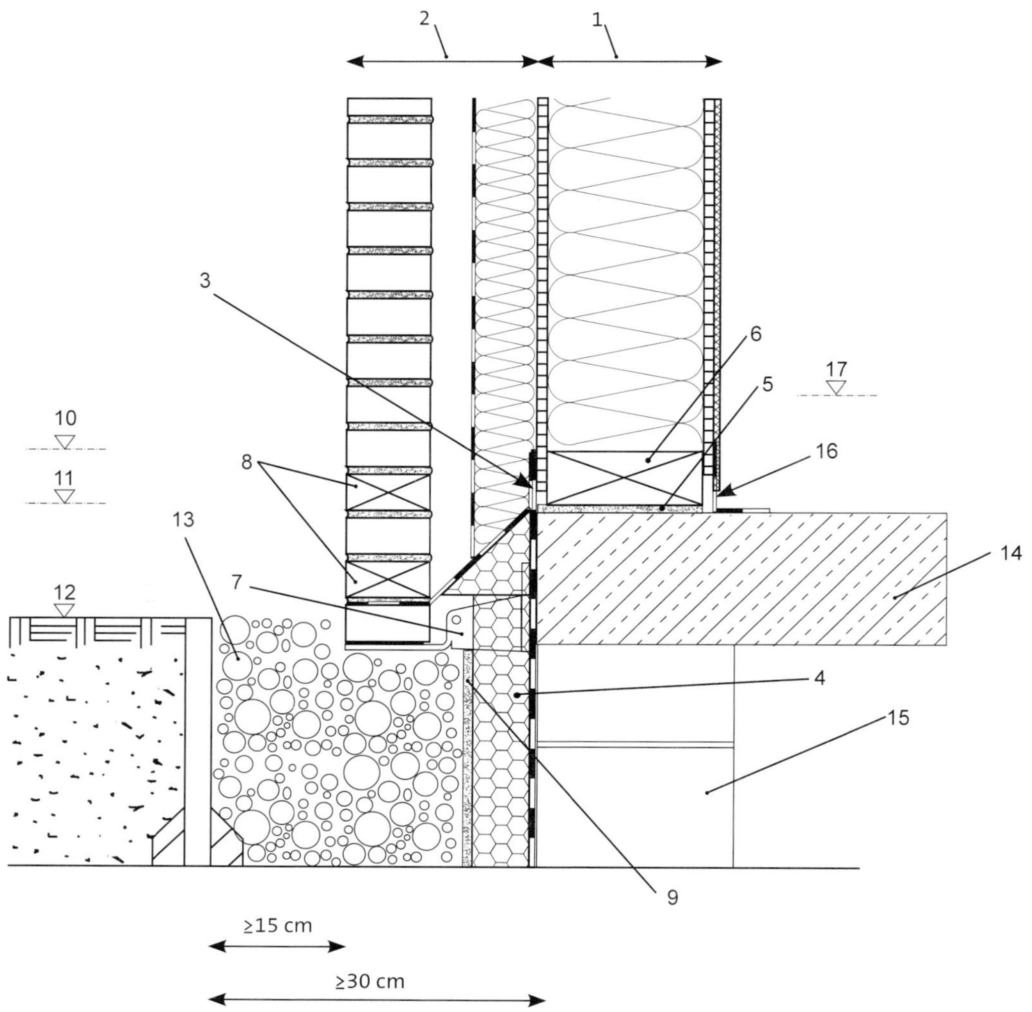


1 - Wandkonstruktion (Holztafelbau, Holzskelettbau, Massivholzelement, usw.)
2 - Wetterschutz aus Mauerwerk Vorsatzschale und Mineralfaserdämmung mit wasserableitender Schicht
3 - Abdichtung nach DIN 18533
4 - Perimeterdämmung nach DIN 4108-10
5 - Untermörtelung
6 - Holzschwelle (Gebrauchsklasse GK 0)
7 - Konsolenanker
8 - Entlüfung- und Entwässerungsöffnungen durch offene Stoßfugen
9 - Schutzschicht, ggf. Dränplatte
10 - Oberkante Abdichtung im Endzustand min. 15 cm über Oberkante Kiesbett und niedriger als OFF (Schicht 17)
11 - Unterkante Schwelle im Endzustand min. 15 cm über Oberkante Kiesbett
12 - Gelände-Oberkante (GOK)
13 - Kiesbett
14 - Kellerdecke
15 - gemauerte Kelleraußenwand
16 - luftdichter Anschluss
17 - Oberkante fertiger Fußboden (OFF)

**Bild K.43:** Sockeldetail einer unterkellerten Außenwand in Holztafelbauart mit Mauerwerks-Vorsatzschale

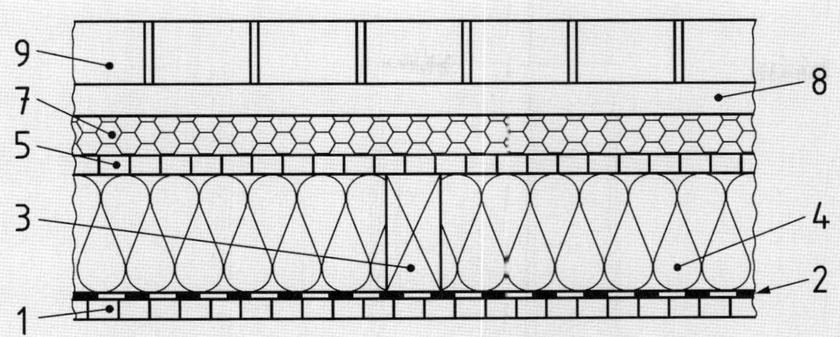


**Legende**

1 ein- oder mehrlagige raumseitige Bekleidung oder Beplankung

2 Schicht zur Begrenzung des Diffusionsstroms $s_d \geq 20$ m in Verbindung mit Schicht 1

3 trockenes Holzprodukt

4 mineralischer Faserdämmstoff nach DIN EN 13162, Holzfaserdämmstoff nach DIN EN 13171 oder Dämmstoff, dessen Verwendbarkeit für diesen Anwendungsfall durch einen bauaufsichtlichen Verwendbarkeitsnachweis oder dessen Einsatz nach der MVVTB bzw. den technischen Baubestimmungen des jeweiligen Bundeslandes gegeben ist

5 äußere Bekleidung oder Beplankung

7 Hartschaumplatte nach DIN EN 13163 mit einer Mindestdicke von 30 mm

8 Luftschicht (Dicke ≥ 40 mm)

9 Mauerwerk-Vorsatzschale [siehe 5.2.1.2 h)]

ANMERKUNG 1 Hinsichtlich der Luftdichtheit siehe 5.2.4.

ANMERKUNG 2 Die Funktion der Schicht 2 kann durch die Schicht 1 erfüllt werden.

ANMERKUNG 3 Ausbildungen mit Installationsebene ebenfalls möglich wie in Bild A.2.

Bei beidseitig bekleideten oder beplankten, werkseitig hergestellten Elementen auch zulässige Kombinationen:

2: Schicht zur Begrenzung des Diffusionsstroms 20 m $\leq s_d \leq$ 50 m in Verbindung mit Schicht 1

5: äußere Bekleidung oder Beplankung $s_d \leq 4$ m

**Bild A.9 — Außenwand in Holztafelbauart, dauerhaft wirksamer Wetterschutz: Mauerwerk-Vorsatzschale, Außenbeplankung der Wand mit Hartschaumplatten**

Diese Außenwand basiert ebenfalls auf den im Abschnitt 7.2, Bild 1, aufgeführten Prinzipien.

Als dauerhafter Wetterschutz wurde hier die Variante h), zweiter Spiegelstrich, aus Abschnitt 5.2.1.2 (Mauerwerk-Vorsatzschale) gewählt, für die Lüftungs- und Entwässerungsöffnungen siehe auch Kommentierung zu Bild A.8. Gegenüber dem Bild A.8 ist hier auf der Bekleidung oder Beplankung eine Hartschaumplatte aufgebracht. Diese Platte ist wasserunempfindlich und dient selbst als wasserableitende Schicht.

Auf Grund der niedrigen Festigkeit müssen die Hartschaumplatten immer auf eine Bekleidung oder Beplankung aufgebracht werden. Diese bestehen in der Regel aus Holzwerkstoffplatten.

Auch nach der zusätzlichen Legende für beidseitig bekleidete oder beplankte, werkseitig hergestellte Elemente dürfen bei dieser für die äußere Bekleidung oder Beplankung auch Holzwerkstoffplatten verwendet werden. In beiden Fällen müssen die Holzwerkstoffe entsprechend der Tabelle 3 mindestens für die Anwendung im Feuchtbereich nach DIN EN 13986:2015-06 geeignet sein.

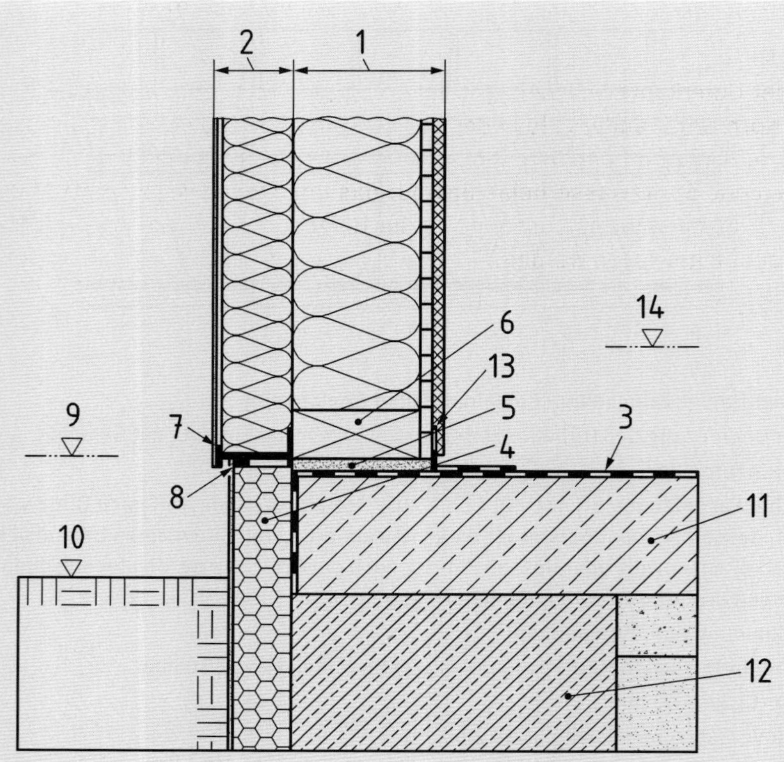


**Legende**

1 Wandkonstruktion variabel (Holztafelbau, Holzskelettbau, Massivholzbau usw.) äußere Beplankung je nach verwendetem Wärmedämm-Verbundsystem optional
2 Wärmedämm-Verbundsystem mit bauaufsichtlichem Verwendbarkeitsnachweis
3 Abdichtung nach DIN 18533 (alle Teile)
4 Perimeterdämmung bzw. für Spritzwasser und Erdeinbindung geeignete Dämmung nach DIN 4108-10 jeweils mit Sockelputz
5 Untermörtelung
6 Holzschwelle (Gebrauchsklasse GK 0)
7 Sockelschiene
8 Fugenabdichtung, z. B. Fugendichtband
9 Unterkante Schwelle im Endzustand min. 15 cm über GOK
10 Gelände Oberkante Fertigmaß (GOK)
11 Bodenplatte
12 Fundament
13 luftdichter Anschluss Wand-Betonbauteil (Bodenplatte/Keller)
14 Oberkante fertiger Fußboden (OFF)

**Bild A.10 — Außenwand-Fußpunkt mit Schwelle außerhalb Spritzwasserbereich mit Wärmedämmverbundsystem**

Bei den dargestellten baulichen Maßnahmen kann ein Eindringen von Niederschlagswasser in den Schwellenbereich auch bei einem Abstand zwischen der Unterkante Schwelle im Endzustand und Geländeoberkante von 15 cm ausgeschlossen werden. Hinsichtlich der unter Punkt 8 genannten Fugenabdichtung sind Produkte zu verwenden, deren Eignung für diesen Anwendungsbereich ausdrücklich deklariert sind. Es ist sicherzustellen, dass eine nachträgliche Verringerung des Abstandes zwischen Unterkante Schwelle und Geländeoberkante, z. B. durch Erdanschüttung oder Terrassenanbau, ausgeschlossen wird.

Für die Sockelschiene unter Legendenpunkt 7 können auch Sockelschienensysteme eingesetzt werden. Bei hoher Feuchteempfindlichkeit des verwendeten Dämmstoffs im Wärmedämm-Verbundsystem können diese Schienen durch geschlossene Kunststoffschenkel zusätzliche Sicherheit geben.

Für die Höhe der Unterkante Schwelle gilt unbedingt das Maß über dem Fertigmaß des Geländes. In dieser Norm wird, anders als in der Normenreihe DIN 18533, keine Unterscheidung zwischen geplantem Maß und Endmaß nach Fertigstellung vorgenommen, da für die am Ende tatsächlich auftretende Spritzwasserbelastung nur das tatsächlich vorliegende Maß erheblich ist und dieses auch planerisch festzusetzen ist. Im Holzbau sollten die nachfolgenden Gewerke unbedingt darauf hingewiesen werden.

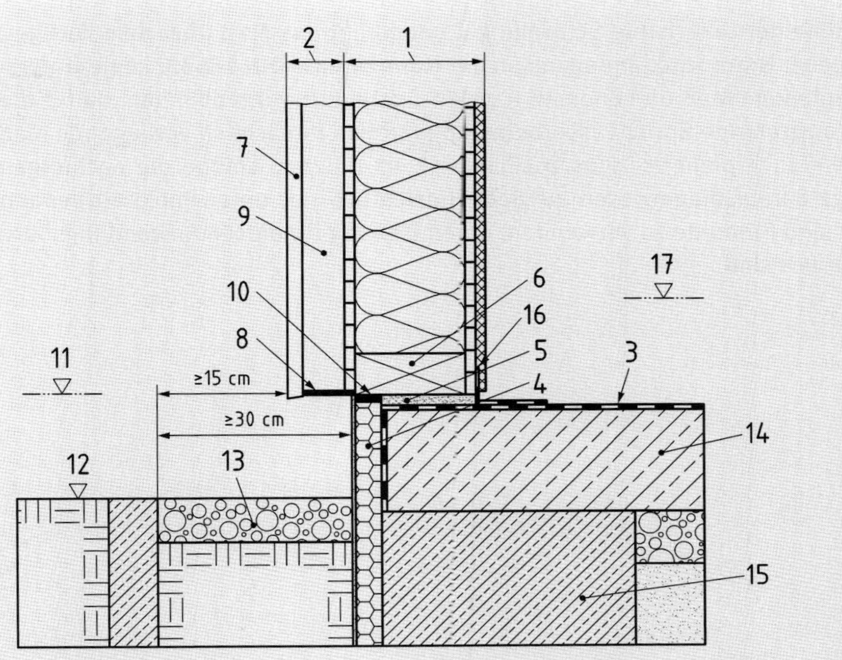


**Legende**

1 Wandkonstruktion variabel (Holztafelbau, Holzskelettbau, Massivholzbau usw.)
2 vorgehängte belüftetete oder hinterlüftete Fassade
3 Abdichtung nach DIN 18533 (alle Teile)
4 Perimeterdämmung bzw. für Spritzwasser und Erdeinbindung geeignete Dämmung nach DIN 4108-10 jeweils mit Sockelputz
5 Untermörtelung
6 Holzschwelle (Gebrauchsklasse GK 0)
7 Fassade
8 Kleintierschutz
9 Luftraum
10 Fugenabdichtung, z. B. Fugendichtband
11 Unterkante Schwelle im Endzustand min. 15 cm über GOK
12 Gelände-Oberkante Fertigmaß (GOK)
13 Kiesbett
14 Bodenplatte
15 Fundament
16 luftdichter Anschluss Wand-Betonbauteil (Bodenplatte/Keller)
17 Oberkante fertiger Fußboden (OFF)

**Bild A.11 — Außenwand-Fußpunkt mit Schwelle außerhalb Spritzwasserbereich mit vorgehängter belüfteter oder hinterlüfteter Fassade**

Entsprechend Abschnitt 5.2.1.3 müssen die Kiessteine eine Korngröße von mindestens 16 mm und maximal 32 mm haben, um zu gewährleisten, dass der Rückprall der Regentropfen stark reduziert wird. Das Kiesbett muss so angelegt sein, dass folgende Bedingungen für die äußere Begrenzung des Kiesbettes erfüllt sind:

- der horizontale Abstand von der Schwelle beträgt mindestens 30 cm, und
- der horizontale Abstand von der Fassade beträgt mindestens 15 cm.

In Verbindung mit den weiteren dargestellten baulichen Maßnahmen kann ein Eindringen von Niederschlagswasser in den Schwellenbereich auch bei einem vertikalen Abstand zwischen der Unterkante Schwelle im Endzustand und Geländeoberkante von 15 cm ausgeschlossen werden.

Für die Höhe der Unterkante Schwelle gilt unbedingt das Maß über dem Fertigmaß des Geländes. In dieser Norm wird, anders als in der Normenreihe DIN 18533, keine Unterscheidung zwischen geplantem Maß und Endmaß nach Fertigstellung vorgenommen, da für die am Ende tatsächlich auftretende Spritzwasserbelastung nur das tatsächlich vorliegende Maß erheblich ist und dieses auch planerisch festzusetzen ist. Im Holzbau sollten die nachfolgenden Gewerke unbedingt darauf hingewiesen werden. Hinsichtlich der unter Punkt 10 genannten Fugenabdichtung sind Produkte zu verwenden, deren Eignung für diesen Anwendungsbereich ausdrücklich deklariert sind.

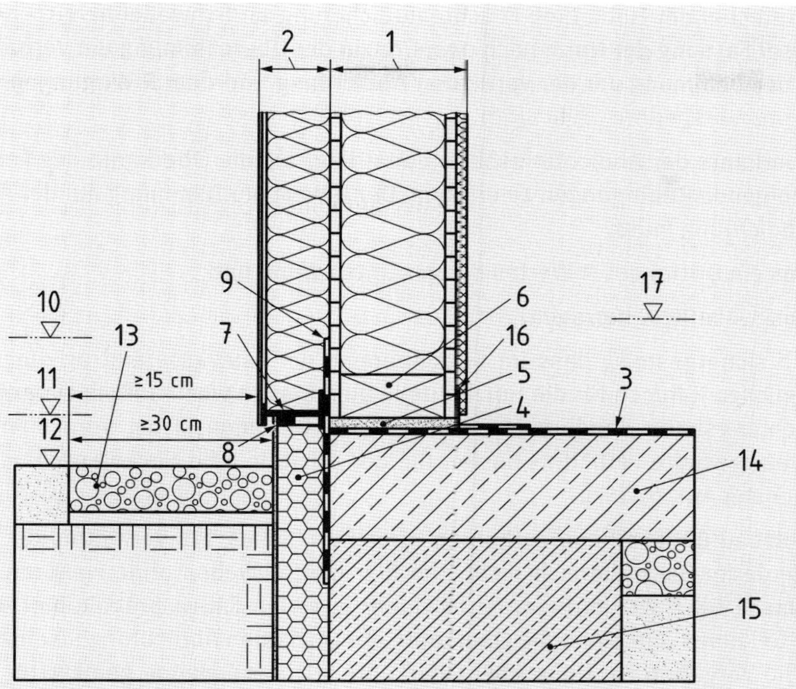


**Legende**

1 Wandkonstruktion variabel (Holztafelbau, Holzskelettbau, Massivholzbau usw.)
2 Wärmedämm-Verbundsystem mit bauaufsichtlichem Verwendbarkeitsnachweis
3 Abdichtung nach DIN 18533 (alle Teile)
4 Perimeterdämmung bzw. für Spritzwasser und Erdeinbindung geeignete Dämmung nach DIN 4108-10 jeweils mit Sockelputz
5 Untermörtelung
6 Holzschwelle (Gebrauchsklasse GK 0)
7 Sockelschiene
8 Fugenabdichtung, z. B. Fugendichtband
9 Abdichtung nach DIN 18533 (alle Teile)
10 Oberkante Abdichtung im Endzustand min. 15 cm über GOK
11 Unterkante Schwelle im Endzustand min. 5 cm über GOK
12 Gelände-Oberkante Fertigmaß (GOK)
13 Kiesbett
14 Bodenplatte
15 Fundament
16 luftdichter Anschluss Wand-Betonbauteil (Bodenplatte/Keller)
17 Oberkante fertiger Fußboden (OFF)

Der Wärmedurchlasswiderstand der Dämmung außerhalb der Abdichtung (Schicht 2) muss mindestens ein Drittel des Wärmedurchlasswiderstandes $R$ [m²K/W] der gesamten Wand betragen und darf 1,2 m²K/W nicht unterschreiten, sofern die Oberkante der Abdichtung höher als OFF ist.

**Bild A.12 — Außenwand-Fußpunkt mit Schwelle im Spritzwasserbereich mit Kiesbett an der Außenwand**

Hier sind bauliche Maßnahmen dargestellt, die einen Abstand zwischen der Unterkante Schwelle im Endzustand und Geländeoberkante von 5 cm erlauben. Diese gelten nur für Konstruktionen mit Wärmedämm-Verbundsystemen gemäß den Bildern A.12 und A.13, da hier der Wetterschutz in diesem Bereich als auch für die Fassade selbst durch die dargestellte Ausführung gewährleistet werden kann. Bezüglich der Anbringung der senkrechten Abdichtung nach der Normenreihe DIN 18533 wird auf die Ausführungen im Kommentar zu Abschnitt 5.2.1.3 hingewiesen. Da die äußere Abdichtung in Schicht 9 in der Regel einen hohen $s_d$-Wert aufweist und bei entsprechender Höhe eine Feuchteanreicherung im Schwellenbereich bewirken kann, wurde in dieser Fassung der Norm nach dem Prinzip der Überdämmung ein Verhältnis zwischen dem R-Wert der Dämmung vor der vertikalen Abdichtung und dem R-Wert der gesamten Wand eingeführt.

Wenn die Oberkante der Abdichtungsbahn höher liegt als die Oberkante des Fertigfußbodens innen, sind folgende Bedingungen zu erfüllen. Der R-Wert der Dämmung auf der Außenseite der vertikalen Abdichtung muss

- mindestens ein Drittel des R-Wertes der gesamten Wand und
- mindestens 1,2 $m^2K/W$ betragen.

Dadurch wird sichergestellt, dass im Sockelbereich der Tauwassereintrag durch Diffusion in einem zuträglichen Rahmen für die Holzbauteile bleibt, auch wenn außenseitig eine diffusionsdichte Abdichtungsbahn angebracht wird, die den Diffusionsstrom von innen nach außen behindert. Das gewählte Verhältnis basiert auf der „Richtlinie für Sockelanschluss im Holzbau" der Holzforschung Austria [17].

Einige im Holzbau übliche Wandaufbauten erreichen dieses 1/3-Verhältnis der Wärmedurchlasswiderstände im Sockelbereich nicht. Um hier die Schwellen ohne weiteren Nachweis der Gebrauchsklasse GK 0 zuzuordnen, ist es daher in vielen Fällen praktikabler, die Oberkante des fertigen Geländes und somit die Oberkante der vertikalen Abdichtung so einzuplanen, dass diese zwar die Vorgaben zur Höhe über Oberkante fertiges Gelände gemäß DIN 18533 erfüllt, gleichzeitig aber unterhalb der Oberkante des fertigen Fußbodens liegt. Bei Abdichtungen, die eben nur so hoch wie nötig gezogen werden, kann der Diffusionsstrom der darüber liegenden, nach außen nicht so dichten Wandbereiche Feuchtigkeit aus dem Schwellenbereich mit nach außen befördern.

Entgegen, der in Bild A.12 fälschlich dargestellten Bemaßung muss das Kiesbett gemäß Abschnitt 5.2.1.3 so angelegt sein, dass folgende Bedingungen für die äußere Begrenzung des Kiesbetts erfüllt sind:

- der horizontale Abstand von der Schwelle beträgt mindestens 30 cm, und
- der horizontale Abstand von der Fassade beträgt mindestens 15 cm.

Für die Sockelschiene unter Legendenpunkt 7 können auch Sockelschienensysteme eingesetzt werden. Bei hoher Feuchteempfindlichkeit des verwendeten Dämmstoffs im Wärmedämm-Verbundsystem, können diese Schienen durch geschlossene Kunststoffschenkel zusätzliche Sicherheit geben.

Für die Höhe der Unterkante Schwelle gilt unbedingt das Maß über dem Fertigmaß des Geländes. In dieser Norm wird anders als in der Normenreihe DIN 18533 keine Unterscheidung zwischen geplantem Maß und Endmaß nach Fertigstellung vorgenommen, da für die am Ende tatsächlich auftretende Spritzwasserbelastung nur das tatsächlich vorliegende Maß erheblich ist und dieses auch planerisch festzusetzen ist. Im Holzbau sollten die nachfolgenden Gewerke unbedingt darauf hingewiesen werden.

Hinsichtlich der unter Punkt 8 genannten Fugenabdichtung sind Produkte zu verwenden, deren Eignung für diesen Anwendungsbereich ausdrücklich deklariert sind.

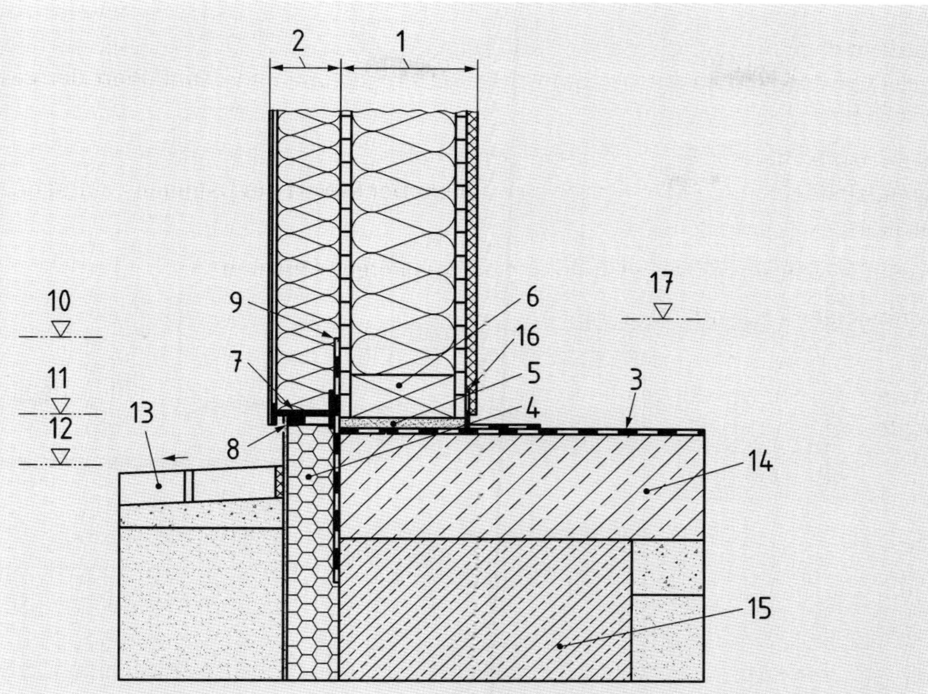


**Legende**

1 Wandkonstruktion variabel (Holztafelbau, Holzskelettbau, Massivholzbau usw.)
2 Wärmedämm-Verbundsystem mit bauaufsichtlichem Verwendbarkeitsnachweis
3 Abdichtung nach DIN 18533 (alle Teile)
4 Perimeterdämmung bzw. für Spritzwasser und Erdeinbindung geeignete Dämmung nach DIN 4108-10 jeweils mit Sockelputz
5 Untermörtelung
6 Holzschwelle (Gebrauchsklasse GK 0)
7 Sockelschiene
8 Fugenabdichtung z. B. Fugendichtband
9 Abdichtung nach DIN 18533 (alle Teile)
10 Oberkante Abdichtung im Endzustand min. 15 cm über GOK
11 Unterkante Schwelle im Endzustand min. 5 cm über GOK
12 Gelände-Oberkante Fertigmaß (GOK)
13 Gehbelag (Terrasse oder Balkon) (= Wasser führende Schicht) min. 2 % Gefälle
14 Bodenplatte
15 Fundament
16 luftdichter Anschluss Wand-Betonbauteil (Bodenplatte/Keller)
17 Oberkante fertiger Fußboden (OFF)

Der Wärmedurchlasswiderstand der Dämmung außerhalb der Abdichtung (Schicht 2) muss mindestens ein Drittel des Wärmedurchlasswiderstandes $R$ [$m^2K/W$] der gesamten Wand betragen und darf 1,2 $m^2K/W$ nicht unterschreiten, sofern die Oberkante der Abdichtung höher als OFF ist.

**Bild A.13 — Außenwand-Fußpunkt mit Schwelle im Spritzwasserbereich mit festem Belag und Gefälle an der Außenwand**

Bis auf den festen Gehbelag (z. B. Terrassenplatten) entspricht diese Variante der in Bild A.12 dargestellten Variante, siehe dortigen Kommentar.

Das Gefälle des Gehbelags von mindestens 2 % ermöglicht, dass das Niederschlagswasser sofort von der Fassade abgeführt wird.

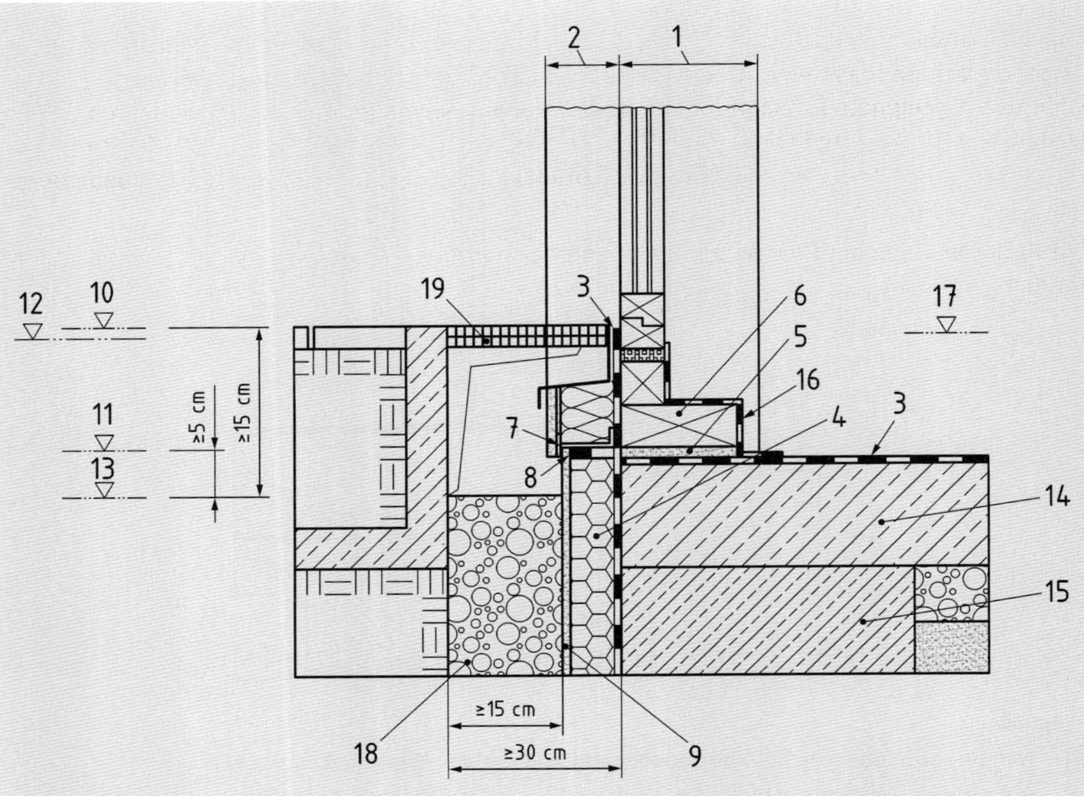


**Legende**

1 Wandkonstruktion (Holztafelbau, Holzskelettbau, Massivholzelement, usw.) mit Tür (nur schematisch dargestellt)

2 Wärmedämm-Verbundsystem mit bauaufsichtlichem Verwendbarkeitsnachweis

3 Abdichtung nach DIN 18533 (alle Teile) mit Anschluss an Türschwelle, Türpfosten und Laibungsbauteile

4 Perimeterdämmung bzw. für Spritzwasser und Erdeinbindung geeignete Dämmung nach DIN 4108-10 jeweils mit Sockelputz

5 Untermörtelung

6 Holzschwelle (Gebrauchsklasse GK 0)

7 Sockelschiene

8 Fugenabdichtung, z. B. Fugendichtband

9 Schutzschicht, ggf. Dränplatte

10 Oberkante Abdichtung im Endzustand min. 15 cm über Oberkante Kiesbett

11 Unterkante Schwelle im Endzustand min. 5 cm über Oberkante Kiesbett

12 Gelände-Oberkante Fertigmaß (GOK)

13 Oberkante Kiesbett

14 Bodenplatte

15 Fundament

16 luftdichter Anschluss

17 Oberkante fertiger Fußboden (OFF)

18 Kiesbett mit rückstaufreier Entwässerung

19 Gitterrost

**Bild A.14 — Außenwand-Fußpunkt ebenerdiger Terrassenaustritt**

Bei dem ebenerdigen Terrassenaustritt befindet sich die Holzschwelle zwar unterhalb der Geländeoberkante, durch die hier dargestellten baulichen Maßnahmen (Gitterrost, abgesenktes Kiesbett, Abdichtungen) kann aber eine Befeuchtung der Holzschwelle durch Niederschlagswasser ausgeschlossen werden. Dieses Bild ist eine Sonderkonstruktion für Türbereiche, es kann nicht ohne Weiteres als Regelkonstruktionen für den Wandbereich angewendet werden (siehe Kommentierung zu Bild A.12, insbesondere Überdämmung der vertikalen Abdichtung). Es ist darauf zu achten, dass eine rückstaufreie Entwässerung des Kiesbetts gewährleistet ist. Dies kann durch geeignete Dränage- oder Entwässerungssysteme im Bereich der regulären Sockelausführung für die Wand (siehe auch Bild 11) ermöglicht werden. Zusätzliche Maßnahmen sind erforderlich, wenn das Kiesbett oder das Dränage-System unterhalb der Rückstauebene des Kanalsystems liegen.

Die Breite des Kiesbetts muss entsprechend der Vorgaben aus Abschnitt 5.2.1.3 ausgebildet werden.

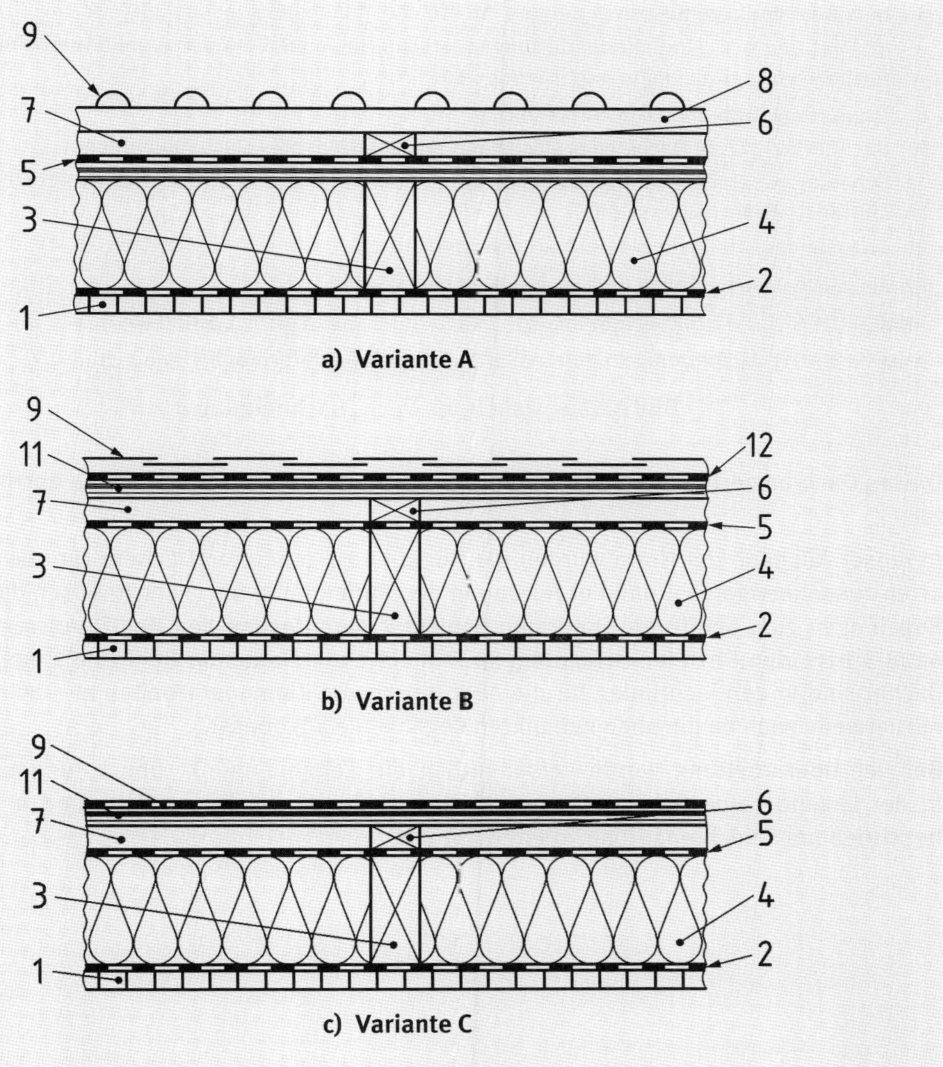


**Legende**

1 ein- oder mehrlagige raumseitige Bekleidung oder Beplankung

2 Schicht zur Begrenzung des Diffusionsstroms $s_d \geq 2$ m in Verbindung mit Schicht 1

3 trockenes Holzprodukt

4 mineralischer Faserdämmstoff nach DIN EN 13162, Holzfaserdämmstoff nach DIN EN 13171 oder Dämmstoff, dessen Verwendbarkeit für diesen Anwendungsfall durch einen bauaufsichtlichen Verwendbarkeitsnachweis oder dessen Einsatz nach der MVVTB bzw. den technischen Baubestimmungen des jeweiligen Bundeslandes gegeben ist

5 Unterdeckung bestehend aus:
- obere Abdeckung mit diffusionsäquivalenter Luftschichtdicke $s_d \leq 0{,}3$ m; oder
- trockene Brettschalung max. Dicke 24 mm, max. Breite 160 mm abgedeckt mit Unterdeckbahn mit $s_d \leq 0{,}3$ m; oder
- Holzfaserdämmplatte nach DIN EN 13171 beliebiger Dicke für das Anwendungsgebiet DAD dm nach DIN 4108-10 ausgeführt als Unterdeckplatte Typ IL nach DIN EN 14964.

6 Konterlattung (Gebrauchsklasse GK 0)

7 belüfteter Hohlraum
- die Höhe des freien Lüftungsquerschnitts muss mindestens 2 cm betragen;
- der freie Lüftungsquerschnitt an den Traufen bzw. an Traufe und Pultdachabschluss muss mindestens 2 ‰ der zugehörigen geneigten Dachfläche, mindestens jedoch 200 $cm^2/m$ betragen;
- an First und Grat sind Mindestlüftungsquerschnitte von 0,5 ‰ der zugehörigen geneigten Dachflächen erforderlich, mindestens jedoch 50 $cm^2/m$.

8 Traglattung (Gebrauchsklasse GK 0)

9 Dachdeckung (z. B. Dachsteine, Dachziegel, Wellplatten) oder Dachabdichtung

11 Schalung aus trockenem Holz oder aus für die Anwendung im Feuchtbereich geeigneten Holzwerkstoffen (Gebrauchsklasse GK 0)

12 Zwischenlage (falls für die Deckung erforderlich)

ANMERKUNG 1 Hinsichtlich der Luftdichtheit siehe 5.2.4.

ANMERKUNG 2 Die Funktion der Schicht 2 kann durch die Schicht 1 erfüllt werden.

ANMERKUNG 3 Ausbildungen mit Installationsebene ebenfalls möglich wie in Bild A.2.

**Bild A.15 — Geneigtes Dach (Dachneigung $\alpha \geq 5°$)**

Dieses Dach basiert auf den in Abschnitt 7.4 aufgeführten Prinzipien, siehe dortigen Kommentar.

In dieser Ausgabe der Norm wurden die Angaben zu geneigten Dächern für alle Bedachungsarten zusammengefasst und der Aufbau in den Varianten a) bis c) zeichnerisch dargestellt. Die Regelungen zum belüfteten Hohlraum Schicht 7 entsprechen den Belüftungsregeln nach DIN 4108-3 bzw. den Dachdeckerfachregeln. Frühere anderslautende Belüftungsregeln für Metalldächer sind in den Richtlinien für die Ausführung von Klempnerarbeiten an Dach und Fassade mittlerweile auch an die oben genannten Regelwerke angepasst.

Bei der Überarbeitung wurde versehentlich ein Legendenpunkt übersprungen. Auch wenn in der Legende eine Schicht 10 vermeintlich fehlt, ist der dargestellte und in der Legende beschriebene Schichtenaufbau vollständig.

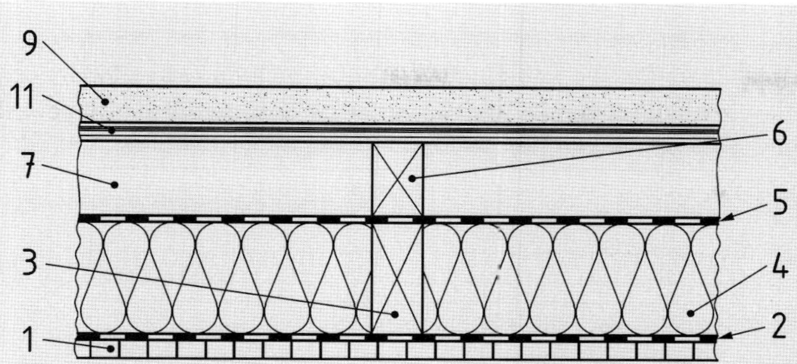


**Legende**

1 ein- oder mehrlagige raumseitige Bekleidung oder Beplankung

2 Schicht zur Begrenzung des Diffusionsstroms, $s_d \geq 2$ m in Verbindung mit Schicht 1

3 trockenes Holzprodukt

4 mineralischer Faserdämmstoff nach DIN EN 13162, Holzfaserdämmstoff nach DIN EN 13171 oder Dämmstoff, dessen Verwendbarkeit für diesen Anwendungsfall durch einen bauaufsichtlichen Verwendbarkeitsnachweis oder dessen Einsatz nach der MVVTB bzw. den technischen Baubestimmungen des jeweiligen Bundeslandes gegeben ist

5 Unterdeckung bestehend aus:

- obere Abdeckung mit diffusionsäquivalenter Luftschichtdicke $s_d \leq 0{,}3$ m; oder
- trockene Brettschalung max. Breite 160 mm abgedeckt mit Unterdeckbahn mit $s_d \leq 0{,}3$ m; oder
- Holzfaserdämmplatte nach DIN EN 13171 beliebiger Dicke für das Anwendungsgebiet DAD dm nach DIN 4108-10 ausgeführt als Unterdeckplatte Typ IL nach DIN EN 14964.

6 Konterlattung (Gebrauchsklasse GK 0)

7 belüfteter Hohlraum:

- Länge des durchgehenden Hohlraums $\leq 15$ m
- freie Lüftungshöhe bis 10 m $\geq 50$ mm; je m weiterer Hohlraumlänge +20 mm
- Bei den Lüftungshöhen sind evtl. Materialtoleranzen zu berücksichtigen.
- Lüftungsgitter in Be- und Entlüftungsöffnungen müssen Öffnungen von $\geq 40$ % der belüfteten Querschnittsfläche aufweisen.

9 Dachabdichtung ggf. mit zusätzlichen Schichten wie z. B. Begrünung oder Bekiesung

11 Schalung aus trockenem Holz oder aus für die Anwendung im Feuchtbereich geeigneten Holzwerkstoffen (Gebrauchsklasse GK 0)

ANMERKUNG 1 Hinsichtlich der Luftdichtheit siehe 5.2.4.

ANMERKUNG 2 Die Funktion der Schicht 2 kann durch die Schicht 1 erfüllt werden.

ANMERKUNG 3 Ausbildungen mit Installationsebene ebenfalls möglich wie in Bild A.2.

ANMERKUNG 4 Ausführung auch als geneigtes Dach möglich, z. B. begrüntes Dach.

**Bild A.16 — Flach geneigtes Dach (Dachneigung $3° \leq \alpha < 5°$)**

Auch bei diesem Dach ist eine ausreichende Belüftung des Hohlraumes oberhalb der Unterdeckung von entscheidender Bedeutung, um die feuchte Luft rechtzeitig abzuführen. Ein ausreichender Luftstrom ist anzunehmen, wenn die in der Legende unter 7 aufgeführten Bedingungen gegeben sind. Da ein Abreißen des Luftstroms unter anderem auch von der Länge des Hohlraumes abhängt, wurde die Höhe des Lüftungsquerschnittes in Abhängigkeit zur Gesamtlänge gesetzt. Bis 10 m Länge gilt eine Mindestbelüftungshöhe von 50 mm. Danach wird bis zu einer Maximallänge von 15 m Hohlraum die Mindestlüftungshöhe Schrittweise je m Länge um 20 mm erhöht. Beispielsweise muss ein 12 m langer Hohlraum demnach eine Mindestlüftungshöhe von 90 mm aufweisen. Bei der maximalen Gesamtlänge von 15 m beträgt die Mindestlüftungshöhe 150 mm.

Als Dachabdichtung können auch Metalldächer eingesetzt werden, die für die geplante Dachneigung im flach geneigten Bereich von den Herstellern frei gegeben sind.

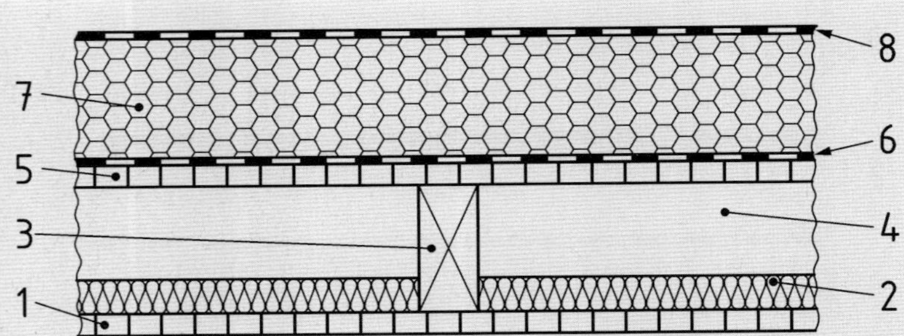


**Legende**

1 ein- oder mehrlagige raumseitige Bekleidung oder Beplankung

2 mineralischer Faserdämmstoff nach DIN EN 13162, Holzfaserdämmstoff nach DIN EN 13171 oder Dämmstoff, dessen Verwendbarkeit für diesen Anwendungsfall durch einen bauaufsichtlichen Verwendbarkeitsnachweis oder dessen Einsatz nach der MVVTB bzw. den technischen Baubestimmungen des jeweiligen Bundeslandes gegeben ist, maximal 20 % des Wärmedurchlasswiderstandes der gesamten Wärmedämmung

3 trockenes Holzprodukt

4 Hohlraum

5 Schalung aus technisch getrocknetem Holz oder Holzwerkstoffen

6 Schicht zur Begrenzung des Diffusionsstroms mit $s_d \geq 100$ m nach DIN 4108-3

7 Dämmstoff, dessen Verwendung nach DIN 4108-10 für diesen Anwendungsfall zulässig ist

8 Dachabdichtung ggf. mit zusätzlichen Schichten wie z. B. Begrünung oder Bekiesung

ANMERKUNG 1 Hinsichtlich der Luftdichtheit siehe 5.2.4.

ANMERKUNG 2 Ausbildungen mit Installationsebene ebenfalls möglich wie in Bild A.2.

**Bild A.17 — Flachdach mit raumseitiger Bekleidung**

Dieses Flachdach basiert auf den in Abschnitt 7.7 b) aufgeführten Prinzipien. Wie schon im Kommentar zu Abschnitt 7.7 aufgeführt, handelt es sich hier um eine bauphysikalisch robuste Konstruktion. Die Schicht 6 kann auch als sogenannte Bauzeitabdichtung fungieren. Soweit sie als aufgeklebte bituminöse Abdichtungsbahn ausgebildet wird, bietet sie während der gesamten Nutzungsdauer zusätzlich einen gewissen Schutz der tragenden und aussteifenden Holzkonstruktion. Soweit diese Schicht planmäßig bis Außenkante der Fassade entwässert wird (zum Beispiel bereits während der Nutzung als Bauzeitabdichtung) ist unter der Entwässerungsöffnung – mindestens bei Eisbildung im Winter – erkennbar, dass die Dachabdichtung undicht ist und Wasser in die darüber liegende Dämmung eingedrungen ist.

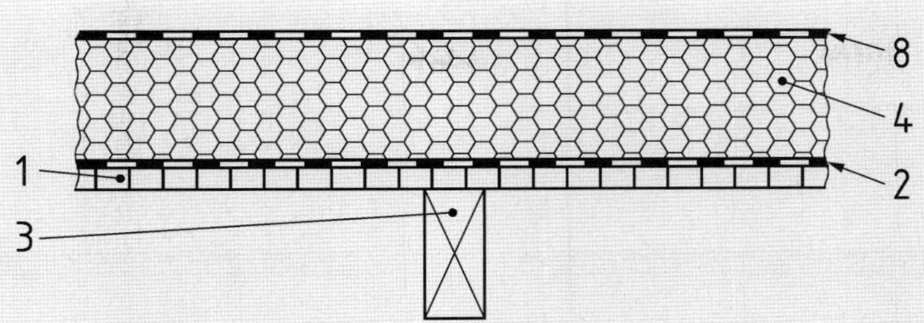


**Legende**

1 ein- oder mehrlagige raumseitige Bekleidung oder Beplankung

2 Schicht zur Begrenzung des Diffusionsstroms mit $s_d \geq 100$ m nach DIN 4108-3

3 technisch getrocknetes Holzprodukt

4 Dämmstoff, dessen Verwendung nach DIN 4108-10 für diesen Anwendungsfall zulässig ist

8 Dachabdichtung, ggf. mit zusätzlichen Schichten wie z. B. Begrünung oder Bekiesung

**Bild A.18 — Flachdach ohne raumseitige Bekleidung**

Dieses Flachdach basiert auf den in Abschnitt 7.7 a) aufgeführten Prinzipien. Wie schon im Kommentar zu Abschnitt 7.7 aufgeführt, handelt es sich hier um eine bauphysikalisch robuste Konstruktion.

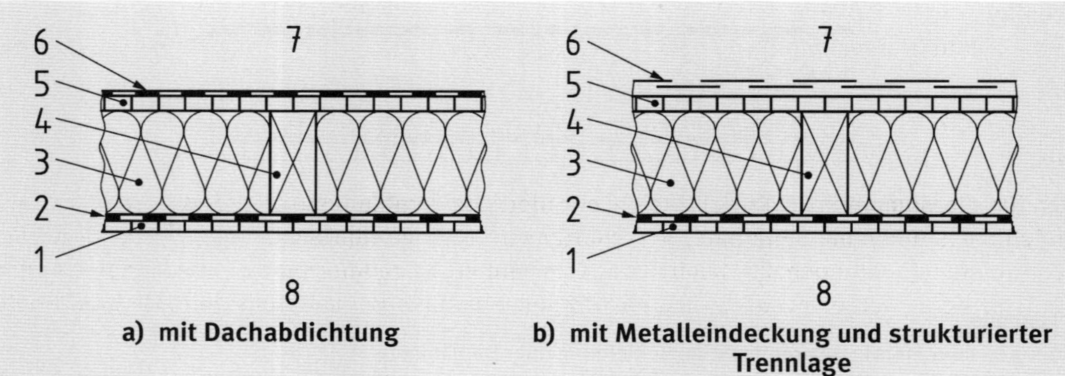


**a) mit Dachabdichtung** **b) mit Metalleindeckung und strukturierter Trennlage**

**Legende**

1 raumseitige Bekleidung ohne oder mit Lattung oder Beplankung $s_d \leq 0{,}5$ m

2 feuchtevariable Schicht mit folgenden dauerhaften Eigenschaften: ($s_d \geq 3$ m bei $\leq 45$ % mittlere relative Luftfeuchte und $1{,}5 \text{ m} \leq s_d \leq 2{,}5$ m bei 71,5 % mittlere relative Luftfeuchte)

3 mineralischer Faserdämmstoff nach DIN EN 13162, Holzfaserdämmstoff nach DIN EN 13171 oder Dämmstoff, dessen Verwendbarkeit für diesen Anwendungsfall durch einen bauaufsichtlichen Verwendbarkeitsnachweis oder dessen Einsatz nach der MVVTB bzw. den technischen Baubestimmungen des jeweiligen Bundeslandes gegeben ist

4 technisch getrocknetes Holzprodukt ($u \leq 15$ %)

5 oberseitige Schalung aus trockenem Holz oder Holzwerkstoffen

6 a) dunkle Dachabdichtung (schwarz bzw. Strahlungsabsorption $\geq 80$ %),
b) Metalleindeckung auf strukturierter Trennlage

7 Außenseite

8 Innenseite

ANMERKUNG 1 Hinsichtlich der Luftdichtheit siehe 5.2.4.

ANMERKUNG 2 Ausbildungen mit Installationsebene ebenfalls möglich wie in Bild A.2.

Die Dachneigung $\alpha$ muss mindestens 2° bzw. 3 % betragen. Die Dachelemente müssen **werksseitig** vorgefertigt werden. Installationen sind raumseitig der Luftdichtung zu führen.

Es muss sichergestellt werden, dass Stöße und Anschlüsse der Abdichtung unverzüglich nach der Montage der Elemente hergestellt werden.

Feuchtebedingte Längenänderungen der oberseitigen Beplankung sind durch ausreichende Fugenbreiten oder durch Beschränkung der Plattenmaße zu minimieren.

Die Verschattungsfreiheit muss baurechtlich auf Dauer sichergestellt sein.

Eine Baustellenfertigung ist zulässig wenn:

- die Dachfläche auf 20 m² begrenzt ist;
- sichergestellt ist, dass unverzüglich nach der Montage der Tragkonstruktion

a) die Abdichtung bzw. Eindeckung oder ein Behelfsdach einschließlich aller Anschlüsse,

b) der bauphysikalische Ausbau (Schichten 2 und 3)

erfolgt.

**Bild A.19 — Voll gedämmtes, nicht belüftetes Flachdach oder flach geneigtes Dach (Dachneigung $\alpha < 5°$), dauerhaft ohne Verschattung**

Diese Flachdächer basieren auf den in Abschnitt 7.5 aufgeführten Prinzipien. Wie schon im Kommentar zu Abschnitt 7.5 dargestellt, müssen bei diesen bauphysikalisch sensiblen Konstruktionen besondere Maßnahmen berücksichtigt werden. Große Bedeutung kommt der feuchtevariablen diffusionshemmenden Schicht zu. Der Nachweis der Feuchtevariabilität und der Alterungsbeständigkeit der feuchtevariablen Eigenschaft, welche für die Dauerhaftigkeit dieser Konstruktion wesentlich ist, ist derzeit nicht über die DIN EN 13859-1:2010-11 abgedeckt. Dieser Nachweis kann beispielsweise über eine allgemeine bauaufsichtliche Zulassung/einer allgemeinen Bauartgenehmigung oder auch im Rahmen einer ETA erbracht werden und wird in dieser Form bauordnungsrechtlich akzeptiert. Notwendige Anforderungen an Leistungseigenschaften, die im Rahmen der oben aufgeführten Bescheide (aBZ/aBG) geprüft werden, sind im Anhang B der Norm aufgeführt.

Um sicherzustellen, dass durch das Holz kein zusätzlicher Feuchteeintrag zu erwarten ist, ist die Einbaufeuchte auf $u \leq 15$ % begrenzt. Es hat sich bewährt die Einbaufeuchte der Hölzer vor dem Verschluss der Bauteile zu messen und zu dokumentieren.

Der für die sommerliche Rückdiffusion erforderliche strahlungsbedingte Wärmeeintrag von außen muss durch die dauerhafte Verschattungsfreiheit gewährleistet sein. Hinweise zur Verschattungsfreiheit finden sich auch in der Kommentierung zu Abschnitt 7.5. Besonderes Augenmerk ist darauf zu legen, dass eine nachträgliche Installation von Solarthermie- bzw. Photovoltaikanlagen bei dieser Bauteilkonstruktion nicht möglich ist.

Diese Konstruktion funktioniert nur dann, wenn sie exakt nach den oben genannten Regeln geplant und ausgeführt wird. Ein konvektiver Feuchteeintrag ist unbedingt zu verhindern, daher ist auch bei Montage und bei der Koordination der nachfolgenden Gewerke darauf zu achten, dass insbesondere die Schichten 2 bis 5 intakt bleiben.

Flachdachgauben, die in dieser Ausführung in sehr großer Zahl hergestellt wurden, sind in der Praxis wenig schadensträchtig. In dieser Fassung der Norm wurde für diese kleinformatigen Elemente daher auch die Option der Baustellenfertigung unter den nachfolgenden beiden zusätzlichen Vorgaben erlaubt.

Es muss sichergestellt sein, dass:

- während der gesamten Montage kein Niederschlagswasser in die Konstruktion eindringen kann und
- der bauphysikalisch relevante Einbau der Schichten 2 und 3 unverzüglich nach dem Aufbringen der Abdichtung bzw. der Eindeckung des Daches erfolgt.

Arbeitsunterbrechungen von mehreren Tagen können bauphysikalisch schon zu einem unplanmäßigen und der Konstruktion unzuträglichen Feuchteeintrag führen. Zur Absicherung im Schadensfall ist eine Dokumentation des Bauablaufs inklusive der zeitlichen Abfolge der Arbeiten empfehlenswert.

**Legende**

1 unterseitige Bekleidung ohne oder mit Lattung oder Beplankung

2 Schicht zur Begrenzung des Diffusionsstroms, $s_d \geq 2$ m in Verbindung mit Schicht 1

3 trockenes Holzprodukt

4 mineralischer Faserdämmstoff nach DIN EN 13162, Holzfaserdämmstoff nach DIN EN 13171 oder Dämmstoff, dessen Verwendbarkeit für diesen Anwendungsfall durch einen bauaufsichtlichen Verwendbarkeitsnachweis oder dessen Einsatz nach der MVVTB bzw. den technischen Baubestimmungen des jeweiligen Bundeslandes gegeben ist

5 obere Schalung oder Beplankung mit einem $s_d$-Wert $\leq 2$ m, z. B. Vollholzdielung oder Spanplatten

ANMERKUNG 1 Hinsichtlich der Luftdichtheit siehe 5.2.4.

ANMERKUNG 2 Die Funktion der Schicht 2 kann durch die Schicht 1 erfüllt werden.

ANMERKUNG 3 Ausbildung mit Installationsebene ebenfalls möglich wie in Bild A.2.

Bei beidseitig bekleideten oder beplankten, werkseitig hergestellten Elementen auch zulässige Kombinationen:

2: Schicht zur Begrenzung des Diffusionsstroms 20 m $\leq s_d \leq$ 50 m in Verbindung mit Schicht 1

5: obere Schalung oder Beplankung mit einem $s_d$-Wert $\leq 4$ m

**Bild A.20 — Decke unter nicht ausgebauten Dachräumen, im Gefach nicht belüftet**

Diese Decke basiert auf den in Abschnitt 8.2.1 aufgeführten Prinzipien, siehe dortigen Kommentar.

Wenn die raumseitige Bekleidung oder Beplankung dauerhaft luftdicht ausgeführt ist und alleine für sich den erforderlichen $s_d$-Wert aufweist, ist die Anbringung einer zusätzlichen Schicht zur Begrenzung des Diffusionsstroms nicht erforderlich. Ein $s_d$-Wert $\geq 2$ m kann z. B. bei Verwendung von verschiedenen Holzwerkstoffplatten erreicht werden, wenn diese auch im Bereich der Stöße und Anschlüsse luftdicht ausgebildet sind, siehe Kommentar zu 5.2.4.

Nach der zusätzlichen Legende für beidseitig bekleidete oder beplankte, werkseitig hergestellte Elemente darf bei diesen die äußere Bekleidung oder Beplankung auch aus Holzwerkstoffplatten bestehen. Diese müssen entsprechend der Tabelle 3 mindestens für die Anwendung im Feuchtbereich nach EN 13986 geeignet sein. In solchen Fällen muss entsprechend der Tabelle 1 der $s_d$-Wert der raumseitigen Schicht zur Begrenzung des Diffusionsstroms den 6-fachen $s_d$-Wert der Außenschicht aufweisen.

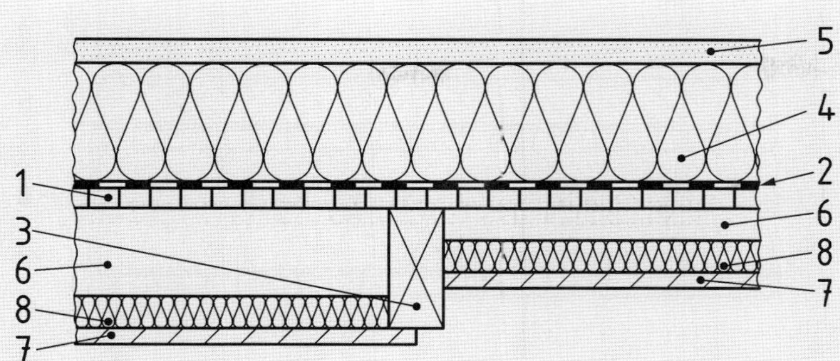


**Legende**

1 Unterseitige Schalung oder Beplankung

2 Schicht zur Begrenzung des Diffusionsstroms, $s_d \geq 2$ m in Verbindung mit Schicht 1

3 technisch getrocknetes Holzprodukt

4 Wärmedämmstoffe nach DIN EN 13162 bis DIN EN 13171 oder Dämmstoffe, dessen Verwendbarkeit für diesen Anwendungsfall durch einen bauaufsichtlichen Verwendbarkeitsnachweis oder dessen Einsatz nach der MVVTB bzw. den technischen Baubestimmungen des jeweiligen Bundeslandes gegeben ist

5 Fußboden mit einem $s_d$-Wert $\leq 2$ m

6 Hohlraum

7 Bekleidung ohne oder mit Lattung

8 mineralischer Faserdämmstoff nach DIN EN 13162, Holzfaserdämmstoff nach DIN EN 13171 oder Dämmstoff, dessen Verwendbarkeit für diesen Anwendungsfall durch einen bauaufsichtlichen Verwendbarkeitsnachweis oder dessen Einsatz nach der MVVTB bzw. den technischen Baubestimmungen des jeweiligen Bundeslandes gegeben ist, auf max. 20 % des Wärmedurchlasswiderstandes der gesamten Wärmedämmung begrenzt

ANMERKUNG 1 Hinsichtlich der Luftdichtheit siehe 5.2.4.

ANMERKUNG 2 Die Funktion der Schicht 2 kann durch die Schicht 1 erfüllt werden.

ANMERKUNG 3 Ausbildung mit Installationsebene ebenfalls möglich wie in Bild A.2.

Bei beidseitig bekleideten oder beplankten, werkseitig hergestellten Elementen auch zulässige Kombinationen:

2: Schicht zur Begrenzung des Diffusionsstroms 20 m $\leq s_d \leq$ 50 m in Verbindung mit Schicht 1

5: Fußboden mit einem $s_d$-Wert $\leq 4$ m

**Bild A.21 — Decke unter nicht ausgebauten Dachräumen mit Aufdämmung**

Diese Decke basiert auf den in Abschnitt 8.2.2 aufgeführten Prinzipien, siehe dortigen Kommentar.

Nach der zusätzlichen Legende für beidseitig bekleidete oder beplankte, werkseitig hergestellte Elemente darf bei diesen die äußere Bekleidung oder Beplankung auch aus Holzwerkstoffplatten bestehen. Entsprechend der Tabelle 3 reichen hier die Holzwerkstoffe für Anwendung im Trockenbereich nach DIN EN 13986:2015-06 aus. In solchen Fällen muss entsprechend der Tabelle 1 der $s_d$-Wert der raumseitigen Schicht zur Begrenzung des Diffusionsstroms den 6-fachen $s_d$-Wert der Außenschicht aufweisen.

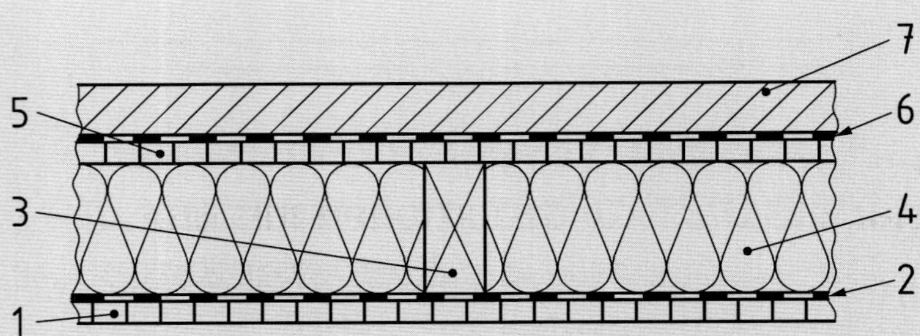


**Legende**

1 Bekleidung ohne oder mit Lattung oder Beplankung

2 Schicht zur Begrenzung des Diffusionsstroms 50 m $\leq s_d \leq$ 100 m

3 technisch getrocknetes Holzprodukt ($u \leq 15$ %)

4 mineralischer Faserdämmstoff nach DIN EN 13162, Holzfaserdämmstoff nach DIN EN 13171 oder Dämmstoff, dessen Verwendbarkeit für diesen Anwendungsfall durch einen bauaufsichtlichen Verwendbarkeitsnachweis oder dessen Einsatz nach der MVVTB bzw. den technischen Baubestimmungen des jeweiligen Bundeslandes gegeben ist

5 Beplankung (Dachneigung $\geq 0°$)

6 Abdichtung

7 Oberbelag

Es ist ein Nachweis nach DIN 4108-3 erforderlich.

Werkseitig ist ein beidseitig geschlossenes Element mindestens mit den Bauteilschichten 2 bis 6 vorzufertigen (siehe 5.2.4 und 6.1).

Der Anschluss der Abdichtung an den Baukörper muss unmittelbar nach der Montage des Elements erfolgen.

**Bild A.22 — Kleinflächige (max. 10 m²) Balkone/Terrassen-/Dachelemente über Wohnraum in Holztafelbauart**

Diese bauphysikalisch sensible Konstruktion wurde in der Vergangenheit in einer großen Anzahl von Fällen verwendet. Bei Flächen von maximal 10 m² kam es in der Praxis zu keinen Schäden, wenn die in der Legende zum Bild aufgeführten Bedingungen eingehalten wurden.

Dabei ist von entscheidender Bedeutung, dass das gesamte Bauteil werkseitig als ein Element hergestellt wird, sodass eine Beeinflussung durch Niederschläge während der Bauphase ausgeschlossen ist und die Anschlüsse sich lediglich auf den Randbereich des Elementes beschränken. Sämtliche Abdichtungsarbeiten dieser Anschlüsse sind sofort nach Einfügen des Elements in den Baukörper auszuführen.

Eine Einbaufeuchte von ≤ 15 % wirkt sich sehr positiv auf den Gesamtfeuchtehaushalt der Konstruktion aus.

Die besonderen Bedingungen hinsichtlich der Planung und Ausführung dieser Konstruktion sind der Grund dafür, dass dieses Bauteil als einzige der im Anhang A aufgeführten Konstruktionen eines Nachweises mit hygrothermischen Simulationsverfahren des Tauwasserschutzes nach DIN 4108-3:2018-10 bedarf. **Dies ist keine nachweisfreie Konstruktion.**

# Anhang B
(normativ)
**Feuchtevariable Schichten zur Verwendung für nicht belüftete Dachkonstruktionen mit Metalleindeckung oder Abdichtung auf Schalung oder Beplankung — Anforderungen**

## B.1 Allgemeines

Bei diesen speziellen Konstruktionen handelt es sich um empfindliche Konstruktionen. Eine dauerhaft wirksame Feuchteregulierung sowie robuste mechanische Eigenschaften sind unverzichtbar für den Holzschutz und damit die Standsicherheit der Konstruktion.

## B.2 Fähigkeit zur Feuchteregulierung

Die Fähigkeit zur Feuchteregulierung lässt sich in Abhängigkeit von der Feuchte mit Hilfe der feuchteabhängigen, wasserdampf-diffusionsäquivalenten Luftschichtdicken, im folgenden $s_d$-Werte genannt, der jeweiligen feuchtevariablen Schicht darstellen.

Die $s_d$-Werte werden in Abhängigkeit von der Feuchte an den in Tabelle B.1 aufgeführten Klimapunkten nach DIN EN ISO 12572:2017-05 bestimmt und angegeben:

**Tabelle B.1 — Klimapunkte**

| Nr. | Klimapunkte | | Differenzklima % rel. Feuchte |
|---|---|---|---|
| 1 | dry-cup | 23 °C und mittlere Feuchte 25 % | 0/50 |
| 2 | wet-cup | 23 °C und mittlere Feuchte 72 % | 50/93 |
| 3 | | 23 °C und mittlere Feuchte 90 % | 85/95 oder 83/97 |

## B.3 Dauerhaftigkeit (Langzeitverhalten)

### B.3.1 Allgemeines

Für eine dauerhafte Funktion feuchtevariabler Schichten sind insbesondere die $s_d$-Werte ausschlaggebend.

ANMERKUNG Die Produktleistungen unter B.3.2 und B.3.3 können z. B. im Rahmen einer Europäischen Technischen Bewertung (ETA) angegeben werden.

### B.3.2 $s_d$-Werte

Das Langzeitverhalten der Schichten wird in Bezug auf die $s_d$-Werte in Abhängigkeit von den Klimapunkten nach Abschnitt B.2 durch nachfolgende künstliche Alterung bestimmt und angegeben.

Die künstliche Alterung (Wärmebehandlung) in Anlehnung an DIN EN 1296:2001-03 erfolgt in Abhängigkeit vom Material, bei nachfolgenden Bedingungen:

a) Lagerung bei (80 ± 2) °C über 24 Wochen; oder

b) Lagerung bei (70 ± 2) °C über 48 Wochen.

### B.3.3 UV-Beständigkeit

Sofern die UV-Beständigkeit der Bahnen für die vorgesehene Nutzungsdauer nicht gesondert nachgewiesen ist, müssen die verlegten Bahnen spätestens drei Monate nach Verlegung durch UV-dichte Schichten abgedeckt werden.

## Literaturhinweise

[1] DIN 68800-4, *Holzschutz — Teil 4: Bekämpfungsmaßnahmen gegen Holz zerstörende Pilze und Insekten und Sanierungsmaßnahmen*

[2] DIN EN 335, *Dauerhaftigkeit von Holz und Holzprodukten — Gebrauchsklassen: Definitionen, Anwendung bei Vollholz und Holzprodukten*

[3] DIN 4108-7:2011-01, *Wärmeschutz und Energie-Einsparung in Gebäuden — Teil 7: Luftdichtheit von Gebäuden — Anforderungen, Planungs- und Ausführungsempfehlungen sowie -beispiele*

[4] DIN EN 13165, *Wärmedämmstoffe für Gebäude — Werkmäßig hergestellte Produkte aus Polyurethan-Hartschaum (PU) — Spezifikation*

[5] DIN EN 13166, *Wärmedämmstoffe für Gebäude — Werkmäßig hergestellte Produkte aus Phenolharzschaum (PF) — Spezifikation*

[6] DIN EN 13167, *Wärmedämmstoffe für Gebäude — Werkmäßig hergestellte Produkte aus Schaumglas (CG) — Spezifikation*

[7] DIN EN 13168, *Wärmedämmstoffe für Gebäude — Werkmäßig hergestellte Produkte aus Holzwolle (WW) — Spezifikation*

[8] DIN EN 13169, *Wärmedämmstoffe für Gebäude — Werkmäßig hergestellte Produkte aus Blähperlit (EPB) — Spezifikation*

[9] DIN EN 13170, *Wärmedämmstoffe für Gebäude — Werkmäßig hergestellte Produkte aus expandiertem Kork (ICB) — Spezifikation*

[10] DIN EN 13183-2, *Feuchtegehalt eines Stückes Schnittholz — Teil 2: Schätzung durch elektrisches Widerstands-Messverfahren*

[11] DIN EN 13830, *Vorhangfassaden — Produktnorm*

[12] Informationsdienst Holz: Holzbau Handbuch, Reihe 5, Teil 2 Folge 1, Holzschutz bei Ingenieurholzbauwerken 3/2015

[13] Simon, J.; Dietsch, P.; Winter S.: „Landwirtschaftliches Bauen mit Holz — Leitfaden für Beispielkonstruktionen in Gebrauchsklasse 0 nach DIN 68800-2“, Hrsg.: Bayerische Landesanstalt für Landwirtschaft (LfL), Freising, 2019

### Literaturverzeichnis

[1] Schulze, H.: Holzbauteile in Nassbereichen. Informationsdienst Holz. 5/1987

[2] Schulze, H.: Baulicher Holzschutz. Informationsdienst Holz, Holzbau Handbuch, Reihe 3, Bauphysik.8/1991

[3] Schulze, H.: Baulicher Holzschutz. Informationsdienst Holz, Holzbau Handbuch, Reihe 3, Teil 5, Folge 2. 9/1997

[4] Gersonde, M.; Grinda, M. (1984): Untersuchungen über das Vorkommen von Schäden durch holzzerstörende Pilze und Insekten an Holzleimbaukonstruktionen. Forschungsbericht. Bundesanstalt für Materialprüfung, Fachgruppe „Biologische Materialprüfung“

[5] Aicher, S.; Radović, B.; Volland, G.: Untersuchungen zur Befallswahrscheinlichkeit von Brettschichtholz durch Insekten, Bauen mit Holz, 12/2001

[6] Radović, B. (2008): Unempfindlichkeit von technisch getrocknetem Holz gegen Insekten, Informationsdienst Holz, November 2008

[7] Radović, B.: Holzschutz für Produkte der Sägeindustrie, Informationsdienst Holz, September 2008

[8] Radović, B. (2009): Holzschutz für konstruktive Vollholzprodukte, Informationsdienst Holz, Februar 2009

[9] Radović, B. (2009): Holzschutz – Aktueller Stand der Wissenschaft und Technik, Zukunft Holz, April 2009

[10] Winter, S.; Fülle, C.; Werther, N.: „Experimentelle und numerische Untersuchung des hygrothermischen Verhaltens von flach geneigten Dächern in Holzbauweise mit oberer dampfdichter Abdichtung unter Einsatz ökologischer Bauprodukte zum Erreichen schadensfreier, markt- und zukunftsgerechter Konstruktionen." Abschlussbericht 05/2009, Fraunhofer IRB Verlag 2009, ISBN 978 3-8167-3154-7

[11] Bauer, P.; Fülle, C.: Untersuchungsbericht F 4.1/08-400-1, MFPA Leipzig, 31.05.2010

[12] Bauer, P.; Fülle, C.: Untersuchungsbericht F 4.1/08-400-2, MFPA Leipzig, 06.07.2010

[13] Winter, S.; Bauer, P.; Werther, N.: „Untersuchung der klimatischen Verhältnisse in Kriechkellern unter gedämmten Holzbodenplatten zur Vermeidung von Bauschäden bei nicht unterkellerten Gebäuden und zur Kostenreduzierung." Abschlussbericht 06/2008, Fraunhofer IRB Verlag 2009, ISBN 978-3 8167-7921-6

[14] Lukowsky, D., Wirkmechanismen der technischen Trocknung von Bauholz als Schutz gegen den Hausbock (Hylotrupes bajulus), Deutsche Holzschutztagung 2016: Dresden, 22. und 23. September 2016, S. 120-142

[15] Mehr Fortschritt wagen – Bündnis für Freiheit, Gerechtigkeit und Nachhaltigkeit – Koalitionsvertrag 2021–2025 zwischen der Sozialdemokratischen Partei Deutschlands (SPD), BÜNDNIS 90 / DIE GRÜNEN und den Freien Demokraten (FDP)

[16] Merkblatt Nr. 5 „Bäder, Feucht- und Nassräume im Holz und Trockenbau – Innenraumabdichtung nach DIN 18534" Bundesverband der Gipsindustrie e. V.

[17] Richtlinie Sockelanschluss im Holzhausbau – Holzforschung Austria, April 2015

## Kommentar zu DIN 68800-3:2020-03 Holzschutz – Teil 3: Vorbeugender Schutz von Holz mit Holzschutzmitteln

**Die Überarbeitung und Kommentierung dieses Teiles basiert auf den Inhalten und Kommentierungen der Vorauflage. Die Bearbeiter und Autoren der aktuellen Auflage sowie der Vorauflage sind folgend aufgeführt:**

**3. Auflage 2022:**

Hauptautor:

| | |
|---|---|
| Eckhard Melcher | Thünen-Institut für Holzforschung, Hamburg |

Unter Mitwirkung von:

| | |
|---|---|
| Uwe Halupczok | Ehemals Deutscher Holzschutzverband für Außenholzprodukte e. V. und Gütegemeinschaft Imprägnierte Holzbauelemente e. V., Bingen |
| Dr. Peter Reißer | Deutsche Bauchemie e. V., Frankfurt am Main |


**2. Auflage 2013:**

Hauptautor:

| | |
|---|---|
| Horst Hertel | vormals BAM Bundesanstalt für Materialforschung und -prüfung, Berlin |

Unter Mitwirkung von:

| | |
|---|---|
| Uwe Halupczok | Deutscher Holzschutzverband für Außenholzprodukte e. V. und Gütegemeinschaft Imprägnierte Holzbauelemente e. V., Bingen |
| Rudolf Klaucke | Dr. Wolman GmbH, Sinzheim |
| Eckhard Melcher | Thünen-Institut für Holzforschung, Hamburg |

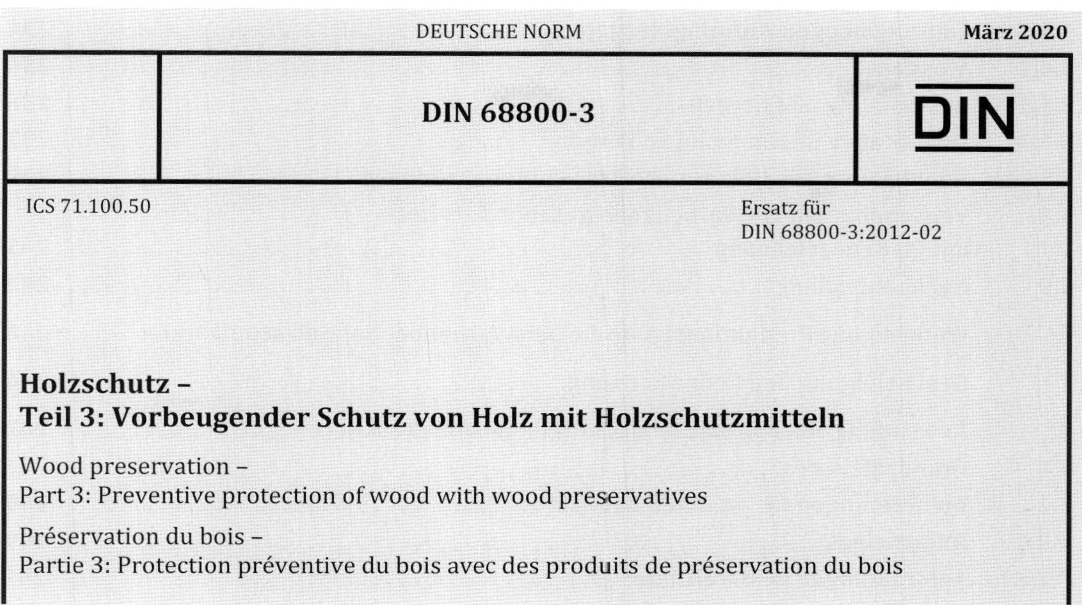
DEUTSCHE NORM März 2020

DIN 68800-3

DIN

ICS 71.100.50

Ersatz für
DIN 68800-3:2012-02

**Holzschutz –**
**Teil 3: Vorbeugender Schutz von Holz mit Holzschutzmitteln**

Wood preservation –
Part 3: Preventive protection of wood with wood preservatives

Préservation du bois –
Partie 3: Protection préventive du bois avec des produits de préservation du bois

# Inhalt



* Die Seitenzahlen beziehen sich auf den vorliegenden Kommentar.

# Vorwort

Dieses Dokument wurde vom NA 042-03-03 AA „Vorbeugender chemischer Holzschutz“ im DIN-Normenausschuss Holzwirtschaft und Möbel (NHM) erarbeitet.

Es wird auf die Möglichkeit hingewiesen, dass einige Elemente dieses Dokuments Patentrechte berühren können. DIN ist nicht dafür verantwortlich, einige oder alle diesbezüglichen Patentrechte zu identifizieren.

DIN 68800 *Holzschutz* besteht aus den folgenden Teilen:

- *Teil 1: Allgemeines*
- *Teil 2: Vorbeugende bauliche Maßnahmen im Hochbau*
- *Teil 3: Vorbeugender Schutz von Holz mit Holzschutzmitteln*
- *Teil 4: Bekämpfungs- und Sanierungsmaßnahmen gegen Holz zerstörende Pilze und Insekten*

**Änderungen**

Gegenüber DIN 68800-3:2012-02 wurden folgende Änderungen vorgenommen:

a) Chemikaliengesetz und Biozid-Produkte-Verordnung zur Zulassung und Kennzeichnung von Holzschutzmitteln in 5.3, Abschnitt 7 und 8.2 berücksichtigt;

b) Festlegungen in 8.3.4 für mit Holzschutzmitteln behandeltes Holz in Gebrauchsklasse 4 für nichttragende Bauteile angepasst;

c) normative Verweisungen und Literaturhinweise aktualisiert;

d) Norm redaktionell überarbeitet.

**Frühere Ausgaben**

DIN 68800: 1956-09

DIN 68805: 1983-10

DIN 68800-3: 1974-05, 1981-05, 1990-04, 2012-02

DIN 68800-5: 1978-05

# 1 Anwendungsbereich

Diese Norm legt Maßnahmen zum vorbeugenden Schutz von Holz und Holzwerkstoffen mit Holzschutzmitteln fest. Sie gilt in Verbindung mit DIN 68800-1.

Diese Norm regelt auch die Verwendung von vorbeugend geschützten Holz- und Holzwerkstoffprodukten mit CE-Kennzeichnung.

Die Regelungen der vorliegenden Norm, die die Maßnahmen zum vorbeugenden Schutz mit Holzschutzmitteln betreffen, brauchen bei der Herstellung von vorbeugend geschützten Holz- und Holzwerkstoffprodukten nach harmonisierten Normen nicht berücksichtigt zu werden.

Die Norm enthält:

a) in 8.2 besondere Anforderungen an den Schutz von tragenden Holzbauteilen;

b) in 8.3 Anforderungen an den Schutz von nichttragenden Hölzern;

c) in Anhang C Hinweise zur Anwendung von Holzschutzmitteln bei nichttragenden Holzbauteilen, welche anschließend beschichtet werden sollen.

Für die Imprägnierung von Eisenbahnschwellen mit Kreosot gilt DIN 68811. Für die Imprägnierung von Leitungsmasten gilt DIN EN 14229.

Der dritte Teil dieser Normenreihe regelt die Verwendung von Holz, das zum vorbeugenden Schutz gegen Schadorganismen mit Holzschutzmitteln behandelt wurde, und von Bauholz (mit CE-Kennzeichnung) für tragende Zwecke mit Schutzmittelbehandlung gegen biologischen Befall gemäß DIN EN 15228. Zudem wird der chemische Schutz von Holzwerkstoffen im normativen Anhang A von DIN 68800-3 abgehandelt, dem vor Jahren noch mit DIN 68800-5 (1990) ein eigener Normenteil gewidmet war.

Gemäß der Verordnung über Biozidprodukte (BPR, Verordnung (EU) Nr. 528/2012) [1] sind Holzschutzmittel definiert als „***biozidhaltige** Produkte zum Schutz von Holz ab dem Einschnitt im Sägewerk oder von Holzerzeugnissen gegen Befall durch Holz zerstörende oder die Holzqualität beeinträchtigende Organismen*". Eine hiervon abweichende Definition findet sich in DIN EN 1001-2, die „*Wirkstoff(e) oder wirkstoffhaltige Zubereitungen in ihrer Handelsform, die aufgrund ihrer Wirkstoff(e)-Eigenschaften dazu bestimmt sind, einen Angriff durch holzzerstörende oder holzverfärbende Organismen (Pilze, Insekten und marine Organismen) auf Holz oder Holzprodukte zu verhindern oder einen Befall durch diese Organismen zu bekämpfen*".

Die grundlegenden Entscheidungshilfen, unter welchen Bedingungen die Anwendung von Holzschutzmitteln infrage kommt, werden in DIN 68800-1 detailliert beschrieben. Dabei ist zu beachten, dass der **bauliche Holzschutz** Vorrang vor allen anderen Maßnahmen zum Schutz von Holz hat. Dies bedeutet, dass die Anwendung von Holzschutzmitteln gemäß DIN 68800-3 als **ergänzende Maßnahme** zum Tragen kommt, wenn die konstruktiven Möglichkeiten nach DIN 68800-2 ausgeschöpft wurden.

Die Regelungen in Teil 3 sind aber auch im Rahmen von Bekämpfungsmaßnahmen gegen Holz zerstörende Organismen (siehe DIN 68800-4) einzuhalten, sofern dafür Holzschutzmittel eingesetzt werden.

Im Holzbau wird unterschieden zwischen Bauteilen, die eine tragende und/oder aussteifende Funktion, haben und solchen, die keine derartigen Aufgaben erfüllen müssen. Unstrittig ist, dass an Holzbauteile, die konstruktiven Zwecken dienen, erhöhte Anforderungen gestellt werden. Beispielsweise kann die Stabilität und Tragfähigkeit einer Holzbrücke infolge eines Befalls durch Holz zerstörende Organismen derart beeinträchtigt werden, dass sie aus Sicherheitserwägungen gesperrt werden muss.

Weiterhin wird in DIN 68800-3 erläutert, wie schutzmittelbehandeltes Holz für tragende Konstruktionen verwendet werden kann, welches auf dem Europäischen Binnenmarkt vertrieben wird. So hat beispielsweise die Europäische Kommission das Technische Komitee 124 des CEN (Comité Européen de Normalisation) beauftragt, grundlegende Anforderungen für die Schutzmittelbehandlung von Bauholz für tragende Zwecke (DIN EN 15228) zu erarbeiten. Derartige im Auftrag der EU-Kommission erstellte Normen werden als **harmonisierte** Normen bezeichnet, die einen höheren Stellenwert als „normale" Normen haben und lediglich Vereinbarungen darstellen, ohne *per se* bindend zu sein. Harmonisierte Normen hingegen verpflichten die EU-Mitgliedstaaten, die dort festgeschriebenen Maßnahmen umzusetzen, wodurch sie einen gesetzesnahen Charakter erhalten.

Einen unmittelbaren Einfluss auf die Durchführung einer Schutzmittelbehandlung von Bauschnittholz für tragende Zwecke hat die harmonisierte Produktnorm DIN EN 14081-1 und deren Bezugsnorm DIN EN 15228. In ihr werden nicht nur die Grundlagen für die CE-Kennzeichnung für schutzmittelbehandeltes Bauholz (siehe auch Kommentar zu Unterabschnitt 5.8.1), sondern auch die wichtigsten Anforderungen an die Schutzmittelbehandlung aufgeführt. Der Verweis in der harmonisierten Norm DIN EN 14081-1 bedingt, dass u. a. auch die Anforderungen nach DIN EN 15228 umzusetzen sind. Eine wesentliche Vorgabe hiernach ist, dass das Bauholz mit einem nach DIN EN 599-1 geprüften Holzschutzmittel entsprechend seiner Gebrauchsklasse nach DIN EN 335 zu behandeln ist. Die Holzschutzmittelbehandlung muss dabei sowohl die Vorgaben bezüglich der Eindringtiefe als auch der Aufnahmemenge an Biozid(en) gemäß DIN EN 351-1 erfüllen, wobei beide Angaben entweder auf dem Holz angegeben werden oder aus den Begleitpapieren hervorgehen müssen, sodass stets Art und Umfang der chemischen Schutzbehandlung des Holzes nachvollziehbar sind. Ein Hersteller von geschütztem Holz, der durch eine notifizierte Stelle zertifiziert wurde, kann durch eine CE-Kennzeichnung das Einhalten all dieser Vorgaben bestätigen. Ohne eigene Zertifizierung kann ein Imprägnierbetrieb nur im Unterauftrag für einen zertifizierten Betrieb arbeiten. Dieser muss dann in einer Konformitätserklärung angeben, dass die Schutzmittelbehandlung den Anforderungen nach DIN EN 15228 entspricht und dies durch eine CE-Kennzeichnung beurkunden. Eine CE-Kennzeichnung berechtigt ein Inverkehrbringen des entsprechend gekennzeichneten Produktes im Bereich des Europäischen Wirtschaftsraums, der die EU-Staaten sowie Island, Liechtenstein und Norwegen umfasst. Gleichzeitig ersetzt dieses Zertifikat sämtliche bis dato verwendeten nationalen Konformitätszeichen.

Ob und wie derartig geschütztes Holz verwendet werden kann, wird in den einzelnen Mitgliedsländern durch bauaufsichtliche Auflagen festgelegt. In Deutschland werden diese Vorgaben über die Bauordnungen der Bundesländer (Bild K.1) und in der Musterbauordnung (MBO) zentral durch das Deutsche Institut für Bautechnik (DIBt) geregelt.

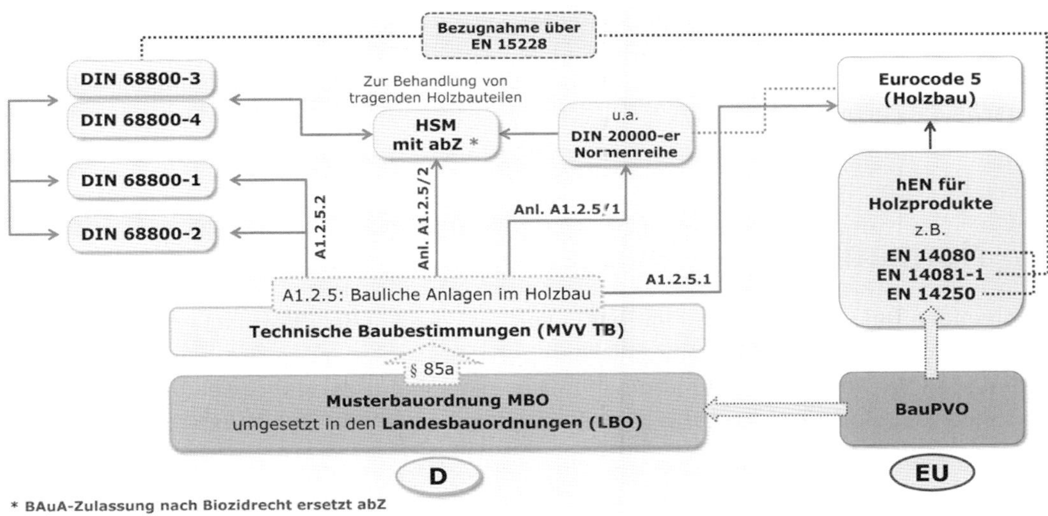


**Bild K.1**: Schematische Darstellung der Zusammenhänge zwischen Nationalen und Europäischen Normen einschließlich Bauordnungen (©Deutsche Bauchemie 2017, [3])

DIN 68800-3 einschließlich dazugehörigem Kommentar soll eine Hilfestellung bei der Vorbereitung des zu tränkenden Holzes, der Holzschutzmittelauswahl oder der Nachbehandlung ungeschützter Bereiche geben, da in DIN EN 15228 ausdrücklich darauf hingewiesen wird, dass diese Norm keine bzw. unzureichende Informationen darüber enthält, *„welche Schutzmittelbehandlungen für eine besondere Art von Bauholzprodukten zum Erzielen einer festgelegten Nutzungsdauer erforderlich sind, da dazu die unterschiedlichen regionalen klimatischen Bedingungen und die jeweils vorherrschenden Schädlinge berücksichtigt werden müssten“* und *„Nachbehandlungen, die für Bauholzprodukte erforderlich sein können, wenn diese bearbeitet, mit Bohrungen versehen oder gehobelt wurden, nachdem die CE-Kennzeichnung aufgebracht wurde“*.

Weiterführende Informationen sind beispielsweise in dem Leitfaden „Fachgerechte Tränkung von Bauholz“ der Deutschen Bauchemie e. V. [2] nachzulesen.

Die Anforderungen an Holzschutzmittel für den vorbeugenden chemischen Schutz tragender und nicht tragender Holzbauteile unter Berücksichtigung relevanter Normen sind in Bild K.2 dargestellt.

**Anforderungen an die zu verwendenden Holzschutzmittel**

| | | | | |
|---|---|---|---|---|
| **Generelle Anforderung** | **Jedes Holzschutzmittel (HSM) muss den Vorgaben des Biozidrechts entsprechen – Zulassungspflicht** [a] | | | |
| **Holzbauteil** | **tragend** | | | **nicht tragend** |
| | **Schnittholz** (gemäß DIN EN 14081-1) [b] | **Rundholz** | **Masten für Freileitungen** | |
| | **Zusätzliche nationale Vorgaben** | | | |
| **Regelwerk** | MVV TB (A1.2.5/1 in Verbindung mit DIN 20000-5, A1.2.5/2); DIN 68800-3 | MVV TB (Anlage A1.2.5/2); DIN 68800-3 | Spezifikation Bedarfsträger in Verbindung mit EN 14229 | DIN 68800-3 |
| **Anforderung** (gemäß Regelwerk) | HSM mit abZ / BAuA-Zulassung [c, d] | HSM mit abZ / BAuA-Zulassung [c, d] | HSM mit geprüfter Wirksamkeit nach EN 599-1 | HSM mit abZ [d] oder HSM mit nachgewiesener Wirksamkeit |

a Eine Zulassung nach europäischem Biozidrecht ist erst nach Genehmigung aller im Holzschutzmittel enthaltenen Wirkstoffe möglich. Bis dahin ist eine nationale Registrierung durch die BAuA Pflicht (u. a. dürfen im Holzschutzmittel nur genehmigte Wirkstoffe eingesetzt werden oder solche, die sich noch im Bewertungsverfahren befinden).

b EN 14081-1 selbst macht keine Vorgaben zur Auswahl des Holzschutzmittels.

c Die MVV TB fordert in Anlage A 1.2.5/2 ein Holzschutzmittel mit Zulassung (allgemeine bauaufsichtliche Zulassung des DIBt oder eine BAuA-Zulassung nach Biozidrecht).

d **Achtung:** Die nationalen Zulassungen für Holzschutzmittel – allgemeine bauaufsichtliche Zulassungen (abZ) des DIBt – werden nach erteilter BAuA-Zulassung des Holzschutzmittels im Rahmen des Biozidrechts durch diese ersetzt.

**Bild K.2**: Vorbeugende chemische Holzschutzmaßnahmen und CE-Kennzeichnungspflicht (©Deutsche Bauchemie 2017, [3])

## 2 Normative Verweisungen

Die folgenden Dokumente werden im Text in solcher Weise in Bezug genommen, dass einige Teile davon oder ihr gesamter Inhalt Anforderungen des vorliegenden Dokuments darstellen. Bei datierten Verweisungen gilt nur die in Bezug genommene Ausgabe. Bei undatierten Verweisungen gilt die letzte Ausgabe des in Bezug genommenen Dokuments (einschließlich aller Änderungen).

DIN 68800-1:2019-06, *Holzschutz — Teil 1: Allgemeines*

DIN 68800-4, *Holzschutz — Teil 4: Bekämpfungs- und Sanierungsmaßnahmen gegen Holz zerstörende Pilze und Insekten*

DIN EN 252, *Freiland-Prüfverfahren zur Bestimmung der relativen Schutzwirkung eines Holzschutzmittels im Erdkontakt*

DIN EN 302-2, *Klebstoffe für tragende Holzbauteile — Prüfverfahren — Teil 2: Bestimmung der Delaminierungsbeständigkeit*

DIN EN 350, *Dauerhaftigkeit von Holz und Holzprodukten — Prüfung und Klassifizierung der Dauerhaftigkeit von Holz und Holzprodukten gegen biologischen Angriff*

DIN EN 351-1, *Dauerhaftigkeit von Holz und Holzprodukten — Mit Holzschutzmitteln behandeltes Vollholz — Teil 1: Klassifizierung der Schutzmitteleindringung und -aufnahme*

DIN EN 351-2, *Dauerhaftigkeit von Holz und Holzprodukten — Mit Holzschutzmitteln behandeltes Vollholz — Teil 2: Leitfaden zur Probenentnahme für die Untersuchung des mit Holzschutzmitteln behandelten Holzes*

DIN EN 927-1, *Beschichtungsstoffe — Beschichtungsstoffe und Beschichtungssysteme für Holz im Außenbereich — Teil 1: Einteilung und Auswahl*

DIN EN 927-2, *Beschichtungsstoffe — Beschichtungsstoffe und Beschichtungssysteme für Holz im Außenbereich — Teil 2: Leistungsanforderungen*

DIN EN 13986, *Holzwerkstoffe zur Verwendung im Bauwesen — Eigenschaften, Bewertung der Konformität und Kennzeichnung*

DIN EN 14080, *Holzbauwerke — Brettschichtholz und Balkenschichtholz — Anforderungen*

# 3 Begriffe

Für die Anwendung dieses Dokuments gelten die Begriffe nach DIN 68800-1 und die folgenden Begriffe.

DIN und DKE stellen terminologische Datenbanken für die Verwendung in der Normung unter den folgenden Adressen bereit:

- DIN-TERMinologieportal: verfügbar unter https://www.din.de/go/din-term
- DKE-IEV: verfügbar unter http://www.dke.de/DKE-IEV

Da diese Norm nur in Zusammenhang mit DIN 68800-1 zu verwenden ist, werden keine Begriffe erörtert, die bereits im Teil 1 bzw. im dazugehörigen Kommentar erklärt werden. Die Begriffsdefinitionen wurden überwiegend der DIN EN 1001-2 entnommen und sind über die Datenbanken des DIN-TERMinologieportals sowie des DKE-IEV einsehbar. Die Definitionen werden an den jeweilig relevanten Stellen im nachfolgenden Normentext kommentiert.

**3.1**
**Analysenzone**

Teil des behandelten Holzes, der zur Beurteilung der Aufnahmeanforderungen analysiert wird

[Quelle: DIN EN 1001-2:2005-10, 4.03]

ANMERKUNG 1 zum Begriff: Die Analysenzone geht von den seitlichen Flächen des behandelten Holzes aus. Die Tiefe, bis zu der eine Probeentnahme notwendig ist, hängt von der vorgegebenen Eindringtiefeklasse ab (siehe 5.5.1, Tabelle 2).

DIN EN 351-1:2007 unterscheidet zwischen sechs Eindringtiefeklassen (NP, New Penetration), aus denen sich die Eindringtiefeanforderung (siehe 3.8) und damit auch die Analysenzone ableitet. Die Analysenzone beinhaltet für die Eindringtiefeklassen NP 1 bis NP 5 nur das Splintholz; jedoch ist das Kernholz eingeschlossen, sofern Splint- und Kernholz nicht zu unterscheiden sind. Im Gegensatz dazu umfasst die Analysenzone bei NP 6 grundsätzlich auch das frei liegende Kernholz, in welchem das Biozid eine bestimmte Eindringtiefe erreicht haben muss.

**Anmerkung:** In der überarbeiteten Fassung von prEN 351-1:2021 wurde mit NP 7 eine weitere Eindringtiefenklasse aufgenommen; wonach das Holzschutzmittel mindestens 12 mm in das Splintholz und 6 mm in das Kernholz eingedrungen sein muss.

**3.2**
**Anstrichbläue**

bläuliche bis schwarze Verfärbung der Holzoberfläche durch Pilze, die oftmals eine Zerstörung der Oberflächenbeschichtung zur Folge hat

Anstrichbläue, die auch als tertiäre Bläue bezeichnet wird, tritt bei Wiederbefeuchtung von zuvor trockenem Holz auf. Sie unterscheidet sich von der Stammholz- oder primären Bläue, die saftfrisches Holz befällt, sowie der Schnittholz- oder sekundären Bläue, die meist bei noch feuchtem, eingeschnittenem Holz im Sägewerk auftritt. Bläuepilze zählen zu den Holz verfärbenden Pilzen, welche sich hauptsächlich von leicht metabolisierbaren Holzinhaltsstoffen (Zucker, Eiweiß u. Ä.) ernähren und sich dadurch prinzipiell von den Holz abbauenden Pilzen unterscheiden, welche die Makromoleküle (Cellulose, Hemicellulose, Lignin) des Holzes angreifen. Auch wenn eine Holzverfärbung („Verblauung“) häufig eher als ein dekorativer Schaden angesehen wird, ist dennoch eine gewisse Vorsicht geboten, da diese Pilze Wegbereiter für einen sich anschließenden Befall durch Holz zerstörende Pilze sein können; zumal sie auch unter schadhaften Beschichtungen vorkommen und so die Wasseranreicherung im Holz begünstigen.

**3.3**
**Aufbringmenge**

diejenige Schutzmittelmenge, die bei Nichtdruckverfahren auf die Holzoberfläche aufgebracht wird

ANMERKUNG 1 zum Begriff: Aufbringmenge wird angegeben in Gramm je Quadratmeter ($g/m^2$) bzw. Milliliter je Quadratmeter ($ml/m^2$).

ANMERKUNG 2 zum Begriff: Siehe auch Einbringmenge, 3.7.

Die Mengenvorgabe gilt für Holzschutzmittel, die als Schutzmittelkonzentrat oder anwendungsfertiges Produkt mittels Nichtdruck- (3.13) oder Oberflächenverfahren (3.14) auf das Holz aufgebracht werden.

Erfolgt die Applikation des Holzschutzmittels beispielsweise im Streichverfahren, lässt sich die aufgetragene Schutzmittelmenge aus dem Verbrauch und der behandelten Fläche relativ leicht ermitteln.

Demgegenüber kann beim Kurztauchen die Aufbringmenge über Wägung bestimmt werden. Sie geht hierbei kaum über die Spontanaufnahme hinaus, die sich aus dem unmittelbaren Kontakt des Holzes mit der Schutzmittellösung ergibt und bei gehobeltem Holz maximal 100 $g/m^2$, bei sägerauem Holz etwa die doppelte Menge beträgt (siehe Bild K.5).

**3.4**
**Bewertung**

Beurteilung der relevanten Eigenschaften von Holzschutzmitteln (Wirksamkeit, Gesundheits-/Umweltrelevanz) durch hierfür zuständige Stellen bzw. Gremien an Hand von Prüfergebnissen und unabhängigen Untersuchungen

Die Wirksamkeit von Holzschutzmitteln wird durch akkreditierte Prüfinstitute unter Anwendung europäischer Normen ermittelt, wobei DIN EN 599-1 die Basis bildet. Neben der bioziden Wirksamkeit werden Holzschutzmittel im Rahmen der gesetzlichen Zulassung gemäß Biozid-Verordnung (1) auch hinsichtlich ihrer gesundheitlichen Unbedenklichkeit und Umweltrelevanz bewertet.

**3.5**
**Charge**

alles Holz, das gemeinsam in einem Arbeitsgang behandelt wurde

[Quelle: DIN EN 1001-2:2005-10, 4.13]

Begriff steht für eine mit ein und demselben Verfahren hergestellte Produktionseinheit; als Synonym hierzu wird der Begriff „Los" verwendet.

**3.6**
**Druckverfahren**

Tränkverfahren, bei dem flüssige Holzschutzmittel durch Druckanwendung in das Holz gepresst werden

[Quelle: DIN EN 1001-2:2005-10, 4.64]

Hierzu zählen die Kesseldrucktränkung (Anwendung von Unter- und Überdruck), die Vakuumtränkung (Anwendung von Unter- und Normaldruck) und die Wechseldrucktränkung (schnelle Wechsel zwischen Unter- und Überdruck bzw. Normal- und Überdruckphase), wobei Letztgenannte sich speziell für Holz mit hohem Feuchtegehalt eignet und deshalb beispielsweise für die Imprägnierung saftfrischer Fichtenrundhölzer eingesetzt wird. Weitere Ausführungen unter 5.4.

**3.7**
**Einbringmenge**

diejenige Schutzmittelmenge, die bei Druckverfahren in das Holz eingebracht wird

ANMERKUNG 1 zum Begriff: Die Einbringmenge wird angegeben in Kilogramm je Kubikmeter (kg/m$^3$).

ANMERKUNG 2 zum Begriff: Siehe auch Aufbringmenge, 3.3.

Beschreibt die Menge an Schutzmittelkonzentrat bzw. anwendungsfertigem Produkt, welche mit dem Anwendungsverfahren gemäß Zulassungsunterlagen in der Analysenzone (siehe Unterabschnitt 5.5.1.2) zu erzielen ist. Sie **bezieht sich** folglich **nicht auf Produktverdünnungen**.

**3.8**
**Eindringtiefeanforderung**

Mindesttiefe, bis zu welcher der/die Wirkstoff(e) des Holzschutzmittels in das Holz eindringen muss (müssen)

[Quelle: DIN EN 1001-2:2005-10, 4.59]

Neben der Holzschutzmittelaufnahme (3.3 und 3.7) ist dessen Eindringtiefe (siehe Tabelle 2) in das behandelte Holz ein weiteres wichtiges Kriterium zur Gewährleistung der Qualität der Holzschutzmittelbehandlung.

**3.9**
**Fixierung**

Vorgang oder Zustand, der das Auswaschen eines Holzschutzmittels aus dem Holz verhindert

ANMERKUNG 1 zum Begriff: In Anlehnung an DIN EN 1001-2:2005-10, 4.29.

Fixierende Holzschutzmittel bilden infolge chemischer Reaktionen schwer lösliche Verbindungen im Holz, wodurch die Mobilität der bioziden Komponente(n) durch Witterungsbeanspruchung (Auswaschung) herabgesetzt wird. In Abhängigkeit vom Holzschutzmittel und Umgebungstemperatur sind hierfür Zeitspannen von wenigen Tagen bis zu ca. einem Monat zwischen Tränkung und Auslieferung erforderlich. Die jeweils erforderliche Mindest-Fixierzeit, die auf einem Fixiergrad von mindestens 95 % beruht, ist vom Hersteller (Vertreiber) des Schutzmittels vorzugeben und vom Anwender einzuhalten. Hierbei ist zu berücksichtigen, dass die Fixierung während einer Frostperiode zum Stillstand kommt.

**3.10**
**Heiß-Kalt-Einstelltränkung**

Verfahren, bei dem das Holz mit dem zu schützenden Teil in ein mit Schutzmittel gefülltes Tränkgefäß (Trog) eingestellt wird und das Holzschutzmittel durch Ausnutzung der während des nachfolgenden Tränkprozesses entstehenden Temperaturdifferenzen und der daraus resultierenden, im Holz ablaufenden Vorgänge (Ausdehnung und Entweichen von Luft, Entstehung eines schwachen Vakuums mit Sogwirkung auf das Holzschutzmittel) eingebracht wird

Dieses Verfahren wird vorzugsweise zum Schutz des besonders stark gefährdeten Bereichs (Fußende von Pfählen einschließlich der Erd-Luft-Zone) angewendet; wobei üblicherweise Kreosot (DIN EN 15529:2007) eingesetzt wurde. Allerdings ist in Deutschland die Verwendung von Kreosot für diesen Anwendungsbereich nicht mehr zugelassen.

**3.11**
**Los**

eindeutig bestimmbares Kollektiv von Einzelstücken des mit Holzschutzmitteln behandelten Holzes, das dieselben Eindringtiefe- und Aufnahmeanforderungen zu erfüllen hat

[Quelle: DIN EN 1001-2:2005-10, 4.04]

Gesamtheit der Einheiten, die in einer Tränkcharge behandelt wurde; Synonym: Charge.

**3.12**
**Maßhaltigkeit**

Eigenschaft eines Holzbauteils, die Maße innerhalb eines vorgegebenen Bereiches der Holzfeuchte weitgehend einzuhalten

ANMERKUNG 1 zum Begriff: Es werden unterschieden:

- maßhaltige Holzbauteile: Maßänderungen nur in sehr begrenztem Umfang zugelassen;

  z. B. Fenster und Außentüren;
- nicht maßhaltige Holzbauteile: Maßänderungen sind nicht begrenzt;

  z. B. mit offener Fuge montierte Außenbekleidungen aus Brettern, offene Stülpschalungen auf Lattenrost, überlappende Bekleidungen, Schindeln, Holzroste, Zäune;
- begrenzt maßhaltige Holzbauteile: nehmen eine Zwischenstellung ein, mit zugelassener Maßänderung in begrenztem Umfang;

  z. B. Bekleidungen mit Nut und Feder, Gartenmöbel, Dachuntersichten und -gesimse sowie Außentore, Fenster- und Türläden, soweit diese nicht als maßhaltig anzusehen sind. (Einteilung nach den Anwendungsstufen in DIN EN 927-1.)

Eine andere Bezeichnung ist Dimensionsstabilität.

**3.13**
**Nichtdruckverfahren**

Verfahren, durch das Holzschutzmittel oder deren Lösung ohne Anwendung von Druckunterschieden entweder durch Einlagerung (z. B. Trogtränkung) oder durch Aufbringen auf die Holzoberfläche (Oberflächenverfahren, z. B. Fluten, Tauchen, Streichen) eingebracht werden

Sammelgruppe unterschiedlicher Verfahren, bei denen anwendungsfertige Holzschutzmittel oder zu verdünnende Konzentrate bei konstantem Umgebungsdruck (Normaldruck) aufgebracht werden, wobei die Verfahren einen mehr (Trogtränkanlage) oder minder (Streichverfahren) großen technischen Aufwand erfordern. Detaillierte Erläuterungen werden unter 5.4 gegeben.

### 3.14
**Oberflächenverfahren**

Verfahren, das keine besonderen Vorrichtungen oder Abläufe enthält, die vorgesehen sind, um den natürlichen Widerstand des Holzes gegen das Einbringen von anwendungsfertigen Holzschutzmitteln zu überwinden

[Quelle: DIN EN 1001-2:2005, 4.82]

ANMERKUNG 1 zum Begriff: Bei den Oberflächenverfahren wird unterschieden zwischen anlagengebundenen Verfahren wie z. B. Kurztauchen, Fluten, Sprühtunnel und Spritzen sowie den nicht anlagegebundenen manuellen Streichverfahren mit Pinsel oder Rolle.

Ausführliche Erläuterungen zu den Verfahren werden unter 5.4 gegeben.

### 3.15
**Perforation**

Verfahren, um ein tieferes und gleichmäßiges Eindringen des Holzschutzmittels sicherzustellen

In Deutschland kommen überwiegend die Bohrloch-, aber auch die Schlitzperforation zur Anwendung. Detaillierte Erläuterungen siehe 5.2.3.

### 3.16
**Prüfling**

Stichprobe (zum Beispiel ein Brett, ein Zaunpfahl) des mit Holzschutzmitteln behandelten Holzes, entnommen aus einem Los des mit Holzschutzmitteln behandelten Holzes

[In Anlehnung an DIN EN 1001-2:2005-10, 4.75]

Nicht zu verwechseln mit einer (repräsentativen) Probe (DIN EN 1001-2, 4.71).

### 3.17
**Prüfniveau**

Verhältnis zwischen der Größe des Loses oder der Charge und dem Stichprobenumfang

Erläuterungen werden unter 5.6.3.5 gegeben.

### 3.18
**Prüfprädikat**

im Rahmen eines bauaufsichtlichen Verwendbarkeitsnachweises für Holzschutzmittel vergebenes Kurzzeichen zur Charakterisierung wichtiger Schutzmitteleigenschaften, insbesondere auch für die Zuordnung zu Gebrauchsklassen

Vom Deutschen Institut für Bautechnik im Rahmen der Zulassung erteiltes Kurzzeichen (siehe Tabelle K.1), wobei derartige Holzschutzmittel rückläufig sind und zunehmend durch Biozidprodukte mit einer Zulassungsnummer der Bundesanstalt für Arbeitsschutz und Arbeitsmedizin ersetzt werden. Weitere Erläuterungen hierzu werden unter 5.3.3 und 5.3.4 gegeben.

**3.19**
**Schutzziel**

Erhaltung der für die Nutzung maßgeblichen Eigenschaften oder der vereinbarten Beschaffenheit über die geforderte Nutzungsdauer in der vorgegebenen Gebrauchsklasse

**3.20**
**Tauchen**

Oberflächenverfahren für Holzschutzmittel, bei dem die Hölzer für eine definierte Zeitspanne untergetaucht werden

ANMERKUNG 1 zum Begriff: Verschiedene Tauchverfahren sind in DIN EN 1001-2 definiert.

Bei diesem Verfahren werden die Hölzer bis zu mehreren Stunden in der Tränkflüssigkeit untergetaucht. Es unterscheidet sich folglich vom Kurztauchen, wo „*das Holz in eine Holzschutzmittellösung über einen Zeitraum von 10 s bis 10 min untergetaucht wird*" (DIN EN 1001-2:2005, 4.22). Sofern das Holz einen oder mehrere Tage in der Schutzmittellösung untergetaucht wird, handelt es sich um eine Trogtränkung. Siehe hierzu 5.4.

**3.21**
**Tränkbarkeit**

Eigenschaft von Holzarten, Tränkflüssigkeiten, z. B. Holzschutzmittellösungen, aufzunehmen

ANMERKUNG 1 zum Begriff: Nach DIN EN 350 wird die Tränkbarkeit in 4 Klassen eingeteilt.

Detaillierte Erläuterungen werden unter 5.2 gegeben.

# 4 Planung von Holzschutzmaßnahmen und Anforderungen an den Ausführenden

## 4.1 Planung

**4.1.1** Für die Planung von vorbeugenden Schutzmaßnahmen von Holz mit Holzschutzmitteln gilt DIN 68800-1.

Während die Planung von Holzschutzmaßnahmen in DIN 68800 Teil 1 behandelt und im dazugehörigen Kommentar ausführlich erläutert wird, werden in Teil 3 Regelungen und Hinweise zur vorbeugenden Anwendung von Holzschutzmitteln gegeben.

Die Entscheidung zur Anwendung von Holzschutzmitteln ist dann eine Option, wenn Holz im verbauten Zustand durch schädigende Organismen gefährdet ist und dieser Gefahr im Vorfeld nicht oder nur unzureichend durch andere Maßnahmen – insbesondere baulicher Art – begegnet werden kann. Folglich ist der Einsatz von Holzschutzmitteln nicht notwendig, wenn keine oder eine vernachlässigbare Gefährdung vorliegt. Sofern ein Holzschutzmitteleinsatz geplant ist, sind eine Reihe von Vorschriften zu beachten. Nach dem Minimierungsgebot verpflichtet die Gefahrstoffverordnung (GefStoffV, 26. Nov. 2010) [4] den Anwender von Holzschutzmitteln, jene Produkte auszuwählen, von denen das geringste gesundheitliche Risiko ausgeht. Um einen sachgerechten Holzschutz zu gewährleisten, ist im Vorfeld eine intensive Abstimmung aller an der Planung beteiligten Parteien zwingend erforderlich; insbesondere dann, wenn es sich um tragende Bauteile handelt. Hierzu sind vom Architekten zunächst die Wünsche des Bauherrn den gesetzlichen Vorgaben unter Berücksichtigung von DIN 68800 Teile 1 bis 3 einschließlich regionaler Anforderungen gegenüberzustellen, um abschließend mit den Bauausführenden die spezifischen Baumaterialien und deren Umsetzbarkeit im gesteckten Kostenrahmen festzulegen.

Bauliche Maßnahmen, die im Teil 2 und in dem dazugehörigen Kommentar erörtert werden, sind unabhängig von einem Holzschutzmitteleinsatz grundsätzlich zu berücksichtigen (siehe DIN 68800-1, 8.1.3). Erst wenn diese Möglichkeiten ausgeschöpft sind und der Einsatz von Kernholz mit einer der Einbausituation (Gebrauchsklasse) erforderlichen natürlichen Dauerhaftigkeit nicht möglich ist, sind additiv chemische Schutzmaßnahmen in Erwägung zu ziehen. Allerdings kann ein Auftraggeber die Behandlung von Holz mit Holzschutzmitteln vertraglich vereinbaren, auch wenn diese nicht zwingend notwendig ist.

**Tabelle K.1:** Anforderungen an Holzschutzmittel nach ihrer Verwendungsmöglichkeit in den unterschiedlichen Gebrauchsklassen. In Klammern sind die Kurzzeichen der Prüfprädikate des bauaufsichtlichen Verwendbarkeitsnachweises zur Charakterisierung von Schutzmitteleigenschaften angeführt

| GK | Kurzbeschreibung der vorherrschenden Bedingungen | Gefährdung/Beanspruchung durch | | | |
|---|---|---|---|---|---|
| | | Insekten | Pilze | Auswaschung | Moderfäule |
| 0 | Innen verbautes Holz, ständig trocken | – | – | – | – |
| 1 | | + (Iv) | – | – | – |
| 2 | Holz, das weder dem Erdkontakt noch direkt der Witterung ausgesetzt ist, vorübergehende Befeuchtung möglich | + (Iv) | + (P) | – | – |
| 3 | Holz, das der Witterung ausgesetzt ist, aber nicht im Erdkontakt | + (Iv) | + (P) | + (W) | – |
| 4 | Holz in dauerndem Erdkontakt oder ständiger starker Befeuchtung ausgesetzt | + (Iv) | + (P) | + (W) | + (E) |

Gemäß den Bauordnungen der Bundesländer wurden in der Vergangenheit zum vorbeugenden Schutz von tragenden und aussteifenden Hölzern in baulichen Anlagen ausschließlich Holzschutzmittel mit einem allgemeinen bauaufsichtlichen Verwendbarkeitsnachweis verwendet. Das Inkrafttreten der Verordnung über Biozidprodukte (1) und dessen Nationale Umsetzung bedingt, dass zunehmend „Holzschutzmittel mit Zulassung nach Biozid-Produkte-Verordnung“ auf den Markt gelangen, während „Holzschutzmittel mit einem allgemeinen bauaufsichtlichen Verwendbarkeitsnachweis“ mengenmäßig abnehmen, welche aber von Fachbetrieben auch für nicht tragende Bauteile eingesetzt wurden.

Bei der Auswahl von Schutzmaßnahmen und deren Bewertung ist die potenzielle Feuchtigkeitsbelastung zu berücksichtigen, der die Holzbauteile sowohl während der Bauphase als auch später im verbauten Zustand ausgesetzt sein können, da sich hieraus unmittelbar die entsprechende Gebrauchsklasse ableitet und von der man auf die zu erwartenden Schadorganismen schließen kann (siehe Tabelle K.1).

Wichtig hierbei ist, die Gebrauchsklasse (GK) nicht mit der Nutzungsklasse (NK) gleichzusetzen. Eine tabellarische Gegenüberstellung von GK und NK wird im Kommentar zu Teil 1 gegeben.

Auch bei der Verwendung von CE gekennzeichnetem Holz muss bereits in der Planungsphase festgelegt werden, für welches Einsatzgebiet welche Schutzwirkung erforderlich ist. Diese Entscheidung sollte **nicht erst** auf der Baustelle getroffen werden.

**4.1.2** Bei der Planung der Anwendung von Holzschutzmitteln und der Verwendung von vorbeugend geschütztem Holz mit CE-Kennzeichnung muss zusätzlich beachtet werden:

a) Durchführung möglichst aller Holzbearbeitungsschritte vor der Schutzbehandlung;

b) zu schützende Holzart im Hinblick auf ihre Tränkbarkeit und ihre Holzfeuchte zum Zeitpunkt der Tränkung;

c) Auswahl der Maßnahmen und des Holzschutzmittels bzw. des vorbeugend geschützten Holzes mit CE-Kennzeichnung im Hinblick auf den späteren Einsatz des Holzes in der jeweiligen Gebrauchsklasse (siehe DIN 68800-1);

Diesem Aspekt ist besonderes Augenmerk zu widmen, da sich hieraus die weitere Verfahrensweise ableitet. Gleiches gilt für Unterabschnitt 4.1.2 e.

d) Durchführung der Maßnahmen nach Abschnitt 5, soweit zutreffend;

e) zeitliche Abstimmung im Rahmen des Baufortschritts (z. B. ausreichende Fixierung);

f) Nachbehandlung von unbehandelten Flächen, die durch Bearbeitung freigelegt wurden;

g) eventuell notwendige Nachbehandlung von Trockenrissen;

h) Kontrolle und Dokumentation der Durchführung im Tränkbetrieb (siehe Abschnitt 6 und Anhang B, soweit zutreffend).

Bei der Auswahl von Holz ohne CE-Kennzeichen, das in den Gebrauchsklassen 3 und 4 eingesetzt und einer Behandlung mit Holzschutzmitteln unterzogen werden soll, ist die Tränkbarkeit des Splint- und bei Einsatz in GK 4 auch die des Kernholzes zu beachten.

Die Tränkbarkeit hängt dabei von unterschiedlichen Faktoren ab, wie z. B. der Mikrostruktur des Holzes zum Zeitpunkt der Schutzmittelapplikation, der Holzfeuchte oder der chemischen Zusammensetzung des Schutzmittels. In longitudinaler Richtung ist Holz über die Wasserleitungsbahnen in der Regel gut tränkbar; jedoch ist aufgrund der gängigen Abmessungen von Bauholz das radiale Eindringvermögen von größerer Bedeutung. Von den gebräuchlichsten gut tränkbaren Nadelhölzern im deutschen Holzbau zählt das Splintholz der Kiefer. Im Gegensatz dazu ist bei der Fichte, eine schwer tränkbare Holzart, infolge des irreversiblen Tüpfelverschlusses (Verbindung zwischen den einzelnen Zellen) nur ein eingeschränkter Stofftransport möglich. Dennoch können auch bei Fichte gute Tränkergebnisse erzielt werden; beispielsweise durch Anwendung des Wechseldruckverfahrens (siehe Kommentar zu Unterabschnitt 3.6 der Norm) bei Holzfeuchten $> 80\,\%$.

Die Tränkbarkeit wird gemäß DIN EN 350 in vier Klassen unterteilt (Tabelle K.2) und beschreibt die Leichtigkeit, mit der Holz von einer wässrigen Kupfersulfat-haltigen Lösung bei Anwendung des Vakuum-Druck-Verfahrens unter definierten Laborbedingungen (CEN/TR 14734) durchdrungen werden kann.

Im informativen Anhang von DIN EN 350 werden die Tränkbarkeitsklassen für eine Vielzahl von Holzarten sowohl für das Splint- als auch das Kernholz aufgeführt, wobei die Tränkbarkeit des Splintholzes – zumal es generell als „nicht dauerhaft“ klassifiziert ist – von besonderer Relevanz ist (siehe 5.5.1.2). In der Praxis beschränkt man sich jedoch auf nur zwei Gruppen: gut tränkbare Hölzer (Tränkbarkeitsklasse 1) und Holzarten der Klassen 2 bis 4, die als schwer tränkbar zusammengefasst werden.

Eine Zusammenstellung der Tränkbarkeit des Splint- und Kernholzes der wichtigsten in Deutschland eingesetzten Nutz- und Bauhölzer findet sich in Tabelle K.3.

**Tabelle K.2:** Klassifikation der Tränkbarkeit in Anlehnung an DIN EN 350

| Tränkbarkeitsklasse | Beschreibung | Erklärung |
|---|---|---|
| 1 | Leicht tränkbar | Leicht zu tränken; Schnittholz kann mittels Drucktränkung vollständig durchdrungen werden. |
| 2 | Mäßig tränkbar | Ziemlich leicht zu tränken, wobei eine vollständige Eindringung in der Regel nicht erreicht wird. Jedoch kann bei Nadelhölzern eine seitliche Eindringung von mehr als 6 mm durch eine Drucktränkung von 3 bis 4 h erzielt werden; bei Laubhölzern ist ein Großteil der Gefäße durchdrungen. |
| 3 | Schwer tränkbar | Schwer zu tränken; eine Drucktränkung von 3 bis 4 h führt zu einer seitlichen Eindringung (d. h. senkrecht zur Faserrichtung) von nicht mehr als 6 mm. |
| 4 | Sehr schwer tränkbar | Quasi nicht zu tränken; selbst bei einer Drucktränkung von 3 bis 4 h wurde nur wenig Holzschutzmittel aufgenommen; sowohl die seitliche Eindringung als auch die in Längsrichtung ist minimal. |

**Tabelle K.3:** Tränkbarkeit von Holzarten gemäß DIN EN 350, die sich für tragende Holzbauteile bewährt haben und in DIN EN 1995-1-1:2010-12 gelistet sind

| Holzart | Kurzzeichen nach EN 13556 | Tränkbarkeitsklasse | |
|---|---|---|---|
| | | Kern | Splint |
| Douglasie (*Pseudotsuga menziesii*) | PSMN | 4 | 3 |
| Fichte (*Picea abies*) | PCAB | 3–4 | 3v[1] |
| Kiefer (*Pinus sylvestris*) | PNSY | 3–4 | 1 |
| Lärche (*Larix decidua*) | LADC | 4 | 2v |
| Southern pine (*Pinus elliottii*) | PNEL | 3 | 1 |
| Weißtanne (*Abies alba*) | ABAL | 2–3 | 2v |
| Western Hemlock (*Tsuga heterophylla*) | TSHT | 3/2[2] | 1/2[2] |
| Afzelia (z. B. *Afzelia bipendensis*) | AFXX | 4 | 2 |
| Amerikanische Roteiche (*Quercus rubra*) | QCXR | 2–3 | 1 |
| Angelique (z. B. *Dicorynia paraensis*) | DIXX | 4 | 2 |
| Bongossi (z. B. *Lophira alata*) | LOAL | 4 | 2 |
| Buche (*Fagus sylvatica*) | FASY | 1v[3] | 1 |
| Eiche (z. B. *Quercus robur*) | QCXE | 4 | 1 |
| Greenheart (*Chlorocardium rodiei*) | CHRD | 4 | 2 |
| Keruing (z. B. *Dipterocarpus caudatus*) | DPXX | 3v | 2 |
| Merbau (z. B. *Intsia bijuga*) | INXX | 4 | 2 |
| Teak (*Tectona grandis*) | TEGR | 4 | 3 |

Erläuterungen dazu:

[1] Die Art weist eine ungewöhnlich hohe Variabilität (v) auf.

[2] Holz aus Nord-Amerika/Kultiviert in Europa

[3] Tränkbarkeitsklasse **4** bezieht sich auf **Rotkern**

### Holzschutzmittelkategorien und ihre spezifische Anwendung

Holzschutzmittel sind in der Regel komplexe, flüssige Stoffgemische, deren Vermarktung und Verwendung durch die Biozid-Produkte-Verordnung geregelt wird, wobei bereits in der jüngeren Vergangenheit diverse Aspekte über das Chemikaliengesetz geregelt wurden. Hiernach wird sowohl für jeden bioziden Wirkstoff als auch für jedes Holzschutzmittel eine individuelle Zulassung verlangt, die auf Antrag bei Erfüllung der Anforderungen in Deutschland durch die Bundesanstalt für Arbeitsschutz und Arbeitssicherheit (BAuA) erteilt wird. Während die zugelassenen Wirkstoffe für die jeweilige Produktart als auch deren Zulassungszeitraum auf der Internetseite der Europäischen Chemikalienagentur[1] eingesehen werden kann, sind die in Deutschland nach Biozid-Produkte-Verordnung zugelassenen Holzschutzmittel auf der Homepage der BAuA[2] aufgeführt.

Holzschutzmittel enthalten neben den Bioziden oftmals auch Hilfsstoffe wie Penetrations- oder Stabilisierungsagentien, wobei Holzschutzmittel in zwei große Gruppen unterteilt werden können:

Holzschutzmittel,

- die in Wasser gelöst oder damit verdünnt werden können und daher zu den wasserbasierten (wasserlöslichen) Schutzmitteln zählen, und jene,
- die in organischen Flüssigkeiten gelöst und damit auch verdünnt werden und daher als lösemittelbasiert bezeichnet werden.

Jedoch verlieren lösemittelbasierte Holzschutzmittel infolge der Umsetzung der VOC-Richtlinie [5] zunehmend an Bedeutung. Eine Sonderstellung nimmt Kreosot als „rein organisches" Holzschutzmittel ein, wobei dessen Verwendung durch die Verordnung zur Registrierung, Bewertung, Zulassung und Beschränkung chemischer Stoffe [REACH, 6] stark eingeschränkt wurde. Allerdings können die Mitgliedstaaten Ausnahmegenehmigungen erteilen, weshalb es in den EU-Staaten beispielsweise unterschiedliche Regelungen bezüglich der Kreosot-Verwendung gibt.

Wasserbasierte Holzschutzmittel

Die Wirkstoffe in wasserbasierten Holzschutzmitteln können sowohl anorganischer als auch organischer Natur sein, wobei diese Holzschutzmittel meist als Konzentrat vertrieben und erst im Imprägnierwerk mit Wasser in die vorgeschriebene Anwendungskonzentration überführt werden.

Als anorganische Wirkstoffe dienen überwiegend Kupfer- und mit Einschränkungen auch Borverbindungen. Organische Biozide basieren auf quartären Ammoniumverbindungen, polymerem Betain, Pyrethroiden oder Triazolen, wobei das eigentliche Holzschutzmittel mehrere dieser Komponenten enthalten kann.

Bei der Anwendung wasserbasierter Holzschutzmittel sollte die Holzfeuchte in Abhängigkeit von der verwendeten Holzart unter oder um Fasersättigung liegen, d. h. bei ca. 30 % (siehe Teil 1, Anhang B und zugehörige Kommentierung).

Holzschutzmittel, die insbesondere für die Anwendung bei maßhaltigen Holzbauteilen wie Fenster oder Außentüren vorgesehen sind, enthalten häufig auch Bindemittel in unterschiedlicher Menge, wie Alkydharze. Diese häufig als „Festkörper" bezeichneten Substanzen können bei steigendem Anteil in der Formulierung dessen Penetrationseigenschaften beeinträchtigen, was insofern kritisch zu sehen ist, da diese Mittel überwiegend mittels Oberflächenverfahren verarbeitet werden.

Allerdings können **Schutzmittel mit einem niedrigen Bindemittelanteil** auch im Doppelvakuum-Verfahren angewendet werden.

1 https://echa.europa.eu/de/information-on-chemicals/biocidal-active-substances

2 https://www.baua.de/DE/Themen/Anwendungssichere-Chemikalien-und-Produkte/Chemikalienrecht/Biozide/Datenbank-Biozide/Biozide_form.html

Lösemittelhaltige Holzschutzmittel

Diese Produktgruppe umfasst nur noch wenige Mittel. Sie werden stets als anwendungsfertige Erzeugnisse vermarktet und überwiegend durch Oberflächenapplikation oder im Doppelvakuumverfahren appliziert, wobei die Holzfeuchte unter 20 % liegen sollte (vgl. aber Unterabschnitt 5.2.2). Wie bei mit Wasser verdünnbaren Produkten werden als insektizide Wirkstoffe vorrangig Pyrethroide und als Fungizid Triazole eingesetzt. Zudem können auch lösemittelhaltige Holzschutzmittel, die für die Anwendung im nicht tragenden Bereich vorgesehen sind, Bindemittel (z. B. auf Acrylatbasis) enthalten.

Wie in den vorangegangenen Abschnitten bereits dargelegt, handelt es sich bei Holzschutzmitteln per Gesetz um Erzeugnisse, die biozide Substanzen enthalten und dazu bestimmt sind, Leben (Griechisch: bios) bzw. Lebewesen abzutöten.

Der Begriff wird durch die Biozidprodukterichtlinie (BP-RL 98/8/EG, Art. 2 Abs. 1a) [7] wesentlich weiter gefasst und schließt alle Produkte ein, die *„dazu bestimmt sind, auf chemischem oder biologischem Wege Schadorganismen zu zerstören, abzuschrecken, unschädlich zu machen oder Schädigung zu verhindern oder sie in anderer Weise zu bekämpfen"*.

Hinweise zur Auswahl von Holzschutzmitteln und deren Anwendung in Gebrauchsklasse 1 (GK 1)

DIN 68800-1 beschreibt die GK 1 als eine Situation, in der sich das Holz oder Holzprodukt **unter Dach** befindet, **nicht der Witterung** und **keiner Befeuchtung** ausgesetzt ist. Dies bedeutet, dass unter entsprechenden Bedingungen lediglich ein Insektenbefall auftreten kann. Demzufolge ist ein Holzschutzmittel, welches **vorbeugend gegen Insekten** wirkt, völlig ausreichend.

Allerdings sind die Anwendungseinschränkungen strikt einzuhalten, d. h., ein Holzschutzmittel bzw. damit behandeltes Holz darf nicht eingesetzt werden, wenn

- es bestimmungsgemäß in direkten Kontakt mit Lebensmitteln kommen kann,
- es in Aufenthaltsräumen und zugehörigen Nebenräumen großflächig eingesetzt und zu diesen Räumen hin nicht abgedeckt werden soll,
- es großflächig in sonstigen Innenräumen eingesetzt werden soll, es sei denn, die großflächige Anwendung ist bautechnisch als unvermeidbar begründet.

Hinweise zur Auswahl von Holzschutzmitteln und deren Anwendung in GK 2

DIN 68800-1 beschreibt die GK 2 als Situation, in der sich das Holz oder Holzprodukt **unter Dach** befindet und **nicht der Witterung ausgesetzt** ist, in der aber eine **hohe Umgebungsfeuchte zu gelegentlicher**, aber **nicht andauernder Befeuchtung** führen kann. Bedingt durch eine zeitlich befristete Befeuchtung können neben Insekten unter ungünstigen Umständen auch Holz verfärbende oder zerstörende Pilze das verbaute Holz bzw. Holzprodukt befallen. Folglich sind an das Holzschutzmittel folgende Anforderungen zu stellen:

- vorbeugend wirksam gegenüber Schadinsekten und Pilzbefall (Basidiomyceten).

Ob ein Schutz vor Holz verfärbenden Pilzen notwendig ist oder gewünscht wird, sollte im Einzelfall schriftlich vereinbart werden.

Gleichwohl gilt auch für diese GK, dass das mit Holzschutzmitteln behandelte Holz nicht verwendet werden darf, wenn

- es bestimmungsgemäß in direkten Kontakt mit Lebensmitteln kommen kann,
- es in Aufenthaltsräumen und zugehörigen Nebenräumen großflächig eingesetzt und zu diesen Räumen hin nicht abgedeckt werden soll,
- es großflächig in sonstigen Innenräumen eingesetzt werden soll, es sei denn, die großflächige Anwendung ist bautechnisch als unvermeidbar begründet.

Für einen vorbeugenden Holzschutz für den Einsatz des Holzes in GK 2 werden überwiegend wasserlösliche Konzentrate verwendet, die Borverbindungen, quartäre Ammoniumverbindungen (Quats) oder Gemische unterschiedlich wirksamer Biozide, wie Pyrethroide als insektizide oder Triazole als fungizide Komponente enthalten. Daneben werden auch lösemittelbasierte Produkte mit organischen Wirkstoffkombinationen in gebrauchsfertiger Form vermarktet.

Hinweise zur Auswahl von Holzschutzmitteln und deren Anwendung in GK 3

Gemäß DIN 68800-1 liegt die Gebrauchsklasse 3 vor, wenn eine Situation gegeben ist, in der sich das Holz oder die Holzprodukte **nicht unter Dach**, aber **nicht im Erdkontakt** befindet/befinden. Folglich ist es der **Witterung direkt ausgesetzt**. Obwohl die GK 3 hinsichtlich der weiten Spannbreite an Gebrauchsbedingungen in zwei Klassen (GK 3.1 und 3.2) untergliedert ist, spiegelt sich dies nicht in den Anforderungen an das Holzschutzmittel wider, die generell für die GK 3 ausgelobt werden.

In GK 3 kommen prinzipiell die gleichen Schadorganismen wie in GK 2 vor, wobei die Wahrscheinlichkeit und die Intensität eines Befalls in GK 3 aufgrund der Exposition wesentlich höher einzustufen ist. Daher sollten die zu schützenden Bauteile nach Möglichkeit bereits im Imprägnierwerk mit dem Schutzmittel behandelt werden; abgesehen von unerlässlich auf der Baustelle durchzuführenden Holzschutzmaßnahmen.

Jedoch bedingt die mehr oder minder direkte Bewitterung des behandelten Holzes, dass an die Eigenschaften des Holzschutzmittels höhere Anforderungen zu stellen sind. Insbesondere Niederschläge und Sonneneinstrahlung erfordern, dass die eingebrachten Biozide „witterungsbeständig", d. h. auswasch- und UV-beständig sein müssen. Darüber hinaus sollten sie widerstandsfähig gegenüber einem bakteriellen Abbau sein, der allerdings in der Regel nicht geprüft wird.

Demzufolge müssen Holzschutzmittel, welche für die Verwendung in GK 3 vorgesehen sind, **nachweislich** folgende Anforderungen erfüllen:

- vorbeugend wirksam gegenüber Holz zerstörende Schadinsekten und Pilzbefall
- witterungsbeständig.

Für einen vorbeugenden Schutz des Holzes in GK 3 kommen neben ausschließlich auf anorganischen Kupferverbindungen auch kupferorganische oder rein organische Holzschutzmittel zum Einsatz, wobei die organische Komponente in kupferorganischen Formulierungen ein Fungizid oder ein Insektizid sein kann und folglich als solches auch zugelassen sein muss.

Für Kreosot (Steinkohlenteeröl) gelten EU-weit strenge, aber unterschiedliche Anwendungsbeschränkungen (siehe Unterabschnitt 4.1.2c), wobei in Deutschland Kreosot ausschließlich für die Imprägnierung von Bahnschwellen eingesetzt werden darf.

Hinweise zur Auswahl von Holzschutzmitteln und deren Anwendung in GK 4

Die Gebrauchsklasse 4 ist nach DIN 68800-1 gegeben, sofern sich das Holz oder Holzprodukt **im Kontakt mit Erde oder Süßwasser** befindet und so **ständig einer Befeuchtung** ausgesetzt ist. Im Gegensatz zur GK 3 ist in der GK 4 neben Basidiomyceten auch mit dem Vorkommen von Moderfäule – einer weiteren Gruppe Holz zerstörender Pilze – zu rechnen, weshalb ein Holzschutzmittel nicht nur über die gleichen Schutzwirkungen wie ein für die GK 3 zugelassenes Mittel verfügen, sondern zusätzlich „moderfäulewidrig" bzw. für den Erdkontakt zugelassen sein muss. Als biozide Komponenten in Holzschutzmitteln für den Einsatz in GK 4 kommen sowohl rein anorganische als auch organische Kupferverbindungen infrage, wobei als alleiniges Einbringverfahren die Kesseldrucktränkung zur Anwendung kommt; zudem ist bei schwer tränkbaren Hölzern i. d. R. zusätzlich eine Perforation (3.15) empfehlenswert.

Hinweise zur Auswahl von Holzschutzmitteln und deren Anwendung in GK 5

DIN 68800-1 beschreibt die GK 5 als eine Situation, in der das Holz oder Holzprodukt **ständig dem Meerwasser ausgesetzt** ist, wobei in den älteren Ausgaben von DIN 68800 diese GK explizit nicht aufgeführt wurde.

Obwohl in GK 5 insbesondere marine Organismen für den Befall von Holz in Betracht kommen, würden Holzschutzmittel mit bauaufsichtlichem Verwendbarkeitsnachweis die Prüfprädikate wie die für GK 4 zugelassenen tragen. Allerdings erfordern Holzschutzmittel mit bauaufsichtlichen Verwendbarkeitsnachweis in der GK 5 in der Regel deutlich höhere Einbringmengen, welche dem technischen Merkblatt zu entnehmen sind. Zudem ist im Vorfeld beim Hersteller des jeweiligen Holzschutzmittels mit bauaufsichtlichem Verwendbarkeitsnachweis zu erfragen, ob es überhaupt in GK 5 eingesetzt werden darf.

Demgegenüber muss bei Holzschutzmitteln mit Zulassung nach Biozid-Produkte-Verordnung die Wirksamkeit gegenüber Bohrmuscheln und Bohrasseln ausgewiesen sein (siehe hier auch Tabelle 1). Aufgrund der hohen Beanspruchung des im Meerwasser exponierten Holzes sind neben hohen Einbringmengen auch entsprechende Eindringtiefen zu erreichen, die nur mittels Kesseldrucktränkung zu realisieren sind.

**4.1.3** Bereits bei der Planung müssen die verschiedenen Einflussfaktoren, wie z. B. Einbausituation, Holzfeuchte, Schutzverfahren und Holzschutzmittel aufeinander abgestimmt werden.

Es wurde bereits darauf hingewiesen, dass alle holzschutztechnischen Maßnahmen nicht nur gründlich zu planen, sondern auch zeitlich aufeinander abzustimmen sind. Dies gilt vollumfänglich auch für chemische Holzschutzmaßnahmen, um beispielsweise die Tränkreife des Holzes oder die angemessene Lagerung des frisch behandelten Holzes zwecks Fixierung der Schutzmittelwirkstoffe sicherzustellen.

## 4.2 Anforderungen an den Ausführenden

Grundlegende Anforderungen werden hierzu in Teil 1 gegeben. Darüber hinaus ist bei der Durchführung von vorbeugenden Schutzmaßnahmen mit Holzschutzmitteln zu gewährleisten, dass die Mitarbeiter des Imprägnierbetriebes nicht nur die Verfahrenstechnik (siehe Unterabschnitt 5.4) sicher beherrschen, sondern auch über das notwendige Fachwissen zum ordnungsgemäßen Umgang mit dem Holzschutzmittel und dem zu behandelnden Holz verfügen. Hierin eingeschlossen ist, dass die Vorgaben des Arbeitsschutzes, des Gefahrstoffrechtes, des Kreislaufwirtschafts- und Abfallgesetzes sowie Anwendungseinschränkungen (s. o.) beachtet werden und die Mitarbeiter hierüber turnusmäßig unterwiesen werden und dies durch Unterschrift auch bestätigt wird.

**4.2.1** Die Durchführung von Holzschutzmaßnahmen nach Abschnitt 5 erfordert ausreichende Kenntnisse über:

- den Baustoff Holz;
- die einzusetzenden Holzschutzmittel;
- die Holzschutzverfahren;
- das Tränkverhalten des Holzes;
- das zu erreichende Schutzziel;
- Notwendigkeit und Ausführung von Nachbehandlungsmaßnahmen.

Holzschutzmaßnahmen für tragende Holzbauteile dürfen nur von Fachbetrieben vorgenommen werden. Für den vorbeugenden Schutz nichttragender Holzbauteile sollte die Durchführung Fachbetrieben übertragen werden.

Die Arbeitsgruppe „Sachkundenachweis für vorbeugende chemische Holzschutzmaßnahmen“ innerhalb des Ausbildungsbeirats „Sachkundenachweis für vorbeugende chemische Holzschutzmaßnahmen“ (1997) hat einen **Fachbetrieb** wie folgt definiert:

*„Ein Fachbetrieb im Sinne dieser Norm ist ein Betrieb, der über die Geräte und Ausrüstungsteile verfügt, um vorbeugende chemische Holzschutzmaßnamen durchzuführen und dessen mit entsprechenden Aufgaben betraute Mitarbeiter ausreichende Kenntnisse und Fertigkeiten entsprechend dem Stand von Wissenschaft und Technik für die Durchführung und Prüfung von gesundheitlich unbedenklichen und umweltverträglichen vorbeugenden Holzschutzmaßnahmen gegen Holz zerstörende Pilze und Insekten gemäß DIN 68800 Teil 3 besitzen."*

**Fachkundig ist gemäß Gefahrstoffverordnung** 2010 § 2 Abs. 13 [4], wer zur Ausübung einer bestimmten Aufgabe befähigt ist, wozu auch chemische Holzschutzmaßnahmen zählen.

**Nachweis der Fachkunde**

Die Kenntnisse und Fertigkeiten müssen entweder während der Ausbildung in einem anerkannten Ausbildungsberuf oder in entsprechenden Lehrgängen, wie sie von Berufs- und Fachverbänden angeboten werden, in Theorie und Praxis vermittelt und in einer anschließenden Prüfung nachgewiesen werden.

Als gleichwertig gelten auch eine entsprechende Berufserfahrung oder eine zeitnah ausgeübte entsprechende Tätigkeit sowie die Teilnahme an spezifischen Fortbildungsmaßnahmen.

Seminaranbieter und Ausbildungsstätten zum Thema „Vorbeugender chemischer Holzschutz" sind u. a.

- diverse Berufsschulen im Rahmen der Ausbildung zur Fachkraft für Holz- und Bautenschutz,
- Fachhochschulen, Berufs- und Gewerbeschulen im Rahmen der Ausbildung zum Zimmerer oder Zimmerermeister (Bestandteil der Ausbildungsverordnungen),
- Fachkundelehrgang („Tränkmeisterseminar"), angeboten vom Deutschen Holzschutzverband für Außenholzprodukte e. V.,
- Holzschutzseminare/Qualifizierungslehrgang für Sachverständige im Holzschutz und Bautenschutz, angeboten durch den Deutschen Holz- und Bautenschutzverband e. V., Köln.

Die Sachkunde für das Gebiet „Holzschutz am Bau" wird durch die Teilnahme an einem behördlich anerkannten Sachkundelehrgang und das Ablegen einer Prüfung nach der Ausbildungs- und Prüfungsordnung des Ausbildungsbeirats nachgewiesen, die häufig auf privatrechtlicher Basis durch Fachverbände im Bereich Holzschutz angeboten werden.

Während die Ausführung von (chemischen) Holzschutzmaßnahmen für den tragenden Bereich zwingend durch Fachbetriebe vorgeschrieben ist, besteht diese Forderung bisher nicht für nicht tragende Bauteile.

**4.2.2** Die Verwendung von mit Holzschutzmitteln behandeltem Holz erfordert ausreichend Kenntnisse über:

- den Baustoff Holz;
- das zu erreichende Schutzziel;
- die für das Schutzziel notwendige Kennzeichnung des behandelten Holzes.

# 5 Mit Holzschutzmitteln behandeltes Holz und Holzprodukte

## 5.1 Allgemeines

**5.1.1** Durch Behandlung mit Holzschutzmitteln kann bei Holzarten, deren natürliche Dauerhaftigkeit für den jeweiligen Verwendungszweck nicht ausreichend ist, auch unter hoher Beanspruchung eine langfristige Gebrauchsdauer sichergestellt werden.

Zur Verwendung von Kernholz im Bauwesen unter Berücksichtigung der natürlichen Dauerhaftigkeit; siehe Teil 1 der Normenreihe, Unterabschnitt 6.8 einschließlich dem dazugehörigen Kommentar.

Das Kernholz vieler Nutzhölzer ist gegenüber Schadorganismen oftmals widerstandsfähiger als das korrespondierende Splintholz, wobei das Kernholz einheimischer Holzarten nur mit Ausnahmen in Gebrauchsklasse 3 und äußerst selten in GK 4 ohne weitere Schutzmaßnahmen (siehe DIN 68800-1, Tabellen 3 und 4) verwendet werden kann.

Theoretisch könnte die unzureichende natürliche Dauerhaftigkeit von Kernholz – analog zum Splintholz – durch den Einsatz von Holzschutzmitteln erhöht werden, sodass eine Verwendung in jeder Gebrauchsklasse möglich wird. Allerdings ist die praktische Umsetzung in der Realität deutlich eingeschränkt, da einerseits das Kernholz oftmals „schwer tränkbar" bis „sehr schwer tränkbar" ist (DIN EN 350:2016) und andererseits für die GK 3.2, GK 4 und 5 entsprechende Eindringtiefeklassen festzulegen wären. Insofern kann davon ausgegangen werden, dass eine Perforation (siehe Unterabschnitt 5.2.3) des Kernholzes unumgänglich ist, um die notwendige Penetration als auch Schutzmittelaufnahme zu erzielen. In diesem Zusammenhang müsste auch geprüft bzw. geregelt werden, ob mit zunehmender natürlicher Dauerhaftigkeit nicht eine Reduktion der Einbringmenge einhergehen kann, wobei aktuell keine belastbaren Daten hierzu vorliegen.

**5.1.2** Mit Holzschutzmitteln behandeltes Holz und behandelte Holzprodukte werden hinsichtlich der Verwendbarkeit in den Gebrauchsklassen durch die Art des verwendeten Holzschutzmittels, die Eindringtiefe und die Einbring- oder Aufbringmenge definiert.

**5.1.3** 5.2 bis 5.7.1 regeln die Herstellung von mit Holzschutzmitteln behandelten Holzprodukten, die nicht zu einer CE-Kennzeichnung führt. Sie brauchen bei der Herstellung von vorbeugend geschützten Holzprodukten nach harmonisierten Normen nicht berücksichtigt zu werden.

5.8 regelt die Verwendbarkeit von vorbeugend geschütztem Holz mit CE-Kennzeichnung.

5.9 regelt die Nachbehandlung von ungeschützten Teilen vorbeugend geschützter Holzprodukte.

## 5.2 Vorbedingungen für die Schutzbehandlung

Das zu schützende Holz muss frei von Mängeln sein, die eine fachgerechte Anwendung des Holzschutzmittels behindern oder die Gebrauchstauglichkeit des mit Holzschutzmitteln behandelten Holzes schmälern könnten (DIN EN 351-1).

Die seit dem 1. Januar 2012 geltende Vorschrift, dass nur noch CE-zertifiziertes Schnittholz nach DIN EN 14081 vermarktet werden darf, welches gemäß DIN 4074-1 sortiert wurde, sollte die Holzauswahl erleichtern. Grundsätzlich sind folgende Aspekte zu beachten:

Es darf kein Holz verwendet werden, das erkennbare mechanische Schäden aufweist, insbesondere solche mit Quer- oder großen Längsrissen, welche auch die Festigkeit des Holzes beeinträchtigen.

Ebenso muss durch Organismen vorgeschädigtes bzw. befallenes Holz aussortiert werden. **Allerdings sind Fraßgänge von Frischholzinsekten bis** zu einem Durchmesser von **2 mm zulässig**, sofern dem keine ästhetischen Aspekte entgegenstehen.

Weitere einschränkende Faktoren sind:

- übermäßige Astigkeit
- Reaktions- oder Druckholz
- Rotkern bei der Buche
- Rotstreifigkeit, die durch Pilze vorwiegend bei Fichte hervorgerufen wird
- große Harzgallen (mit Harz gefüllte tangentiale Risse).

### 5.2.1 Bearbeitung des Holzes

**5.2.1.1** Das zu behandelnde Holz muss von Borke und Bast frei sein.

Die vollständige Entfernung von Borke und Bast ist zwingend notwendig, um das angestrebte Tränkergebnis zu realisieren. Um dies sicherzustellen, ist die maschinelle Entrindung so auszuführen, dass sowohl das Kambium als auch Teile der äußeren Jahrringe erfasst werden.

**5.2.1.2** Holz sollte erst nach der letzten Bearbeitung (Abbund, Kürzen, Bohren, Hobeln, Fräsen usw.) mit Holzschutzmitteln behandelt werden. Ist dies nicht sicherzustellen, so sind die nach der Tränkung durch Bearbeitung freigelegten ungeschützten Flächen nach 5.9.4 nachzubehandeln.

Die Bearbeitung des Bauholzes (z. B. Zuschnitt auf die geforderte Abmessung, Anbringen von Zapfen oder notwendiger Bohrungen) sollte so weit wie möglich vor der Tränkung vorgenommen werden. Dies gilt es insbesondere dann einzuhalten, wenn das Bauholz in der Gebrauchsklasse 1 oder 2 eingesetzt und mittels Oberflächenverfahren behandelt werden soll, da eine sich anschließende mechanische Bearbeitung zu einer Verringerung der geschützten Holzoberfläche oder sogar zu deren vollständiger Entfernung führen kann. Zugleich wird hierdurch der Anfall holzschutzmittelhaltiger Holzabfälle minimiert, welches als „Restholz der Kategorie IV“ gesondert zu entsorgen ist (15).

**5.2.1.3** Gefrorenes Holz muss vor der Schutzbehandlung aufgetaut werden.

Wie unter 5.2.1.1 dargelegt, behindern Reste von Borke oder Bast die Holzschutzmittelbehandlung. Gleiches gilt auch für Eis im Holz, welches über den gesamten zu behandelnden Querschnitt als solches vorliegen kann. Entweder ist das vereiste Holz vor der Tränkung so lange bei Temperaturen über dem Gefrierpunkt zu lagern, bis das Eis geschmolzen ist; es kann aber auch im warmen Tränkmittel (z. B. in Kreosot) aufgetaut werden, was einen wesentlich geringeren Zeitumfang erfordert.

### 5.2.2 Holzfeuchte

Da Holz in permanenter Wechselwirkung mit dem Umgebungsklima steht, nimmt es infolge seiner hygroskopischen Eigenschaften entsprechend der in der Luft enthaltenen Feuchtigkeit entweder Wasser auf oder gibt dieses wieder ab. Bei konstanten Bedingungen stellt sich die sogenannte Gleichgewichtsfeuchte ein, bei der weder Wasser abgegeben noch aufgenommen wird, wobei die Gleichgewichtsfeuchte von Holzart und Temperatur abhängig ist. Bei genügend langer Lagerung und einer Luftfeuchte von 100 % führt dies zur Fasersättigung, die bei ca. 30 % Holzfeuchte liegt. Dies ist folglich die höchste Holzfeuchte, welche sich bei Luftlagerung überhaupt einstellen kann.

Tabelle K.4 zeigt am Beispiel von Fichte die sich einstellende Holzfeuchte in Abhängigkeit von Luftfeuchtigkeit und Temperatur.

So stellt sich mit der Zeit bei einer Temperatur von 20 °C und einer relativen Luftfeuchte von 50 % eine Gleichgewichtsfeuchte von 9,0 %, wobei diese Daten dem „Keylwerth-Diagramm“ [8] entnommen wurden.

**Tabelle K.4:** Beziehung zwischen Luft- und Holzfeuchte bei unterschiedlichen Temperaturen

| relative Luftfeuchte (%) | Wert für die jeweilige Holzausgleichsfeuchte (Masse %) | | | | | | |
|---|---|---|---|---|---|---|---|
| 90 | 21,1 | 21,0 | 21,0 | 20,8 | 20,0 | 19,8 | 19,3 |
| 85 | 18,1 | 18,0 | 18,0 | 17,9 | 17,5 | 17,1 | 16,9 |
| 80 | 16,2 | 16,0 | 16,0 | 15,8 | 15,5 | 15,1 | 14,9 |
| 75 | 14,7 | 14,5 | 14,3 | 14,0 | 13,9 | 13,5 | 13,2 |
| 70 | 13,2 | 13,1 | 13,0 | 12,8 | 12,4 | 12,1 | 11,8 |
| 65 | 12,0 | 12,0 | 11,8 | 11,5 | 11,2 | 11,0 | 10,7 |
| 60 | 11,0 | 10,9 | 10,8 | 10,5 | 10,3 | 10,0 | 9,7 |
| 55 | 10,1 | 10,0 | 9,9 | 9,7 | 9,4 | 9,1 | 8,8 |
| 50 | 9,4 | 9,2 | 9,0 | 8,9 | 8,6 | 8,4 | 8,0 |
| 45 | 8,6 | 8,4 | 8,3 | 8,1 | 7,9 | 7,5 | 7,1 |
| 40 | 7,8 | 7,7 | 7,5 | 7,3 | 7,0 | 6,6 | 6,3 |
| 35 | 7,0 | 6,9 | 6,7 | 6,4 | 6,2 | 5,8 | 5,5 |
| 30 | 6,2 | 6,1 | 5,9 | 5,6 | 5,3 | 5,0 | 4,7 |
| 25 | 5,4 | 5,3 | 5,0 | 4,8 | 4,5 | 4,2 | 3,8 |
| **Temperatur (°C)** | **10°** | **15°** | **20°** | **25°** | **30°** | **35°** | **40°** |
| Quelle: Keylwerth [8] und U.S. Forest Products Laboratory, Madison 1951 | | | | | | | |

**5.2.2.1** Holzschutzmittel, Anwendungsverfahren und Holzfeuchte *u* zu Beginn der Schutzbehandlung müssen aufeinander abgestimmt werden.

Im Hinblick auf die für verschiedene Schutzmitteltypen geeigneten Holzfeuchten im Splintholz gelten 5.2.2.2 bis 5.2.2.4.

In Tabelle K.5 sind verbreitete Applikationsverfahren zuzüglich der infrage kommenden Holzschutzmittel in Verbindung mit den optimalen Holzfeuchten aufgeführt, wobei die Anwendungsverfahren im Unterabschnitt 5.4.1 im Detail erläutert werden.

**5.2.2.2** Wasserbasierte Holzschutzmittel sind im Allgemeinen für Holz mit einer Feuchte im Splintholz von $u \leq 50$ % geeignet.

Bei Anwendung im Druckverfahren gilt abweichend hiervon:

- $u \leq 35$ % im Vakuumdruckverfahren;
- $u > 80$ % im Wechseldruckverfahren.

**Tabelle K.5:** Anwendungsverfahren bezüglich Holzschutzmittel und Holzfeuchte

| Oberbegriff | | Verfahren | Holzschutzmittel | | |
|---|---|---|---|---|---|
| | | | wasserlösliche | lösemittelhaltige | Kreosot |
| Druckverfahren | Kesseldruckverfahren | Volltränkung | √ $20\,\% > u < 35\,\%$ | – | √[1] |
| | | Spartränkung | √ $20\,\% > u < 35\,\%$ | – | √ $25\,\% > u < 35\,\%$ |
| | | Wechseldrucktränkung | √ $u > 80\,\%$ | – | – |
| | Niederdruckverfahren | Vakuumtränkung | √ $20\,\% > u < 35\,\%$ | – | – |
| | | Doppelvakuumtränkung | (–) | √ | – |
| | | | | | |
| Nichtdruckverfahren | Einlagerungsverfahren | Tauchen | √ $30\,\% > u < 50\,\%$ | √ | – |
| | | Trogtränkung | √ $30\,\% > u < 50\,\%$ | – | – |
| | | Heiß-Kalt-Einstelltränkung | – | – | (–) |
| | Oberflächenverfahren | Streichen | (–) | √ | – |
| | | Fluten | √ $20\,\% > u < 35\,\%$ | – | – |
| | | Sprühtunnel | √ $20\,\% > u < 35\,\%$ | √ | – |

√ = anwendbar
(√) = gemäß gesetzlicher Regelung zur Zeit noch anwendbar
(–) = anwendbar für geeignete Holzschutzmittel (siehe technisches Merkblatt)
– = nicht anwendbar

1 Aus Umweltschutzgründen nicht zu empfehlen.

Zur Bestimmung der Holzfeuchte werden in der Praxis häufig elektrische Messgeräte verwendet. Während die Holzfeuchte mit diesen Messgeräten im Bereich von 5 bis 25 % relativ genau ermittelt werden kann, nimmt die Messgenauigkeit bei Holzfeuchten über Fasersättigung deutlich ab. Alternativ kann die Holzfeuchte über den gesamten Bereich exakt mit der Darrmethode bestimmt werden. Allerdings ist sie nicht nur zeitaufwendig, sondern erfordert im Vergleich zu elektrischen Messgeräten eine größere technische Ausstattung, weshalb diese Methode überwiegend in Laboren Anwendung findet. Zudem lässt sie sich wegen der Dimensionen von Bauholz und der hierfür erforderlichen Trocken- und Wägetechnik in der Praxis kaum direkt anwenden, weshalb dem Holz beispielsweise Bohrkerne zu entnehmen sind.

Die Holzfeuchte *u* entspricht dem prozentualen Verhältnis zwischen der Masse des Wassers im Holz und der Masse des gedarrten Holzes.

$$u = \frac{\text{Masse des feuchten Holzes} - \text{Masse des darrtrockenen Holzes}}{\text{Masse des darrtrockenen Holzes}} \times 100\,\%$$

In **Wasser gelöste Holzschutzmittel** können für feuchte Hölzer, z. B. bei der Trogtränkung, eingesetzt werden, um über Diffusionsprozesse eine bessere Penetration zu erreichen. Ist ein Holzschutzmittel für diese Schutzbehandlung geeignet, sind im Technischen Merkblatt vom Hersteller genaue Anweisungen zu geben, wie z. B. die anzuwendende Lösungskonzentration. Hinsichtlich der zu ermittelnden Schutzmittelaufnahme ist Unterabschnitt 5.6 zu beachten (siehe Bild K.5).

Zwischen Tränkbarkeit und Holzfeuchte besteht ein enger Zusammenhang:

Wasser kommt im Holz in gebundener, aber auch freier Form vor. Bei Ersterem handelt es sich um in den Zellwänden befindliches Wasser, bei Letzterem um Wasser, welches in den Zellhohlräumen eingelagert ist (Bild K.3).

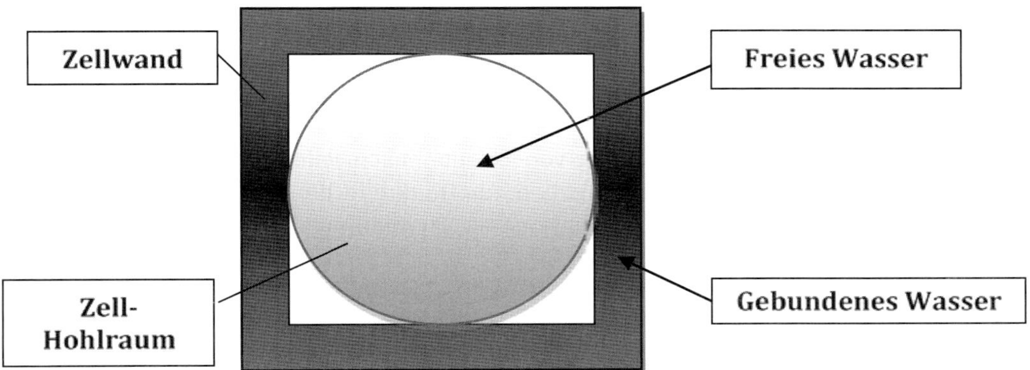


**Bild K.3**: Vereinfachte Darstellung von freiem und gebundenem Wasser in einer Zelle

Bei Holzfeuchten um Fasersättigung lassen sich Flüssigkeiten (z. B. eine Holzschutzmittellösung) mittels Druckverfahren relativ leicht in die weitestgehend luftgefüllten Zellhohlräume einbringen, da das Wasser vorwiegend in der Zellwand gebunden ist, sodass es der mittels Vakuum-Druck-Verfahren eingebrachten Flüssigkeit nur einen geringen Widerstand entgegensetzen kann.

Je mehr Wasser sich in den Zellhohlräumen befindet, desto weniger Schutzmittellösung kann eingebracht werden. Sofern Holz mit hohen Feuchten zu tränken ist, sollte vorzugsweise das Wechseldruckverfahren angewendet werden. Dabei wird durch schnelle Wechsel zwischen Vakuum- und Druckphase das in den Zellen befindliche Wasser sukzessive durch die Holzschutzmittellösung ersetzt.

**5.2.2.3** Lösemittelhaltige Holzschutzmittel können bei Holz mit einer Feuchte im Splintholz $u \leq 20$ % angewendet werden, soweit im bauaufsichtlichen Verwendbarkeitsnachweis bzw. in der Gebrauchsanweisung (Technisches Merkblatt) keine anderen Werte angegeben werden.

Der Begriff „Lösemittel" wird sowohl bei Anstrichstoffen (Farben und Lacke) als auch bei Holzschutzmitteln für organische Flüssigkeiten verwendet, wobei es sich in Holzschutzmitteln nahezu ausschließlich um Testbenzin handelt. Da organische Lösemittel häufig als gesundheitsschädlich oder umweltgefährdend eingestuft sind (Kennzeichnung gemäß GHS mit „Xn" und „N"), verlieren derartig basierte Schutzmittel zunehmend an Bedeutung. Limitierend wirkt zudem die VOC-Richtlinie [5], die eine Obergrenze für flüchtige Bestandteile von 300 µg/m³ Luft festschreibt. Diese Beschränkung führte beispielsweise zur Entwicklung von wasserhaltigen Holzschutzlasuren, bei denen durch einen höheren Feststoffgehalt der Lösemittelanteil gesenkt werden konnte.

Lösemittelbasierte Schutzmittel können bei Holzfeuchten um Fasersättigung mittels Oberflächenverfahren angewendet werden, da bei diesem „tränkreifen“ Holz kaum noch Wasser in den Zellhohlräumen vorhanden ist, welches der Flüssigkeitsaufnahme entgegenwirkt. Zugleich ist es aber auch noch nicht so trocken, dass die Benetzbarkeit behindert wird oder Kapillarwege durch Lufteinschlüsse unterbrochen sind. Mit lösemittelhaltigen Holzschutzmitteln können auch halbtrockene Hölzer behandelt werden, wenn dies beispielsweise in dem technischen Merkblatt ausgewiesen ist.

Gleiches gilt für Emulsionen, wozu auch mit Wasser verdünnbare lösemittelarme Produkte zählen.

**5.2.2.4** Kreosot (Steinkohlenteeröl) darf nur bei tränkreifem Holz (Holzfeuchte $u \leq 30$ % bzw. bei Querschnitten über 200 cm$^2$, $u \leq 35$ %) angewendet werden. Zur Feststellung der Tränkreife können näherungsweise auch die in DIN 68811 angegebenen Rohgewichte herangezogen werden (Buche bis 750 kg/m$^3$, Eiche bis 900 kg/m$^3$, Kiefer bis 600 kg/m$^3$).

Auch wenn DIN 68800-3 die Behandlung von Eisenbahnschwellen mit Kreosot (Steinkohlenteeröl) **nicht einschließt**, wurden die Angaben zur Tränkreife der drei Holzarten in der Norm belassen. Unabhängig hiervon sind die Nationalen Verwendungsbeschränkungen für Kreosot sowie DIN 68811 zu beachten.

### 5.2.3 Perforation

**5.2.3.1** Bei schwer tränkbaren Holzarten wie z. B. Fichte und Douglasie sowie bei frei liegendem Kernholz kann eine Perforation erforderlich werden. Sie führt zu einer größeren Schutzmittelaufnahme (Einbringmenge), gleichmäßigeren Schutzmittelverteilung und größeren Eindringtiefe des Holzschutzmittels.

ANMERKUNG Eine Perforation ist nicht immer zweckmäßig, wenn Hölzer eine nachträgliche Beschichtung erhalten oder gehobelte Hölzer dekorativ eingesetzt werden.

Ziel der Perforation ist es, eine verbesserte Schutzmittelaufnahme und homogenere Verteilung im Holz durch zusätzliche Eingangswege zu schaffen, wobei in Deutschland verschiedene mechanische Verfahren, wie die Schlitz-, die Bohrloch- und die Nadelstichperforation, jedoch (noch) nicht die Laserbehandlung oder die Hochdruck-Flüssigkeitsinjektion zur Anwendung kommen. Allerdings ist bereits bei der Planung und Dimensionierung der Bauteile eine mögliche Reduzierung der Festigkeitseigenschaften (Biege- und Scherfestigkeit) der Hölzer als Folge einer Perforation zu berücksichtigen.

Bei der **Schlitzperforation** werden die Hölzer zwischen sich drehenden, mit Messern versehenen Walzen oder Scheiben durchgeführt, wobei die versetzt angeordneten Messer auf der Holzoberfläche ein Schlitzraster erzeugen. Das Verfahren eignet sich sowohl für die Vorbehandlung von Rund- als auch von Schnittholz; beispielsweise von Bahnschwellen. Während dieses Verfahren in den USA eine lange Tradition besitzt und sich dort sehr gut bewährt hat, stößt es in Europa wegen der oftmals großen und damit sichtbaren Schlitze aus optischen Gründen häufig auf Ablehnung; zudem kann dadurch das spätere Aufbringen einer Beschichtung der Holzoberfläche erschwert werden. Die Schlitzperforation kann – je nach Eindringtiefe der Messer und Holzquerschnitt – zu Einbußen bei der Biegefestigkeit zwischen 5 und 20 % führen.

Bei der **Bohrlochperforation** werden die Eingangswege für das Schutzmittel mit Hilfe von Bohrlöchern geschaffen. Das hierfür vorzugsweise verwendete Rundholz wird mittels Vorschubeinrichtung an einer Bohrvorrichtung vorbeibewegt. Dieses Verfahren wird bei der Herstellung von Fernmeldeleitungsmasten und von Freileitungsmasten für Niederspannungs- und Mittelspannungsnetze eingesetzt, wobei lediglich der Mastfußbereich bearbeitet wird, der beim späteren Einsatz besonders gefährdet ist.

Bei der **Nadelstichperforation** werden die künstlichen Eintrittsöffnungen mit Hilfe von Einstichnadeln erzeugt. Vorteil dieses Verfahrens gegenüber der Schlitzperforation ist, dass Quetschungen und Zerreißungen der Holzfasern weitestgehend vermieden werden, wodurch der Festigkeitsverlust geringer ausgeprägt ist. Zudem wird die Holzoberfläche optisch nur minimal beeinträchtigt. Allerdingst ist dieses Verfahren noch nicht flächendeckend verbreitet.

In der Norm wird die Perforation für schwer tränkbare Hölzer über die „Kann"-Formulierung **empfohlen.** Jedoch zeigen Praxisuntersuchungen [9] dessen Notwendigkeit auf; insbesondere bei der Verwendung von schwer tränkbaren Hölzern in den Gebrauchsklassen 3.2 und 4.

**5.2.3.2** Anzahl und Anordnung einer Perforation sind so zu wählen, dass eine möglichst gleichmäßig durchtränkte Zone erzielt wird. Für die Perforationstiefe ist 8.2.5.5 zu beachten.

**5.2.3.3** Bei mechanischer Perforation mit mehr als 3 mm Einwirkungstiefe ist der Einfluss auf die Tragfähigkeit erforderlichenfalls zu berücksichtigen. Der Auftraggeber ist über eine geplante Perforation zu informieren.

### 5.2.4 Festlegung der Schutzbedingungen durch den Anwender der Holzschutzmittel

Der Anwender der Holzschutzmittel muss vor Beginn der Schutzbehandlung in Abhängigkeit vom Schutzziel, von der vorgesehenen Gebrauchsklasse (siehe DIN 68800-1), der geforderten Eindringtiefe, der Holzart und dem verwendeten Holzschutzmittel die spezifischen Bedingungen für das Anwendungsverfahren, ggf. die Lösungskonzentration und das Erreichen der vorgegebenen Ein- oder Aufbringmenge festlegen.

Die Wahl des Verfahrens zur Schutzmittelbehandlung wird maßgeblich durch die zu behandelnde Holzart, dessen Tränkbarkeit und die vorgegebene Eindringtiefenklasse bestimmt. Der Schutzmittelanwender hat dabei sicherzustellen, dass die Tränkzeit und Anwendungskonzentration sowie bei Vakuum-Druckverfahren die notwendigen Drücke eingehalten werden, um die geforderte Schutzmittelaufnahme und Eindringtiefe zu erreichen.

Soll eine Holzart behandelt werden, die nach DIN EN 350:2016 nicht der Tränkbarkeitsklasse 1 zugeordnet ist, ist der Bauherr im Vorfeld darauf hinzuweisen, dass eine mechanische Vorbehandlung zur Verbesserung der Aufnahmefähigkeit des Holzes empfehlenswert ist.

Bei Nichtdruckverfahren wird die Aufbringmenge üblicherweise in g/m² Holzoberfläche angegeben. Um die vorgegebene Aufbringmenge an Schutzmittel zu erzielen, muss – sofern es sich um kein Ready-to-use-Produkt handelt – die Lösungskonzentration entsprechend der Vorgaben des technischen Merkblattes eingestellt werden, welche mittels Handrefraktometer, Aräometer oder durch Leitfähigkeitsmessung zu kontrollieren ist. Die Lösungsaufnahme (Aufbringmenge) setzt sich dabei aus der Spontanaufnahme des Holzes und der Diffusionsaufnahme (in Abhängigkeit von der Zeit; siehe Bild K.4) zusammen.

Bei Druckverfahren wird die zu realisierende Einbringmenge in kg Holzschutzmittel je m³ Holz ausgewiesen, die auf den Kubikmeter zu imprägnierende Zone (entsprechend der geforderten Eindringtiefenklasse, siehe Unterabschnitt 5.5 der Norm) bezogen wird und in der Regel nur das Splintholz umfasst. Während bei Rundholz der Splintholzanteil relativ leicht abgeschätzt werden kann, ist dies insbesondere bei Misch-, aber auch Schnittholzsortimenten wesentlich komplizierter. Von der RAL-Gütegemeinschaft für imprägnierte Holzbauelemente wurde im Rahmen ihrer Güte- und Prüfbestimmungen eine entsprechende Vorlage zur Ermittlung des Splintholzanteils erarbeitet.

Auswahl und Anwendung von Holzschutzmitteln

Auswahl und Umfang chemischer Schutzmaßnahmen müssen sich an der jeweiligen Gebrauchsklasse und der sich daraus ableitenden möglichen Gefährdung des Holzes orientieren, die insbesondere von der zu erwartenden Feuchtebelastung abhängt. Dabei nimmt mit steigender

Feuchtebeanspruchung auch die Gefährdung des Holzbauteils stetig zu. Um dem zu begegnen, wurden Holzschutzmittel mit spezifischen Eigenschaften entwickelt/zugelassen, welche bei sachgemäßer Anwendung die Nutzung des verbauten Holzes über einen als Gebrauchsdauer bezeichneten Zeitraum hinweg sicherstellen sollen.

Die notwendige Holzschutzmittelmenge wird zunächst mittels genormter, biologischer Labortests und wenn erforderlich zusätzlich durch Freilandprüfungen ermittelt. Als Trägermaterial dient hierbei in der Regel Kiefernsplintholz, da dieses leicht mit den verschiedenartigen Schutzmitteln behandelt werden kann. Zwar wird in unterschiedlichen Laborprüfungen das behandelte Holz diversen Schadorganismen ausgesetzt, allerdings wird die Realität nicht nachgestellt, da die Wechselwirkung zwischen behandeltem Holz, Witterung und dem Vorkommen unterschiedlicher Organismen im Labor nur in einem sehr begrenzten Umfang simuliert werden kann. Dieser Hinweis soll jedoch nicht den Eindruck erwecken, dass die unter idealisierten Laborprüfungen ermittelten Wirksamkeitsdaten unter Praxisbedingungen nur zu einem eingeschränkten Holzschutz führen. Eher ist das Gegenteil der Fall, da einerseits in den Labortests die Klimabedingungen optimal auf die Lebensweise der eingesetzten Schadorganismen abgestimmt sind und andererseits Nahrungskonkurrenten oder Antagonisten fehlen, sodass eine maximale Aktivität gegeben ist. Zudem belegen langjährige Praxiserfahrungen die Validität älterer Labor- und Freilanddaten von mit „klassischen“ Holzschutzmitteln behandeltem Holz. Gleiches gilt übrigens auch für die unter Laborbedingungen bestimmte Dauerhaftigkeit von naturbelassenem oder modifiziertem Holz.

Bei der Auswahl und Verwendung eines Holzschutzmittels ist insbesondere darauf zu achten, dass **unterschiedliche** Einschränkungen und Hinweise gemäß **DIBt-Zulassung** oder **Zulassung nach Biozid-Produkte-Verordnung nicht** dem Einsatz in der geplanten Einbausituation entgegenstehen.

An dieser Stelle sei noch einmal darauf hingewiesen, dass zunächst konstruktive Holzschutzmaßnahmen gemäß DIN 68800-2 auszuschöpfen sind und die Anwendung zugelassener Holzschutzmittel eine additive Maßnahme darstellt.

## 5.3 Anwendung und Auswahl von Holzschutzmitteln

### 5.3.1 Allgemeines

**5.3.1.1** Es dürfen nur Holzschutzmittel angewendet werden, die nach den geltenden nationalen gesetzlichen Bestimmungen verkehrsfähig und für den vorgesehenen Einsatzzweck verwendbar sind.

ANMERKUNG 1 Die Zulassung von Holzschutzmitteln nach Chemikaliengesetz und Biozid-Produkte-Verordnung [14] erfolgt durch die Bundesanstalt für Arbeitsschutz und Arbeitsmedizin (BAuA) oder durch die europäische Kommission für Unionszulassungen. Die Zulassung schließt eine Bewertung der Wirksamkeit sowie der umwelt- und gesundheitsbezogenen Risiken bei bestimmungsgemäßem Gebrauch ein.

ANMERKUNG 2 Die gesetzlich vorgeschriebenen Zulassungen nach Chemikaliengesetz und Biozid-Produkte-Verordnung [14] ersetzen sukzessive die allgemeinen bauaufsichtlichen Zulassungen für Holzschutzmittel. Bis zum Vorliegen einer Zulassung nach Chemikaliengesetz für das jeweilige Holzschutzmittel ist für dessen Verwendung an tragenden Bauteilen eine allgemeine bauaufsichtliche Zulassung erforderlich.

ANMERKUNG 3 Der bestimmungsgemäße Gebrauch schließt im Hinblick auf Arbeits-, Gesundheits- und Umweltschutz sowohl die unmittelbare Anwendung des Holzschutzmittels als auch den Einsatz der behandelten Hölzer in den vorgesehenen Bereichen ein.

Zu diesen Holzschutzmitteln gehören die vom DIBt zugelassenen „Holzschutzmittel mit bauaufsichtlichem Verwendbarkeitsnachweis“ und „Holzschutzmittel mit Zulassung nach Biozid-Produkte-Verordnung“ (siehe Tabelle 1), wofür die BAuA zuständig ist.

**5.3.1.2** Für die Behandlung von tragenden Holzbauteilen dürfen nur Holzschutzmittel verwendet werden, die für die professionelle bzw. industrielle Anwendung zugelassen sind oder über einen bauaufsichtlichen Verwendbarkeitsnachweis verfügen.

Tragende Bauteile dürfen nur mit solchen Holzschutzmitteln behandelt werden, die über eine entsprechende Zulassung gemäß Biozid-Produkte-Verordnung oder einen bauaufsichtlichen Verwendbarkeitsnachweis verfügen, wobei die Zulassungen letztgenannter Gruppe auslaufen und nur in seltenen Fällen verlängert werden (siehe hierzu 3.2 in Teil 1 der Normenreihe). Beide Gruppen haben gemein, dass Grundlage für die Zulassung u. a. Ergebnisse biologischer Wirksamkeitsprüfungen sind, die meist auf Europäischen Prüfnormen basieren.

Die Bewertung bei einer DIBt-Zulassung erfolgt durch neutrale Sachverständige, wobei die im bauaufsichtlichen Verwendbarkeitsnachweis aufgeführten Auflagen und Anwendungseinschränkungen (siehe auch zu 5.3) uneingeschränkt einzuhalten sind. Das Verzeichnis kann auf der Internetseite des Deutschen Instituts für Bautechnik[3] eingesehen werden.

Demgegenüber erfolgt die Zulassung von Holzschutzmitteln nach BPV durch Behörden, die von EU-Mitgliedsstaaten benannt werden.

### 5.3.2 Anwendung

**5.3.2.1** Bei der Anwendung von Holzschutzmitteln sind die Vorgaben des Herstellers auf den Gebinden, in den Technischen Merkblättern und in den Sicherheitsdatenblättern zu beachten.

Für tragende Holzbauteile sind gegebenenfalls zusätzlich die besonderen Bestimmungen des jeweiligen bauaufsichtlichen Verwendbarkeitsnachweises zu beachten. Die Anwendung der Holzschutzmittel darf nur durch Fachbetriebe erfolgen.

Die im zweiten Absatz unter 5.3.2.1 formulierte Forderung gilt **ausschließlich** für Holzschutzmittel mit bauaufsichtlichem Verwendbarkeitsnachweis.

Umfassende Informationen zu jedem Holzschutzmittel werden von den Herstellern in Form von Sicherheitsdaten- und technischen Merkblättern bereitgestellt, wobei die Sicherheitsdatenblätter unter Berücksichtigung der Gefahrstoffverordnung bzw. der REACH-Verordnung [10] erarbeitet wurden. Sie sollen eine mögliche Gefährdung sowie entsprechende Schutzmaßnahmen aufzeigen und sind daher nicht nur den gewerblichen Nutzern auszuhändigen.

Ein „Leerformular eines Mustersicherheitsdatenblattes nach REACH-VO (EG) 1907/2006" wurde auf der Internetseite von BAuA[4] veröffentlicht.

Demgegenüber liegen Inhalt und Umfang eines Technischen Merkblattes für ein Holzschutzmittel im Ermessen des Herstellers, für dessen Inhalt er rechtlich verantwortlich ist. Der Hersteller ist aufgrund gesetzlicher Regelungen (z. B. Warnhinweise gemäß Gesetzgebung) und Bestimmungen (z. B. durch den allgemeinen bauaufsichtlichen Verwendbarkeitsnachweis eines Holzschutzmittels) verpflichtet, bestimmte Angaben zu seinem Produkt zu machen; sofern dies technische oder auch sicherheitsrelevante Informationen sind, werden sie in das Technische Merkblatt aufgenommen.

Der bauaufsichtliche Verwendbarkeitsnachweis regelt die Verwendbarkeit von Bauprodukten über entsprechende Regelwerke, wie sie z. B. in Normen festgelegt sind, hinaus. Allerdings können für Anwendungsnormen Ausnahmen gelten, wenn sie beispielsweise, wie mit DIN 68800 Teile 1 und 2 in einigen Bundesländern geschehen, bauaufsichtlich eingeführt werden.

3 https://www.dibt.de/fileadmin/verzeichnisse/NAT_n/vSVA_58.htm

4 www.baua.de/DE/Themen/Arbeitsgestaltung-im-Betrieb/Gefahrstoffe/Sicherheitsdatenblatt/Muster.html

**5.3.2.2** Sollen mit Holzschutzmitteln behandelte Holzteile nachträglich eine Beschichtung erhalten, müssen bereits in der Planungsphase der Beschichtungsstoff und das Holzschutzmittel aufeinander abgestimmt werden. Verträglichkeit, Wirksamkeit und Haltbarkeit sind zu berücksichtigen.

Um eine Beschichtung sachgerecht auszuführen, muss ggf. der Lieferant relevante Informationen dem Ausführenden zur Verfügung stellen, um die Verträglichkeit des aufzubringenden Beschichtungsstoffs und des Holzschutzmittels bzw. des bereits imprägnierten Holzes zu gewährleisten. Diese Forderung gilt sowohl für Holz mit einer CE-Kennzeichnung als auch für alle anderen Bauhölzer. Die Beschichtung als Erstes aufzubringen, verbietet sich, da die Schutzmittelbehandlung in seiner Gesamtheit gravierend behindert werden würde.

**5.3.2.3** Im Falle einer Verklebung von mit Holzschutzmitteln behandeltem Holz muss die Funktionstüchtigkeit der Verklebung (z. B. bei Brettschichtholz Prüfung nach DIN EN 14080) nachgewiesen sein.

Wenn ein mit Holzschutzschutzmitteln behandeltes Holz im Nachgang verklebt werden soll, ist im Vorfeld zu klären, ob die eingesetzten Produkte untereinander verträglich sind (im Zweifelsfall Rücksprache mit den Herstellern der Produkte halten), damit sowohl die Funktionalität der Verklebung als auch die des Schutzmittels erhalten bleibt.

### 5.3.3 Kennzeichnung und Prüfprädikate

**5.3.3.1** Für vorbeugend wirksame Holzschutzmittel mit einer Zulassung nach Chemikaliengesetz werden folgende Anwendungskategorien vergeben, mit denen die betreffenden Holzschutzmittel gekennzeichnet werden:

- Zielorganismus: Holz zerstörende Insekten (käferartspezifisch oder gegen alle Insekten), Holz zerstörende Pilze (Braunfäulepilze, Weißfäulepilze, Moderfäulepilze), Holz verfärbende Organismen (Bläue, Schimmel), marine Holzzerstörer (Bohrmuscheln, Bohrasseln);
- Holz-Kategorie: Nadelholz und/oder Laubholz;
- Anwendungsbereich: Gebrauchsklasse;
- Anwendungsverfahren: Oberflächenapplikation (Streichen, Tauchen, Sprühen, Fluten), Druckimprägnierung (Kesselvakuumdruck-Imprägnierung, Doppelvakuum-Imprägnierung);
- Anwendungsmenge: in $g/m^2$ oder $kg/m^3$;
- Verwender: professioneller, industrieller oder nicht-professioneller Verwender.

**5.3.3.2** Für vorbeugend wirksame Holzschutzmittel mit bauaufsichtlichem Verwendbarkeitsnachweis werden folgende Prüfprädikate vergeben, mit denen die betreffenden Holzschutzmittel gekennzeichnet werden:

Iv gegen Insekten vorbeugend wirksam;

P gegen Pilze vorbeugend wirksam (Fäulnisschutz);

W auch für Holz, das der Witterung ausgesetzt ist, jedoch weder im ständigen Erdkontakt noch im ständigen Kontakt mit Wasser;

E auch für Holz, das extremer Beanspruchung ausgesetzt ist (im ständigen Erdkontakt oder im ständigen Kontakt mit Wasser sowie bei Schmutzablagerungen in Rissen und Fugen);

B gegen Verblauung an verarbeitetem Holz wirksam.

### 5.3.4 Auswahl

**5.3.4.1** Die Auswahl des Holzschutzmittels muss unter Berücksichtigung der technischen Voraussetzungen (vorhandene Anwendungsverfahren), der Gebrauchsklasse (siehe DIN 68800-1) im vorgesehenen Anwendungsbereich und der gegebenen Wirksamkeit erfolgen.

**5.3.4.2** Für die Auswahl von Holzschutzmitteln zum Einsatz bei tragenden Holzbauteilen sind die Anforderungen nach Tabelle 1 maßgebend.

Tabelle 1 wurde gegenüber der Ausgabe von DIN 68800:2012 um die Spalte „Anforderungen an das Holzschutzmittel mit Zulassung nach Biozid-Produkte-Verordnung" erweitert. Diese Ergänzung/Änderung war zwingend notwendig, da bereits über 180 Holzschutzmittel (Stand März 2021) nach Biozid-Produkte-Verordnung durch die BAuA zugelassen wurden. Demgegenüber verfügen nur noch weniger als 20 Mittel – mit abnehmender Tendenz – über einen bauaufsichtlichen Verwendbarkeitsnachweis.

Gemäß Tabelle 1 sollen in GK 1 nur Holzschutzmittel eingesetzt werden, die ausschließlich gegen Holz zerstörende Insekten wirksam sind. Allerdings gibt es kein Schutzmittel mit bauaufsichtlichem Verwendungsnachweis, welches nur ein Insektizid enthält und demzufolge ausschließlich mit dem Prüfprädikat „Iv" gekennzeichnet ist. Insofern können nur Holzschutzmittel auf Basis von Borverbindungen für den Einsatz in GK 1 in Erwägung gezogen werden, die gleichzeitig eine insektizide als auch fungizide Wirksamkeit aufweisen und die Kurzzeichen „Iv" und „P" tragen. Jedoch ist der Auftraggeber hierüber im Vorfeld zu informieren, wenn ein solches Holzschutzmittel eingesetzt werden soll.

Demgegenüber sind diverse Holzschutzmittel verschiedener Hersteller nach Biozid-Produkte-Verordnung zugelassen, die rein insektizid (z. B. mit Permethrin) ausgerüstet sind und folglich die Vorgabe der Tabelle 1 für GK 1 exakt erfüllen. Die Kennzeichnung derartiger Produkte unterscheidet sich von Schutzmitteln mit bauaufsichtlichem Verwendungsnachweis jedoch dahingehend, dass die Zielorganismen „Hausbockkäfer" (*Hylotrupes bajulus* L.) und „Gewöhnlicher Nagekäfer" (*Anobium punctatum* De Geer) explizit ausgewiesen werden.

Aktuell gibt es keine Holzschutzmittel mit bauaufsichtlichem Verwendungsnachweis und dem alleinigen Prüfprädikat „P".

Ob nach BPV zugelassene Holzschutzmittel in Deutschland angeboten werden, die nur gegen Braunfäulepilze wirken, kann nicht zweifelsfrei ausgeschlossen werden.

Demzufolge ist der Hinweis in der **Fußnote a** zur Tabelle 1, dass bei Nichtvorliegen einer Gefährdung durch Insekten in der Gebrauchsklasse 2 Schutzmittel zu verwenden sind, die ausschließlich gegen Pilze wirken, derzeit unter Umständen nicht umsetzbar.

**Tabelle 1 — Auswahl der Holzschutzmittel in Abhängigkeit von der Gebrauchsklasse**

| Gebrauchs-klasse (GK) | Anforderungen an das Holzschutz-mittel mit Zulassung nach Biozid-Produkte-Verordnung [14] | Anforderungen an das Holzschutz-mittel mit bauaufsichtlichem Verwendbarkeitsnachweis (Kurzzeichen) |
|---|---|---|
| 0 | Keine Holzschutzmittel erforderlich | |
| 1 | Hausbockkäfer und Gewöhnlicher Nagekäfer[d] | Insektenvorbeugend (Iv) |
| 2[a b] | Hausbockkäfer und Gewöhnlicher Nagekäfer[d]<br>Braunfäulepilze | Insektenvorbeugend (Iv)<br>Pilzwidrig (P) |
| 3.1[b]<br>3.2[b] | Hausbockkäfer und Gewöhnlicher Nagekäfer[d]<br>Braunfäulepilze und Weißfäulepilze | Insektenvorbeugend (Iv)<br>Pilzwidrig (P)<br>Witterungsbeständig (W) |
| 4 | Hausbockkäfer und Gewöhnlicher Nagekäfer[d]<br>Braunfäulepilze, Weißfäulepilze und Moderfäulepilze[c] | Insektenvorbeugend (Iv)<br>Pilzwidrig (P)<br>Witterungsbeständig (W)<br>Moderfäulewidrig (E) |
| 5 | Hausbockkäfer und Gewöhnlicher Nagekäfer[d]<br>Braunfäulepilze, Weißfäulepilze und Moderfäulepilze[c]<br>Bohrmuscheln und Bohrasseln | Wie für GK 4;<br>zusätzlich Wirksamkeit gegen Holz-schädlinge im Meerwasser |

a Bei Holzbauteilen, für die keine Gefährdung durch Insektenbefall vorliegt, kann auf eine insektenvorbeugende Wirkung verzichtet werden.

b Bei Gefährdung durch Bläuepilze an verbautem Holz in den Gebrauchsklassen 2 und 3 kann eine bläuewidrige Wirksamkeit zweckmäßig sein; hierfür ist eine besondere Vereinbarung erforderlich.

c Positive Ergebnisse aus Freilandprüfungen nach DIN EN 252 erforderlich.

d Eine Wirksamkeit gegen alle Holz zerstörende Käfer deckt die Anforderungen an die Wirksamkeit gegen Hausbockkäfer und den Gewöhnlichen Nagekäfer ab.

## 5.4 Anwendungsverfahren

### 5.4.1 Allgemeines

Für die Anwendung von Holzschutzmitteln bestehen unterschiedliche Verfahren, die sich hinsichtlich technischem Aufwand und der erzielbaren Eindringtiefe wesentlich voneinander unterscheiden.

Es ist grundsätzlich zwischen Druckverfahren und Nichtdruckverfahren zu unterscheiden.

Holzschutzmittel dürfen nur mit den ausgewiesenen Verfahren auf- bzw. eingebracht werden, die in dem jeweiligen Zulassungsbescheid oder Technischen Merkblatt aufgeführt und auf den Gebinden angegeben sind.

Die gebräuchlichsten Anwendungsverfahren sind in Tabelle K.6 zusammengestellt, wobei das einzusetzende Verfahren maßgeblich durch die geforderte Auf- bzw. Einbringmenge, der Eindringtiefe sowie der Holzfeuchte zum Zeitpunkt der Behandlung bestimmt wird.

## 1 Druckverfahren

Bei diesen Verfahren wird in geschlossenen Anlagen das Holzschutzmittel durch Anwendung von Über- oder Unterdruck („Vakuum") oder einer Kombination von beidem in das Holz eingebracht, was unter dem Gesichtspunkt des Umwelt- und Gesundheitsschutzes äußerst positiv zu bewerten ist.

Unterschieden wird zwischen den Kesseldruck- und Niederdruckverfahren, die sich aufgrund diverser Verfahrenstechniken weiter differenzieren lassen.

Zu den Kesseldruckverfahren zählen: Volltränkung, Spartränk- und Wechseldruckverfahren.

Den Niederdruckverfahren zuzuordnen sind: Vakuum- und Doppelvakuumtränkung.

### 1.1 Kesseldruckverfahren

Bei fachgerechter Anwendung lassen sich mittels Kesseldruckverfahren die größten Eindringtiefen und Einbringmengen erzielen, wobei Vakuumdruckverfahren bei der Imprägnierung von Hölzern mit Feuchten von $u < 35\,\%$ Anwendung finden.

#### 1.1.1 Volltränkverfahren

Bei der Volltränkung wird zunächst sowohl im Tränkkessel als auch im Holz enthaltene Luft „entfernt", indem ein enormer Unterdruck („Vorvakuum" ≤ 10 kPa) erzeugt wird, welcher in Abhängigkeit von der Holzart über einen bestimmten Zeitraum beibehalten wird. Im nächsten Schritt wird der Kessel unter Aufrechterhaltung des „Vakuums" mit der Tränklösung beschickt. Anschließend erfolgt ein Druckausgleich, um unmittelbar danach die Schutzmittellösung mittels Überdruck ($p \geq 900$ kPa) in das Holz zu pressen. Die Druckphase wird beendet, sobald das Holz nur noch geringe Mengen an Schutzmittellösung aufnimmt. Abschließend wird der Kessel entleert.

#### 1.1.2 Spartränkverfahren nach Rüping

Während das RÜPING-Verfahren bei den Holzarten Kiefer und Eiche zum Einsatz kommt, wird das DOPPEL-RÜPING-Verfahren bei Buche angewendet. Als Holzschutzmittel wird ausschließlich Kreosot (DIN EN 13991) verwendet. Nachdem der Tränkkessel mit dem Holz beschickt ist, wird ein Luftvordruck erzeugt, dessen Höhe von der vollständigen Durchtränkung des Splintes sowie der einzubringenden Sollmenge an Kreosot bestimmt wird; mindestens jedoch 15 Minuten zu halten ist. Anschließend wird der Tränkkessel unter Beibehaltung des Luftvordrucks mit dem ca. 120 °C heißem Kreosot geflutet, wobei die Temperatur während der gesamten Druckphase gehalten werden muss.

Bei Anwendung des **einfachen** RÜPING-Verfahrens (Bild K.4) erfolgt nach dem Erreichen des Luftvordruckes von 400 kPa eine Wärmekonditionierung des Holzes im heißen Kreosot für etwa 120 Minuten. Die Wärmekonditionierung bewirkt eine geringere Ölviskosität und somit eine Verbesserung des Penetrationsverhaltens. Anschließend wird der Druck (absolut) auf mindestens 900 kPa erhöht. Der Öldruck und die Zeitdauer der Druckphase werden von der einzubringenden Ölmenge in Abhängigkeit von der Holzart bestimmt; bei Kiefer beispielsweise 90 Minuten. Das Verfahren endet mit dem Entspannen des Zylinders auf Atmosphärendruck, Überführung des überschüssigen Öls in das Vorratsgefäß und dem Erzeugen eines hohen Endvakuums (20 kPa), um „überschüssiges" Kreosot aus den Zellhohlräumen herauszuziehen.

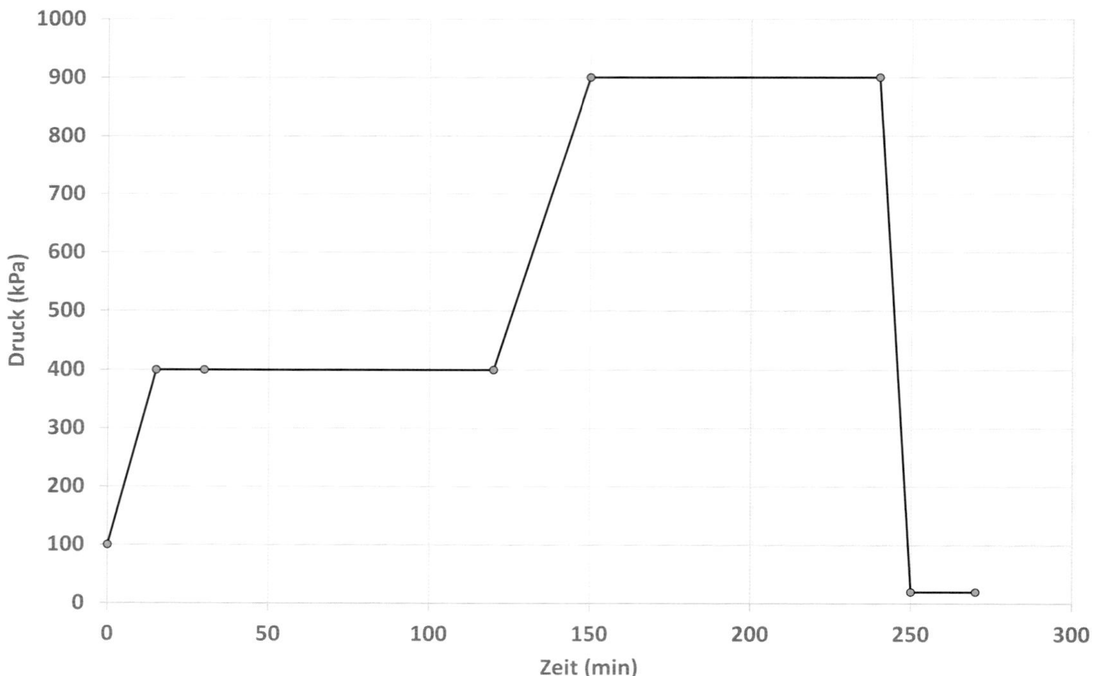


**Bild K.4:** Tränkdiagramm für Kiefernschwellen nach dem RÜPING-Verfahren

### 1.1.3 Modifiziertes Wechseldruckverfahren („Hamburger Verfahren")

Einer Vordruckphase im gefluteten Kessel von mindestens 30 Minuten Dauer bei ≥ 900 kPa) folgt eine Wechseldruckphase von 10 Stunden mit etwa 60 Zyklen. Während der einzelnen Wechseldrucktränkungen darf der Druck in der „Nichtdruckphase" 100 kPa und in der Druckphase 900 kPa nicht unterschreiten, wobei die Druckaufbauphase etwa 5 Minuten dauert.

Zum Abschluss der Tränkung kann ein Endvakuum für 10 bis 20 Minuten angelegt werden.

## 2 Niederdruckverfahren

### 2.1 Vakuumtränkung

Hierbei handelt es sich um Tränkverfahren, welches häufig im Labormaßstab angewendet wird. Zunächst wird in der Anlage ein Unterdruck erzeugt, in welchem sich das zu behandelnde Holz befindet. Anschließend wird die Tränkflüssigkeit durch den anliegenden Unterdruck in den Tränkbehälter gesaugt. Sobald das Holz vollständig mit dem Tränkmittel bedeckt ist, kann durch Belüften der Normaldruck eingestellt werden. Danach verbleibt das Holz für einen definierten Zeitraum vollständig untergetaucht im Tränkmittel.

### 2.2 Doppelvakuumtränkung

Bei diesem überwiegend für die Imprägnierung von gehobelten, maßhaltigen Holzprodukten (wie z. B. Fensterrahmen) eingesetzten Verfahren werden sowohl lösemittelhaltige als auch wasserlösliche Holzschutzmittel verwendet. Bei gut tränkbaren Hölzern wird nur ein minimaler Unterdruck etwa 50 kPa angewendet und für 10 bis 15 Minuten gehalten. Dann wird unter Beibehaltung des Unterdruckes der Imprägnierkessel geflutet; anschließend wird der Atmosphärendruck durch Belüftung wiederhergestellt, wobei das zu tränkende Holz für 5 bis 15 Minuten im Tränkmittel verbleibt. Nachdem die Tränkflüssigkeit abgelassen/abgepumpt wurde, wird der Tränkvorgang durch ein möglichst hohes, längeres (30 bis 45 min) Endvakuum abgeschlossen, wodurch sich die im Holz verbliebene Luft ausdehnt und einen Teil der zunächst eingebrachten Lösung wieder aus dem Holz herausdrückt (Rückstoß).

## 3 Nichtdruckverfahren

Bei den Nichtdruckverfahren unterscheidet man zwischen Einlagerungs- und Oberflächenverfahren. Zu den Einlagerungsverfahren zählen die Trogtränkung, das Tauchen und die Heiß-Kalt-Einstelltränkung, während den Oberflächenverfahren das Kurztauchen, das Fluten, das Sprühtunnelverfahren, das Streichen und das Spritzen (ausschließlich in geschlossenen Anlagen) zugeordnet werden, wobei überwiegend wasserbasierte Holzschutzmittel zum Einsatz kommen.

### 3.1 Einlagerungsverfahren

Einlagerungsverfahren werden vorrangig für die Imprägnierung von Bauholz angewendet, welches in den Gebrauchsklassen 1 und 2 eingesetzt werden soll.

### 3.2 Trogtränkung

Bei der Trogtränkung wird das zu behandelnde Holz für mindestens 24 Stunden in mit Wasser verdünnbare Salzkonzentrate oder Emulsionen untergetaucht, wobei nach dieser Tränkdauer beispielsweise für gehobelte Fichte bei entsprechender Holzfeuchte Schutzmittelaufnahmen über 400 g/m² erzielt werden können (Bild K.5).

### 3.3 Tauchen

Im Gegensatz zur Trogtränkung wird beim Tauchen das Holz lediglich für einige Minuten bis mehrere Stunden in der Tränkflüssigkeit untergetaucht, die auf Wasser verdünnbaren Salzkonzentraten oder Emulsionen basieren und in der Regel organische Biozide enthalten.

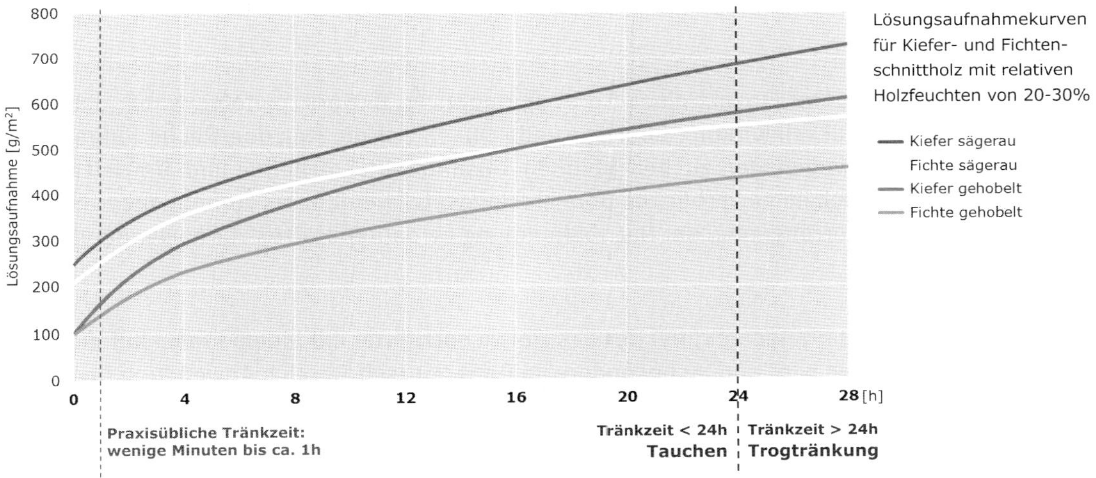


**Bild K.5**: Lösungsaufnahme von Kiefern- und Fichtenschnittholz bei Holzfeuchten um Fasersättigung in Abhängigkeit von der Tränkzeit. (©Deutsche Bauchemie 2017, [3])

### 3.4 Heiß-Kalt-Einstelltränkung

Die Heiß-Kalt-Einstelltränkung wurde insbesondere für die Imprägnierung von Nadelholzpfählen mit Kreosot im Wein- und Obstbau sowie Garten- und Landschaftsbau angewendet, was aufgrund der aktuellen Gesetzgebung in Deutschland nicht mehr zulässig ist.

Derzeit gibt es in Deutschland kein Holzschutzmittel, welches mit diesem Verfahren appliziert werden darf.

## 4 Oberflächenverfahren

Oberflächenverfahren kommen insbesondere dann zum Einsatz, wenn geringe Eindringtiefeklassen wie NP 1, ggf. auch NP 2 vorgeschrieben (siehe Tabelle 2 der Norm) oder Nachbehandlungen erforderlich sind. Hierzu zählen das Kurztauchen, Fluten, Sprühtunnelverfahren, Spritzen und Streichen.

### 4.1 Kurztauchen

Beim Kurztauchen verbleiben die Hölzer für wenige Sekunden bis Minuten in dem Tränkmittel, die aus mit Wasser verdünnbaren Salzkonzentraten oder Emulsionen hergestellt werden. Aufgrund der kurzen Verweilzeit in dem Holzschutzmittel werden nur geringe Eindringtiefen erzielt. Das Verfahren wird in geschlossenen baulichen Anlagen (Fertigungshallen etc.) vorzugsweise bei der Fensterproduktion, aber auch zum kurzzeitigen Schutz von Schnittholz gegen Verfärbung in Sägewerken eingesetzt.

### 4.2 Fluten

Für das Fluten wird ein am Ende mit Öffnungen versehener Flutstab verwendet, der von Hand über die Hölzer geführt wird und so das Holzschutzmittel in Form einer „Flutfahne" austreten lässt. Im Gegensatz zum Spritzen ist die Gefahr der Nebelbildung deutlich geringer.

### 4.3 Sprühtunnel

Sprühtunnelanlagen gibt es in mobiler und stationärer Ausführung, wobei die verwendeten Sprühaggregate gegenüber der Umgebungsluft abgekapselt sind. Zur Anwendung kommen Produkte, mit denen entweder ein rein vorbeugender Holzschutz oder zusätzlich ein dekorativer Effekt erzielt werden soll. Die Hölzer werden mittels kontinuierlichen Vorschubs durch eine Sprühkammer geführt, deren Düsenanordnung ein allseitiges Besprühen sicherstellt.

### 4.4 Spritzen

Das Spritzen erfolgt unter Einsatz eines Spritzaggregats (z. B. Spritzpistole), wobei das Holzschutzmittel unter Druckeinwirkung über spezielle Düsen auf die Holzoberfläche aufgebracht wird. Spritzen darf wegen der zu beachtenden Gesundheits-, Arbeits- und Umweltschutzbestimmungen nur noch im gewerblichen Bereich eingesetzt werden; als vorbeugendes Schutzverfahren kommt es vorrangig bei der Nachbehandlung verbauten Holzes zur Anwendung.

### 4.5 Streichen

Weit verbreitete, einfache Technik, bei der das Holzschutzmittel mit einem Pinsel auf die Holzoberfläche aufgetragen wird und insbesondere im Do-it-yourself-Bereich Anwendung findet.

**Tabelle K.6:** Beschreibung von Anwendungsverfahren

| Oberbegriff | | Verfahren | | Kurzbeschreibung |
|---|---|---|---|---|
| Druckverfahren | Kesseldruckverfahren | Volltränkung | | Beginn mit einem extremen Unterdruck („Vakuum"), danach Druckphase, um eine „vollständige Durchtränkung" zu erzielen; abschließend häufig kurzer Unterdruck |
| | | Spartränkung | nach Rüping | Beginn mit erhöhtem Luftdruck und Übergang zur Druckphase; danach möglichst hoher Unterdruck (Vakuumphase), um die erforderliche Einbringmenge zu erzielen und zugleich einen Teil (Rückstoß) der Tränkflüssigkeit (Bruttoaufnahme) zurückzugewinnen |
| | | | nach Lowry | Beginn der Behandlung bei Normalluftdruck, danach analog dem Rüpingverfahren |
| | | Wechseldrucktränkung | | Beginn mit Normalluftdruck, Übergang zur Druckphase und diese einige Zeit beibehalten. Anschließend alternierend Unter- und Druckphasen (Wechseldruckphase) |
| | Niederdruckverfahren | Vakuumtränkung | | Beginn mit Unterdruck (Vakuumphase); Übergang zum Normalluftdruck, kein Endvakuum |
| | | Doppelvakuumtränkung | | Beginn mit geringem oder mäßigem Unterdruck, danach Übergang zum Umgebungsluftdruck oder geringem Druck, abschließend möglichst hoher Unterdruck (Endvakuum) |
| | | | | |
| Nichtdruckverfahren | Einlagerungsverfahren | Trogtränkung | | Vollständiges Untertauchen des Holzes in der Tränkflüssigkeit für einen bis mehrere **Tage** |
| | | Tauchen | | Vollständiges Untertauchen des Holzes in der Tränkflüssigkeit für eine bis mehrere **Stunden** |
| | | Heiß-Kalt-Einstelltränkung | | *Derzeit gibt in Deutschland kein Holzschutzmittel, welches mit diesem Verfahren appliziert werden darf.* |
| | Oberflächenverfahren | Streichen | | Holzschutzmittel in mindestens zwei Arbeitsgängen mit einem Pinsel oder einer Rolle auftragen |
| | | Fluten | | Aufbringen des Holzschutzmittels über eine Flüssigkeitsfahne, stationäre Anlage |
| | | Sprühtunnel | | Holz wird maschinell durch einen Tunnel geführt und dabei mit dem Holzschutzmittel besprüht; stationäre Anlage |

### 5.4.2 Durchführung

**5.4.2.1** Der Anwender von Holzschutzmitteln muss die Holzfeuchte zum Zeitpunkt der Behandlung und das vorgesehene Holzschutzmittel beachten. Ferner ist die Gebrauchsklasse zu berücksichtigen, in der das Holz eingesetzt werden soll.

Der Anwender des Holzschutzmittels hat sicherzustellen, dass sich im Holz die auf das Verfahren und Holzschutzmittel abgestimmte Holzfeuchte (siehe Tabelle K.4) eingestellt hat, bevor die eigentliche Behandlung durchgeführt wird. Im Zweifelsfall ist die Tränkreife zu überprüfen.

**5.4.2.2** Spritzen (Sprühen) außerhalb stationärer Anlagen darf nicht erfolgen. Dies gilt nicht für unerlässlich nachträglich durchzuführende Holzschutzmaßnahmen – soweit ein Streichen nicht möglich ist – mit hierfür ausgewiesenen Holzschutzmitteln durch Fachbetriebe, z. B. an bestehenden Dachkonstruktionen sowie im Rahmen von Bekämpfungsmaßnahmen nach DIN 68800-4.

Dieses Applikationsverfahren sollte aufgrund der Belastung für Anwender und Umwelt als auch einer möglichen ungleichmäßigen Verteilung des Schutzmittels nur innerhalb stationärer Anlagen zur Anwendung kommen. Eine Alternative stellt das Schaumverfahren dar, welches im Teil 4 dieser Normenreihe aufgeführt ist. Hier entstehen bei fachgerechtem Auftragen auf die zu schützende Oberfläche kaum Aerosole, wobei der erzeugte Schaum – wenn überhaupt – nur minimal abtropft und folglich das Mittel mit der Zeit in das behandelte Holz einziehen kann.

**5.4.2.3** Bei Anwendung von Holzschutzmitteln im Streichverfahren sind unabhängig von der aufbringbaren Holzschutzmittelmenge für tragende Holzbauteile in der Regel mindestens zwei Arbeitsgänge erforderlich, zwischen denen ausreichende Wartezeiten einzuhalten sind, um eine erneute Aufnahmefähigkeit des Holzes sicherzustellen. Für alles übrige Holz sind zwei Arbeitsgänge zweckmäßig. Fallweise können mehr Arbeitsgänge erforderlich sein, um die geforderten Schutzmittelmengen aufzubringen.

ANMERKUNG Durch mehrmalige Behandlung werden Unregelmäßigkeiten, die bei manuellen Verfahren unvermeidlich sind, weitgehend ausgeglichen.

Von einem Aufbringen des Schutzmittels in nur einem Anstrich ist abzuraten, da zum einen die notwendige Aufbringmenge kaum erreicht wird und zum anderen eine ungleichmäßige Verteilung des Schutzmittels auf der Holzoberfläche oftmals die Folge ist, sodass kein hinreichender Schutz gegenüber den Schadorganismen gegeben ist.

Bei der Verwendung von Holzschutzlasuren ist darauf zu achten, dass nur eine kurze Zeitspanne zwischen dem ersten und zweiten Anstrich liegt, damit eine Filmbildung vermieden wird, die den zweiten Auftrag des Schutzmittels erschweren würde. Dies gilt insbesondere für Dickschichtlasuren aufgrund ihres Bindemittelgehalts von bis zu 35 %.

## 5.5 Eindringtiefe

### 5.5.1 Eindringtiefeanforderungen

Die Eindringtiefe (siehe 3.8) des Holzschutzmittels soll eine hinreichend wirksame Schutzschicht bilden, die mit höherer Gebrauchsklasse infolge zunehmender Beanspruchung des Holzes auch in tieferen Bereichen vorhanden sein muss, um einen Befall durch Holzschädlinge zu verhindern.

Aus unterschiedlichsten Gründen kann es erforderlich sein, stichprobenartige Einzelmessungen durchzuführen, um die geforderte Eindringtiefe des Holzschutzmittels nachzuweisen. In diesem Zusammenhang sind die Vorgaben zur Schutzmittelpenetration und der Analysenzone gemäß DIN EN 351-1 zu beachten, die es einzuhalten gilt. Im Unterschied zur Analysenzone, für die ein eindeutiger Wert festgelegt wurde, handelt es sich bei der geforderten Eindringtiefe um einen Mindestwert. Im Rahmen der Zulassung wird spezifisch für jedes Holzschutzmittel eine aus biologischen Wirksamkeitsprüfungen abgeleitete Mindestaufnahmemenge für die vorgesehene Gebrauchsklasse festgelegt. Jedoch wird der Einfluss des Penetrationsvermögens des Holzschutzmittels und die daraus resultierende Wirkstoffverteilung im Holz nur im Rahmen der Erteilung eines bauaufsichtlichen Verwendbarkeitsnachweises für Holzschutzmittel verlangt, die mittels Oberflächenverfahren aufgebracht werden, indem zusätzlich der biologische Nachweis einer Tiefenwirkung gefordert wurde.

Da die zu realisierende Auf- bzw. Einbringmenge an Schutzmittel gemäß Zulassung für eine bestimmte Gebrauchsklasse vorgegeben ist, resultiert aus einer über die Analysenzone hinausgehende Penetration, wie sie insbesondere beim Tauchverfahren oder mittels Trogtränkung häufig auftritt, dass die vorgeschriebene Menge unter Umständen unterschritten wird. Um den Anforderungen dennoch gerecht zu werden, müsste eine größere Eindringtiefe über eine höhere Tränkmittelkonzentration kompensiert werden. Da bei Wirksamkeitsprüfungen von Holzschutzmitteln die Korrelation zwischen Wirkstoffdichte und Schichtstärke jedoch nicht überprüft wird, ist es schwer abzuschätzen, wo die untere Schwelle der Wirkstoffdichte für das gewählte Produkt liegt.

Bei Nichtdruckverfahren wird zwar eine Unterschreitung der Schutzmittelaufnahme einzelner Hölzer von max. 20 % (siehe 5.6.2.4) toleriert, **sofern der geforderte Mittelwert bei Einzelwägung** eingehalten wurde. Dennoch sollte versucht werden, die vorgeschriebene Aufbringmenge nach Möglichkeit zu erreichen, da für einen sachgerechten Holzschutz quasi kein Spielraum nach unten gegeben werden kann; vielmehr sollte man die Vorgaben gemäß Zulassung einhalten und „so viel Schutzmittel wie nötig“ auf- bzw. einbringen. Auch wenn im „Einzelfall“ nach dieser Norm eine Unterschreitung akzeptiert wird, ist es kontraproduktiv, die unzureichend geschützten Hölzer zu vermarkten, da dies nicht nur zu einer eingeschränkten Nutzungsdauer des betreffenden Holzes führen kann, nicht nur Ressourcen vergeudet werden, sondern vor allem die chemische Holzschutzmaßnahme infrage gestellt wird. Hingegen ist ein Überschreiten der Aufnahmemenge in einem gewissen Rahmen tolerierbar.

**5.5.1.1** Die Anforderungen an die Eindringtiefe werden in sechs Klassen festgelegt (NP 1 bis NP 6, siehe Tabelle 2). Seitliche Eindringtiefeanforderungen gelten für die Seitenflächen und nicht für die Stirnflächen.

Die in Tabelle 2 aufgeführten Eindringtiefen an Biozid gelten mit einer Ausnahme (NP 6) ausschließlich für das seitliche Splintholz und beschreiben die Mindestanforderung, d. h., dass eine tiefere Penetration durchaus positiv zu werten ist und keinen Mangel im Sinne dieser Norm darstellt. Unbedingt zu beachten ist, dass die Eindringtiefenanforderung auch für Kernholz gilt, sofern zwischen Kernholz und Splintholz visuell nicht differenziert werden kann.

Anmerkung: In der überarbeiteten Fassung von prEN 351-1:2021 wird mit NP 7 eine weitere Eindringtiefenklasse aufgenommen (siehe 3.1).

**5.5.1.2** Für jede Eindringtiefeklasse ist eine Analysenzone festgelegt, in der die geforderten Schutzmittelmengen bestimmt werden.

**Tabelle 2 — Eindringtiefeklassen mit Eindringtiefeanforderungen und zugehörigen Analysezonen für die Aufnahmebestimmung nach DIN EN 351-1**

| Eindring-tiefeklasse | Eindringtiefe-anforderung[b] | Analysenzone | Schematische Darstellung der Eindringtiefeanforderungen |
|---|---|---|---|
| NP 1 | Keine | 3 mm seitlich | 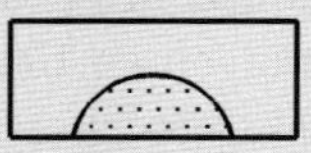 |
| NP 2 | mindestens 3 mm seitlich im Splintholz | 3 mm seitlich im Splintholz[c] | 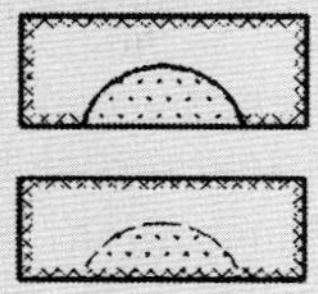 Wenn Splint- und Kernholz nicht zu unterscheiden sind. |
| NP 3 | mindestens 6 mm seitlich im Splintholz | 6 mm seitlich im Splintholz[c] | 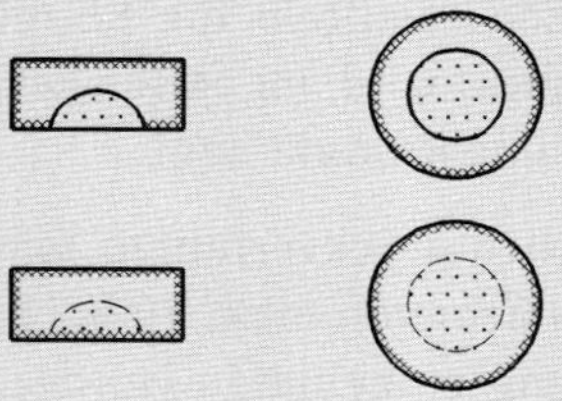 Wenn Splint- und Kernholz nicht zu unterscheiden sind. |
| NP 4[a] | mindestens 25 mm seitlich | 25 mm seitlich im Splintholz[c] | 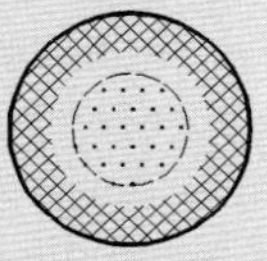 Splintholzbreite > 25 mm |
| NP 5 | Gesamtes Splintholz | Gesamtes Splintholz[c] | 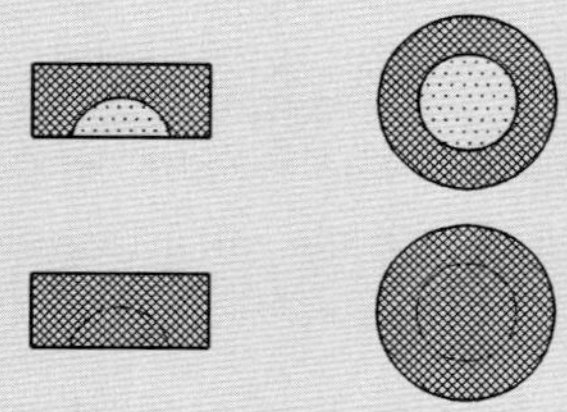 Wenn Splint- und Kernholz nicht zu unterscheiden sind. |
| NP 6 | gesamtes Splintholz und mindestens 6 mm im freiliegenden Kernholz | Gesamtes Splintholz und 6 mm im freiliegenden Kernholz | 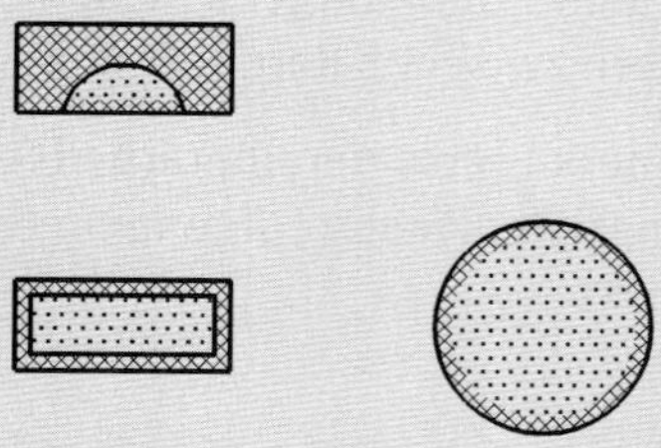 Nur wenn Kernholz vorliegt. |

| Eindring-tiefeklasse | Eindringtiefe-anforderung[b] | Analysenzone | Schematische Darstellung der Eindringtiefeanforderungen |
|---|---|---|---|
| NP (en: New Penetration class) zur Unterscheidung von den bisherigen, anders definierten P-Klassen (P, en: Penetration)<br>Legende zu den Bildern<br>____________ Grenze zwischen Splint- und Kernholz, wenn diese erkennbar ist.<br>\- - - - - - - - - - - Grenze zwischen Splint- und Kernholz, wenn diese nicht erkennbar ist. | | | |
| a Gilt nur für Rundholz schwer tränkbarer Holzarten.<br>b Ob die Anforderungen an eine Eindringtiefeklasse erfüllt werden können, hängt von der Tränkbarkeit der jeweiligen Holzart ab. Beachtet werden sollte, dass es bei manchen Hölzern nicht immer möglich ist, bestimmte Eindringtiefeklassen zu erreichen und dass bei einigen besondere Maßnahmen erforderlich sein können, um die angestrebte Eindringtiefe zu erreichen (z. B. Perforation, spezielle Trocknungsprogramme, Tauchverfahren). Erfahrungsgemäß ist dies bei NP 5- und NP 6-Behandlungen von Fichte *(Picea spp.)* der Fall.<br>c Wenn Splint- und Kernholz nicht zu unterscheiden sind, gilt die für die jeweilige Eindringtiefeklasse festgelegte Splintholzbreite als Eindringtiefeanforderung und Analysenzone. | | | |

### 5.5.2 Bestimmung der Eindringtiefe

**5.5.2.1** Die Eindringtiefe kann indirekt oder direkt bestimmt werden.

Die vorgeschriebene Holzschutzmitteleindringtiefe soll – wie bereits dargelegt – eine möglichst langfristige Wirksamkeit der chemischen Holzschutzmaßnahme und damit Gebrauchsdauer des behandelten Holzes sicherstellen. Hierfür stehen gemäß DIN EN 351-1 zwei Methoden zur Verfügung, die **indirekte** und die **direkte Prüfung**, wobei sich die tatsächlich erreichte Eindringtiefe und folglich auch der Behandlungserfolg nur über die analytische Bestimmung des Biozids ermitteln lässt.

**5.5.2.2** Eine indirekte Bestimmung der Eindringtiefe ist zulässig, wenn im Rahmen der werkseigenen Produktionskontrolle (siehe Anhang B) festgestellt wurde, dass bei Einhaltung der jeweiligen Tränkbedingungen (Tränkverfahren und dessen Parameter, Holzart einschließlich Holzfeuchte, Holzschutzmittel einschließlich Lösungskonzentration, soweit zutreffend) die geforderte Eindringtiefe erreicht wird.

Die direkte Bestimmung erfolgt an Proben nach DIN EN 351-2.

Das für das jeweilige Holzschutzmittel zutreffende Analyseverfahren ist vom Holzschutzmittel-Hersteller in einer technischen Dokumentation darzustellen und bei Bedarf vorzulegen.

Unabhängig von der Eindringtiefe muss die z. B. in einem bauaufsichtlichen Verwendbarkeitsnachweis geforderte Einbringmenge erreicht sein.

**Die indirekte Prüfung ist zulässig**, wenn eine gesicherte Beziehung zwischen der Eindringtiefe- und Aufnahmeanforderung für die jeweilige Holzart, der Holzfeuchte zum Zeitpunkt der Behandlung und der über die Messtechnik bestimmten Einbringmenge unter Berücksichtigung der Lösungskonzentration besteht, die erstmalig **durch eine direkte Prüfung nachzuweisen ist**. Sofern die Tränkparameter unverändert bleiben, kann davon ausgegangen werden, dass bei analog behandelten Chargen die gleiche Eindringtiefe erreicht wird. Im Rahmen der Eigenüberwachung hat der Anwender u. a. nach B.2.2.2 mindestens einmal jährlich nachzuweisen, dass der Zusammenhang zwischen prozessbedingter Aufnahmemenge und Eindringtiefe nach wie vor seine Richtigkeit hat. Zusätzliche externe Kontrollen sind demnach erst erforderlich, sobald ein anderes Schutzmittel verwendet wird und auch in dem Fall, wenn wieder zum ursprünglichen Mittel zurückgewechselt wird. Eine indirekte Bestimmung der Eindringtiefe gilt im Streitfall (z. B. Reklamation infolge eines frühzeitigen Schädlingsbefalls) nicht als Nachweis für eine normgerechte Imprägnierung, sondern dient ausschließlich der Qualitätskontrolle im Rahmen der internen Produktion.

**Bei der direkten Prüfung** werden nach der Behandlung Proben aus dem Holz gemäß DIN EN 351-2 genommen. Hierbei ist darauf zu achten, dass die Probennahme nicht an frisch imprägnierten Hölzern erfolgt, da es beispielsweise zum „Verschleppen" von Schutzmittelkomponenten in tiefere Zonen kommen kann. Weitere praktische Hinweise zur Probennahme aus behandeltem Holz finden sich in DIN EN 212 unter Abschnitt 6. Nach entsprechender Aufbereitung können die Proben sowohl QUALITATIV (Eindringtiefe) als auch QUANTITATIV (Auf- bzw. Einbringmenge als auch Eindringtiefe) untersucht werden, wobei in der Regel der analytische Aufwand umso höher wird, je geringer die Wirkstoffkonzentration im Holzschutzmittel ist. Hierfür kann der Hersteller des Schutzmittels entweder das Verfahren zur Bestimmung der Eindringtiefe oder die Analytik als Serviceleistung bereitstellen, wobei nicht immer über die Lösemittelfront auch auf die Penetration des Biozids geschlossen werden kann. Insbesondere die Beprobung erfordert Kenntnisse über Entnahme, Lagerung und Aufbereitung, da diese Schritte die größten Analysefehler verursachen können.

Sofern die Probennahme an bereits verbautem Holz zu erfolgen hat, ist DIN 52161-1 zu berücksichtigen.

### 5.5.3 Toleranzen für Lose bei direkter Prüfung

Eindringtiefetoleranzen innerhalb eines Loses behandelter Hölzer müssen aus den Ergebnissen der aus diesem Los nach DIN EN 351-2 entnommenen Prüflinge errechnet werden.

Es gelten nachstehende Toleranzen, ausgedrückt in Prozent der Prüflinge vom Los, die der Eindringtiefeanforderung nicht vollständig entsprechen:

- bei schwer tränkbaren Holzarten, Schnittholz: 25 %;
- bei schwer tränkbaren Holzarten, Rundholz: 10 %;
- bei gut tränkbaren Holzarten: 10 %.

Da eine gleichwertige Holzqualität aufgrund dessen Variabilität von Natur aus nicht gegeben ist und zudem die innere Holzstruktur von außen nur grob beurteilt werden kann, sind „Ausreißer" hinsichtlich der Eindringtiefe wenig überraschend und von daher erst einmal zur Kenntnis zu nehmen. Aus diesem Grund wird eine prozentuale Menge an Proben in einem Los gebilligt, welche die Anforderung an die Eindringtiefe nicht erfüllen. Allerdings können – wenn nicht sogar sollten – Auftraggeber und Hersteller vertraglich niedrigere Toleranzen vereinbaren.

Für Schnittholz schwer tränkbarer Holzarten werden höhere Toleranzen erlaubt, da die Schwankungsbreite (der tränkbaren Zone) – holzanatomisch bedingt – größer ist als bei leicht tränkbaren Holzarten. Sollte die Toleranzgrenze – z. B. aus Sicherheitsgründen – nicht akzeptabel sein, ist ein niedrigerer Wert zu vereinbaren. Kann die Toleranzgrenze mit der üblicherweise eingesetzten Technik nicht erzielt werden, ist in Abstimmung mit dem Auftraggeber zu prüfen, ob die Perforation (siehe 5.2.3.1) eine Option darstellt oder alternativ eine gut tränkbare Holzart eingesetzt werden kann.

## 5.6 Einbringmengen/Aufbringmengen

### 5.6.1 Mengen

Die Einhaltung der Auf- oder Einbringmenge an Holzschutzmittel bildet die Grundlage, die für einen effektiven chemischen Holzschutz in der jeweiligen Gebrauchsklasse erforderlich ist. Die notwendige Menge, die dem Technischen Merkblatt, der BPD-Zulassung oder für tragende

Holzbauteile dem bauaufsichtlichen Verwendbarkeitsnachweis entnommen werden kann, ist für die jeweilige Eindringtiefenklasse in der Analysezone zu erreichen. Das bedeutet, dass zum Beispiel bei NP 5 die Einbringmenge im gesamten Splintholz erzielt werden muss. Folglich können die in der Vergangenheit verwendeten Umrechnungsfaktoren nicht mehr verwendet werden, da hier das Gesamtvolumen als Berechnungsgrundlage diente. Wie bereits unter 5.2.4 erwähnt, wurde von der **RAL-Gütegemeinschaft für imprägnierte Holzbauelemente** eine Vorlage zur Berechnung der auf Splintholz bezogenen Einbringmenge erarbeitet.

Der Imprägnierbetrieb muss im Rahmen der Eigenüberwachung sicherstellen, dass die geforderte Schutzmittelmenge appliziert wurde. Bei Oberflächenanwendungen wie dem Streichen lässt sich die Aufbringmenge unmittelbar ermitteln, während sie beim Fluten, Tauchen oder der Trogtränkung über Lösungskonzentration und Lösungsaufnahme (z. B. mittels Wägung) bestimmt werden kann. Alternativ kann die Aufbringmenge aus dem Lösungsverbrauch unter Berücksichtigung der Anwendungskonzentration und der behandelten Oberfläche abgeleitet werden.

**5.6.1.1** Die vorgeschriebenen Einbring- bzw. Aufbringmengen richten sich nach der Wirksamkeit des Holzschutzmittels in der vorgesehenen Gebrauchsklasse.

Sie werden in den technischen Dokumentationen eines Holzschutzmittels bzw. auf dem Gebindetext angegeben.

Die vorgeschriebenen Einbring- und Aufbringmengen sind bei jeder Maßnahme nach dieser Norm in jedem Los im Rahmen der Toleranzen nach 5.5.3 zu erreichen.

Die in der Zulassung sowie die im Technischen Merkblatt ausgewiesene Ein- bzw. Aufbringmenge zum vorbeugenden Schutz gegen Holz zerstörende Insekten und/oder Pilze resultiert – wie bereits dargelegt – aus diversen standardisierten Labor- und Freilandprüfungen. Erwartungsgemäß geht mit zunehmender Beanspruchung (= steigende Gebrauchsklasse) häufig eine höhere Einbringmenge einher, da die Bewitterung zu einem langsamen, aber stetigen Herauslösen der Biozide aus dem behandeltem Holz führt und diesem Rechnung getragen werden muss, um eine langfristige Schutzwirkung und damit Gebrauchsdauer des behandelten Holzes sicherzustellen.

**5.6.1.2** Die vorgeschriebenen Einbring- und Aufbringmengen beziehen sich auf das Holzschutzmittel in Lieferform und nicht auf eventuell zur Tränkung daraus hergestellte Verdünnungen oder Lösungen.

Vom Hersteller werden neben anwendungsfertigen Produkten (Ready-to-use) auch Schutzmittel als Konzentrat ausgeliefert, die vor deren Verwendung gemäß Technischem Merkblatt auf die entsprechende Anwendungskonzentration zu verdünnen sind. Dabei ist zu beachten, dass die Tränklösung nicht zu stark verdünnt wird, sodass unter den vorherrschenden Tränkbedingungen die Sollmenge an Schutzmittel bezogen auf das Konzentrat (Lieferform) auf jeden Fall auch erreicht wird.

**5.6.1.3** Für tragende Holzbauteile gelten die im bauaufsichtlichen Verwendbarkeitsnachweis festgelegten Einbringmengen bzw. Aufbringmengen.

Die Textformulierung bezieht sich ausschließlich auf Holzschutzmittel mit DIBt-Zulassung und sollte selbstverständlich sein, da die in der Zulassung ausgewiesene Einbringmenge grundsätzlich einzuhalten ist, unabhängig davon, ob ein „Holzschutzmittel mit bauaufsichtlichem Verwendbarkeitsnachweis" nun zum Schutz von „tragenden" oder „nicht tragenden" Holzbauteilen (siehe Tabelle 1) eingesetzt wird.

**5.6.1.4** Für alle übrigen Holzbauteile gelten - soweit nicht Holzschutzmittel mit bauaufsichtlichem Verwendbarkeitsnachweis eingesetzt werden - die von akkreditierten Stellen in Bewertungsverfahren festgelegten Einbring- bzw. Aufbringmengen.

Präziser und selbsterklärend wäre, wenn die obige Formulierung beispielsweise lauten würde: „Für **alle Holzbauteile** gelten .... “, da die Zulassung nach Biozid-Produkte-Verordnung nicht zwischen „tragenden“ bzw. „nicht tragenden“ Bauteilen differenziert und „Holzschutzmittel mit RAL-Gütezeichen“, die bis vor wenigen Jahren für den Schutz von nicht tragenden Holzbauteilen angeboten wurden, nicht mehr vermarket werden.

**5.6.1.5** Einbringmengen werden in Kilogramm je Kubikmeter angegeben und beziehen sich auf den zu durchtränkenden Bereich. Sie müssen als Mittelwert im Bereich der geforderten Eindringtiefe (siehe 5.5.1.1) bzw. der Analysenzone (siehe 5.5.1.2 und Tabelle 2) vorliegen.

Der „durchtränkte Bereich“ bezieht sich auf die Eindringtiefe-Anforderung nach Tabelle 2 dieser Norm.

**5.6.1.6** Aufbringmengen werden in Gramm je Quadratmeter bzw. Milliliter je Quadratmeter, bezogen auf die behandelte Holzoberfläche, angegeben.

Die Aufbringmengen müssen als Mittelwert aus mehreren Proben von 3 mm Dicke (Analysenzone, siehe Tabelle 2) vorliegen.

Die BAuA gibt in ihren Zulassungsbescheiden die Aufbringmenge entweder in „$g/m^2$“ oder in „$ml/m^2$“ an. Bei wasserbasierten Produkten können aufgrund der Dichte von Wasser (ca. 1 $g/cm^3$) beide Werte nahezu gleichgesetzt werden, sodass eine Verwechslung der Dimension kaum Auswirkungen auf die Einhaltung der Aufbringmenge hat.

Anders stellt sich dieser Sachverhalt bei lösemittelhaltigen Produkten dar. Hier ist zu berücksichtigen, dass beispielsweise ein Holzschutzmittel mit einer Dichte von 0,8 $g/cm^3$ (= 0,8 g/ml) ein größeres Volumen zum Erreichen einer in $g/m^2$ angegebenen Aufbringmenge erfordert.

Das aufzutragende Volumen kann berechnet werden, indem die ausgewiesene Masse (g) je $m^2$ durch die Dichte des Holzschutzmittels (Lösemittels) dividiert wird. Beispielsweise würde bei einer geforderten Aufbringmenge von 200 $g/m^2$ und einer Dichte von 0,8 g/ml ein aufzutragendes Volumen von 250 $ml/m^2$ erfordern.

**5.6.1.7** Das Erreichen der vorgegebenen Einbringmengen bzw. Aufbringmengen ist nach Anhang B nachzuweisen.

Der Nachweis des Erreichens der geforderten/vereinbarten Sollmenge sollte gemäß Anhang B exakt durchgeführt **und** dokumentiert werden, stellt er doch quasi die „Garantieurkunde“ der erfolgreichen Schutzmittelanwendung dar.

### 5.6.2 Bestimmung an Chargen

**5.6.2.1** Eine Bestimmung der Einbringmengen bzw. der Aufbringmengen an Chargen ist zulässig, wenn eine gesicherte Beziehung zwischen den Anforderungen an die Eindringtiefe nach 5.5.1 und der Aufnahme nach 5.6.1 und den Messtechniken des Behandlungsverfahrens vom Holzschutzmittelverarbeiter nachgewiesen ist. Werden diese Techniken für regelmäßige Qualitätsbeurteilungen angewendet, muss die Richtigkeit der zugrunde gelegten Beziehung in bestimmten Intervallen überprüft werden.

Da die Bestimmung der eingebrachten Menge an Chargen zulässig ist, sollte bei einer Kesseldrucktränkung von Mischsortimenten für die Überprüfung der Einbringmenge (als auch der Eindringtiefe) das Holzsortiment herangezogen werden, welches die höchsten Sicherheitsanforderungen zu erfüllen hat bzw. im späteren Gebrauch der größten Beanspruchung ausgesetzt ist. Unabhängig hiervon müssen auch die internen Qualitätssicherungssysteme regelmäßig validiert werden.

**5.6.2.2** Bei der Kesseldruck- und der Vakuumtränkung wird die Menge der eingebrachten Tränkflüssigkeit bekannter Schutzmittelkonzentration entweder durch Wägen des Holzes einer Charge vor und nach der Tränkung oder mittels geeigneter Messeinrichtungen (Flüssigkeitsmessung) erfasst. Die eingebrachte Schutzmittelmenge in Kilogramm je Kubikmeter wird bezogen auf den zu durchtränkenden Bereich (siehe Tabelle 2) angegeben.

**5.6.2.3** Bei der Wechseldrucktränkung wird die eingebrachte Schutzmittelmenge aus der Absenkung der Lösungskonzentration während des Tränkprozesses zuzüglich zu der Menge aus dem festgestellten Lösungsverbrauch bestimmt.

Die Abnahme der Lösungskonzentration resultiert aus einer Verdünnung durch den im Holz vorhandenen Zellsaft, weshalb das Wechseldruck-Verfahren auch als „Saftaustauschverfahren" bezeichnet wird.

**5.6.2.4** Bei Nichtdruckverfahren wird die Aufbringmenge entweder durch Wägen des Holzes oder aus Flüssigkeitsständen vor und nach der Schutzbehandlung oder anhand des Schutzmittelverbrauchs bestimmt.

Die bestimmten Mengen (in Gramm je Quadratmeter oder Milliliter je Quadratmeter) gelten als Mittelwert der gesamten gleichzeitig behandelten Holzmenge.

Bei Einzelwägung sind bei eingehaltenem Mittelwert Unterschreitungen bis 20 % zulässig.

An dieser Stelle sei noch einmal auf die Problematik der Bestimmung der Aufbringmenge hingewiesen, sofern diese in der Zulassung bzw. im Technischen Merkblatt in ml/m² angegeben ist und nach der Applikation über Wägung bestimmt wird und es sich nicht um ein Wasser basiertes Produkt handelt (siehe 5.6.1.6).

### 5.6.3 Quantitative Bestimmung an Proben

**5.6.3.1** Die Einbring- und die Aufbringmengen sind an Proben nach DIN EN 351-2 durch das Vorhandensein der geforderten Schutzmittelmenge in der Analysenzone (siehe Tabelle 2) zu bestimmen.

Die Probennahme hat maßgeblichen Einfluss auf das Analysenergebnis, weshalb die Probennahme nicht in Bereichen hoher (Hirnholz, Risse) oder geringer Schutzmittelaufnahme (Äste) zulässig ist (siehe DIN EN 351-2, Abschnitt 6).

Bei der Probenahme an bereits verbautem Holz, z. B. in einem Dachstuhl, ist DIN 52161-1 zu beachten.

Die Quantifizierung eines Biozids in den entnommenen behandelten Holzproben erfordert in der Regel einen hohen instrumentellen Aufwand, weshalb hierfür nur entsprechend ausgestattete Labore infrage kommen, die idealerweise bereits über Erfahrungen in der Holzschutzmittelanalytik verfügen. Neben einigen wenigen genormten Analyseverfahren für die Bestimmung von Holzschutzmittelwirkstoffen in Holz sind weitere Verfahren veröffentlicht[5].

5 https://www.mit-sicherheit-haltbar.de/de/analysenmethoden.html

**5.6.3.2** Für die Wahl des Stichprobenumfangs und das zu fordernde Prüfniveau gilt DIN EN 351-2.

Der Stichprobenumfang, der zur Berechnung des Mittelwerts erforderlich ist, kann zwischen Käufer und Hersteller gemäß DIN EN 351-2, Anhang A, vereinbart werden. Anderenfalls ist der Stichprobenumfang nach DIN ISO 2859-1:1999 zu ermitteln (siehe Kommentar zu Unterabschnitt 5.6.3.5).

**5.6.3.3** Bei den Stichproben muss die geforderte Einbring- oder Aufbringmenge als Mittelwert vorliegen. Für Unterschreitungen bei einzelnen Stichproben gelten die Regelungen in 5.6.3.4 bis 5.6.3.6.

**5.6.3.4** Soweit Hölzer im Kesseldruck oder im Vakuumverfahren behandelt wurden, sind die Bedingungen des Prüfniveaus II nach DIN EN 351-2 zu erfüllen.

**5.6.3.5** Werden Hölzer der Gebrauchsklasse 4 senkrecht im Erd- oder Süßwasserbereich eingebaut und lässt sich die Erde-(Wasser-)Luft-Zone bei der Probenentnahme mit ausreichender Sicherheit festlegen, beschränkt sich diese Forderung auf den Bereich von 50 cm unterhalb bis 40 cm oberhalb der Erdgleiche bzw. des Wasserspiegels. Für die übrigen Holzbereiche ist das Sonderniveau S-3 nach DIN EN 351-2 ausreichend.

Der ausführende Betrieb hat einen Qualitätsnachweis über die ordnungsgemäße Anwendung des Holzschutzmittels zu erbringen. Für eine absolute Sicherheit müssten jedoch von jedem behandelten Holz einer Charge mehrere Proben entsprechend den Vorgaben der DIN EN 351-2 entnommen und analysiert werden. Da dies irreal ist, wurde die Stichprobenprüfung eingeführt, die als Entscheidungsgrundlage für die Akzeptanz oder Ablehnung eines Produktionsloses herangezogen wird, wobei das Prüfniveau in den Unterabschnitten 5.6.3.4 bis 5.6.3.6 dieser Norm festgelegt sind. Hiernach werden aus einem identisch behandelten Los zunächst Stichproben entnommen, die hinsichtlich des Biozidgehalts und dessen Verteilung untersucht werden. Die erforderliche Stichprobengröße wird über AQL-Tabellen (AQL = Acceptable Quality Level; „Annehmbare Qualitätsgrenze“) gemäß DIN ISO 2859-1 abgeleitet, die in DIN EN 351-2 zusammengefasst und im Kommentar als Tabelle K.7 und K.8 aufgeführt sind.

**Tabelle K.7:** Bestimmung der Stichprobengröße für ein angestrebtes Qualitätsniveau bei unterschiedlichem Losumfang notwendig für das Prüfniveau II nach DIN EN 351-2

| Losumfang | AQL (%) | | | | | | | | | |
|---|---|---|---|---|---|---|---|---|---|---|
| | 1 | | 4 | | 10 | | 15 | | 25 | |
| 16–25 | 13 | 0 | 3 | 0 | 5 | 1 | 5 | 2 | 5 | 3 |
| 26–50 | 13 | 0 | 13 | 1 | 8 | 2 | 8 | 3 | 8 | 5 |
| 51–90 | 13 | 0 | 13 | 1 | 13 | 3 | 13 | 5 | 13 | 7 |
| 91–150 | 13 | 0 | 20 | 2 | 20 | 5 | 20 | 7 | 20 | 10 |
| 151–280 | 50 | 1 | 32 | 3 | 32 | 7 | 32 | 10 | 32 | 14 |
| 281–500 | 50 | 1 | 50 | 5 | 50 | 10 | 50 | 14 | 50 | 21 |
| 501–1200 | 80 | 2 | 80 | 7 | 80 | 14 | 80 | 21 | 50 | 21 |
| 1201–3200 | 125 | 3 | 125 | 10 | 125 | 21 | 80 | 21 | 50 | 21 |
| 3201–10000 | 200 | 5 | 200 | 14 | 125 | 21 | 80 | 21 | 50 | 21 |
| 10001–35000 | 315 | 7 | 315 | 21 | 125 | 21 | 80 | 21 | 50 | 21 |
| 35001–150000 | 500 | 10 | 315 | 21 | 125 | 21 | 80 | 21 | 50 | 21 |
| 150001–500000 | 800 | 14 | 315 | 21 | 125 | 21 | 80 | 21 | 50 | 21 |

Aus einer dieser Tabellen kann bei einem bestimmten Losumfang für das Prüfniveau II (Tabelle K.7) oder das Sonderniveau S-3 (Tabelle K.8) die Stichprobengröße sowie der „noch zulässige Fehler" entnommen werden, wobei eine „annehmbare Qualitätsgrenze" von 1 % bis 25 % festgelegt werden kann.

Wurde beispielsweise für das Prüfniveau II (Tabelle K.7) ein AQL von 4 % (Spalte 3) vereinbart, dann sind bei einem Losumfang von 300 behandelten Stücken (Spalte 1, Zeile 6) 50 Stichproben zu nehmen, von denen höchstens 5 (Spalte 3, Zeile 6) von unzureichender Qualität sein dürfen.

Da der AQL „lediglich" den prozentual zulässigen Maximalwert für die in einer Charge fehlerhaften Produkte angibt, kann daraus jedoch nicht die tatsächliche Anzahl von fehlerhaften Teilen in der Gesamtlieferung geschlossen werden.

Derartige Qualitätsgrenzen sind im Rahmen der Herstellung von geschütztem Holz nicht vorgegeben, sondern müssen zwischen dem Lieferanten und Kunden vereinbart werden. Mit steigenden Anforderungen an das geschützte Holz sollte folglich ein möglichst geringer AQL festgelegt werden. Für tragende Elemente sollte daher ein entsprechend hohes Sicherheitsniveau mit einem AQL von 1 % (maximal 4 %) gefordert bzw. festgeschrieben werden.

**Tabelle K.8:** Bestimmung der Stichprobengröße für ein angestrebtes Qualitätsniveau bei unterschiedlichem Losumfang notwendig für das Prüfniveau S-3 nach DIN EN 351-2

| Losumfang | AQL (%) | | | | | | | | | |
|---|---|---|---|---|---|---|---|---|---|---|
| | 1 | | 4 | | 10 | | 15 | | 25 | |
| 16–25 | 13 | 0 | 3 | 0 | 5 | 1 | 3 | 1 | 3 | 2 |
| 26–50 | 13 | 0 | 3 | 0 | 5 | 1 | 3 | 1 | 3 | 2 |
| 51–90 | 13 | 0 | 3 | 0 | 5 | 1 | 5 | 2 | 5 | 3 |
| 91–150 | 13 | 0 | 3 | 0 | 5 | 1 | 5 | 2 | 5 | 3 |
| 151–280 | 13 | 0 | 13 | 1 | 8 | 2 | 8 | 3 | 8 | 5 |
| 281–500 | 13 | 0 | 13 | 1 | 8 | 2 | 8 | 3 | 8 | 5 |
| 501–1200 | 13 | 0 | 13 | 1 | 13 | 3 | 13 | 5 | 13 | 7 |
| 1201–3200 | 13 | 0 | 13 | 1 | 13 | 3 | 13 | 5 | 13 | 7 |
| 3201–10000 | 13 | 0 | 20 | 2 | 20 | 5 | 20 | 7 | 20 | 10 |
| 10001–35000 | 13 | 0 | 20 | 2 | 20 | 5 | 20 | 7 | 20 | 10 |
| 35001–150000 | 50 | 1 | 32 | 3 | 32 | 7 | 32 | 10 | 32 | 14 |
| 150001–500000 | 50 | 1 | 32 | 3 | 32 | 7 | 32 | 10 | 32 | 14 |

**5.6.3.6** Soweit Hölzer der Gebrauchsklassen 1 und 2 sowie nichttragende Holzbauteile der Gebrauchsklasse 3 im Nichtdruckverfahren behandelt wurden, gilt das Sonderniveau S-3 nach DIN EN 351-2.

## 5.7 Handhabung des Holzes nach der Schutzbehandlung

**5.7.1** Bei Verwendung witterungsbeständiger Holzschutzmittel (siehe Tabelle 1) ist das Holz so lange am Ort der Holzschutzmittelbehandlung vor Niederschlägen geschützt zu lagern, bis die Oberfläche abgetrocknet und die Fixierung abgeschlossen ist.

Biozide in witterungsbeständigen Schutzmitteln werden über die sogenannte Fixierung (siehe 3.9) an die Holzmatrix oder im Holz gebunden. Hierbei werden ehemals im Holzschutzmittel gelöste Wirkstoffe durch chemische Reaktionen im Holz in schwer wasserlösliche Verbindungen überführt, wobei die Reaktionszeit (Dauer) als Fixierzeit bezeichnet wird. Während der Fixierzeit bleiben die einzelnen Schutzmittelbestandteile mehr oder minder wasserlöslich und damit auch auswaschbar. Daher muss das Holz während dieser Zeitspanne auf einer befestigten, überdachten Fläche gelagert werden, damit es vor Niederschlägen geschützt ist. Die erforderliche Fixierzeit ist dem technischen Merkblatt des Produkts zu entnehmen. Holz, das mit einem witterungsbeständigen Schutzmittel behandelt wurde, ist mit einer entsprechenden Kennzeichnung oder Prüfprädikat (siehe 5.3.3) zu versehen.

Eine rasche, künstliche Trocknung der Holzoberfläche beschleunigt die Fixierung nicht unbedingt, da unter Umständen dem Reaktionssystem das notwendige Wasser zu schnell entzogen wird. Allerdings darf die künstliche Trocknung nicht mit der in der Praxis bewährten Heißdampffixierung (mindestens 100 °C) verwechselt werden, die in der Vergangenheit der beschleunigten Fixierung von Holzschutzmitteln auf Chrom-VI-Basis diente.

In chromatfreien Holzschutzmitteln liegt das Kupfer-(II)-Ion im Holzschutzmittel als Komplexverbindung vor. Nach der Schutzmittelbehandlung wird der Kupferkomplex im Holz „de-komplexziert" (zerstört), wobei über Folgereaktionen schwer lösliche Cu-Verbindungen gebildet werden. Diese Reaktion läuft bei Raumtemperatur im Vergleich zur „Chromfixierung" deutlich schneller ab. Unabhängig hiervon ist die oftmals temperaturabhängige Fixierzeit einzuhalten.

Grundsätzlich sollte gelten, dass die Auslieferung derartig geschützter Hölzer erst nach abgeschlossener Fixierung erfolgt, wodurch nicht nur eine mögliche Umweltbelastung durch Auswaschung während des Transports vermieden wird, sondern vor allem die angestrebte Schutzwirkung erhalten bleibt.

Soll oder muss das behandelte Holz vor Ablauf der Fixierung ausgeliefert werden, hat dies nur als regendicht verpackte Ware zu erfolgen. Der Auftraggeber/Kunde ist dann vom Imprägnierbetrieb ausdrücklich darauf hinzuweisen, dass die Verantwortung über mögliche Konsequenzen mit dem Zeitpunkt der Auslieferung auf ihn übergeht. Weiter sollte der Imprägnierbetrieb mitteilen, dass ein Einbau dieser Holzbauteile vor dem Ablauf der Fixierzeit zu unterbleiben hat und diese Information(en) an eventuelle Unterauftragnehmer weiterzugeben ist (sind).

Die Auslieferung nicht ausreichend fixierter Ware sollte die Ausnahme darstellen, jedoch empfiehlt es sich zwecks eigener Absicherung, die ergänzenden Hinweise schriftlich festzuhalten und diese dem Auftraggeber mit den Begleitpapieren auszuhändigen bzw. den Bauunterlagen beizufügen.

**5.7.2** Bei Verwendung nicht witterungsbeständiger Holzschutzmittel für die Gebrauchsklassen 1 und 2 ist sicherzustellen, dass das behandelte Holz während Lagerung, Transport, Verarbeitung und der Bauphase vor Niederschlägen geschützt ist.

Holz, das mit nicht witterungsbeständigen (d. h. nicht fixierenden) Holzschutzmitteln behandelt wurde, ist ausschließlich in den GK 1 und GK 2 zu verwenden, da der (die) Wirkstoff(e) im Holz wasserlöslich ist (sind) und damit mobil bleibt(-en). Da Holzbauteile nur in Ausnahmefällen (z. B. Nachbehandlung ungeschützter Bereiche) direkt an der Baustelle mit einem Schutzmittel behandelt werden, müssen mit einem nicht witterungsbeständigen Holzschutzmittel behandelte Hölzer während des Transportes zum und während der Lagerung am Einsatzort mit Planen oder Folien vor einer direkten Bewitterung geschützt werden. Dies gilt auch für die Zeit zwischen dem Aufrichten der Holzkonstruktion bis zum vollständigen Schließen der Dachhaut.

Allerdings muss bei der Lagerung unter Folien und Planen eine ausreichende Luftzirkulation ermöglicht werden, um eine Schimmelbildung zu verhindern. Zudem sollte sich der Direktabnehmer der Ware vom Imprägnierbetrieb schriftlich bestätigen lassen, dass das gelieferte Holz nach der Schutzmittelbehandlung nicht dem Niederschlag ausgesetzt war.

Für Schutzmittel zur Verwendung in den Gebrauchsklassen 1 und 2 ist der Nachweis zu erbringen, dass kein Wirksamkeitsverlust infolge von Verdunstungsprozessen auftritt, der in der Regel mittels Laborprüfungen in einem Windkanal gemäß DIN EN 73 erbracht wird. In manchen

Prüfvorschriften kann noch der Hinweis zu finden sein, dass auf diese Prüfung verzichtet werden kann, sofern der Dampfdruck gemäß OECD Guideline 104 des eingesetzten Wirkstoffes $< 10^{-5}$ Pa ist [11].

**5.7.3** Bezüglich der Verarbeitung gilt 5.7.2 nicht für Holzschutzmittel, für die nachgewiesen ist, dass eine kurzzeitige Beregnung des behandelten Holzes zu keiner unzuträglichen Verminderung der Wirksamkeit und keiner schädlichen Auswirkung auf die Umwelt führt.

Es gibt den Sonderfall, dass mit einem nicht fixierenden Holzschutzmittel behandeltes Holz während der Bauphase kurzfristig der Bewitterung ausgesetzt werden darf, sofern nachgewiesen wurde, dass eine kurzzeitige Beregnung des behandelten Holzes zu keiner unzuträglichen Verminderung der Wirksamkeit führt. Da aber weder der Zeitraum noch der zulässige Grad der Bewitterung exakt festgelegt sind, sollte bei einer sich abzeichnenden Schlechtwetterlage die Baumaßnahme zur Sicherheit verschoben werden. Dennoch sollte die offene Bauphase für derartige Holzschutzmittel nicht länger als eine Woche betragen, da weniger mit einem Wirksamkeitsverlust durch Auswaschung als vielmehr mit der UV-Instabilität des Biozids zu rechnen ist. Um möglichen Regressforderungen vorzubeugen, sollten die Witterungsbedingungen und die Zeitspanne der offenen Bauphase dokumentiert werden.

## 5.8 Verwendbarkeit von vorbeugend geschütztem Holz mit CE-Kennzeichnung

**5.8.1** Die Verwendbarkeit des vorbeugend geschützten Holzes in den vorgesehenen Gebrauchsklassen nach DIN 68800-1 einschließlich der Erfüllung der Anforderungen aus dem Gesundheitsschutz und dem Umweltschutz ist nachzuweisen.

Der Verwendbarkeitsnachweis für das vorbeugend geschützte Holz erübrigt sich, wenn für das bei dessen Herstellung eingesetzte Holzschutzmittel ein Verwendbarkeitsnachweis vorliegt und die Eignung des Holzes für eine Gebrauchsklasse aus seiner Kennzeichnung und Dokumentation eindeutig hergeleitet werden kann.

ANMERKUNG Für die Verwendung von vorbeugend geschützten Holzprodukten mit CE-Kennzeichnung wird auf die Normenreihe DIN V 2000 hingewiesen.

Chemisch geschütztes Bauschnittholz für statische Beanspruchung wird zunehmend mit CE-Kennzeichnung vermarktet werden, wobei nach DIN EN 15228 folgende Informationen auf **jedem Bauholzprodukt** oder in den Begleitpapieren anzugeben sind:

- Verfahren, mit dem das Holzschutzmittel auf- bzw. eingebracht wurde
- Spezifizierung des Schutzmittels
- Eindringtiefeklasse nach EN 351-1
- Menge an aufgenommenem Schutzmittel
- Nummer der Charge und Jahr der Behandlung
- Zielorganismen (siehe Anmerkung)
- Identifizierung des Herstellers (Behandelnden).

ANMERKUNG: Die CE-Kennzeichnung stellt sicher, dass das Holzprodukt eine vergleichbare Qualität aufweist, unabhängig davon, in welchem Land in Europa die Schutzmittelbehandlung durchgeführt wurde. Jedoch sind am Verwendungsort bei Anwendung des behandelten Holzprodukts mit CE-Kennzeichnung die geltenden nationalen Dokumente und Normen einzuhalten, die u. U. ihrerseits auf andere Europäische Normen Bezug nehmen. Allerdings stellt die CE-Kennzeichnung keinen bauaufsichtlichen Verwendbarkeitsnachweis dar, der in Deutschland im Bausektor für bestimmte Bereiche erforderlich ist und von der staatlichen Bauaufsicht im Rahmen einer nationalen Zulassung vergeben wird, die auch die Verwendungsparameter festlegt.

**5.8.2** Wurden bei der Herstellung von tragenden, vorbeugend geschützten Holzbauteilen mechanische Vorbehandlungsverfahren (Perforation) mit mehr als 3 mm Einwirkungstiefe angewendet, ist der Einfluss auf die Tragfähigkeit erforderlichenfalls zu berücksichtigen. Dies gilt ebenfalls bei der Anwendung von solchen Holzschutzmitteln, die die mechanischen Eigenschaften des Holzes beeinträchtigen.

**5.8.3** Sofern mit Holzschutzmitteln behandelte Holzteile nachträglich eine Beschichtung erhalten sollen, müssen bereits in der Planungsphase der Beschichtungsstoff und das Holzschutzmittel aufeinander abgestimmt werden. Verträglichkeit, Wirksamkeit und Haltbarkeit sind zu berücksichtigen.

Für eine nachträgliche Beschichtung kann es erforderlich sein, die Holzoberfläche anzurauen, damit die Beschichtung besser haftet. Dies kann zur Folge haben, dass insbesondere bei einem Oberflächenschutz (Eindringtiefeklasse NP 1; gilt mit Einschränkungen auch für NP 2) das (die) Biozid(e) teilweise entfernt wird (werden), wodurch es zu einer verminderten Schutzwirkung kommt. Zudem können schutzmittelhaltige Holzstäube eine Gefährdung für den Ausführenden oder die Umwelt darstellen, sofern die Arbeiten ohne ausreichende Schutzmaßnahmen durchgeführt werden.

**5.8.4** Im Falle einer Verklebung von mit Holzschutzmitteln vorbeugend geschütztem Holz muss die Funktionstüchtigkeit der Verklebung nach DIN EN 302-2 nachgewiesen sein.

Wie die Verklebung keine negativen Auswirkungen auf das eingebrachte Holzschutzmittel (z. B. Passivierung) haben soll, sollte auch das Holzschutzmittel die Funktionsfähigkeit der Verklebung nicht beinträchtigen.

**5.8.5** Bei Verwendung nicht witterungsbeständiger Holzschutzmittel für die Gebrauchsklassen 1 und 2 ist sicherzustellen, dass das Holz bis zum endgültigen Einbau unter Dach während Lagerung, Transport und Verarbeitung vor Niederschlägen geschützt ist.

Keine weitere Kommentierung, da die unter 5.7.2 gegebenen Hinweise einzuhalten bzw. zu berücksichtigen sind.

## 5.9 Nachbehandlung

**5.9.1** Werden durch nachträglich auftretende Trockenrisse ungeschützte Holzteile freigelegt, müssen diese nach 5.9.5 nachbehandelt werden, es sei denn, 5.9.2 trifft zu. 5.9.3 ist zu beachten.

Grundsätzlich sollte Holz nach DIN 68800-2:2022-02 Abschnitt 5.1.2.2 mit dem Feuchtegehalt (maximal 20 %) eingebaut werden, der während der Nutzung zu erwarten ist.

Nachträglich auftretende Trockenrisse an verbautem Holz können Folge einer unzuträglichen Holzfeuchte vor oder nach einer Schutzmittelbehandlung sein.

Sofern das geschützte Holz vor der Schutzmittelbehandlung tränkreif war, die Vorgaben bezüglich Lagerung/Konditionierung nach der Behandlung eingehalten wurden und das Holz zum Zeitpunkt des Einbaus „trocken“ war, sodass die Vorgaben von DIN 68800-2 erfüllt sind, sollten die Auswirkungen einer späteren Rissbildung tolerierbar sein, da sich überwiegend die zum Zeitpunkt der Schutzmittelapplikation bereits vorhandenen Risse wieder öffnen.

Anders verhält es sich, wenn Holz mit zu hoher Feuchte behandelt wurde, da im Zuge der Trocknung das Holz derart tief aufreißen kann und Bereiche freigelegt werden, die keine Biozide enthalten und folglich eine Nachbehandlung erforderlich machen.

**5.9.2** Eine Nachbehandlung ist nicht erforderlich, wenn Trockenrisse durch die Schutzbehandlung ausreichend erfasst wurden, z. B.:

a) wenn eine Schutzbehandlung der Hölzer im Tauchverfahren für die GK 1 oder GK 2 durchgeführt wurde und die Holzfeuchte vor der Schutzbehandlung ≤ 20 % betrug;

b) bei Hölzern, die bei einer Holzfeuchte ≤ 20 % mittels Druckverfahren behandelt wurden (NP 1 bis NP 3);

c) bei Farbkernhölzern mit vollständiger Durchtränkung des Splintholzes (NP 5);

d) bei Rundhölzern schwer tränkbarer Holzarten, z. B. Fichte, die mit einer Eindringtiefe nach NP 4 druckimprägniert wurde.

ANMERKUNG Die für die Beurteilung notwendigen Informationen können beim Holzschutzmittelanwender bzw. beim Lieferanten des vorbeugend geschützten Holzes mit CE-Kennzeichnung erfragt werden.

**5.9.3** Für alle übrigen tragenden Holzbauteile ist bei nachträglich auftretenden Trockenrissen in GK 1 mit mehr als 1/6 Querschnittstiefe eine Nachbehandlung nach 5.9.5 erforderlich. Für nichttragende Bauteile ist sie in Abhängigkeit von der geforderten Nutzungsdauer der Bauteile zweckmäßig.

Nachträglich auftretenden Trockenrissen von in GK 1 verbautem Nadelholz ist besonderes Augenmerk zu widmen, da dies ideale Plätze zur Eiablage durch den Hausbockkäfer sind. Allerdings wird eine Nachbehandlung nur dann notwendig, sobald die Risse tiefer gehen als der geschützte Bereich und keiner der unter 5.9.2 angeführten Punkte zutrifft. Die praktische Umsetzung kann sich bei einigen Dachelementen als schwierig erweisen, die nicht mehr allseitig einsehbar sind, weshalb 5.9.1 zu beachten ist. Auch wenn eine Nachbehandlung bei nicht tragenden Bauteilen als nicht unbedingt erforderlich angesehen wird, sollten die Folgen eines möglichen Befalls und die Maßnahmen gegeneinander abgewogen werden.

**5.9.4** Ist bei geschützten Hölzern eine nachträgliche Bearbeitung unumgänglich (siehe 5.2.1.2), so sind die neuen Bearbeitungsflächen nach 5.9.5 nachzubehandeln.

**5.9.5** Für eine Nachbehandlung dürfen nur Holzschutzmittel angewendet werden, deren Eignung für diesen Anwendungsbereich nach 5.3.1 nachgewiesen ist.

Das verwendete Produkt muss mit dem Produkt, mit denen das Holz behandelt wurde, verträglich sein.

Die Nachbehandlung erfolgt in der Regel durch Oberflächenverfahren nach Herstellerangabe (z. B. mehrfach streichen).

Für die Nachbehandlung von mit wässrigen Holzschutzmitteln behandelten Hölzern empfiehlt sich die Verwendung adäquater, wässriger Schutzmittellösungen (Lösungskonzentration nach Herstellerangabe).

Lösemittelhaltige Produkte werden anwendungsfertig ausgeliefert und können direkt verarbeitet werden.

Die für die Gebrauchsklasse erforderlichen Einbringmengen bzw. Aufbringmengen sind einzuhalten.

Für eine Nachbehandlung von Hölzern, die der Witterung ausgesetzt sind, müssen fixierende Schutzmittel eingesetzt werden. Bis zum Abschluss der Fixierung ist eine Auswaschbeanspruchung zu verhindern.

Für die Durchführung gilt 5.3.2 sinngemäß.

Eine Nachbehandlung von schutzmittelbehandeltem Holz erfordert Kenntnisse über das ursprünglich verwendete Produkt und angrenzender Baumaterialien, um die Kontaktverträglichkeit mit dem Folgeprodukt sicherzustellen; im Zweifelsfall sollte mit dem Hersteller des Holzschutzmittels Rücksprache gehalten werden. Unabhängig hiervon gilt, dass für die Nachbehandlung von verbautem Holz nur Holzschutzmittel infrage kommen, die für die Gebrauchsklasse und das vorgesehene Applikationsverfahren zugelassen sind. Da hierzu oftmals besondere Verfahren erforderlich sind und gleichzeitig besondere Anforderungen an den Gesundheits- und Umweltschutz gestellt werden, sollten diese Arbeiten ausschließlich von Fachfirmen ausgeführt werden. Während die notwendigen Informationen auf der Baustelle meistens vorliegen oder schnell nachgefordert werden können, kann eine mangelnde Datenlage die Schutzmittelauswahl für eine Sanierungsmaßnahme nach DIN 68800-4 erschweren. Zwar sollte in Dachräumen ein sichtbarer Hinweis über die erfolgte Schutzmittelbehandlung angebracht sein, doch ist dies in der Praxis nicht immer der Fall bzw. können die Angaben auf dieser auch falsch sein (12). Jedoch kann in einem begrenzten Umfang eine qualitative Analyse vor Ort bereits Hinweise bezüglich des enthaltenen Schutzmitteltyps liefern.

Bei Holz im Freien sind diese Angaben noch seltener verfügbar, aber auch hier kann eine chemische Analyse Abhilfe schaffen.

# 6 Werkseigene Produktionskontrolle beim Anwender der Holzschutzmittel

Anhang B regelt die werkseigene Produktionskontrolle für die Herstellung von mit Holzschutzmitteln behandelten Holz- und Holzwerkstoffprodukten, die nicht zu einer CE-Kennzeichnung führt. Er braucht bei der Herstellung von vorbeugend geschützten Holz- und Holzwerkstoffprodukten nach harmonisierten Normen nicht berücksichtigt zu werden.

# 7 Bescheinigung und Kennzeichnung

**7.1** Die Angaben nach 7.2 und 7.3 brauchen bei der Herstellung von vorbeugend geschützten Holz- und Holzwerkstoffprodukten mit CE-Kennzeichnung nicht berücksichtigt zu werden.

ANMERKUNG Bei Angabe des Verwendbarkeitsnachweises für das eingesetzte Holzschutzmittel nach 7.2 b) kann sich der nach 5.8.1 bzw. A.2.2 zu führende Verwendbarkeitsnachweis für vorbeugend geschützte Holz- bzw. Holzwerkstoffprodukte nach harmonisierten Normen erübrigen.

Der Abnehmer von CE-gekennzeichnetem Holz hat darauf zu achten, dass er detaillierte Informationen über die Schutzmittelbehandlung erhält. Der Umfang dieser Angaben ist in DIN EN 15228 festgelegt: „Auf jedem Bauholzprodukt oder in den Begleitdokumenten müssen die folgenden Angaben enthalten sein:

- Verfahren mit dem das Holzschutzmittel auf- bzw. eingebracht wurde;
- Schutzmittel: Spezifizierung (Benennung), nach den am Verwendungsort des behandelten Holzprodukts geltenden nationalen Regelungen;
- Eindringtiefeklasse (siehe Anmerkung);
- Wert der Schutzmittelaufnahme einschließlich der Einheiten (siehe Anmerkung);
- Chargennummer und Behandlungsjahr;
- Zielorganismen (siehe Anmerkung);
- Identifizierung des Herstellers (Behandelnden)."

**7.2** Für mit Holzschutzmitteln behandelte Hölzer muss der Anwender des Holzschutzmittels in zugehörigen Begleitpapieren Folgendes angeben:

a) Bezug auf die vorliegende Norm und Angabe, ob die Erfüllung der Anforderungen für tragende oder für nichttragende Holzbauteile erfolgte;

b) angewendetes Holzschutzmittel und Verwendbarkeitsnachweis bzw. Zulassungsnummer;

c) berücksichtigte Gebrauchsklasse (Schutzziel);

d) Eindringtiefeklasse entsprechend NP 1 bis NP 6;

e) erzielte Einbringmenge bzw. Aufbringmenge nach 5.6;

f) Name und Ort des ausführenden Betriebes, ggf. verschlüsselt;

g) Chargen-Nr. und Jahr der Behandlung;

h) Information, ob Trockenrisse nach 5.9.2 nachzubehandeln sind.

i) Es sind die Anforderungen an die Kennzeichnung behandelter Waren nach Art. 58 der Biozid-Produkte-Verordnung zu beachten. Insbesondere sind alle Verwendungsvorschriften, einschließlich Vorsichtsmaßnahmen, für behandelte Hölzer anzugeben.

Die in diesem Abschnitt festgelegten Angaben über die Holzschutzbehandlung dienen als Nachweis über einen sachgerechten Einsatz des verwendeten Schutzmittels. Sie ermöglichen eine unmittelbare Beurteilung am Einsatzort, ob das gelieferte Material für den vorgesehenen Einsatzzweck geeignet ist und beispielsweise ein unnötiges Abladen der Ware vermieden werden kann. Zudem liefern sie wichtige Informationen für die sichere Durchführung im Rahmen von Umbau- oder Instandhaltungsmaßnahmen; einschließlich einem vollständigen Abbruch.

Gemäß 7.2 hat der Auftragnehmer eine Bescheinigung zu erstellen, in der alle notwendigen Angaben zur durchgeführten Schutzmittelbehandlung des Holzes enthalten sind. Es empfiehlt sich daher, mit einer Mustervorlage (Tabelle K.9) zu arbeiten, in der die Angaben ggf. auch per Hand eingetragen werden können. Die Übergabe der Bescheinigung erfolgt idealerweise mit den Begleitpapieren, z. B. zusammen mit dem Lieferschein.

**Tabelle K.9:** Musterbescheinigung in Tabellenform

| Firma/Herstellerschlüssel: | Bescheinigung der Holzschutzbehandlung nach DIN 68800-3 |
|---|---|
| □ tragend | □ nicht tragend |
| Holzschutzmittel: | Chargen-Nr.: |
| Eindringtiefeklasse: NP | Gebrauchsklasse: |
| Biozid-Produkt-Zulassung DE .....<br>Bauaufsichtliche Zulassung Z-58.1 - ........ | |
| Anwendungsverfahren: | Lösungskonzentration: ................% |
| Aufbringmenge: ......... g/m² ........ ml/m² | Einbringmenge: ................ kg/m³ |
| | Nachbehandlung von Trockenrissen erforderlich:<br>□ ja □ nein |
| | Datum:<br>Unterschrift: |

Wichtig ist die Information, ob die Behandlung des Holzes gemäß den Kriterien für tragende Bauteile erfolgte, da für die Verwendung von Schnittholz als tragendes Bauelement eine CE-Kennzeichnung erforderlich ist.

Unabhängig hiervon kann aber auch Holz, welches nach den Vorgaben für tragende Bauteile behandelt wurde, problemlos im nicht tragenden Bereich in der gleichen Gebrauchsklasse eingesetzt werden. Demgegenüber sollte Holz, das für eine höhere Gebrauchsklasse mit einem Schutzmittel behandelt wurde, nicht ohne Notwendigkeit in einer niedrigeren GK verwendet werden, um dem Minimierungsgebot zur Ausbringung von Bioziden gerecht zu werden.

Da nicht alle geforderten Angaben zur Schutzmittelbehandlung auf jedem Holz angebracht werden können, ist jedes einzelne Los mit einer Chargennummer zu kennzeichnen, um einen sicheren Bezug zwischen dem behandelten Holzstapel und den dazugehörigen Informationen herzustellen.

Sollte der Auftraggeber über die in Abschnitt 7.2 geforderten Angaben hinaus weitere Nachweise benötigen, muss er dies bereits bei der Planung als Anforderung an den Ausführenden (Unterabschnitt 4.2) stellen. Dies kann in die Begleitpapiere ggf. unter einer Rubrik „Bemerkungen" oder „sonstige Angaben" aufgenommen werden. Hier können – wenn nicht sogar sollten – Hinweise zur Holzart und dessen Tränkbarkeit angeführt werden, insbesondere wenn die geforderte Aufnahme/Eindringtiefe nur durch eine mechanische Vorbehandlung erreicht werden konnte, da eine derartige Maßnahme spätere Verwendungszwecke, beispielsweise als dekoratives Element, infrage stellen kann. Desgleichen sind Hinweise zur Beschichtungs- und Klebstoffverträglichkeit des eingesetzten Produktes oder zum Verhalten bei kurzzeitiger Bewitterung von Vorteil.

Der Nachweis über die ausgeführte Holzschutzbehandlung von tragenden Holzbauteilen wurde schon 1956 in der Erstausgabe von DIN 68800 aufgenommen. Der Auftragnehmer hat die Angaben (Zitat) „an mindestens einer sichtbar bleibenden Stelle des Bauwerks in dauerhafter Form" anzubringen. Diese Verpflichtung entspricht näherungsweise der Anforderung in Unterabschnitt 7.4.

**7.3** Die Angaben nach 7.2 sind bei Massensortimenten je Verpackungseinheit und bei objektbezogenen Lieferungen auf den Begleitpapieren anzugeben.

Bei einer objektbezogenen Lieferung handelt es sich um abgebundenes imprägniertes Bauholz, welches für eine bestimmte Holzkonstruktion (z. B. für einen Dachstuhl) vorgesehen ist.

**7.4** Für schutzmittelbehandeltes verbautes Holz mit tragender Funktion sind die in 7.2 unter b), c) und f) genannten Daten vom Auftragnehmer in der baulichen Anlage an mindestens einer möglichst sichtbar bleibenden Stelle des behandelten Bereichs in dauerhafter Form anzugeben.

Da unter realen Bedingungen nicht ausgeschlossen werden kann, dass bei einer Nachbehandlung oder baulichen Veränderung die Bescheinigung nach Unterabschnitt 7.3 abhandenkommt, sollte der Bauverantwortliche dafür Sorge tragen, dass nicht nur das schutzmittelbehandelte Holz mit tragender Funktion an mindestens einer Stelle dauerhaft – z. B. mittels Dachkarte (Tabelle K.10) – gekennzeichnet wird, sondern diese Informationen auch Bestandteil der Bauakte sind.

**Tabelle K.10:** Muster einer Dachkarte

| Holzschutzmittelbehandlung | |
|---|---|
| □ Vorbeugende Maßnahme nach DIN 68800-3 | □ Bekämpfung nach DIN 68800-4 |
| Holzschutzmittel: | Wirkstoff(e): |
| Wirksamkeit nach Biozid-Produkte-Zulassung oder Prüfprädikate gemäß bauaufsichtlicher Zulassung<br>................................................ | |
| Biozid-Produkte-Zulassung: DE ........ | Bauaufsichtliche Zulassung Z-58.1 - ........ |
| Aufbringmenge: .................. g/m² | Einbringmenge: .............. kg/m³ |
| Jahr und Monat der Behandlung: | |
| Unterschrift des Ausführenden inklusive Firmenstempel: | |

**7.5** Im Falle einer Nachbehandlung nach 5.9 müssen das angewendete Holzschutzmittel, das Jahr der Nachbehandlung und der ausführende Betrieb (ggf. verschlüsselt) angegeben werden.

# 8 Anwendung von mit Holzschutzmitteln behandeltem Holz

## 8.1 Grundsätzliches

**8.1.1** Die Anwendung bzw. Verwendung von mit Holzschutzmitteln behandeltem Holz sowie von vorbeugend geschützten Holz- und Holzwerkstoffprodukten mit CE-Kennzeichnung muss sich an den Gebrauchsklassen nach DIN 68800-1 orientieren.

Die CE-Kennzeichnung gewährleistet einen freien Warenverkehr innerhalb der EU, wobei eine wesentliche Grundlage für den freien Austausch von Dienstleistungen und Waren das Prinzip der gegenseitigen Anerkennung ist. Beispielsweise erfolgt dies über eine Konformitätsbewertung für Produkte, die in den jeweiligen Partnerländern hergestellt wurden. Allerdings wird das Bewertungsverfahren nicht von einer staatlichen oder durch sie autorisierten Stelle durchgeführt, sondern liegt in der Eigenverantwortung des Herstellers, der über die Konformitätserklärung bestätigt, dass das von ihm vertriebene Produkt den EU-Richtlinien entspricht.

Schutzmittelbehandeltes Bauschnittholz für den tragenden Bereich muss demzufolge die Vorgaben maßgeblicher EU-Normen und der Bauproduktenrichtlinie [13] erfüllen, wobei der Konformitätsnachweis grundsätzlich erforderlich ist, selbst wenn keine Vermarktung über die Ländergrenzen hinaus geplant ist. Das bedeutet, dass geschütztes Holz für tragende Zwecke generell CE-zertifiziert sein muss.

Für eine sachgemäße Auswahl eines CE-gekennzeichneten behandelten Holzes ist dessen künftiger Einsatzbereich möglichst exakt zu definieren. Dies gilt insbesondere hinsichtlich der zu erwartenden Feuchte/Beanspruchung, da sich hieraus die Gebrauchsklasse (GK) nach DIN EN 335 ableitet, wie sie in Teil 1 dieser Norm beschrieben ist. Gleichzeitig bildet die GK die Grundlage bei der Holzschutzmittelauswahl, sofern nicht auf CE-gekennzeichnetes Schnittholz zurückgegriffen werden kann oder die chemische Holzschutzmaßnahme vor Ort vorgenommen werden soll.

Während die CE-Kennzeichnung für die einwandfreie Behandlung des Bauholzes mit einem Schutzmittel steht, regeln nationale Institute und Behörden dessen Verwendung in den jeweiligen EU-Mitgliedsstaaten, wodurch sich zum Teil signifikante Abweichungen in den Anforderungen ergeben können. Damit CE-gekennzeichnetes Bauschnittholz (sofern es im tragenden Bereich eingesetzt werden soll) in Deutschland verwendet werden kann, bedarf es eines allgemeinen bauaufsichtlichen Verwendbarkeitsnachweises durch das Deutsche Institut für Bautechnik (DIBt); es sei denn, es wurden nachweislich in Deutschland allgemein bauaufsichtlich zugelassene Holzschutzmittel verwendet (Anlage 1/3.8 der Bauregelliste B, Teil 1, lfd. Nr. 1.3.1.2 – Ausgabe 2011/1).

**8.1.2** Sie muss auf das angestrebte Schutzziel abgestimmt werden und ist nach 4.1 so zu planen und auszuführen, dass dieses Ziel mit einer ausreichenden, die Wirksamkeit sicherstellenden Menge an Holzschutzmitteln erreicht wird.

Für den Einsatz von Holz in den Gebrauchsklassen 1 und 2 wird sowohl für den tragenden als auch den nicht tragenden Bereich ein Oberflächenschutz als ausreichend erachtet, da mit NP 1 keine Mindesteindringtiefe gefordert wird. Hier zeigt sich eine gewisse Diskrepanz zu den Vorgaben des DIBt, da gemäß deren Prüfgrundsätzen mittels biologischen Tests der „Nachweis einer Tiefenwirkung" des Holzschutzmittels auch für diese Gebrauchsklasse zu erbringen ist.

Im Gegensatz dazu kann Bauholz mit CE-Kennzeichnung durchaus mit einem nach BPD zugelassenen Produkt behandelt sein, dem diese Eigenschaft nicht attestiert wurde, da dies kein Prüfkriterium nach BPD-Zulassung ist. Dennoch darf die Vermarktung eines solchen Holzes nicht eingeschränkt werden.

In Gebrauchsklasse 3 verbautes Holz kann über einen mehr oder minder langen Zeitraum einer Befeuchtung ausgesetzt sein, weshalb diese GK in zwei Unterklassen aufgeschlüsselt wurde:

- GK 3.1 stellt eine Situation dar, in der Holz im Freien verwendet wird, dort aber keiner lang anhaltenden Befeuchtung ausgesetzt ist und somit eine vergleichsweise geringere Gefahr eines Pilzbefalls besteht.
- GK 3.2, bei der das Holz durchaus über eine längere Zeit hohe Feuchten aufweisen kann und bei ungeschütztem Holz mit unzureichender Dauerhaftigkeit ein Pilzbefall wahrscheinlicher wird. Diese Aufteilung wurde für tragendes Bauholz in DIN 68800-3 aufgehoben, bei nicht tragenden Elementen dagegen beibehalten.

In DIN 68800-3 wird im Abschnitt 8.1.4 in der Anmerkung 1 darauf aufmerksam gemacht, dass bei „erhöhter Beanspruchung" es zweckmäßig sein kann, eine höhere Eindringtiefeklasse zu fordern, als dies nach Abschnitt 8.2 für die Gebrauchsklasse eigentlich vorgesehen ist. Hieraus kann aber nicht der Schluss gezogen werden, dass die Vorgaben bezüglich der Eindringtiefe nicht ausreichend wären. Vielmehr weist die Anmerkung auf eine besondere Exposition hin, weshalb eine größere Eindringtiefe u. U. empfehlenswert ist.

Für die Gebrauchsklassen 3 und 4 wurden unter Berücksichtigung der Tränkbarkeit des Holzes (siehe DIN EN 350) unterschiedliche Anforderungen an die Eindringtiefe des Schutzmittels (Tabelle 4) festgelegt. Jedoch berühren die Eindringtiefenanforderungen nicht die einzubringende Holzschutzmittelmenge, wodurch die Verwendung schwer tränkbarer Holzarten in einem weniger sicherheitsrelevanten Bereich eröffnet wird, da die Schutzmittelmenge unter Umständen auch ohne mechanische Vorbehandlung in das Holz eingebracht werden kann.

Daher sollte der Kunde über den Zusammenhang zwischen der gewählten Holzart und der Eindringtiefeklasse aufgeklärt werden, da ihm die Unterschiede in der Tränkbarkeit (und damit die Aufnahmefähigkeit eines flüssigen Holzschutzmittels) der verschiedenen Holzarten oftmals nicht bekannt sein dürfte.

**8.1.3** Für die Anforderungen an den Ausführenden gilt 4.2.

**8.1.4** Bei der Ausschreibung von mit Schutzmitteln behandeltem Holz sind unter Bezug auf diese Norm mindestens anzugeben:

a) die Gebrauchsklasse, für die das Holz vorgesehen ist;

b) die Eindringtiefeklasse, entsprechend 8.2 bzw. 8.3.

ANMERKUNG 1 Bei besonderen Anforderungen, wie z. B. erhöhter Beanspruchung innerhalb einer gegebenen Gebrauchsklasse, erschwerten Wartungs- und Instandsetzungsmaßnahmen, hoher Bedeutung des Holzbauteils, kann es zweckmäßig sein, eine höhere Eindringtiefeklasse vorzuschreiben, als in 8.2 für die jeweilige Gebrauchsklasse vorgesehen ist.

ANMERKUNG 2 Weitere Angaben für die Ausschreibung sind u. a.:

a) vorgesehene Holzart;

b) Typ des Holzschutzmittels unter Beachtung von 5.3.2 bzw. 5.8.3 und 5.8.4.

**8.1.5** Wenn ein Befall durch Bläuepilze in verarbeitetem Holz verhindert werden soll, sollten Holzschutzmittel angewendet werden, für die eine zusätzliche bläuewidrige Wirksamkeit nachgewiesen ist. 5.3.2 bzw. 5.8.3 und 5.8.4 gelten sinngemäß.

## 8.2 Anforderungen für tragende Bauteile

### 8.2.1 Allgemeines

Es gelten die Eindringtiefeanforderungen nach Tabelle 3. Ferner sind 5.7 bzw. 5.8.5 und 5.9 zu beachten.

**Tabelle 3 — Eindringtiefeanforderungen für tragende Holzbauteile**

| Gebrauchsklasse (GK) | Eindringtiefeklasse | | | |
|---|---|---|---|---|
| | Schnittholz | | Rundholz | |
| | schwer tränkbar | gut tränkbar | schwer tränkbar | gut tränkbar |
| 1 | NP 1 | | | |
| 2 | NP 1 | | | |
| 3.1 | NP 3[a] | NP 5 | NP 3[a] | NP 5 |
| 3.2 | | | | |
| 4 | NP 6[a] | NP 6 | NP 4[a] | NP 5 |
| 5 | siehe 8.2.6.4 | | | |

a Für schwer tränkbare Holzarten in den Gebrauchsklassen 3 und 4 ist ein bauaufsichtlicher Verwendbarkeitsnachweis erforderlich.

Für tragende Bauteile werden für die Gebrauchsklassen 3 und 4 – insbesondere bei schwer tränkbaren Holzarten – strengere Anforderungen an die Eindringtiefe des Schutzmittels gestellt als für den nicht tragenden Bereich (vgl. Tabellen 3 und 4), da für derartige Bauteile oftmals ein höheres Maß an Sicherheit gefordert wird. Im Gegensatz hierzu werden in den GK 1 und GK 2 auch bei statisch beanspruchten Bauteilen mit NP 1 identische Eindringtiefenanforderungen festgelegt. Unabhängig hiervon ist sicherzustellen, dass die für das (geschützte) Nadelschnittholz geforderte Einbaufeuchte von maximal 20 % entsprechend DIN 18334 eingehalten wird, um die Bildung von Trockenrissen und dadurch auch das Risiko eines Hausbockkäferbefalls zu minimieren. Ein Hausbockkäferbefall kann mit hoher Wahrscheinlichkeit ausgeschlossen werden, sofern das Schutzmittel tief (mind. NP 3) in das Kiefernsplintholz eingedrungen ist, sodass bei einer Rissbildung immer noch ein hinreichender Schutz gegeben ist. Auch wenn das Schutzmittel beispielsweise bei der schwer tränkbaren Fichte überwiegend an der Oberfläche verbleibt, ist diese Holzart nach Ueckerdt et al. [14] im Vergleich zum Kiefernsplint für den Hausbockkäfer deutlich weniger attraktiv.

Sollte es im Zuge von Instandsetzungsarbeiten erforderlich sein, die Holzoberfläche aufzuarbeiten, kann der dadurch bedingte Materialabtrag die Schutzmittelmenge bei NP 1 unter Umständen derart reduzieren, sodass eine Nachbehandlung angebracht ist.

Für tragende Holzelemente wird hinsichtlich der geforderten Eindringtiefe in der Regel nicht zwischen GK 3.1 und GK 3.2 unterschieden, da bei ein und demselben Bauteil durchaus einige Elemente der GK 3.1, andere wiederum der GK 3.2 zuzuordnen sind. So entsprechen beispielsweise die Gebrauchsbedingungen eines nicht überdachten Balkons (horizontales Bauteil) der GK 3.2, während vertikale Stützen der GK 3.1 zuzuordnen sind.

Anderseits stellt die Einstufung von tragenden Holzelementen in GK 3.1 keinen Sonderfall dar, weshalb an derartig verbaute Hölzer unter bestimmten Rahmenbedingungen (siehe zu 8.2.4.4 und 8.2.4.5) geringere Anforderungen an die Schutzmittelbehandlung gestellt werden können.

Das Erreichen der in Tabelle 3 geforderten Eindringtiefen in GK 3 limitiert für Schnittholz die Anwendung von Nichtdruckverfahren und schließt die Verwendung von verklebten Bauteilen, deren Einzelelemente vor der Verklebung nicht ausreichend geschützt wurden, im Prinzip aus. Mit Ausnahme der in 8.2.4.4 und 8.2.4.5 beschriebenen Situationen ist eine normkonforme Behandlung **nur mittels Druckverfahren** (siehe 8.2.4.2) möglich, da bei gut tränkbaren Holzarten eine vollständige Durchtränkung des Splintholzes (NP5) und bei schwer tränkbaren Holzarten eine Mindesteindringtiefe des Schutzmittels von 6 mm im Splint (NP3) vorgeschrieben wird, sofern Splint- und Kernholz (Farbkernhölzer) voneinander zu unterscheiden sind.

Die in den Tabellen 3 und 4 dieser Norm festgelegten unterschiedlichen Anforderungen zielen in erster Linie auf die unterschiedliche Tränkbarkeit der in Deutschland am häufigsten verwendeten Holzarten Fichte und Kiefer ab, wobei im Vergleich zu dem leicht tränkbaren Kiefernsplintholz für die schwer tränkbaren Holzarten – wie z. B. Fichte – teilweise geringere Anforderungen an die Eindringtiefe in den Gebrauchsklassen 3 und 4 festgelegt wurden. Allerdings gab es von Seiten der Behörden Bedenken, ob die geforderte Eindringtiefe aufgrund der schweren Tränkbarkeit in der Praxis auch tatsächlich erreicht wird, weshalb in Tabelle 3 die Fußnote a eingefügt wurde, nach der für schwer tränkbare Holzarten für die Gebrauchsklassen 3 und 4 additiv ein bauaufsichtlicher Verwendbarkeitsnachweis zu erbringen ist.

In GK 3 wird für Schnittholz leicht tränkbarer Splinthölzer – wie z. B. der Kiefer – mit NP 5 „nur" eine vollständige Imprägnierung des Splintes gefordert. Jedoch wird infolge des Einschnittes oftmals Kernholz freigelegt, an welches bezüglich der Schutzmitteleindringtiefe trotz unzureichender Dauerhaftigkeit in dieser Norm keine Anforderung formuliert wird. Prinzipiell kann zwar davon ausgegangen werden, dass mit dem Erreichen der Eindringtiefenklasse NP 5 das Holzschutzmittel in gewissem Umfang auch in das Kernholz eingedrungen ist, jedoch wäre in DIN 68800-3 ein entsprechender Hinweis hilfreich, da nach DIN 68800-1, Tabelle 4, das Kiefernkernholz ohne zusätzliche Schutzmaßnahmen nur bis Gebrauchsklasse 2 eingesetzt werden darf. In diesem Zusammenhang sei auf die überarbeitete EN 351-1 hingewiesen, in der mit NP 7 eine neue Eindringklasse aufgenommen wurde, wonach das Holzschutzmittel mindestens 12 mm in den Splint und 6 mm in das Kernholz eingedrungen sein muss. Mit Veröffentlichung dieser Norm eröffnet sich die Möglichkeit, die Eindringtiefenklasse NP 7 anstatt NP 5 im Rahmen einer Ausschreibung einzufordern, auch wenn sie in DIN 68800-3:2020 noch nicht aufgeführt ist.

Die Erfüllung der Eindringtiefenklasse NP 3 ist für schwer tränkbare Holzarten ohne eine vorhergehende Perforation oder Anwendung des Wechseldruckverfahrens kaum zu erreichen, was in gewisser Weise die Fußnote a in Tabelle 3 nachvollziehbarer macht.

Zudem ist für Fichte eine spezielle Vorgabe aus DIN EN 351-1 zu beachten, wonach ein vollständiger Rundumschutz von 6 mm zu realisieren ist, sofern zwischen Splint- und Kernholz nicht unterschieden werden kann. Allerdings kann eine Wechseldruckimprägnierung zu Spannungsrissen im Holz führen, die für spezielle Anwendungsbereiche unter Umständen nicht akzeptiert wird. Gleichzeitig ist es schwierig, tragende Fensterbauteile (z. B. Ständerelemente bei Wintergärten) oder Stützen von Balkonen, die entweder eine nachträgliche Beschichtung erhalten sollen oder bei denen gehobelte Hölzer dekorativ eingesetzt werden, aus schwer tränkbaren Holzarten mit unzureichender natürlicher Dauerhaftigkeit herzustellen. Auch können Vorbehalte des Kunden aufgrund eines hohen Schutzmittelgehaltes auf der Innenraumseite von Holzfenstern bestehen, welche Folge der technisch erforderlichen allseitigen Behandlung nach GK 3 sind.

In Gebrauchsklasse 4 kommt überwiegend Rundholz zum Einsatz. Ein ausreichender Schutz wird bei gut tränkbaren Holzarten mit einem hohen Splintholzanteil (siehe auch 8.2.5.5) durch dessen vollständige Imprägnierung (NP 5) erreicht, während für schwer tränkbare Holzarten ein Schutzmantel im Splint von mindestens 25 mm (NP 4) vorgeschrieben wird. Im Gegensatz zum Schnittholz wird eine gesonderte Kernholzbehandlung nicht gefordert, da der vollständig durchtränkte Splint einen ausreichenden Schutzschild um den Kern bildet.

Bei aussteifenden/tragenden Bauelementen aus Schnittholz mit ständigem Erdkontakt (GK 4), wird eine Gefährdung von nicht dauerhaftem Kernholz durch Pilze insofern berücksichtigt, als dass nicht nur das Splintholz vollständig durchtränkt, sondern das Holzschutzmittel auch mindestens 6 mm (NP 6) tief in das Kernholz eingedrungen sein muss; bei Schnittholzstärken von mehr als 30 mm sogar mindestens 10 mm. Diese Eindringtiefe kann im Prinzip nur über eine mechanische Vorbehandlung erreicht werden.

### 8.2.2 Anforderungen im Bereich der GK 1

**8.2.2.1** Es sind Holzschutzmittel nach Tabelle 1, die die Anforderungen für GK 1 erfüllen, einzusetzen.

Grundsätzlich gilt nicht nur die Forderung, einen unnötigen Holzschutzmitteleintrag in Innenräumen zu vermeiden, sondern auch Biozide zielgerichtet einzusetzen. Deshalb sind in GK 1 **nur** Holzschutzmittel mit der Kennzeichnung nach Biozid-Produkte-Verordnung gegen „Hausbockkäfer und Gewöhnlichem Nagekäfer" oder mit dem Prüfprädikat „Insektenvorbeugend" zu verwenden.

Einen Sonderfall stellen Holzschutzmittel dar, welche ein Biozid (z. B. Borsäure) enthalten, welches sowohl insektizide als auch fungizide Eigenschaften besitzt. Allerdings sollte mit dem Auftraggeber hierüber im Vorfeld Rücksprache gehalten werden, ob die Verwendung eines solchen Mittels in Ordnung geht.

Demgegenüber sind alle Holzschutzmittel ausgeschlossen, die neben einem Insektizid **zusätzlich** mit einem Fungizid ausgerüstet sind.

**8.2.2.2** Die Wahl des Anwendungsverfahrens ist grundsätzlich freigestellt. Die Angaben des allgemeinen bauaufsichtlichen Verwendbarkeitsnachweises und des Schutzmittelherstellers sind zu beachten.

Obwohl auch für diese GK keine Anforderungen bezüglich der Holzschutzmitteleindringtiefe gestellt werden und folglich alle gängigen Anwendungsverfahren infrage kommen, sollten vorzugsweise Oberflächenverfahren zur Applikation gewählt werden. Hintergrund hierfür ist, dass Druckverfahren prozessbedingt zu großen Eindringtiefen führen, sodass im oberflächennahen Bereich hohe Schutzmittelmengen vorliegen, die aufgrund einer möglichen Gefährdung nicht notwendig sind.

**8.2.2.3** Alternativ zur Anwendung von Holzschutzmitteln nach 8.2.2.1 und 8.2.2.2 dürfen vorbeugend geschützte Holzprodukte mit CE-Kennzeichnung eingesetzt werden, für die die Verwendbarkeit in GK 1 nach 5.8.1 nachgewiesen ist.

Es liegt im Interesse des Bauherrn, die Menge an Holzschutzmittel und folglich an Biozid im verbauten Holz auf das erforderliche Maß zu begrenzen. Daher sollte bei der Verwendung von CE-gekennzeichnetem Holz nach Möglichkeit nur solches geordert/verbaut werden, welches entweder mit „vorbeugend gegen Insekten“ oder gegen „Hausbockkäfer und Gewöhnlichem Nagekäfer“ gekennzeichnet ist.

**8.2.2.4** Mittel, die zusätzlich mit einem Fungizid ausgerüstet sind, dürfen nur in begründeten Ausnahmefällen zum Einsatz kommen.

### 8.2.3 Anforderungen im Bereich der GK 2

**8.2.3.1** Es sind Holzschutzmittel nach Tabelle 1, die die Anforderungen für GK 2 erfüllen, einzusetzen.

Sofern in GK 2 das Holz in Ergänzung zu grundsätzlichen baulichen Maßnahmen nach DIN 68800-2 additiv mit Schutzmitteln behandelt werden soll, kommen entweder Holzschutzmittel, die nach Biozid-Produkte-Verordnung als wirksam gegen „Hausbockkäfer und Gewöhnlicher Nagekäfer einschließlich Braunfäulepilze“ ausgelobt sind, oder Holzschutzmittel mit den Prüfprädikaten „Iv“ und „P“ in Betracht.

In Ausnahmefällen, bei denen ein Befall durch holzzerstörende Insekten unwahrscheinlich erscheint, ist die Verwendung von Produkten mit ausschließlich fungizider Wirkung möglich. Entsprechend DIN 68800-1, Unterabschnitt 4.1.3, ist die Gefahr für „Bauteile aus Brettschichtholz und Brettsperrholz in den Gebrauchsklassen 1 und 2 eines Bauschadens durch Holz zerstörende Insekten bei technisch getrocknetem Holz (Temperatur $\geq$ 55 °C) erfahrungsgemäß als unbedeutend einzustufen bzw. nicht zu erwarten.“ Die Formulierung einer „nicht zu erwartenden Gefahr eines Bauschadens“ schließt einen Insektenbefall des Holzes nicht aus, sondern bewertet nur die hieraus resultierende Gefährdung als „vernachlässigbar“. Andererseits sollte auf jeden Fall die subjektive Einschätzung des Immobilienbesitzers Berücksichtigung finden, inwieweit er einen Insektenbefall toleriert und ab wann er diesen als „Schaden“ ansieht. Um möglichen Auseinandersetzungen vorzubeugen, sollte der Verzicht auf ein Insektizid-haltiges Holzschutzmittel mit dem Kunden schriftlich vereinbart werden.

**8.2.3.2** Die Wahl des Anwendungsverfahrens ist grundsätzlich freigestellt. Die Angaben des allgemeinen bauaufsichtlichen Verwendbarkeitsnachweises und des Schutzmittelherstellers sind zu beachten.

**8.2.3.3** Alternativ zur Anwendung von Holzschutzmitteln nach 8.2.3.1 und 8.2.3.2 dürfen vorbeugend geschützte Holzprodukte mit CE-Kennzeichnung eingesetzt werden, für die die Verwendbarkeit in GK 2 nach 5.8.1 nachgewiesen ist.

**8.2.3.4** Für Holzbauteile, für die keine vorbeugende Schutzwirkung gegen Holz zerstörende Insekten vorgesehen ist, kann auf das Prüfprädikat Iv bzw. auf die Schutzwirkung der Holzschutzmittel gegen Insektenbefall verzichtet werden.

### 8.2.4 Anforderungen im Bereich der GK 3

**8.2.4.1** Es sind Holzschutzmittel nach Tabelle 1, die die Anforderungen für GK 3 erfüllen, einzusetzen.

Da in der GK 3 die gleichen Schadorganismen (Holz zerstörende und verfärbende Pilze sowie Holz zerstörende Insekten) wie in GK 2 vorkommen, beruhen für GK 3 zugelassene Holzschutzmittel auf einer identischen Wirkstoffbasis. Dennoch unterscheiden sich die Holzschutzmittel in einem wesentlichen Punkt; die Wirkstoffe müssen nach der Schutzmittelbehandlung und der sich anschließenden Konditionierung „fixiert“ (siehe 3.9) sein, d. h., dass das (die) Biozid(e) trotz Witterungsbeanspruchung nicht übermäßig ausgewaschen und folglich weitestgehend im Holz verbleibt(en).

**8.2.4.2** Als Anwendungsverfahren sind bevorzugt Druckverfahren einzusetzen. Die Angaben des allgemeinen bauaufsichtlichen Verwendbarkeitsnachweises und des Schutzmittelherstellers sind zu beachten. Andere Verfahren sind zulässig, wenn die Anforderungen nach Tabelle 3 oder 8.2.4.4 bzw. 8.2.4.5 nachweislich erfüllt werden.

Die Formulierung, dass „bevorzugt Druckverfahren einzusetzen sind", wurde bewusst gewählt, da nach 8.2.4.4 und 8.2.4.5 unter bestimmten Bedingungen für tragende Bauteile in der GK 3.1 auch die Eindringtiefeklasse NP 1 zulässig ist, sodass zur Behandlung problemlos Oberflächenverfahren zur Anwendung kommen können. Demgegenüber sind Druckverfahren die Methode der Wahl, wenn für tragende Bauteile in GK 3 eine der Eindringtiefeklassen nach Tabelle 3 gefordert wird.

**8.2.4.3** Alternativ zur Anwendung von Holzschutzmitteln nach 8.2.4.1 und 8.2.4.2 dürfen vorbeugend geschützte Holzprodukte mit CE-Kennzeichnung eingesetzt werden, für die die Verwendbarkeit in GK 3 nach 5.8.1 nachgewiesen ist.

**8.2.4.4** Für Brettschichtholz ist die Eindringtiefeklasse NP 1 in der GK 3.1 zulässig, wenn:

- es sich um Bauteile für Bauwerke der Gebäudeklassen 1, 2 oder 3 nach Musterbauordnung (MBO) [3] handelt;
- Brettschichtholz aus Fichte oder Tanne mit einer Breite ≤ 20 cm und einer Höhe ≤ 50 cm bei einer Lamellendicke ≤ 35 mm eingesetzt wird;
- stauwasserfreie Anschlussausbildung sichergestellt ist;
- eine regelmäßige Kontrolle der Oberfläche einschließlich der nachträglich gebildeten Schwindrisse vorgenommen wird;
- falls erforderlich, eine Nachbehandlung erfolgt.

**8.2.4.5** Für kerngetrenntes, gehobeltes Schnittholz ist die Eindringtiefeklasse NP 1 in der GK 3.1 zulässig, wenn:

- eine Querschnittsfläche ≤ 256 cm² vorhanden ist;
- eine Einbaufeuchte ≤ 20 % vorliegt;
- es sich um Einzelbauteile für Bauwerke der Gebäudeklassen 1, 2 oder 3 nach Musterbauordnung (MBO) [3] handelt;
- stauwasserfreie Anschlussausbildung sichergestellt ist;
- eine regelmäßige Kontrolle der Oberfläche einschließlich der nachträglich gebildeten Schwindrisse vorgenommen wird;
- falls erforderlich, eine Nachbehandlung erfolgt.

Wie bereits unter 8.2.4.2 dargelegt, können entgegen den Festlegungen in Tabelle 3 geringere Anforderungen für den vorbeugenden chemischen Schutz von tragendem Bauholz in Gebrauchsklasse 3 gelten. Dies gilt beispielsweise für Brettschichtholz mit maximalen Maßen (Breite ≤ 20 cm, Höhe ≤ 50 cm, Lamellendicke ≤ 35 mm; siehe 8.2.4.4) oder kerngetrenntes Schnittholz (Holz, bei dem der Stamm im Kern getrennt wurde), mit einer auf ≥ 256 cm² begrenzten Querschnittsfläche (siehe 8.2.4.5). Die Verwendung derartiger Hölzer ist auf Bauwerke der Gebäudeklassen 1, 2 und 3 nach der Musterbauordnung beschränkt, die bei einer Maximalhöhe von 7 m eine gute Kontrolle der Holzkonstruktion ermöglichen sollte.

Gebäudeklassen nach MBO (2002):

- Klasse 1: freistehende Gebäude mit einer Höhe bis zu 7 m und nicht mehr als zwei Nutzungseinheiten von insgesamt nicht mehr als 400 m², und freistehende land- oder forstwirtschaftlich genutzte Gebäude
- Klasse 2: Gebäude mit einer Höhe bis zu 7 m und nicht mehr als zwei Nutzungseinheiten von insgesamt nicht mehr als 400 m²
- Klasse 3: sonstige Gebäude mit einer Höhe bis zu 7 m

Unabhängig von der Eindringtiefeanforderung sollte sich der Kunde schriftlich bestätigen lassen, dass das Holzschutzmittel für die Verwendung in GK 3 zugelassen ist.

Ein ständiger Wechsel zwischen trockenen und feuchten Umgebungsbedingungen kann während der Nutzungsdauer des Holzes zu Trockenrissen führen, weshalb eine regelmäßige Inspektion der Holzoberfläche empfehlenswert und ggf. eine Nachbehandlung durchzuführen ist. Der zeitliche Rahmen einer „regelmäßigen" Wartung wurde bewusst nicht definiert, da dieser von den jeweiligen Gegebenheiten abhängt, wobei aber von einem jährlichen Inspektionsintervall ausgegangen werden kann. Im Gegensatz zu gut tränkbaren Holzarten sollten bei schwer tränkbaren Hölzern die Kontrollen in einem kürzeren Abstand erfolgen, da infolge der geringeren Schutzmittelpenetration auch weniger tiefgehende Risse zu einer größeren Gefährdung durch holzabbauende Pilze führen können.

Eine latente Unsicherheit besteht im sicheren Erkennen früher Stadien eines Befalls. In der Regel verfügt der Bauherr über keine oder nur unzureichende Sachkunde, weshalb ein erster Befall oftmals nicht erkannt oder das Sicherheitsrisiko falsch beurteilt wird. Über diesen Sachverhalt sollte der Bauherr bereits bei der Planung und insbesondere nach Fertigstellung detailliert aufgeklärt werden. Optional könnte ein entsprechender Service angeboten werden, beispielsweise über einen Überwachungsvertrag.

### 8.2.5 Anforderungen im Bereich der GK 4

**8.2.5.1** Es sind ausschließlich Holzschutzmittel nach Tabelle 1, die die Anforderungen für GK 4 erfüllen, einzusetzen.

Die Verwendung von Holz in ständigem Erdkontakt (GK 4) führt oftmals zu einer länger anhaltenden hohen Holzfeuchte. In Gegenwart von Sauerstoff ergeben sich insbesondere in der Erd-Luft-Zone ideale Wachstumsbedingungen sowohl für Holz besiedelnde als auch zerstörende Organismen. Da sich zudem im Erdreich in der Regel bereits eine Mikroflora etabliert hat, welche organische Materialien jeglichen natürlichen Ursprungs in den Stoffkreislauf zurückführen, ist bei Verwendung unzureichend geschützter oder nicht dauerhafter Hölzer mit einem wesentlich schnelleren Befall durch Holz abbauende Pilze und Bakterien zu rechnen, da die sensible Phase der Sporenkeimung entfällt. Zudem stellt ein durch Pilzbefall geschädigtes Holz einen ausgezeichneten Nährboden für andere erdbewohnende Organsimen – wie z.B. Ameisen – dar, wodurch die Holzzerstörung beschleunigt wird.

Es ist daher selbsterklärend, dass effektive, lang anhaltende Schutzmaßnahmen notwendig sind, um diesen Beanspruchungen und den damit verbundenen Gefährdungen effektiv zu begegnen. Dies verdeutlicht auch die Vorgabe, ausschließlich Holzschutzmittel mit einer Wirkung gegen alle relevanten pflanzlichen und tierischen Schädlinge zu verwenden, wobei Holzschutzmittel nach Biozid-Produkte-Verordnung gegen „Hausbockkäfer, Gewöhnlicher Nagekäfer, Braun- und Weißfäulepilze sowie Moderfäulepilze" oder Holzschutzmittel mit bauaufsichtlichen Verwendbarkeitsnachweis mit den Prüfprädikaten Iv, P, W und E gekennzeichnet sein müssen. Völlig ausreichend ist, wenn dieses äußerst hohe Schutzniveau im extrem gefährdeten Bereich des in die Erde eingegrabenen einschließlich des sich in der Erd-Luft-Zone befindlichen Holzes erreicht wird, wobei sich diese bis etwa 40 cm oberhalb Erdgleiche erstreckt.

Im darüber liegenden Bereich ist das exponierte Holz der GK 3 zuzuordnen, da unter entsprechenden Witterungsbedingungen ein Ab- wenn nicht sogar ein Durchtrocknen des Holzes zu erwarten ist. Daher ist der Besiedelungsdruck durch Schadorganismen geringer; auch wenn durch kapillar aufsteigende Feuchtigkeit günstige Wachstumsbedingungen für Pilze und Bakterien vorliegen können.

Gleiches kann für den Tiefenbereich (50 cm unterhalb Erdgleiche) angenommen werden, da insbesondere bei einem längeren/permanenten Vorkommen von freiem Wasser zunehmend anaerobe Bedingungen vorherrschen. Dies führt im Holz zwangsweise zu Staunässe, welche die Entwicklung holzabbauender Basidiomyceten behindert. Auf einen chemischen Holzschutz kann dennoch nicht verzichtet werden, da dieses Feuchtemilieu die Ansiedlung von Moderfäule im Holz fördert, weshalb hierfür nur Schutzmittel eingesetzt werden können, die mit dem Prüfprädikat E (für Erdkontakt) bzw. nach BPV gegen Moderfäulepilze gekennzeichnet sein müssen.

**8.2.5.2** Anzuwenden sind ausschließlich Druckverfahren. Die Angaben des allgemeinen bauaufsichtlichen Verwendbarkeitsnachweises und des Schutzmittelherstellers sind zu beachten.

**8.2.5.3** Alternativ zur Anwendung von Holzschutzmitteln nach 8.2.5.1 und 8.2.5.2 dürfen vorbeugend geschützte Holzprodukte mit CE-Kennzeichnung eingesetzt werden, für die die Verwendbarkeit in GK 4 nach 5.8.1 nachgewiesen ist.

**8.2.5.4** Bei Holzbauteilen ohne Erdkontakt in GK 3.2, bei denen Ablagerungen von Schmutz, Erde, Laub u. ä. über mehrere Monate auftreten können und die deshalb nach DIN 68800-1 der GK 4 zugeordnet sind, ist eine Schutzmittelbehandlung mit einem für GK 4 geeigneten Holzschutzmittel und den für GK 4 erforderlichen Einbringmengen vorzunehmen. Für die Eindringtiefenanforderungen gelten die Festlegungen der GK 3.2. Gleiches gilt für Bauteile mit besonders hoher Spritzwasserbeanspruchung (z. B. durch Straßenverkehr).

Besondere Aufmerksamkeit ist geboten, wenn tragende Holzelemente, die ursprünglich in Gebrauchsklasse 3.2 verbaut wurden, aufgrund sich ändernder Bedingungen (Ursachen können beispielsweise Schmutzablagerungen, verrottendes Laub oder sehr dicht stehende Bäume sein) nunmehr der GK 4 entsprechen, was bei Tragbalken von Terrassendecks oder im Auflager von Bodenbrettern bei Balkonen auftreten kann.

Daher wird in der Norm aus präventiven Gründen die Verwendung von Holzschutzmitteln mit Zulassung nach Biozid-Produkte-Verordnung oder mit einem bauaufsichtlichen Verwendbarkeitsnachweis für GK 4 einschließlich der entsprechenden Einbringmenge empfohlen, die Eindringtiefenanforderung gemäß GK 3.2 aber beibehalten wird, d. h. NP 3 für schwer und NP 5 für gut tränkbare Holzarten. Hintergrund ist die Möglichkeit des Befalls durch Moderfäulepilze bei vergleichsweise geringer Beanspruchung, die die Eindringtiefenforderung rechtfertigt.

**8.2.5.5** Im Bereich der Erde-(Wasser-)Luft-Zone ist vorzugsweise Rundholz zu verwenden. Die Erde-(Wasser-)Luft-Zone ist anzusetzen von 50 cm unterhalb bis 40 cm oberhalb der Erdgleiche bzw. des Wasserspiegels. In diesem Bereich sollte bei Rundholz gut tränkbarer Holzarten (z. B. Kiefer) eine Splintbreite von 25 mm nicht unterschritten sein.

Bei schwer tränkbaren Hölzern kann eine Perforation (siehe 5.2.3) notwendig sein, um eine Eindringtiefe von 25 mm sicherzustellen.

Zunächst ist noch einmal hervorzuheben, dass unabhängig von der Tränkbarkeit der verwendeten Holzart die geforderte Eindringtiefe prinzipiell nur über Anwendung eines Druckverfahrens möglich ist.

Zu beachten ist, dass in der Norm trotz identischer 25-mm-Angabe für gut und schwer tränkbare Rundhölzer unterschiedliche Eindringtiefeklassen festgelegt werden. So wird für gut tränkbare Rundhölzer, wie z. B. Kiefer, eine **Mindestsplintbreite** von 25 mm gefordert, welche vollständig zu durchtränken (NP 5) ist. Im Gegensatz dazu wird für schwer tränkbare Holzarten direkt eine **Eindringtiefe** von mindestens 25 mm (NP 4) vorgegeben, wobei diese Anforderung in der Regel nur nach mechanischer Vorbehandlung durch Perforation (siehe 5.2.3) erfüllt werden kann.

**8.2.5.6** Schnittholz mit einer Dicke über 30 mm darf im Bereich der Erde-(Wasser-)Luft-Zone nur eingesetzt werden, wenn über NP 6 (siehe Tabelle 2) hinaus eine Mindesteindringtiefe im freiliegenden Kernholz von 10 mm erreicht wird.

### 8.2.6 Anforderungen im Bereich der GK 5

**8.2.6.1** Es dürfen ausschließlich Holzschutzmittel nach Tabelle 1, die die Anforderungen für GK 5 erfüllen, angewendet werden.

**8.2.6.2** Anzuwenden sind ausschließlich Druckverfahren. Die Angaben des allgemeinen bauaufsichtlichen Verwendbarkeitsnachweises und des Schutzmittelherstellers sind zu beachten.

**8.2.6.3** Alternativ zur Anwendung von Holzschutzmitteln nach 8.2.6.1 und 8.2.6.2 dürfen vorbeugend geschützte Holzprodukte mit CE-Kennzeichnung eingesetzt werden, für die die Verwendbarkeit in GK 5 nach 5.8.1 nachgewiesen ist.

**8.2.6.4** Es sind vorzugsweise Rundhölzer mit guter Tränkbarkeit des Splintholzes und einer Splintholzbreite von mindestens 40 mm einzusetzen (z. B. Kiefer). Das Splintholz ist vollständig zu durchtränken.

Die Verwendung von Holz im Meerwasser (GK 5) erfordert spezifische Schutzmaßnahmen, da marine Organismen als hauptsächliche Holzzerstörer auftreten, sofern sich das Holz im permanenten Wasserkontakt (z. B. Buhnen) befindet. Hierbei handelt sich zum einen um die Bohrmuschel (*Teredo navalis*), die sehr schnell das Holz befallen kann. Bei der bis ca. 20 cm langen, wurmförmigen Muschel sind die Schalen zu Bohrwerkzeugen umgebildet, womit sie eine tiefe Wohnröhre ins Holz schneidet und diese anschließend mit einer Kalkschale auskleidet. Für die Entwicklung benötigt die Bohrmuschel Wasser mit einem Salzgehalt von mindestens 0,9 %, weshalb sie in weiten Teilen der Ostsee nicht vorkommt. Jedoch bewirkten günstige Strömungsbedingungen in den vergangenen Jahren, dass verstärkt Salzwasser von der Nordsee in die Ostsee gedrückt wurde, wodurch der Salzgehalt so weit anstieg, dass sich das Vorkommen bis an die Westküste Rügens ausdehnen konnte. Außerdem wurden Vorkommen von *T. navalis* nunmehr auch in Flussabschnitten beobachtet, wo infolge von Flussausbaggerungen das Meerwasser bei Flut und damit auch die Schiffsbohrmuschel weiter stromaufwärts vordringen konnte [14].

Neben der Schiffsbohrmuschel haben sich aber auch kleinere Krebstiere auf den Abbau von Holz spezialisiert. Zu dieser Organismengruppe gehört die Holzbohrassel (*Limnoria lignorum*), die in der Ostsee bisher nicht vorkommt. Sie ernährt sich vorwiegend vom Frühholz und lässt das Spätholz als feine gefächerte Lamellen stehen. Als Folgeschädling kann der Holzflohkrebs (*Chelura terebrans*) auftreten, der in die geschwächten Holzlamellen eindringt und diese weiter zerstört.

Sowohl die Schiffsbohrmuschel als auch Holzbohrasseln können Holzkonstruktionen oder historische Artefakte in relativ kurzer Zeit massiv schädigen.

Die permanente Beanspruchung durch das Meerwasser einschließlich der vorkommenden Organismen bedingen weitergehende Holzschutzmaßnahmen, als dies in GK 4 der Fall ist. Daher wird für Hölzer in GK 5 mit mindestens 40 mm eine nahezu doppelt so starke Splintholzstärke gefordert, die mittels Druckverfahren vollständig (NP 5) zu imprägnieren ist. Daher kommen nur Rundhölzer, deren Splint der Tränkbarkeitsklasse 1 (z. B. Kiefer) entspricht, infrage.

Zwar sind in Tabelle 1 Anforderungen an Holzschutzmittel mit bauaufsichtlichem Verwendbarkeitsnachweis für die GK 5 angeführt, jedoch ist derzeit kein Mittel mit bauaufsichtlichem Verwendbarkeitsnachweis für diese spezifische Anwendung zugelassen.

Holzschutzmittel mit Zulassung nach Biozid-Produkte-Verordnung müssen die Anforderungen der GK 4 erfüllen und zusätzlich gegen Bohrmuscheln und Bohrasseln wirksam sein. Jedoch wird die Verwendung von mit Holzschutzmitteln behandeltem Holz im maritimen Bereich innerhalb Deutschlands äußerst kritisch gesehen. Eine Alternative stellt die Verwendung von Holzarten dar, die nach DIN EN 350 als dauerhaft gegenüber Holzschädlingen im Meerwasser klassifiziert sind. Limitierend hierbei ist, dass es sich hierbei in der Regel um Tropenhölzer handelt, deren Verfügbarkeit begrenzt und dessen Handel diversen Einschränkungen (z. B. CITES [15]) unterworfen ist und deshalb in Deutschland ebenfalls kritisch beurteilt wird.

Allerdings gibt es erste vielsprechende Untersuchungsergebnisse, die belegen, dass auch unter realen Bedingungen mit Geotextilien ummantelte einheimische Nadelhölzer hinreichend gegen den Befall durch die Schiffsbohrmuschel geschützt werden können [16].

## 8.3 Anforderungen für nichttragende Bauteile

Da die Anwendung von Holzschutzmitteln für nicht tragende Holzelemente nicht über das Baurecht geregelt ist, sollten die durchzuführenden Schutzmaßnahmen erst nach erfolgter Abstimmung der am Bau Beteiligten festgelegt werden, sofern es sich um bauliche Anlagen wie Giebelverschalungen, Fenster oder Außentüren handelt.

Bei allen anderen Holzprodukten, wie z. B. Palisaden, Sichtschutzelementen, Zäunen etc., kann die Entscheidung durch eine entsprechende Willensbekundung oder durch den gezielten Einkauf in Eigenregie erfolgen. Jedoch wird empfohlen, dabei auf diese Norm Bezug zu nehmen bzw. ein Produkt einzufordern, welches entsprechend dieser Norm behandelt wurde. Essenziell dabei ist, die Gebrauchsklasse anzugeben und wenn dies nicht möglich ist, die Gebrauchsbedingungen möglichst genau zu beschreiben.

Maßgebliche Faktoren, welche für oder gegen den Einsatz von Holzschutzmitteln sprechen, sind die gewünschte Nutzungsdauer, die Holzart, dessen Wert, die Qualität oder Herstellungsaufwand, sowie die Wirtschaftlichkeit, die sich aus der Häufigkeit und dem technischen Aufwand von Pflege und Nachbehandlungsmaßnahmen ergibt. Sofern die Kosten für den Austausch niedriger sind als die zu erwartenden Aufwendungen für Nachbehandlungsmaßnahmen, sollte der Einsatz von Holzschutzmitteln gründlich überdacht werden, zumal Holzschutzmittelhaltiges Altholz gemäß Altholzverordnung [17] einer gesonderten Beseitigung zuzuführen ist.

Bezüglich der Eindringtiefe in Holz mit nicht tragender Funktion werden für GK 3 und GK 4 teilweise geringere Anforderungen gestellt, als dies für tragende Holzbauteile der Fall ist, weshalb unter Umständen Nichtdruckverfahren in Erwägung gezogen werden können.

Auf den ersten Blick sind unterschiedliche Eindringtiefen zunächst schwer nachvollziehbar, da bei gleicher Beanspruchung und folglich analogem Gefährdungspotenzial ein identischer Schutz erforderlich sein sollte. Hierbei ist allerdings zu berücksichtigen, dass die reduzierten Vorgaben sich u. a. aus Überlegungen zur gewünschten Nutzungsdauer derartiger Bauteile ergeben. Während für tragende Holzbauteile durchaus eine Standzeit von 30 Jahren zu Grunde gelegt und dieser Zeitraum bei Einhalten der geforderten Schutzmaßnahmen auch erreicht werden kann, liegt die Nutzungsdauer für nicht tragende Holzelemente oftmals unter 20 Jahren.

Soll jedoch behandeltes Holz in GK 4 – z. B. Palisaden – verwendet werden, sollte nach Möglichkeit auf bereits imprägnierte Ware zurückgegriffen werden, die nach der in Tabelle 3 angeführten Vorgaben behandelt wurde, oder man lässt das Holz im Rahmen einer Lohnimprägnierung adäquat tränken. Grundsätzlich gilt, dass auch bei der Schutzmittelbehandlung nicht tragender Holzbauteile die für die jeweilige GK vorgeschriebene Auf- bzw. Einbringmenge an Holzschutzmittel erreicht werden muss; unabhängig davon, ob ein Holzschutzmittel mit

Zulassung nach Biozid-Produkte-Verordnung oder bauaufsichtlichem Verwendbarkeitsnachweis eingesetzt wird. Nicht unerwähnt sollte bleiben, dass bei der großtechnischen Imprägnierung auch Holzbauteile mit nicht tragender Funktion mit einem Holzschutzmittel mit bauaufsichtlichem Verwendbarkeitsnachweis behandelt werden.

Demgegenüber werden eine Reihe von Holzschutzmitteln mit Zulassung nach Biozid-Produkte-Verordnung angeboten, die mittels Oberflächenverfahren auf das Holz aufgetragen werden können und in der GK 1 und GK 2 – mit Ausnahmen auch in GK 3 – eingesetzt werden können, wobei einige dieser Mittel auch von „nicht berufsmäßigen Verwendern" („Do-it-yourself-Produkte") angewendet werden dürfen. Insbesondere die „nicht berufsmäßigen Anwender" sollten eindringlich auf die Risiken beim Umgang mit Holzschutzmitteln, die notwendigen Schutzmaßnahmen und Einhaltung der Verarbeitungsrichtlinien insbesondere der Aufbringmenge hingewiesen werden. Während die Einhaltung der Eindringtiefeanforderung (Tabelle 4) irreal erscheint, um die Gebrauchstauglichkeit sicherzustellen.

Alternativ – wenn nicht sogar vorzugsweise – sollte CE-zertifiziertes Bauholz **oder** imprägniertes Holz mit dem RAL-Gütezeichen „Imprägnierte Holzbauelemente" (Bild K.6) verwendet werden, welches dem Einsatzbereich behandelt wurde.

**Bild K.6**: Gütezeichen RAL-GZ 411 der Gütergemeinschaft Imprägnierte Holzbauelemente e. V.

### 8.3.1 Allgemeines

**8.3.1.1** Es gelten grundsätzlich die Anforderungen nach Tabelle 4. Ausnahmen und Besonderheiten in den einzelnen Gebrauchsklassen werden nachfolgend geregelt. Für nachträglich beschichtete Holzprodukte gilt Anhang C.

**Tabelle 4 — Eindringtiefenanforderungen für nichttragende Holzbauteile**

<table>
<tr><th rowspan="3">Gebrauchs-klasse (GK)</th><th colspan="4">Eindringtiefeklasse</th></tr>
<tr><th colspan="2">Schnittholz</th><th colspan="2">Rundholz</th></tr>
<tr><th>schwer tränkbar</th><th>gut tränkbar</th><th>schwer tränkbar</th><th>gut tränkbar</th></tr>
<tr><td>1</td><td colspan="4">NP 1</td></tr>
<tr><td>2</td><td colspan="4">NP 1</td></tr>
<tr><td>3.1</td><td>NP 1</td><td>NP 2</td><td rowspan="2">NP 3</td><td rowspan="2">NP 5</td></tr>
<tr><td>3.2</td><td>NP 2</td><td>NP 5</td></tr>
<tr><td>4</td><td>NP 3</td><td>NP 5</td><td>NP 3</td><td>NP 5</td></tr>
</table>

Auch wenn der informative Anhang C Hinweise zur Anwendung von Holzschutzmitteln speziell für maßhaltige Holzbauteile wie Holzfenster und Außentüren in GK 2 und GK 3.1 gibt, welche mit einer Erst- oder Überholungsbeschichtung versehen werden sollen, können diese Informationen auch auf nicht maßhaltige oder begrenzt maßhaltige Elemente übertragen werden.

Bei der Herstellung von Fenstern und Außentüren aus nicht dauerhaften Holzarten ist es ratsam, vor dem Zusammenfügen der einzelnen Elemente einen Hirnholzschutz mit einem „vorbeugend gegen Insekten“ und „pilzwidrig“ (gegen Weiß- und Braunfäule) wirkenden Holzschutzmittel vorzunehmen, wobei die Eindringtiefeklasse NP 2 erzielt werden sollte. Ob ein Bläueschutz angeraten ist, hängt insbesondere vom Splintholzanteil und der Einbausituation ab.

**8.3.1.2** Die Anforderungen nach Tabelle 4 können durch eine Behandlung mit Holzschutzmitteln nach dieser Norm erfüllt werden oder durch Verwendung von mit Holzschutzmittel behandeltem Holz mit CE-Kennzeichnung.

ANMERKUNG Kriterien für die Anwendung von Holzschutzmitteln sind u. a.:

- Ausmaß der biologischen Gefährdung;
- Wert oder Bedeutung der Holzbauteile und deren Werterhaltung;
- gesundheitliche und umweltbezogene Gesichtspunkte.

Es sind nur Holzschutzmittel anzuwenden oder mit Holzschutzmittel behandelte Holz- und Holzwerkstoffprodukte mit CE-Kennzeichnung zu verwenden, die einer Bewertung nach 5.3.1 unterzogen wurden bzw. den Nachweis nach 5.8.1 erbracht haben.

**8.3.1.3** Für die Auswahl geeigneter vorbeugend geschützter Hölzer in den verschiedenen Gebrauchsklassen gilt 8.1, soweit nicht nachfolgend besondere Regelungen getroffen werden.

### 8.3.2 Anforderungen im Bereich der GK 2

Soll bei Hölzern auch ein Befall durch Holz verfärbende Pilze vermieden werden, ist ein Holzschutzmittel mit zusätzlich nachgewiesener bläuewidriger Wirksamkeit zu verwenden oder vorbeugend geschütztes Holz einzusetzen, für dessen Herstellung ein Holzschutzmittel mit zusätzlich nachgewiesener bläuewidriger Wirksamkeit verwendet wurde.

### 8.3.3 Anforderungen im Bereich der GK 3

**8.3.3.1** Soll bei Hölzern auch ein Befall durch Holz verfärbende Pilze vermieden werden, gilt 8.3.2.

**8.3.3.2** Hölzer im Bereich von GK 3.2 sind im Druckverfahren zu behandeln.

In der Regel gelten bezüglich Holzschutzmittel und Applikationstechnik die gleichen Vorgaben, wie die unter 8.2.4.1 und 8.2.4.2 angeführten.

### 8.3.4 Anforderungen im Bereich der GK 4

In der Gebrauchsklasse 4 sind ausschließlich Druckverfahren anzuwenden.

Als Holzschutzmittel kommen hierfür **aktuell** nur kupferhaltige Formulierungen zur Anwendung, die gegenüber Moderfäule wirksam sind und ausschließlich mittels Druckverfahren in das Holz einzubringen sind.

# Anhang A
# (normativ)
# Anwendung von Holzschutzmitteln bei Holzwerkstoffen

## A.1 Allgemeines

**A.1.1** Dieser Anhang regelt Maßnahmen für die Anwendung von Holzschutzmitteln bei Holzwerkstoffen.

Dieser Anhang regelt auch die Verwendung von vorbeugend geschützten Holzwerkstoffprodukten mit CE-Kennzeichnung. Die Regelungen dieses Anhangs, die die Herstellung des vorbeugenden Schutzes mit Holzschutzmitteln betreffen, brauchen bei der Herstellung von vorbeugend geschützten Holzwerkstoffprodukten nach harmonisierten Normen nicht berücksichtigt zu werden.

Im Bauwesen dürfen Holzwerkstoffe nur mit CE-Kennzeichnung in Verkehr gebracht werden. Grundlage hierfür ist die harmonisierte Produktnorm DIN EN 13986, welche Festlegungen zur Gebrauchstauglichkeit für Sperrholz, Faser-, Massivholz-, OSB- und Spanplatten enthält. Hervorzuheben ist, dass sie **nicht nur** für tragende Holzwerkstoffelemente, **sondern** auch für nicht tragende Bauteile gilt. Durch das CE-Kennzeichen wird der Nachweis erbracht, dass das vorbeugend geschützte Holzwerkstoffprodukt der BPD genügt und im ausgewiesenen Bereich verwendet werden darf.

Ergänzend hierzu werden länderspezifische Anforderungen über nationale Vorschriften geregelt, wobei in Deutschland für Holzwerkstoffe entsprechende Anwendungsnormen, wie beispielsweise DIN 2000-1, zu beachten sind. Gemäß dieser Norm gelten die Forderungen zu den mechanischen Eigenschaften ausschließlich für die Verwendung von Holzwerkstoffen für tragende Zwecke, während alle übrigen Festlegungen sowohl für tragende als auch nicht tragende Anwendungen heranzuziehen sind. Die Einhaltung dieser Vorschriften wird je nach Produktart durch einen allgemeinen bauaufsichtlichen Verwendbarkeitsnachweis oder das Übereinstimmungszeichen (Ü-Zeichen) bestätigt.

Sofern Holzwerkstoffe mit einem Holzschutzmittel behandelt werden soll oder muss, ist DIN 68800-3 zu beachten.

**A.1.2** Holzwerkstoffe dürfen gegen einen Befall durch Holz zerstörende Pilze nur behandelt werden, wenn sie für den Außenbereich nach DIN EN 13986 geeignet sind.

Absatz A.1.2 weist eindeutig darauf hin, dass die Notwendigkeit einer Behandlung gegen Holz zerstörende Pilze mit Holzschutzmitteln **nur dann** besteht, wenn sie nach DIN EN 13986 für den Außenbereich vorgesehen sind, d. h. der Nutzungsklasse 3 (DIN EN 1995-1); entspricht näherungsweise der Gebrauchsklasse 3 (DIN EN 335) (siehe auch DIN 68800-1, Unterabschnitt 3 einschließlich dazugehörigen Kommentar). Andererseits wird hierdurch nicht ausgeschlossen, diese auch im Trocken- und Feuchtebereich bzw. in der GK 1 oder GK 2 zu verwenden. Wenn sichergestellt ist, dass die Verwendung des Holzwerkstoffs ausschließlich in GK 1 erfolgt, ist eine Behandlung mit einem fungizid wirksamen Holzschutzmittel nicht notwendig. Jedoch sollte sichergestellt sein, dass eine Feuchtebelastung definitiv ausgeschlossen ist, da der verwendete Klebstoff unter Umständen nicht feuchtebeständig ist.

**A.1.3** Die Anwendung von Holzschutzmitteln bei Holzwerkstoffen muss im Herstellwerk erfolgen, soweit in A.4.2 nichts anderes bestimmt ist. Auch bei der Anwendung von Holzschutzmitteln müssen die in den zugehörigen Bauproduktnormen festgelegten Produkteigenschaften eingehalten werden.

## A.2 Zuordnung zu Gebrauchsklassen

### A.2.1 Anwendung von Holzschutzmitteln

Für den Einsatz von Holzwerkstoffen in den verschiedenen Gebrauchsklassen nach DIN 68800-1 und die hierfür notwendigen Holzschutzmaßnahmen gilt Tabelle A.1.

Die Tabelle A.1 gibt für die Gebrauchsklassen 1 bis 3 unter Berücksichtigung einer möglichen Gefährdung der Holzwerkstoffe Hinweise zur erforderlichen Holzschutzmittelwirksamkeit.

Bei Verwendung von Sperrholz, Faser-, OSB- und Spanplatten kann aufgrund der relativ geringen Befallswahrscheinlichkeit auf den Einsatz insektizid wirksamer Holzschutzmittel verzichtet werden. Zwar nimmt bei Massivholzplatten die Befallswahrscheinlichkeit durch Holz zerstörende Insekten mit steigender Dicke der einzelnen Brettlagen zu, jedoch besteht keine Notwendigkeit auf einen vorbeugenden Schutz gegenüber Insekten, sofern resistente Holzarten nach DIN EN 350 verwendet wurden. Beständig gegenüber dem Hausbockkäfer (*H. bajulus*) sind beispielsweise alle Kern- und Laubhölzer, jedoch liegen bezüglich eines Befalls durch den gewöhnlichen Nagekäfer (*A. punctatum*) nur wenige Untersuchungsergebnisse vor.

**Tabelle A.1 — Anwendung von Holzschutzmitteln bei Holzwerkstoffen in den Gebrauchsklassen (GK) nach DIN 68800-1**

| GK[a] | Erforderliche Wirksamkeit |
|---|---|
| 1 | Gegen Insekten wirksam, soweit die betreffende Holzart bzw. Holzwerkstoffart durch Insekten gefährdet ist |
| 2 | Gegen Pilze wirksam. Gegen Insekten wirksam, soweit die betreffende Holzart bzw. Holzwerkstoffart durch Insekten gefährdet ist |
| 3[b] | Gegen Pilze wirksam. Gegen Insekten wirksam, soweit die betreffende Holzart bzw. Holzwerkstoffart durch Insekten gefährdet ist |

a Für den möglichen Einsatz der verschiedenen Holzwerkstoffe in den Gebrauchsklassen, siehe DIN 68800-1:2019-06, Anhang C, Tabelle C.1.

b Nur für die in DIN 68800-1:2019-06, Anhang C, Tabelle C.1, genannten Ausnahmen.

### A.2.2 Verwendbarkeit von vorbeugend geschützten Holzwerkstoffen mit CE-Kennzeichnung

Die Verwendbarkeit der vorbeugend geschützten Holzwerkstoffe in den vorgesehenen Gebrauchsklassen nach DIN 68800-1 einschließlich der Erfüllung der Anforderungen aus dem Gesundheitsschutz und dem Umweltschutz ist über eine anerkannte Stelle nachzuweisen. Der Verwendbarkeitsnachweis für die vorbeugend geschützten Holzwerkstoffe erübrigt sich, wenn für die bei deren Herstellung eingesetzten Holzschutzmittel Verwendbarkeitsnachweise vorliegen und die Eignung der Holzwerkstoffe für eine Gebrauchsklasse aus ihrer Kennzeichnung und Dokumentation eindeutig hergeleitet werden kann.

## A.3 Holzschutzmittel

Es dürfen nur Holzschutzmittel nach 5.3 angewendet werden, deren Eignung für den jeweiligen Holzwerkstoff ausgewiesen ist. Alternativ zur Anwendung von Holzschutzmitteln dürfen vorbeugend geschützte Holzwerkstoffe mit CE-Kennzeichnung eingesetzt werden, für die die Verwendbarkeit in der vorgesehenen Gebrauchsklasse nach A.2.2 nachgewiesen ist.

## A.4 Nachträgliche Anwendung von Holzschutzmitteln bei Holzwerkstoffen

**A.4.1** Eine nachträgliche Anwendung von Holzschutzmitteln an Holzwerkstoffen darf nur mit Holzschutzmitteln erfolgen, die ausdrücklich für den betreffenden Holzwerkstoff geeignet sind.

**A.4.2** Eine nachträgliche Anwendung von Holzschutzmitteln an fertigen Holzwerkstoffen darf erst nach der letzten mechanischen Bearbeitung der Platten vorgenommen werden.

# Anhang B
(normativ)
# Werkseigene Produktionskontrolle

Die werkseigene Produktionskontrolle umfasst die Selbstüberwachung der Produktion durch den Hersteller und beruht im Kern auf DIN EN 1090-1. Die Zertifizierung der werkseigenen Produktionskontrolle und eine ständige Überwachung müssen vorhanden sein, damit das der Norm entsprechende CE-Kennzeichen an den zu vermarktenden Produkten angebracht werden darf.[6]

Sie wird bei CE-zertifizierten Holzbauteilen oder -werkstoffen gemäß der relevanten harmonisierten Produktnorm durchgeführt; wie z. B. für Brettschichtholz (BSH) gemäß DIN EN 14080, für vorgefertigte tragende Bauteile mit Nagelbinderplatten gemäß DIN EN 14250 oder schutzmittelbehandeltes Bauholz gemäß DIN EN 15228.

Für Holzbauteile ohne CE-Zertifizierung könnte die Eigenüberwachung in Anlehnung nach der unter 5.2 bis 5.71 beschriebenen Vorgehensweise erfolgen, sofern keine entsprechende Norm existiert.

## B.1 Allgemeines

**B.1.1** Dieser Anhang braucht bei der Herstellung von vorbeugend geschützten Holz- und Holzwerkstoffprodukten mit CE-Kennzeichnung nicht berücksichtigt zu werden.

**B.1.2** Hersteller von imprägnierten Hölzern und Holzbauteilen sowie von geschützten Holzwerkstoffen müssen ein System der werkseigenen Produktionskontrolle festlegen, dokumentieren und aufrechterhalten, um sicherzustellen, dass die auf den Markt gebrachten Produkte die Anforderungen in 5.2 bis 5.7.1 erfüllen.

**B.1.3** Systeme der werkseigenen Produktionskontrolle werden in den relevanten Produktnormen festgelegt und schließen die Prüfung der Ausgangsmaterialien und des mit Holzschutzmitteln behandelten Holzes ein.

ANMERKUNG Zu den Ausgangsmaterialien zählen u. a. Holz und Holzwerkstoffe nach den jeweiligen Produktnormen, Holzschutzmittel und Hilfsstoffe.

6 https://de.wikipedia.org/wiki/Produktionskontrolle

**B.1.4** Die Ergebnisse von Überprüfungen, Prüfungen oder Beurteilungen, die ein Eingreifen erfordern, ebenso wie die erfolgten Maßnahmen sind aufzuzeichnen.

Der Imprägnierbetrieb muss innerhalb der Eigenüberwachung regelmäßig die Verfahrensparameter sowie die erzielte Einbringmenge erfassen. Gegebenenfalls ist auch die Zusammensetzung der eingesetzten Tränklösung zu überprüfen, da sich – insbesondere in Tauchbecken – sowohl die Tränklösungskonzentration als auch das Verhältnis der Holzschutzmittelkomponenten untereinander ändern kann. Sofern entsprechende Korrekturen vorgenommen werden müssen – z. B. durch Aufkonzentrieren einer einzelnen Komponente –, sollte auf jeden Fall der Hersteller kontaktiert werden, damit die wesentlichen Eigenschaften des Holzschutzmittels wie Fixierung und Wirksamkeit oder Stabilität der Lösung nach der Anpassung beibehalten werden. Wenn nicht anders festgelegt, sollten die Kontrollen einmal wöchentlich durchgeführt werden.

Bei Druckverfahren werden bei jedem Tränkvorgang die Tränkparameter registriert und nach Möglichkeit gemäß DIN 18200 in Tabellenform protokolliert, sodass auch zu einem späteren Zeitpunkt die ordnungsgemäße Imprägnierung belegt werden kann.

Die Tabellen K.11 bis K.14 zeigen mögliche Behandlungsprotokolle für Nichtdruck- und Druckverfahren, die zur Ermittlung der tatsächlich eingebrachten Holzschutzmittelmenge erforderlich sind. Zu beachten ist, dass die Vorgaben bei der Probenahme (5.6.3) eingehalten werden, sodass die aus der Analytik abgeleiteten Aussagen bezüglich der erzielten Tränkqualität repräsentativ sind.

**Tabelle K.11:** Musterprotokoll zur Ermittlung der Aufbringmenge (Einzelwägung) eines lösemittelhaltigen Holzschutzmittels (HSM) – Nichtdruckverfahren

| Firma, Anschrift | | | Holzfeuchte (%) | Aufbringmenge an lösemittelhaltigem Holzschutzmittel Nichtdruckverfahren | | | | | |
|---|---|---|---|---|---|---|---|---|---|
| Probe Nr. | Abmessung (m) | Oberfläche ($m^2$) | | Gewicht (kg) | | | Dichte des HSM ($g/cm^3$) | Aufbringmenge | |
| | | | | vor Tränkung | nach Tränkung | Aufnahme | | $g/m^2$ | $ml/m^2$ |
| *Beispiel* | *1,95/0,15/0,1* | *1,005* | *18* | *16,09* | *16,30* | *0,21* | *0,85* | *209* | *246* |
| 1 | | | | | | | | | |
| 2 | | | | | | | | | |
| 3 | | | | | | | | | |
| 4 | | | | | | | | | |
| 5 | | | | | | | | | |
| 6 | | | | | | | | | |
| 7 | | | | | | | | | |
| 8 | | | | | | | | | |
| 9 | | | | | | | | | |
| 10 | | | | | | | | | |

Datum: ...................................

Behandlungsart: Tauchen

Behandlungs-Nummer: ................

Verwendetes Mittel: ....................

Behandlungsdauer: 4 h

Eindringtiefenklasse: NP 1

BAuA-Nr. DE-yyy-MA-08-xxx

BAuA-Nr. DE-0001xxx

DIBt-Nr. Z-58.1-xxx

Holzart: Fichte, gehobelt

Unterschrift ........................................................

**Tabelle K.12:** Musterprotokoll zur Ermittlung der Aufbringmenge (Einzelwägung) eines wasserbasierten Holzschutzmittels – Nichtdruckverfahren

| Firma, Anschrift | | | | Aufbringmenge an wasserbasiertem Holzschutzmittel Nichtdruckverfahren | | | | |
|---|---|---|---|---|---|---|---|---|
| Probe Nr. | Abmessung (m) | Oberfläche (m²) | Holzfeuchte (%) | Gewicht (kg) | | | Aufbringmenge | |
| | | | | vor Tränkung | nach Tränkung | Lösungsaufnahme | (g) | g/m² |
| *Beispiel* | *2,5/0,25/0,2* | *2,35* | *23* | *22,3* | *23,67* | *1,37* | *137* | *58* |
| 1 | | | | | | | | |
| 2 | | | | | | | | |
| 3 | | | | | | | | |
| 4 | | | | | | | | |
| 5 | | | | | | | | |
| 6 | | | | | | | | |
| / | | | | | | | | |
| 8 | | | | | | | | |
| 9 | | | | | | | | |
| 10 | | | | | | | | |

Verwendetes Mittel: ............................................... BAuA-Nr. DE-yyy-MA-08-xxx

BAuA-Nr. DE-000xxx

DIBt-Nr. Z-58.1-xxx

Behandlungsart: Trogtränkung  Behandlungsdauer: 26 h  Holzart: Kiefer, sägerau  Eindringtiefenklasse: NP 1 (GK2)

Anwendungskonzentration: 10 %  Brechungsindex $n_d^{20}$: 1,335  Temperatur: 18 °C  Behandlungs-Nummer:....................

Datum: .......................................  Unterschrift: .....................................

**Tabelle K.13:** Vakuum-Druck-Imprägnierung – Musterprotokoll zur Bestimmung der Schutzmittelaufnahme über Flüssigkeitsmessung

| **Tränkwerk** | | | | |
|---|---|---|---|---|
| **Holzart** | | **Sortiment** | | **Holzfeuchte** |
| Pos. | Querschnitt | Länge | Stück | Volumen |
| | | | | |
| | | | | |
| | | | | |
| | | | | |
| | | | | |
| | | | | |
| | | | | |

| **Tränkprotokollnummer:** | | | |
|---|---|---|---|
| Datum: | | | |
| Holzschutzmittel: | | | |
| **Prozessdaten** | | | |
| Vorgang | | | T (°C) |
| Vorvakuum | bar (kPa) | | |
| | Dauer (h) | | |
| Druck | bar (kPa) | | |
| | Dauer (h) | | |
| Nach-vakuum | bar (kPa) | | |
| | Dauer (h) | | |
| **Einbringmenge (kg/m³)** | | ***9,3*** | |

| **Ermittlung der Schutzmittelaufnahme** – Beispiel | | |
|---|---|---|
| Füllstand (Höhe) vor dem Tränken | cm | *130* |
| Füllstand (Höhe) nach dem Tränken | cm | *87* |
| Füllstanddifferenz | cm | *43* |
| Tränkmittelaufnahme pro cm | l/cm | *90* |
| Tränkmittelaufnahme (gesamt) | l | *3.870* |
| Holzvolumen | m³ | *14,5* |
| Tränkmittelaufnahme | l/m³ | *267* |
| Tränkmittelkonzentration | % | *3,5* |
| Holzschutzmitteleinbringmenge | kg/m³ | *9,3* |
| Fixierzeit (d): *8 (unter Dach)* | | |
| Unterschrift: | | |

| **Ergebniskontrolle** | |
|---|---|
| Bohrkernprobe 1 | |
| Bohrkernprobe 2 | |
| Bohrkernprobe 3 | |
| Bohrkernprobe 4 | |
| Bohrkernprobe 5 | |
| Bohrkernprobe 6 | |
| Bohrkernprobe 7 | |
| Bohrkernprobe 8 | |
| Bohrkernprobe 9 | |
| Bemerkungen: | |

**Tabelle K.14:** Vakuum-Druck-Imprägnierung – Musterprotokoll für Schutzmittelkonzentrate zur Bestimmung der Schutzmittelaufnahme durch Wägung

| **Tränkwerk** | | | | | **Tränkprotokoll** | | |
|---|---|---|---|---|---|---|---|
| | | | | | Nummer | | Datum |
| **Holzart** | | **Sortiment** | | **Holzfeuchte** | Holzschutzmittel | z. B. Dichte | T (°C) |
| | | | | | **Prozessdaten** | | |
| Pos. | Querschnitt | Länge | Stück | Volumen | Vorgang | | |
| | | | | | Vorvakuum | bar (kPa) | |
| | | | | | | Dauer (h) | |
| | | | | | Druck | bar (kPa) | |
| | | | | | | Dauer (h) | |
| | | | | | Nach-vakuum | bar (kPa) | |
| | | | | | | Dauer (h) | |
| | | | | | **Einbringmenge (kg/m³)** | | *7,5* |

| **Ermittlung der Schutzmittelaufnahme** – Beispiel | | | **Ergebniskontrolle** (Eindringtiefe in mm) | |
|---|---|---|---|---|
| Holzvolumen | m³ | *15,4* | Bohrkernprobe 1 | |
| Gewicht des Holzes vor dem Tränken | kg | *8.900* | Bohrkernprobe 2 | |
| Rohgewicht | kg/m³ | *578* | Bohrkernprobe 3 | |
| Gewicht des Holzes nach dem Tränken | kg | *11.575* | Bohrkernprobe 4 | |
| Flüssigkeitsaufnahme | kg | *2.675* | Bohrkernprobe 5 | |
| Flüssigkeitsaufnahme pro m³ | kg/m³ | *174* | Bohrkernprobe 6 | |
| Schutzmittelkonzentration | % | *4,3* | Bohrkernprobe 7 | |
| Holzschutzmitteleinbringmenge | kg/m³ | *7,5* | Bohrkernprobe 8 | |
| Fixierzeit (d): *6 Werktage unter Dach* | | | Bemerkungen: | |
| Unterschrift: | | | | |

## B.2 Anforderungen an die werkseigene Produktionskontrolle

### B.2.1 Bedingungen vor der Schutzbehandlung

**B.2.1.1** Feststellen der Holzart und der zu Beginn der Schutzbehandlung gegebenen Holzfeuchte sowie – soweit relevant – der Oberflächenbeschaffenheit. Ermitteln der zu behandelnden Oberfläche ($m^2$) bzw. des Holzvolumens ($m^3$).

**B.2.1.2** Feststellen der Gebrauchsklasse, des zu verwendenden Holzschutzmittels, der vorgegebenen Einbringmenge, des Anwendungsverfahrens sowie gegebenenfalls der erforderlichen und tatsächlichen Konzentration der verwendeten Tränklösung.

**B.2.1.3** Wässrige Schutzmittellösungen von Tauch-, Trog-, Vakuum-, Kesseldruck- und Wechseldruckanlagen sind hinsichtlich ihres Gehaltes an Wirkstoffen stichprobenweise durch analytische Untersuchungen zu prüfen. Gegebenenfalls ist die Zusammensetzung entsprechend der Schutzmittelrezeptur zu korrigieren.

In Abhängigkeit von der Nutzungsintensität wird von der Deutschen Bauchemie e. V. empfohlen, die Konzentration der Tränklösung mindestens einmal pro Woche, spätestens jedoch nach 20 Tränkchargen zu überprüfen [2]. Das Kontrollintervall kann auf zwei Wochen verlängert werden, wenn durch Untersuchungen nachgewiesen wurde, dass die Konzentration bei normalem Betriebsablauf auch bei längeren Betriebszeiten höchstens 10 % vom Sollwert abweicht.

### B.2.2 Bestimmung von Eindringtiefe und Einbringmengen

#### B.2.2.1 Allgemeines

**B.2.2.1.1** Die Kontrolle der Eindringtiefe erfolgt in der Regel durch direkte Prüfung (siehe B.2.2.3), die der Einbringmenge durch indirekte Prüfung (siehe B.2.2.2).

Werden eine Charge oder ein Los des mit Holzschutzmitteln behandelten Holzes nach einer werkseigenen Produktionskontrolle zurückgewiesen, dürfen die Charge oder das Los nachbehandelt und erneut geprüft werden. Alternativ dürfen alle Einzelstücke, die für ordnungsgemäß befunden wurden, abgenommen werden.

Wenn die Voraussetzungen nach 5.5.2.2 erfüllt sind, kann die Eindringtiefe des Holzschutzmittels auch indirekt bestimmt werden. Eine Übersicht hierzu gibt Tabelle K.15.

**B.2.2.1.2** Vom Holzschutzmittelhersteller muss, falls erforderlich, Folgendes bereitgestellt werden:

a) Verfahren zur Bestimmung der Eindringtiefe;

b) Verfahren, welche die Analysenproben in eine geeignete homogene Form für die Analyse überführen;

c) Analysenverfahren zur Bestimmung der Auf- bzw. der Einbringmenge.

Grundsätzlich besteht die Forderung, dass der Hersteller des Holzschutzmittels ein Analyseverfahren zur Bestimmung von Eindringtiefe und Aufnahme bereitzustellen hat. Allerdings bedeutet dies nicht, dass es sich hierbei um „einfache“ analytische Methoden handeln oder diese vor Ort durchführbar sein müssen.

Infolge der oftmals geringen organischen Biozid-Konzentration im Holzschutzmittel, aber auch im behandelten Holz sind neben einer instrumentellen Laborausstattung insbesondere grundlegende Kenntnisse in der chemischen Analytik notwendig, weshalb die Hersteller oftmals die

Analytik als Service anbieten. Sofern das Holzschutzmittel mehr als ein Biozid enthält, ist die Eindringtiefe für jedes Biozid oder für das Biozid mit dem geringsten Penetrationsverhalten durchzuführen, sofern nicht nachgewiesen wurde, dass die Biozide unter den gegebenen Bedingungen (Holzart, Tränkdauer etc.) identische Eindringtiefen erreichen.

#### B.2.2.2 Indirekte Prüfung

Eine indirekte Prüfung ist zulässig, wenn die Bedingungen unter 5.5.2.2 bzw. 5.6.2.1 eingehalten werden.

Der Anwender der Holzschutzmittel muss mindestens einmal jährlich dokumentieren, dass die in 5.5.2.2 bzw. 5.6.2.1 geforderte enge Übereinstimmung zwischen Aufnahmemenge und Eindringtiefe besteht.

#### B.2.2.3 Direkte Prüfung

Eine direkte Prüfung durch Feststellen der Eindringtiefe und der Einbringmenge muss umgehend nach Entnahme der Probe aus dem Prüfling vorgenommen werden (siehe DIN EN 351-2). Soweit nichts anderes zwischen Käufer des behandelten Holzes und Anwender der Holzschutzmittel vereinbart ist, muss die Anzahl der aus einem Los zu entnehmenden Prüflinge unter Bezugnahme auf DIN EN 351-2 festgelegt werden.

Die Bedingungen aus 5.5.3 und 5.6.3 sind einzuhalten.

Die Forderung nach einer „umgehenden“ Bestimmung der Eindringtiefe nach der Schutzmittelbehandlung ist nur scheinbar keine Fristsetzung, da es hierfür der Festschreibung eines konkreten Zeitraums bedarf. Dem widerspricht der BGH dahingehend [18], dass eine zeitliche Grenze gesetzt wird, die aufgrund der jeweiligen Umstände des Einzelfalls bestimmbar ist.

Produkte für den Einsatz in den Gebrauchsklassen 3 und 4 mit dem Gütezeichen RAL-GZ 411 (siehe 8.3, Bild K.6 der Gütegemeinschaft Imprägnierte Holzbauelemente e. V.)[7] unterliegen einer kontinuierlichen Eigenüberwachung (Werkseigene Produktionskontrolle, WPK) aller relevanten Parameter, wobei eine zehnjährige Herstellergewährleistung auf die behandelten Hölzer gegeben wird. Die Aufzeichnungen der WPK sind u. a. Gegenstand der mindestens zwei Mal pro Jahr stattfindenden Fremdüberwachung durch neutrale Prüfbeauftragte.

**Tabelle K.15:** Überprüfung des Tränkerfolges

| **Eindringtiefe** (siehe Abschnitt 5.5) | Anforderungen in der Norm festgelegt (NP-Klassen – getrennt für tragende und nicht tragende Holzbauteile [HBT]) |
|---|---|
| Nachweisführung | gemäß Anhang B der Norm (Werkseigene Produktionskontrolle – WPK) |
| Indirekter Nachweis | Sicherstellung durch Beibehaltung der jeweiligen Tränkbedingungen (u. a. Tränkparameter, Holzfeuchte, Holzschutzmittel und -konzentration) |
| Direkter Nachweis | Bohrkerne, Querschnitte (Analyseverfahren sind vom HSM-Hersteller bereitzustellen)<br>*Anmerkung zum direkten Nachweis: Toleranzen für Lose beachten!* |

7 https://www.mit-sicherheit-haltbar.de/de/

| **Ein- bzw. Aufbringmenge** (siehe Abschnitt 5.6) | Vorgaben gemäß der jeweiligen Zulassung (nach Biozidprodukteverordnung oder bauaufsichtlichem Verwendbarkeitsnachweis) |
|---|---|
| Indirekter Nachweis (an Chargen) | **Mittlere Einbringmenge muss** in der geforderten Eindringtiefe bzw. der Analysenzone vorhanden sein<br>a) KVD und Vakuumtränkung: vor und nach einer Tränkung jede Charge wiegen oder über eine Messeinrichtung (Flüssigkeitsmessung)<br>b) WD-Tränkung: Ableitung aus der Konzentrationsabnahme infolge des Tränkprozesses zzgl. des festgestellten Lösungsverbrauchs |
| | **Aufbringmenge muss im Mittel** in mehreren Proben von 3 mm Dicke (Analysenzone) vorliegen<br>Nichtdruckverfahren: Wiegen des Holzes oder Ableitung des Flüssigkeitsstandes vor und nach der Schutzbehandlung |
| Direkter Nachweis (quantitative Analyse) | Mengen müssen mittels chemischer Analyse durch sachkundige Prüfstelle in der Analysenzone nachgewiesen werden.<br>*Anmerkung zum direkten Nachweis: Prüfniveau gemäß DIN 351-2*<br>a) KVD und Vakuumtränkung: Prüfniveau II<br>b) Für verbaute Hölzer in GK 4 im Bereich von 40 cm unterhalb bis 50 cm oberhalb der Erdgleiche: Sonderniveau S-3<br>c) Bei Nichtdruckverfahren gilt für GK 1 und GK 2 sowie bei nicht tragenden HBT in GK 3: Sonderniveau S-3 |
| Voraussetzungen für die Zulässigkeit einer indirekten Nachweisführung zur Ableitung der Eindringtiefe und Aufbringmenge sind gegeben, wenn<br>1. im Rahmen einer WPK festgestellt wurde, dass bei Einhaltung der Tränkbedingungen die geforderte Eindringtiefe erreicht wird (siehe 5.5.2.2),<br>2. eine gesicherte Beziehung zwischen den Anforderungen an Eindringtiefe und Aufnahme und den Messtechniken des Behandlungsverfahrens vom Verarbeiter nachgewiesen ist (siehe 5.6.2.1),<br>3. mindestens einmal pro Jahr vom Anwender dokumentiert wird, dass die unter 1. und 2. geforderte enge Übereinstimmung zwischen Aufnahmemenge und Eindringtiefe besteht (siehe B.2.2.2). | |

# Anhang C
## (informativ)
## Hinweise zur Anwendung von Holzschutzmitteln bei nichttragenden Holzbauteilen, welche anschließend beschichtet werden sollen

In diesem Anhang werden zusätzliche Hinweise gegeben, die aufgrund ihres informativen Charakters aber nicht bindend sind.

Eine intakte Holzbeschichtung stellt eine physikalische Barriere dar, die die Besiedelung durch Holz abbauende Organismen einschränken oder sogar verhindern kann. Bei entsprechender Schichtdicke und einwandfreier Ausführung könnten demzufolge auch Holzarten mit unzureichender natürlicher Dauerhaftigkeit ohne zusätzliche Holzschutzmittelbehandlung eingesetzt werden. In skandinavischen Ländern, in denen die regelmäßige Pflege von Holzbauten eine lange Tradition besitzt, wird tatsächlich auf eine vorbeugende chemische Behandlung des beschichteten Holzes verzichtet. Hierzulande ist diese routinemäßige Pflege der Beschichtung bei Weitem nicht so stark ausgeprägt, sodass ein Versagen der Deckschicht durch Rissbildung im Laufe der Zeit nicht ausgeschlossen werden kann, weshalb eindringendes Wasser sich kapillar unter der Deckschicht im Holz ausbreiten kann. Diese Feuchteanreicherung lässt das Holz aufquellen und die Deckschicht weiter reißen, wodurch verstärkt Wasser in das Holz gelangen kann und dadurch ideale Bedingungen für einen Pilzbefall vorliegen können. Um dies zu vermeiden, ist eine regelmäßige Pflege, eventuell sogar eine vollständige Aufarbeitung der Beschichtung inklusive eines vorbeugenden chemischen Holzschutzes (siehe Tabelle C.1) notwendig. Hinweise zu Instandhaltungsintervallen in Abhängigkeit von Beanspruchung und Konstruktion sind in Tabelle C.2 aufgeführt.

## C.1 Allgemeines

Dieser Anhang umfasst Maßnahmen für die Anwendung von Holzschutzmitteln mit vorbeugender Wirksamkeit bei nichttragenden, trockenen[1] Holzbauteilen in GK 2 und GK 3.1, welche bestimmungsgemäß mit einer Erst-, Überholungs- oder Erneuerungsbeschichtung (Anstriche/Lackierungen/Oberflächenbehandlung) versehen werden sollen.

Dieser Anhang gilt nicht für die Anwendung in Räumen mit üblichem Wohnklima bzw. in Räumen, die zum bestimmungsgemäßen Aufenthalt von Tieren und zur Lagerung von Futter- und Lebensmitteln bestimmt sind.

## C.2 Vorbeugende Holzschutzmaßnahmen mit Holzschutzmitteln

### C.2.1 Allgemeines

Nachfolgende Informationen beziehen sich auf beschichtete maßhaltige, nicht maßhaltige und begrenzt maßhaltige Holzbauteile.

1 Maximale Holzfeuchte zum Zeitpunkt der Beschichtung: (13 ± 2) % bei maßhaltigen Holzbauteilen bzw. max. 18 % bei begrenzt und nicht maßhaltigen Holzbauteilen.

Prinzipiell gelten für nachträglich beschichtete Bauteile die gleichen Anforderungen an einen vorbeugenden chemischen Holzschutz wie für nicht beschichtete Bauteile, wobei für Holzelemente mit dekorativem Charakter ein zusätzlicher Bläueschutz in Erwägung gezogen werden sollte.

### C.2.2 Vorbeugende Maßnahmen gegen Holz zerstörende Pilze

Maßnahmen in den Gebrauchsklassen GK 2 und GK 3.1 sind in Tabelle C.1 aufgeführt.

### C.2.3 Vorbeugende Maßnahmen gegen Holz verfärbende Pilze (Bläue)

Vor Ausführung eines Beschichtungssystems nach DIN EN 927-1 kann auf rohen, bläuegefährdeten Holzbauteilen (in der Regel bei allen Splinthölzern sowie generell bei Hemlock, Fichte und Tanne) im Bereich der Gebrauchsklassen GK 2 und GK 3.1 eine Behandlung mit bläuewidrigen Holzschutzmitteln erforderlich sein.

**Tabelle C.1 — Vorbeugende chemische Holzschutzmaßnahmen bei Bauteilen, die beschichtet werden sollen**

| Dauerhaftigkeitsklasse nach DIN EN 350[a] | Gebrauchsklasse (GK) | | | |
|---|---|---|---|---|
| | GK 2 | | GK 3.1 | |
| | Schutz des Holzes vor | | | |
| | zerstörenden Pilzen | verfärbenden Pilzen | zerstörenden Pilzen | verfärbenden Pilzen |
| a) Kernholz | | | | |
| 1-3 (sehr bis mäßig dauerhaft) | 0 | 0 | 0 | 0 |
| 4 (wenig dauerhaft) | (x)[b] | (x) | X[b] | (x) |
| 5 (nicht dauerhaft) | (x)[b] | (x) | x[b] | (x) |
| b) Splintholz-Anteil > 5 % | (x)[b] | (x) | x[b] | X |

0 = Natürliche Dauerhaftigkeit ausreichend, keine Schutzbehandlung notwendig.

(x) = Schutzbehandlung kann durchgeführt werden. Eine Gefährdung kann allgemein nicht mit ausreichender Sicherheit bestimmt oder ausgeschlossen werden.

X = Schutzbehandlung empfohlen.

a Einschließlich der Festlegungen zur Verwendung in DIN 68800-1:2019-06, 6.8.

b Unter der Voraussetzung einer einwandfreien Konstruktion und Holzqualität ist ein vorbeugender Schutz gegen Holz zerstörende Pilze nicht erforderlich. Im Zweifelsfall sollte eine Schutzbehandlung erfolgen.

Ist die Holzart und Qualität (z. B. Splintholzanteil) nicht angegeben oder nicht erkennbar, so sollte so verfahren werden, als ob der Splintholzanteil > 5 % beträgt.

In Tabelle C.1 werden Empfehlungen zum vorbeugenden chemischen Holzschutz in Abhängigkeit von der natürlichen Dauerhaftigkeit des verwendeten Holzes und der Gebrauchsklasse unter Berücksichtigung einer nachträglichen Beschichtung gegeben, die sich weitestgehend an DIN EN 460 orientieren. Gemäß Tabelle C.1 kann sowohl in der GK 2 als auch der GK 3.1 auf den Einsatz von Holzschutzmitteln verzichtet werden, sofern Kernholz mindestens der Dauerhaftigkeitsklasse 3 (DHK 3) mit einem Splintholzanteil < 5 % verwendet wird. Sofern zu beschichtendes Holz der DHK 4 oder 5 in der GK 3.1 verwendet werden soll, wird zunächst eine Schutzbehandlung empfohlen; jedoch kann gemäß Fußnote [b] auf eine Schutzmittelbehandlung gegen Holz zerstörende Pilze verzichtet werden, **sofern** Konstruktion und Holzqualität einwandfrei sind.

## C.2.4 Vorbeugende Maßnahmen gegen Holz zerstörende Insekten

Eine Gefahr von Schäden durch Insekten ist im Allgemeinen bei zu beschichtenden nichttragenden Bauteilen aus Holz und Holzwerkstoffen nicht gegeben. Gibt es jedoch aufgrund lokaler oder regionaler Besonderheiten Hinweise auf ein Befallsrisiko durch Holz zerstörende Insekten, sollte vorzugsweise Kernholz einer entsprechend widerstandsfähigen Holzart gewählt werden oder nach einer Beauftragung durch den Auftraggeber eine Schutzbehandlung durchgeführt werden.

Sollen im Einzelfall vorbeugende Schutzmaßnahmen gegen Insekten vorgenommen werden, so sollte dies durch den Auftraggeber ausdrücklich beauftragt werden. Eine allgemeine Verweisung (z. B. in Leistungsbeschreibungen) auf DIN 68800-3 ist hierfür nicht ausreichend.

Unter einer Beschichtung wird eine Maßnahme entsprechend DIN EN 927-1 verstanden. Sie bewirkt u. a., dass die Freisetzung charakteristischer Duftstoffe verringert und somit die Attraktivität des beschichteten Holzes für ein Schadinsekt minimiert wird. Zudem bietet eine intakte Beschichtung dem Käferweibchen keinen idealen Eiablageplatz, weshalb das Risiko eines Insektenbefalls und folglich ein durch diesen Organismus verursachter Schaden unwahrscheinlicher wird.

Im Unterschied zu den Anforderungen zur Eindringtiefe des Schutzmittels bei nicht tragendem unbeschichtetem Bauholz (vgl. Tab. 4 dieses Normenteils) wird für gut tränkbares Schnittholz in GK 3.1 die Klasse NP 1 als ausreichend angesehen. Dies ist gerechtfertigt, da eine lang anhaltende Feuchtigkeitsbelastung in dieser GK selten ist und der chemische Holzschutz eine prophylaktische Maßnahme für den Fall darstellt, dass ein defekter Deckanstrich nicht unmittelbar ausgebessert wird.

### C.2.5 Eindringtiefe und Aufbringmenge

Im Zusammenhang mit einem Beschichtungssystem nach DIN EN 927-1 gilt für die Schutzbehandlung die Eindringtiefeklasse NP 1 mit der geforderten Aufbringmenge.

## C.3 Holzschutzmittel

Siehe 5.3.1. Die Leistungsanforderungen nach den Festlegungen in DIN EN 599-1 in den zur Anwendung vorgesehenen Gebrauchsklassen, einschließlich der dort genannten Wirksamkeitsnachweise gegen Bläuepilze sollten erfüllt sein.

Neben den zugelassenen Holzschutzmitteln gemäß Biozid-Produkte-Verordnung sind zum Zeitpunkt der Drucklegung auch noch einige Produkte mit bauaufsichtlichem Verwendbarkeitsnachweis zum vorbeugenden Schutz tragender Holzbauteile zugelassen, welche aber auch zur Behandlung von Holzelementen mit „nicht tragender“ Funktion eingesetzt werden.

Bläueschutzmittel sind beim Verband der deutschen Lackindustrie e. V. gemäß VdL-RL 05 registriert.

## C.4 Beschichtungsstoffe und Beschichtungssysteme

Beschichtungsstoffe und Beschichtungssysteme für die Erstbeschichtung von Hölzern wie z. B. Kiefer und Fichte im Außenbereich werden nach DIN EN 927-1 nach den folgenden „Anwendungsstufen“ eingeteilt, die sich auf die Maßhaltigkeit des Untergrundes beziehen:

- nicht maßhaltige Außenbauteile;
- begrenzt maßhaltige Außenbauteile;
- maßhaltige Außenbauteile.

Beschichtungsstoffe und Beschichtungssysteme für Holz im Außenbereich sollten entsprechend der/den vorgesehenen „Anwendungsstufe(r)“ die Anforderungen nach DIN EN 927-2 erfüllen.

ANMERKUNG 1 Für Hölzer mit geringerer Wasseraufnahme wie z. B. Eiche und Mahagoni kann eine andere Zuordnung der Beschichtungsstoffe und -systeme gelten.

ANMERKUNG 2 Die Anwendungsstufen sind für die Auswahl und Zuordnung der Beschichtungsstoffe und -systeme fließend und für Überholungs- oder Erneuerungsbeschichtungen nicht immer zutreffend.

ANMERKUNG 3 Die Auswahl der Beschichtungsstoffe und -systeme ist vom tatsächlichen Zustand der zu bearbeitenden Holzbauteile abhängig.

## C.5 Hinweise zur Durchführung vorbeugender Holzschutzmaßnahmen mit Holzschutzmitteln bei nichttragenden Holzbauteilen im Außenbereich

### C.5.1 Hinweise für maßhaltige Holzbauteile

Falls eine Schutzbehandlung mit vorbeugend wirksamen Holzschutzmitteln erfolgt, werden in der Regel in Außenwänden zu verbauende, maßhaltige Holzbauteile (Fenster und Außentüren) allseitig behandelt. Die Holzbauteile werden nach einer allseitigen Schutzbehandlung mit einem Beschichtungssystem, welches die Anforderungen nach DIN EN 927-2 erfüllt, beschichtet. Vor Einbau und Verglasung sollte jedoch zusätzlich zur gegebenenfalls erforderlichen Schutzbehandlung mit Holzschutzmitteln mindestens eine Grundbeschichtung und eine Zwischenbeschichtung erfolgen.

ANMERKUNG 1 Bei Anwendung entsprechender Holzschutzmittel können gegebenenfalls Holzschutzbehandlung und Grundbeschichtung in einem Arbeitsgang erfolgen.

Um bei der Anwendung vorbeugend wirksamer Holzschutzmittel im Nichtdruckverfahren (z. B. Streichen, kurzzeitiges Tauchverfahren) einen wirksamen Schutz gegen Holz zerstörende Pilze im Bereich von Eckverbindungen zu erreichen, sollten die Bauteile vor dem Zusammenfügen einzeln imprägniert werden, ohne dass dadurch die geforderte Qualität der Verklebung (siehe DIN EN 204 bzw. DIN EN 12765) beeinträchtigt wird.

ANMERKUNG 2 Informationen bezüglich der für den Fensterbau geeigneten Holzarten sind z. B. enthalten in der VFF-Merkblattreihe HO.06 „Holzarten für den Fensterbau“ [2].

Die allseitige Behandlung maßhaltiger Außenbauteile ist dann geboten, sofern durch eine außenseitige Behandlung im Streichverfahren kein ausreichender Holzschutz gegeben ist.

Allerdings geht aus Ergebnissen des AiF Forschungsprojekts Nr. 14722 [19] hervor, dass bei Fenstern mit den gängigen Verfahren in der Regel nur ein unzureichender Holzschutz erzielt wird, da insbesondere die geforderten Aufbringmengen nicht immer erreicht wurden. Darüber hinaus wird die Schutzmittelbehandlung häufig am verklebten Rahmen vorgenommen, sodass das Hirnholz der Eckverbindungen unzureichend gegenüber einem Pilzbefall geschützt ist. Es ist daher angebracht, die Behandlung vor dem Zusammenfügen der Bauteile vorzunehmen. Die hierbei üblicherweise verwendenden PVAc-Klebstoffe stellen nach der oben genannten Studie einen günstigen Nährboden für holzzerstörende Pilze dar, die das Fensterholz gerade an den am stärksten gefährdeten Stellen, dem Hirnholz der Eckverbindungen, angreifen können.

### C.5.2 Hinweise für nicht maßhaltige und begrenzt maßhaltige Holzbauteile

Eine vorbeugende Schutzbehandlung sollte im Auftrag konkret angegeben sein. Eine alleinige Verweisung (z. B. in Leistungsbeschreibungen) auf DIN 68800 ist für die Beauftragung einer durchzuführenden vorbeugenden Schutzbehandlung nicht ausreichend.

### C.5.3 Hinweis bei Ausführung von Überholungs- und Erneuerungsbeschichtungen

Bei verbauten Holzkonstruktionen im Bestand ist im Regelfall die Zugänglichkeit des zu bearbeitenden Bauteils für die Anwendung von Holzschutzmitteln stark eingeschränkt.

Im Falle von Erneuerungsbeschichtungen sollte bei bläuegefährdeten Holzbauteilen eine Schutzbehandlung zumindest gegen Holz verfärbende Pilze durch Anwendung bläuewidriger Holzschutzmittel erfolgen.

Häufig werden nicht mehr intakte beschichtete Oberflächen zunächst gründlich abgeschliffen, um Reste der alten Beschichtung zu entfernen und die Oberfläche gleichzeitig für die Nachbehandlung vorzubereiten. Dies kann aber leicht dazu führen, dass Holzschutzmittelwirkstoffe bei einer Eindringtiefe < 3 mm (NP 1) derart stark abgetragen werden, dass eine hinreichende Schutzwirkung nicht mehr gegeben ist. In diesem Fall sollte nach Möglichkeit ein Nachschutz sowohl gegen Bläue als auch gegen Fäulnispilze in Erwägung gezogen werden.

## C.6 Hinweise zur Inspektion, Wartung und Instandhaltung beschichteter Holzbauteile

Um den Wert, die Funktionstüchtigkeit und das Aussehen von Holzbauteilen lange zu erhalten, sollten beschichtete Holzbauteile in bestimmten Abständen gepflegt, kontrolliert und ggf. instand gesetzt werden.

ANMERKUNG 1 In Tabelle C.2 (Quelle: BFS-Merkblatt Nr. 18 „Beschichtungen auf Holz und Holzwerkstoffen" [1]) wird eine gestufte Bewertung der häufig anzutreffenden Zustände der Holzbauteile vorgenommen. Bei der Zuordnung der Zeitspannen gelten insbesondere vier Punkte:

1) die jeweilige Ausprägung und die Häufigkeit der in den Spalten 2 und 3 der Tabelle C.2 bezeichneten Bedingungen bestimmt, ob eher die kürzere oder die längere Zeitspanne für die zu planenden Instandhaltungsintervalle zutrifft;
2) die Beseitigung der angetroffenen Holzschäden bestimmt, ob eher die kürzere oder die längere Zeitspanne für die zu planenden Instandhaltungsintervalle zutrifft;
3) die Reihenfolge der in den drei Bewertungsstufen aufgeführten unterschiedlichen Bedingungen stellt keine Wertung oder Rangfolge dar;
4) die Übergänge zwischen den drei Bewertungsstufen sind fließend.

**Tabelle C.2 — Planung der Instandhaltungsintervalle**

| Stufe | Zustand der Holzbauteile | Zusätzliche Bedingungen | Instandhaltungsintervalle<br>Beanspruchung aufgrund Klimabedingungen und Konstruktion[a] | | | | | |
|---|---|---|---|---|---|---|---|---|
| | | | schwach | | mittel | | stark | |
| | | | lasierend | deckend | lasierend | deckend | lasierend | deckend |
| 1 | Holzoberfläche ohne Mängel;<br>Altbeschichtung tragfähig, aber unterschiedlich abgewittert;<br>Fenster entspr. RAL-Gütesicherung | ohne mechanische Beanspruchung<br>geeignete Farbtonauswahl und UV-Filterwirkung<br>geeignete Holzqualität[b] | 4 bis 6 Jahre | 8 bis 10 Jahre | 3 bis 4 Jahre | 5 bis 8 Jahre | 2 bis 3 Jahre | 4 bis 5 Jahre |
| 2 | Schäden im Holzgefüge;<br>Absplitterungen, Verwindungen und Verformungen; vereinzelte Oberflächenrisse;<br>Holzdübel;<br>scharfe Kanten, bedingt behebbar | geringe mechanische Beanspruchung<br>bedingt geeignete Farbtonauswahl und/oder UV-Filterwirkung<br>bedingt geeignete Holzqualität[b] | 3 bis 4 Jahre | 4 bis 8 Jahre | 2 bis 3 Jahre | 4 bis 5 Jahre | 1 bis 2 Jahre | 3 bis 4 Jahre |

| Stufe | Zustand der Holzbauteile | Zusätzliche Bedingungen | **Instandhaltungsintervalle** Beanspruchung aufgrund Klimabedingungen und Konstruktion[a] | | | | | |
|---|---|---|---|---|---|---|---|---|
| | | | schwach | | mittel | | stark | |
| | | | lasierend | deckend | lasierend | deckend | lasierend | deckend |
| 3 | lose Äste, defekte Holzverdübelung; mangelhafte Konstruktion; offene Hirnholzflächen, offene Brüstungen, Fugen und Holzdübel; Holzverbindungen Verklebung defekt; Abschälungen; Aufquellung; viele Risse | funktionsbedingte mechanische Beanspruchung ungeeignete Farbtonauswahl und/oder UV-Filterwirkung ungeeignete Holzqualität[b] | 2 bis 3 Jahre | 2 bis 4 Jahre | Nur dekorative Beschichtung ohne Schutzfunktion | | | |

a BFS-Merkblatt Nr. 18 „Beschichtungen auf Holz und Holzwerkstoffen im Außenbereich" [1].

b Holzqualität = Holzart + Holzgüte + Schnittart.

Die Instandsetzungsintervalle bzw. die Dauerhaftigkeit können sich zusätzlich verkürzen, wenn stärkere Verschmutzungen – insbesondere auf waagerechten oder geneigten Flächen – nicht regelmäßig beseitigt werden.

Risse in der Holzoberfläche können durch Beschichtungen nicht dauerhaft überbrückt werden. Weisen die bewitterten Oberflächen von Hölzern oder Holzwerkstoffen eine durchgehend ausgeprägte Rissigkeit auf, ist ein vollflächiger Feuchteschutz nicht mehr erreichbar. Unter dieser Voraussetzung sollten Instandhaltungsintervalle von maximal einem Jahr eingeplant werden.

ANMERKUNG 2 Eine rechtzeitige, regelmäßige Überprüfung und gegebenenfalls Ausbesserung einzelner, auch kleiner Schadstellen ist bei allen Oberflächenbeschichtungen von Außenbauteilen aus Holz eine Voraussetzung für den dauerhaften Erhalt von Aussehen und Funktion.

ANMERKUNG 3 Bei Holzfenstern und Außentüren hängt die Haltbarkeit der Außenbeschichtung auch vom Zustand der Innenbeschichtung ab, daher sollte auch diese in die regelmäßige Inspektion einbezogen werden.

ANMERKUNG 4 Nähere Hinweise zur Kontrolle, Pflege und Instandhaltung können beispielhaft entnommen werden: BFS-Merkblatt Nr. 18 „Beschichtungen auf Holz und Holzwerkstoffen im Außenbereich" [1].

## Literaturhinweise

[1] BFS-Merkblatt Nr. 18, Beschichtungen auf Holz und Holzwerkstoffen im Außenbereich[2]

[2] VFF-Merkblattreihe HO.06, Holzarten für den Fensterbau[3]

[3] Musterbauordnung (MBO)[4]

[4] DIN 68800-2, *Holzschutz Teil 2: Vorbeugende bauliche Maßnahmen im Hochbau*

[5] DIN 68811, *Imprägnierung von Eisenbahnschwellen aus Holz mit Kreosot (Steinkohlenteeröl)*

[6] DIN V 2000 (alle Teile), *Anwendung von Bauprodukten in Bauwerken*

[7] DIN EN 204, *Klassifizierung von thermoplastischen Holzklebstoffen für nichttragende Anwendungen*

[8] DIN EN 335, *Dauerhaftigkeit von Holz und Holzprodukten — Gebrauchsklassen: Definitionen, Anwendung bei Vollholz und Holzprodukten*

[9] DIN EN 599-1, *Dauerhaftigkeit von Holz und Holzprodukten — Wirksamkeit von Holzschutzmitteln, wie sie durch biologische Prüfungen ermittelt wird — Teil 1: Spezifikation entsprechend der Gebrauchsklasse*

[10] DIN EN 1001-2:2005-10, *Dauerhaftigkeit von Holz und Holzprodukten — Terminologie — Teil 2: Vokabular*

[11] DIN EN 12765, *Klassifizierung von duromeren Holzklebstoffen für nichttragende Anwendungen*

[12] DIN EN 14229, *Holzbauwerke — Holzmaste für Freileitungen*

[13] DIN EN 15228, *Bauholz — Bauholz für tragende Zwecke mit Schutzmittelbehandlung gegen biologischen Befall*

[14] Verordnung über Biozidprodukte (BPR, Verordnung (EU) Nr. 528/2012)

2 Nachgewiesen in der DITR-Datenbank der DIN Software GmbH, zu beziehen bei: Bundesausschuss Farbe und Sachwertschutz e. V., Hahnstraße 70, 60528 Frankfurt/Main.

3 Nachgewiesen in der DITR-Datenbank der DIN Software GmbH, zu beziehen bei: Verband der Fenster- und Fassadenhersteller e. V. (VFF), Walter-Kolb-Straße 1-7, 60594 Frankfurt/Main.

4 Nachgewiesen in der DITR-Datenbank der DIN Software GmbH, zu beziehen bei: Beuth Verlag GmbH, 10772 Berlin.

## Weitere Quellenangaben

CEN/TR 14734:2004-02 Dauerhaftigkeit von Holz und Holzwerkstoffen — Laboratoriumsverfahren zur Bestimmung der Tränkbarkeit von Holzarten, die mit Holzschutzmitteln imprägniert werden sollen

DIN 4074-1:2012-06 Sortierung von Holz nach der Tragfähigkeit – Teil 1: Nadelschnittholz

DIN 18200:2021-04 Übereinstimmungsnachweis für Bauprodukte – Werkseigene Produktionskontrolle, Fremdüberwachung und Zertifizierung

DIN 18334:2016-09 VOB Vergabe- und Vertragsordnung für Bauleistungen – Teil C: Allgemeine Technische Vertragsbedingungen für Bauleistungen (ATV) – Zimmer- und Holzbauarbeiten

DIN 52161-1:2006-06 Prüfung von Holzschutzmitteln – Nachweis von Holzschutzmitteln im Holz – Probenahme aus verbautem Holz

DIN 68800-4:2020-12 Holzschutz – Teil 4: Bekämpfungsmaßnahmen gegen Holz zerstörende Pilze und Insekten und Sanierungsmaßnahmen

DIN 68800-5:1978-05 Holzschutz im Hochbau; Vorbeugender chemischer Schutz von Holzwerkstoffen, zurückgezogen

DIN EN 46-1:2016-11 Holzschutzmittel – Bestimmung der vorbeugenden Wirkung gegenüber frisch geschlüpften Larven von Hylotrupes bajulus (Linnaeus) – Teil 1: Anwendung durch Oberflächenverfahren (Laboratoriumsverfahren)

DIN EN 73:2020-10 Dauerhaftigkeit von Holz und Holzprodukten – Beschleunigte Alterung von behandeltem Holz vor biologischen Prüfungen – Verdunstungsbeanspruchung

DIN EN 212:2003-09 Holzschutzmittel – Allgemeine Anleitung für die Probenahme und Probenvorbereitung von Holzschutzmitteln und von behandeltem Holz für die Analyse

DIN EN 350:2016-12 Dauerhaftigkeit von Holz und Holzprodukten – Prüfung und Klassifizierung der Dauerhaftigkeit von Holz und Holzprodukten gegen biologischen Angriff

DIN EN 351-1:2007-10 Dauerhaftigkeit von Holz und Holzprodukten – Mit Holzschutzmitteln behandeltes Vollholz – Teil 1: Klassifizierung der Schutzmitteleindringung und -aufnahme

DIN EN 351-2:2007-10 Dauerhaftigkeit von Holz und Holzprodukten – Mit Holzschutzmitteln behandeltes Vollholz – Teil 2: Leitfaden zur Probenentnahme für die Untersuchung des mit Holzschutzmitteln behandelten Holzes

DIN EN 460:1994-10 Dauerhaftigkeit von Holz und Holzprodukten – Natürliche Dauerhaftigkeit von Vollholz – Leitfaden für die Anforderungen an die Dauerhaftigkeit von Holz für die Anwendung in den Gefährdungsklassen

DIN EN 927-1:2013-05 Beschichtungsstoffe – Beschichtungsstoffe und Beschichtungssysteme für Holz im Außenbereich – Teil 1: Einteilung und Auswahl

DIN EN 1090-1:2012-02 Ausführung von Stahltragwerken und Aluminiumtragwerken – Teil 1: Konformitätsnachweisverfahren für tragende Bauteile

DIN EN 1995-1-1:2010-12 Eurocode 5: Bemessung und Konstruktion von Holzbauten – Teil 1-1: Allgemeines – Allgemeine Regeln und Regeln für den Hochbau

DIN EN 13986:2015-06 Holzwerkstoffe zur Verwendung im Bauwesen – Eigenschaften, Bewertung der Konformität und Kennzeichnung

DIN EN 14080:2013-09 Holzbauwerke – Brettschichtholz und Balkenschichtholz – Anforderungen

DIN EN 14081-1:2019-10 Holzbauwerke – Nach Festigkeit sortiertes Bauholz für tragende Zwecke mit rechteckigem Querschnitt – Teil 1: Allgemeine Anforderungen

DIN EN 13991:2003-11 Derivate der Kohlenpyrolyse – Öle aus Steinkohlenteer: Kreosot – Anforderungen und Prüfverfahren

DIN EN 14250:2010-05 Holzbauwerke – Produktanforderungen an vorgefertigte tragende Bauteile mit Nagelplattenverbindungen

DIN EN 15529:2007-05 Derivate der Kohlenpyrolyse – Begriffe

DIN ISO 2859-1:2014-08 Annahmestichprobenprüfung anhand der Anzahl fehlerhafter Einheiten oder Fehler (Attributprüfung) – Teil 1: Nach der annehmbaren Qualitätsgrenzlage (AQL) geordnete Stichprobenpläne für die Prüfung einer Serie von Losen

[1] Verordnung (EU) Nr. 528/2012 des Europäischen Parlaments und des Rates vom 22. Mai 2012 über die Bereitstellung auf dem Markt und die Verwendung von Biozidprodukten
https://eur-lex.europa.eu/legal-content/DE/TXT/PDF/?uri=CELEX:32012R0528&from=ET

[2] Deutsche Bauchemie (2014): Leitfaden „Fachgerechte Tränkung von Bauholz – Planung und Ausführung zum Schutz von Holz im Nichtdruckverfahren".
https://deutsche-bauchemie.de/uploads/tx_ttproducts/datasheet/DBC_185-LF-D-2014_02.pdf

[3] Deutsche Bauchemie (2017): Folienserie Holzschutz – Grundlagen und vertiefende Informationen zum Holzschutz und zur sachgerechten Anwendung von Holzschutzmitteln für Schulung, Vorträge und Praxis.
https://deutsche-bauchemie.de/uploads/tx_ttproducts/datasheet/DBC_225-DS-D-2017.pdf

[4] Verordnung zum Schutz vor Gefahrstoffen (Gefahrstoffverordnung – GefStoffV) vom 26. Nov. 2010
https://www.pdr.de/fileadmin/media/downloads/Gesetze/GefahrstoffV.pdf

[5] Richtlinie 2004/42/EG des Europäischen Parlaments und des Rates vom 21. April 2004 über die Begrenzung der Emissionen flüchtiger organischer Verbindungen aufgrund der Verwendung organischer Lösemittel in bestimmten Farben und Lacken und in Produkten der Fahrzeugreparaturlackierung sowie zur Änderung der Richtlinie 1999/13/EG.
https://eur-lex.europa.eu/legal-content/DE/TXT/PDF/?uri=CELEX:02004L0042-20101210&from=EN

[6] Durchführungsbeschluss (EU) 2019/961 der Kommission vom 7. Juni 2019 zur Genehmigung der von der Französischen Republik nach Artikel 129 der Verordnung (EG) Nr. 1907/2006 des Europäischen Parlaments und des Rates zur Registrierung, Bewertung, Zulassung und Beschränkung chemischer Stoffe (REACH) ergriffenen vorläufigen Maßnahme zur Beschränkung der Verwendung und des Inverkehrbringens von bestimmtem, mit Kreosot und anderen, mit Kreosot verwandten Stoffen behandeltem Holz. L 154/44
https://eur-lex.europa.eu/legal-content/DE/TXT/PDF/?uri=CELEX:32019D0961&from=EN

[7] Richtlinie 98/8/EG des Europäischen Parlaments und des Rates vom 16. Februar 1998 über das Inverkehrbringen von Biozid-Produkten. L 123/1
https://eur-lex.europa.eu/LexUriServ/LexUriServ.do?uri=OJ:L:1998:123:0001:0063:DE:PDF

[8] Keylwerth R (1951): Die Kammertrocknung von Schnittholz, Betriebsblatt 1, Holz als Roh- und Werkstoff 9, 289-292

[9] Müller J., Schmidt H., Melcher E. (2015): Evaluierung von frei bewitterten, tragenden Holzbauteilen ohne Erdkontakt, die mit Holzschutzmitteln behandelt wurden. Abschlussbericht Band T3322. Stuttgart: Fraunhofer-IRB-Verlag, 298 Seiten
https://www.irbnet.de/daten/rswb/15089011336.pdf

[10] REACH: Verordnung (EG) Nr. 1907/2006 des Europäischen Parlaments und des Rates vom 18. Dezember 2006 zur Registrierung, Bewertung, Zulassung und Beschränkung chemischer Stoffe
https://eur-lex.europa.eu/LexUriServ/LexUriServ.do?uri=OJ:L:2007:136:0003:0280:de:PDF

[11] OECD Guidelines for the Testing of chemicals, Section 1/Test No. 104: Vapour pressure, 1981

[12] Wegner R, Dürrwald S, Melcher E (2001): Anwendung und Vorkommen von Holzschutzmitteln in gedeckten Räumen in der ehemaligen DDR – Theorie und Praxis. Holz Roh- u. Werkstoff 59, 431-435

[13] Verordnung (EU) Nr. 305/2011 des Europäischen Parlaments und des Rates vom 9. März 2011 zur Festlegung harmonisierter Bedingungen für die Vermarktung von Bauprodukten und zur Aufhebung der Richtlinie 89/106/EWG des Rates
https://www.dgwz.de/richtlinien/eu-bauproduktenverordnung-baupvo-305-2011/volltext

[14] Ueckerdt C, Plarre R, Hertel H (2012): Attraktivität unterschiedlicher Bauholzqualitäten auf männliche Hausbockkäfer *Hylotrupes bajulus* (L.) (Coleoptera: Cerambycidae). Holztechnologie 53, 18-23

[15] Verordnung (EU) 2019/2117 der Kommission vom 29. November 2019 zur Änderung der Verordnung (EG) Nr. 338/97 des Rates über den Schutz von Exemplaren wild lebender Tier- und Pflanzenarten durch Überwachung des Handels. Amtsblatt der Europäischen Union. L 320/13
https://eur-lex.europa.eu/legal-content/DE/TXT/PDF/?uri=CELEX:32019R2117&from=FR

[16] Müller J, Melcher E, Welling J, Huckfeldt T (2018): Praxisnahe Untersuchungen zum Schutz von Holz im Meerwasser. DBU Abschlussbericht. Aktenzeichen: 32571/01-32. 190 Seiten.
https://www.dbu.de/projekt_32571/01_db_2848.html

[17] Altholzverordnung: Verordnung über Anforderungen an die Verwertung und Beseitigung von Altholz (AltholzV) vom 15.08.2002.
https://www.gesetze-im-internet.de/altholzv/AltholzV.pdf

[18] BGH Pressemitteilung Nr. 165/2009

[19] AiF Forschungsprojekt Nr. 14722 (2008): Optimierung des chemischen Holzschutzes von Kiefern- und Fichtenholz im Fensterbau

# Kommentar zu DIN 68800-4:2020-12
# Holzschutz – Teil 4: Bekämpfungsmaßnahmen gegen Holz zerstörende Pilze und Insekten und Sanierungsmaßnahmen

**Die Überarbeitung und Kommentierung dieses Teiles basiert auf den Inhalten und Kommentierungen der Vorauflage. Die Bearbeiter und Autoren der aktuellen Auflage sowie der Vorauflage sind folgend aufgeführt:**

**3. Auflage 2022:**

Hauptautor:

| | |
|---|---|
| Dietger Grosser | ehemals Holzforschung München, TU München |

Unter Mitwirkung von:

| | |
|---|---|
| Ekkehard Flohr | Sachverständiger für Holz- und Bautenschutz, Dessau |
| Robert Ott | Sachverständiger für Holzschutz und Holzschäden; Sachverständiger für das Zimmererhandwerk, Gammertingen |
| Lutz Parisek | Sachverständiger für Holz- und Bautenschutz, Teilgebiet Holzschutz, Walsdorf |

sowie zu Unterabschnitt 9.4 „Bekämpfung mit toxischen Begasungsmitteln (Begasungsverfahren)“:

| | |
|---|---|
| Marco Müller | Fa. GROLI Schädlingsbekämpfung GmbH, Dresden |
| Michael Römer | Fa. Römer BioTec GmbH, Wilhelmshaven |

sowie beratend zu Unterabschnitt 9.5 „Bekämpfung durch modifizierte Atmosphären“:

| | |
|---|---|
| Stephan Biebl | Ingenieurbüro für Holzschutz, Benediktbeuern |

**2. Auflage 2013:**

Hauptautor:

| | |
|---|---|
| Dietger Grosser | ehemals Holzforschung München, TU München |

Unter Mitwirkung von:

| | |
|---|---|
| Ekkehard Flohr | Sachverständiger für Holz- und Bautenschutz, Dessau |
| Robert Ott | Sachverständiger für Holzschutz und Holzschäden; Sachverständiger für das Zimmererhandwerk, Gammertingen |
| Lutz Parisek | Sachverständiger für Holz- und Bautenschutz, Teilgebiet Holzschutz, Walsdorf |
| Uwe Schümann | Sachverständiger für Holzschutz, Schwerin |

sowie zu Kapitel 5 „Holzschutzmittel“:

| | |
|---|---|
| Eckhard Melcher | Thünen-Institut für Holzforschung, Hamburg |

Dezember 2020

DIN 68800-4

DIN

ICS 71.100.50

Ersatz für
DIN 68800-4:2012-02

**Holzschutz –
Teil 4: Bekämpfungsmaßnahmen gegen Holz zerstörende Pilze und Insekten und Sanierungsmaßnahmen**

Wood preservation –
Part 4: Curative treatment of wood destroying fungi and insects and refurbishment

Préservation du bois –
Partie 4: Traitements curatifs contre des champignons lignivores et des insectes foreurs du bois et redressement

# Inhalt



* Die Seitenzahlen beziehen sich auf den vorliegenden Kommentar.

# Vorwort

Dieses Dokument wurde vom Arbeitsausschuss NA 042-03-04 AA „Bekämpfender Holzschutz“ im DIN-Normenausschuss Holzwirtschaft und Möbel (NHM) erarbeitet.

Es wird auf die Möglichkeit hingewiesen, dass einige Elemente dieses Dokuments Patentrechte berühren können. DIN ist nicht dafür verantwortlich, einige oder alle diesbezüglichen Patentrechte zu identifizieren.

DIN 68800 *Holzschutz* besteht aus:

- *Teil 1: Allgemeines*
- *Teil 2: Vorbeugende bauliche Maßnahmen im Hochbau*
- *Teil 3: Vorbeugender Schutz von Holz mit Holzschutzmitteln*
- *Teil 4: Bekämpfungs- und Sanierungsmaßnahmen gegen Holz zerstörende Pilze und Insekten*

Aktuelle Informationen zu diesem Dokument können über die Internetseiten von DIN (www.din.de) durch eine Suche nach der Dokumentennummer aufgerufen werden.

**Änderungen**

Gegenüber DIN 68800-4:2012-02 wurden folgende Änderungen vorgenommen:

a) neue gesetzliche Bestimmungen zur Zulassung von Holzschutzmitteln in Abschnitt 5 berücksichtigt;

b) Maßnahmen bei Befall durch den Echten Hausschwamm in 8.2.1.3 konkretisiert;

c) Festlegungen zu toxischen Begasungsmitteln und modifizierten Atmosphären in 9.4 und 9.5 neu gegliedert;

d) Festlegungen zum Mikrowellenverfahren im Abschnitt 10 erweitert;

e) redaktionell überarbeitet.

**Frühere Ausgaben**

DIN 68800: 1956-09

DIN 68800-4: 1974-05, 1992-11, 2012-02

# 1 Anwendungsbereich

Dieses Dokument legt Maßnahmen zur Bekämpfung eines Befalls durch Holz zerstörende Pilze und Insekten bei verbautem Holz und Holzwerkstoffen fest. Diese Maßnahmen werden in Regelsanierungen (nach 3.12) und in zu begründende Sondermaßnahmen unterschieden und schließen die Behandlung des Mauerwerks gegen den Echten Hausschwamm ein. Verbautes Holz im Sinne dieses Dokuments sind sowohl tragende als auch nicht tragende Bauteile. Dieses Dokument gilt in Verbindung mit DIN 68800-1 bis DIN 68800-3. Dieses Dokument ist auch anwendbar auf andere Bereiche (wie Möbel, Einbauten, Kunstgegenstände und dergleichen).

Bekämpfungsmaßnahmen gegen Termiten und Ameisen sind nicht Bestandteil dieses Dokuments.

Dieses Dokument regelt weder notwendige bauliche Maßnahmen zum Erhalt oder zum Wiederherstellen der Standsicherheit noch allgemein erforderliche bauliche/konstruktive Maßnahmen für die dauerhafte Funktionstüchtigkeit der verbauten Holzbauteile.

Der Anwendungsbereich dieser Norm umfasst ausdrücklich sowohl tragende als auch nicht tragende Bauteile. Zur Zuordnung tragend/nicht tragend siehe die Definitionen in Teil 1 der Normenreihe, 3.18 und 3.21 sowie zugehörige Kommentierung. Aussteifende sicherheitsrelevante Bauteile gehören danach zu den tragenden Bauteilen. Des Weiteren regelt die Norm Maßnahmen zur Behandlung des Mauerwerks wie auch anderer befallener Stoffe bei Befall durch den Echten Hausschwamm sowie durch andere Holz zerstörende Pilze.

Wird Teil 4 auf Möbel, Einbauten, Kunstgegenstände und andere hölzerne Objekte angewendet, sind wie bei Bauteilen die Festlegungen dieser Norm sinngemäß einzuhalten. Unbenommen davon ist es in diesem Fall dem Planer/Ausführenden aber freigestellt, auch auf nicht normierte Verfahren zurückzugreifen.

Ohne direkt darauf zu verweisen, gilt die Norm nicht für den Tief- und Wasserbau wie Schwellen, Masten, Pfähle, Palisaden, Rammpfähle, Pfahlgründungen, Spundwände, Hafen-, Strom- und Kanalbau.

Termiten sind in Deutschland ohne Bedeutung (vgl. Teil 1 der Normenreihe, 4.3.2). Als Staaten bildende Insekten unterscheiden sich Termiten und Ameisen in ihrer Lebensweise deutlich von der Lebensweise anderer Holz zerstörender Insekten wie z. B. den Käfern, deren Larven im Holz leben und es durch ihre Fraßtätigkeit zerstören. Ihre Bekämpfung erfordert daher vom Planer/Ausführenden spezielle Kenntnisse, die über die Anforderungen nach DIN 68800-1, 10.2 hinausgehen, sowie über Maßnahmen, die von dieser Norm abweichen.

Maßgeblich ist der Hinweis auf die Verbindung mit den Teilen 1 bis 3 der Normenreihe. Damit wird zum Ausdruck gebracht, dass die in diesen Normenteilen enthaltenen Festlegungen für alle Bekämpfungs- und Sanierungsmaßnahmen gültig sind. Von besonderer Bedeutung ist dabei Teil 1, 8.1.3. Danach sind beim Einbau von Holz stets grundsätzliche bauliche Holzschutzmaßnahmen zu berücksichtigen. Sogenannte besondere bauliche Holzschutzmaßnahmen nach DIN 68800-2 sollen gegenüber vorbeugenden Schutzmaßnahmen mit Holzschutzmitteln nach DIN 68800-3 Vorrang haben (vgl. hierzu auch die ausführliche Kommentierung zu 8.1.3. von Teil 1).

Nicht Aufgabe des Holzschutzfachmanns ist es, bauliche Maßnahmen zum Erhalten oder Wiederherstellen der Standsicherheit festzulegen, da ihm dazu in der Regel die entsprechende Ausbildung fehlt. Deshalb enthält die Norm auch keine entsprechenden Regelungen (siehe hierzu auch Kommentierung zu Abschnitt 3.2). Diese Arbeiten sind von hierfür ausgebildeten Handwerkern (z. B. Zimmerern) auszuführen. Bei Bedarf ist ein Tragwerksplaner einzuschalten.

## 2 Normative Verweisungen

Die folgenden Dokumente werden im Text in solcher Weise in Bezug genommen, dass einige Teile davon oder ihr gesamter Inhalt Anforderungen des vorliegenden Dokuments darstellen. Bei datierten Verweisungen gilt nur die in Bezug genommene Ausgabe. Bei undatierten Verweisungen gilt die letzte Ausgabe des in Bezug genommenen Dokuments (einschließlich aller Änderungen).

DIN 52161-1, *Prüfung von Holzschutzmitteln — Nachweis von Holzschutzmitteln im Holz — Probenahme aus verbautem Holz*

DIN 68800-1, *Holzschutz — Teil 1: Allgemeines*

DIN 68800-2, *Holzschutz — Teil 2: Vorbeugende bauliche Maßnahmen im Hochbau*

DIN 68800-3, *Holzschutz — Teil 3: Vorbeugender Schutz von Holz mit Holzschutzmitteln*

Verordnung (EU) Nr. 528/2012 über die Bereitstellung auf dem Markt und die Verwendung von Biozidprodukten (Biozidverordnung)

Verordnung zum Schutz vor Gefahrstoffen (Gefahrstoffverordnung (GefStoffV))[1]

1 Nachgewiesen in der DITR-Datenbank der DIN Software GmbH, zu beziehen bei: Beuth Verlag GmbH, 10772 Berlin.

# 3 Begriffe

Für die Anwendung dieses Dokuments gelten die Begriffe nach DIN 68800-1 und DIN 68800-3 und die folgenden Begriffe.

DIN und DKE stellen terminologische Datenbanken für die Verwendung in der Normung unter den folgenden Adressen bereit:

- DIN-TERMinologieportal: verfügbar unter https://www.din.de/go/din-term
- DKE-IEV: verfügbar unter http://www.dke.de/DKE-IEV

Begriffe, die in den Teilen 1, 2 und 3 definiert sind, werden nicht wiederholt, sondern soweit erforderlich wird auf diese verwiesen. Eine Kommentierung erfolgt nur, soweit die Definitionen einer zusätzlichen Erläuterung bedürfen.

**3.1**
**Bekämpfungsmittel**

bekämpfend wirkendes Holzschutzmittel

Biozidprodukt zur Bekämpfung eines Befalls durch Holz zerstörende Insekten sowie zur Verhinderung des Durchwachsens des Echten Hausschwamms durch Mauerwerk

Aktuell können in Deutschland Bekämpfungsmittel zum Einsatz kommen, die einerseits von der Bundesanstalt für Arbeitsschutz und Arbeitsmedizin (BAuA), andererseits vom Deutschen Institut für Bautechnik (DIBt) zugelassen sind. Mit Auslaufen der letzten DIBt-Zulassungen wird es zukünftig nur noch von der BAuA zugelassene Bekämpfungsmittel geben (siehe auch Kommentierung zu 5.2.1).

**3.2**
**Bekämpfungsmaßnahme**

Behandlung von befallenem Holz, um Holz zerstörende Insekten abzutöten oder von Mauerwerk, um das Durchwachsen durch den Echten Hausschwamm zu verhindern

Anmerkung 1 zum Begriff: Dies schließt den Ausbau befallener Bauteile wie auch eventuell erforderlich werdende Vor- und Nebenarbeiten ein.

Anmerkung 2 zum Begriff: Dies schließt außerdem eine mögliche thermische Abtötung von Mycel des Echten Hausschwammes im Holz und Mauerwerk ein.

Liegt bei verbautem Holz oder Holzwerkstoffen ein zu bekämpfender Pilz- oder Insektenbefall vor, sind für gewöhnlich auch bauliche Sanierungsmaßnahmen notwendig, wie z. B. das Beseitigen der Befallursache oder der Austausch schadhafter Bauteile.

Dies kommt auch im Titel der Norm zum Ausdruck „Bekämpfungsmaßnahmen gegen Holz zerstörende Pilze und Insekten und Sanierungsmaßnahmen". Von Sanierungsmaßnahmen in diesem Sinne zu unterscheiden sind eventuell erforderlich werdende bauliche Maßnahmen zum Erhalt oder Wiederherstellen der Standsicherheit, die in der Norm nicht geregelt sind (siehe auch Abschnitt 1 und zugehörige Kommentierung).

**3.3**
**Bohrlochverfahren**
Bohrlochbehandlung

Einbringverfahren für Holzschutzmittel zur Behandlung besonderer Gefahrenpunkte im Holz sowie von Schwammsperrmitteln in Mauerwerk, wenn eine Oberflächenbehandlung nicht ausreicht

Die Bohrungen erfolgen in horizontal und vertikal jeweils zu definierenden Abständen und Tiefen und mit ebenso zu definierenden Bohrlochdurchmessern. Eingesetzt wird das Bohrlochverfahren ohne Druck (Bohrlochtränkung) oder mit geringem Druck von ca. 2 bar bis 3 bar im Mauerwerk bzw. 5 bar bis 10 bar im Holz (Bohrlochdrucktränkung).

Detaillierte Beschreibungen für das Bohrlochverfahren enthält das WTA-Merkblatt 1-2. Ausgabe: 01.2021/D – Der Echte Hausschwamm [1].

Bei der Bohrlochtränkung werden die Bohrlöcher mehrmals mit dem Holzschutzmittel bzw. Schwammsperrmittel gefüllt, bei der Bohrlochdrucktränkung erfolgt das Einbringen über Injektoren (Packer) durch Verpressen mit Hilfe eines Druckinjektionsgeräts.

**3.4**
**Echter Hausschwamm**
*Serpula lacrymans*

in Gebäuden auftretender besonders gefährlicher Holz zerstörender Pilz, der sich im Unterschied zu den Nassfäulepilzen bereits bei vergleichsweise geringer Holzfeuchte entwickelt und in der Lage ist, feuchtes Mauerwerk über größere Entfernungen zu durchwachsen, um weiteres Holz zu befallen oder Fruchtkörper zu bilden

Anmerkung 1 zum Begriff: Vom Echten Hausschwamm zu unterscheiden sind der mit dem Echten Hausschwamm nah verwandte Wilde Hausschwamm (*Serpula himantioides*) sowie die entfernt verwandten, jedoch in der Praxis ebenfalls als Hausschwämme aufgefassten drei Fältingshäute: Kiefern-Fältingshaut (*Leucogyrophana pinastri*), Sklerotien-Fältingshaut (*Leucogyrophana mollusca*) und Kleine Fältingshaut (*Leucogyrophana pulverulenta*).

Eine Definition der Eigenschaften des Echten Hausschwamms im Vergleich zu Nassfäulepilzen (siehe 3.11) ist für die Praxis von großer Bedeutung. Bei keinem anderen in Gebäuden auftretenden Holz zerstörenden Pilz kommt es nach einer Bekämpfung so häufig zu einem Wiederbefall wie beim Echten Hausschwamm. Seine Bekämpfung erfordert deshalb besondere Sorgfalt und Sachverstand.

Die Sonderstellung des Echten Hausschwamms als besonders gefährlicher und zugleich des am schwierigsten zu bekämpfenden Holz zerstörenden Pilzes in Gebäuden beruht auf folgenden vier Eigenschaften:

1) Er baut Holz bereits bei Holzfeuchten im Bereich der Fasersättigung – also vergleichsweise schwach feuchtes Holz – stärker ab als andere Holz zerstörende Pilze.
2) Er transportiert Wasser und Nährstoffe und kann von einer nahen Feuchtequelle aus auch Holz bewachsen, dessen Ausgangsfeuchte unterhalb der Fasersättigung liegt.
3) Er kann Mauerwerk, Bodenschüttungen und andere anorganische Materialien intensiv durchwachsen und aus diesen wieder auswachsen und anliegendes Holz befallen.
4) Er bildet ein ausgeprägtes Strangmyzel und ein geschlossenes hautartiges, schützendes Oberflächenmyzel aus, das sein Wachstum begünstigt und für eine Feuchteanreicherung an der Holzoberfläche sorgt.

Bei Auftreten von einem in der Anmerkung aufgeführten Pilz gelten zur Bekämpfung die Festlegungen für Nassfäulepilze in Unterabschnitt 8.3.

Hinweis: Bei Anmerkung 1 zum Begriff sind die Fältlingshäute fälschlicherweise als „Fältingshäute" bezeichnet

**3.5**
**Flutverfahren**

Oberflächenverfahren durch Aufbringen der Holzschutzmittel in Form eines Flüssigkeitsfilms, der über die Hölzer bzw. das Mauerwerk geführt wird

Ein in der Bekämpfungspraxis bewährtes Verfahren für die oberflächliche Behandlung des Mauerwerks mit Schwammsperrmitteln zur Bekämpfung des Echten Hausschwamms. Ebenso kann es zum Aufbringen von Holzschutzmitteln auf Holz angewendet werden.

**3.6**
**Holz zerstörender Pilz**

Pilz, der eine Fäulnis verursacht und die Festigkeitseigenschaften des Holzes beeinträchtigt bis zu seiner völligen Zerstörung

In Abhängigkeit vom verursachten Zerstörungsbild und ihrer Ökologie werden unterschieden: Braunfäulepilze, Weißfäulepilze (Basidiomyceten) und Moderfäulepilze (Ascomyceten und Deuteromyceten). Für ihre Entwicklung benötigen Holz zerstörende Pilze eine lokale Holzfeuchte etwa ab Fasersättigung, für die allgemein überschlägig ein Mittelwert von 28 bis 30 % gilt. Werte für die gebräuchlichsten Nutzhölzer enthält Teil 1 dieser Normenreihe, Anhang B sowie der zugehörige Kommentar. Unabhängig hiervon ist in Teil 1 als Sicherheitsmarge ein Wert von 20 % Holzfeuchte als Obergrenze für das Vermeiden eines Pilzbefalls angesetzt (siehe Teil 1, 4.2.2 und Tabelle 1 sowie zugehörige Kommentierung).

**3.7**
**Holz zerstörendes Insekt**

Insekt, dessen Larven im Holz leben und dieses durch ihre Fraßtätigkeit zerstören

Anmerkung 1 zum Begriff: Technisch bedeutsam sind vor allem im gesunden trockenen Holz lebende Holzinsekten, die so genannten Trockenholzinsekten.

Die das Bau- und Werkholz gefährdenden Insekten lassen sich aufgrund ihres ökologischen Anspruchs vereinfacht in zwei große Gruppen unterteilen: Trockenholz- und Frischholzinsekten.

Trockenholzinsekten befallen insbesondere auch luft- bzw. werktrockenes Holz auf Holzlagern und in Gebäuden. Sie können über viele Generationen hindurch in demselben Holz bis zu dessen völliger Zerstörung verbleiben und dementsprechend erhebliche Bauschäden verursachen. Ihre Bekämpfung ist daher in der Regel unerlässlich. Die wichtigsten in Deutschland vorkommenden Trockenholzinsekten sind Hausbockkäfer (*Hylotrupes bajulus* [L.]), Gemeiner Nagekäfer (*Anobium punctatum* [De Geer]), Gekämmter Nagekäfer (*Ptilinus pectinicornis* [L.]) und verschiedene Splintholzkäfer (*Lyctus spp.*). Auf durch Pilze vorgeschädigtes Holz angewiesen sind Gescheckter Nagekäfer (*Xestobium rufovillosum* [De Geer]) und Trotzkopf (*Hadrobregmus pertinax* [L.]).

Frischholzinsekten benötigen in der Regel saftfrisches und ihre Mehrzahl zudem berindetes Holz. Sie können mit dem Einbau frischer Hölzer in Gebäude gelangen, aber abgetrocknetes Holz nur in Ausnahmefällen wieder neu befallen. Sie verursachen daher im Unterschied zu den Trockenholzinsekten keine nennenswerten Bauschäden. Deshalb sind in aller Regel Bekämpfungsmaßnahmen gegen Frischholzinsekten nicht erforderlich. Zu den Frischholzinsekten gehören unter anderem Holzwespen, Scheibenböcke, Fichtensplintböcke, Halsgrubenböcke, holzbrütende Borkenkäfer und Kernholzkäfer.

**3.8**
**Lebendbefall**

aktiver Befall durch Holz zerstörende Insekten

Anmerkung 1 zum Begriff: Zu unterscheiden sind die Begriffe „aktiver Befall" (noch lebende Insektenlarven im Holz) und „Altschaden" (durch Insektenlarven geschädigtes Holz ohne lebende Larven) der generell keine Bekämpfungsmaßnahmen erforderlich macht.

Befall bedeutet im Zusammenhang mit Insekten Lebendbefall. Der Begriff wird in der Norm bewusst nur in Zusammenhang mit Insekten verwendet. Liegt kein Lebendbefall vor, sind auch keine Bekämpfungsmaßnahmen notwendig, sondern abhängig vom Ausmaß des verursachten Schadbildes (= „Altschaden") erforderlichenfalls Sanierungsmaßnahmen, wie z.B. eine mechanische Oberflächenbearbeitung zum Entfernen stark vermulmter Holzschichten, Ersatz zerstörter Holzteile, statisch-konstruktive Sicherungsmaßnahmen u. a. m.

Bei Pilzbefall ist eine Beurteilung hinsichtlich seiner Vitalität deutlich erschwert bzw. nur selektiv möglich, ohne für die Gesamtsituation des betreffenden Gebäudes repräsentativ zu sein. Zudem ist zu berücksichtigen, dass Pilze teils lange Zeit im Zustand einer Trockenstarre überdauern können. Deshalb wird in der Norm bei Pilzbefall bewusst nicht zwischen Lebendbefall und Altschaden unterschieden.

**3.9**
**molekularbiologische Laboruntersuchung**

Identifizierung oder Ausschluss über einen Merkmalsabgleich mit Referenzarten von in verbautem Holz vorkommenden Holz zerstörenden Pilzen auf der Grundlage ihrer Eiweiße (Proteine) oder Nukleinsäuren (DNS oder RNS)

Bei molekularbiologischen Methoden werden die Merkmale der zu bestimmenden Pilzart mit entsprechenden Merkmalen bekannter und in Merkmalsdatenbanken hinterlegten Pilzarten verglichen. Das zur Identifizierung durchgeführte Verfahren ist zu benennen, da bei einfachen Methoden mit zufälliger Merkmalsauswahl über diesen Vergleich eindeutig nur Unterschiede verschiedener Pilzarten oder Pilzstämme innerhalb einer Art nachgewiesen werden können. Bei den einfachen Methoden handelt es sich um einen sogenannten Negativbeweis, d. h., es handelt sich nicht um den vergleichbaren Pilz. Werden keine Unterschiede nachgewiesen, bedeutet dies nicht zwangsläufig im Umkehrschluss eine Positivbestimmung einer Pilzart. Aufwendige Methoden mittels spezifischen Merkmalsnachweisen komplexer molekularbiologischer Strukturen erlauben hingegen einen Positivnachweis.

Eine molekularbiologische Bestimmung ist insbesondere dann von Bedeutung, wenn zweifelsfrei ein Befall durch den Echten Hausschwamm nachgewiesen werden soll. Hinweise zur Problematik der Interpretation molekularbiologischer Befunde siehe Kommentar zu 4.4. Zur Sonderstellung des Echten Hausschwamms siehe 3.4 und zugehörige Kommentierung.

**3.10**
**Monitoring**

Beobachtung über das Auftreten von Schadorganismen und die Überwachung der Populations- und Vitalitätsverläufe

Im Holzschutz bedeutet Monitoring das Beobachten über das Auftreten von Schadorganismen und das Überwachen von Populations- und Vitalitätsverläufen von Holz zerstörenden Pilzen und Insekten über einen längeren Zeitraum.

Im weitesten Sinne gehören hierzu auch das Überwachen der Voraussetzungen für den Populations- und Vitalitätsverlauf (z.B. Temperatur- und Feuchtemonitoring).

**3.11**
**Nassfäulepilz**

Sammelbegriff für vorwiegend in und an Gebäuden vorkommenden, oft als Hausfäulepilz bezeichneter Holz zerstörender Pilz, der üblicherweise höhere Holzfeuchten (über Fasersättigungsbereich) für ein optimales Wachstum benötigt

Anmerkung 1 zum Begriff: Hierzu zählen z. B. der Braune Keller- oder Warzenschwamm (*Coniophora puteana*), der Weiße Porenschwamm (*Antrodia vaillantii*) und Blättlinge aus der Gattung *Gloeophyllum*. Im Sinne dieser Definition wird der Echte Hausschwamm (*Serpula lacrymans*) nicht den Nassfäulepilzen zugerechnet, weil er aufgrund seiner besonderen Eigenschaften und Gefährlichkeit eine Sonderstellung auch im Rahmen der Sanierungsmaßnahmen einnimmt.

Gilt für alle in Gebäuden auftretende Holz zerstörende Pilze außer dem Echten Hausschwamm und den Moderfäulepilzen.

**3.12**
**Regelsanierung**

Bekämpfungsmethode, die sich als anerkannte Regel der Technik bei sachgemäßer Anwendung durch Fachbetriebe seit Jahrzehnten in der Praxis bewährt hat und von weitgehender Allgemeingültigkeit in ihrer Anwendungstechnik ist, ohne dass sie durch zusätzliche Maßnahmen jeweils auf den speziellen Einzelfall abgestimmt werden muss

Die einer Regelsanierung entsprechenden Bekämpfungsmethoden sind im Einzelnen in Unterabschnitt 4.3 aufgeführt. Von den Verfahren der Regelsanierung abweichende Verfahren gelten in der Norm als Sonderverfahren. Sie sind fall- bzw. objektspezifisch zu planen und festzulegen. Sonderverfahren bieten sich vornehmlich an, wenn denkmalpflegerische und restauratorische Anforderungen eine Regelsanierung ausschließen oder diese weniger geeignet sind. Als Sonderverfahren sind in der Norm elektrophysikalische Verfahren zur Bekämpfung von Insekten (Abschnitt 10), sowie informativ als Anhang E das Heißluftverfahren zur Bekämpfung des Echten Hausschwamms aufgenommen.

**3.13**
**Schaumverfahren**
Beschäumverfahren

Oberflächenverfahren, bei dem wässrige/wasserbasierte Holzschutzmittel einschließlich Schwammsperrmittel mit Hilfe besonderer Aggregate aufgeschäumt werden und als Schaumschicht auf Oberflächen aufgetragen bzw. in Hohlräume eingebracht werden

Mit dem Schaumverfahren kann die erforderliche Holzschutzmittel- bzw. Schwammsperrmittel-Menge in der Regel in einem Arbeitsgang aufgebracht werden. Zudem lassen sich damit in vielen Fällen vorteilhaft auch schwer zugängliche Bereiche erfassen. Aufgrund der guten Standfestigkeit des Schaums auch auf senkrechten Flächen dringen die Wirkstoffe besonders gut und gleichmäßig in saugfähige Materialien ein. Dabei zerfällt der Schaum nach etwa 5 bis 10 Minuten.

**3.14**
**Schwammsperrmittel**

Mittel zur Behandlung von Mauerwerk, um das Durchwachsen durch den Echten Hausschwamm zu verhindern

Schwammsperrmittel dienen entsprechend ihrer normierten Prüfung nach DIN EN 12404 [2] **ausschließlich** der Behandlung von Mauerwerk zur Bekämpfung des Echten Hausschwamms, um sein Auswachsen aus dem Befallsbereich zu verhindern. Schwammsperrmittel sind daher nicht zur Oberflächenbehandlung von Holzbauteilen geeignet, da sich diese mit den innerhalb von Gebäuden bzw. auf einer Baustelle anwendbaren Einbringverfahren generell nur unzureichend in Längs- und Querrichtung durchtränken lassen. Diese Feststellung gilt auch für die Anwendung einer Bohrlochbehandlung.

**3.15**
**thermisches Verfahren**
Wärmeverfahren

Heißluftverfahren als Regelsanierung zur Bekämpfung Holz zerstörender Insekten sowie als Sondermaßnahme und in die Regelsanierung zu integrierende Maßnahme zur Bekämpfung des Echten Hausschwamms, indem die zu behandelnden Bauteile bis zum Erreichen der Letaltemperatur der Schadorganismen und in der erforderlichen Wirkungszeit erwärmt werden

Anmerkung 1 zum Begriff: Die in der Norm als Sondermaßnahme zur Bekämpfung Holz zerstörender Insekten aufgenommenen Mikrowellen- und Hochfrequenzverfahren beruhen gleichfalls auf einer Erwärmung der zu behandelnden Holzbauteile bis zur Letaltemperatur der Schadinsekten. Sie stellen somit ebenfalls thermische Verfahren dar, werden aber in dieser Norm aufgrund ihrer Wirkungsweise über elektromagnetische Felder unter dem Begriff elektrophysikalische Verfahren aufgeführt.

Die Definition beinhaltet bewusst ausschließlich in dieser Norm aufgenommene Verfahren.

Als weitere thermische Verfahren wurden bis in die jüngste Vergangenheit unter anderem der Einsatz von Heizstäben, Heizmatten (als sogenannte Wärmekontaktverfahren) sowie Infrarotstrahlen und Radiowellen erprobt. Mit Infrarotstrahlen lassen sich nach bisherigen Erfahrungen jedoch nur die Oberflächen von Holzbauteilen und Mauerwerk ausreichend erwärmen. Großflächige Behandlungen sind durch genannte Methoden kaum mit vertretbarem Aufwand möglich. In Einzelfällen kann ihre Anwendung jedoch angebracht und sinnvoll sein, insbesondere im denkmalpflegerischen Bereich, wenn z. B. pilzbefallenes Holz nicht ausgewechselt werden kann. Werden Heizstäbe, Heizmatten oder Infrarotstrahlen als nicht normierte Sonderverfahren angewandt, so ist wie für die normierten Verfahren auf jeden Fall sicherzustellen, dass ihre Wirksamkeit zum Zeitpunkt der Ausführung nachgewiesen und dokumentiert ist.

# 4 Grundsätzliches

**4.1** Bei der Planung müssen die jeweiligen im Objekt vorliegenden Bedingungen berücksichtigt werden, wie

- Schadensart und –umfang,
- Bauweise und Bauzustand,
- Bauteilfeuchte,
- Befallsursache,

um hierauf die Bekämpfungsmaßnahmen abzustimmen.

Holzschutzmaßnahmen bedürfen generell einer rechtzeitigen und sorgfältigen Planung, um ihren Erfolg sicherzustellen (Teil 1 der Normenreihe, Abschnitt 9 und zugehörige Kommentierung). Die sorgsame Planung setzt voraus, dass sich der ausführende Fachbetrieb bzw. qualifizierte Fachmann vor Beginn der Bekämpfungsmaßnahme Kenntnisse einerseits über die Befallssituation und deren Ursache verschafft, andererseits über die vorliegende Bausubstanz (vgl. auch Kommentierung zu 4.7), den Gebäudezustand, die vorherige, derzeitige und geplante

Nutzung. Parallel mit der Festlegung der Bekämpfungsmaßnahmen sind organisatorische Maßnahmen und ihre zeitliche Abstimmung im Rahmen des Baufortschritts zu planen, wie die Beschaffung der benötigten Materialien, insbesondere auch die zeitgemäße Bereitstellung von Ersatzhölzern für auszuwechselnde bzw. zu verstärkende Holzbauteile. Ebenso erforderlich ist im Rahmen der Planung die Abstimmung mit gegebenenfalls anderen auf der Baustelle tätigen Firmen und Personen wie Sachverständigen (4.4) und Tragwerksplanern (4.6).

**4.2** Liegt bei verbautem Holz oder Holzwerkstoffen ein Befall durch Holz zerstörende Organismen vor, so sind

- bei einem Befall durch Holz zerstörende Pilze geeignete Maßnahmen zu ergreifen;
- bei Lebendbefall tragender Holzbauteile durch Holz zerstörende Insekten geeignete Maßnahmen zu ergreifen. Für alle übrigen Hölzer ist bei Insektenbefall die Notwendigkeit von Bekämpfungsmaßnahmen sorgfältig zu prüfen, insbesondere dann, wenn durch diesen Befall tragende oder aussteifende Hölzer gefährdet sind.

Zunächst stellt Unterabschnitt 4.2 allgemein fest, dass bei einem Befall durch Holz zerstörende Pilze oder Insekten geeignete Maßnahmen zu ergreifen sind, womit Verfahren nach Unterabschnitt 4.3 gemeint sind. Für Holz zerstörende Pilze gilt diese Forderung generell ohne jede Einschränkung – unabhängig von ihrer Vitalität (vgl. hierzu Kommentierung zu 3.8) und ohne Unterscheidung zwischen Hölzern mit statischer Funktion und solchen ohne statische Funktion. Dies ist darin begründet, dass ein Pilzbefall unbemerkt von nicht tragenden auf tragende Bauteile übergreifen kann, bzw. dass nicht immer leicht zu erkennen ist, ob ein Befall von nicht tragenden Bauteilen auch bereits tragende Bereiche betrifft. Im Umkehrschluss wird dadurch deutlich, dass bei Pilzbefall unabhängig von der Funktion der befallenen Bauteile die Standsicherheit von Bauten und Bauteilen unter Umständen gefährdet sein kann und somit Bekämpfungsmaßnahmen zu ergreifen sind.

Für Holz zerstörende Insekten gilt die Forderung, geeignete Maßnahmen zu ergreifen, dagegen nur bei zu bekämpfendem Lebendbefall (siehe hierzu die erläuternde Kommentierung zu 3.8). Zugleich muss dieser Befall tragende Holzbauteile betreffen. Für nicht tragende Hölzer ist die Notwendigkeit von Bekämpfungsmaßnahmen bei Insektenbefall jeweils im Sinne einer Nutzen/Risiko-Abwägung zu entscheiden. Zum Feststellen eines Lebendbefalls siehe die Kommentierung zu 9.1.1.

**4.3 Als Regelsanierung** kommen folgende bewährte Verfahrensweisen in Betracht:

**4.3.1** Bei Pilzbefall:

1) grundsätzlich die Beseitigung der Ursache erhöhter Feuchte und die Trocknung der Schadensbereiche;
2) Entfernen von befallenen Materialien, Myzel und Fruchtkörpern;
3) Ausbau schadhafter und befallener Holzbauteile;
4) Behandlung von im Sanierungsbereich verbleibender Holzbauteile mit vorbeugend wirksamen Holzschutzmitteln;
5) bei Befall durch Echten Hausschwamm Behandlung von Mauerwerk mit einem Schwammsperrmittel.

ANMERKUNG In die Regelsanierung integriert werden kann im Einzelfall als Sondermaßnahme zur Bekämpfung des Echten Hausschwamms das Heißluftverfahren (siehe Anhang E). Auf Grund seiner hohen Anforderungen an die Ausführung und Überwachung und der stets erforderlichen flankierenden Maßnahmen ist es kein Regelverfahren im Sinne dieses Dokuments.

**4.3.2** Bei Insektenbefall:

1) Ausbau befallener Holzbauteile;

2) Anwendung bekämpfend wirkender Holzschutzmittel;

3) Anwendung des Heißluftverfahrens;

4) Anwendung des Begasungsverfahrens;

5) Anwendung einer modifizierten Atmosphäre.

ANMERKUNG Keine Regelsanierung im Sinne dieses Dokuments sind elektrophysikalische Verfahren, die im Abschnitt 10 als Sondermaßnahmen beschrieben sind.

Der Einsatz von bekämpfend wirkenden Holzschutzmitteln — im Folgenden generell Bekämpfungsmittel genannt — und Begasungsmitteln ist auf das notwendige Maß einzuschränken. Risiko und Nutzen müssen verantwortungsvoll gegeneinander abgewogen werden.

In der Norm können nur solche Bekämpfungsmethoden und -verfahren berücksichtigt werden, die sich durch wissenschaftliche Untersuchungen als wirksam erwiesen haben, eine weitgehende Allgemeingültigkeit besitzen und sich in der praktischen Anwendung bei sachgemäßer Ausführung durch Fachbetriebe bzw. qualifizierte Fachleute (vgl. 4.5) bewährt haben und damit zu den „allgemein anerkannten Regeln der Technik" gehören. Hiervon zu unterscheiden sind Sonderverfahren, die jeweils auf den Einzelfall abzustimmen sind (vgl. auch Kommentierung zu 3.12).

**Zu 4.3.1**

Der Unterabschnitt 4.3.1 listet die 5 grundsätzlichen Verfahrensweisen einer erfolgreichen Bekämpfung Holz zerstörender Pilze auf.

Wichtigste Maßnahmen zur Bekämpfung eines Pilzbefalls – unabhängig davon ob Befall mit Echtem Hausschwamm oder einem Nassfäulepilz vorliegt – sind das unter Punkt 1 aufgelistete Beseitigen der Ursache erhöhter Bauteilfeuchten und deren zügige Trocknung. Als entscheidende, den Erfolg der Bekämpfung sichernde Maßnahmen sind sie unabdingbar. Entsprechend verweist die Norm darauf, dass sie „grundsätzlich" durchzuführen sind. Inwieweit eine oder mehrere unter den Punkten 2 bis 5 aufgeführten Maßnahmen zusätzlich erforderlich werden, ist sachkundig in Abhängigkeit von der aktuellen Befallssituation und dem möglichen zukünftigen Gefährdungspotenzial abzuklären. Bei der Beurteilung des Gefährdungspotenzials sind z. B. zu berücksichtigen: Bauweise und gesamter Bauzustand des Gebäudes, Einbausituation und künftig vorliegende Gebrauchsklasse(n) der Holzbauteile.

Das Heißluftverfahren als Sonderverfahren bietet sich vor allem im denkmalpflegerischen Bereich an, wenn deutlich erkennbar aktiver Hausschwammbefall vorliegt oder dieser vom Sachverständigen nicht sicher auszuschließen ist und sich der Ausbau des befallenen Holzes verbietet.

**Zu 4.3.2**

Die Regelsanierungen im Sinne der Punkte 2 bis 5 sind in 9.2, 9.3, 9.4 und 9.5 detailliert beschrieben bzw. festgelegt.

Da es für den Ausbau befallener Holzbauteile keinerlei Vorgaben bedarf, erfolgen in der Norm auch keine weiteren diesbezüglichen Festlegungen. Es kann gegebenenfalls durchaus fachgerecht sein, bei Fraßschäden, die sich auf das Splintholz beschränken, nur dieses zu entfernen, sofern der verbleibende Restquerschnitt ausreichend tragfähig ist. Bei augenscheinlich nur lokalem Befall sollte grundsätzlich geprüft werden, inwieweit Maßnahmen nach den Punkten 2 bis 4 überhaupt erforderlich sind und damit die Bekämpfung auf den Ausbau der befallenen Holzbauteile beschränkt bleiben kann.

**4.4** Die Entscheidung über Notwendigkeit, Art und Umfang einer Bekämpfungsmaßnahme hängt von einer sorgfältigen Diagnose der Befallsart und des Befallsumfangs durch hierfür qualifizierte Sachverständige ab. Kann der Schadorganismus nicht eindeutig bestimmt werden, ist eine Laboruntersuchung (makroskopisch, mikroskopisch oder molekularbiologisch) durchzuführen.

Die Ergebnisse der Untersuchungen und Hinweise zu den notwendigen Bekämpfungsmaßnahmen sind dem Auftraggeber in einem Untersuchungsbericht vorzulegen.

Unterabschnitt 4.4 beinhaltet zwei wesentliche Aussagen, und zwar ist erstens ein qualifizierter Sachverständiger einzuschalten und zweitens als Voraussetzung für eine Bekämpfungsmaßnahme nicht nur die Art der Schadorganismen, sondern auch der Umfang des Befalls zu ermitteln.

Bei Befall durch Holz zerstörende Pilze ist zunächst generell festzustellen, ob – aufgrund seiner Sonderstellung (siehe 3.4) – Befall durch den Echten Hausschwamm oder eines Nassfäulepilzes bzw. eines Moderfäulepilzes vorliegt. Bei Vorliegen eines Nassfäulepilzes ist zwischen Braun- und Weißfäuleerregern zu unterscheiden und die von ihnen ausgehende Gefährdung in Abhängigkeit der festgestellten Pilzart zu beurteilen. Ist für den Sachverständigen vor Ort eine Artbestimmung nicht möglich, ist eine Laboruntersuchung durchzuführen. Die hierzu notwendige Entnahme von Befallsproben erfordert ein hohes Maß an Sachkenntnis, um sicherzustellen, dass eine repräsentative Probe vorliegt. Zur molekularbiologischen Bestimmung ist anzumerken, dass die Ergebnisse durch Fremdbeeinflussung (z. B. überall vorkommenden Pilzsporen) verfälscht werden können.

Bei Befall durch Holz zerstörende Insekten muss zwischen Trockenholz- und Frischholzinsekten (siehe 3.7) unterschieden werden. Darüber hinaus ist zu beurteilen, ob möglicherweise ein Lebendbefall durch Sekundärinsekten oder anderweitige Ursachen vorgetäuscht wird.

Der dem Auftraggeber vorzulegende Untersuchungsbericht über Schadensart und Schadensumfang beeinflusst entscheidend Planung und Ausführung (Leistungsumfang) der Sanierungsarbeiten. Zudem dient er im Streitfall vor Gericht als wichtiges Beweismittel. Folglich müssen relevante Details gründlich und umfassend dokumentiert werden. Außerdem ist während der Untersuchung bzw. im Bericht auf mögliche standsicherheitsgefährdende Umstände hinzuweisen. Als oftmals erste Person, die das Schadensausmaß erkennen kann, ist der Sachverständige auch verpflichtet, Gefahrensituationen für Leib und Leben sowie für das Bauwerk zu benennen und Notmaßnahmen zu veranlassen. Weitergehende Maßnahmen sind durch einen Tragwerksplaner zeitnah festzulegen (Vergleiche auch Kommentierung zu 4.6).

Der Sachverständige kann aufgrund vorhandener und meist auch optisch erkennbarer Schadensmerkmale vielfach im Vorfeld beurteilen, ob es sich um einen nur geringen, einen mittleren oder einen starken und großflächigen Befall handelt. Es ist eine entsprechende Einstufung vorzunehmen und nach Lage der Dinge zu entscheiden, ob weitergehende Untersuchungen einzuleiten sind. Allerdings ist zu berücksichtigen, dass der Untersuchungsbericht nur eine Momentaufnahme darstellen kann. In dem Zeitraum zwischen der Untersuchung der Befallssituation und dem Beginn der Bekämpfungsmaßnahme kann sich der Zustand der Bausubstanz weiter verschlechtern, sofern die Bekämpfungsmaßnahmen nicht zeitnah erfolgen. Außerdem ist es wegen nicht zugänglicher Räumlichkeiten oder Bauteile nicht immer möglich, vor Beginn der Bekämpfungsmaßnahmen den vollen Umfang des Schädlingsbefalls abzuklären. Darüber hinaus ist es trotz der Vielzahl möglicher Untersuchungsmethoden und der oftmals vorhandenen umfangreichen Erfahrung der Untersuchenden nicht möglich, in einem Gebäude jeden eventuellen Schaden im Untersuchungsbericht zu erfassen (siehe hierzu auch die ausführlichen Hinweise im WTA-Merkblatt 1-2. Ausgabe: 01.2021/D – Der Echte Hausschwamm [1]). Dieser Sachverhalt ist gegebenenfalls im Untersuchungsbericht festzuhalten. Auch sind aus Kosten- oder nutzungstechnischen Gründen nicht selten Teilfreilegungen von Hohlräumen und allgemein schwer zugänglichen Bereichen im notwendigen Umfang nicht möglich oder unerwünscht. Als weitgehende zerstörungsfreie Untersuchungsmethode bietet sich die Endoskopie an. Sie bleibt aber in der Regel in ihrer Aussagekraft begrenzt. Zudem setzt die Interpretation endoskopisch erkennbarer Befallsbilder eine umfassende Erfahrung voraus.

**4.5** Die Bekämpfungsmaßnahmen an tragenden sowie auch für nicht tragende Holzbauteile erfordern einschlägige Kenntnisse und Erfahrungen. Sie dürfen daher nur von Fachbetrieben bzw. qualifizierten Fachleuten, die über die erforderliche Ausrüstung verfügen, durchgeführt werden. Qualifizierte Fachleute sind diejenigen, die die entsprechende Ausbildung absolviert haben und den gesetzlichen Anforderungen der Gefahrstoffverordnung entsprechen.

Die Norm schreibt für die Durchführung von Bekämpfungsmaßnahmen im Hinblick auf Qualität, Zuverlässigkeit, sachgerechte Ausführung, gesundheitliche Unbedenklichkeit und Umweltverträglichkeit Fachbetriebe und Fachleute mit entsprechender Qualifikation vor. Diese Forderungen stehen im Einklang mit den Vorschriften der Gefahrstoffverordnung, Anhang I, Nummer 4. Detaillierte Regelungen hierzu wird eine zum Zeitpunkt der Herausgabe des vorliegenden Kommentars zur Holzschutznorm noch in Bearbeitung befindliche TRGS beinhalten.

Mit der Forderung, grundsätzlichen baulichen Holzschutzmaßnahmen nach Teil 2 der Normenreihe generell den Vorzug vor Schutzmaßnahmen mit biozidhaltigen Holzschutzmitteln nach Teil 3 zu geben (vgl. Teil 1, 8.1.3 und zugehörige Kommentierung), muss der qualifizierte Fachmann jedoch nicht nur den Anforderungen der Gefahrstoffverordnung genügen, sondern darüber hinaus mehr denn je über fundierte Kenntnisse auf dem Gebiet der Bautechnik verfügen.

Bedeutsam ist dabei die allgemeine Forderung nach Fachbetrieben bzw. qualifizierten Fachleuten unabhängig davon, ob der Befall an tragenden oder nicht tragenden Holzbauteilen vorliegt. Diese Muss-Forderung (im Unterschied zur Soll-Forderung in Teil 1, 8.1.3 der Normenreihe bei vorbeugenden Holzschutzmaßnahmen an nicht tragenden Bauteilen) begründet sich in dem möglichen Übergreifen des Befalls von nicht tragenden auf tragende Holzbauteile. Auch wenn die Standsicherheit zunächst nicht unmittelbar gefährdet ist, muss auch bei nicht tragenden Bauteilen eine sachkundige Bekämpfung erfolgen.

Als qualifizierte Fachleute gelten Personen, die unter Einhaltung bestehender gesetzlicher Vorschriften zu Gesundheits-, Umwelt- und Arbeitsschutz in der Lage sind, Holzschutzmittel und Verfahren zur Bekämpfung eines Befalls durch Holz zerstörende Pilze oder Insekten am verbauten Holz bestimmungsgemäß einzusetzen (Teil 1, 10.3.3). Als Fachbetriebe gelten wiederum Betriebe, in denen mindestens ein qualifizierter Fachmann tätig ist.

Qualifizierte Fachleute sind:

a) Inhaber des Sachkundenachweises „Holzschutz am Bau“ des Ausbildungsbeirates Holzschutz am Bau

b) Meister im Holz- und Bautenschutz

c) Restauratoren im Zimmererhandwerk

d) Zimmermeister

e) von einer Kammer des öffentlichen Rechts geprüfte Schädlingsbekämpfer

f) ausgebildete Holz- und Bautenschützer

g) Zimmerer für Restaurierungsarbeiten.

Den unter d) bis g) genannten Personen wird der Erwerb des Sachkundenachweises „Holzschutz am Bau“ empfohlen.

Bei dem zuvor genannten Personenkreis können einschlägige Kenntnisse und Erfahrungen vorausgesetzt werden über:

- Holz, Holzarten; Beschaffenheit, Dauerhaftigkeit und Tränkbarkeit der Hölzer
- Holzschädlinge, deren Biologie und die verursachten Holzschäden

- das Regelwerk Holzschutz einschließlich Gesundheits-, Arbeits- und Umweltschutz
- bekämpfende und vorbeugende Schutzmaßnahmen einschließlich bauliche Holzschutzmaßnahmen
- Holzschutzmittel, ihre biologische Wirksamkeit, ihre möglichen Auswirkungen auf Mensch und Umwelt und ihre Anwendbarkeit einschließlich Anwendungsbeschränkungen und -verboten
- Grundkenntnisse in der Bautechnik.

Neben der entsprechenden Fachkunde fordert die Norm von Fachbetrieben wie auch von Fachleuten, dass sie über die erforderlichen Ausrüstungsgegenstände und Anlagen verfügen. Hierzu gehören unter anderem solche für:

- die Schädlings- und Befallsdiagnose
- das Bekämpfen der Schadorganismen
- das Lagern und Handhaben von Holz und Holzschutzmitteln
- das gefahrlose und umweltverträgliche Handhaben von Holzschutzmitteln und getränkten Hölzern
- das gefahrlose und umweltverträgliche Entsorgen von ausgebautem und befallenem Material, Resten von behandeltem Holz und Holzschutzmitteln
- den gesundheitlichen Arbeitsschutz.

**4.6** Bei tragenden Holzbauteilen ist die Standsicherheit festzustellen. Im Bedarfsfall ist ein Tragwerksplaner einzubeziehen.

Ist die Standsicherheit bei vorhandenen Schäden oder in Folge der Bekämpfungsmaßnahmen (z. B. Entfernen der befallenen oder daran angrenzenden, nicht geschädigten Holzteile oder durch die Querschnittschwächung einer Bohrlochbehandlung) nicht sichergestellt, so ist zu veranlassen, dass die Holzbauteile während der Bekämpfungsmaßnahme ausreichend gesichert werden (z. B. durch Stützen). Nach Durchführung der Bekämpfungsarbeiten sind die geschwächten Holzbauteile entsprechend zu verstärken.

Mit Bekämpfungsmaßnahmen können zwangsläufig Eingriffe in die Stand- und Verkehrssicherheit tragender Holzbauteile verbunden sein. Deshalb ist die Standsicherheit der Konstruktion stets vorab abzuklären und ggf. sicherzustellen. Werden die Standsicherheit infrage stellende Schäden festgestellt oder solche möglicherweise durch die Bekämpfungsmaßnahmen verursacht, ist ein Tragwerksplaner hinzuzuziehen, der zu prüfen hat, ob das Holzbauteil die planmäßig anzunehmenden Belastungen nach wie vor sicher aufzunehmen und abzuleiten vermag.

Bei Bedarf muss die Festigkeit der Holzbauteile mittels geeigneter Untersuchungsmethoden festgestellt werden. Je nach Ergebnis dieser Untersuchungen sind die geschädigten Holzbauteile abzustützen und generell Maßnahmen zum Sicherstellen und Wiederherstellen der Standsicherheit zu planen und festzulegen.

**4.7** Bei allen Bekämpfungsmaßnahmen sind geeignete Gesundheits-, Arbeits- und Umweltschutzmaßnahmen zu ergreifen.

Ansammlungen von Pilzsporen, Bohrmehl und Holzstaub sollten entfernt werden, weil sie bei entsprechend disponierten Personen allergische Reaktionen hervorrufen können.

In Gefährdungsbereichen von schützenswerten Tieren wie bestimmte Faltenwespen (z. B. Hornissen), Fledermäusen, Eulen und Turmfalken sind Bekämpfungsmaßnahmen erst dann durchzuführen, wenn — jahreszeitlich bedingt — kein Besatz besteht.

Im Vorfeld von Bekämpfungs- und Sanierungsmaßnahmen ist durch geeignete Maßnahmen zu prüfen, ob an den Bauteilen bzw. im Liegestaub eine Vorbelastung vorliegt. Dazu zählen insbesondere:

- organische Holzschutzmittelwirkstoffe
- Tierkot (z. B. Taubenkot)
- Pilzsporen
- Bohrmehl und Holzstaub.

Unabhängig von der Möglichkeit gesundheitlicher Gefahren sind genannte Stoffe im Rahmen von Bekämpfungs- oder begleitenden baulichen Maßnahmen grundsätzlich zu entfernen und nötigenfalls weitere Schutzmaßnahmen zu treffen.

Als schützenswert gelten generell alle Pflanzen- und Tierarten. Bestimmte Arten, wie die hier aufgeführten zu den Faltenwespen gehörenden Hornissen sowie Fledermäuse, Eulen und Turmfalken sind unter besonderen Schutz gestellt. „Besonders geschützt" sind Hornissen, „streng geschützt" sind Fledermäuse, Eulen und Turmfalken. Für die besonders geschützten Arten gelten nach § 44 Bundesnaturschutzgesetz (BNatSchG) [3] bestimmte Zugriffsverbote. Unter anderem ist es verboten, sie der Natur zu entnehmen, zu beschädigen, zu töten oder ihre Fortpflanzungs- und Ruhestätten bzw. Standorte zu beschädigen oder zu zerstören. Bei streng geschützten Tierarten als Teilmenge der besonders geschützten Arten gilt zusätzlich das Verbot, sie während der Fortpflanzungs-, Aufzucht-, Mauser-, Überwinterungs- und Wanderungszeit erheblich zu stören. Letzteres Verbot gilt im Übrigen auch für alle europäischen Vogelarten, sodass nicht nur auf einen Besatz durch Eulen und Turmfalken zu achten ist. Verwilderte Haustauben sind hiervon ausgenommen. Der Ausführende muss die typischen Anzeichen von Hang-, Nist- und Brutplätzen der genannten Tiere erkennen können und gegebenenfalls bei Personen, die mit dem Objekt vertraut sind, Erkundigungen über einen möglichen Besatz einholen. Die Norm schreibt entsprechend den Vorgaben des Bundesnaturschutzgesetzes als zulässige Behandlungszeiten besatzfreie Perioden vor. Bei Fledermäusen ist eine Behandlung nur von Oktober/November bis März/April, bei Hornissen von November bis März möglich. Da aber bestimmte Tierarten sich ganzjährig in Gebäuden oder Gebäudeteilen aufhalten, ist die diesbezügliche Normvorgabe nicht ohne Weiteres einzuhalten. In derartigen Fällen sind mit den zuständigen Behörden oder Verbänden (Naturschutzbehörde, Bund Naturschutz, Vogelschutzbund) geeignete Lösungsstrategien zum Schutz der Tiere zu entwickeln.

# 5 Holzschutzmittel

## 5.1 Anforderungen

**5.1.1** Es dürfen nur Holzschutzmittel angewendet werden, die nach den geltenden gesetzlichen Bestimmungen verkehrsfähig und verwendbar für den vorgesehenen Einsatzzweck sind.

ANMERKUNG Die Zulassung von Holzschutzmitteln nach Biozidverordnung (EU) Nr. 528/2012 in Verbindung mit dem Chemikaliengesetz (ChemG) erfolgt durch die Bundesanstalt für Arbeitsschutz und Arbeitsmedizin (BAuA) (für nationale Zulassungen einschließlich gegenseitiger Anerkennungen) oder durch die europäische Kommission (für Unionszulassungen). Die Zulassung schließt eine Bewertung der Wirksamkeit, des Arbeitsschutzes sowie der umwelt- und gesundheitsbezogenen Risiken bei bestimmungsgemäßem Gebrauch ein.

**5.1.2** Die Behandlung von tragenden Holzbauteilen mit Holzschutzmittel darf nur durch Fachbetriebe erfolgen. Gleiches gilt für die Behandlung von Mauerwerk mit Schwammsperrmitteln.

Bis zum Vorliegen der Biozid-Zulassung, die von der Bundesanstalt für Arbeitsschutz und Arbeitsmedizin (BAuA) erteilt wird, ist für das jeweilige Bekämpfungsmittel eine allgemeine bauaufsichtliche Zulassung erforderlich (ergänzend siehe Anmerkung zu 5.1.1).

Holzschutzmittel unterliegen als Biozidprodukte der europäischen Biozidgesetzgebung gemäß der Verordnung (EU) Nr. 528/2012 (= Biozid-Verordnung), die zum 01.09.2013 die Gesetzgebung nach der Richtlinie 98/8/EG und ihre Umsetzung in nationales Recht abgelöst hat.

Zum Schutz für Verbraucher, Beschäftigte und der Umwelt sowie zur Gewährleistung einer ausreichenden Wirksamkeit dürfen Holzschutzmittel erst in den Verkehr gebracht und angewendet werden, nachdem sie eine Zulassung durch die zuständige nationale Behörde erhalten haben. In Deutschland ist hierfür die Bundesanstalt für Arbeitsschutz und Arbeitsmedizin (BAuA) zuständig.

Die Zulassung

a) nennt den Zielorganismus, gegen den das Schutzmittel wirkt,

b) dokumentiert die ausreichende Wirksamkeit des Schutzmittels,

c) gibt die Ein- bzw. Aufbringmengen in Verbindung mit dem beantragten Anwendungsverfahren und den Anwendungsbereichen vor,

d) gibt die möglichen Verarbeitergruppen, Anwendungsbeschränkungen und Sicherheitsvorgaben vor und schließt ggf. Vorgaben für den Arbeitsschutz ein,

e) bestätigt, dass das Schutzmittel und das damit behandelte Holz ausreichend sicher gegenüber Mensch, Tier und Umwelt ist und

f) sichert die Vermarktungsfähigkeit im vom Zulassungsinhaber beantragten EU-Staat.

Die BAuA-Zulassung nach Biozidrecht ersetzt nach und nach den allgemeinen bauaufsichtlichen Verwendbarkeitsnachweis, der in Form einer allgemeinen bauaufsichtlichen Zulassung (abZ) des Deutschen Instituts für Bautechnik (DIBt) in Deutschland jahrzehntelang für Holzschutzmittel zur Anwendung tragender Holzbauteile erforderlich war. Sobald also ein bislang national zugelassenes Holzschutzmittel mit allgemeiner bauaufsichtlicher Zulassung eine BAuA-Zulassung im Rahmen des Biozidrechts erhält, wird es durch diese ersetzt. Dieser Ablösungsprozess war allerdings 2020 im Erscheinungsjahr der Holzschutznorm noch nicht abgeschlossen, da durch das DIBt erteilte Verwendbarkeitsnachweise bis zum Ablauf ihrer Geltungsdauer gültig und damit verkehrsfähig sind. Entsprechend mussten vom DIBt zugelassene und noch nicht durch eine BAuA-Zulassung ersetzte Holzschutzmittel bei der Neufassung der DIN 68800 Teil 4 berücksichtigt werden. In der Folge werden die bisher vergebenen Prüfprädikate durch Anwendungskategorien ersetzt.

Neben einer allgemeinen bauaufsichtlichen Zulassung und nach europäischem Biozidrecht zugelassenen Holz- und Schwammschutzmitteln können bis zum Auslaufen von Übergangsregelungen zu Altwirkstoffen derzeit noch verwendbare Produkte mit BAuA-Registriernummer eingesetzt werden.

Da Holzschutzmittel als Biozidprodukte generell einer gesetzlichen Melde- und Zulassungspflicht unterliegen, erübrigt sich eine Gütesicherung für Holzschutzmittel zur Behandlung von Hölzern für nicht tragende Zwecke, wie diese über drei Jahrzehnte in Deutschland durch das RAL-Gütezeichen „Holzschutzmittel gemäß RAL-GZ 830" als zweites wichtiges nationales Zulassungssystem gegeben war (vgl. auch Kommentar zu 5.1.3). Konsequenterweise wurde die Gütegemeinschaft 2016 aufgelöst. Zu verweisen ist in diesem Zusammenhang darauf, dass die Zulassung nach Biozidrecht nicht mehr zwischen Holzschutzmitteln zur Behandlung von Hölzern für tragende und nicht tragende Zwecke unterscheidet.

**Zu 5.1.2**

Der Unterabschnitt 5.1.2 unterstreicht unmissverständlich, dass die Behandlung von tragenden Holzbauteilen mit Holzschutzmitteln sowie die Behandlung von Mauerwerk ausschließlich durch Fachbetriebe ausgeführt werden dürfen.

Je nachdem welche Produktgruppe und welche zugelassene Anwendung (z. B. Streichen, Sprühen, Bohrlochtränkung) zum Einsatz kommen, sind nach BAuA-Zulassung unterschiedliche Verwenderkategorien (professioneller, berufsmäßiger, gewerblicher, geschulter berufsmäßiger oder sachkundiger Verwender) vorgeschrieben. Diese Informationen sind den SPC's (Summary of Product Characteristics, meist Punkt 4 der BAuA-Zulassungen) zu entnehmen.

**5.1.3** Für nicht tragende Holzbauteile dürfen alle Holzschutzmittel angewendet werden, die nach den geltenden gesetzlichen Bestimmungen verkehrsfähig und verwendbar für den vorgesehenen Einsatzzweck sind.

Außer bei Holzschutzmitteln mit einem bauaufsichtlichen Verwendbarkeitsnachweis war es bei Herausgabe der Norm im Jahr 2012 zur Anwendung bei nicht tragenden Holzbauteilen erforderlich, nur Holzschutzmittel zuzulassen, deren Wirksamkeit von einer akkreditierten Stelle wie der Gütegemeinschaft Holzschutzmittel e.V. (RAL-GZ 830) bewertet worden waren. Heutzutage erfüllen alle Holzschutzmittel mit einer Zulassung nach Biozidrecht die im Unterabschnitt 5.1.3 gestellte Forderung (vgl. auch Kommentar zu 5.1.2).

## 5.2 Anzuwendende Produktarten

### 5.2.1 Bekämpfungsmittel

- Mittel zur Verhinderung des Durchwachsens des Echten Hausschwamms durch Mauerwerk als so genannte Schwammsperrmittel;
- Mittel mit bekämpfender Wirkung gegen Holz zerstörende Insekten;
- Mittel mit bekämpfender und zugleich vorbeugender Wirkung gegen Holz zerstörenden Insekten und gegebenenfalls gleichzeitiger vorbeugender Wirksamkeit gegen Holz zerstörende Pilze.

ANMERKUNG 1 Holzschutzmittel zur Bekämpfung und gegebenenfalls gleichzeitig vorbeugender Wirksamkeit gegen Insekten wirken entweder käferartspezifisch oder gegen alle Holz zerstörenden Insekten. Die Wirksamkeit ist in der Zulassung ausgewiesen.

ANMERKUNG 2 Die Mittel zur Bekämpfung von Insekten werden nach DIN EN 14128 in drei Gruppen unterteilt:

- schnell wirkende Produkte. Die Mittel erreichen im Laborversuch einen Abtötungserfolg gegen *Anobium punctatum* innerhalb von 8 Wochen und gegen *Hylotrupes bajulus* innerhalb von 12 Wochen;
- langsam wirkende Produkte. Die Mittel erreichen im Laborversuch den geforderten Abtötungserfolg gegen *Anobium punctatum* innerhalb von mehr als 8 Wochen bis maximal 16 Wochen und gegen *Hylotrupes bajulus* innerhalb von mehr als 12 Wochen bis maximal 24 Wochen;
- Produkte mit verzögerter Wirkung. Die Mittel erreichen im Laborversuch den geforderten Abtötungserfolg gegen *Anobium punctatum* erst nach mehr als 21 Wochen und gegen *Hylotrupes bajulus* innerhalb von mehr als 24 Wochen bis maximal 52 Wochen.

Bekämpfend wirksame Holzschutzmittel mit bauaufsichtlichem Verwendbarkeitsnachweis tragen unter anderem die folgenden Prüfprädikate, mit denen sie jeweils gekennzeichnet werden:

- M Schwammsperrmittel;
- Ib gegen Insekten bekämpfend wirksam.

### 5.2.2 Vorbeugend wirksame Mittel (ohne bekämpfende Wirkung)

- Holzschutzmittel mit vorbeugender Wirksamkeit gegen Holz zerstörende Pilze. Die Holzschutzmittel können vorbeugend wirksam gegen einzelne Käferarten oder gegen alle Holz zerstörenden Insekten sein;

– Holzschutzmittel mit vorbeugender Wirksamkeit gegen einzelne Käferarten oder gegen alle Holz zerstörenden Insekten. Die Holzschutzmittel können zugleich wirksam gegen Holz zerstörende Pilze sein.

Vorbeugend wirksame Holzschutzmittel mit bauaufsichtlichem Verwendbarkeitsnachweis tragen unter anderem die folgenden Prüfprädikate, mit denen sie jeweils zu kennzeichnen sind:

– P gegen Pilze vorbeugend wirksam (Fäulnisschutz);

– Iv gegen Insekten vorbeugend wirksam.

**Zu 5.2.1**

Bereits der Name Schwammsperrmittel bringt zum Ausdruck, dass diese Produkte auf eine Verhinderung des Durchwachsens des Echten Hausschwamms durch die behandelten Mauerwerksschichten und **nicht auf das Abtöten** des Myzels ausgerichtet sind. Die Beurteilung ihrer Wirksamkeit als Mauerwerksfungizid, um ein Überwachsen vom Echten Hausschwamm auf Holz zu verhindern, erfolgt durch das Laboratoriums-Prüfverfahren nach DIN EN 12404, Ausgabe Mai 2020 [2].

Von Schwammsperrmitteln als bekämpfend wirksame Holzschutzmittel zu unterscheiden ist ein als Schutzmittel bezeichnetes biozidfreies Mittel für bauliche Bekämpfungsmaßnahmen zum Verhindern des Überwachsens vom Echten Hausschwamm von Mauerwerk auf Holz. Hierzu liegt seit Anfang 2020 eine allgemeine bauaufsichtliche Zulassung/Allgemeine Bauartgenehmigung (abZ/aBG) des DIBt vor. Aufgrund seiner Wirksamkeit wurde dem Produkt die Einstufung M (= zur Verhinderung des Durchwachsens von Hauschwamm durch Mauerwerk) zugewiesen – nicht zu verwechseln mit dem Prüfprädikat M (= Schwammsperrmittel) für Bekämpfungsmittel mit biozider Wirkung). Die Schutzwirkung des Mittels beruht auf einer Verkieselung kalkhaltigen Mauerwerk-Mörtels. Dadurch werden die im Mauerwerk vorhandenen Kapillaren derart in ihrem Durchmesser verkleinert, sodass diese von den Pilzhyphen nicht mehr durchwachsen werden können. Wesentlich für den Erfolg der Maßnahme ist die vorangegangene Trocknung des Mauerwerks auf bestimmte, vom Vertreiber angegebene Durchfeuchtungsgrade.

Da bei Abschluss der Überarbeitung der Norm durch den Arbeitsausschuss „Bekämpfender Holzschutz" und zum Zeitpunkt der Veröffentlichung der Norm als Entwurf im Oktober 2019 für das Produkt noch keine Zulassung/Bauartgenehmigung durch das DIBt vorlag, verbot sich schon allein deshalb seine Aufnahme in die vorliegende Ausgabe der Norm vom Dezember 2020. Zudem ist zu berücksichtigen, dass bisher keine langjährigen Praxiserfahrungen mit dem Produkt vorliegen und deshalb noch keine allgemein anerkannten Regeln für diese Bauart vorliegen.

Vom Vertreiber vorgegeben setzt die Anwendung des Produkts gemäß abZ/aBG ein objektbezogenes Sanierungskonzept voraus, das ausschließlich von einem geschulten Sachverständigen erstellt werden darf. Ebenso darf die Sanierungsmaßnahme nur von einem geschulten Betrieb und von geschulten Fachkräften vorgenommen werden. Zuständig für die Schulungen ist der Vertreiber oder ein von diesem autorisiertes Unternehmen. Außerdem ist für die Dauer von drei Jahren eine Kontrolle des Mauerwerks notwendig, sofern das getrocknete Mauerwerk nicht weniger als vier Gewichtsprozent Feuchtegehalt aufweist. Somit bestehen erhebliche Einschränkungen für den Gebrauch des Schutzmittels, die im Sinne dieser Norm eine Anerkennung als Regelsanierung von vornherein ausschließen dürfte.

Bezüglich der Bekämpfungsmittel gegen Holz zerstörende Insekten ist festzustellen: Soll ein bekämpfendes Mittel entsprechend drittem Spiegelstrich zugleich vorbeugend wirksam sein, so ist auch hierfür ein Wirksamkeitsnachweis erforderlich. Anderenfalls bleibt seine Zulassung entsprechend zweitem Spiegelstrich auf die bekämpfende Wirksamkeit beschränkt.

Die Prüfung der bekämpfenden Wirksamkeit erfolgt im Labor nach festgelegten Normen, und zwar den Prüfnormen DIN EN 1390 gegenüber Larven des Hausbockkäfers [4], DIN EN 48 gegenüber Larven des Gemeinen Nagekäfers [5] und DIN EN 370 gegenüber dem Gemeinen Nagekäfer zur Verhinderung eines Käferschlupfs [6].

In Abhängigkeit des eingesetzten Wirkstoffes und dessen Konzentration sowie der Formulierung des Produkts ergeben sich unterschiedliche Wirkungsgeschwindigkeiten, wobei wiederum ein Wirkstoff in bestimmter Konzentration nicht gleichermaßen auf den Hausbockkäfer **und** den Gemeinen Nagekäfer von abtötender Wirksamkeit sein muss. Die Anforderungen an die Wirkungsgeschwindigkeit in welcher Zeit bzw. welcher Zeitspanne im Laboratorium eine Abtötung bei Befall durch den Hausbockkäfer oder den Gemeinen Nagekäfer zu erfolgen hat, sind in DIN EN 14128 (Ausgabe März 2020) [7] geregelt. Mit schnell, langsam und verzögernd wirkend werden drei Bekämpfungsmittel-Typen unterschieden, wie diese in vorliegender Norm in der Anmerkung 2 aufgelistet sind.

Holzschutzmittel mit verzögerter Wirkung sind dadurch charakterisiert, dass ihre bekämpfende Wirkung sich nicht unmittelbar im Lebenszyklus, sondern erst zu einem späteren Zeitpunkt des Larvenstadiums als Häutungshemmer oder im Puppen- oder Käferstadium nach DIN EN 370 als Schlupfverhinderer [6] einstellt. Die in vorliegender Norm angegebenen Maximalwerte von 52 Wochen für den Hausbockkäfer sind in Übereinstimmung mit der Prüfnorm DIN EN 1390 [4], für den Gemeinen Nagekäfer in Übereinstimmung mit DIN EN 370 [6] wiedergegeben (Tab. 1).

**Tabelle K.1:** Anforderungen an die Wirkungsgeschwindigkeit der drei Bekämpfungsmittel-Typen schnell, langsam und verzögernd wirkend gemäß DIN EN 14128

| Anforderung | Schnell wirkend | | Langsam wirkend | | Verzögernd wirkend | |
|---|---|---|---|---|---|---|
| | Hausbockkäfer | Gemeiner Nagekäfer | Hausbockkäfer | Gemeiner Nagekäfer | Hausbockkäfer | Gemeiner Nagekäfer |
| Prüfung | EN 1390 | EN 48 | EN 1390 | EN 48 | EN 1390 | EN 370 |
| Prüfzeit in Wochen | 12 | 8 | 24 | 16 | 52 | max. 52 |
| Kriterien für die wirksame Menge | 80 % Abtötung bei Ende der Prüfung | 80 % Abtötung bei Ende der Prüfung | 80 % Abtötung bei Ende der Prüfung | 80 % Abtötung bei Ende der Prüfung | 80 % Abtötung ohne Schlupf bei Ende der Prüfung | max. 3 ausgeschlüpfte Käfer von 72 ausgesetzten Larven |

Für alle drei Bekämpfungsmittel-Typen kann unterstellt werden, dass der gemäß DIN EN 14128 [7] unter Laborbedingungen innerhalb der Prüfzeit ermittelte Abtötungserfolg nur bedingt auf die Praxis übertragbar ist. Vielmehr muss mit längeren Zeiten bis zum vollständigen Abtötungserfolg gerechnet werden (siehe Kommentierung zu 11.2.2.3). Vor allem die Produkte mit langsamer und verzögerter Wirkung erfordern eine umfassende Information des Auftraggebers über das jeweilige Wirkprinzip, da ein vollständiger Abtötungserfolg unter Umständen insbesondere beim Bekämpfungsmittel-Typ „verzögert wirksam" erst nach mehreren Jahren erzielt wird und es in der Zeit noch zum Schlupf von Käfern kommen kann (siehe auch Kommentierung zu 11.2.2.3). Aus diesem Grund ist es ratsam, den Erfolg der durchgeführten Bekämpfungsmaßnahme im Nachgang durch ein Monitoring nachzuweisen.

Ein bekämpfend wirkendes Holzschutzmittel kann nach DIN EN 14128 definitionsgemäß entweder gegenüber allen Holz zerstörenden Käfern, nur gegen eine Käferart oder gegen bestimmte Käferarten wirksam ausgelobt sein. Für eine Auslobung gegenüber allen Holz zerstörenden Käfern bedarf es eines Wirksamkeitsnachweises an den repräsentativen zwei Arten Hausbockkäfer und Gemeiner Nagekäfer. In diesem Fall kann ein Produkt ohne Probleme auch zur Bekämpfung z. B. des Braunen Splintholzkäfers eingesetzt werden. Wird ein Produkt spezifisch zur Anwendung gegen bestimmte Käfer ausgelobt, dann muss der Wirksamkeitsnachweis auch mit der namentlich erwähnten Käferart erfolgt sein.

Im Falle des Gemeinen Nagekäfers fordert DIN EN 14128 für Bekämpfungsmittel bei der Anwendung zum Schutz von Kulturgütern eine Mortalität von mindestens 90 %. Der entsprechende Wirksamkeitsnachweis für diese spezielle Anwendung muss dann auf den Gebinden oder in den technischen Merkblättern der Hersteller angegeben sein.

Prüfprädikate, wie sie jahrzehntelang für Holzschutzmittel mit bauaufsichtlichem Verwendbarkeitsnachweis vergeben wurden, entfallen zukünftig, da von der BAuA solche nicht vorgesehen sind. Ebenso fordert die BAuA-Zulassung – wie früher erforderlich – auch keine Qualitätsüberwachung und Zertifizierung der Produkte durch unabhängige Überwachungsstellen.

**Zu 5.2.2**

Vorbeugend wirksame Holzschutzmittel, die sowohl ein Insektizid als auch ein Fungizid enthalten (sogenannte Kombinationsprodukte), sind nur dann einzusetzen, wenn die gleichzeitige vorbeugende Wirksamkeit gegen Holz zerstörende Pilze und Insekten erforderlich ist. Davon ausgenommen sind beispielsweise Holzschutzmittel auf Basis von Borverbindungen, da der Wirkstoff Bor für sich allein sowohl gegen Pilze als auch gegen Insekten wirksam ist.

Wie im letzten Absatz des Kommentars zu 5.1.1 ausgeführt, wird es ebenso auch für vorbeugend wirksame Holzschutzmittel zukünftig keine Prüfprädikate mehr geben.

## 5.3 Hinweise zur Auswahl und Anwendung

**5.3.1** Bei der Auswahl und Anwendung vorbeugend wirksamer Holzschutzmittel ist DIN 68800-3 zu beachten.

**5.3.2** Es gelten die Bestimmungen der jeweiligen Zulassung nach Biozidrecht oder der allgemeinen bauaufsichtlichen Zulassung. Die Vorgaben des Herstellers in den technischen Merkblättern und in den Sicherheitsdatenblättern sind zu beachten.

Entsprechende Unterlagen zu den verwendeten Produkten sind dem Auftraggeber auszuhändigen.

Die in Holzschutzmitteln enthaltenen fungiziden und/oder insektiziden Wirkstoffe können bei nicht sachgerechter Anwendung sowohl die Gesundheit des Menschen als auch die Umwelt gefährden. Ebenso können bei unsachgemäßem Umgang mit Holzschutzmitteln die in ihnen enthaltenen Hilfsstoffe wie z. B. Lösemittel, Fixierungsmittel, Netzmittel oder Emulgatoren, ein Gefahrenpotenzial für Gesundheit und Umwelt darstellen.

**Aus diesem Grund sind die Bestimmungen der jeweiligen Zulassung durch die BAuA sowie die Vorgaben des technischen Merkblattes und des Sicherheitsdatenblatts strikt einzuhalten, damit eine Gefährdung ausgeschlossen werden kann.**

Zum Aushändigen der Produktunterlagen an den Auftraggeber siehe Kommentar zu 12.1, letzter Absatz.

# 6 Heißluftverfahren

Das Heißluftverfahren als Regelsanierung zur Bekämpfung Holz zerstörender Insekten gehört zu den thermischen Verfahren.

Durch das Heißluftverfahren wird das behandelte Holz nicht vor einem Neubefall geschützt.

Beim Abschnitt 6 handelt es sich um einen Vorverweis auf 9.3, in dem das Heißluftverfahren zur Bekämpfung Holz zerstörender Insekten ausführlich geregelt ist. Er ist als Ergänzung zu

Abschnitt 5 zu verstehen, um den Eindruck zu vermeiden, die Anwendung von Holzschutzmitteln zur Bekämpfung Holz zerstörender Pilze und Insekten würde in der Norm hervorgehoben.

Das Heißluftverfahren zur Bekämpfung Holz zerstörender Insekten wurde in den Jahren 1929/30 in Dänemark entwickelt und ist bereits 1931 erstmals in Deutschland mit Erfolg eingesetzt worden. Seine Wirkungsweise wie auch die von anderen thermischen Verfahren beruht darauf, dass bei sachgerechter Anwendung durch ausreichend hohe Temperaturen über den gesamten Holzquerschnitt alle Stadien Holz zerstörender Insekten (Eier, Larven, Puppen und Vollinsekt) zuverlässig abgetötet werden. Ohne Einsatz von Holzschutzmitteln wird eine sofortige Abtötung in allen ausreichend durchheizten Holzbauteilen bei gleichzeitiger sicherer Erfolgskontrolle erzielt. Aus der Forderung von 4.3.2, den Einsatz von bekämpfend wirksamen Holzschutzmitteln auf das notwendige Maß einzuschränken, ergibt sich konsequenterweise, dass der Planer in Absprache mit dem Auftraggeber stets zu prüfen hat, ob im konkreten Einzelfall dem Heißluftverfahren der Vorrang zu geben ist.

Der Auftragnehmer sollte bereits im Angebot schriftlich darauf verweisen, dass eine Heißluftbehandlung ausschließlich bekämpfend wirkt, nicht aber einem zukünftigen Befall vorbeugt. Der fehlende vorbeugende Holzschutz ist keinesfalls nachteilig, da vielfach darauf verzichtet werden kann (vgl. hierzu 9.3.1, 9.3.9).

Die Feststellung, dass das Heißluftverfahren keinen Schutz vor einem Neubefall bietet, scheint in Widerspruch zur Festlegung in Teil 2, 6.3 b) zu stehen, dass bei technisch getrocknetem Bauholz, das bei einer Temperatur $> 55$ °C und mindestens 48 Stunden auf eine Holzfeuchte von $u < 20$ % getrocknet wurde, Bauschäden durch Holz zerstörende Insekten ausgeschlossen sind. Dabei ist denkbar, dass bei der Heißluftbehandlung von Holzbauteilen im Bestand und der technischen Trocknung von Waldholz mit noch erheblichen Anteilen der natürlichen Saftfrische eine unterschiedliche Abnahme von Duftstoffen, die dem Hausbockkäfer als Signal für eine geeignete Stelle zur Entwicklung seiner Art dienen, erfolgt. Zu berücksichtigen ist des Weiteren, dass die Festlegungen in Teil 2 lediglich auf einen Befall durch den Hausbockkäfer, nicht aber auf einen Befall durch andere Holz zerstörende Insekten abgestellt sind.

Wenig hilfreich erscheinen aus nationaler Sicht die Regelungen der DIN CEN/TR 15003 Dauerhaftigkeit von Holzprodukten – Kriterien für Heißluftverfahren zur Bekämpfung von Holz zerstörenden Organismen [8].

## 7 Begasungsverfahren und Bekämpfung durch modifizierte Atmosphären

Das Begasungsverfahren basiert auf der Anwendung toxischer Gase, die Bekämpfung mit modifizierten Atmosphären auf der Anwendung erstickend wirkender Gase. Beide Verfahren werden ausschließlich zur Bekämpfung Holz zerstörender Insekten eingesetzt.

Aus Umwelt- und Sicherheitsgründen sollte bei Raumbegasungen die Anwendung auf die Behandlung von Kunst- und Kulturgut (z. B. in Kirchen, Schlössern und Museen) beschränkt werden.

Durch das Begasungsverfahren wird das behandelte Holz nicht vor einem Neubefall geschützt.

Auch der Abschnitt 7 – wiederum in Form eines kurzen Vorverweises – ist als Ergänzung zu Abschnitt 5 zu verstehen, um die unterschiedlichen Möglichkeiten zur Bekämpfung eines akuten Insektenbefalls, unter Vermeidung des Eindrucks der Hervorhebung von Holzschutzmitteln, aufzuzeigen.

Das Begasungsverfahren und die Anwendung modifizierter Atmosphären zur zielgerichteten Bekämpfung Holz zerstörender Insekten beruht auf der Anwendung toxischer Gase bzw. erstickender Gase. Als erstickend bzw. austrocknend wirkende Gase – nicht korrekt auch als

Inertgase bezeichnet – werden vornehmlich Stickstoff und Kohlendioxid angewendet. Inertgase sind Gase, die sehr reaktionsträge sind, d. h., sie neigen nur wenig zur chemischen Reaktion mit anderen Stoffen. Das gilt jedoch nicht für Kohlendioxid (siehe Kommentierung zu 9.5.1). Überall wo es möglich und wirtschaftlich zweckmäßig ist, sind erstickende Gase wegen ihres geringen Gefahrenpotenzials und der geringen Umweltgefährdung den toxischen Gasen vorzuziehen (siehe hierzu auch 5. Absatz).

Aufgrund ihrer unterschiedlichen Wirkungsweise und insbesondere wegen der unterschiedlichen gesetzlichen Regelungen ihrer Zulassungen wurden die Festlegungen zu den toxischen Begasungsmitteln und zu den modifizierten Atmosphären unter Anwendung erstickend wirkender Gase gegenüber der Norm 2012-02 mit den Unterabschnitten 9.4 und 9.5 neu gegliedert.

Toxische Gase sowie Stickstoff sind gegenüber allen Insektenstadien (Vollinsekten, Eier, Larven und Puppen) wirksam. Demgegenüber ist bei Kohlendioxid eine Abtötung nur für das Larvenstadium des Gewöhnlichen Nagekäfers bekannt. Gegenüber Holz zerstörenden Pilzen sind die zurzeit in Verwendung befindlichen Gase nach bisherigen Erkenntnissen nur begrenzt wirksam oder unwirksam. Entsprechend wurden bislang auch keine Zulassungen ausgestellt. Gase durchdringen Holz und daraus gefertigte Gegenstände – einschließlich Malschichten und Farbfassungen – gleichmäßig und vollständig, ohne dass die behandelten Hölzer verändert oder geschädigt werden. Zu berücksichtigen sind jedoch mögliche Reaktionen mit anderen Stoffen (siehe 9.4.4 und 9.5.2). Toxische Gase entfalten ihre Wirkung innerhalb weniger Stunden bis Tage, erstickende Gase innerhalb mehrerer Wochen.

Begasungsmittel werden hauptsächlich zur Bekämpfung von Insekten in Kunst- und Kulturgut von Kirchen, Schlössern, Museen und dergleichen sowie im Bereich der Denkmalpflege angewendet. Der Einsatz toxischer Begasungsmittel ist entsprechend der Forderung von 4.3.2 auf das notwendige Maß einzuschränken. Siehe hierzu auch:

- § 15a Absatz 2 Gefahrstoffverordnung 2021, wonach Biozid-Produkte auf das notwendige Mindestmaß zu begrenzen sind
- Nr. 5.2 TRGS 512 [19], wonach die Anwendung toxischer Gase einer vorherigen sogenannten Substitutionsprüfung unterliegt und gleich wirksame Alternativen zu bevorzugen sind.

Abgesehen von Blockbauten stellen daher Begasungen von Privathäusern, Dachstühlen, Deckenbalkenlagen und vergleichbaren Holzkonstruktionen Ausnahmen dar. Sollen vorgenannte Bauwerke oder Bauteile begast werden, ist im Einzelfall durch ein unabhängiges Gutachten oder die verpflichtende Substitutionsprüfung des Begasungsunternehmens stichhaltig zu begründen, dass es zum Begasungsverfahren keine Alternativen wie z. B. das Heißluftverfahren gibt.

Gase entweichen nach der Behandlung sehr rasch wieder aus dem Holz. Deshalb bewirken sie auch keinen vorbeugenden Schutz. Bereits im Angebot sollte der Auftragnehmer schriftlich darauf verweisen, dass eine Begasung ausschließlich bekämpfend wirkt, nicht aber einem möglichen zukünftigen Befall vorbeugt. Eine nachfolgende Behandlung mit einem vorbeugend wirksamen Holzschutzmittel schließt sich jedoch zumeist schon deshalb aus, weil das Begasungsverfahren – wie zuvor ausgeführt – fast ausschließlich bei Kunst- und Kulturgütern bzw. wertvollen Inneneinrichtungsgegenständen (wie z. B. von Kirchen) angewendet wird, die eine Behandlung mit Holzschutzmitteln von vornherein nicht zulassen (siehe auch 9.4.1), oder im Falle von verdeckt verbauten Holzbauteilen, wo auf umfangreiche Freilegungsarbeiten verzichtet werden soll. Gleiches gilt für kunsthistorische Bauhölzer mit wertvoller Bemalung oder hochwertigen Schnitzarbeiten, die mit Rücksicht auf denkmalpflegerische Aspekte nicht mit Holzschutzmitteln behandelt werden dürfen. Zudem liegt bei diesen in der Regel die Gebrauchsklasse GK 0 vor (vgl. hierzu Kommentierung zu 9.4.1.).

# 8 Bekämpfungs- und Sanierungsmaßnahmen bei Befall durch Holz zerstörende Pilze (Regelsanierung)

## 8.1 Allgemeines

**8.1.1** Bei der Bekämpfung eines Pilzbefalls ist generell zu unterscheiden, ob entweder Befall durch den Echten Hausschwamm (*Serpula lacrymans*) oder ein Befall durch andere Holz zerstörende Pilze, d. h. durch so genannte Nassfäulepilze, vorliegt.

Unabhängig davon muss die Bekämpfung eines Pilzbefalls im verbauten Holz in der Regel durch Entfernen der befallenen Holzteile erfolgen. Zur Bekämpfung des Echten Hausschwamms im Mauerwerk sind ausschließlich Schwammsperrmittel geeignet.

Liegt ein zu bekämpfender Pilzbefall vor, sind die zu ergreifenden Maßnahmen abhängig davon, ob ein Befall durch den Echten Hausschwamm vorliegt und entsprechend die Vorgaben von 8.2 zu befolgen sind, oder ob ein Befall durch einen Nassfäulepilz vorliegt, sodass eine im Allgemeinen weniger aufwendige und anspruchsvolle Sanierung entsprechend 8.3 durchgeführt werden kann.

In Gebäuden vorkommende Holz zerstörende Pilze sind bei anhaltend hoher Holzfeuchte in der Lage, Holzbauteile über den gesamten Querschnitt mit ihren Hyphen zu durchwachsen. Dies gilt selbst für das Farbkernholz der Stiel- bzw. Traubeneiche. Aufgrund der Anatomie des Holzes ist es bei einer Reihe von Holzarten – auch unter Anwendung des Kessel-Vakuum-Druckverfahrens (KVD-Verfahren) – nicht möglich, eine Durchdringung des gesamten Holzquerschnitts mit Holzschutzmitteln zu erreichen. Erst recht gilt dies bei Anwendung der unter Baustellenbedingungen möglichen Auf- und Einbringverfahren, wie Streichen, Spritzen, Bohrlochdrucktränkung oder Bohrlochtränkung.

Durch Behandlung mit Holzschutzmitteln können die Hyphen im Innern der Hölzer daher in der Regel nicht sicher erreicht werden, sodass sie unter geeigneten Feuchtebedingungen weiterwachsen und das Holzbauteil von innen heraus zerstören können. Aus diesem Grunde ist eine Bekämpfung Holz zerstörender Pilze im Holz mit Holzschutzmitteln nicht zuverlässig durchführbar. Entsprechend liegen diesbezüglich auch keine Prüfnormen zur Bekämpfung (Abtötung) Holz zerstörender Pilze **im** Holz vor. Um das erneute Aufleben eines Pilzbefalls zu verhindern, wird in der Norm deshalb folgerichtig als Regel der Ausbau der befallenen Holzteile gefordert.

Bei Befall durch den Echten Hausschwamm kann in Sonderfällen, wie z. B. bei denkmalgeschützten Bauwerken, von diesem Grundsatz abgewichen werden. Es bietet sich in diesen Fällen als von der Regelsanierung abweichende Sondermaßnahme das Heißluftverfahren an (siehe informativen Anhang E). Voraussetzung für ein Abweichen von der Regel ist jedoch stets eine dauerhaft trockene Einbausituation, um sicherzustellen, dass ein erneutes Aufleben des Befalls an/in den betreffenden Bauteilen – also sowohl dem Holz als auch dem angrenzenden Mauerwerk – nicht auftreten kann. Soweit es baulich möglich ist, sollten die Bauteile im Sanierungsbereich für eine spätere Kontrolle zugänglich bleiben.

Ein Abweichen von der Regelsanierung ist vor Beginn der Sanierungs- und Bekämpfungsarbeiten vom Sachverständigen mit den verantwortlichen Beteiligten wie z. B. Bauherrn, Bauherrnvertreter und Auftragnehmer eingehend abzuklären und zur rechtlichen Absicherung in Schriftform festzuhalten.

Des Weiteren bleibt anzumerken, dass bei einem Befall durch den Echten Hausschwamm nicht nur im Holz, sondern auch im Mauerwerk eine Bekämpfung im Sinne von Abtöten durch das alleinige Anwenden von Schwammsperrmitteln nicht umfassend möglich ist. Wie bereits in den Kommentaren zu 3.14 und 5.2.1 dargelegt, beruht die Wirksamkeit der Schwammsperrmittel definitionsgemäß auf der Bildung einer Sperrschicht, die ein Durchwachsen von frisch auswachsendem Myzel verhindert.

**8.1.2** Bei Neueinbau von Holz und Holzwerkstoffen müssen DIN 68800-1, DIN 68800-2 und DIN 68800-3 beachtet werden. Darüber hinaus sind die im Sanierungsbereich verbliebenen, nicht befallenen Hölzer und neu einzubauende Hölzer ihrer Gefährdung entsprechend mit einer vorbeugend wirksamen Holzschutzmaßnahme zu schützen.

Neu einzubauende Hölzer und Holzwerkstoffe müssen möglichst mit der zukünftig zu erwartenden mittleren Gebrauchsfeuchte eingebaut werden. Entsprechend den Regelungen in DIN 4074 [9] liegt die Messbezugsfeuchte von festigkeitssortiertem Nadel- und Laubschnittholz bei 20 %. Holz, welches nach DIN EN 14081-1 [10] hergestellt und mit CE-Kennzeichnung versehen wurde, ist auch mit höheren Holzfeuchten erhältlich. Die Anwendungsnorm DIN 20000-5 [11] zur vorgenannten Produktnorm fordert dennoch den Einsatz trocken sortierten Holzes, lässt aber für bestimmte Fälle eine höhere Holzfeuchte zu. Daher ist bei der Bestellung ausdrücklich darauf zu achten, dass trocken sortiertes Bauschnittholz angefordert wird.

Liegt nach einer Instandsetzung und nach Ausschöpfung des baulichen Holzschutzes nach DIN 68800-2 im Sanierungsbereich keine Gebrauchsklasse GK 0 vor, sind die verbleibenden Hölzer entsprechend ihrer zukünftig zu erwartenden Gebrauchsklasse mit einem vorbeugend wirksamen Holzschutzmittel gemäß Teil 3 der Normenreihe zu behandeln. Neu einzubauende Hölzer können wahlweise entsprechend ihrer Gebrauchsklasse vorbeugend mit einem Holzschutzmittel behandelt werden, oder es wird ein vorbeugend geschütztes Holzprodukt mit CE-Kennzeichnung oder ein Holz mit einer ausreichenden natürlichen Dauerhaftigkeit eingesetzt (siehe hierzu Teil 1 der Normenreihe, Tabelle 3).

Im Sanierungsbereich verbliebene und zukünftig weiterhin gefährdete Holzbauteile, wie z. B. Balkenköpfe, Fußpfetten oder Mauerschwellen, welche im Oberflächenverfahren nicht ausreichend mit vorbeugend wirksamen Holzschutzmitteln behandelt werden können, sollten zusätzlich durch Anwendung des Bohrlochverfahrens geschützt werden (siehe auch 8.2.2.1.1).

Ist der Einbau von neuem Holz in noch feuchtem, austrocknendem Mauerwerk unumgänglich, ist generell durch bauliche Maßnahmen, wie z. B. durch Einsatz geeigneter Sperrschichten, ein Mauerwerkskontakt zu verhindern bzw. zu minimieren. Zusätzlich sollten aus Sicherheitsgründen die Hölzer aufgrund der über einen längeren Zeitraum herrschenden Feuchtebelastung mit vorbeugend wirksamen Holzschutzmitteln im Kessel-Vakuum-Druckverfahren (KVD-Verfahren) behandelt werden. Alternativ kann ein vorbeugend geschütztes Holzprodukt mit CE-Kennzeichnung oder ein Holz mit ausreichender natürlicher Dauerhaftigkeit eingesetzt werden. Die Auswahl hat sich nach der zu erwartenden Gebrauchsklasse (GK) zu orientieren.

Unter Umständen kann es sinnvoll sein, auf ein Einbinden von Holz in Mauerwerk zu verzichten. In diesen Fällen kann durch Entkopplung der Balken mit Anlaschungen aus Stahl o. Ä. ein Mauerwerkskontakt umgangen und eine Gefährdung für das Holz verhindert werden.

Die Ausbildung von neuen Balkenkopfauflagern ist für jeden Einzelfall gesondert zu betrachten. Für die Instandsetzung ist es unabdinglich, die Ursache(n) für das Vorliegen feuchtebedingter Schädigungen an Balkenköpfen durch eine gründliche Bestandsaufnahme abzuklären. Auch muss die zukünftige Nutzung bekannt sein.

Feuchtebedingte Schäden an Balkenköpfen können durch eine Reihe von Ursachen hervorgerufen werden. Dies können z. B. sein:

- mangelhafter Schlagregenschutz
- Einbau zu feuchten Holzes
- längere Auffeuchtung während der Bauphase
- Tauwasserbildung am Stirnende
- dampfdichte Fassadenanstriche
- Undichtigkeiten an Rohrleitungen
- unzureichende Instandhaltung.

Davon unabhängig fordern die Landesbauordnungen der Länder allgemein, dass bauliche Anlagen nicht durch schädliche Einflüsse belastet werden. Insbesondere zählen hierzu Wasser, Feuchtigkeit und biotische Schaderreger.

Generell ist die Außenwand inklusive ihrer Anschlüsse im Sinne von DIN 4108-3 [12] schlagregendicht auszubilden. Sperrschichten unter Balkenköpfen sind nur dann notwendig, wenn mit einer kapillaren Feuchtebelastung durch das unterseitig anliegende Mauerwerk zu rechnen ist. Ein allseitiges Umkleiden des Balkenkopfes mit dichten Sperrbahnen ist zu vermeiden, da dies zu einer Feuchteanreicherung im Holz führen und somit letztendlich einen erneuten Pilzbefall begünstigen kann. Im Falle dauerhaft trockenen Mauerwerks ist keine Sperrschicht unterhalb des Balkenauflagers notwendig.

Balkenköpfe – insbesondere im direkt bewitterten Mauerwerk – sind dergestalt neu in Mauerwerk einzubinden, dass an den seitlichen Balkenflanken, der Balkenoberseite und an der Stirnseite kein unmittelbarer Mörtelkontakt besteht. Die Stirnseite sollte zum Mauerwerk einen Abstand von etwa 30 mm aufweisen. Der Eintrag feuchtwarmer Raumluft in den Auflagerbereich von Balkenköpfen in Außenwänden ist durch geeignete Maßnahmen zu verhindern. Die Balkenköpfe sind daher zur Raumseite möglichst konvektionsdicht an das Mauerwerk anzuschließen (Bild K.1).

Wie jüngere Forschungsvorhaben (Abschlussbericht EnOB – Energetische Bewertungsverfahren für Bestandsgebäude mit Holzbalkendecken, 2017 [13]) bestätigt haben, ist das Einbinden von Balkenköpfen in Wände mit Innendämmungen wesentlich unkritischer, als zuerst erwartet, sofern an der Außenseite ein hinreichender Schlagregenschutz vorliegt. In dem Zusammenhang ist das Anordnen außen liegender Wärmedämmschichten im Hinblick auf eine Feuchtebelastung von Balkenköpfen als günstig zu bewerten.

Bei Vorliegen der Gebrauchsklasse GK 2 sollte an bestehenden Balkenköpfen bei nicht allseitiger Zugänglichkeit eine Behandlung im Bohrlochverfahren, bei allseitiger Zugänglichkeit zusätzlich eine Behandlung im Oberflächenverfahren mit einem vorbeugend wirksamen Holzschutzmittel vorgenommen werden (Hinweise zur Definition „Zugänglichkeit" siehe Kommentar zu Unterabschnitt 9.2.5)

**Bild K.1**: Neue Balkenköpfe, fachgerecht allseitig mit einem Abstand von 2 bis 3 cm zum Mauerwerk eingebunden

Für neues Holz, das mit Mauerwerkskontakt in Bereichen eingebaut wird, in denen ein Pilzbefall vorlag, empfiehlt sich generell im Kessel-Vakuum-Druckverfahren getränktes Holz zu verwenden, auch wenn Teil 3 der Normenreihe eine solche Behandlung in 8.2.4.2 nicht ausdrücklich vorschreibt (Bild K.2).

**Bild K.2**: Balkenkopfsanierung mit kesseldruckimprägnierten neuen Prothesen und stehendem Blattstoß. Althölzer nahe dem ehemaligen Fäulnisbereich mit einem vorbeugend wirksamen Holzschutzmittel im Streich- und Bohrlochverfahren behandelt

**8.1.3** Vor Beginn der Bekämpfungsmaßnahmen sind folgende Voraussetzungen zu schaffen:

- die Feuchtequelle, aus der der Pilz sein Wasser bezieht, ist zu beseitigen;
- für eine nachhaltige Austrocknung der Bauteile ist zu sorgen;
- durch bauliche Maßnahmen ist sicherzustellen, dass es zu keiner erneuten Durchfeuchtung der Bauteile kommt.

Wie bereits in der Kommentierung zu 4.3.1 betont, sind die Beseitigung der Feuchtequelle(n) als Ursache eines Pilzbefalls und die dauerhafte Trockenlegung der Bausubstanz im Befallsbereich unabdingbar und somit als die mit Abstand wichtigsten Maßnahmen zur erfolgreichen Sanierung eines Pilzbefalls anzusehen. Als häufige Ursachen erhöhter Feuchten in Holz und Mauerwerk bei bestehenden Gebäuden kommen unter anderem in Betracht:

- undichte (schadhafte) Dacheindeckungen sowie deren Anschlüsse
- schadhafte Dachrinnen und Fallrohre
- mangelhafter Schlagregenschutz
- Balkone bzw. Simse oder Gliederungselemente mit Spritzwasserbelastung
- aufsteigende und seitlich eindringende Feuchte bei Bodenplatten oder Kellermauerwerk
- Gefälleneigung zum Gebäude
- undichte Sanitär- oder Heizungsleitungen und Undichtigkeiten in Bädern
- Kondensat- und Tauwasserbildung im Bereich schwach gedämmter Außenwände
- unzureichende Luftdichtigkeit.

Erhöhte Feuchten können auch nach Umbau und Sanierungen in Altbauten oder bei vergleichbaren Neubaumaßnahmen auftreten. Sie entstehen insbesondere als Folge von direktem Feuchteeintrag durch Putz-, Maurer- und Estricharbeiten mit Austrocknungszeiten von einem halben bis zu eineinhalb Jahren. Wird Holz während der Bauphase auf eine Holzfeuchte $u > 20$ % aufgefeuchtet, so ist entsprechend Teil 2 der Normenreihe, 5.1.2.6 dafür Sorge zu tragen, dass die Holzfeuchte innerhalb einer Zeitspanne von höchstens drei Monaten wieder einen Wert $\leq 20$ % erreicht.

Durch die gegebene Feuchtebelastung bzw. den Feuchtetransport treten häufig zusätzlich zum Pilzbefall Ausblühungen, Salzkristallisationen und Zerstörungen der Anstrich- und Putzflächen auf. Daher ist bei Vorliegen entsprechender Anzeichen vor der Schwammbekämpfung auch der Feuchtegehalt des Mauerwerks mit geeigneten Messgeräten zu erfassen. Die Ursachen der erhöhten Feuchte sind zu ermitteln und weitere Feuchtebelastungen dauerhaft abzustellen. Sanierputze sind nach WTA-Merkblatt 2-9, Ausgabe: 03.202/D [14] zu verarbeiten.

Ist eine nachhaltige Austrocknung nicht möglich oder kann eine erneute Durchfeuchtung der Bauteile – wie z. B. in nicht unterkellerten Räumen im Erdgeschoss – nicht gewährleistet werden, ist auf einen erneuten Einbau von Holz und Holzwerkstoffen zu verzichten. Ein mögliches Wiederaufleben eines Pilzbefalls lässt sich daher in der Regel nur durch den Einbau anorganischer Baustoffe verlässlich unterbinden. Sollen aus denkmalpflegerischen Gesichtspunkten z. B. historische Konstruktionen, Verkleidungen oder Ähnliches erhalten bleiben, müssen unabhängig von der Behandlung der befallenen Bausubstanz sämtliche neu einzubauende Holzteile nach Teil 3 der Normenreihe mindestens entsprechend Gebrauchsklasse GK 3 vorbeugend geschützt sein. Des Weiteren ist für eine ausreichende funktionierende Belüftung durch sich gegenüberliegende, ausreichend große Lüftungsöffnungen der Hohlräume oder für eine technische Lüftung zu sorgen. Sinngemäß ist daher auch Teil 2 der Normenreihe, 8.4.2 sowie die dazugehörige Kommentierung, zu beachten. Zusätzlich sollten geeignete Revisionsöffnungen geschaffen werden, um regelmäßige Kontrollen zu ermöglichen. Sondermaßnahmen dieser Art bedürfen einer ausdrücklichen schriftlichen Vereinbarung aller Beteiligten.

Gemäß DIN 68800, Teil 2, Unterabschnitt 5.1.1 sind neben den dauerhaften baulichen Veränderungen im Vorfeld einer Bekämpfungsmaßnahme auch die grundsätzlichen baulichen Maßnahmen während der Bauarbeiten am Objekt zu beachten. So sind z. B. Bauteilbereiche durch geeignete Schutzmaßnahmen vor Witterungseinflüssen zu schützen.

## 8.2 Maßnahmen bei einem Befall durch den Echten Hausschwamm

### 8.2.1 Vorarbeiten und bauliche Maßnahmen

**8.2.1.1** Es ist dafür zu sorgen, dass die sanierten Bauteile (Holz und Mauerwerk) unverzüglich austrocknen.

Die Trocknung der zu sanierenden Bauteile steht in der Norm wegen ihrer besonderen Bedeutung bewusst an erster Stelle. Der Austrocknungsverlauf von Putz-, Estrich- oder Mauerwerksflächen darf nicht behindert werden. Das Gleiche gilt für Hölzer, die mit einem höheren Feuchtegehalt eingebaut worden sind, als dieser während der Nutzung als Mittelwert zu erwarten ist (siehe hierzu auch Teil 2 der Normenreihe, 5.1.2.2 und 5.1.2.6). Nachfolgende Baumaßnahmen sperren dann häufig noch zu feuchte Materialien zu früh ein, weshalb ihre Behandlung besondere Sorgfalt erfordert:

- Fußbodenbeläge, Wand- und Deckenbekleidungen
- Folien oder Dampfsperren
- Anstriche.

Daher sollten im Rahmen der Qualitätssicherung bei Ausschreibung, Durchführung und Abnahme die vorhandenen Bauteilfeuchten, relative Luftfeuchte, Temperatur und die erforderliche Abtrocknung von den Ausführenden protokolliert werden.

Durch ungeregelte oder geregelte Lüftung sowie durch hierfür geeignete Trocknungsgeräte kann die Austrocknung beschleunigt werden. Lässt sich eine nachhaltige Austrocknung nicht gewährleisten (z. B. bei erdberührten feuchten Kellerwänden), so sind hierzu für die künftige Nutzung schriftlich zweckmäßige Hinweise bzw. Nutzungseinschränkungen zu erteilen.

**8.2.1.2** Vor Beginn der Bekämpfungs- und Sanierungsmaßnahmen ist der Sanierungsbereich vollständig leer zu räumen.

Das Freiräumen von Keller- und Dachböden ist in der Regel mit vertretbarem Aufwand möglich. Demgegenüber stößt insbesondere das Beräumen von Wohn- oder Aufenthaltsräumen nicht selten auf Widerstand der Nutzer, da gerade bei einem Befall durch den Echten Hausschwamm umfangreichere Eingriffe in die Bausubstanz notwendig werden können. Da trotz vorhergehender Untersuchung der Umfang eines Schwammbefalls nicht allumfassend bestimmt werden kann, ist während der Bauarbeiten mit weiteren Befallsstellen und entsprechenden Freilegungen zu rechnen. Deshalb sollte der Sanierungsbereich im Vorfeld hinreichend großzügig bemessen werden.

**8.2.1.3** Oberflächenmyzel, Fruchtkörper sowie alle sichtbar befallenen Hölzer, auch wenn sie noch nicht geschädigt sind, sind zu entfernen.

Die befallenen Hölzer sind in Längsrichtung um mindestens 1 m über den sichtbaren Befall hinaus zu entfernen. In Sonderfällen darf das Entfernen des geschädigten Holzes in Längsrichtung auf 50 cm reduziert werden, wenn im Einzelnen nachgewiesen ist, dass das Holz dort keinen Befall aufweist. Entfernen bedeutet bei Balken, Dielen usw. in der Regel ein Abschneiden der betreffenden Holzteile. Ein Abbeilen ist unzureichend.

Schüttungen und Dämmstoffe sind mit einem Sicherheitsabstand von mindestens 1,5 m in alle Richtungen über den erkennbar durchwachsenen Bereich hinaus zu entfernen.

Bei Kellerfußböden sind Schüttstoffe bzw. gewachsene Erdstoffe in der Regel 20 cm tief unter Beachtung der Standsicherheit des Gebäudes auszubauen.

Sofern die Befallsgrenze zu erkennen ist, darf bei Dämmstoffen aus Mineralfasern oder Kunststoffen vom normalen Sicherheitsabstand abgewichen werden, sie sind jedoch mindestens 20 cm über dem vorhandenen Befall zu entfernen.

Zur Vermeidung der Verschleppung des Befalls verlangt die Norm als wichtige Maßnahmen im Rahmen der Vorarbeiten das Entfernen aller auf der Oberfläche der Bauteile sichtbaren Pilzgebilde sowie der befallenen Hölzer. Im Holz wird ein Pilzbefall nur durch die verursachte Fäule erkennbar. Der Pilz kann sich jedoch über deren sichtbare Grenze hinaus – mit bloßem Auge nicht erkennbar – deutlich weiter mit seinem Myzel ausgebreitet haben. Ebenso verhält es sich mit Durchwachsungen des Mauerwerks und von Schüttungen. Daher müssen beim Entfernen von befallenem Holz, Putz, der Schüttung usw. zusätzliche Sicherheitsabstände eingehalten werden, um ein erneutes Aufleben des Befalls auszuschließen.

Ein Abschneiden befallener Holzbauteile ist bei Befall durch den Echten Hausschwamm unabdingbar. Ausgenommen sind hiervon wertvolle, unersetzliche Hölzer im denkmalpflegerischen Bereich, die einen Ausbau verbieten. Ebenfalls ausgenommen davon ist, wenn durch den Ausbau der Befallshölzer andere unersetzliche Bausubstanz zerstört würde. In diesen Fällen muss aber in den verbleibenden Befallshölzern durch geeignete Maßnahmen (z. B. das Heißluftverfahren als Sondermaßnahme nach Anhang E; vgl. auch die Kommentierung zu 4.3.1) das Myzel abgetötet werden, um ein Wiederaufleben auszuschließen.

In den Bildern K.3, K.4 und K.5 sind die bei Befall durch den Echten Hausschwamm zu berücksichtigenden Sicherheitsabstände beispielhaft wiedergegeben.

Das Reduzieren der Rückschnittlängen von 1,0 m auf 50 cm kann im Sonderfall dann erfolgen, wenn dies z. B. aus konstruktiven Gründen notwendig ist. Die Reduzierung des Rückschnitts hat einer sachverständigen Beurteilung zu unterliegen. Von entscheidender Bedeutung sind dabei die dauerhafte Abkopplung vom ursprünglichen Befallsherd, eine nachhaltige Holzfeuchte unter 20 % und eine vorbeugende Behandlung mit einem zugelassenen fungizid wirkenden Holzschutzmittel. Sondermaßnahmen, wie sie beim Erhalt der Hölzer unter Denkmalschutzbedingungen gefordert werden, sind nicht erforderlich.

Unterhalb von Kellerfußböden (z. B. aus Ziegel, Beton, Linoleum, Stampflehm) kann sich das Schwammmyzel in der Regel nur wenige Zentimeter vertikal ausbreiten. Nur selten reichen Myzelstränge bis 50 cm und mehr in den Boden hinein. Mit dem Ausbau werden bereits mechanisch die meisten Schwammmyzelien beseitigt. Dies ist für eine erfolgreiche Schwammbekämpfung in der Regel ausreichend. Dabei sind die Grundsätze entsprechend Unterabschnitt 4.3.1 einzuhalten. Die Ausschachtungsarbeiten dürfen jedoch nicht dazu führen, dass Schütt-

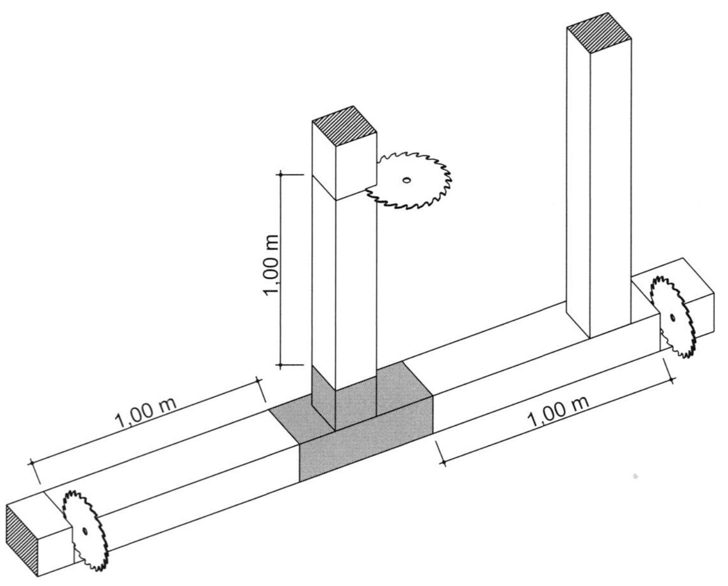


**Bild K.3**: Darstellung des normalen Sicherheitsabstands für den erforderlichen Rückschnitt von 1,00 m. Dunkel gekennzeichnet ist der mit bloßem Auge erkennbare Befall durch den Echten Hausschwamm.

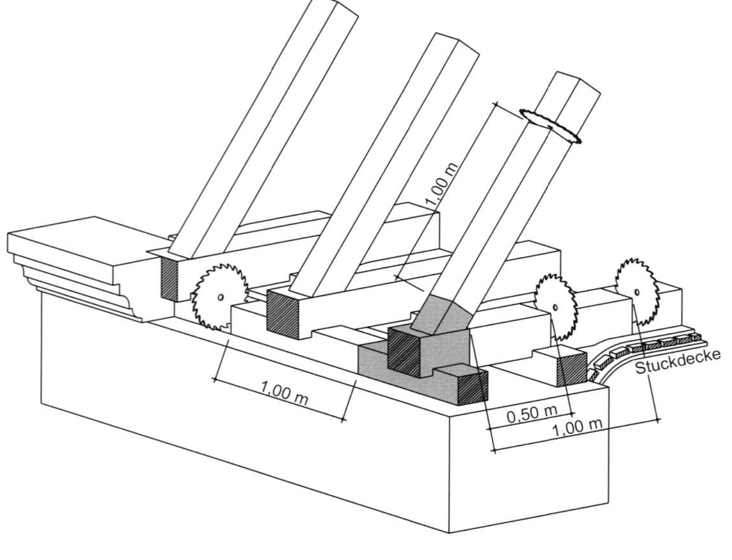


**Bild K.4**: Dachbalkenauflager eines Dachtragwerks mit Darstellung des verkürzten Sicherheitsabstandes für den erforderlichen Rückschnitt von 0,50 m, um die Stuckdecke oder auch wertvolle Deckenmalereien nicht zu schädigen. Dunkel gekennzeichnet ist der mit bloßem Auge erkennbare Befall durch den Echten Hausschwamm. Um das Auflager erhalten zu können, kann es im Einzelfall erforderlich sein, den Rückschnitt um weitere Zentimeter zu kürzen.

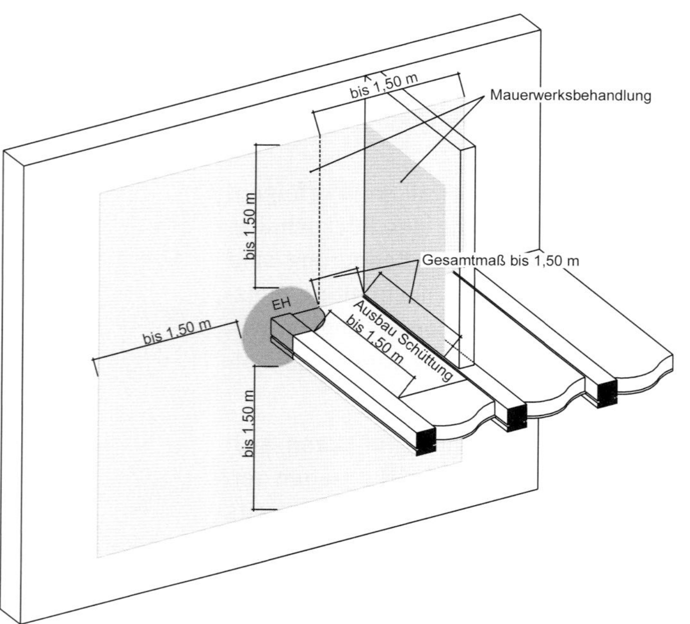


**Bild K.5**: Darstellung einer Holzbalkendecke mit Befall durch den Echten Hausschwamm im dunkel gekennzeichneten Bereich. Ausbau der Schüttung in Längsrichtung der Balken bis 1,50 m über die Befallsgrenze hinaus, in Querrichtung bis zum nächsten nicht befallenen Balken. Die Sanierung der befallenen Mauerwerkswand erfolgt in <u>allen</u> Richtungen bis 1,50 m über den erkennbaren Befall hinaus. Die im Behandlungsbereich liegenden Balkenköpfe müssen kontrolliert – vorzugsweise freigestemmt – werden.

und Erdstoffe unter dem Niveau der Fundamentsohle entfernt werden. Um die Standsicherheit des Gebäudes nicht zu gefährden, sind gegebenenfalls notwendig werdende Fundamentabgrabungen unter Beachtung der Norm DIN 4123 (Ausschachtungen, Gründungen und Unterfangungen im Bereich bestehender Gebäude) [15] vorzunehmen. Bei auftretenden Unsicherheiten ist ein Tragwerksplaner hinzuzuziehen.

Nicht zellulosehaltige Dämmstoffe stellen für den Echten Hausschwamm keine Nahrungsgrundlage dar und werden nur über- und durchwachsen. Da einerseits die Wachstumsgrenzen in der Regel deutlich zu erkennen sind und andererseits der Hausschwamm nicht auf/an den Dämmstoffen entstanden ist, können die Bauteile – abweichend von der Grundregel von bis zu 1,5 m Sicherheitsabstand – mit deutlich reduziertem Sicherheitsabstand ausgebaut werden. Eine Behandlung der Dämmstoffe mit Schwammsperrmitteln ist nicht zulässig.

**8.2.1.4** Putz, Fugenmörtel, Mauerwerk (auch zweischaliges) und Hohlräume sind sorgfältig auf Pilzdurchwachsungen zu untersuchen. Dabei müssen auch angrenzende Räume, Geschosse und gegebenenfalls Gebäude einbezogen werden.

Verdeckt eingebaute Holzbauteile einschließlich der Balkenauflagerbereiche sind freizulegen oder durch geeignete Untersuchungsmethoden zu beurteilen, auch wenn zunächst keine Anzeichen für einen Befall sichtbar sind.

Da der Echte Hausschwamm gegen Licht und insbesondere Luftzug empfindlich ist, sind auf Mauerwerksoberflächen häufig nur geringe Anzeichen eines Befalls ersichtlich. Das Myzel breitet sich zwischen Putz und Mauerwerk, im Mauerwerk selbst und in Hohlräumen (wie z. B. im Unterdielenbereich von Geschossdecken) aus.

Dabei wird das Mauerwerk vom Echten Hausschwamm häufig meterweit durchwachsen. Da sich der Pilz ausschließlich von organischem Material ernährt, sind sämtliche Hölzer im Befallsbereich mit Wandkontakt wie z. B. Balkenköpfe, verlorene Schalungen, Stützen, Fenster, Türklötze, Schwellen, Auflager, Holzdübel, Anker gründlich auf Anzeichen eines Pilzbefalls zu untersuchen. Dazu müssen sie in der Regel freigelegt werden (Bild K.6).

**Bild K.6**: Freigestemmter Balkenkopf mit Befall durch den Echten Hausschwamm. Erst mit der Freilegung zeigt sich das gesamte Schadbild einschließlich des von Myzel durchwachsenen Mauerwerks.

Zweischaliges Mauerwerk, stillgelegte Schornsteine, verfüllte Hohlräume und sonstige schwer einsehbare Bereiche sind zur Begutachtung zu öffnen. Am Ende der Sicherheitsbereiche sind zur Kontrolle auf mögliche Myzeldurchwachsungen Steine aus dem Gefüge herauszunehmen. An Befallsstellen grenzende Fußbodenbeläge sind bis auf die Konstruktionshölzer freizulegen.

In unmittelbar aneinandergrenzenden Nachbargebäuden kann der Echte Hausschwamm auch die Brandwand durchdringen und in das Nachbargebäude einwachsen. Da dies vielfach an unzugänglichen Stellen erfolgt, sind zum Feststellen eines Befalls Freilegungen oder gegebenenfalls endoskopische Untersuchungen unumgänglich.

Die Ursache eines Befalls ist häufig nicht auf den erkannten Befallsherd beschränkt, sodass an anderen Stellen des Gebäudes ebenfalls ein Befall vorliegen kann. Daher sind bei Verdacht weitergehende Untersuchungen erforderlich. Verdachtsgründe liefern z. B.:

- Auswaschungen des Mauerwerks
- Feuchteränder auf Decken-, Wand- und Bodenflächen
- Absenkungen von Fußböden, Decken und Stuckleisten
- Brandschäden mit notdürftigen Reparaturen
- Undichtigkeiten von Eindeckungen, Leitungen und Rinnen.

**8.2.1.5** Die entfernten Myzelien, Fruchtkörper, Holzteile und sonstigen befallenen Baustoffe und Bauteile dürfen nicht zum Ausgangspunkt eines neuen Befalls werden. Sie sind daher unverzüglich zu sichern und geordnet zu entsorgen. Gleiches gilt für andere Baustoffe wie Schüttung, Putz, Fugenmörtel und Mauersteine.

Ein Übersprühen des Bauschutts mit Holzschutzmitteln ist unzulässig.

8.2.1.5 verweist auf die notwendige Entsorgung befallener Materialien. Hierbei sind die gesetzlichen Bestimmungen unbedingt zu beachten und einzuhalten.

Organische Bestandteile wie

- Myzelien, Fruchtkörper, Holzteile

und mineralische Baumaterialien wie

- Putz, Fugenmörtel und Mauersteine

sind auf der Baustelle möglichst getrennt voneinander zu entsorgen.

Konstruktionsholz ist grundsätzlich als belastet einzustufen und fällt unter die Altholzkategorie A IV. Der zugeordnete Abfallschlüssel 17 02 04 besagt, dieses Holz ist bei seiner Entsorgung besonders überwachungsbedürftig. In begründeten Ausnahmefällen wäre eine andere Zuordnung durch eine gesonderte Untersuchung mit Schadstoffanalyse zu belegen (Altholzverordnung – AltholzV § 5 Abschn. 1) [16].

Die Anwendung von Schwammsperrmitteln ist zulassungsbedingt ausschließlich auf hausschwammbefallenes Mauerwerk beschränkt. Es darf daher nicht für anderweitige Anwendungen zweckentfremdet werden, zum Beispiel zum Übersprühen von Bauschutt. Einerseits könnten diese auf der Baustelle in die Umwelt, z. B. in das Erdreich, gelangen, andererseits würde das Entsorgungsgut dadurch kontaminiert werden und einen erhöhten Entsorgungsaufwand, z. B. auf Deponien für Sonderabfälle mit besonderem Überwachungsbedarf (Deponieklasse III), erfordern.

Die Forderung der unverzüglichen Sicherung und Entsorgung von schwammbefallenem Bauschutt bedeutet, dass dies ohne schuldhafte Verzögerung geschieht. Das heißt, Bauschuttansammlungen können, dem Baufortschritt angepasst, einige Zeit im Gebäude gelagert werden. Dabei ist zu beachten, dass der Echte Hausschwamm nicht auf bisher befallsfreie Bauteile übergreift.

### 8.2.2 Maßnahmen mit Holzschutzmitteln

#### 8.2.2.1 Behandlung des Holzes im Sanierungsbereich

**8.2.2.1.1** Die im Sanierungsbereich verbliebenen nicht befallenen Hölzer sollten an besonders gefährdeten Stellen (z. B. Balkenköpfe, Fußpfetten, Streichbalken) mit einem vorbeugend wirksamen Holzschutzmittel (z. B. durch Bohrlochtränkung oder Bohrlochdrucktränkung mit Holzinjektoren (Packer)) behandelt werden.

Restfeuchten in den die Schadbereiche umgebender Bauteilen und unvorhergesehene neue Durchfeuchtungen können für die verbliebenen Holzbauteile eine erhebliche Gefährdung darstellen. Deshalb sind diese zusätzlich mit vorbeugend wirksamen Holzschutzmitteln zu behandeln. Aufgrund der Einbausituation vor Ort sind sie für eine Behandlung im Oberflächenverfahren zumeist nicht an allen Seiten ausreichend zugänglich. Daher ist eine zusätzliche Behandlung durch das Bohrlochverfahren in der Regel unerlässlich – siehe auch 8.2.1.4 sowie zugehörige Kommentierung (Bild K.7).

**Bild K.7**: Bohrlochbehandlung unter Vermeidung des Anbohrens des Trockenrisses im Bereich der Stirnseite

**8.2.2.1.2** Im Kontaktbereich ehemaliger Befallsstellen des Holzes mit dem Mauerwerk ist das Mauerwerk zusätzlich mit einem Schwammsperrmittel zu behandeln, sofern es nicht in seiner Gesamtheit behandelt wird.

Da im Auflagerbereich ehemals befallener Balkenköpfe vielfach auch ein Befall am oder im Mauerwerk vorliegt (Bild K.6), verlangt die Norm folgerichtig für diese Bereiche generell eine Behandlung des Mauerwerks mit einem Schwammsperrmittel. Dabei sollte zusätzlich zur Behandlung in einem Oberflächenverfahren entsprechend 8.2.2.2.2, Absatz 2 im unmittelbar angrenzenden Bereich der ehemaligen Befallsstellen des Holzes eine Bohrlochbehandlung erfolgen.

#### 8.2.2.2 Behandlung des Mauerwerks

**8.2.2.2.1** Von Myzel befallenes Mauerwerk ist bis 1,5 m in alle Richtungen über den sichtbaren Befall hinaus mit einem Schwammsperrmittel zu behandeln.

Zur Behandlung des Mauerwerks mit Schwammsperrmitteln sind eine Reihe von Vorarbeiten erforderlich, zu denen unter anderem gehören:

- Abstemmen des Wandputzes
- Auskratzen bzw. Entfernen von losem und schadhaftem Fugenmörtel

- Abflammen der Mauerflächen
- sorgfältiges Reinigen der Mauerwerksoberflächen und der Fugen.

Das Abflammen dient allein dem Erkennen der Ausbreitung des Befalls und ist ohne bekämpfende Wirkung. Das Aufglühen verbrennender Myzelien zeigt dem Fachmann an, dass hier u. U. zusätzliche Myzeldurchwachsungen vorliegen.

Der geforderte Sicherheitsabstand von bis zu 1,5 m über den mit bloßem Auge sichtbaren Befall hinaus (Bild K.5) entspricht demjenigen, wie er in 8.2.1.3 für das Entfernen von Schüttungen und Dämmstoffen festgelegt und dort kommentiert ist.

Bei der Verwendung von Schwammsperrmitteln sind die in den jeweiligen allgemeinen bauaufsichtlichen Zulassungen des Deutschen Instituts für Bautechnik sowie nach europäischem Biozidrecht erteilten Zulassungen (BAuA-Zulassung) angeführten Einschränkungen und Auflagen zu beachten. Schwammsperrmittel dürfen nicht bei Mauerwerk verwendet werden, das bestimmungsgemäß in direkten Kontakt mit Lebens- oder Futtermitteln kommen kann. Behandeltes Mauerwerk ist zu Wohn- und Aufenthaltsräumen hin zu verputzen oder mit anderen Ausbaumaterialien dauerhaft zu bekleiden. Grundsätzlich gilt es zu bedenken, dass bei Durchführung einer Behandlung mit Schwammsperrmitteln u. U. große Mengen an Wasser zusätzlich in das zu behandelnde Mauerwerk eingebracht werden, welche zu entsprechend verlängerten Austrocknungszeiten führen und damit die unter 8.2.1.1 geforderte unverzügliche Austrocknung erschweren können.

**8.2.2.2.2** Liegt lediglich ein oberflächlicher Myzelbewuchs und nachgewiesenermaßen keine Durchwachsung des Mauerwerks vor, kann die Wandfläche in Abhängigkeit von der jeweiligen Anwendungsvorschrift des Herstellers für das betreffende Schwammsperrmittel im Flutverfahren oder im Schaumverfahren behandelt werden.

In der Umgebung von Balkenköpfen sollte das Mauerwerk im Bohrlochverfahren (Bohrlochtränkung oder Bohrlochdrucktränkung) behandelt werden.

Von Myzel befallenes Mauerwerk ist generell mit einem Schwammsperrmittel zu behandeln, sofern nicht Bedingungen nach 8.2.2.2.5 vorliegen, sodass auf Maßnahmen mit Schwammsperrmitteln verzichtet werden kann.

Solange nachgewiesenermaßen ein nur oberflächlicher Myzelbewuchs vorliegt, ist es ausreichend, lediglich die vom Putz befreiten Wandflächen im Flut- oder Schaumverfahren zu behandeln. Beim Fluten (Bild K.8) ist darauf zu achten, dass keine feinzerstäubenden Düsen verwendet werden, um Aerosolbildungen weitestgehend zu verhindern. Das Spritzen ist auf Ausnahmefälle zu beschränken. Beim Beschäumen (vgl. Bilder K.9 und K.10) wird eine Aerosolbildung weitestgehend vermieden. Werden das richtige Tränkmittel-Schaum-Verhältnis und die erforderliche Schaumschichtdicke eingehalten, genügt ein Arbeitsgang, um die in der allgemeinen bauaufsichtlichen Zulassung und in den Verwendbarkeitsnachweisen vorgegebene Wirkstoffmenge einzubringen. Schaumbildner, sogenannte Tenside, dürfen nur entsprechend den Angaben des Schutzmittelherstellers verwendet werden, sofern hierfür eine Notwendigkeit besteht.

Balkenköpfe, welche im Sanierungsbereich in Mauerwerk einbinden, sind als besonders befallsgefährdet anzusehen. Folgerichtig empfiehlt die Norm in diesen Fällen zusätzlich eine Behandlung des Mauerwerks im Bohrlochverfahren (zur Durchführung siehe Kommentierung zu 8.2.2.2.3).

**Bild K.8:** Fluten einer Wandoberfläche im Rahmen einer Bekämpfung des Echten Hausschwamms

**Bild K.9:** Einsatz des Schaumverfahrens zur Behandlung einer Kappendecke. Kappendecken dürfen nicht gebohrt werden.

**Bild K.10:** Einsatz des Schaumverfahrens zur Behandlung von Hohlräumen im Mauerwerk – hier ein ehemaliges Mauerschwellenauflager

**8.2.2.2.3** Ist das Mauerwerk von Myzel durchwachsen, ist generell eine Bohrlochdrucktränkung oder – wenn das Wandgefüge die nötige Festigkeit und Porosität aufweist – eine Bohrlochtränkung mit einem Schwammsperrmittel vorzunehmen. Die Behandlung ist auf die Art des Mauerwerks abzustimmen.

Nicht zulässig ist das Anmischen des Putzmörtels (Endputz) mit Schwammsperrmitteln.

In Abhängigkeit vom Befallsumfang ist auch zu prüfen, inwieweit bei befallenen Mauerwerksteilen auf Maßnahmen mit Schwammsperrmitteln verzichtet werden kann, indem sie herausgebrochen und erneuert werden.

Durch die Bohrlochbehandlung darf das Mauerwerk in der Standsicherheit und Tragfähigkeit nicht unzulässig beeinträchtigt werden. Bei Wänden mit einer Dicke unter 15 cm und bei Kappendecken darf keine Bohrlochbehandlung vorgenommen werden.

**Zu Absatz 1**

Vor Durchführung einer Bohrlochbehandlung sind Art, Beschaffenheit, Porosität und Dicke des Mauerwerks festzustellen. Beim Einsatz des Bohrlochverfahrens sollte generell die Bohrlochdrucktränkung bevorzugt angewendet werden. Sie bietet gegenüber der drucklosen Bohrlochtränkung mehrere Vorteile:

1) Es kann mit deutlich geringeren Bohrlochdurchmessern von in der Regel 10 bis 12 mm gearbeitet werden als bei der drucklosen Bohrlochtränkung mit Bohrlochdurchmessern von zumeist 16 bis 24 mm. Mit zunehmendem Bohrlochdurchmesser nimmt die Gefahr einer Gefügezerstörung am Mauerwerk zu, welche die Standsicherheit beeinträchtigen kann.
2) Das Schwammsperrmittel lässt sich in der Regel homogener im Mauerwerk verteilen.
3) Es ergeben sich wesentlich kürzere Behandlungszeiten, indem in die vorbereiteten Bohrungen Packer eingebracht werden, über die das Schwammsperrmittel mit Hilfe eines Druckinjektionsgeräts in die Bohrung gepresst wird. Die drucklose Bohrlochtränkung erfordert ein nach Herstellerangabe mehrmaliges Auffüllen der Bohrlöcher und benötigt daher je nach Beschaffenheit des Mauerwerks einen höheren Arbeitszeitaufwand.
4) In Mauerwerksbereichen, die sich etwa 0,5 m unter einer geschlossenen Geschossdecke befinden, kann aus anwendungstechnischen Gründen keine Bohrlochtränkung durchgeführt werden. Hier ist mit Packern zu arbeiten, die in horizontale bzw. schräg nach oben gerichteten Bohrgängen eingesetzt werden.

Bei Naturstein- und Lochziegelmauerwerk sollten generell keine Bohrlochdrucktränkungen durchgeführt werden, da sich in der Regel kein ausreichender Druck aufbauen lässt. Bei Hochlochsteinen und Steinen mit Hohlkammern sind andere geeignete drucklose Verfahren anzuwenden (z. B. Rundumstrahldüsen). Ausführliche Hinweise hierzu finden sich im WTA-Merkblatt 1-2. Ausgabe: 01.2021/D – Der Echte Hausschwamm [1].

Sind gleichzeitig Injektionen gegen Mauerwerksfeuchtigkeit und Hausschwammbefall erforderlich, ist vorab die Verträglichkeit der Produkte untereinander abzuklären. Injektionsstoffe sind dabei generell nach den Schwammsperrmitteln einzubringen. Mauerwerksinjektionen sind nach WTA-Merkblatt 4-10-15/D –Injektionsverfahren mit zertifizierten Stoffen gegen kapillaren Feuchtetransport [17] zu verarbeiten.

Werden im Mauerwerk größere Hohlräume – Mehrschaligkeit, zugemauerte Nischen usw. – festgestellt, so sollten diese vorzugsweise im Schaumverfahren behandelt werden (Bild K.10) – siehe Hinweis im Kommentar zu 8.2.2.2.2. Der Schaum ist durch eine oder zwei Öffnungen je $m^2$ in den Hohlraum zu drücken. Die Konsistenz des Schaums ist so einzustellen, dass alle Hohlraum-Innenseiten zuverlässig benetzt werden. Das „Kriechen" des Schaums in alle Richtungen ist sicherzustellen und über benachbarte Öffnungen zu kontrollieren.

Nach erfolgter Bohrlochbehandlung des Mauerwerks ist abschließend die Oberfläche im Schaum- oder Flutverfahren mit einem Schwammsperrmittel zu behandeln.

**Zu Absatz 2**

Das Verbot, dem Anmachwasser für den Oberputz Schwammsperrmittel beizufügen, ergibt sich aus der für alle Schwammsperrmittel geltenden Anwendungsbeschränkung, das behandelte Mauerwerk zu Aufenthaltsräumen hin zu verputzen oder mit anderen Ausbaumaterialien abzudecken (siehe Kommentar zu 8.2.2.2.1).

**Zu Absatz 3**

Um den Eintrag von Schwammsperrmitteln zu reduzieren, ist zu prüfen, inwieweit nicht tragende befallene Innenwände, im Befallsbereich abgetragen und neu aufgemauert werden können. Werden für die Standsicherheit des Gebäudes notwendige Mauerwerksteile abgetragen, ist durch geeignete Maßnahmen in Verbindung mit einem Tragwerksplaner die Standsicherheit nachzuweisen bzw. zu gewährleisten. Bei denkmalgeschützten Gebäuden sind gegebenenfalls denkmalpflegerische Auflagen zu beachten.

**Zu Absatz 4**

Die Durchführung einer flächigen Bohrlochbehandlung kann an bestimmten tragenden oder aussteifenden Massivbauteilen deren Standsicherheit beeinträchtigen. Deshalb darf

- bei massiven Gewölben, z. B. Kreuzrippen- oder Tonnengewölben,
- bei Wänden mit einer Wanddicke ≤ 15 cm Dicke,
- bei Kappendecken (Bild K.9)

keine Bohrlochbehandlung durchgeführt werden.

Bei nachfolgenden Bauelementen wie

- Fenster- und Türstürzen,
- Stahlsteindecken (z. B. Kelling-Decke, Hourdis-Decke, Förster-Decke),
- historischen Betondecken (ab ca. 1850 bis 1920),
- freistehenden Wandpfeilern,
- auskragenden Traufgesimsen oder Drempelmauerwerk

sollte im Einzelfall abgewogen werden, ob auf eine Bohrlochbehandlung verzichtet werden kann. Soll eine Bohrlochbehandlung vorgenommen werden, ist vorab zur Beurteilung der Standsicherheit ein Tragwerksplaner hinzuzuziehen.

**8.2.2.2.4** Eine Bewitterung der mit Schwammsperrmitteln behandelten Bereiche ist zu verhindern.

Schwammsperrmittel sind leicht löslich. Sie können deshalb bei unmittelbarer Bewitterung aus den behandelten Oberflächen ausgewaschen werden und unkontrolliert in die Umwelt gelangen. Neben einer unbedingt zu vermeidenden unzuträglichen Umweltbelastung kann dies auch zum Verlust der Wirksamkeit der Behandlung führen. Daher dürfen Schwammsperrmittel generell nicht in Bereichen eingesetzt werden, in denen eine Bewitterung der Behandlungsbereiche nicht auszuschließen ist. Dies gilt z. B. auch für Fundamentbereiche.

**8.2.2.2.5** Auf den Einsatz von Schwammsperrmittel kann verzichtet werden, wenn im Befallsbereich sämtliche Hölzer entfernt und durch nicht befallbare Baustoffe oder Bauteile (Beton, Stahlbeton, Stahl) ersetzt werden, auch anderweitig kein Holz oder Holzwerkstoffe neu eingebaut werden und die geforderte Austrocknung der sanierten Bauteile nachhaltig sichergestellt ist. Dabei ist zu beachten, dass ein eventuelles Übergreifen auf angrenzende Gebäudeteile oder Gebäude auszuschließen ist.

Mit Unterabschnitt 8.2.2.2.5 verfolgt die Norm das Prinzip, den Einsatz von Schwammsperrmitteln so weit wie möglich einzuschränken. Unabhängig von der hier beschriebenen Einbausituation sollte der Sachverständige bzw. ausführende Fachmann generell prüfen, inwieweit sich durch Beseitigung der Ursache der erhöhten Feuchte und Ausbau befallener Holzbauteile der Einsatz von Schwammsperrmitteln reduzieren oder auch ganz vermeiden lässt.

## 8.3 Maßnahmen bei einem Befall durch andere Holz zerstörende Pilze (Nassfäulepilze)

### 8.3.1 Allgemeines

Maßnahmen zur Behandlung von Holz und Mauerwerk nach den folgenden Abschnitten dürfen nur ergriffen werden, wenn Sachverständige einen Befall durch den Echten Hausschwamm ausgeschlossen haben.

Liegt Befall durch einen Pilz aus der Gruppe der Nassfäulepilze oder der Moderfäulepilze vor, sind zu ihrer erfolgreichen Bekämpfung im Allgemeinen weniger aufwendige bzw. umfangreiche Maßnahmen erforderlich als zur Bekämpfung des Echten Hausschwamms.

Generell ist die Ursache der Befeuchtung abzustellen, der Sanierungsbereich zügig auszutrocknen und dauerhaft durch bauliche Maßnahmen trocken zu halten. Dabei gilt es zu beachten, dass manche Feuchtequellen schwer zu lokalisieren und zum Teil bei einer ersten Untersuchung nicht ohne Weiteres feststellbar sind. Um noch nicht befallenes Holz im Sanierungsbereich vor kapillarer Feuchteaufnahme aus längerfristig feuchtem Mauerwerk zu schützen, sollten unterstützend zusätzliche Maßnahmen, wie z. B. eine Durchlüftung des Sanierungsbereichs, ergriffen werden. Ist dies nicht möglich, sollten entkoppelnde bauliche Maßnahmen durchgeführt werden, um Mauerwerkskontakt von Holz zu verhindern.

Bei Ausbau stark geschädigter Holzbauteile kann – gegenüber dem Echten Hausschwamm – der Sicherheitsabstand deutlich reduziert werden (siehe 8.3.2.1). Vielfach kann die Sanierung befallener Holzbauteile auf das Entfernen der sichtbar geschädigten Bereiche beschränkt werden. Eine Behandlung des Mauerwerks mit Schwammsperrmitteln entfällt (siehe 8.3.3). Befallene Schüttungen und Dämmstoffe sind einschließlich eines ausreichenden Sicherheitsabstands über den erkennbaren durchwachsenen Bereich zu entfernen.

In der Denkmalpflege können für den Einzelfall gesonderte Absprachen oder Regelungen notwendig werden.

Für Maßnahmen nach den Abschnitten 8.3.2.1 bis 8.3.3 muss vor Beginn der Arbeiten durch einen Sachverständigen zweifelsfrei ein Befall durch den Echten Hausschwamm ausgeschlossen worden sein. Kann eine vollständige Freilegung des Sanierungsbereichs erst während der Instandsetzungsarbeiten vorgenommen werden, ist gegebenenfalls nochmals ein Sachverständiger zur Überprüfung bzw. Bestätigung der ursprünglichen Feststellungen hinzuzuziehen.

### 8.3.2 Behandlung des Holzes im Sanierungsbereich

**8.3.2.1** Stark geschädigte Hölzer ohne ausreichende Restquerschnitte sind in Längsrichtung um mindestens 0,3 m über den sichtbaren Befall hinaus abzuschneiden.

Sind die Hölzer nur in einem Ausmaß geschädigt, dass dadurch ihre Tragfähigkeit nicht unzulässig beeinträchtigt ist, ist es ausreichend, nur die geschädigten Anteile bis auf das gesunde Holz mechanisch zu entfernen. Bei stärkeren Querschnittsminderungen sind die Holzbauteile nach den Angaben des Tragwerksplaners (siehe 4.6) zu verstärken.

Durch Nassfäulepilze in größerem Umfang geschäcigtes und nicht mehr ausreichend tragfähiges Holz ist entsprechend der Norm in Längsrichtung (= axial) mindestens 0,30 m über den sichtbaren Befall hinaus abzutrennen (Bilder K.11, K.12, K.13 und K.14) oder in seiner Gesamtheit auszubauen.

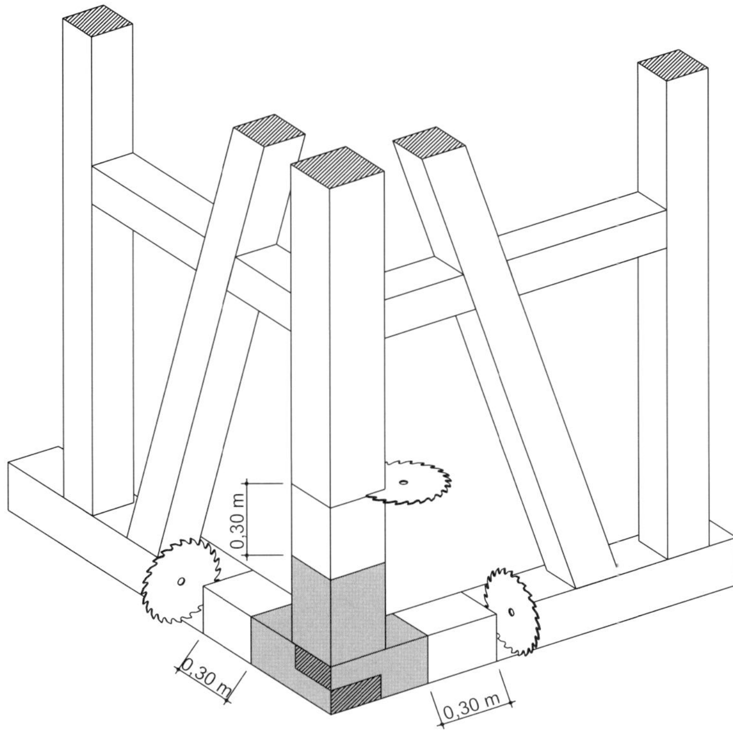


**Bild K.11**: Darstellung des Mindest-Sicherheitsabstandes von 0,30 m für den erforderlichen Rückschnitt bei Holzbauteilen ohne ausreichenden Restquerschnitt. Dunkel gekennzeichnet ist der mit bloßem Auge erkennbare Befall durch einen Nassfäulepilz.

**Bild K.12**: Die Regelsanierung bei starken Schäden durch Nassfäulepilze erfolgt durch Abschneiden mit einem Sicherheitsabstand von mindestens 0,30 m über den sichtbaren Befall hinaus. Die Wiederherstellung der Tragfähigkeit erfolgte im vorliegenden Beispiel mit Stahlanlaschungen.

**Bild K.13**: Durch Nassfäulepilze geschädigter Auflagerbereich eines Dachtragwerks

**Bild K.14**: Auflagerbereich des Dachtragwerks nach erfolgter Instandsetzung der durch Nassfäulepilze geschädigten Dachverbandshölzer

Bei weniger stark geschädigten und in ihrer Tragfähigkeit nicht unzulässig geschwächten Holzbauteilen obliegt es der Verantwortung des Ausführenden, die geschädigten Bereiche in dem jeweils erforderlichen Umfang sauber und handwerksgerecht mechanisch zu entfernen (Bilder K.15 und K.16). Dies gilt z. B. in folgenden Fällen:

- bei oberflächlich geschädigten Balkenköpfen
- an den Ausfachungen zugewandten Flanken von Fachwerkhölzern
- bei gering bewitterten Fachwerkhölzern
- an Deckenbalken- und Sparrenoberseiten.

**Bild K.15**: Nur teilweise durch einen Nassfäulepilz geschädigter Balken. Es ist ausreichend, nur die geschädigten Bereiche zu entfernen und zu ergänzen.

**Bild K.16**: Instandsetzung eines Sparrenfußpunktes durch Einsetzen eines Passstücks im Bereich des durch einen Nassfäulepilz geschädigten Schadbereichs an der Dachbalkenoberseite

**Bild K.17**: Über die Balkenoberfläche nicht erkennbarer Befall des Echten Hausschwamms in Form einer Innenfäule

Mit dem Ausbau lediglich stark geschädigter Holzteile wird dem Erhalt von weniger stark geschwächten Holzbauteilen ein besonderer Stellenwert eingeräumt. Für die Entscheidung im Einzelfall kommt dem jeweiligen Sachverständigen oder Ausführenden eine besondere Verantwortung zu. Wie die Praxis zeigt, kann bei im Außenmauerwerk aufliegenden Balken eine oberflächliche Schädigung gänzlich fehlen, aber ein von der Stirnseite ausgehender Fäulnisbefall in tiefere Bereiche des Balkenkopfes hineinreichen (Bild K.17). Somit hat der jeweilige Verantwortliche nicht nur die Holzoberfläche, sondern gegebenenfalls auch das Holzinnere bzw. unzugängliche Bereiche des Bauteils zu prüfen. Insbesondere an Balkenköpfen kann diese Prüfung oftmals mit umfangreichen zusätzlichen Freilegungsarbeiten verbunden sein.

**8.3.2.2** Die im Sanierungsbereich verbleibenden Hölzer einschließlich ihrer Schnittstellen sind entsprechend 8.2.2.1.1 vorbeugend zu schützen. Alle neu einzubauenden Hölzer sind entsprechend ihrer Gebrauchsklasse vorbeugend zu schützen. Alternativ dürfen vorbeugend geschützte Produkte mit CE-Kennzeichnung eingesetzt werden, für die die Verwendbarkeit in der jeweiligen Gebrauchsklasse nachgewiesen ist.

Bei Balkenauflagern sind verbleibende nicht befallene Restquerschnitte mit erhöhter Eindringtiefe z. B. durch ein Bohrlochverfahren nach 8.2.2.1.1 zu behandeln.

Zu den Festlegungen von 8.3.2.2 vergleiche die ausführlichen Erläuterungen in den Kommentaren zu 8.1.2 und 8.2.2.1.1, in denen entsprechende Vorgaben verankert sind.

**8.3.2.3** Sind in ständig trockenen Innenräumen (Gebrauchsklassen GK 0 und GK 1) Hölzer nur in geringem Umfang oberflächlich durch einen Nassfäulepilz geschädigt worden, können sie ohne mechanische Bearbeitung und ohne vorbeugende Holzschutzmittelbehandlung verbleiben, wenn die ehemalige Schadensursache dauerhaft beseitigt worden ist und die Gebrauchsklassen GK 0 oder GK 1 auch zukünftig erhalten bleibt.

Ist absehbar, dass von pilzgeschädigten Holzbauteilen zukünftig keine Gefährdung für die Bausubstanz oder die Standsicherheit des Bauwerks ausgeht, erlaubt die Norm deren Verbleiben im Befallsbereich. Auch kann auf die Behandlung mit vorbeugend wirksamen Holzschutzmitteln verzichtet werden. Hierzu sind aber folgende Bedingungen unabdingbar erforderlich:

- Es muss sich um trockene Innenräume handeln.
- Es muss sich um eine nur oberflächliche Schädigung handeln. Das heißt, die Schadensursache hat lediglich für einen kurzen Zeitraum vorgelegen und daher nur zu einem unbedeutenden, sich auf die Oberfläche beschränkenden Befall geführt.
- Es muss dauerhaft gewährleistet sein, dass zukünftig, d. h. nach der Sanierung, Gebrauchsklasse GK 0 oder GK 1 vorliegt.

### 8.3.3 Behandlung des Mauerwerks

Von Myzel bewachsene Wandflächen sind gründlich zu reinigen, um das Myzel zu entfernen. Ein Monitoring in Verbindung mit einer Überwachung der Mauerwerksfeuchte für eine angemessene Zeitspanne ist erforderlichenfalls zu empfehlen.

ANMERKUNG Zu den Nassfäulepilzen, die auch Wandflächen bewachsen und das Mauerwerk durchwachsen können, gehören unter anderem der Braune Kellerschwamm, verschiedene Porenschwämme und Sternsetenpilze.

Eine Behandlung eines durch Nassfäulepilze befallenen Mauerwerks mit einem Schwammsperrmittel schließt sich dadurch aus, dass eine erfolgreiche Bekämpfung der Nassfäulepilze allein durch Umsetzen der Maßnahmen 1 bis 4 entsprechend Unterabschnitt 4.3.1 möglich ist. Obwohl einige BAuA-Zulassungen für Schwammsperrmittel die Behandlung von Holz zerstörenden Basidiomyceten beinhalten, ist der Eintrag biozider Wirkstoffe aufgrund des generellen Minimierungsgebotes in der Gefahrstoffverordnung nicht zulässig.

Es ist bei Nassfäulepilzen somit ausreichend, neben den in Unterabschnitt 8.1.3 geforderten Maßnahmen die Oberflächen der von Myzel bewachsenen Wände in geeigneter Weise mechanisch zu säubern. Da, wie in der Anmerkung erläutert, eine Reihe von Nassfäulepilzen in der Lage ist, Mauerwerk zu durchwachsen, ist nicht auszuschließen, dass im Sanierungsbereich erneut Myzel auftritt, sofern sich das Mauerwerk nicht zeitnah austrocknen lässt. Deshalb empfiehlt die Norm folgerichtig, in diesen Fällen gegebenenfalls ein Monitoring zu vereinbaren.

# 9 Bekämpfungsmaßnahmen bei Befall durch Holz zerstörende Insekten (Regelsanierung)

## 9.1 Vorarbeiten

**9.1.1** Wird Lebendbefall durch Trockenholzinsekten (z. B. Hausbockkäfer, Nagekäfer oder Splintholzkäfer) festgestellt, so ist anhand von Ausschlupflöchern dessen Ausbreitung zu bestimmen.

Liegen Schäden durch Trockenholzinsekten vor, die zu einer Festigkeitsbeeinträchtigung führen können, sind alle Holzbauteile an den zugänglichen Kanten im Splintholzbereich mit angemessener Häufigkeit zu prüfen (z. B. durch Anritzen, Anbeilen, Anbohren), so dass Befallsintensität und -ausmaß hinlänglich festgestellt werden können. Holzwerkstoffe sind nur auf Ausschlupflöcher abzusuchen.

Darüber hinaus sind die Dielung und gegebenenfalls Bekleidungen soweit aufzunehmen, dass an gefährdeten Stellen die Deckenbalken oder Lagerhölzer untersucht werden können. Liegt dort Befall vor, so ist die Dielung weiter aufzunehmen. In die Untersuchung sind auch schwer zugängliche Bereiche (z. B. Ausbauten, Abseiten, Dachüberstände) einzubeziehen. Erforderlichenfalls sind hierzu Öffnungen zu schaffen.

Bei Vorliegen eines relevanten Insektenschadens ist grundsätzlich sämtliches Holz sorgfältig auf Lebendbefall zu untersuchen. Eine Bekämpfung darf in Auslegung von 4.2 nur erfolgen, wenn Lebendbefall vorliegt. Die Entscheidung, ob noch ein Lebendbefall vorliegt, erfordert ein hohes Maß an Fachwissen und Erfahrung. Folgende Funde oder Merkmale gestatten **im Allgemeinen** einen sicheren Nachweis:

- Funde von lebenden Vollinsekten Holz zerstörender Insekten wie auch von deren natürlichen Gegenspielern (Antagonisten), die das Vorhandensein von Schädlingen voraussetzen (z. B. Buntkäfer)
- Funde von toten Vollinsekten ohne Staubauflagerungen (finden sich insbesondere an Fenstern und anderen lichtdurchlässigen Öffnungen)
- Funde von Larven oder Puppen Holz zerstörender Insekten oder von deren natürlichen Gegenspielern im Holz
- das Wahrnehmen von Fraßgeräuschen Holz zerstörender Larven, ggf. mit speziellen Gerätschaften zur akustischen Detektion. Ein Stethoskop ist für diesen Einsatzzweck im Allgemeinen nicht geeignet.

Weiterhin können folgende Indizien auf einen Lebendbefall hinweisen:

- das Feststellen von hellfarbigen Ausschlupflöchern an lichtzugänglichen Ober- oder Seitenflächen; dunkle Ausschlupflöcher stammen von älterem Befall
- Auffinden von hellfarbigen Bohrmehlhäufchen auf waagerechten Flächen, hellfarbigen „Bohrmehlstraßen" auf senkrechten Flächen oder hellfarbigem Bohrmehl, z. B. auf Spinnweben unter hellen Ausschlupflöchern. Dabei ist zu beachten, dass der Ausstoß von Bohrmehl aus alten Ausschlupflöchern auch durch Sekundärbesiedlungen wie z. B. von Grabwespen oder Mauerbienen und nicht von Holz zerstörenden Insekten verursacht sein kann.

Fehlen zum Zeitpunkt der Untersuchung vorgenannte Merkmale für einen Lebendbefall, so lässt sich dennoch nicht in jedem Einzelfall ein Lebendbefall ausschließen. In diesen Fällen sollte möglichst ein Monitoring vereinbart werden.

Aus Rissen oder dunkelfarbigen Ausschlupflöchern herausrieselndes und keine „Straßen" ergebendes Bohrmehl ist in vielen Fällen auf Erschütterungen oder Schwingungen der Bauteile zurückzuführen und kein Nachweis für einen Lebendbefall.

Wird kein Lebendbefall festgestellt oder ist nur von einem unwesentlichen Restbefall bzw. geringer Befallsdichte auszugehen, ist die Notwendigkeit von Bekämpfungsmaßnahmen nach 9.2, 9.3, 9.4 oder 9.5 abzuwägen. Unabhängig davon ist auch bei erloschenem Befall der Umfang der durch die Larven verursachten Fraßschäden festzustellen und zu prüfen, ob dadurch nennenswerte Festigkeitsbeeinträchtigungen eingetreten sind.

Mit der Prüfung in „angemessener Häufigkeit“ sind die Abstände zwischen den einzelnen zu kontrollierenden Stellen gemeint, die jeweils in Abhängigkeit der Befallssituation fachgerecht festzulegen sind. Bei Hausbockbefall empfiehlt es sich, in den Befallsbereichen die betreffenden Hölzer mit einem spitzen Werkzeug quer zur Faserrichtung anzuritzen. Dadurch werden die unmittelbar unter der Holzoberfläche verlaufenden Larvengänge aufgerissen und das Schadbild freigelegt. Ohne größere Zerstörungen kann auch durch Bohr-, Einstich- oder Klopfproben das Befallsausmaß ermittelt werden. Das in der Norm erwähnte Anbeilen verursacht zusätzliche Zerstörungen. Es sollte daher allgemein und insbesondere bei denkmalgeschützten Bauwerken unterbleiben.

Bei Nagekäfern (Anobiiden) und Splintholzkäfern (*Lyctus* spp.) lässt sich der offensichtliche Schadumfang vielfach bereits anhand der kleinen, runden Ausschlupflöcher und zusätzlich anhand des ausgeworfenen Bohrmehls einschätzen. Augenscheinliche Untersuchungen sind unabhängig von der Insektenart generell auch bei kleinformatigen Holzbauteilen ausreichend, wie z. B. bei Treppenwangen oder bei örtlich begrenztem Befall.

Auch wenn die Norm lediglich auf Deckenbalken oder Lagerhölzer verweist, so sind dessen ungeachtet in gleicher Weise sonstige verdeckt eingebaute Konstruktionshölzer in die Untersuchungen mit einzubeziehen. Zur Prüfung von verdeckt eingebauten Balken muss in Kontrollöffnungen geprüft werden, ob und gegebenenfalls wie stark der Befall bzw. der Altschaden die Tragfähigkeit des Bauteils mindert. Werden Schäden festgestellt, so sind weitere Freilegungsarbeiten erforderlich, um den Schadumfang sowie die Tragfähigkeit bisher verdeckt liegender Holzbauteile zu ermitteln. Sollen oder können schwer zugängliche Bereiche z.B. aus Kosten- oder nutzungstechnischen Gründen nicht untersucht werden, dann sind diese im Untersuchungsbericht detailliert aufzuführen und dem Auftraggeber als mögliche Schadbereiche zu benennen.

**9.1.2** Bei befallenen Holzbauteilen sind die tragfähigen Restquerschnitte und die Tragfähigkeit zu bestimmen. Erforderlichenfalls ist ein Tragwerksplaner hinzuzuziehen. Der Standsicherheitsnachweis ist neu aufzustellen, wenn Querschnitte mehr als statisch zulässig vermindert sind. In diesem Fall sind querschnittsgeminderte Teile additiv oder mit Prothesen zu verstärken bzw. in ihrer Gesamtheit zu ersetzen. Zur Überprüfung der Tragfähigkeit von Hölzern mit kleinen Querschnitten (z. B. Dachlatten) ist in der Regel eine visuelle Untersuchung ausreichend.

Bei Zweifeln an der Tragfähigkeit der untersuchten Holzbauteile ist deren Beurteilung durch entsprechende Fachleute (Tragwerksplaner) vorzunehmen. Diese beziehen sich im Allgemeinen auf geometrische Angaben (Bauteilrestquerschnitte), die der Holzschutzfachmann ermittelt hat.

Die Auswahl der Stellen für eine Querschnittsermittlung ist – insbesondere an komplexen Tragwerkssystemen – in Zusammenarbeit mit einem Tragwerksplaner vorzunehmen (vergleiche hierzu Kommentierung zu 4.6).

**9.1.3** Vor der anschließenden Behandlung mit Holzschutzmitteln sind die Bauteile zu säubern und stark vermulmte Teile zu entfernen. Das ausgebaute Holz und anfallende Späne sind geordnet zu entsorgen.

Ist eine Bekämpfung mit Holzschutzmitteln vorgesehen, dann ist bei Hausbockbefall das Entfernen der von den Larven stark zerfressenen (vermulmten) äußeren Holzbereiche zwingend erforderlich. Dies ist einerseits deshalb notwendig, weil dadurch die Standsicherheit der schadhaften Konstruktionsteile besser überprüft werden kann. Andererseits wird dadurch sichergestellt, dass das Bekämpfungsmittel auch in die tieferen Schichten des befallenen Holzes eindringt und voll wirksam wird (Bild K.18). Werden vermulmte Randzonen bzw. mit Bohrmehl gefüllte Fraßgänge belassen, so saugen diese den weitaus größten Teil des aufgebrachten Bekämpfungsmittels auf, so dass es nicht in ausreichender Menge in die tieferen Befallsschichten vordringen kann. Zudem können durch sich ablösende kontaminierte Mulmteile die in den Holzschutzmitteln enthaltenen bioziden Wirkstoffe unkontrolliert in die Umwelt gelangen.

Gleichzeitig wird durch das Entfernen des vermulmten Holzes ein erheblicher Anteil der im Holz minierenden Larven auf mechanischem Wege entfernt, das heißt „bekämpft“. Dabei ist es ausreichend, die zuinnerst liegenden Fraßgänge lediglich anzuschlagen und sorgsam auszubürsten, ohne sie restlos zu entfernen, um eine zusätzliche statische Schwächung zu vermeiden.

Aus vorstehend beschriebenen Gründen sollten auch beim Heißluft- oder Begasungsverfahren locker anhaftende, vermulmte Holzteile entfernt werden, wenn im Anschluss eine Behandlung mit einem vorbeugend wirksamen Holzschutzmittel vorgesehen ist.

**Bild K.18**: Hausbockbekämpfung. Vor einer Behandlung mit Holzschutzmitteln werden befallene Holzbauteile gesäubert sowie stark vermulmte Teile entfernt; tragfähige Restquerschnitte bleiben erhalten.

**9.1.4** Waren die Hölzer bereits früher mit Holzschutzmitteln behandelt, muss sichergestellt sein, dass die Wirksamkeit der einzusetzenden Holzschutzmittel nicht beeinträchtigt wird. Anstriche müssen so weit entfernt werden, dass der Bekämpfungserfolg sichergestellt ist.

ANMERKUNG Sollen Farbanstriche erhalten bleiben (z. B. wegen Auflagen der Denkmalschutzbehörden), bieten sich unter Umständen alternative Bekämpfungsmaßnahmen an.

In die Vorarbeiten sind grundsätzlich Untersuchungen zur Feststellung einer eventuell früher erfolgten Behandlung von hölzernen Tragwerkteilen mit Holzschutzmitteln einzubeziehen. Das Untersuchungsergebnis ist Grundlage für die zu planenden Maßnahmen wie zum Beispiel im Hinblick auf die Beurteilung

- des Erfordernisses der Anwendung von Holzschutzmitteln,
- der Erfordernisse des Arbeits- und Gesundheitsschutzes bei der Ausführung der Holzschutz- und Sanierungsarbeiten,
- der Verträglichkeit eines vorhandenen mit dem neu aufzubringenden Holzschutzmittel. Es kann sowohl eine physikalische als auch eine chemische Unverträglichkeit zwischen verschiedenen Präparaten bestehen.

Alte Farbanstriche sowie die vor allem in den Kriegsjahren zwischen 1939 und 1945 vielfach aufgebrachten Wasserglas- (z. B. Feuerschutzmittel FM II) und Kalkanstriche sind für wasserlösliche Holzschutzsalze, lösemittelhaltige Holzschutzmittel sowie Emulsions- und Mikroemulsionspräparate nicht oder nur beschränkt durchlässig und müssen daher entfernt werden. Dasselbe gilt auch für Lacke, Wachse, Lasuren usw.

Sollen alte Farbanstriche aus denkmalpflegerischen Gesichtspunkten erhalten bleiben, müssen andere geeignete Bekämpfungsmaßnahmen eingesetzt werden. Hierzu gehört insbesondere die Bekämpfung mit toxischen Begasungsmitteln (Unterabschnitt 9.4) oder mobiles Kunst und Kulturgut betreffend ebenso mit modifizierten Atmosphären (Unterabschnitt 9.5). Auch kann möglicherweise das Heißluftverfahren (Unterabschnitt 9.3) bei hitzeunempfindlichen Farbanstrichen (z. B. Kalkfarben) zum Einsatz kommen. Bei mobilem Kunst- und Kulturgut bietet sich das feuchtegeregelte Warmluftverfahren in einer die Holzfeuchte steuernden Klimakammer an (siehe 9.3.3). Diesbezügliche Entscheidungen sind jeweils in enger Zusammenarbeit mit den zuständigen Mitarbeitern der Denkmalpflege zu treffen. Dabei ist insbesondere die Beständigkeit der Farbanstriche gegen die bei der Warmluftbehandlung auftretenden Temperaturen zu beachten. Zu berücksichtigen ist außerdem, dass bei Anwendung thermischer Verfahren bestimmte Nadelhölzer zu Harzausscheidungen neigen.

## 9.2 Behandlung mit Holzschutzmitteln

**9.2.1** Die Behandlung hat mit einem Bekämpfungsmittel nach 5.2 zu erfolgen, dessen Wirksamkeit gegen Holz zerstörende Insekten nachgewiesen ist, und sie hat sich auf alle, d. h. auch auf die augenscheinlich nicht befallenen Teile der Konstruktion zu erstrecken, sofern nicht die Bedingungen von 9.2.2 und 9.2.3 gegeben sind.

Bei hölzernen Deckenkonstruktionen sind vor Anwendung von Bekämpfungsmitteln die befallenen Hölzer freizulegen. Bei denkmalgeschützten Objekten können Sonderregelungen notwendig werden.

Für neu eingebaute mit Holzschutzmitteln vorbeugend geschützte Hölzer und Holzwerkstoffe gilt DIN 68800-3.

Die Forderung der Norm in 9.2.1 nach Bekämpfungsmaßnahmen auch der nicht befallenen Holzbauteile wird durch 9.2.2 und 9.2.3 deutlich eingeschränkt und sollte in der Praxis die Ausnahme bleiben.

Bei geringem Befall im Splintholz und ausreichend tragfähigem Restquerschnitt im Kernholz kann im Einzelfall auf Bekämpfungsmaßnahmen völlig verzichtet werden, wenn langfristig nicht zu erwarten ist, dass bei weiterer Befallsentwicklung eine Gefährdung der Standsicherheit eintritt (vgl. auch Kommentierung zu 9.1.1, 5. Absatz).

Liegt Gebrauchsklasse GK 0 vor (siehe hierzu Teil 1 der Normenreihe, 5.2.1), ist bei Einbau neuer Hölzer generell auf einen vorbeugenden Schutz mit Holzschutzmitteln zu verzichten. Allerdings ist dann sicherzustellen, dass besonders im Altbestand kein Lebendbefall in den verbleibenden Hölzern vorliegt, wenn neue Hölzer eingebaut werden. Unabhängig der Zuordnung zu einer Gebrauchsklasse schließt sich für kunsthistorische Objekte mit z. B. wertvoller Fassung oder hochwertigen Schnitzarbeiten, die mit Rücksicht auf denkmalpflegerische Aspekte nicht behandelt werden können, ein Einsatz von Holzschutzmitteln aus.

Unterbleibt eine Behandlung mit bekämpfend oder vorbeugend wirksamen Holzschutzmitteln, dann sollte der Auftraggeber schriftlich darauf hingewiesen werden, regelmäßig Kontrollen durchzuführen.

**9.2.2** Liegt augenscheinlich nur ein lokaler Befall vor und sind die Holzbauteile mindestens 6 Jahre zugänglich und kontrollierbar, ist nur der unmittelbare Befallsbereich mit Bekämpfungsmitteln zu behandeln:

- liegt Hausbockbefall vor, sind die nicht befallenen Holzbauteile entweder vorbeugend zu behandeln, oder es ist für diese ein Monitoring zu vereinbaren;
- bei Befall durch Nagekäfer ist generell zu prüfen, ob auch ohne Monitoring auf eine vorbeugende Behandlung der nicht befallenen Holzteile verzichtet werden kann.

Für einen lokalen Befall minimiert dieser Abschnitt sowohl den Einsatz bekämpfend als auch vorbeugend wirksamer Holzschutzmittel. Lokal bedeutet hierbei ein örtlich begrenzter Befall von Teilabschnitten eines Holzbauteils bis zu kleineren Teilbereichen in Gebäuden.

Bekämpfungsmittel dürfen nur im unmittelbaren Befallsbereich mit einer Aufwandsmenge von 300 bis 350 ml/m² Holzoberfläche eingesetzt werden. Eine Behandlung der nicht befallenen Holzbauteile mit einem vorbeugend wirksamen Holzschutzmittel wird nur gefordert, wenn kein Monitoring vereinbart wird. Hierbei liegen die Aufwandsmengen um 1/3 bis 2/3 niedriger als bei den Bekämpfungsmaßnahmen. Genaue Mengenvorgaben sind den jeweiligen SPC`s (Summary of Product Characteristics) zu entnehmen (siehe Kommentar zu 5.1). Bei Hausbockbefall ist ein Monitoring zwingend, bei Nagekäferbefall nicht grundsätzlich gefordert. Bei Nagekäferbefall ist zudem stets abzuwägen, inwieweit tatsächlich eine Gefährdung für die nicht befallenen Holzbauteile besteht.

Nicht erwähnt wird ein Befall durch Splintholzkäfer (Lyctusbefall). Hierzu ist festzustellen, dass dieser, z. B. in Türen, Türrahmen, Scheuerleisten, Parkett und anderen Inneneinrichtungen sich mit Holzschutzmitteln nicht mit ausreichender Sicherheit bekämpfen lässt. Zudem schließt sich deren Anwendung vielfach für Inneneinrichtungen aus. Zur Bekämpfung bieten sich alternative Verfahren an, wie das Heißluftverfahren, elektrophysikalische Verfahren sowie für mobile Objekte (z. B. Möbel) das Begasungsverfahren mit toxischen Gasen oder die Bekämpfung durch modifizierte Atmosphären in einer Begasungsanlage. Vorteilhafter ist es jedoch zumeist, die befallenen Holzteile auszubauen und durch gegenüber Splintholzkäfern resistente Holzarten (z. B. Nadelhölzer, Farbkernhölzer von Laubhölzern) zu ersetzen.

**9.2.3** Mit zunehmendem Alter der Holzbauteile nimmt die Attraktivität für einen Neubefall durch den Hausbockkäfer ab. Deshalb ist im Einzelfall zu prüfen, ob eine Behandlung der augenscheinlich nicht befallenen Holzteile der Konstruktion mit einem Bekämpfungsmittel erforderlich ist.

ANMERKUNG Es sollte auch beachtet werden, dass

a) durch den Einbau neuer Hölzer die Gesamtattraktivität einer Holzkonstruktion massiv steigen kann;

b) die Hölzer von Holzkonstruktionen nicht immer ein gleiches Alter besitzen;

c) Ausbauten die klimatischen Bedingungen für Hausbocklarven positiv beeinflussen können;

d) die Attraktivität alter Hölzer durch eine mechanische Bearbeitung ihrer Oberfläche zum Teil wiederhergestellt werden kann.

Aufgrund jahrzehntelanger Erfahrungen ist erwiesen, dass in älteren Hölzern kaum noch lebender **Hausbock**befall auftritt. Unter „Alter der Holzbauteile“ ist dabei die Zeitdauer zu verstehen, die seit dem Einschlag des Holzes verstrichen ist und nicht das Alter des Baumes, aus dem die Hölzer stammen. In der Regel entspricht das „Alter der Holzbauteile“ deren Nutzungsdauer. Ab einem Holzalter von rund 60 Jahren ist die Gefahr nennenswerter Schäden als Folge eines **Neubefalls bis dahin nicht befallener Hölzer** als gering einzuschätzen, sofern das Holz unter Dach verbaut ist und keiner sekundären Auffeuchtung unterliegt. Eine durch Neubefall verursachte Massenentwicklung in Altholz und damit verbundene Bauschäden können somit bei älteren Holzkonstruktionen weitestgehend ausgeschlossen werden.

Ein bereits bestehender Befall kann sich allerdings auch in älterem Holz weiterentwickeln. Daher bezieht sich die Aussage der Norm nur auf einen Neubefall von bis dahin nicht befallenen Hölzern. Für Nagekäfer sind Hölzer weitgehend unabhängig vom Alter attraktiv. Entsprechend der Forderung von 4.3.2, den Einsatz von Bekämpfungsmitteln auf das notwendige Maß einzuschränken, ist es im Sinne des Gesundheits- und Umweltschutzes nur konsequent, aufgrund des geringen Befallsrisikos ältere Holzbauteile nicht in die Bekämpfungsmaßnahmen mit einzubeziehen, wenn diese deutlich erkennbar befallsfrei sind.

Bei der Überprüfung ist darauf zu achten, dass als Folge von Auswechslungen und Einbauten nicht auch jüngere Holzbauteile mit einem Alter unterhalb von 60 Jahren vorliegen.

Über die unter den Punkten a, c und d genannten Risiken ist der Auftraggeber aufzuklären und gleichzeitig aufzufordern eine regelmäßige Überprüfung vorzunehmen bzw. ein Monitoring zu vereinbaren.

**9.2.4** Um die geforderten Aufbringmengen der Bekämpfungsmittel durch Spritzen oder Streichen gleichmäßig aufzubringen, sind mindestens zwei Arbeitsgänge erforderlich.

Bei einer Oberflächenbehandlung der Hölzer ist besonders auf ein ausreichend tiefes Eindringen in die vorhandenen Ritzen, Spalten, Ausfluglöcher und zimmermannstechnischen Verbindungen zu achten.

In der Praxis haben sich folgende Arbeitsschritte als sinnvoll erwiesen:

- Säubern der Hölzer, insbesondere auch der Ritzen, Spalten und zimmermannstechnischen Verbindungen.
- Die Anzahl der jeweils erforderlichen Arbeitsgänge beim Aufbringen der Holzschutzmittel ist den technischen Merkblättern zu entnehmen. Es ist eine möglichst gleichmäßige und lückenlose Behandlung der Holzoberflächen anzustreben. Dabei ist auf eine gründliche und tiefe Behandlung von Ritzen, Spalten und zimmermannstechnischen Verbindungen zu achten, da gerade diese von den Holz zerstörenden Insekten zur Eiablage bevorzugt aufgesucht werden. Mit der Forderung nach mindestens zwei Arbeitsgängen soll eine möglichst gleichmäßige Verteilung des Holzschutzmittels sichergestellt werden, unabhängig davon, ob bereits im ersten Arbeitsgang ausreichende Schutzmittelmengen aufgebracht werden können.

**9.2.5** Sind ein mechanisches Entfernen vermulmter Teile und die allseitige Behandlung des Holzes nicht möglich, z. B. bei Fachwerkhölzern, Fußpfetten oder Balkenlagen, so ist neben der Oberflächenbehandlung der zugänglichen Flächen zusätzlich eine Bohrlochtränkung, eine Bohrlochdrucktränkung oder eine sonstige geeignete Sonderbehandlung vorzunehmen, vorausgesetzt, die Tragfähigkeit des Bauteils bleibt sichergestellt.

Ist die allseitige Zugänglichkeit (d. h. bei rechteckigen Konstruktionshölzern eine mindestens 3- oder 4-seitige Zugänglichkeit) nicht gegeben, so ist neben einer Oberflächenbehandlung (Streichen/Spritzen) eine tiefenwirksame Behandlung mit Holzschutzmitteln erforderlich. Entsprechend den Zulassungen der BAuA kommen hierfür zurzeit nur die Bohrlochtränkung oder Bohrlochdrucktränkung infrage.

Bei der Bohrlochtränkung werden senkrecht nach unten bzw. bis zu einem Winkel von etwa 45° gegenüber der Horizontalen Bohrlöcher mit einem Durchmesser ab etwa 10 mm und einer Tiefe bis etwa 25 mm vor der gegenüberliegenden Bauteilseite eingebracht. Die Bohrkanäle sollen nach den Bildern K.19, K.20 und K.21 gegeneinander versetzt oder in einer Reihe mit einem Abstand von 10 cm angeordnet werden. Die Bohrlöcher werden mehrmals mit einem Holzschutzmittel, mindestens jedoch dreimal, gefüllt und sind anschließend mit einem Holzdübel zu verschließen.

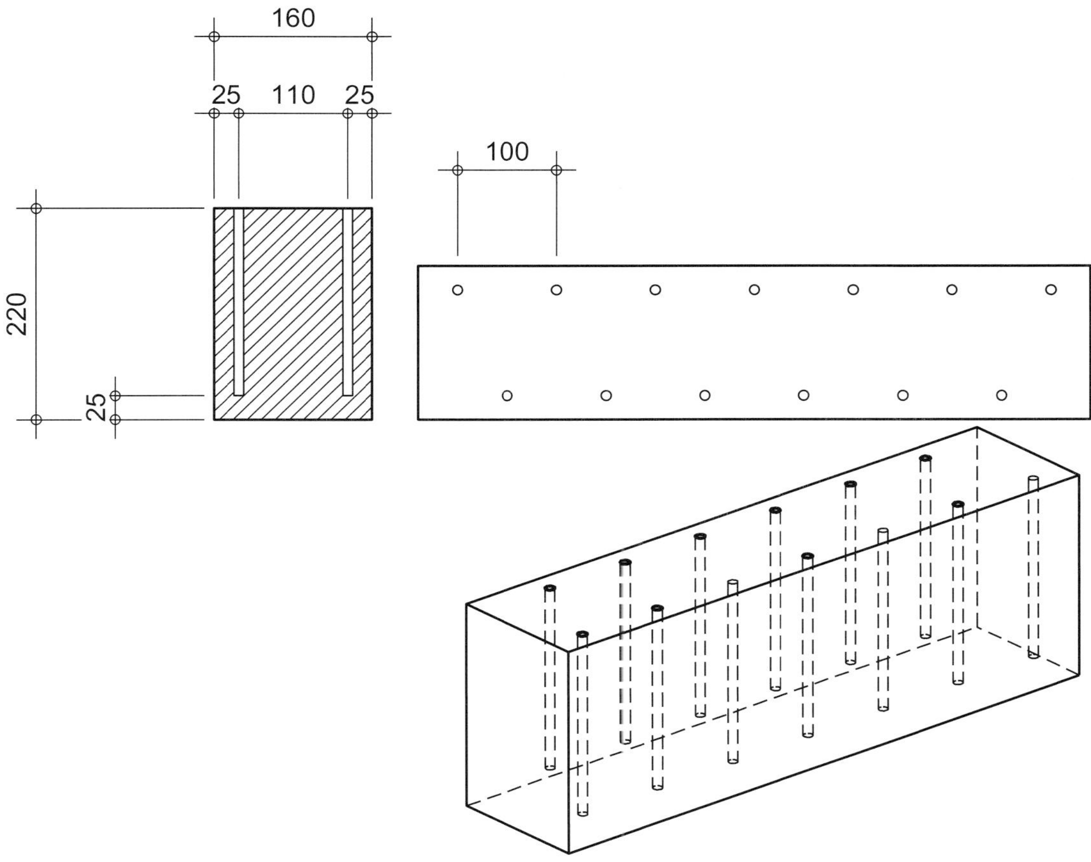


**Bild K.19**: Anordnung der Bohrlöcher bei Anwendung des Bohrloch- und Bohrlochdrucktränkverfahrens in normal dimensionierten Kanthölzern

Bei der Bohrlochdrucktränkung werden die Bohrlöcher mit einem Durchmesser ab etwa 6 mm analog zur Bohrlochtränkung angeordnet. Der Verschluss der Bohrungen und das Einbringen des Holzschutzmittels erfolgt über spezielle Packer. Dadurch kann z. B. auf einen Neigungswinkel verzichtet und der Bohrkanal auch über Kopf eingebracht werden. Um ausreichende Mengen einzubringen und eine gute Verteilung im Holz zu erzielen, muss ein Injektionsdruck von 5 bis 10 bar je nach Holzbeschaffenheit und Aufnahmefähigkeit hinreichend lange unter ständiger Kontrolle des Arbeitsdrucks aufrechterhalten werden. Höhere Drücke können zu mechanischen Schäden am Holz führen und sind daher zu vermeiden. Bei einem plötzlichen Druckabfall muss die Behandlung unverzüglich unterbrochen werden, um mögliche Leckstellen aufzuspüren und durch Versetzen der Bohrlöcher ein unbeabsichtigtes Auslaufen des Schutzmittels und damit sowohl eine Umweltbelastung als auch eine ungenügende Durchtränkung des Holzes zu vermeiden.

Die Lage der Bohrlöcher ist grundsätzlich so zu wählen, dass sie im Wesentlichen im Splintholzbereich liegen (Bild K.20). Eine Ausnahme hiervon stellt die Behandlung eines Befalls des Gescheckten Nagekäfers dar, der sich für gewöhnlich im Kernholz aufhält, besonders bei Eiche. Sowohl bei der Bohrlochtränkung als auch Bohrlochdrucktränkung ist auf Trockenrisse zu achten, die keinesfalls angebohrt oder durchbohrt werden dürfen, um ein „Auslaufen" der Schutzmittel zu vermeiden (Bilder K.7, K.22 und K.23).

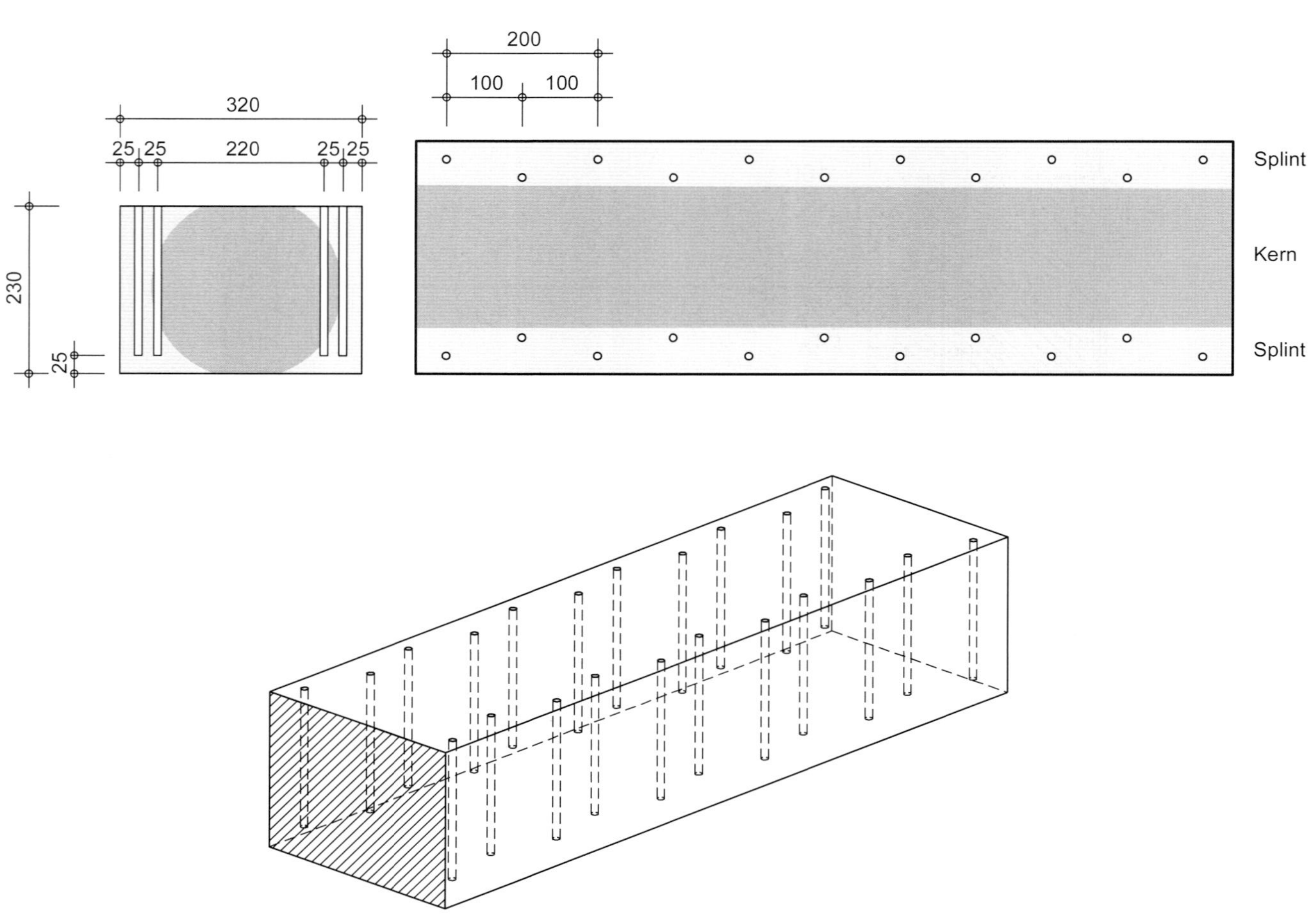

**Bild K.20**: Anordnung der Bohrlöcher bei Anwendung des Bohrloch- oder Bohrlochdrucktränkverfahrens in besonders groß dimensionierten Balken zur Behandlung der Splintholzzonen

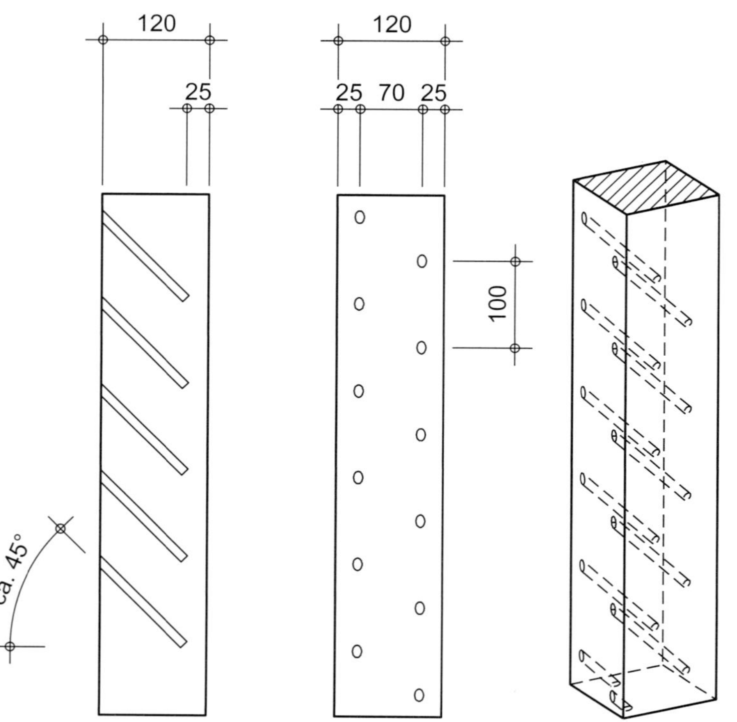


**Bild K.21**: Anordnung der Bohrlöcher bei Anwendung des drucklosen Bohrlochtränkverfahrens in normal dimensionierten stehenden Kanthölzern

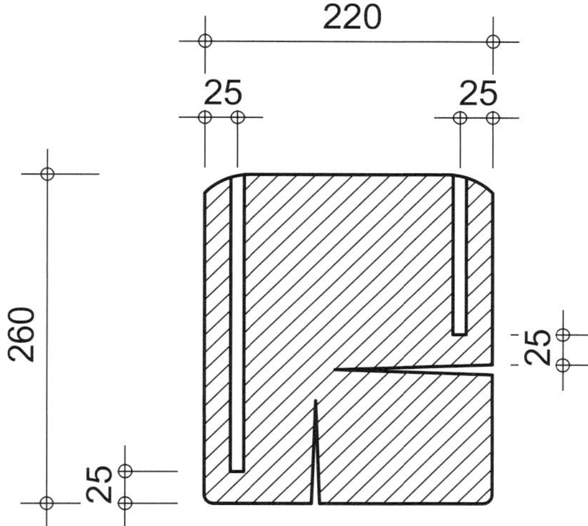


**Bild K.22:** Das An- oder Durchbohren von Trockenrissen ist zu vermeiden.

**Bild K.23:** Unkontrollierter Austritt von Holzschutzmitteln infolge des Anbohrens von Trockenrissen. Zu beachten ist, dass selbst aus feinen Rissen ein Austritt erfolgen kann.

Vorhandene Bodenbeläge sind vor einer Behandlung der Deckenbalken aufzunehmen. Ein vorhandener Einschub ist so auszubauen, dass beide Seiten der Deckenbalken auf mögliche Trockenrisse untersucht werden können. Nicht zulässig ist das Durchbohren von Holzfußböden oder anderen Bodenbelägen und das damit verbundene unkontrollierbare Füllen der Bohrkanäle, da ein mögliches Auslaufen von Holzschutzmitteln weder festgestellt noch rechtzeitig unterbunden werden kann.

Zu berücksichtigen ist ferner, dass durch Anordnung von Bohrlochreihen die Tragfähigkeit der Holzbauteile gemindert werden kann. Deshalb ist erforderlichenfalls eine Beurteilung durch einen Tragwerksplaner notwendig.

Im Bereich der Denkmalpflege sollte an der Sichtseite von Fachwerkhölzern auf eine Bohrlochbehandlung verzichtet werden.

**9.2.6** Es ist darauf zu achten, dass die dem zu behandelnden Holz anliegenden Materialien möglichst keine Holzschutzmittel aufnehmen.

Ferner ist sicherzustellen, dass Holzschutzmittel nicht in angrenzende Räume dringen, die dem Aufenthalt von Menschen oder Tieren oder der Lagerung von Lebens- oder Futtermitteln dienen.

Die zu Schutzzwecken während der Bekämpfungsmaßnahmen verwendeten Abdeckmaterialien sind geordnet zu entsorgen.

Durch unsauberes Arbeiten, falsch gewählte Einbringverfahren oder ein unbegründetes „Sicherheitsbedürfnis“ können nicht befallene oder angrenzende Bauwerksteile mit Holzschutzmitteln belastet werden. Außerdem kann ein unkontrolliertes Abwandern von Holzschutzmitteln in umgebende Baustoffe unter Umständen zu erheblichen Schäden führen (Bild K.23).

Auch können benachbarte Räume durch Ausdunsten von Schutzmittelbestandteilen aus den kontaminierten Bauwerksteilen bzw. durch Staubablagerungen über längere Zeit merklich belastet werden. Besondere Sorgfalt ist daher beim Spritzen geboten. Dabei ist vor allem auf eine wirkungsvolle Abdeckung nicht zu bekämpfender Bereiche und eine Abdichtung zu angrenzenden Räumen zu achten. Zu beachten ist auch ein mögliches Durchschlagen von Schutzmitteln bei Putzdecken unterhalb behandelter Balken.

Das Entsorgen von Schutzmittelresten, behandelten Hölzern und kontaminierten Hilfsmitteln wie z. B. Abdeckfolien ist nach den geltenden gesetzlichen Bestimmungen vorzunehmen. Des Weiteren sind entsprechende Entsorgungshinweise und -vorschriften der Hersteller auf Gebinden und in den technischen Merkblättern zu beachten, insbesondere auch im Hinblick darauf, dass keine Holzschutzmittel in die Kanalisation oder in Gewässer eingeleitet werden.

**9.2.7** Eine Anwendung von Bekämpfungsmitteln darf nur in Übereinstimmung mit den produktspezifischen Vorgaben der Zulassung (nach Biozidrecht oder allgemeiner bauaufsichtliche Zulassung) des Bekämpfungsmittels erfolgen. Insbesondere sind hierbei mögliche Einschränkungen bei der Anwendung in Räumen, die dem Aufenthalt von Menschen oder Tieren dienen, oder zum Zwecke der Lagerung von Lebens- und Futtermitteln, einzuhalten.

ANMERKUNG In Räumen, die dem Aufenthalt von Menschen oder Tieren dienen, kann z. B. die Behandlung auf nicht großflächige Anwendung beschränkt sein oder die Abdeckung behandelter Holzbauteile vorgeschrieben sein. Als Richtwert für großflächig gilt das Verhältnis Fläche zu Raumvolumen $> 0,2\ m^2$ je $1\ m^3$ Rauminhalt.

Die behandelten Hölzer müssen zu Aufenthaltsräumen und zugehörigen Nebenräumen hin abdeckt werden. Dies trifft auch für Dachstühle zu, wenn diese zu Wohnzwecken ausgebaut werden oder Pläne hierfür bestehen. Die Abdeckung der behandelten Hölzer kann mit verschiedenen Ausbaumaterialien und Folien, aber auch z. B. mit geeigneten Anstrichsystemen erfolgen. Bei bestimmten bekämpfend wirksamen Holzschutzmitteln darf gemäß den Zulassungen eine Behandlung tragender oder aussteifender Holzbauteile, die Bestandteil der Raum umschließenden Bauteile (Wände sowie Boden und Decke) von Aufenthaltsräumen und deren Nebenräume sind, nicht erfolgen. Dies ist unabhängig davon, ob diese oberflächlich mit direktem Kontakt zur Raumluft oder bekleidet, beplankt bzw. anderweitig abgedeckt sind.

Ist im Hinblick auf die Standsicherheit der baulichen Anlage eine großflächige Anwendung von Bekämpfungsmitteln notwendig und kann gleichzeitig der Austausch befallener tragender Holzbauteile nicht mit vertretbarem Aufwand erfolgen, sind andere Bekämpfungsmaßnahmen zu wählen.

Die Anwendung von Bekämpfungsmitteln in Räumen, in denen Lebensmittel oder Futtermittel gelagert werden, ist aus Gründen des Gesundheitsschutzes nicht zulässig, es sei denn, die behandelten Holzbauteile werden bekleidet bzw. abgedeckt.

## 9.3 Bekämpfung mit Heißluft (Heißluftverfahren)

**9.3.1** Die Bekämpfung Holz zerstörender Insekten kann auch durch ein Heißluftverfahren ohne Feuchtezufuhr (siehe 9.3.2) oder ein solches mit Feuchtezufuhr als Umluftverfahren (auch als feuchtegeregeltes Warmluftverfahren bezeichnet) erfolgen (siehe 9.3.3). Es bewirkt für das behandelte Holz keinen vorbeugenden Schutz. Zusätzlich zur Heißluftbehandlung ist eine vorbeugende Behandlung mit einem Holzschutzmittel durchzuführen, sofern die Holzteile nicht nach DIN 68800-1 der Gebrauchsklasse GK 0 zugeordnet sind. Vorbeugende Maßnahmen können unterbleiben, wenn die Bedingungen nach 9.3.9 gegeben sind.

Zu den wesentlichen Aussagen von 9.3.1 hinsichtlich des fehlenden vorbeugenden Schutzes für das behandelte Holz siehe den Kommentar zu Abschnitt 6.

9.3.1 fordert unmissverständlich einen vorbeugenden Schutz mit Holzschutzmitteln immer dann, wenn die Holzbauteile nicht der Gebrauchsklasse GK 0 (siehe hierzu Teil 1 der Normenreihe, 5.2.1 und Teil 2 der Normenreihe, 6.3) zuzuordnen sind oder die Bedingungen nach 9.3.9 nicht erfüllt sind. Soll dennoch in höheren Gebrauchsklassen aus Gründen des Gesundheits- oder Umweltschutzes auf eine vorbeugend wirksame Behandlung verzichtet werden, ist eine individuelle, differenzierte Beurteilung der gegebenen Umstände erforderlich. Dabei sind nicht allein die Gegebenheiten des behandelten Raumes, sondern vielmehr auch geplante bzw. mögliche bauliche Veränderungen und die zukünftige Nutzung des Raumes sowie ein mögliches Befallsrisiko aus der Umgebung zu berücksichtigen. Der Auftragnehmer ist auf diese Problematik schriftlich hinzuweisen.

Die zunächst generell erhobene Forderung nach einer vorbeugenden Behandlung mit einem Holzschutzmittel wird insbesondere im Falle des Hausbockkäfers durch 9.3.10 der Norm relativiert (siehe auch Kommentar zu 9.3.10).

**9.3.2** Bei der Direktbeheizung zur Abtötung Holz zerstörender Insekten wird die erwärmte Luft direkt in den Behandlungsbereich eingeblasen. Wegen der hohen Luftzufuhr (ab etwa 10 000 m$^3$/h) ist es zumeist erforderlich, Abluftöffnungen zu schaffen, um durch Zirkulation auch die thermisch am ungünstigsten liegenden Bauteile ausreichend zu erwärmen.

Beim herkömmlichen Heißluftverfahren werden sogenannte Direktbeheizer verwendet (Bild K.24). Dabei wird die Verbrennungsluft, d. h. die Abgase, mitsamt der angesaugten erwärmten Luft mit leichtem Überdruck in den Behandlungsraum eingeblasen. Die verwendeten Hochleistungslufterhitzer müssen speziell für den Einsatz zur Bekämpfung Holz zerstörender Insekten konzipiert sein, um den nötigen ständigen Luftüberdruck im Behandlungsraum zu gewährleisten. Indirektheizer, Baustellenheizgeräte, Wärmeentwesungsgeräte oder ähnliche Maschinen erfüllen die zur Insektenbekämpfung erforderlichen Bedingungen nicht und sind daher ungeeignet. Eine turnusmäßige Wartung der Geräte ist notwendig.

Planung und Ausführung einer Heißluftbehandlung erfordern einschlägige Kenntnisse und Erfahrungen über das Strömungsverhalten der eingeblasenen Luft, um auch bei den in thermisch kritischen Bereichen liegenden Holzbauteilen die erforderliche Solltemperatur von 55 °C über den Holzquerschnitt gemäß 9.3.5 zu erreichen. Für das gleichmäßige Umströmen der Holzbauteile muss ein ausreichend hoher Luftüberdruck im Behandlungsraum erzeugt werden. Dabei sind die erforderlichen Abströmöffnungen wiederum so zu bemessen, dass ein dauerhaft ausreichender Überdruck über den gesamten Zeitraum der Behandlung gewährleistet ist (siehe WTA-Merkblatt 1-1-08 Ausgabe: 06.2008/D [18]). Ein künstliches Erhöhen der relativen Luftfeuchte durch Zuführung von Wasser hat zu unterbleiben, da dies zu Schäden am Bauwerk führen kann.

**Bild K.24**: Anwendung des Heißluftverfahrens mit Direktbeheizern zur Bekämpfung Holz zerstörender Insekten in Dachstuhlhölzern

**9.3.3** Beim feuchtegeregelten Warmluftverfahren wird die Warmluft in einem geschlossenen Behandlungsbereich erzeugt, befeuchtet und umgewälzt. Anwendung findet das Verfahren in geschlossenen stationären oder mobilen Klimakammern, insbesondere für Kunstobjekte, um Trockenrissbildungen zu vermeiden.

Im Unterschied zum herkömmlichen Heißluftverfahren wird beim feuchtegeregelten Warmluftverfahren eine Feuchteregelung mit einbezogen. Ziel des Verfahrens ist es, durch eine möglichst gleichbleibende Objektfeuchte Schäden an den zu behandelnden hölzernen Objekten zu verhindern.

Das Verfahren wird vornehmlich für die thermische Behandlung hochwertiger und empfindlicher Kultur- und Kunstobjekte angewendet und erfolgt in geschlossenen Systemen für

- transportable Objekte (Möbel, Skulpturen, Bücher usw.) in stationären oder mobilen Kammern,
- immobile Teile (Altäre, Orgeln, Kirchengestühl) und Bauteile wie Treppen, Vertäfelungen in zeitweiligen Einhausungen.

Die maximale Behandlungstemperatur wird in der Regel auf 60 °C begrenzt und die in 9.3.5 geforderte Abtötungstemperatur von 55 °C über den Holzquerschnitt mindestens eine Stunde gehalten.

Für die Behandlung von Bauwerken ist das feuchtegeregelte Warmluftverfahren u. a. aus den folgenden Gründen nicht geeignet:

- Es ist keine objektspezifische Feuchteregelung möglich.
- Der erforderliche Luftüberdruck lässt sich nicht hinreichend erzeugen.

**9.3.4** Vor der Heißluftbehandlung ist zu prüfen, ob hitzeempfindliche Materialien beeinträchtigt werden können. Hiervon ist der Auftraggeber schriftlich in Kenntnis zu setzen. Gegebenenfalls sind diese auszubauen bzw. zu schützen.

Die ausführende Fachfirma muss gemeinsam mit dem Auftraggeber die Hitzeempfindlichkeit von Bauteilen und Materialien einschätzen, die sich in den Räumen befinden, in denen eine Heißluftbehandlung durchgeführt werden soll. Im Rahmen der Überprüfung ist für jedes gefährdete Bauteil einschließlich der im Behandlungsraum verbleibenden Materialien das Schadensrisiko abzuwägen.

Alle dem Auftraggeber bekannten, aber augenscheinlich nicht erfassbaren Risiken sind schriftlich anzuzeigen bzw. aufzuführen. Außerdem ist festzulegen, wer sich für die Durchführung der notwendigen Vorsichtsmaßnahmen zuständig zeichnet – der Auftraggeber oder der Auftragnehmer. In besonderen Fällen kann der Verzicht auf Vorsichtsmaßnahmen sinnvoll sein, wenn die Beseitigung eventuell zu erwartender Schäden weniger aufwendig ist als deren Verhinderung. Dies ist schriftlich zu vereinbaren.

Einer besonderen Überprüfung hinsichtlich ihrer Hitzeverträglichkeit bedürfen:

- Antennen, Möbel, Kunststoffe (Gehäuse, Schellen, Rohre und dgl.)
- elektrische, elektronische und mechanische Anlagen
- Fenster, Türen, Jalousien
- gipshaltige Baustoffe oder Produkte
- Dicht- und Sperrbahnen
- Unterspann- und Unterdeckbahnen
- Dampfbremsfolien und deren Klebebänder bzw. Klebemassen
- geklebte Holzverbindungen
- beschichtete Bauteile
- Tapeten
- Stuck, Fresken und dgl.

Zu berücksichtigen sind auch mögliche Schäden durch Auswirkungen der Erwärmung auf einzelnen Bauteilen, wie z. B. durch:

- Feuchteverlust (Rissbildungen bei Holz, Störung des Abbindeprozesses bei frischem Putz)
- thermische Ausdehnung (Spannungsrisse im Estrich und Beton; Längendehnung bei Stahlbauteilen)
- Verflüssigung von Feststoffen (Abtropfen von Harz)
- Verdampfen von Flüssigkeiten und Druckerhöhung in geschlossenen Behältern und Leitungen (Explosionsgefahr)
- verstärkte Immissionen früher aufgebrachter Holzschutzmittel (z. B. PCP) in die Raumluft
- punktuelle Überhitzung (Aufliegen von Kabeln auf Metallen usw.).

Zu beachten ist ferner die mögliche Wärmeeinwirkung auf Bauteile und Gegenstände in angrenzenden Räumen – wie z. B. auf unterseitige Decken und Dachschrägen, auf Möbel an angrenzenden Wänden –, die durch Wärmeleitung, Wärmestrahlung, aber auch durch Abströmen von Heißluft in diese Räume gelangen kann.

Als mögliche Schutzmaßnahmen für hitzeempfindliche Bauteile, Materialien und Gegenstände kommen in Betracht:

- zeitweiliger Ausbau
- Abdichten mit Folien zur Verhinderung von Feuchteverlusten

- künstliche Kühlung
- Begrenzung der Lufttemperatur (bei verlängerter Einwirkzeit)
- Wärmedämmung.

Umfang und Aufwand für das Durchführen derartiger Maßnahmen kann erheblich sein und ist deshalb zwingend Bestandteil eines Untersuchungsberichts nach 4.4 und des Vertrages zwischen den Vertragsparteien.

**9.3.5** An und in allen Stellen des zu behandelnden Holzes muss eine Mindesttemperatur von 55 °C für die Dauer von mindestens 60 min erreicht werden. Die Temperatur ist in den wärmetechnisch am ungünstigsten liegenden Holzteilen und darin in den wärmetechnisch am ungünstigsten liegenden Bereichen zu messen. Zusätzlich ist die Temperatur der Raumluft zu messen. Die Anzahl der Messstellen ist der Größe des behandelten Raumes anzupassen. Für einen umbauten Raum bis 200 $m^3$ sind mindestens 6 Messstellen im Holz und für die Raumluft je Maschine eine Messstelle notwendig. Für jede weiteren 200 $m^3$ sind 2 zusätzliche Messstellen im Holz vorzusehen.

Für alle Messstellen sind die Messwerte und der Zeitpunkt der Messung mindestens alle 60 min in einem Messprotokoll festzuhalten. Die Messstellen sind in eine Messskizze einzutragen, so dass ihre Lage rekonstruiert werden kann. Messprotokoll und Messskizze sind vom ausführenden Betrieb mindestens 10 Jahre aufzubewahren.

Wichtigste Kriterien für den Erfolg einer Heißluftbehandlung sind die anzuwendenden Temperaturen und deren Kontrolle. Der Behandlungsbereich muss so lange von erhitzter Luft durchströmt werden, bis an **allen** Stellen der zu behandelnden Holzbauteile unter besonderer Berücksichtigung der temperaturungünstigsten Abschnitte die von der Norm verlangte Mindesttemperatur von 55 °C für die Dauer von mindestens einer Stunde erreicht ist. Die Verlängerung der Einwirkungszeit und eine Erhöhung der Temperatur darüber hinaus führen zu keiner Verbesserung der Ergebnisse. Der Temperaturverlauf ist generell durch hinreichend viele Messpunkte zu kontrollieren. Diese dürfen nicht durch Berechnungen irgendwelcher Art (aus Balkenquerschnitt, Umgebungstemperatur, Heizzeiten u. a.) oder gar durch empirisch ermittelte Erfahrungswerte ersetzt werden, da in jedem Behandlungsfall spezifische Bedingungen herrschen, die nicht ohne Weiteres auf andere Fälle übertragen werden können.

Faktoren, die den Verlauf der Erwärmung ungünstig beeinflussen können, sind z. B.:

- niedrige Anfangs- und Umgebungstemperatur
- große Holzquerschnitte
- eine nicht allseitige Zugänglichkeit der Holzoberfläche für die Heißluft (siehe auch Kommentierung zu 9.3.8)
- verwinkelte und große Räume
- Öffnungen und Undichtigkeiten
- zu geringer Luftüberdruck
- äußerer Winddruck.

Das Behandeln wärmegedämmter und unzugänglicher Hölzer (z. B. Deckenbalken unter Bodendielen) ist ohne deren Freilegung unmöglich. Die Wärmeleitfähigkeit des Holzes ist darüber hinaus von der Holzart und der Holzfeuchte abhängig. Sie ist im Allgemeinen umso geringer, je geringer die Dichte des Holzes und je trockener das Holz ist.

Die Verteilung der Raumtemperatur und die Luftbewegung lassen sich erst nach einem ausreichend langen Probelauf beurteilen. Korrekturen können durch Änderungen von Anzahl und Lage der Ausblasöffnungen sowie der Austrittstemperatur, -menge und -geschwindigkeit der Heißluft erfolgen. Auch ist beim Probelauf der notwendige Luftüberdruck im Behandlungsraum zu prüfen. Erst danach sind die Stellen festzulegen, die für eine Erwärmung des Holzes am ungünstigsten sind und an denen dann die Temperaturmessungen erfolgen sollen.

Die in der Norm angeführte Anzahl der anzubringenden Messstellen ist je nach dem zu behandelnden Volumen als Mindestanzahl anzusehen. Darüber hinaus obliegt das Anbringen weiterer Messstellen und deren Lage dem Ausführenden. Sofern nicht der gesamte Behandlungsbereich bei unverändertem Aufbau gleichzeitig beheizt werden kann, ist eine Unterteilung in mehrere räumlich getrennte, nacheinander zu behandelnde Abschnitte erforderlich. Das Abtrennen kann durch hitzebeständige Planen oder anderweitig geeignete Materialien erfolgen. Dabei ist der Temperaturverlauf für jeden Heizabschnitt separat zu dokumentieren.

Messinstrumente, wie z. B. Flüssigkeitsglasthermometer und elektronische Messfühler, müssen für die spezifische Messaufgabe geeignet sein. Bei Einsatz von Thermometern erfolgt die Kontrolle durch direktes Ablesen an den Messstellen in höchstens 60-minütigen Abständen, wobei das Ablesen in gleichen Zeitintervallen und in der gleichen Reihenfolge erfolgen sollte. Bei Einsatz einer Fernmessung mit Messfühlern erfolgt die Aufzeichnung mindestens alle 10 Minuten. Unabhängig von der Temperaturkontrolle sind regelmäßig Kontrollgänge des beheizten Raumes durchzuführen, z. B. zur Überprüfung eines ausreichenden Luftüberdrucks.

Von der Norm gefordert werden ein Messprotokoll und eine Skizze, aus der die Lage der Messstellen und der Luftzuführung nachvollzogen werden kann. Messprotokoll und Messskizze (Raumskizze) sind dem in 12.2 geforderten Behandlungsprotokoll beizufügen und dem Auftraggeber bzw. dessen Vertreter zu übergeben.

**9.3.6** Die Temperatur der Heißluft darf an den Oberflächen der beheizten Bauteile aus Brandschutzgründen 120 °C nicht überschreiten. Die Austrittsöffnung muss mindestens 1 m von leichtentzündlichen Stoffen (Papier, Pappe und dergleichen) entfernt sein.

Die Raumtemperatur ist in Bereichen der zu erwartenden Höchsttemperatur zu messen und ebenfalls im Messprotokoll festzuhalten.

Um sicherzustellen, dass an den Oberflächen des beheizten Raums die Temperatur den zulässigen Maximalwert von 120 °C nicht übersteigt, muss die Lufttemperatur an den voraussichtlich am heißesten werdenden Oberflächen durch Messen kontrolliert werden. Das bedeutet, dass für jede Austrittsöffnung mindestens eine Messstelle einzurichten ist. Bei Maschinen, die über einen Regelthermostat die Ausblastemperatur auf 120 °C begrenzen, sind diese Kontrollmessungen nicht erforderlich.

Die Austrittsöffnungen sind aus Sicherheitsgründen nicht direkt auf leicht entflammbare Stoffe zu richten, sondern mindestens 1 m hiervon entfernt anzubringen. Aus strömungstechnischen Gesichtspunkten sollten die Heißluftrohre in den freien Raum gerichtet sein. Ferner ist darauf zu achten, dass sich die Austrittsöffnungen nicht verschieben oder verdrehen und die Rohrverbindungen baustellengerecht gesichert sind und sich auch nicht voneinander lösen können.

Ist zum Schutz hitzeempfindlicher Teile (9.3.4) eine allgemeine oder lokale Begrenzung der Lufttemperatur auf einen niedrigeren Wert als 120 °C erforderlich, dann sind zur Kontrolle gegebenenfalls weitere Messstellen vorzusehen. Dies gilt auch in den Fällen, in denen eine Temperaturbegrenzung als vertraglich zugesicherte Leistung nachzuweisen ist.

Die Lage der Messstellen für die in Absatz 2 der Norm geforderte Messung der zu erwartenden Höchsttemperatur im Raum kann nicht pauschal festgelegt werden. Vielmehr ist hier die Erfahrung des ausführenden Fachbetriebs ausschlaggebend. In der Regel sollten diese Messstellen im oberen Drittel des zu behandelnden Raumes (z. B. eines Dachstuhles) liegen. Daneben ist es empfehlenswert, in möglicherweise kritischen Bereichen, in denen geringere Lufttemperaturen zu erwarten sind, Messstellen einzurichten, um deren Erwärmung und Gesamttemperatur-Verteilung kontrollieren zu können.

**9.3.7** Sind nur einzelne Holzbauteile befallen, können diese lokal mit Heißluft behandelt werden.

Auch beim Heißluftverfahren ist eine weitestgehende Beschränkung auf den unbedingt erforderlichen Umfang der Maßnahme zu fordern, einerseits um Brennstoff einzusparen, andererseits um unnötige und umweltbelastende $CO_2$-Emissionen durch die Verbrennung zu vermeiden. Eine Beschränkung sollte selbst dann erfolgen, wenn durch eine aufwendige Abtrennung die Gesamtkosten höher sind als ohne Beschränkung. Abhängig vom Befallsumfang sollte auch geprüft werden, ob alternativ als elektrophysikalisches Verfahren die Mikrowellentechnik (siehe 10.1 und zugehörige Kommentierung) mit gleichem Erfolg eingesetzt werden kann.

Eine lokale Behandlung kann dadurch erreicht werden, dass nicht befallene Raum- oder Dachstuhlbereiche abgetrennt werden und nur der tatsächliche Befallsbereich wärmetechnisch behandelt wird.

**9.3.8** Bei denjenigen befallenen Stellen des Gebälks bzw. des Holzwerks, die der Heißluft nicht ausreichend zugänglich sind, müssen andere Verfahren nach dieser Norm gegen Holz zerstörende Insekten angewendet werden.

Eine Heißluftbehandlung erstreckt sich immer auf einen abgeschlossenen Raum. Folgende Holzbauteile sind der Heißluft nicht oder nur unzureichend zugänglich:

- Holzbauteile, die außerhalb des Raumes liegen (z. B. Dachüberstände)
- Holzbauteile, die zwar innerhalb des Raumes liegen, deren Oberfläche aber nur von einer Seite der Heißluft zugänglich ist (einseitige Erwärmung)

  Zu berücksichtigen ist, dass bei einer zweiseitigen Erwärmung, wie sie z. B. bei Randsparren, Streichbalken, Eckständern, Mauerschwellen, Balkenauflagern, Befestigungshölzern in Wänden eine erhöhte Heizdauer gegenüber der vierseitigen Erwärmung gegeben sein kann. Unter Umständen wird die Solltemperatur selbst dann nicht erreicht
- Holzbauteile, die im Grenzbereich eines Behandlungsraums liegen, wie z. B. Balkenauflager, Mauerdurchführungen von Sparren und Pfetten, Fachwerkhölzer in Außenwänden, ungeöffnete Fußböden und Deckenhölzer
- Holzbauteile, die selbst den Raum begrenzen, wie z. B. Blockbau-Außenwände und Holzbekleidungen.

Als von der Norm genannte „andere Verfahren" für die Behandlung von der Heißluft nicht ausreichend durchheizbarer Holzbauteile kommt der Einsatz von bekämpfend wirksamen Holzschutzmitteln nach 9.2 infrage. Dabei ist eine Behandlung im Bohrlochverfahren erforderlich, da alleinig durchgeführte Oberflächenbehandlungen mittels Streichen oder Spritzen nicht ausreichend ausführbar sind. Im Einzelfall ist zu prüfen, ob alternativ die Mikrowellentechnik (Unterabschnitt 10.1) eingesetzt werden kann.

**9.3.9** Eine nachfolgende Behandlung mit vorbeugend wirksamen Holzschutzmitteln kann unterbleiben, wenn die behandelten Bauteile kontrollierbar oder insektensicher ummantelt sind (siehe DIN 68800-2).

Sind Holzbauteile dauerhaft kontrollierbar oder allseitig insektensicher ummantelt, liegt Gebrauchsklasse GK 0 vor, bei der eine Behandlung mit vorbeugend wirksamen Holzschutzmitteln nicht erforderlich ist (Teil 1 der Normenreihe, 3.11, und Teil 2, 6.3).

**9.3.10** Sofern das zu behandelnde Holz der Gebrauchsklasse 1 zuzuordnen ist, dieses vor mehr als 60 Jahren eingebaut wurde und kein sonstiger die Baukonstruktion gefährdender Insektenbefall zu erwarten ist, kann eine nachfolgende vorbeugende Schutzmaßnahme mit Holzschutzmitteln unterbleiben.

Die Regelungen stellen ausdrücklich auf Befall durch den Hausbockkäfer ab. Schon in 9.2.3 wird darauf verwiesen, dass mit zunehmendem Alter insbesondere von unter Dach verbauten Holzbauteilen deren Attraktivität für eine Eiablage deutlich abnimmt. Siehe hierzu auch den dortigen Kommentar. Darüber hinaus eignet sich derart gealtertes Holz nur noch bedingt für die Entwicklung gerade der jungen Larven.

Es ist allerdings darauf hinzuweisen, dass in über 60 Jahre altem Holz unter Umständen noch größerer Besatz an Larven vorliegen kann und selbst in über 100 und mehr Jahre alten Holzbauteilen gelegentlich noch Hausbocklarven vorkommen können. Hierbei handelt es sich meist um einen schon seit Jahrzehnten vorliegenden Befall und nicht um einen Neubefall bisher nicht befallener Holzbauteile. Davon zu unterscheiden sind die Fälle, in denen in der Vergangenheit neues frisches Holz in befallene Konstruktionen eingebaut und dieses ausgehend von bestehendem Befall dann bevorzugt für eine Eiablage aufgesucht wurde.

Mit Verweis auf Gebrauchsklasse 1 soll verdeutlicht werden, dass über 60 Jahre altes mit Heißluft behandeltes Holz, das definitionsgemäß unter Umständen einer Gefährdung durch den Hausbockkäfer unterliegen kann, keiner vorbeugenden Schutzmaßnahme mit Holzschutzmitteln bedarf.

Die vorgenannten Regelungen gelten nicht für Befall durch Nagekäfer, die abhängig von ihrer Biologie, Laub- oder Nadelholz und dessen Beschaffenheit und dem Mikroklima Holz nahezu jeden Alters befallen können. Sie verursachen zudem in Gebrauchsklasse 1 – auch über längere Zeiträume hinweg – nur in Ausnahmefällen standsicherheitsrelevante Fraßschäden.

**9.3.11** Erfolgte nach 9.3.1, 9.3.9 oder 9.3.10 keine nachfolgende Behandlung mit vorbeugend wirksamen Holzschutzmitteln, ist der Auftraggeber darauf hinzuweisen, dass ein erneuter Insektenbefall die Standsicherheit der baulichen Anlage gefährden kann und die Holz- und Holzwerkstoffbauteile daher regelmäßig zu überprüfen sind.

Mit dem geforderten Hinweis auf eine mögliche Gefährdung der Standsicherheit der baulichen Anlage bei erneutem Insektenbefall soll sichergestellt werden, dass der Auftraggeber über ein etwaiges Grundrisiko bezüglich eines Wiederbefalls bei Verzicht auf eine nachfolgende Behandlung mit Holzschutzmitteln unterrichtet wird. Der Untersuchungsbericht nach 4.4 sollte bereits einen entsprechenden Hinweis enthalten. Im dem Auftraggeber zu übergebenden Behandlungsprotokoll nach 12.2 hat ein entsprechender Hinweis grundsätzlich zu erfolgen.

Für die in ihrer Standsicherheit gefährdeten Holzbauteile ist es vorteilhaft, in regelmäßigen Zeitabständen von etwa fünf bis zehn Jahren ein Monitoring zu vereinbaren.

## 9.4 Bekämpfung mit toxischen Begasungsmitteln (Begasungsverfahren)

**9.4.1** Die Bekämpfung Holz zerstörender Insekten kann durch Begasungsverfahren mit toxischen Begasungsmitteln erfolgen. Ein Begasungsverfahren bewirkt jedoch in keinem Fall einen vorbeugenden Schutz für das behandelte Holz. Im Anschluss an ein Begasungsverfahren ist eine vorbeugende Behandlung mit einem Holzschutzmittel durchzuführen. Die Maßnahme kann unterbleiben, wenn die behandelten Bauteile kontrollierbar oder insektensicher ummantelt (siehe DIN 68800-2) oder wenn die Bedingungen nach 9.3.10 gegeben sind. Dies gilt auch für Inneneinrichtungen sakraler Bauwerke, Kunstwerke, Antiquitäten, Museumsobjekte und dergleichen.

Detailliertere Aussagen zu den in Betracht kommenden toxischen Gasen und den gesetzlichen Bestimmungen ihrer Anwendung finden sich in der Kommentierung zu 9.4.5.

Sind die behandelten Bauteile kontrollierbar oder insektensicher ummantelt, liegt die Gebrauchsklasse GK 0 vor. Nach Teil 1 der Normenreihe, 5.2.1 sind des Weiteren der Gebrauchsklasse GK 0 Holzbauteile zugeordnet, die in Räumen mit üblichem Wohnklima oder vergleichbaren Räumen verbaut sind.

Unabhängig von der Zuordnung zu einer Gebrauchsklasse schließt sich für kunsthistorische Bauhölzer mit wertvoller Bemalung oder hochwertigen Schnitzarbeiten, die mit Rücksicht auf denkmalpflegerische Aspekte nicht mit vorbeugend wirksamen Holzschutzmitteln behandelt werden können, deren Anwendung aus. Vergleiche hierzu auch Abschnitt 7 und zugehörige Kommentierung.

Unterbleibt eine Behandlung mit vorbeugend wirksamen Holzschutzmitteln, ist der Auftragnehmer darauf schriftlich hinzuweisen, dass regelmäßige Kontrollen unerlässlich sind, um einem Neubefall bereits im Anfangsstadium entgegenwirken zu können (vgl. 9.4.9).

**9.4.2** Die Anwendung von toxischen Begasungsmitteln setzt generell in sich geschlossene Räume voraus. Solche sind ganze Gebäude oder Räume davon, mit gasdichten Folien abgeplante Bereiche einschließlich Folienballons sowie spezielle Begasungsanlagen in Form von Kammern und Containern.

Sollen Gebäude oder Teile davon mit einem toxischen Begasungsmittel begast werden, ist zu überprüfen, ob sie in baulicher Verbindung zu anderen Gebäuden stehen oder Schächte, Kanäle, Leitungsdurchführungen und Ähnliches in benachbarte Gebäude führen (vgl. hierzu die ausführliche Kommentierung zu 9.4.5). Ist dies der Fall, müssen diese Gebäude evakuiert und für jedweden Zutritt abgesperrt werden. Müssen baulich verbundene Räume und dgl. notwendigerweise während der Begasung betreten werden, dann sind dort kontinuierlich Messungen etwaiger Begasungsmittelkonzentrationen in der Raumluft vorzunehmen, oder es ist eine dauerhafte Überwachung durch einen Befähigungsscheininhaber zu gewährleisten.

Um gemäß Unterabschnitt 9.4.7 aus Umweltschutzgründen nur so viel Gas wie unbedingt erforderlich einzusetzen, ist in Übereinstimmung der Zulassung von Begasungsmitteln nach Biozidgesetz stets zu prüfen, ob Räume für „Teilbegasungen" abgeteilt oder die befallenen Holzbauteile oder Objekte unter gasdichten Sperrfolien begast werden können (Bild K.25).

Für bewegliches, kleineres Kunst- und Kulturgut sowie Möbel bieten sich generell Behandlungen in geschlossenen gasdichten Kammern, Zelten oder Containern an. Ob lokal, also vor Ort, oder in einer ortsfernen stationären Anlage begast wird, ist in erster Linie von den zu behandelnden Objekten und den örtlichen Gegebenheiten abhängig.

**9.4.3** Um die Wirksamkeit des jeweils eingesetzten Begasungsmittels sicherzustellen, sind die für die Begasung erforderlichen Temperaturen einzuhalten.

Bei Anwendung toxischer Gase gilt generell: Je höher die Temperatur während der Behandlung ist, desto kürzer kann für den Abtötungserfolg die Einwirkzeit gewählt und die Aufwandsmenge an Gas reduziert werden. Daher sollten Begasungen nach Möglichkeit in den wärmeren Monaten durchgeführt werden. Bei Besatz schützenswerter Tiere ist es unter Umständen unumgänglich, auch in der kälteren Jahreszeit Begasungen durchzuführen. Für einen sicheren Abtötungserfolg sind dann höhere Aufwandmengen an Gas sowie eine zum Teil erheblich längere Einwirkzeit erforderlich, da der Stoffwechsel der Insekten eine geringere Aktivität zeigt. Die Temperatur darf im Schadbereich daher nicht unter +10 °C betragen.

Weitere wichtige Anwendungsparameter sind: Begasungsdauer, sich aus Gaskonzentration und Einwirkungszeit ergebendes ct-Produkt, relative Luftfeuchte und Materialfeuchte.

Die Erfolgskontrolle von Begasungen erfolgt durch die Überwachung und Protokollierung der bekannten Letaldosen bzw. letalen ct-Produkte. Das ct-Produkt sollte im Bereich von 2.000 liegen und 1.500 nicht unterschreiten. Darüber hinaus sollten vom Begasungsleiter oder von einem Gutachter/Sachverständigen geeignete Proben mit lebenden Larven der Zielinsekten im Begasungsraum ausgelegt und deren Abtötung überprüft werden. Den objektspezifischen Gegebenheiten Rechnung tragend, sollten Stellen gewählt werden, die im Behandlungsbereich eher schwer mit Gas zu erreichen sind, jedoch im Umfeld einen Insektenbefall aufweisen. Larven in hierfür geeigneten Probekörpern sind in einschlägigen Instituten erhältlich.

**9.4.4** Vor der Begasung ist der Auftraggeber vom Auftragnehmer darauf hinzuweisen, dass bestimmte Materialien (z. B. Kunstleder, Metalle, Anstrichstoffe) durch das Begasungsmittel beeinträchtigt werden können. Gegebenenfalls ist durch Festlegung der Ausführungsparameter sicherzustellen, dass derartige Schäden vermieden werden.

Unter der Produktart 08 (Holzschutzmittel) sind nach Biozidrecht im bekämpfenden Holzschutz als toxische Begasungsmittel Sulfuryldifluorid und Hydrogencyanid zugelassen (siehe auch Kommentierung zu 9.4.5). Sie können jeweils unterschiedliche Auswirkungen auf andere Materialien haben.

Sulfuryldifluorid – $SO_2F_2$ (früher Sulfurylfluorid)

Das im Handel befindlichen Produkt besitzt einen Reinheitsgrad von 99,8 %, sodass keine Schäden an Kulturgütern zu befürchten sind.

Hydrogencyanid (Cyanwasserstoff, Blausäure) – HCN

Gasförmiges HCN besitzt ein hohes Lösungsvermögen in feuchtem Milieu, wodurch es bei hoher Luftfeuchte zu Metallkorrosion bei Blei, Kupfer, Silber und Gold sowie zu Farbveränderungen bei frischen Kalkanstrichen und Firnissen kommen kann. Stark eisenhaltige Putze können sich verfärben. An Bleipigmenten kann es zu geringen Farbwertveränderungen kommen. Tierische Leime können leicht verspröden.

Da zulassungsbedingt die Anwendung von HCN als Holzschutzmittel nur in speziellen Begasungsanlagen, die mit Druckgaszylindern gefüllt werden und nicht in Objekten oder Gebäuden erfolgen darf, spielen die vorgenannten Auswirkungen auf bestimmte Materialien in der Praxis lediglich in Ausnahmefällen noch eine Rolle.

**9.4.5** Es dürfen nur toxische Begasungsmittel eingesetzt werden, die nach den geltenden nationalen gesetzlichen Bestimmungen, insbesondere dem Biozidrecht, verkehrsfähig und verwendbar für den vorgesehenen Einsatzzweck sind. Darüber hinaus enthält die Gefahrstoffverordnung besondere Bestimmungen zur Verwendung von Begasungsmitteln, die beachtet werden müssen.

Nach Biozidrecht sind im Holzschutz (Produktart 08) Sulfuryldifluorid und Hydrogencyanid aufgeführt und zulässig. Das lange Zeit zur Begasung bevorzugte Methylbromid ist in den industrialisierten Ländern seit dem 1.1.2005 sowohl hinsichtlich Gebrauch als auch Produktion verboten. Die danach noch mögliche Nutzung zur Begasung von Holzverpackungen ist in der gesamten EU seit 19. März 2010 nicht mehr zulässig.

Maßgebend für die Anwendung von toxischen Begasungsmitteln sind die Bestimmungen der Gefahrstoffverordnung (Anhang I, Nr. 4 „Biozid-Produkte und Begasung mit Biozid-Produkten oder Pflanzenschutzmitteln") und die bei der Ausarbeitung des Kommentars gültige Fassung der TRGS 512 [19]. Danach sind Begasungen mit giftigen und sehr giftigen Stoffen anzeigepflichtig. Die Anzeige einer Begasung außerhalb ortsfester Begasungsanlagen erfolgt nach den Länderbestimmungen bei den im jeweiligen Bundesland zuständigen Behörden.

Nach den Anwendungsvorschriften für toxische Gase (TRGS 512) sind unter anderem folgende Sicherheitsvorschriften zu beachten:

- Überprüfung des zu begasenden Objekts gemäß Anlagen 2a und 2b TRGS 512, ob es baulich mit anderen Gebäuden verbunden ist, wie z. B. durch eine Kommunentrennwand, gemeinsame Wandflächen, gemeinsame Dachstühle, gemeinsame Keller, Übergänge, Durchgänge usw. oder ob Schächte, Kanäle, Leitungsdurchführungen, Leerrohre und Ähnliches in benachbarte Gebäude führen.
- Vor Einbringung des Begasungsmittels hat sich der Begasungsleiter davon zu überzeugen, dass in baulich verbundenen Gebäuden bzw. Gebäudekomplexen wie auch in angrenzenden oder sonstigen Räumen, in die Begasungsmittel eindringen können, keine Personen aufhalten.
- Um das zu begasende Objekt ist ein Gefahrenbereich einzurichten und durch geeignete Absperrung zu sichern. Außerhalb des festgelegten Gefahrenbereichs darf das Begasungsmittel während der Einwirkzeit mit den bei Begasungen üblichen Gasmessmethoden nicht nachweisbar sein.
- Vor Ausbringung des Begasungsmittels ist die hinreichende Gasdichtigkeit der zu begasenden Räume herzustellen und zu kontrollieren. Dazu sind zunächst Öffnungen (Fenster, Türen, Durchbrüche, Risse usw.) mit Hilfe von geeigneten Abdichtmaterialien, wie Sperrfolien, Papier und Kleister usw., abzudichten oder zu verkleben. In besonderen Fällen kann es auch erforderlich sein, ganze Wände vollflächig abzudichten oder das gesamte Gebäude von außen einzupacken. Zu den verschiedenen Abdichtmöglichkeiten siehe auch das Merkblatt Nr. 66 der früheren Biologischen Bundesanstalt für Land- und Forstwirtschaft, Berlin, „Abdichtung von Lagerhallen, lebensmittelverarbeitenden Betrieben und Lagerpartien bei Begasungen gegen Vorratsschädlinge" [20].
- Ein zu begasendes Objekt, das baulich mit anderen Gebäuden verbunden ist oder weniger als 500 $m^3$ Rauminhalt aufweist, ist nach Durchführung der erforderlichen Abdichtungsmaßnahmen unter Anwendung eines Spürgases einer Dichtheitsprüfung zu unterziehen. Vor der Gasausbringung sollte daher nach Möglichkeit gemäß TRGS 512 eine Dichtheitsprüfung nach Merkblatt 71 der früheren Biologischen Bundesanstalt für Land- und Forstwirtschaft, Berlin, „Drucktest zur Bestimmung der Begasungsfähigkeit von Gebäuden, Kammern oder abgeplanten Gütern bei der Schädlingsbekämpfung" [21] durchgeführt werden.
- Der Begasungsleiter oder eine für Messungen des eingesetzten Begasungsmittels hinreichend fachkundige Person hat regelmäßig zu kontrollieren, ob außerhalb des festgelegten

Gefahrenbereichs Begasungsmittel auftreten. Messpunkte und Häufigkeit der Messungen sind auf die örtlichen Gegebenheiten der Bebauung und Nutzung, auf die herrschenden meteorologischen Umgebungsbedingungen sowie auf das Stadium der Begasung abzustellen. Die Messergebnisse sind aufzuzeichnen und mit der Niederschrift über die Begasung aufzubewahren.

- Bei der Öffnung und Lüftung begaster Objekte ist sicherzustellen, dass durch die Ableitung des Begasungsmittels niemand gefährdet wird.

Räume, Einrichtungsgegenstände und begaste Güter dürfen erst freigegeben werden, wenn durch geeignete Nachweisverfahren sichergestellt ist, dass keine Gefährdung mehr durch das Begasungsmittel besteht. Bei Verwendung von Sulfuryldifluorid beträgt der Freigabegrenzwert 10 mg/m$^3$. Dies entspricht 2 ppm.

**9.4.6** Die Anwendung von Begasungsmitteln, die mit der Global Harmonized System (GHS)-Kennzeichnung 06 „Akute Toxizität" versehen sind, ist nach der Gefahrstoffverordnung nur hierfür ausgebildeten Personen mit Begasungsbefähigung („Befähigungsschein-Inhaber") bzw. speziell konzessionierten Firmen („Erlaubnisschein-Inhaber") gestattet.

Um sicherzustellen, dass niemand bei der Anwendung toxischer Gase zur Schädlingsbekämpfung zu Schaden kommt, sind mit dem Chemikaliengesetz, der Gefahrstoffverordnung und den Technischen Regeln für Gefahrstoffe (TRGS 512) strenge Sicherheitsgrundsätze aufgestellt worden. So dürfen nur solche Firmen mit sehr giftigen und giftigen Gasen umgehen, die eine von der hierfür zuständigen Behörde erteilte betriebsbezogene Erlaubnis besitzen (in der Norm, nicht aber in den TRGS 512 als „Erlaubnisschein-Inhaber" bezeichnet) und über besonders ausgebildete und qualifizierte Mitarbeiter mit Begasungsbefähigung (sogenannte „Befähigungsschein-Inhaber" nach TRGS 512) verfügen. Firmen mit Erlaubnis, Begasungen mit nach Biozidrecht zugelassenen Begasungsmitteln durchzuführen, müssen mindestens vier Befähigungsschein-Inhaber beschäftigen.

**9.4.7** Vor der Begasung ganzer Gebäude sowie großvolumiger Räume, wie z. B. von Kirchenschiffen, sind geeignete Maßnahmen zu ergreifen, um das zu begasende Raumvolumen auf den erforderlichen Umfang zu reduzieren. Sind nur einzelne Holzbauteile oder Objekte befallen, sind diese unter gasdichten Folien lokal zu begasen. Bewegliche, kleine Objekte können in gasdichten Einhausungen oder Begasungsanlagen behandelt werden.

Mit diesen Vorgaben soll sichergestellt werden, dass generell nur so viel Gas wie unbedingt nötig eingesetzt wird. Handelt es sich bei den befallenen Holzbauteilen um fest eingebaute Objekte/Inneneinrichtungen (z. B. Orgeln, Altäre) ist zu beachten, dass hinsichtlich der Sicherheitsvorschriften nach TRGS 512 der gesamte Raum (z. B. der gesamte Innenraum einer Kirche) als begast gilt, auch wenn die zu begasenden Teile mit gasdichter Sperrfolie eingepackt sind und nur dieser Bereich unter der Folie begast wird (Bild K.25).

**Bild K.25:** Anwendung des Begasungsverfahrens mit Sulfuryldifluorid – Teilbegasung einer Orgelempore

**9.4.8** Über Konzentration, Dosierung, Einwirkungsdauer, Einbringtechnik, Raumtemperatur, Entwicklungsdauer und Gasrest-Nachweis sowie Freigabe der behandelten Räume durch den Begasungsleiter sind entsprechende Protokolle zu führen. Je eine Ausfertigung dieser Unterlagen sind dem Auftraggeber und der zuständigen Behörde zu übergeben sowie vom ausführenden Betrieb nach den Bestimmungen der Gefahrstoffverordnung aufzubewahren.

ANMERKUNG Die Aufbewahrungsfrist beträgt derzeit mindestens 10 Jahre.

Durch den Begasungsleiter ist nach TRGS 512, Abschnitt 11 eine Niederschrift anzufertigen. Das von der Norm geforderte Protokoll geht hierüber insofern hinaus, indem es zusätzlich Angaben zur Dosierung und zu den herrschenden Raumtemperaturen verlangt. Zweck des Protokolls ist es, im Nachhinein den gesamten Begasungsablauf rekonstruieren zu können. Es empfiehlt sich, fortlaufend Temperatur und relative Luftfeuchte im Begasungsraum zu überwachen und aufzuzeichnen. Die Gaskonzentration des gesamten Begasungsverlaufs ist mittels selbst aufzeichnender Messgeräte zu dokumentieren.

Des Weiteren verlangt die Norm im Unterschied zur TRGS 512 mit zehn statt sechs Jahren eine längere Aufbewahrungsfrist des Protokolls.

**9.4.9** Wird bei Behandlung tragender und aussteifender Holzbauteile und Holzwerkstoffbauteile nach 9.3.9, 9.3.10 oder 9.4.1 keine nachfolgende vorbeugende Schutzmaßnahme mit Holzschutzmitteln vorgenommen, ist der Auftraggeber darauf hinzuweisen, dass ein erneuter Insektenbefall die Standsicherheit der baulichen Anlage gefährden kann und die Holz- und Holzwerkstoffbauteile daher regelmäßig zu überprüfen sind.

In diesem Zusammenhang kann es angebracht sein, dass der Auftragnehmer den Auftraggeber über die Ursachen eines Insektenbefalls aufklärt.

## 9.5 Bekämpfung durch modifizierte Atmosphären

**9.5.1** Die Bekämpfung Holz zerstörender Insekten kann durch die Erzeugung modifizierter (sauerstoffreduzierter) Atmosphären, die erstickend wirken, erfolgen. Modifizierte Atmosphären bewirken jedoch in keinem Fall einen vorbeugenden Schutz für das behandelte Holz. Im Anschluss an eine solche Maßnahme ist eine vorbeugende Behandlung mit einem Holzschutzmittel durchzuführen. Die Maßnahme kann unterbleiben, wenn die behandelten Bauteile kontrollierbar oder insektensicher ummantelt (siehe DIN 68800-2) oder wenn die Bedingungen nach 9.3.10 gegeben sind. Dies gilt auch für Inneneinrichtungen sakraler Bauwerke, Kunstwerke, Antiquitäten, Museumsobjekte und dergleichen.

Zur Erzeugung modifizierter (= sauerstoffreduzierender) Atmosphären – auch als Anoxia-Behandlung bekannt – dienen als erstickende bzw. austrocknende Gase Stickstoff und Kohlendioxid. Gemäß Biozid-Verordnung stellen sie zulassungspflichtige biozide Wirkstoffe bzw. Biozidprodukte dar.

Als Wirkstoffe sind Stickstoff und Kohlendioxid der Produktart 18 (Insektizide) zugeordnet. Sie stellen somit keine Holzschutzmittel (Produktart 8) dar, können aber gleichwohl zur Bekämpfung Holz zerstörender Insekten eingesetzt werden. Als ungiftige bzw. Stoffe „mit niedrigem Risiko" bewertet, sind sie im Anhang I der Biozid-Verordnung aufgenommen und erfüllen damit die Anforderungen für die vereinfachte Zulassung als Biozidprodukt.

Gemäß Anhang I ist die Anwendung beschränkt auf gebrauchsfertige Behälter und Stickstoff betreffend zudem nur in „begrenzten Mengen" zulässig. Außerdem durften Stickstoff und Kohlendioxid als Altwirkstoffe übergangsweise bis September 2017 als in situ (d. h. vor Ort) hergestellte Biozidprodukte eingesetzt werden, wovon für Stickstoff insbesondere Museen vielfach Gebrauch machten. Ein Antrag auf Genehmigung von vor Ort erzeugtem Stickstoff und dessen Zulassung als Biozidprodukt wurde zum Ablauf der Übergangsregelung im September 2017 von den interessierten Kreisen nicht gestellt. Daher ist eine Schädlingsbekämpfung mit in situ hergestelltem Stickstoff seitdem nicht mehr zulässig. Entsprechendes gilt für Kohlendioxid, dessen Bedeutung im musealen Bereich allerdings seit einigen Jahren nur noch zweitrangig ist und wegen nachteiliger Kohlensäurebildung bei höheren Luftfeuchtewerten als kritisch angesehen wird.

Zum Zeitpunkt der Erstellung des Kommentars im Oktober 2021 stellt sich die Situation für die Bereitstellung und Verwendung von in situ erzeugtem Stickstoff wie folgt dar: Auf Beschluss des zuständigen Ausschusses der Europäischen Kommission vom September 2020 sind die Nationalstaaten ermächtigt, „zum Schutz des kulturellen Erbes die Bereitstellung auf dem Markt und die Verwendung von Biozidprodukten, die in situ hergestellten Stickstoff enthalten, bis zum 31. Dezember 2024" als Ausnahmeregelung zuzulassen.

Zur Umsetzung des Durchführungsbeschlusses der EU-Kommission durch die BAuA als zuständige deutsche Behörde ist seitens der interessierten Kreise eine entsprechende Beantragung erforderlich. Eine solche könnte bis Ende 2021 vorliegen und die BAuA dann in situ hergestellten Stickstoff zulassen. Als nächster Schritt ist sodann durch die BAuA die Aufnahme von in situ hergestelltem Stickstoff in den Anhang I der Verordnung (EU) Nr. 528/2012 zu beantragen. Im Falle der Genehmigung würde sich die Zulassung auf zehn Jahre erweitern mit der Option der Verlängerung.

Bezüglich fallweise erforderlich werdender Maßnahmen einer vorbeugenden Behandlung mit einem Holzschutzmittel wird auf die Ausführungen im Kommentar zum Unterabschnitt 9.4.1 verwiesen.

**9.5.2** Vor dem Einsatz bestimmter modifizierter Atmosphären ist der Auftraggeber vom Auftragnehmer darauf hinzuweisen, dass ggf. Materialien (z. B. Kunstleder, Metalle, Anstrichstoffe) durch das Verfahren beeinträchtigt werden können. Gegebenenfalls ist durch Festlegung der Ausführungsparameter sicherzustellen, dass derartige Schäden vermieden werden.

Für Stickstoff und Kohlendioxid liegen folgende Erkenntnisse bezüglich ihrer Auswirkungen auf andere Materialien vor:

Stickstoff – $N_2$

Stickstoff ist außerordentlich reaktionsträge und chemisch inert. Nennenswerte negative Auswirkungen auf Kunst- und Kulturgut sind bislang nicht bekannt geworden.

Kohlendioxid – $CO_2$

Unabhängig davon, ob Wasser in freier Form oder im Objektgefüge vorliegt verbindet sich ein Teil des $CO_2$ mit diesem zu Kohlensäure. Durch die Acidität (d. h. das Säureverhalten) der Kohlensäure können Pigmente und Bindemittel wie Öle und Gummen (Gummiharzstoffe), aber auch Überzugsmaterialien, wie Schellack, nachhaltig verändert werden. Diese Veränderungen können bei einer Gaskonzentration von über 60 Vol.-% und zeitgleicher relativer Luftfeuchte von über 60 % erfolgen. Aus diesen Gründen ist Kohlendioxid für empfindliche Objekte in bestimmten Fällen nicht geeignet.

**9.5.3** Um die Wirksamkeit der jeweils zur Anwendung kommenden modifizierten Atmosphäre sicherzustellen, sind die für das jeweilige Verfahren erforderlichen Temperaturen einzuhalten.

Hinweise auf die einzuhaltenden Temperaturen finden sich in der Kommentierung zu 9.5.5.

**9.5.4** Die Wirkung modifizierter Atmosphären beruht auf der Verdrängung des Luftsauerstoffs aus den Hohlräumen des zu behandelnden Holzes, in dessen Folge die Schädlinge austrocknen bzw. ersticken. Zur Absenkung des Sauerstoffgehaltes werden als Verdrängungsgase vorzugsweise Stickstoff oder Kohlenstoffdioxid sowie Mischungen aus beiden eingesetzt. Bei der Zuführung von Verdrängungsgasen dürfen nur solche Gase eingesetzt werden, die nach den geltenden nationalen gesetzlichen Bestimmungen, insbesondere dem Biozidrecht, verkehrsfähig und verwendbar für den vorgesehenen Einsatzzweck sind.

ANMERKUNG Trotz ihrer primär austrocknenden bzw. erstickenden Wirkung nach Verdrängung des Luftsauerstoffs handelt es sich bei der Zuführung von Stickstoff oder Kohlenstoffdioxid zur Erzeugung einer modifizierten Atmosphäre nach geltendem Biozidrecht um den Einsatz zulassungspflichtiger Holzschutzmittelwirkstoffe.

Ausführliche Hinweise zu den geltenden nationalen gesetzlichen Bestimmungen und zum Biozidrecht, die bei der Marktbereitstellung und Verwendung von Stickstoff und Kohlendioxid zu beachten sind, finden sich im Kommentar zu 9.5.1. In diesem Zusammenhang ist der Normtext der Anmerkung dahingehend zu korrigieren, dass die beiden Gase als Wirkstoffe nicht den Holzschutzmitteln (Produktart 8), sondern den Insektiziden (Produktart 18) zugeordnet sind.

**9.5.5** Zur Modifizierung der Atmosphäre mit Stickstoff (maximale Restsauerstoffkonzentration durchgängig 1 %) sowie mit Kohlenstoffdioxid (erforderliche Kohlenstoffdioxidkonzentration durchgängig mindestens 60 %) sind hochdichte Behandlungsräume wie geschlossene gasdichte Kammern, Zelte oder Container erforderlich. Behandlungsverfahren mit modifizierten Atmosphären beanspruchen mehrere Wochen.

Sollen ganze Gebäude oder Gebäudeteilen mit modifizierten Atmosphären behandelt werden, sind diese gasdicht mit dafür geeigneten Planen einzuhausen.

Grundsätzlich sind drei Verfahrensweisen zu unterscheiden:

- Begasung mit Stickstoff

  Um eine abgesicherte Wirksamkeit gegenüber Befall durch den Hausbockkäfer, Gewöhnlichen Nagekäfer und Braunen Splintholzkäfer zu gewährleisten, darf über mindestens 21 Tage und mindestens 24 °C bei 50 % rel. Luftfeuchte ein Restsauerstoffgehalt von höchstens 0,5 % (Stickstoffkonzentration mindestens 99,5 %) vorliegen [22]. In bestimmten Grenzen können gegenüber Temperatur und Restsauerstoffgehalt abweichende Werte die Behandlungszeit deutlich verlängern oder aber auch verkürzen. Die während der Behandlung vorliegende Temperatur bestimmt dabei wesentlich den Zeitraum der Einwirkungsdauer, weshalb sie nicht unter 20 °C betragen sollte.

- Begasung mit Kohlendioxid

  Bei Begasungen mit Kohlendioxid ist eine Mindestkonzentration von 60 % notwendig, um einen Behandlungserfolg garantieren zu können. Zulassungsbedingt (beschränkt auf den Gemeinen Nagekäfer) beträgt die Einwirkungsdauer 42 Tage bei 25 °C.

- Begasung mit einer binären Mischung aus Stickstoff und Kohlendioxid

  Durch den Zusatz einer geringen Menge von Kohlendioxid mit ca. 5 bis 10 Vol.-% zum Stickstoff lässt sich die Einwirkzeit reduzieren, da Kohlendioxid in dieser schwachen Konzentration für die Insekten stoffwechselanregend wirkt und damit die Wirkung der Stickstoffatmosphäre verstärkt.

Der Einsatz erstickender Gase in den genannten hohen und durchgängig einzuhaltenden Konzentrationen erfordert hochdichte Behandlungsräume wie geschlossene gasdichte Kammern, Zelte oder Container. Entgegen dem 2. Absatz des Normtextes schließt sich für Stickstoff eine Behandlung ganzer Räume bzw. Gebäude von vornherein aus. Gleiches gilt sinngemäß für Kohlendioxid.

**9.5.6** Zu beachten ist, dass bei unsachgemäßem Umgang mit modifizierten Atmosphären die Gefahr des Erstickens auch von Personen besteht.

Wegen der Gefahr des Erstickens bei unsachgemäßem Umgang sind nach Biozid-Recht die Zulassungen für modifizierte Atmosphären an folgende Bedingungen (Risikomindestanforderungen) geknüpft:

- Der Verkauf und die Verwendung dürfen nur an/durch berufsmäßige Verwender gemäß Gefahrstoffverordnung erfolgen.
- Es müssen sichere Arbeitsmethoden und Arbeitssysteme gegeben sein.

# 10 Elektrophysikalische Verfahren gegen Insektenbefall

**10.1** Ein erprobtes elektrophysikalisches Verfahren ist die Mikrowellentechnik. Seine Wirksamkeit beruht darauf, dass das Holz in einem Strahlungsfeld erwärmt wird. Voraussetzung ist wie beim Heißluftverfahren, die Hölzer über den gesamten Querschnitt auf eine Mindesttemperatur von 55 °C für eine Dauer von mindestens 60 min zu erwärmen. Die Anwendung kürzerer Anwendungszeiten mit hinreichend höheren Temperaturen ist möglich. Der Behandlungserfolg ist bauteilbezogen nachzuweisen.

Zur Kontrolle einer weitestgehend homogenen Durchwärmung des Holzes sind sowohl Messungen an den schwierigsten und in den am schnellsten aufzuheizenden Bereichen vorzunehmen. Je nach Holzgeometrie und Lage des Bauteils kann das Setzen weiterer Messpunkte notwendig sein.

Als elektrophysikalisches Verfahren stellt die Mikrowellentechnik zur Bekämpfung Holz zerstörender Insekten (Bild K.26) im Sinne dieser Norm ein Sonderverfahren dar. Ihre Anwendung erfordert einen hohen technischen Aufwand. Wegen der von der Mikrowellenstrahlung ausgehenden gesundheitlichen Gefahren bedarf es einer anwendungsbezogenen Sicherheitsschulung, die auf die speziellen Belange bei der Anwendung der Mikrowellentechnik eingeht. Inhalt einer Anwenderschulung sind insbesondere: physikalische Grundlagen, Gerätehandhabung, Anwendungsbeschränkungen, persönliche Schutzmaßnahmen und Gefährdungsbeurteilung. Von Vorteil ist die Möglichkeit, örtlich begrenzten Lebendbefall gezielt bekämpfen zu können. Eine großflächige Anwendung ist aufgrund des zuvor erwähnten hohen technischen Aufwandes wie auch mit den damit verbundenen hohen Kosten selten zweckmäßig.

**Bild K.26**: Anwendung der Mikrowellentechnik – partielle beidseitige Behandlung eines Deckenbalkens mit Hausbockbefall

Die Mikrowellentechnik beruht darauf, dass bei der anwendungsbezogenen Frequenz die in das Holz eindringende elektromagnetische Strahlung im Holz vorhandene Wassermoleküle in Schwingungen versetzt und damit über Wärmeleitung der Holzquerschnitt bis zum Erreichen der Letaltemperatur weitgehend homogen erhitzt wird. Die Wärmebildung erfolgt dabei hauptsächlich im Holz und kaum im zu bekämpfenden Zielorganismus (Vollinsekt, Ei, Larve und Puppe) selbst. Zu diesem Zweck werden an den zu behandelnden Holzbereichen entweder ein- oder beidseitig Strahlantennen angelegt und einem Strahlungsfeld mit einer Frequenz von 2,45 GHz ausgesetzt. Dabei ist zu berücksichtigen, dass innerhalb des Strahlungsbereichs eine gesundheitliche Gefährdung besteht.

Voraussetzung für einen vollständigen Behandlungserfolg ist entsprechend dem Heißluftverfahren das Einhalten einer Mindesttemperatur von 55 °C für die Dauer von mindestens 60 Minuten. Im Unterschied zum Heißluftverfahren kann das Holz jedoch in relativ kurzer Zeit auf höhere Letaltemperaturen erwärmt werden. Die abtötende Wirkungsweise ist eine Funktion aus

Temperatur und Zeit. Dementsprechend kann eine höhere Temperatur zu einem deutlich schnelleren Behandlungserfolg führen. Beispielsweise genügen zur sicheren Abtötung mittelgroßer Hausbocklarven bei 70 °C vier Minuten, für große Larven sechs Minuten [23].

Die Aufwärmzeit bis zur Letaltemperatur ist abhängig von:

- der Lage der Antennen
- dem Winkel der Antennenfläche zur Holzoberfläche
- der Behandlungsreihenfolge
- dem Antennenabstand zur Holzoberfläche
- der Anzahl der Antennen
- der Zugänglichkeit
- der Holzfeuchte
- der Rohdichte des Holzes
- der Materialtemperatur
- der Holzgeometrie.

Anmerkung: Die in der Ausgabe 2012-02 neben der Mikrowellentechnik als zweites elektrophysikalisches Verfahren aufgeführte Hochfrequenztechnik hat sich in der Praxis nicht durchgesetzt.

**10.2** Darüber hinaus gelten 9.3.4, 9.3.5 und 9.3.8 bis 9.3.11 sinngemäß.

Sinngemäß zu Abschnitt 9.3.4 dieser Norm sind von der ausführenden Fachfirma vor Angebotserstellung die örtlichen Gegebenheiten auf hitzeempfindliche Materialien sowie auf die Zugänglichkeit der Behandlungsbereiche zu überprüfen. Können durch die Behandlung Materialien Schaden nehmen, so ist dies mit dem Angebot schriftlich aufzuzeigen und gleichzeitig darin festzulegen, welche Vorkehrungen zu treffen sind bzw. wer diese zu veranlassen hat (Auftraggeber oder Auftragnehmer). Kann eine Schädigung von Materialien oder Bauteilen nicht ausgeschlossen werden, sollte auf den Einsatz verzichtet und ein anderes Verfahren gewählt werden. Gefährdete Bauteile oder Materialien können sein:

- Metallteile
- Beschichtungen (z.B. Goldfassungen).

Ferner gilt es zu beachten:

- Ein Austritt von Harz bzw. Wasser bei Erwärmung ist möglich.
- Elektronische Geräte sind im Behandlungsbereich während der Anwendung auszuschalten.
- Ein Austreten brennbarer oder giftiger Gase ist möglich.
- Holz mit Holzfeuchten ≥ 20 % sollte langsam vorgetrocknet werden.

Zu den weiteren Unterabschnitten 9.3.5, 9.3.8 bis 9.3.11 siehe die dortigen Kommentierungen.

# 11 Beurteilung von Bekämpfungsmaßnahmen

## 11.1 Allgemeine Anforderungen

Bei einer Beurteilung von Bekämpfungsmaßnahmen sind die vorangegangene Untersuchung (siehe 4.4), die Vor- und Nebenarbeiten (siehe 8.2.1 und 9.1) und die durchgeführten bekämpfenden Maßnahmen zu berücksichtigen.

Eine Beurteilung von Bekämpfungsmaßnahmen kann aus verschiedenen Gründen notwendig werden. So beispielsweise bei Verdacht auf einen nicht vollständig abgetöteten Befall von Holz zerstörenden Pilzen oder Insekten innerhalb der geforderten bzw. vereinbarten Gewährleistungsfristen oder bei Schäden an behandelten Bauteilen bzw. im Behandlungsbereich. Die Beurteilung wird daher insbesondere von Bauherren, Architekten, aber auch von Gerichten zur Klärung von Streitfällen gefordert.

Die Beurteilung einer Bekämpfungsmaßnahme erfordert von der durchführenden Person eine umfassende Sachkenntnis der speziellen Belange des bekämpfenden Holzschutzes.

Wesentlicher Bestandteil der Beurteilung einer durchgeführten Bekämpfungsmaßnahme sind die Kriterien für deren Notwendigkeit und ordnungsgemäße Ausführung einschließlich der dafür notwendigen Vor- und Nebenarbeiten. Die Notwendigkeit ergibt sich aus den Befunden der vorangegangenen Begutachtung nach Unterabschnitt 4.4. Dabei ist auch zu prüfen, ob seitens des Auftraggebers Einschränkungen oder Abweichungen bezüglich des vorgeschlagenen Untersuchungsumfanges gemacht worden sind.

Das eingesetzte Verfahren und die ordnungsgemäße Durchführung sind entsprechend den Festlegungen in 11.2.2, 11.2.3, 11.2.4, 11.2.5 bzw. 11.2.6 sowie 12.1, 12.2, 12.3, 12.4 bzw. 12.5 der Norm zu überprüfen.

## 11.2 Spezielle Anforderungen

### 11.2.1 Allgemeines

Die in 12.1 bis 12.5 jeweils geforderten Behandlungsprotokolle und das Dokument über die nach Abschnitt 13 vorgenommene Gütesicherung sind dem Auftraggeber auszuhändigen.

Die in 11.2.1 genannten Unterlagen sind vom Ausführenden lückenlos bereitzustellen. Zusätzlich sind auszuhändigen:

1) Bei Maßnahmen mit Holzschutzmitteln:

- die veröffentlichten Teile (SPC's = Summary of Product Characteristics) der Zulassung durch die BAuA oder die allgemeine bauaufsichtliche Zulassung des Deutschen Instituts für Bautechnik (DIBt) (vgl. hierzu 5.1)
- das technische Merkblatt zu dem eingesetzten Bekämpfungsmittel sowie gegebenenfalls über die eingesetzten vorbeugend wirksamen Holzschutzmittel.

2) Beim Heißluftverfahren, Begasungsverfahren mit toxischen Gasen oder modifizierten Atmosphären und bei elektrophysikalischen Verfahren, sofern zusätzlich Holzschutzmittel eingesetzt wurden:

- die unter 1) geforderten Unterlagen.

### 11.2.2 Maßnahmen mit Holzschutzmitteln

**11.2.2.1** Bei einer Überprüfung der Maßnahmen mit Holzschutzmitteln ist zwischen einer Beurteilung der durchgeführten Holzschutzarbeiten einerseits und einem qualitativen sowie quantitativen Nachweis der angewendeten Holzschutzmittel andererseits zu unterscheiden.

Die Beurteilung der Holzschutzarbeiten bezieht sich auch auf die erforderlichen Vorarbeiten. Mit der qualitativen Prüfung werden die charakteristischen Stoffe (z. B. Wirkstoffe) nachgewiesen; mit der quantitativen Prüfung wird die Menge des relevanten eingebrachten Wirkstoffes erfasst.

Der Erfolg einer Bekämpfungsmaßnahme wird von vornherein infrage gestellt, wenn:

- im Bekämpfungsbereich keine ausreichende Behandlung mit Holzschutzmitteln erfolgte
- bei Pilzbefall eine mögliche Beseitigung der Feuchtequelle nicht umgesetzt, veranlasst oder empfohlen wurde
- nach einer vereinbarten Zeit noch Lebendbefall von Holz zerstörenden Insekten vorliegt.

Bei der Verwendung von Holzschutzmitteln sind die in den BAuA-Zulassungen bzw. in den allgemeinen bauaufsichtlichen Zulassungen oder in den technischen Merkblättern aufgeführten Anweisungen für das betreffende Holzschutzmittel unbedingt einzuhalten. Die darin geforderten Einbringverfahren und -mengen sind neben einer gewissenhaften Ausführung der für die Behandlung notwendigen Vorarbeiten (z. B. Entfernen der Fraßmulmreste, Staubablagerungen usw.) von ausschlaggebender Bedeutung für den Erfolg der Maßnahmen. Deutliche **Überschreitungen** der Einbringmengen vergrößern nicht den Schutzerfolg, können aber zu einer unerwünschten Umweltbeeinträchtigung führen. Deutliche **Unterschreitungen** wiederum bekämpfen oder verhindern einen Befall nicht. Sie können unter bestimmten Umständen sogar auf die Aktivität der Schadorganismen stimulierend wirken.

Es sind jedoch nicht nur die Einbringmengen ausschlaggebend, sondern auch die Verteilung der Wirkstoffe im Holz oder im Mauerwerk. „Fehlstellen", das heißt im Gefährdungsbereich nicht erfasstes Mauerwerk, nicht nachbehandelte Schnittstellen, eine nicht genügende Anzahl von Bohrlöchern im Holz oder Mauerwerk, sowie nachträglich auftretende Trockenrisse, die nicht durchtränkte Holzbereiche freilegen, können sich auf den Gesamterfolg der Maßnahme nachteilig auswirken. Entsprechend ist in einem Soll-Ist-Vergleich festzustellen, ob alle Anforderungen erfüllt worden sind, die sich aus der Norm selbst oder aus den einschlägigen Unterlagen (BAuA-Zulassung, allgemeine bauaufsichtliche Zulassung, technisches Merkblatt) zum verwendeten Holzschutzmittel ergeben.

Mit der qualitativen Prüfung werden das Vorhandensein und die Art der Wirkstoffe im behandelten Holz nachgewiesen.

Mit der quantitativen Prüfung wird nachgewiesen, ob die eingebrachte Schutzmittelmenge mit der abgewickelten Holzoberfläche den Verbrauch ergibt, der in der allgemeinen bauaufsichtlichen Zulassung als Mindesteinbringwert vorgegeben ist. Voraussetzung für auswertbare und zweifelsfreie Aussagen ist, dass – wie in 11.2.2.2 gefordert – die Festlegungen der Probenentnahme nach DIN 52161-1 berücksichtigt wurden.

**11.2.2.2** Art und Zeitpunkt der Probenahme sowie Anzahl der zu entnehmenden Holzproben sind in DIN 52161-1 festgelegt.

Für orientierende quantitative Untersuchungen können zunächst 3 repräsentative Proben unter Berücksichtigung verschiedener Holzbauteile entnommen werden.

Die qualitativen und quantitativen Prüfungen sind durch eine sachkundige Prüfstelle durchzuführen, die mit den einschlägigen Normen und Analysenverfahren vertraut ist.

DIN 52161-1 regelt die Entnahme der für den Nachweis von Holzschutzmitteln im verbauten Holz erforderlichen Proben nach Art und Zeitpunkt, Anzahl und Lage im Bauwerk. Analog dazu sind im Fall einer Schwammbekämpfung mit geeigneten Werkzeugen Proben aus dem behandelten Mauerwerk zu entnehmen und zu analysieren. Um zunächst die Kosten der Laboranalysen in vertretbaren Grenzen zu halten, können entsprechend Absatz 2 drei repräsentative Proben entnommen werden. Erforderlichenfalls sind weitere Proben zur Vervollständigung der Beurteilung zu analysieren. Eine sachkundige Prüfstelle im Sinne der Norm kann gegebenenfalls auch ein Sachverständiger sein, der für die eingesetzten Wirkstoffe über die notwendige Ausrüstung für eine qualitative Analyse verfügt.

Eine quantitative Holzschutzmittel-Bestimmung erfolgt durch chemische Analyse eines oder mehrerer der im verwendeten Holzschutzmittel enthaltenen Wirkstoffe. Das Analyseergebnis hängt wesentlich von einer korrekten Probenentnahme ab. Es ist zu beachten, dass die Probenentnahme beim Holz nicht in Bereichen zu hoher Aufnahmen (Hirnholz, Risse) oder umgekehrt mit besonders geringer Schutzmittelaufnahme (z. B. Äste) erfolgt. Des Weiteren ist zu berücksichtigen, dass je nach Oberflächenbeschaffenheit (z. B. sägerau, gehobelt), Lage (horizontal, vertikal, geneigt) und Holzart dies zu großen Unterschieden in der Holzschutzmittelaufnahme führen kann.

In bestimmten Fällen kann die Probenentnahme auch nach DIN EN 212 [24] bzw. für behandeltes neues Holz nach DIN EN 351-2 [25] erfolgen. Eine bloße Entnahme dünner oder dünnster Späne von der Holzoberfläche führt zu einer Verfälschung der quantitativen Aussage, da in der dünnen, obersten Holzschicht nach erfolgter Bekämpfung überproportional viel Holzschutzmittel enthalten ist und damit derartig entnommene Proben zu unbrauchbaren Prüfergebnissen und falschen Schlussfolgerungen führen können.

Um brauchbare und aussagefähige Ergebnisse zu erhalten, ist bei den Analysen und der Wiedergabe der Ergebnisse den Besonderheiten des Werkstoffs Holz angemessen Rechnung zu tragen. Angaben der gefundenen Wirkstoffmenge in mg/kg Holz sind strikt zu vermeiden, da sie im höchsten Maße irreführend sind. Sie berücksichtigen weder die unterschiedliche Dichte einzelner Holzarten noch die Variabilität der Rohdichte bei ein und derselben Holzart.

- Die Angabe der gefundenen Wirkstoffmenge erfolgt bei Anwendung durch Oberflächenverfahren in $g/m^2$, bei nachgewiesener Einbringung des Schutzmittels in einem Vakuum- oder Druckverfahren in $kg/m^3$.
- Gegebenenfalls muss beginnend an der Oberfläche des Holzes schichtweise analysiert werden. Dabei ist zu beachten, dass die Schutzmittelmenge im Holz von außen nach innen (bei Bohrlochtränkung mit zunehmendem Abstand vom Bohrloch) abnimmt. Die im Holz gefundene Menge an Holzschutzmittel bezogen auf das Entnahmevolumen hängt wesentlich von der Entnahmetiefe und weniger von der eingebrachten Wirkstoffmenge ab.
- Von jeder Probe muss die Holzart bekannt sein.
- Stets muss auch festgestellt werden, ob es sich bei der analysierten Probe um Splint- oder Kernholz handelt.
- In jedem Fall ist die Dichte der analysierten Holzprobe anzugeben.
- Es ist zu fordern, dass das Analyselabor eine Akkreditierung für die Bestimmung von Holzschutzmitteln im Holz nachweist.

**11.2.2.3** Bei Insekten sind die Hölzer auf Lebendbefall zu untersuchen, erforderlichenfalls durch ein Monitoring.

Wird nach der Bekämpfungsmaßnahme Lebendbefall festgestellt, ist für die Beurteilung des Bekämpfungserfolgs die Art des eingesetzten Holzschutzmittels (vgl. 5.2 und zugehörige Kommentierung) zu beachten:

- Bei schnell wirkenden Produkten auf der Basis von Kontaktinsektiziden ist in den meisten Fällen eine rasche Wirksamkeit innerhalb etwa eines Jahres vorauszusetzen. Nach Ablauf eines Jahres muss bei einer erfolgreichen Bekämpfung der Befall abgetötet sein, wobei einzelne, tief im Holzinneren überlebende Larven zu tolerieren sind. Sie werden spätestens dann absterben, wenn sie am Ende ihres Entwicklungszyklus zur Holzoberfläche vordringen.
- Bei langsam wirkenden Produkten, die reine Fraßgifte wie die Borverbindungen darstellen, dauert es bis zur vollständigen Abtötung aller Larven zumeist 1½ bis 2 Jahre. Davon abweichend kann auch nach 2 und mehr Jahren noch Aktivität vorliegen.
- Bei Produkten mit verzögerter Wirkung auf der Basis von Wirkstoffen, die in den Hormon- oder Enzymhaushalt der Insekten eingreifen, kommt der Befall dadurch zum Erliegen, dass sie den Ausschlupf neuer Käfer aus dem Puppenstadium verhindern. Entsprechend kann ein vollständiger Abtötungserfolg erst nach Vollendung eines vollen Entwicklungszyklus erwartet werden, der in Abhängigkeit der Insekten- und Holzart stark variieren kann. Dabei ist von 2 bis 4 Jahren auszugehen. Unter Umständen kann aber auch nach 4 Jahren noch eine Aktivität vorliegen.

Zu beachten ist, dass nach einer Bekämpfungsmaßnahme mit bekämpfend wirksamen Holzschutzmitteln ein Lebendbefall durch nachträglich auftretende nicht Holz zerstörende Insekten vorgetäuscht werden kann. Dieser Eindruck kann durch verschiedene Raubinsekten wie z. B. Buntkäfer oder infolge Sekundärbesiedelung wie z. B. durch Grabwespen oder Mauerbienen hervorgerufen werden (vgl. hierzu auch Kommentierung zu 9.1).

### 11.2.3 Heißluftverfahren

Es sind der Untersuchungsbericht (siehe 4.4), die erstellten Messprotokolle und Messskizzen (siehe 9.3.5) sowie die sachgerechte Durchführung zu prüfen. Das Holz ist auf Lebendbefall zu untersuchen, erforderlichenfalls durch ein Monitoring.

### 11.2.4 Bekämpfung mit toxischen Gasen (Begasungsverfahren)

Es sind der Untersuchungsbericht (siehe 4.4), die erstellten Begasungsprotokolle (siehe 9.4.8) sowie die sachgerechte Durchführung zu prüfen. Das Holz ist auf Lebendbefall zu untersuchen, erforderlichenfalls durch ein Monitoring.

### 11.2.5 Bekämpfung durch modifizierte Atmosphären

Es sind der Untersuchungsbericht (siehe 4.4), Einhaltung der Restsauerstoffkonzentrationen (siehe 9.5.5) sowie die sachgerechte Durchführung zu prüfen. Das Holz ist auf Lebendbefall zu untersuchen, erforderlichenfalls durch ein Monitoring.

### 11.2.6 Elektrophysikalische Verfahren

Es sind der Untersuchungsbericht (siehe 4.4), die erstellten Messprotokolle und Messskizzen (siehe 9.3.5) sowie die sachgerechte Durchführung zu prüfen. Das Holz ist auf Lebendbefall zu untersuchen, erforderlichenfalls durch ein Monitoring.

Beim Heißluftverfahren, Begasungsverfahren mit toxischen Gasen oder erstickenden Gasen (Bekämpfung durch modifizierte Atmosphären) und bei elektrophysikalischen Verfahren wird erfahrungsgemäß eine Überprüfung und damit Untersuchung der behandelten Objekte bzw. Holzbauteile angefordert, wenn sich nach der Bekämpfungsmaßnahme weiterhin Lebendbefall zeigt. In diesen Fällen ist anhand des nach 4.4 geforderten Untersuchungsberichts, vor allem aber anhand der in Abschnitt 12 geforderten Behandlungsprotokolle sowie beim Begasungsverfahren mit toxischen Gasen zusätzlich anhand der behördlich abverlangten Niederschrift zu prüfen, ob sämtliche Bedingungen für eine erfolgreiche Bekämpfung eingehalten worden sind.

Schwierig gestalten sich in der Regel Untersuchungen zur Feststellung eines Lebendbefalls, die lediglich auf vagen Verdacht einer möglichen Fehlbehandlung hin angefordert werden. Ergeben sich aus den schriftlichen Aufzeichnungen keine gravierenden Hinweise auf Mängel in der Durchführung, erscheint es auch wenig sinnvoll, die behandelten Hölzer in größerem Umfang auf Lebendbefall zu untersuchen. In solchen Fällen empfiehlt es sich, ein Monitoring (z. B. mit Klebefallen, durch Papierabklebung oder mittels Fraßgeräuschanalyse zur akustischen Detektion) zu vereinbaren.

# 12 Kennzeichnung

Die Unterabschnitte 12.1 bis 12.5 fordern vom Ausführenden unabdingbar:

1) eine Kennzeichnung der durchgeführten Maßnahmen in dauerhafter Form

2) die Übergabe eines Behandlungsprotokolls an den Auftraggeber.

Kennzeichnung und Behandlungsprotokoll sind damit Voraussetzung für die Bezahlung der geleisteten Arbeiten.

## 12.1 Nach Maßnahmen mit Holzschutzmitteln

Der Unternehmer hat bei einer Behandlung von Bauteilen mit Holzschutzmitteln an mindestens einer sichtbar bleibenden Stelle des Bauwerks in dauerhafter Form anzugeben (beispielhaft siehe Anhang A und Anhang B):

a) Bezug auf die vorliegende Norm;

b) berücksichtigte Gebrauchsklasse;

c) Name und Anschrift des ausführenden Betriebes;

d) Jahr und Monat der Behandlung;

e) angewendete Bekämpfungsmittel sowie gegebenenfalls angewendete vorbeugend wirksame Holzschutzmittel mit Angabe des bauaufsichtlichen Verwendbarkeitsnachweises oder mit BAuA-Zulassungsnummer bzw. entsprechende Angaben der Hersteller- oder Lieferfirma;

f) auf- bzw. eingebrachte Schutzmittelmenge:

- Gramm je Quadratmeter ($g/m^2$) Holzoberfläche oder
- Milliliter je Quadratmeter ($ml/m^2$) Holzoberfläche oder
- Kilogramm je Kubikmeter ($kg/m^3$) Holzvolumen;

g) eingebautes mit Holzschutzmitteln behandeltes Holz muss nach DIN 68800-3 gekennzeichnet sein.

Ist die Kennzeichnung nicht unmittelbar im behandelten Bereich (z. B. in ausgebauten Dachböden) möglich, ist an anderer Stelle anzugeben, welche Bereiche des Bauwerks bzw. welche Bauteile behandelt worden sind.

Ist auch dies nicht möglich, sind die entsprechenden Informationen und Lageskizzen der Maßnahme den Bauunterlagen beizufügen. Verantwortlich für die Bereitstellung der Daten ist der Unternehmer.

Bei Anwendung lösemittelhaltiger Holzschutzmittel ist für eine ausreichend lange Zeitspanne ein Warnschild mit Hinweisen auf mögliche Gesundheitsgefährdung und Feuergefährlichkeit anzubringen.

Vom Ausführenden ist dem Auftraggeber ein Behandlungsprotokoll zu übergeben, aus dem der Ablauf und der Umfang der Maßnahme rekonstruiert und beurteilt werden kann.

Die Kennzeichnung, als Nachweis für eine Behandlung mit Holzschutz- bzw. Schwammsperrmitteln, im Folgenden „Behandlungsnachweis“ genannt, ist auf einem dauerhaften Vordruck vorzunehmen. Beispiele für die Kennzeichnung – mit Erlaubnis der Vervielfältigung – finden sich in den informativen Anhängen A für eine Behandlung von verbautem Holz mit Holzschutzmitteln und B für eine Behandlung von Mauerwerk mit einem Schwammsperrmittel. Um die Dauerhaftigkeit der Kennzeichnung zu gewährleisten, ist der Vordruck in geeigneter Weise gegen Verschmutzung und Beschädigung zu schützen, z. B. durch das Verwenden einer Folienhülle aus alterungsbeständigem Kunststoff. Der Behandlungsnachweis ist spätestens bei Übersendung der in der Norm geforderten Unterlagen dem Auftraggeber zu übergeben – mit der Maßgabe einer dauerhaften Befestigung an einem Bauteil im Behandlungsbereich.

Lässt sich die Kennzeichnung nicht unmittelbar im behandelten Bereich sichtbar anbringen, bieten sich hierfür u. a. die Zutritte zu den behandelten Räumen oder auch Zählerkästen an. Unabhängig davon, ob die erforderliche Kennzeichnung angebracht oder nicht angebracht werden kann, ist generell eine Kopie derselben, einschließlich Lageskizze des Sanierungsbereichs, den Bauunterlagen beizufügen.

Die geforderten Angaben sind:

- Nachweis für die Eignung des eingesetzten/angewandten Präparats, belegt durch die Zulassungsnummer der BAuA oder der allgemeinen bauaufsichtlichen Zulassung des DIBt
- Voraussetzung der Sicherheit für Gesundheit und Umwelt, belegt durch die Zulassung
- Grundlage für die Entscheidung der Ausführungsart von Folgemaßnahmen bei zukünftigen Bauwerksinstandsetzungen, insbesondere zur Beurteilung eines weiteren Holzschutzmitteleinsatzes und dessen dazu notwendiger Verträglichkeit mit der vorangegangenen Maßnahme
- Grundlage für eine Beurteilung bei späterer Nutzungsänderung, z. B. dem Ausbau zu Aufenthaltsräumen
- Grundlage für die Festlegung einer zu einem späteren Zeitpunkt erfolgenden stofflichen Verwertung bzw. Entsorgung
- Grundlage für die Durchführung der Beurteilung nach Abschnitt 11.2.2.

Im Behandlungsprotokoll ist darzulegen, welche Bekämpfungsmaßnahmen gegenüber welchem Holz zerstörenden Schadorganismus erfolgten sowie in welchem Umfang und Ablauf sie ausgeführt worden sind. Auch ist zu vermerken, wenn bei Befall durch Holz zerstörende Insekten die nicht befallenen Holzteile entsprechend Abschnitt 9.2.2 oder 9.2.3 nicht mit einem vorbeugend wirksamen Holzschutzmittel behandelt worden sind und damit ein die Standsicherheit der baulichen Anlage gefährdender Neubefall nicht ausgeschlossen werden kann. In diesem Fall ist der Bauherr/Auftraggeber auf die Notwendigkeit regelmäßiger Kontrollen schriftlich hinzuweisen. Dem Behandlungsprotokoll sind die BAuA-Zulassungen bzw. die allgemeinen bauaufsichtlichen Zulassungen und die technischen Merkblätter der verwendeten Holzschutzmittel beizufügen.

## 12.2 Nach einer Heißluftbehandlung

In dauerhafter Form sind anzugeben (beispielhaft siehe Anhang C):

a) Name und Anschrift des Unternehmens;

b) Bestätigungsvermerk der Abtötungstemperatur von mindestens 55 °C über mindestens 60 min an allen Messstellen und deren Anzahl;

c) erforderlichenfalls angewendete bekämpfende und vorbeugend wirksame Schutzmittel mit Angaben nach 12.1;

d) Jahr und Monat der Behandlung.

Vom Unternehmer ist dem Auftraggeber ein Behandlungsprotokoll zu übergeben, aus dem der Ablauf und der Umfang der Behandlung nachverfolgt und beurteilt werden kann. Die Messstellen sind auf einer Skizze zu dokumentieren.

Zur Kennzeichnung und zum Behandlungsprotokoll siehe die Kommentierung zu 12.1. Ein Beispiel für die Kennzeichnung – mit Erlaubnis der Vervielfältigung – findet sich im informativen Anhang C.

Beizufügen sind das Messprotokoll und die Messskizze gemäß 9.3.5. Wurden bekämpfend oder vorbeugend wirksame Holzschutzmittel angewendet, sind deren BAuA-Zulassungen bzw. allgemeine bauaufsichtliche Zulassungen und technischen Merkblätter den Unterlagen beizulegen.

Erfolgten gemäß 9.3.1, 9.3.9 oder 9.3.10 keine vorbeugenden Maßnahmen mit einem Holzschutzmittel, ist im Behandlungsprotokoll gemäß 9.3.11 darauf hinzuweisen, dass ein die Standsicherheit der baulichen Anlage gefährdender Neubefall nicht ausgeschlossen werden kann. In diesem Fall ist der Bauherr/Auftraggeber auf die Notwendigkeit regelmäßiger Kontrollen hinzuweisen.

## 12.3 Nach einer Bekämpfung mit toxischen Begasungsmitteln (Begasung)

In dauerhafter Form sind anzugeben (beispielhaft siehe Anhang D):

a) Name und Anschrift des Unternehmens;

b) Begasungszeitspanne;

c) angewendetes Gas, Gesamt-Mittelmenge, in Kilogramm;

d) Gesamtvolumen des Begasungsraumes, in Kubikmeter;

e) erreichtes Konzentrations-Zeit-Produkt (ct-Produkt), in Gramm je Kubikmeter und Stunde;

f) mittlere Temperatur und mittlere relative Luftfeuchte während der Begasung;

g) erforderlichenfalls angewendete vorbeugend wirksame Holzschutzmittel mit Angaben nach 12.1;

h) Jahr und Monat der Behandlung.

Vom Unternehmer ist dem Auftraggeber ein Behandlungsprotokoll zu übergeben, aus dem der Ablauf und der Umfang der Behandlung nachverfolgt und beurteilt werden kann.

Nicht erforderlich ist eine Kennzeichnung bei Kunstwerken, Antiquitäten, Museumsobjekten und dergleichen.

Die Forderung zur Kennzeichnung einer Bekämpfung mit toxischen Begasungsmitteln **ist beschränkt** auf Räumlichkeiten oder Gebäude, in denen Holzbauteile begast worden sind. In diesen Fällen sind die Angaben direkt im behandelten Raum oder in dessen Nähe auf einem dauerhaften Vordruck anzubringen. Ein Beispiel für die Kennzeichnung – mit Erlaubnis der Vervielfältigung – findet sich im informativen Anhang D.

Zum Behandlungsprotokoll siehe die Kommentierung zu 12.1. Wurden Holzbauteile begast und erfolgten gemäß 9.3.9, 9.3.10 oder 9.4.1 keine vorbeugenden Maßnahmen mit einem Holzschutzmittel, ist gemäß 9.4.9 darauf hinzuweisen, dass ein die Standsicherheit der baulichen Anlage gefährdender Neubefall nicht ausgeschlossen werden kann. In diesem Fall ist der Bauherr/Auftraggeber auf die Notwendigkeit regelmäßiger Kontrollen hinzuweisen. Dem Behandlungsprotokoll sind sämtliche Unterlagen beizufügen, zu deren Anfertigung der Auftragnehmer aufgrund behördlicher Vorschriften und der Norm gemäß 9.4.8 verpflichtet ist. Wurden vorbeugend wirksame Holzschutzmittel angewendet, sind deren BAuA-Zulassungen bzw. allgemeinen bauaufsichtlichen Zulassungen und technischen Merkblätter beizulegen.

## 12.4 Nach einer Bekämpfung durch modifizierte Atmosphären

In dauerhafter Form sind anzugeben (beispielhaft siehe Anhang D):

a) Name und Anschrift des Unternehmens;

b) Zeitspanne der Sauerstoffverdrängung;

c) angewendetes Verdrängungsgas, Gesamt-Mittelmenge, in Kilogramm;

d) Gesamtvolumen des Behandlungsraumes, in Kubikmeter;

e) maximale Restsauerstoffkonzentration in %;

f) mittlere Temperatur und mittlere relative Luftfeuchte während der Sauerstoffverdrängung;

g) erforderlichenfalls angewendete vorbeugend wirksame Holzschutzmittel mit Angaben nach 12.1;

h) Jahr und Monat der Behandlung.

Vom Unternehmer ist dem Auftraggeber ein Behandlungsprotokoll zu übergeben, aus dem der Ablauf und der Umfang der Behandlung nachverfolgt und beurteilt werden kann.

Nicht erforderlich ist eine Kennzeichnung bei Kunstwerken, Antiquitäten, Museumsobjekten und dergleichen.

Die Forderung zur Kennzeichnung einer Bekämpfung durch modifizierte Atmosphären ist auf Räumlichkeiten oder Gebäude beschränkt. Da modifizierte Atmosphären lediglich in hochdichten Behandlungsräumen wie geschlossenen gasdichten Kammern, Zelten oder Containern Anwendung finden, ist eine Kennzeichnung (siehe Anhand D) für die Praxis ohne Relevanz. Die Forderung der Übergabe eines Behandlungsprotokolls an den Auftraggeber bleibt davon unberührt.

## 12.5 Nach elektrophysikalischen Verfahren

In dauerhafter Form sind anzugeben (analog beispielhaft Anhang C):

a) Name und Anschrift des Unternehmens;

b) Bestätigungsvermerk der Abtötungstemperatur von mindestens 55 °C über mindestens 60 min an allen Messstellen;

c) erforderlichenfalls angewendete bekämpfende und vorbeugend wirksame Schutzmittel mit Angaben nach 12.1;

d) Jahr und Monat der Behandlung.

Vom Unternehmer ist dem Auftraggeber ein Behandlungsprotokoll zu übergeben, aus dem der Ablauf und der Umfang der Behandlung nachverfolgt und beurteilt werden kann. Die Messstellen sind auf einer Skizze zu dokumentieren.

Die Kennzeichnung einer elektrophysikalischen Behandlung mittels Mikrowellentechnik ist dann erforderlich, wenn tragende Holzbauteile behandelt wurden. In diesen Fällen sind die Angaben in der Nähe der behandelten Hölzer auf einem dauerhaften Vordruck anzubringen.

Für das Behandlungsprotokoll gelten sinngemäß die Forderungen, wie diese für eine Heißluftbehandlung bestehen (siehe hierzu Kommentierung zu 12.2).

## 13 Gütesicherung

Zwecks Gütesicherung sind die Einhaltung der in dieser Norm festgelegten Anforderungen schriftlich zu bestätigen:

a) durch den ausführenden Fachbetrieb bzw. qualifizierte Fachleute (siehe 4.5) die ordnungsgemäße Durchführung der Bekämpfungsarbeiten nach dieser Norm unter Angabe der behandelten Teile bzw. Teilbereiche des Bauwerks. Dabei ist es dem Auftraggeber freigestellt, die Richtigkeit der Angaben des Fachbetriebes durch den Sachverständigen bestätigen zu lassen;

b) falls erforderlich, durch einen Sachverständigen (siehe 4.4) die gegebene Notwendigkeit der durchgeführten Bekämpfungsmaßnahme einschließlich des erforderlichen Umfangs.

Das Dokument ist dem Auftraggeber auszuhändigen und gemeinsam mit dem Untersuchungsbericht des Sachverständigen (siehe 4.4) und dem in 12.1 bis 12.5 jeweils geforderten Behandlungsprotokoll in den Bauunterlagen aufzubewahren.

Mit der Gütesicherung ist der Ausführende verpflichtet, dem Auftraggeber zu bestätigen, dass die durchgeführten Bekämpfungs- und Sanierungsmaßnahmen ordnungsgemäß nach der Holzschutznorm DIN 68800-4 – und soweit erforderlich – unter Berücksichtigung der Teile 1 bis 3 der Normenreihe durchgeführt worden sind.

Nicht zwingend erforderlich ist die Beteiligung eines Sachverständigen an der Gütesicherung. Er sollte aber dann eingeschaltet werden, wenn seitens des Auftraggebers Bedenken hinsichtlich der normgerechten Durchführung der Bekämpfungs- und Sanierungsmaßnahmen bestehen.

# Anhang A
(informativ)
# Beispiel für eine dauerhafte Kennzeichnung einer Behandlung von verbautem Holz mit Holzschutzmitteln

Dem Anwender dieses Formblattes ist, unbeschadet der Rechte von DIN an der Gesamtheit des Dokuments, die Vervielfältigung des Formblattes gestattet.

**Bauwerksadresse:** ..............................................................................................

..............................................................................................

**Bauteilbeschreibung:** ..............................................................................................

..............................................................................................

**Holzschutzmittelname(n):** ..............................................................................................

**Zulassungsnummer:** ..........................................

Vorbeugend ☐

Bekämpfend ☐

**Wirkstoffe** (chemische Bezeichnung):

..............................................................................................................................

**Anwendungsverfahren:** ☐ Streichen ☐ Spritzen ☐ Bohrlochtränkung ☐ Bohrlochdrucktränkung ☐ Schaumverfahren

**Auf-/Einbringmenge:** ......................... $g/m^2$ ................ $ml/m^2$ .............................. $kg/m^3$

**Datum der Behandlung:** .............................

**Bemerkungen:**
(z. B. Besonderheiten, HSM mit zeitversetzter Wirksamkeit)

..................................................................

..................................................................

..................................................................

..................................................................

**Name und Anschrift des Unternehmens**

..................................................................

..................................................................

..................................................................

..................................................................

(Unterschrift)

# Anhang B
(informativ)
## Beispiel für eine dauerhafte Kennzeichnung einer Behandlung von Mauerwerk mit einem Schwammsperrmittel

Dem Anwender dieses Formblattes ist, unbeschadet der Rechte von DIN an der Gesamtheit des Dokuments, die Vervielfältigung des Formblattes gestattet.

**Bauwerksadresse:** ...............................................................................................

...............................................................................................

**Bauteilbeschreibung:** ...............................................................................................

...............................................................................................

**Name des Schwammsperrmittels:** ..........................................................................

**Zulassungsnummer:** ........................................

**Wirkstoffe** (chemische Bezeichnung):

.................................................................................................................................

**Anwendungsverfahren:** ☐ Streichen ☐ Spritzen ☐ Bohrlochtränkung ☐ Bohrlochdrucktränkung ☐ Schaumverfahren

**Anwendungskonzentration:**

...................................................................

**Datum der Behandlung:** ..............................

**Bemerkungen:**
(z. B. Besonderheiten, Behinderungen, Bezug auf Gutachten)

...................................................................

...................................................................

...................................................................

...................................................................

**Name und Anschrift des Unternehmens**

...........................................................

...........................................................

...........................................................

...........................................................

(Unterschrift)

# Anhang C
(informativ)
# Beispiel für eine dauerhafte Kennzeichnung einer Heißluftbehandlung von verbautem Holz zur Bekämpfung Holz zerstörender Insekten

Dem Anwender dieses Formblattes ist, unbeschadet der Rechte von DIN an der Gesamtheit des Dokuments, die Vervielfältigung des Formblattes gestattet.

**Bauwerksadresse:** ..............................................................................

..............................................................................

**Bauteilbeschreibung:** ..............................................................................
(z. B. Fläche, Höhe, Holzart)

Die erforderliche Abtötungstemperatur von mindestens 55 °C wurde mindestens 60 min an allen ........................... (Anzahl) Messpunkten erreicht.

..............................................................

**Datum der Behandlung:** .............................

**Bemerkungen:**
(z. B. Einschränkungen, chemischer Nachschutz, Verweisung auf Behandlungsprotokoll, Bezug auf Gutachten)

..............................................................
..............................................................
..............................................................
..............................................................

**Name und Anschrift des Unternehmens**

..............................................................
..............................................................
..............................................................
..............................................................
(Unterschrift)

# Anhang D
(informativ)
## Beispiel für eine dauerhafte Kennzeichnung nach einer Begasung von verbautem Holz oder nach einer Behandlung mit modifizierten Atmosphären

Dem Anwender dieses Formblattes ist, unbeschadet der Rechte von DIN an der Gesamtheit des Dokuments, die Vervielfältigung des Formblattes gestattet.

**Bauwerksadresse:** ..............................................................................................

..............................................................................................

**Bauteilbeschreibung:** ..............................................................................................

..............................................................................................

| | |
|---|---|
| Begasungszeitspanne: | tt.mm.jjjj – tt.mm.jjjj |
| Eingesetztes Mittel: | Summenformel, chemische Bezeichnung |
| Eingesetzte Gesamt-Mittelmenge: | kg |
| Gesamtvolumen Begasungsraum: | $m^3$ |
| Erreichtes ct-Produkt: | $g/m^3$ h |
| Mittlere Temperatur: | °C |
| Mittlere rel. Luftfeuchte: | % |

**Datum der Behandlung:** ..............................

**Name und Anschrift des Unternehmens**

.............................................................

.............................................................

.............................................................

.............................................................

Begasungsleiter

**Bemerkungen:** ......................................

.............................................................

.............................................................

.............................................................

.............................................................

(Unterschrift)

# Anhang E
(informativ)
# Heißluftverfahren zur Bekämpfung des Echten Hausschwamms

## E.1 Allgemeine Hinweise

Das in den folgenden Abschnitten behandelte Heißluftverfahren zur Bekämpfung des Echten Hausschwamms sowohl in Holzbauteilen als auch im Mauerwerk versteht sich als eine in die Regelsanierung nach 8.2 zu integrierende Maßnahme. Unabdingbare Voraussetzungen sind die Feststellung der Ursache der erhöhten Feuchte von Holz und Mauerwerk und deren Beseitigung sowie eine nachhaltige Austrocknung der Bausubstanz.

Es ist ausschließlich zur Bekämpfung des Echter Hausschwamms geeignet. Nassfäulepilze haben nachgewiesenermaßen deutlich höhere Letaltemperaturen als der Echte Hausschwamm, sodass sich ihr Myzel mit den in der Praxis üblichen Temperaturen nicht sicher abtöten lässt.

ANMERKUNG Die Anwendung des Heißluftverfahrens bietet sich an, wenn sich — wie in denkmalgeschützten Objekten oder bei unersetzbaren Kunstobjekten — ein Ausbau der befallenen Hölzer verbietet.

Bei Befall durch den Echten Hausschwamm ist gemäß 8.1.1 befallenes Holz generell zu entfernen. Im denkmalpflegerischen Bereich verbietet sich jedoch vielfach der Ausbau pilzbefallener Holzbauteile wie auch anderer Bauteile. Hier wird zu Recht gefordert, unwiederbringliche historische Bausubstanz möglichst umfassend zu erhalten. Dies ist durch Anwendung des Heißluftverfahrens möglich.

Das Heißluftverfahren zur Bekämpfung des Echten Hausschwamms kann jedoch in aller Regel nicht uneingeschränkt eingesetzt werden. Vielmehr stößt es auf eine Reihe von Anwendungsbeschränkungen (vgl. auch Abschnitt E.3 und zugehörige Kommentierung), sodass die Bekämpfung mit Heißluft nur in den seltensten Fällen als alleinige Maßnahme infrage kommt und somit eine in die Regelsanierung nach 8.2 ff. zu integrierende Sondermaßnahme darstellt. In Abhängigkeit vom jeweiligen Einzelfall erfordert das Verfahren einen hohen bis sehr hohen Aufwand an flankierenden Maßnahmen im Sinne der Regelsanierung. Entsprechend lässt sich das Verfahren nicht routinemäßig anwenden, sondern bedarf als Bestandteil eines integrierten Sanierungskonzeptes einer kompetenten Konzeptionierung sowie eines weit über das normale Maß hinausgehenden Überwachungsaufwands.

Im Sinne der Regelsanierung (siehe Kommentierung zu 4.3.1) ist es bei der Anwendung des Heißluftverfahrens unerlässliche Voraussetzung, die Ursache(n) erhöhter Feuchte zu beseitigen und die Schadbereiche zügig zu trocknen. Zur dauerhaften Beseitigung unzuträglicher Feuchte im Sanierungsbereich sind unter Umständen bauliche Maßnahmen zu ergreifen, welche ein erneutes Eindringen von Feuchtigkeit in das Bauteil verhindern oder die Holzbauteile durch Abkopplung vor unzuträglicher Feuchteaufnahme schützen. Diese Forderungen haben für die Heißluftbehandlung zur Bekämpfung des Echten Hausschwamms umso mehr zu gelten, als durch sie kein vorbeugender Schutz erzielt wird.

Kann eine erneute Durchfeuchtung des Holzes nicht vollständig unterbunden werden, müssen die im Sanierungsbereich verbliebenen Holzbauteile entsprechend ihrer Gebrauchsklasse gemäß Teil 3 der Normenreihe mit einem vorbeugend wirksamen Holzschutzmittel behandelt werden. Neu einzubauendes Holz kann wahlweise mit einem vorbeugend wirksamen Holzschutzmittel behandelt werden, oder es wird ein vorbeugend geschütztes Holzprodukt mit CE-Kennzeichnung oder ein Holz mit einer ausreichenden natürlichen Dauerhaftigkeit eingesetzt (siehe hierzu Teil 1 der Normenreihe, Tabelle 3). Eine Abkopplung auch der neu einzubauenden Holzbauteile zu den feuchtegefährdeten Bereichen ist zweckmäßig.

Nach bisherigen Erkenntnissen können mit dem Heißluftverfahren in der Praxis bei den dort üblichen Temperaturen ausschließlich der Echte Hausschwamm und der Wilde Hausschwamm erfolgreich bekämpft werden.

Für den Einsatz elektrophysikalischer Verfahren zur Bekämpfung des Echten Hausschwamms fehlt bislang jeglicher Nachweis dafür, dass in inhomogenen Bauteilen oder Baustoffen wie Mauerwerk, Putzträgern, Putz und dergleichen Pilzmyzel zuverlässig abgetötet werden kann, da diese sich oftmals nicht gleichmäßig erwärmen lassen. Allenfalls könnte eine kleinflächige Behandlung befallener Holzbauteile infrage kommen, vorausgesetzt, es lässt sich eine gleichmäßige Erwärmung über den gesamten Querschnitt erzielen.

## E.2 Anwendung

Die Anwendung des Heißluftverfahrens wird stets als Einzelfall festgelegt. Eine routinemäßige Übertragbarkeit von einem Bauwerk auf das andere ist nicht möglich.

Der Einsatz des Heißluftverfahrens zur Bekämpfung des Echten Hausschwamms ist von Fall zu Fall auf die objektspezifischen örtlichen und baulichen Gegebenheiten abzustimmen. Er erfordert eine rechtzeitige und gewissenhafte Planung der Maßnahmen, welche auch verfahrens- und materialspezifische Besonderheiten berücksichtigt.

Planung und Anwendung des Heißluftverfahrens stellen hohe Anforderungen an Planer und Ausführende und setzen eine fundierte Sachkenntnis voraus. Generell ist zu berücksichtigen, dass zur Durchführung der Bekämpfungsmaßnahme weitere Teilfreilegungsarbeiten notwendig werden können, wenn solche im Vorfeld der Bauuntersuchung nur bedingt durchgeführt werden konnten.

Durch das hohe Maß der Objektspezifität ist das Verfahren nicht geeignet, es einem Generalunternehmer zu übertragen. Auch die Vergabe an Nachunternehmer (Subunternehmer) sollte möglichst vermieden werden. Dadurch bestände die Gefahr, einmal vorhandene Leistungstexte neu zu bepreisen und auf ein weiteres Objekt zu übertragen – was nicht möglich ist. Die Einzelfallanwendung wird auch dadurch dokumentiert, dass die Leistungspositionen zum Heißluftverfahren nicht in ein anderes Gewerk (z. B. Maurer- oder Zimmererarbeiten) integriert werden dürfen.

## E.3 Hinweise zur Anwendung

Bei der Planung und Ausführung sollten folgende Aspekte berücksichtigt werden:

- die zu behandelnden Holzbauteile sind generell mindestens zweiseitig beheizbar;
- liegen die beheizten Seiten über Eck, lassen sich stärker dimensionierte Konstruktionshölzer mit Querschnittsmaßen ab etwa 140 mm × 140 mm nur noch schwer ausreichend erwärmen bzw. nur mit extrem langen Aufheizzeiten und entsprechend hohem Energieaufwand;
- im erdberührten Mauerwerk ist in Kellerwänden und Kellerböden keine ausreichende Erwärmung möglich. In Erdgeschossen ist bis zu einer Höhe von 1,0 m über Erdgleiche eine ausreichende Erwärmung problematisch und sollte deshalb gesondert nachgewiesen werden;
- Mauerwerk sollte beidseitig beheizt werden. Insbesondere sind in Traufbereichen eine allseitige Umhüllung und mehrseitige Beheizung erforderlich;
- sehr feuchtes Mauerwerk wie auch mehrschalige Konstruktionen lassen sich entweder nur schwer oder nicht ausreichend aufheizen.

In Abschnitt E.3 sind die wichtigsten Problembereiche, die für eine Behandlung im Heißluftverfahren nicht geeignet sind bzw. in deren Bereichen die Bausubstanz nicht ausreichend durchheizbar ist, aufgeführt. Der Umfang des zu behandelnden Sanierungsbereichs (z. B. Gebäudeteile, Räume, Raumabschnitte, Bauteile) ist festzulegen und schriftlich zu protokollieren.

Das Erreichen der für eine Abtötung erforderlichen Temperaturen in Konstruktionshölzern durch einseitige Beheizung ist im Einzelfall nur sehr schwer zu bewerkstelligen bzw. in vielen Fällen unmöglich. Aber auch der zweiseitigen Beheizung (Bild K.27) sind bei stärker dimensionierten Konstruktionshölzern ab den in der Norm genannten Querschnittabmessungen deutlich Grenzen gesetzt. Unter Umständen sind die erforderlichen Abtötungstemperaturen daher nicht zu erreichen. Die jeweils benötigten Aufheizzeiten bei 2-seitiger, 3-seitiger und 4-seitiger Beheizung gehen aus Bild K.28 hervor.

Bei Mauerwerk muss bis zum Erreichen der Letaltemperatur im Allgemeinen mit erheblich längeren Heizzeiten als für Holz gerechnet werden. Dies gilt verstärkt für Außenmauerwerk, das in der Regel beidseitig beheizt werden muss und somit einer aufwendigen Einhausung bedarf (vgl. Abschnitt E.6). Es ist für jeden Einzelfall unter Berücksichtigung von Wandaufbau, Wandstärke und Wandfeuchte neu zu entscheiden, ob und in welchem Umfang das Mauerwerk in die Heißluftbehandlung mit einbezogen werden soll bzw. kann oder ob es gegebenenfalls mit Schwammsperrmitteln nach 8.2.2.2 ff. behandelt werden muss.

Zu beurteilen ist dabei ferner, welcher Mehraufwand sich gegenüber einer Regelsanierung mit Schwammsperrmitteln oder auch – bei Innenwänden – gegenüber einem Abriss ergibt. Befindet sich im Befallsbereich verbautes Holz in Kombination mit dem Mauerwerk, wie z. B. in zu erhaltenden historischen Fachwerkwänden, ist eine gleichzeitige Erwärmung des Mauerwerks unumgänglich.

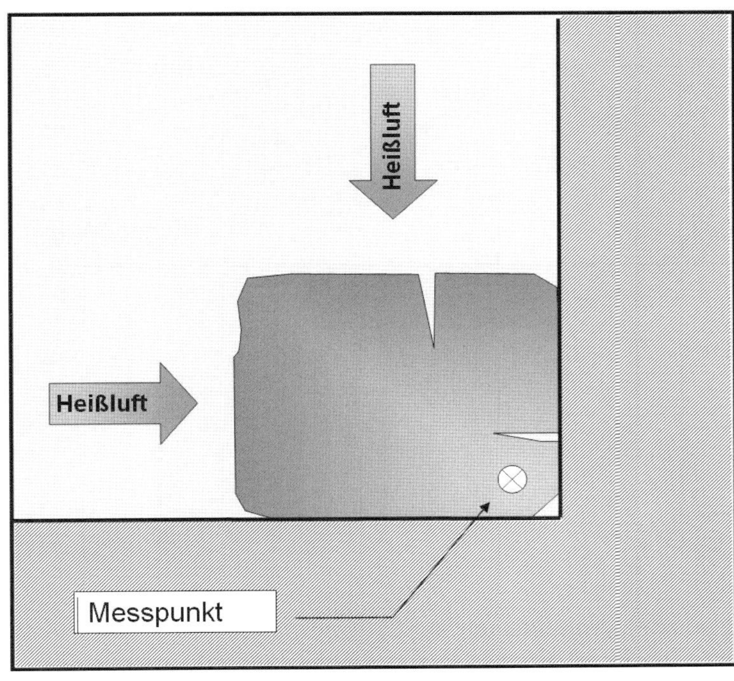


**Bild K.27**: Erschwerte zweiseitige Beheizung. Lage des Messpunkts an der thermisch ungünstigsten Stelle außerhalb des geometrischen Mittelpunkts

## Temperatur-Zeit-Diagramm zur Erwärmung von Konstruktionsholz auf 55 °C mittels Heißluft

**Erläuterung:** Werte beziehen sich auf den thermisch ungünstigsten Querschnitt.
Trockenrisse und Fehlkantigkeit sind nicht berücksichtigt und können den Heizvorgang beschleunigen.
Temperaturschwankungen im Luftstrom führen zur Verlängerung der Heizzeit.
Bei der 2- und 3-seitigen Heißluftbehandlung werden die kalten Seiten mit permanent 20 °C angenommen.

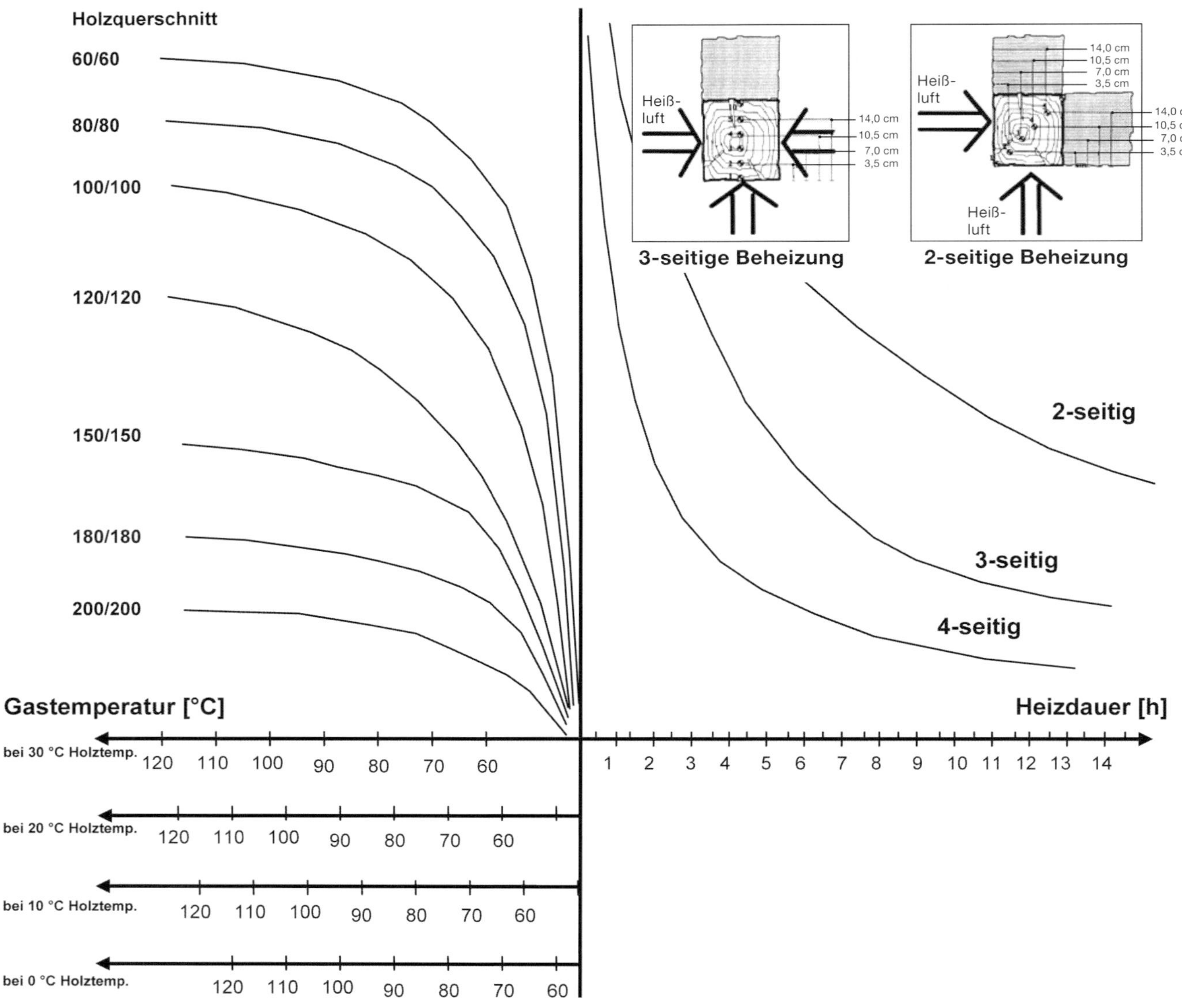


**Bild K.28**: Temperatur-Zeit-Diagramm zur Erwärmung von Konstruktionsholz auf 55 °C mit Heißluft.
Erstellt von E. Flohr im Rahmen des Forschungsprojekts „Praxisorientierte Untersuchungen zur Bekämpfung des Echten Hausschwamms (Serpula lacrymans) nach DIN-Vorschrift und alternativen thermischen Verfahren" (2005).

### Ablesebeispiele

Bei einer Ausgangstemperatur des Holzes von 20 °C und einer Lufttemperatur von 100 °C an der Oberfläche eines 150 × 150 mm starken Balkens beträgt die Aufheizzeit bei 4-seitiger Beheizung zwei Stunden, bei dreiseitiger Beheizung 5 ½ und bei 2-seitiger Beheizung über 13 Stunden, um im Holz am thermisch ungünstigsten Punkt 55 °C zu erreichen.

## E.4 Überwachung

Als Bestandteil eines Sanierungskonzeptes im Sinne von E.1 bedarf die Heißluftanwendung eines weit über das normale Maß hinausgehenden Überwachungsaufwandes. Neben der Eigenüberwachung durch den die Heißluftbehandlung ausführenden Fachbetrieb sollte eine Überwachung und Qualitätssicherung durch einen qualifizierten sachverständigen Dritten erfolgen (siehe E.6). Zur Überwachung ist es auch möglich, die abtötende Wirkung durch den Einbau von mit dem Echten Hauschwamm durchwachsenen Prüfkörpern, nachzuweisen.

ANMERKUNG Qualifiziert bedeutet, dass der sachverständige Dritte

- mit der Biologie der Holz zerstörenden Pilze im Allgemeinen und des Echten Hausschwamms im Besonderen vertraut ist;
- die Verfahrenstechniken und Durchführungspraktiken des Heißluftverfahrens beherrscht.

Das Heißluftverfahren zur Bekämpfung des Echten Hausschwamms erfordert neben einem erheblichen Aufwand hinsichtlich der Durchführung gleichermaßen eine fortwährende Erfolgskontrolle und damit einen hohen Überwachungsaufwand während der Heißluftbehandlung.

Unabhängig von der Pflicht des Ausführungsbetriebs, die Behandlung lückenlos zu überwachen (Eigenüberwachung der Soll-Qualität), empfiehlt die Norm eine Überwachung und Qualitätssicherung durch einen unabhängigen Sachverständigen (Fremdüberwachung der Ist-Qualität). Dies setzt im Falle des Holzschutz-Sachverständigen über das Allgemeine hinausgehende Fachkenntnisse voraus, wie z. B. die Kenntnis der speziellen Verfahrenstechniken und Durchführungspraktiken des Heißluftverfahrens zur Bekämpfung des Echten Hausschwamms in Holz und Mauerwerk.

Dem Sachverständigen obliegen im Wesentlichen folgende Aufgaben:

- Abnahme im Einzelfall notwendiger Einhausungen sowie Art, Anordnung und Verteilung der Heißluftzuführungs- und Luftstromlenkungssysteme nach einem Probelauf. Erforderlichenfalls sind von ihm Korrekturen an der Einhausung und an den Heißluftströmen anzuordnen
- Festlegen der Lage und der Art der Temperaturmesspunkte sowie der Messintervalle
- Setzen eigener, unabhängiger zusätzlicher Messpunkte zur Überprüfung kritischer Bereiche, ob auch hier die letale Wärmedosis eingehalten wird
- gegebenenfalls Setzen zusätzlicher Messstellen außerhalb des Beheizungsbereichs und deren regelmäßigen Kontrolle, um Schädigungen in temperaturempfindlichen Bereichen zu vermeiden
- ständige Überwachung des Temperaturverlaufs im kritischen Kernbereich der zu durchheizenden Bauteile
- Kontrolle von Lufttemperatur, Luftüberdruck und Luftströmung an verschiedenen Punkten innerhalb des Beheizungsbereichs
- Kontrolle und Abnahme der zu erreichenden Abtötungstemperatur (Solltemperatur) und der Haltezeit (Sollexpositionszeit)
- Festlegen des Zeitpunkts zum Abschalten der Heißluftgeräte
- Erstellen eines Überwachungsprotokolls mit (1) Protokollen der Temperaturkontrollen, (2) Grundriss- und Ansichtsskizzen mit Eintragung der Messpunkte und Raumskizze mit Lage der Zuluftrohre und eventueller Verteilungssysteme, (3) zusammenfassende Bewertung der Maßnahme
- Endabnahme.

Beim Nachweis der Abtötung des Echten Hausschwamms mit frischen Pilz-Prüfkörpern oder frischem Myzel ist zu berücksichtigen, dass es sich sehr viel leichter abtöten lässt als Myzel in fortgeschrittenen Entwicklungsstufen oder Myzel im Zustand der Trockenstarre. Somit ist der Einbau von Kontrollproben mit im Labor gezüchteten Pilzproben kein absoluter Wirksamkeitsnachweis. Umso mehr ist es zwingend erforderlich, die für die Abtötung des Echten Hausschwamms erforderliche letale Wärmedosis zu gewährleisten und durch einen unabhängigen Sachverständigen überprüfen zu lassen.

## E.5 Maßnahmen

Das fachgerechte Vorgehen umfasst zusätzlich bzw. abweichend zur Bekämpfung Holz zerstörender Insekten (siehe 9.3) folgende Maßnahmen:

- detaillierte Bauuntersuchung durch qualifizierte Fachleute;
- objektspezifische Vorbetrachtung und Planung der Wärmebehandlung für den Einzelfall. Dem Auftraggeber wird empfohlen, den die Heißluftbehandlung überwachenden Sachverständigen bereits in die Vorbetrachtung und Planung mit einzubinden bzw. von ihm das Angebot des Heißluftanwenders überprüfen zu lassen.

  Im Rahmen der Vorbetrachtung werden unter anderem die grundsätzliche Eignung des Gebäudes für eine Heißluftbehandlung bzw. die notwendige Zugänglichkeit der befallenen Bauteile für die Heißluft geprüft sowie der Behandlungsbereich bzw. die Grenzen zu den wärmetechnisch nicht erreichbaren Bereichen festgelegt (siehe E.3).

Zur Planung der Heißluftbehandlung gehören insbesondere:

- Festlegungen zur Einhausung und Beheizung;
- Festlegungen zur Temperatur (Einblastemperatur, letale Wärmedosis);
- Festlegungen von Lage und Anzahl der Messpunkte;
- vorbereitende Arbeiten. Hierzu zählen im Wesentlichen:
  - gründliche Reinigung von sichtbaren Myzelien und Fruchtkörpern;
  - Austausch und die Verstärkung von stark zerstörten und nicht mehr tragfähigen Holzbauteilen;
  - Ausbau oder Schutz nicht hitzebeständiger Materialien und Gegenstände einschließlich Überprüfung der Temperaturverträglichkeit von Bemalungen, farblichen Fassungen und Stuck;
- Durchführung der eigentlichen Hitzebehandlung;
- soweit erforderlich, Behandlung mit Schwammsperrmitteln (siehe 8.2.2.2);
- soweit erforderlich, Durchführung vorbeugender Holzschutzmaßnahmen.

Die Heißluftbehandlung zur Bekämpfung des Echten Hausschwamms als Sonderbehandlung bedarf einer auf den Einzelfall abgestimmten detaillierten objektspezifischen Vorbetrachtung und Planung. In Abhängigkeit vom Willen des Auftraggebers erfolgen diese entweder durch den Heißluftanwender, den die Behandlung überwachenden Sachverständigen (Abschnitt E.4) oder in Abstimmung zwischen dem Anwender des Heißluftverfahrens und dem Sachverständigen. Da entsprechend Abschnitt E.4 zur Überwachung und Qualitätskontrolle generell ein unabhängiger Sachverständiger eingeschaltet werden sollte, empfiehlt die Norm dem Auftraggeber, diesen bereits in die Vorbetrachtung und Planung mit einzubinden.

Abschnitt E.5 listet die wesentlichen Maßnahmen und Teilarbeiten auf, durch die ein fachgerechtes Vorgehen gekennzeichnet ist. Der Maßnahmenkatalog verdeutlicht den hohen verfahrenstechnischen Aufwand, der mit dem Heißluftverfahren zur Bekämpfung des Echten Hausschwamms verbunden ist. Daher bedarf es nachfolgender besonderer vertraglicher Regelungen:

1) Festlegung der Verantwortlichkeiten und Weisungsberechtigungen auf der Baustelle
2) Festlegung rechtlicher Grundlagen zur Gewährleistung und Haftung vor, während und nach der Maßnahme
3) Festlegungen zur Nachprüfung.

## E.6 Verfahren

Die Bekämpfungsmaßnahmen können nur von qualifizierten Fachleuten bzw. Fachbetrieben für Holzschutz mit spezieller Qualifikation durchgeführt werden. Zur Qualitätskontrolle sollte eine Fremdüberwachung durch einen unabhängigen die Bekämpfungsmaßnahmen begleitenden Sachverständigen mit entsprechender Qualifikation erfolgen (siehe E.4).

Alle zu behandelnden Bauteile werden unabhängig von der Art des Materials einer zur Abtötung des Myzels ausreichenden letalen Wärmedosis ausgesetzt. Es können wahlweise folgende Temperatur-Zeit-Verhältnisse angewendet werden: 16 h bei 50 °C, 8 h bei 55 °C oder 2 h bei 60 °C.

Wird Mauerwerk behandelt, wird durch die Einhausung sichergestellt, dass die Heißluft zirkulieren kann. Für Außenwände werden deshalb die Abplanungen in ausreichendem Abstand zur Gebäudeoberfläche angebracht. Der Mindestabstand Außenwand — Isolierhülle beträgt mindestens 30 cm, sollte jedoch vorzugsweise 50 cm oder mehr betragen. Ferner sollte auf ausreichende Abluftöffnungen geachtet werden. In einem Probelauf werden für den gesamten Behandlungsbereich ein Luftüberdruck sowie eine gemeinsame und gleichzeitige Erwärmung aller Behandlungsbereiche sichergestellt.

Während der gesamten Heißluftbehandlung wird der Temperaturverlauf in den behandelten Bauteilen sowie in der Raumluft durchgängig durch Messungen kontrolliert und dokumentiert. Die Messpunkte werden generell an den wärmetechnisch ungünstigsten Stellen eingerichtet.

Flüssigkeitsthermometer werden abhängig von der Gebäudegröße mindestens stündlich und letztmalig eine Stunde nach Abstellen der Heißluftgeräte abgelesen und die gemessenen Temperaturen in einem entsprechenden Messprotokoll eingetragen. Bei kontinuierlicher elektrischer Fernmessung mit Thermosensoren sollten die Messintervalle $\leq$ 15 min aus den Messdiagrammen und Messtabellen abgelesen werden. Soweit es der Behandlungsbereich zulässt, werden die Messpunkte dauerhaft gekennzeichnet und nummeriert.

Der Wärmeeintrag, der zum Abtöten des Myzels Holz zerstörender Pilze erforderlich ist, wird als letale Wärmedosis bezeichnet und ist eine Funktion aus Temperatur und Einwirkungszeit (Expositionszeit). Das heißt, sie kann aus verschiedenen Kombinationen von Temperatur und Expositionszeit bestehen. Mit steigender Letaltemperatur verringert sich die Expositionszeit und umgekehrt. In der Praxis haben sich die in der Norm aufgeführten letalen Wärmedosen bewährt. Die Beheizung kann beendet werden, wenn die vorgesehene Wärmedosis über den Holz- bzw. Mauerwerksquerschnitt erreicht ist. Ein erheblicher Sicherheitszuschlag ergibt sich aus der Tatsache, dass nach dem Abschalten der Geräte in den behandelten Bauteilen die Temperaturen über eine gewisse Zeit noch um einige Grad Celsius weiter ansteigen und somit noch für einen längeren Zeitraum auf dem geforderten Niveau verbleiben kann. Gegebenenfalls kann es notwendig sein, die Beheizung schrittweise zurückzufahren, um Schädigungen durch eine ungleichmäßige Abkühlung zu vermeiden.

Voraussetzung für eine Mauerwerksbehandlung mit Heißluft ist, dass die Erwärmung in der Regel von zwei Seiten erfolgt. Daher sind die zu behandelnden Bereiche einzuhausen. Die Einhausung sollte vorzugsweise als zeltähnliche, dichte Kompletteinhausung erfolgen und muss einen ausreichenden Abstand zur beheizten Fläche aufweisen. Für die Einhausung sind hinreichend hitzebeständige und formstabile Materialien zu verwenden.

Wie zur Bekämpfung Holz zerstörender Insekten kommen zur Erzeugung der Heißluft eigens für diesen Einsatzzweck entwickelte Hochleistungslufterhitzer zum Einsatz. Zur Gewährleistung der erforderlichen Abluftöffnungen, dem Luftdruck im Innenraum und zur ausreichenden Zirkulation der Heißluft gelten die Ausführungen im Kommentar zu 9.3.2, für den durchzuführenden Probelauf die Ausführungen im Kommentar zu 9.3.5.

Bezüglich Messtechnik und Kontrolle der Messstellen bestehen keine nennenswerten Unterschiede zum Heißluftverfahren zur Bekämpfung gegen Holz zerstörende Insekten (vgl. hierzu die entsprechenden Ausführungen und Kommentare von 9.3). Aufgrund des hohen Maßstabes der Qualitätskontrolle sind zur Überwachung erforderlichenfalls eine größere Anzahl an Messsonden einzusetzen und kürzere Messintervalle vorzunehmen als bei einer Insektenbekämpfung.

## E.7 Nachprüfung

Nach angemessenem Zeitabstand werden Mauerwerk und Holzbauteile auf ein erneutes Auswachsen untersucht, die Begutachtung (siehe 4.4) sowie anhand der erstellten Protokolle des überwachenden Sachverständigen die sachgerechte Durchführung geprüft.

Bereits vor Beginn der eigentlichen Bekämpfungsarbeiten sind mit Bauherrn, Planer, Ausführendem und Holzschutzsachverständigem in zweckmäßiger Weise Gebäudestellen für eine Nachkontrolle zu vereinbaren. Diese müssen unter Beachtung der baulichen Gegebenheiten möglichst im oder um den Behandlungsbereich liegen. Frei zugängliche Bauteile können durch Ortsbegehungen überprüft werden. Da die meisten der Behandlungsstellen später jedoch nicht oder nur sehr schwer zugänglich sind, müssen entsprechende Revisionsöffnungen vorgesehen werden. Im Drempel können dies entsprechende Türen oder im Fußboden herausnehmbare Bodenluken sein.

## E.8 Kennzeichnung

In dauerhafter Form werden angegeben:

a) Name und Anschrift des Unternehmers;

b) Bestätigungsvermerk der Abtötungstemperatur von ... °C über ... h an allen Messstellen und deren Anzahl, erforderlichenfalls getrennt für Mauerwerk und Holzbauteile;

c) erforderlichenfalls angewendete Schwammsperrmittel mit Angaben nach 12.1 und Angabe der eingebrachten Schutzmittelmenge;

d) erforderlichenfalls angewendete vorbeugend wirksame Holzschutzmittel mit Angaben nach 12.1;

e) Jahr und Monat der Behandlung.

Vom Unternehmer wird dem Auftraggeber sowie dem fremdüberwachenden Sachverständigen ein Behandlungsprotokoll übergeben, aus dem der Ablauf der Behandlung nachverfolgt und beurteilt werden kann. Die Messstellen werden auf einer Skizze dokumentiert.

Vom fremdüberwachenden Sachverständigen wird im Rahmen seiner Qualitätskontrolle eine ausführliche Dokumentation erstellt mit:

- Protokollen der Temperaturkontrollen;
- Grundrissskizzen mit Eintragung der Messpunkte;
- Skizze der Zuluftrohre;
- zusammenfassender Bewertung der Behandlung.

Analog der Insektenbekämpfung (vgl. 12.2) fordert die Norm eine Kennzeichnung der durchgeführten Bekämpfungsmaßnahme. Die genannten Angaben sind an einer geeigneten zugänglichen Stelle des Bauwerks auf einer dauerhaften Karte, z. B. aus Kunststoff, anzubringen.

Als zwingender Bestandteil der Kennzeichnung sind dem Auftraggeber vom Heißluftanwender und Sachverständigen sämtliche im Abschnitt E.8 genannten Unterlagen auszuhändigen. Erst damit gilt die durchgeführte Bekämpfungsmaßnahme als vollständig erbracht.

# Literaturhinweise

DIN CEN/TR 15003 (DIN SPEC 68001) *Dauerhaftigkeit von Holz und Holzprodukten — Kriterien für Heißluftverfahren zur Bekämpfung von Holz zerstörenden Organismen*

DIN EN 14128, *Dauerhaftigkeit von Holz und Holzprodukten — Anforderungen an bekämpfend wirkende Holzschutzmittel, wie sie durch biologische Prüfungen ermittelt werden*

Gesetz zum Schutz vor gefährlichen Stoffen Chemikaliengesetz (ChemG)

**Im Kommentar zitierte Literatur**

[1] WTA-Merkblatt 1-2. Ausgabe: 01.2021/D. Der Echte Hausschwamm – Erkennung, Lebensbedingungen, vorbeugende Maßnahmen, bekämpfende chemische Maßnahmen, Leistungsverzeichnis. Herausgeber: Wissenschaftlich-Technische Arbeitsgemeinschaft für Bauwerkserhaltung und Denkmalpflege e.V. (WTA), München. 2021

[2] DIN EN 12404:2020-10: Dauerhaftigkeit von Holz und Holzprodukten – Bestimmung der Wirksamkeit eines Schutzmittels gegen das Überwachsen von Echten Hausschwamm Serpula lacrymans (Schumacher ex Friess) S.F. Gray vom Mauerwerk auf das Holz – Laboratoriumsverfahren

[3] Gesetz über Naturschutz und Landschaftspflege (Bundesnaturschutzgesetz – BNatSchG)

[4] DIN EN 1390:2020-06: Holzschutzmittel – Bestimmung der bekämpfenden Wirkung gegenüber Larven von *Hylotrupes bajulus* (Linnaeus) – Laboratoriumsverfahren

[5] DIN EN 48:2005-07: Holzschutzmittel – Bestimmung der bekämpfenden Wirkung gegenüber Larven von Anobium punctatum (De Geer) (Laboratoriumsverfahren)

[6] DIN EN 370:1993-05: Bestimmung der auf Schlupfverhinderung beruhenden bekämpfenden Wirksamkeit gegen Anobium punctatum (De Geer)

[7] DIN EN 14128:2020-06: Dauerhaftigkeit von Holz und Holzprodukten – Anforderungen an bekämpfend wirkende Holzschutzmittel, wie sie durch biologische Prüfungen ermittelt werden

[8] DIN CEN/TR 15003:2012-11: Dauerhaftigkeit von Holz und Holzprodukten – Kriterien für Heißluftverfahren zur Bekämpfung von Holz zerstörenden Organismen

[9] DIN 4074-1:2012-06: Sortierung von Holz nach der Tragfähigkeit – Teil 1: Nadelschnittholz
DIN 4074-5:2008-12: Sortierung von Holz nach der Tragfähigkeit – Teil 5: Laubschnittholz

[10] DIN EN 14081-1:2019-10: Holzbauwerke – Nach Festigkeit sortiertes Bauholz für tragende Zwecke mit rechteckigem Querschnitt – Teil 1: Allgemeine Anforderungen

[11] DIN 20000-5/A1:2021-06: Anwendung von Bauprodukten in Bauwerken – Teil 5: Nach Festigkeit sortiertes Bauholz für tragende Zwecke mit rechteckigem Querschnitt, Änderung 1

[12] DIN 4108-3:2018-10: Wärmeschutz und Energie-Einsparung in Gebäuden – Teil 3: Klimabedingter Feuchteschutz – Anforderungen, Berechnungsverfahren und Hinweise für Planung und Ausführung

[13] Ruisinger, U. et al. (2017): EnOB – Energetische Bewertungsverfahren für Bestandsgebäude mit Holzbalkendecken. Forschungszentrum Jülich, Projektnummer: 0329663N/P/O

[14] WTA-Merkblatt 2-9. Ausgabe: 03.2020/D. Sanierputzsysteme

[15] DIN 4123:2013-04: Ausschachtungen, Gründungen und Unterfangungen im Bereich bestehender Gebäude

[16] Verordnung über Anforderungen an die Verwertung und Beseitigung von Altholz (Altholzverordnung – AltholzV)

[17] WTA-Merkblatt 4-10-15/D: 2015-03: Injektionsverfahren mit zertifizierten Stoffen gegen kapillaren Feuchtetransport

[18] WTA-Merkblatt 1-1-08. Ausgabe 06.2008/D: Heißluftverfahren zur Bekämpfung tierischer Holzzerstörer in Bauwerken.

[19] Technische Regeln für Gefahrstoffe – Begasungen (TRGS 512)

[20] Wohlgemuth, R. (1990): Merkblatt Nr. 66. Abdichtung von Lagerhallen, lebensmittelverarbeitenden Betrieben und Lagerpartien bei Begasungen gegen Vorratsschädlinge. Biologische Bundesanstalt für Land- und Forstwirtschaft. 2. Auflage

[21] Reichmuth, Ch. (1993): Merkblatt Nr. 71. Drucktest zur Bestimmung der Begasungsfähigkeit von Gebäuden, Kammern oder abgeplanten Gütern bei der Schädlingsbekämpfung – mit Bemerkungen zur Begasungstechnik. Biologische Bundesanstalt für Land- und Forstwirtschaft

[22] Rathgen-Forschungslabor (2018): Innovative Untersuchungsmethoden zur nachhaltigen Wirksamkeit modellhafter Anoxia-Behandlung gegen Insektenbefall an national bedeutsamen Kulturgütern der Sammlungen der Stiftung Preußischer Kulturbesitz. DBU AZ 31865-45, 37 Seiten

[23] Fennert, E.-V., Schumacher, P., Biebl, S. (2013): Bekämpfung des Hausbocks *Hylotrupes bajulus* (L.) durch Hitze – neue Randbedingungen. Holztechnologie 54 (1), Seite 16–20

[24] DIN EN 212:2003-09: Holzschutzmittel – Allgemeine Anleitung für die Probenahme und Probenvorbereitung von Holzschutzmitteln und von behandeltem Holz für die Analyse

[25] DIN EN 351-2:2007-10: Dauerhaftigkeit von Holz und Holzprodukten – Mit Holzschutzmitteln behandeltes Vollholz – Teil 2: Leitfaden zur Probenentnahme für die Untersuchung des mit Holzschutzmitteln behandelten Holzes

**Bildnachweis:**

Fa. Binker, Holz- und Bautenschutz, Lauf a. d. Pegnitz: K.25

E. Flohr, Dessau: K.1, K.2, K.6 bis K.10, K.15, K.23

R. Ott, Gammertingen: K.3 bis K.5, K.11, K.13, K.14, K.16, K.17, K.19 bis K.22, K.26

L. Parisek, Bamberg: K.24, K.27

U. Schümann, Schwerin: K.12, K.18